振冲技术
在水利水电工程中的
应用和展望

中水珠江规划勘测设计有限公司
中电建振冲建设工程股份有限公司
香港岩土工程有限公司

刘元勋　姚军平　等　著

中国水利水电出版社
www.waterpub.com.cn
·北京·

图书在版编目（CIP）数据

振冲技术在水利水电工程中的应用和展望 / 刘元勋
等著. -- 北京 ： 中国水利水电出版社，2023.11
ISBN 978-7-5226-2000-8

Ⅰ．①振… Ⅱ．①刘… Ⅲ．①振冲－应用－水利水电
工程－工程管理－研究 Ⅳ．①TV

中国国家版本馆CIP数据核字(2024)第001070号

书　　名	**振冲技术在水利水电工程中的应用和展望** ZHENCHONG JISHU ZAI SHUILI SHUIDIAN GONGCHENG ZHONG DE YINGYONG HE ZHANWANG	
作　　者	刘元勋　姚军平　等　著	
出版发行	中国水利水电出版社 （北京市海淀区玉渊潭南路 1 号 D 座　100038） 网址：www. waterpub. com. cn E - mail：sales@mwr. gov. cn 电话：(010) 68545888（营销中心）	
经　　售	北京科水图书销售有限公司 电话：(010) 68545874、63202643 全国各地新华书店和相关出版物销售网点	
排　　版	中国水利水电出版社微机排版中心	
印　　刷	天津嘉恒印务有限公司	
规　　格	184mm×260mm　16 开本　30.5 印张　742 千字	
版　　次	2023 年 11 月第 1 版　2023 年 11 月第 1 次印刷	
印　　数	0001—1200 册	
定　　价	**158.00 元**	

《振冲技术在水利水电工程中的应用和展望》
编 委 会

主　　编：刘元勋　姚军平

审　　稿：李晓力　陈松滨

编写人员：刘元勋　姚军平　卢　伟　赵雪峰　张永恒

　　　　　黄宏庆　毕树根　范穗兴　李　勇　王海建

　　　　　徐苏晨　宋书卿　杨　冲　陈俊良　李国印

　　　　　张廿一　张少华　赵路朋　邢　敏　陈梦真

编写单位：中水珠江规划勘测设计有限公司

　　　　　中电建振冲建设工程股份有限公司

　　　　　香港岩土工程有限公司

▶▶▶ 序　一

　　振冲法地基处理技术是松散（或软弱）地基土体加固改良的技术手段之一，该技术诞生于 20 世纪 30 年代，在 20 世纪 70 年代引入我国，经过近 50 年的应用与发展，已经在水利水电、火力发电、港口码头、石油炼化、公路、铁路、冶金、工业与民用建筑、填海等行业中得到了广泛应用。

　　振冲法地基处理技术引入我国水利水电工程行业，起源于 20 世纪 70 年代北京官厅水库的抗震加固。该水库拦河坝是我国 20 世纪 50 年代初修建的一座黏土心墙坝，坝基下游河床覆盖层为中细砂层，施工时未做挖除或加固处理。根据 1975 年水利电力部组织的抗震复核意见，需对其进行抗震加固，由中国水电第二工程局进行加固方案设计和施工，我全程参与了该项目。在进行加固方案比选研究时，我们搜集了很多国内、外地基处理资料，经慎重对比分析，最终选择了振冲法地基处理技术。1977 年下半年，北京勘测设计研究院振冲试验研究小组（中电建振冲建设工程股份有限公司前身）进行了振冲法加固砂基的试验，随后对大坝下游大面积砂层进行振冲加固处理，提高了大坝抗震安全度，减少了压坡方量，取得了明显的经济效益。官厅水库坝基振冲加密处理的成功为后续在水利水电工程中开展大面积砂基振冲处理提供了宝贵的经验。20 世纪 90 年代，云南省务坪水库土石坝采用了振冲碎石桩对饱和软黏土坝基进行加固处理，为振冲技术加固土石坝软塑～流塑状土体坝基积累了宝贵经验。振冲技术在务坪水库土石坝软黏土坝基处理的成功应用，使我国软基筑坝技术登上了一个新的台阶。

　　21 世纪初，中水珠江规划勘测设计有限公司在海南省大隆水库土石坝设计中提出了无基坑水下筑坝技术方案，对原河床松散覆盖层及坝体砂砾填料进行振冲加密处理，随后在其上进行坝基防渗处理和坝体填筑。与传统筑坝技术相比，该技术不需堰体防渗和基坑排水，不用开挖河床覆盖层，简化了施工程序，加快了施工进度，为汛前大坝填筑至拦洪高程创造了条件，使该工程施工期遭遇超百年一遇洪水时得以安全度汛。无基坑水下筑坝技术为本工程取得了良好的经济、技术和环境效益，得到水利部验收专家组的充分肯定，被水利部科技推广中心认定为水利先进实用技术。

　　本书系统总结了振冲技术在水利水电工程中的应用，涵盖振冲技术所涉及的勘察、设计、试验、设备、施工、检测、验收评定等全部内容，并对无基坑筑坝这一振冲综合应用技术进行了专题介绍。该书在总结国内外水利水电工程中应用振冲技术的近百个工程案例基础上，选出其中有代表性的案例进行了详细介绍。如拉哇水电站围堰工程采用振冲技术处理湖相沉积低液限黏土，通过"大吨位吊车＋超长振冲导杆＋振冲器"等组合工艺施工超深振冲碎石桩，最大桩长超过 70m，为目前世界最深振冲碎石桩，将振冲碎石桩的使用水平提升到新的高度。在港珠澳大桥香港口岸地基处理项目施工中，香港岩土工程有限公司采用了海上干法底部出料振冲碎石桩施工工艺，成功地加固了不排水抗剪强度低于 10kPa 的软土地层，创造了多项国内纪录，实现了我国振冲地基处理施工领域多项零的突破，打破了底部出料振冲技术由国外企业主导的状况。

本书的付梓使我回想起 46 年前在官厅水库参与制造并应用我国第一台工业生产型振冲器的岁月，故乐于为序。

2023 年 10 月 12 日

序 二

振冲技术是在水利水电工程地基处理中常用的和重要的一项工程技术。

振冲法地基处理对松散砂土和软弱黏性土加固机理略有不同，对松散砂土主要是通过振密和挤密作用、排水减压作用来实现加固土层和抗地震液化；对黏性土主要是通过置换、排水压密提高桩间土承载力并形成碎石桩复合地基来实现加固土层。振冲处理后的复合地基既发挥桩体的功能，又调动并提高了桩间松软土的承载能力，较原软土地基的承载力大为提高，施工简便、快速、经济，是一种较好的软土层地基处理方法。

国内外采用这一技术已成功用于水库大坝的地基处理。1967 年建成发电的世界著名水电站埃及阿斯旺工程，其 111m 高的大坝采用振冲技术成功地加固处理水下抛填细砂体和坝基。自 20 世纪末以来，中水珠江规划勘测设计有限公司设计的广东飞来峡水利枢纽和海南大隆水库等大型水利工程采用了振冲法加密坝基和水下抛填砂砾坝体的无基坑筑坝技术，分别获国家勘测设计金奖等一系列奖项。云南务坪水库最大坝高 52m，部分坝基存在含水量大于 60％的软土，采用振冲碎石桩处理成功。

21 世纪初，国内开始引进干法底部出料振冲技术，香港岩土工程有限公司对该技术进一步研发、创新、提升。在港珠澳大桥香港口岸地基处理、澳门建筑废料填埋场、香港落马洲河套生态区等工程中采用干法底部出料振冲技术，成功地加固不排水抗剪强度低于 10kPa 的淤泥和淤泥质土层，为珠江三角洲地区低承载力的软土地基处理提供了较好的参考。

近年来，越来越多的水利水电工程建造于深厚覆盖土层上，地基处理成为工程建设的关键技术问题。振冲法地基处理技术可以有效地提高地基承载力，实现无基坑筑坝，在水利水电工程中具有广阔的应用前景。

本书是中水珠江规划勘测设计有限公司、中电建振冲建设工程股份有限公司和香港岩土工程有限公司的多名水利水电工程技术人员总结振冲技术在多个水利水电工程中的应用经验凝练。全书包括有勘察、设计、试验、设备、施工、检测与验收评定、无基坑筑坝等内容，难得的是还收集介绍了国内外多个水利水电工程中成功应用振冲技术的珍贵实例。

本书内容全面、案例翔实，可作为广大从事水利水电工程勘察设计、施工、检测、建设管理技术人员及其他行业、领域技术人员应用振冲技术的工具书和参考书。

杨光华

2023 年 10 月 12 日

▶▶▶ 前 言

　　振冲技术自 20 世纪 70 年代引入国内以来，经过 40 余年的应用和实践，得到不断发展和提高，已经成为我国常用的主要地基处理技术之一，被应用在水利水电、火力发电、石油化工、港口码头、工业与民用建筑、市政设施、填海造岛等多个领域的工程建设。

　　依靠广大从事振冲技术设计、施工、管理、设备制造等工作的技术人员 40 余年的不懈努力，已经将振冲技术从最早进行砂层液化处理应用于提高承载力、抗滑稳定、减少沉降和不均匀沉降等多种用途；适用土层从砂土拓展到了黏性土、淤泥及淤泥质土、砂卵石、湿陷性黄土、杂填土等；与振冲技术相关的设计、施工、验收等规范、标准相继出台并不断更新；振冲器从最初的 13kW 逐渐增大到 75kW、130kW、180kW、220kW、300kW，实现了液压振冲器的国产化，现在已经在大型工程中应用 200kW 以上振冲器。智能化施工控制系统开始广泛应用，振冲碎石桩施工深度已经达到 70m，底部出料振冲碎石桩施工工艺及集成设备、大型海上振冲施工平台等方面我国处于世界领先水平。

　　1976 年唐山大地震之后，为进行官厅水库大坝抗震加固工程，以陈祖煜、康景俊、尤立新等为代表的老一辈水利水电技术人员开始研究振冲技术并成功研制了 30kW 振冲器，对下游坝基河床覆盖层表层中存在的中粗砂进行了抗液化处理，开启了振冲技术在我国水利水电工程中的应用。水利电力部北京勘测设计研究院北京振冲工程公司于 1982 年研制出 75kW 振冲器，于 1986 年参加三峡二期围堰风化砂快速加密的"七五"国家科技攻关项目研究，经生产性试验与施工，成功加密了层厚 30m 的风化砂，加快了振冲技术在水利水电工程中的应用和提升。自 20 世纪 90 年代，我国水利水电工程建设快速发展，振冲技术已经被广泛应用在水利水电工程的大坝、水闸、厂房、围堰等主要水工建筑物的地基加固和抗液化处理、堤防的地基加固和抗滑稳定处理等工程中，积累了丰富的实践经验，中电建振冲建设工程股份有限公司（原北京振冲工程股份有限公司）于 2021 年在拉哇水电站上游围堰地基处理工程中成功实施了 70m 深振冲碎石桩的施工。对振冲技术进行综合利用的筑坝技术也得到发展，中水珠江规划勘测设计有限公司依托振冲技术研发的无基坑筑坝技术于 2005 年在以海南大隆水利枢纽为代表的部分工程中成功应用，取得了良好的技术和经济效益，被水利部科技推广中心认定为水利先进实用技术。水利水电行业作为国内最早使用振冲技术的行业，通过众多工程的实践积累了大量的经验，于 2005 年发布了《水电水利工程振冲法地基处理技术规范》（DL/T 5214—2005），促进了振冲技术在水利水电行业的进步和发展。根据使用情况于 2016 年进行了修订，使水利水电行业对振冲技术的应用水平一直处在国内前沿并逐渐领先国际水平。

为系统总结振冲技术在水利水电工程中的应用，我们组织了多位多年从事振冲技术设计、施工和研究的技术人员进行了本书的编写。本书内容涵盖使用振冲技术所涉及的勘察、设计、试验、设备、施工、检测、验收评定的全部内容并对无基坑筑坝技术这一振冲综合应用技术进行了专题介绍。我们总结了国内外水利水电工程中应用振冲技术的近百个工程案例，选出其中 29 个有代表性的案例进行了详细的介绍，旨在使本书成为广大从事水利水电工程设计、施工、管理和研究的技术人员使用振冲技术时的工具书和参考书，也可作为其他行业或领域技术人员使用振冲技术时的参考图书。本书由刘元勋、姚军平组织策划编写。第 1 章概述由卢伟、刘元勋、姚军平、张永恒编撰，第 2 章振冲法地基处理工程地质勘察由姚军平、刘元勋、卢伟、张永恒、赵雪峰、陈俊良编撰，第 3 章振冲法复合地基设计由刘元勋、姚军平、卢伟、张永恒、王海建、黄宏庆、徐苏晨编撰，第 4 章振冲法地基处理的试验由刘元勋、姚军平、卢伟、赵雪峰、杨冲、陈俊良、李国印、张廿一、张少华、邢敏、陈梦真、赵路朋编撰，第 5 章振冲法施工机械由姚军平、刘元勋、卢伟、赵雪峰、张永恒、王海建、徐苏晨编撰，第 6 章振冲法地基处理施工由刘元勋、姚军平、赵雪峰、卢伟、王海建、徐苏晨编撰，第 7 章振冲法地基处理检测与验收由姚军平、卢伟、刘元勋、赵雪峰、张永恒、王海建、徐苏晨、李国印编撰，第 8 章无基坑筑坝技术由刘元勋、姚军平、卢伟、张永恒、王海建、徐苏晨、毕树根、范穗兴、李勇、宋书卿编撰，第 9 章工程案例由刘元勋、姚军平、卢伟、赵雪峰、张永恒、黄宏庆、毕树根、范穗兴、王海建、徐苏晨、杨冲、陈俊良、李国印、张廿一、张少华、赵路朋、邢敏、陈梦真编撰，第 10 章振冲技术发展与展望由刘元勋、姚军平、卢伟、张永恒编撰。

国内水利水电行业内最早进行振冲技术研究和应用的中国科学院陈祖煜院士和长期从事岩土工程技术研究的广东省工程勘察设计大师杨光华亲自为本书作序，对所有参编人员和从事振冲技术研究、应用的技术人员是莫大的鼓舞和激励。在编写过程中，除本书的编撰人员外还得到了中水珠江规划勘测设计有限公司、中电建振冲建设工程股份有限公司和香港岩土工程有限公司的工程技术人员和专家的帮助与支持，同时衷心感谢新加坡 BJ VIBRO PTE LTD、安哥拉 POWER VIBRO – ENGENHARIA DE CONSTRUÇÃO ANGOLA，LDA 和中国香港 Senrima Construction Engineering Ltd. 等公司的技术专家对本书编辑过程中的支持与指导！本书还引用了国内、外其他单位完成的振冲技术研究和应用成果，谨向他们表示衷心的感谢！同时也向本书所有引用参考文献的作者和引用工程案例的参与者表示诚挚敬意与谢意！

　　限于编者水平和资料收集的完整性，本书难免有疏漏和错误之处，敬请各位专家、学者、工程技术人员批评指正，帮助我们提高，共同推动振冲技术的推广和应用。

编者
2023 年 9 月

⟫⟫⟫ 目 录

第1章 概　　述

振冲技术自 20 世纪 70 年代引入中国后，经过近 50 年的应用与发展已经在水利水电、火力发电、港口码头、石油炼化、公路、铁路、冶金、工业与民用建筑、填海工程中得到了广泛的应用。水利水电系统在振冲技术引进初期就于 1978 年将振冲技术应用于北京市官厅水库坝基松散中细砂的加密，其后将振冲技术逐步推广应用于各类坝（堰）基和厂房地基处理、坝（堰）体加固、边坡稳定、除险加固等工程，研发出了以无基坑筑坝技术等为代表的综合应用技术。我国与振冲技术相关的设计计算、施工工艺、设备制造、质量控制等技术也随着工程应用不断地创新，取得了显著成效，研究和应用的水平已经达到或领先于国际水平。

1.1　振冲技术原理

振冲技术常被称为振冲法，是一种地基处理方法，依靠振冲器水平振动产生的激振力，辅以高压水或高压空气的共同作用，使松散地基土层振密；或在地基土层中成孔后，回填性能稳定的硬质粗颗粒材料，经振密形成的增强体（振冲桩）和周围地基土形成复合地基的地基处理方法。

振冲法地基处理技术具有施工机具简单、容易操作、施工速度快、加固质量容易控制等特点。其加固材料仅使用碎石、卵石等当地材料，不需要水泥、钢材等其他材料，造价低且环保。

1.2　振冲技术发展

1936 年，德国的 Steuerman（施托伊尔曼）基于为进行混凝土捣实问题所发明振捣器的基础上，提出了利用振动和压力水冲切原理振冲器的构思。1937 年，Johann Keller（约翰·凯勒）公司按照这个构思研制成了一台具有现代振冲器雏形的机具，并首次用于柏林一幢建筑物 7.5m 深松砂地基的加固，结果将砂基的承载力提高了 1 倍，相对密度由原来的 45％提高到 80％，取得了显著的加固效果（Greenwood，1976）。这一成功应用为振冲技术的发展奠定了基础，其后振冲技术振密和挤密砂土类地基的有效性和经济性随着大量工程的实践逐渐被人们所认识。

20 世纪 40 年代，Steuerman 在美国创立美国振冲公司，将振冲技术带到美国；20 世纪 50 年代被引进到英国和法国，20 世纪 60 年代在非洲得到应用。在 20 世纪 60 年代初期，德国和英国相继在进行黏土地基处理时，通过回填碎石等粗颗粒形成密实桩柱，将振冲技术拓宽至黏性土地基的加固处理，后来发展成为振冲置换法。

1957 年，日本引进振冲技术并用于油罐松散砂土地基的处理，其后发生 1964 年新潟 7.7 级地震和 1968 年十胜冲 7.8 级强烈地震。在两次强震后调查中发现，采用振冲技术进行过砂土地基处理的建筑物基本保持完好，而未经处理或其他方式处理的砂土地基地震液化现象严重，建筑物受损严重。因此，振冲法作为减轻或防止砂土地基地震液化的有效措施得到了验证，逐渐被重视和使用，振冲技术不断地扩大推广和应用范围。

我国在 20 世纪 70 年代中期开始了解、研究和引进振冲技术。1977 年南京水利水运科学研究所和交通部水运规划设计院研制了 13kW 振冲器，并应用于南京船舶修造厂船体车间软土地基处理。1976 年唐山大地震后，我国开始重视对地基与基础的抗震加固技术研究，为进行北京官厅水库抗震加固工程，水利电力部北京勘测设计院研制了 30kW 振冲器，并于 1978 年 3 月底开始对官厅水库大坝下游中细砂层进行了加固处理，使相对密度提高到 80% 以上，取得良好效果。此后，振冲技术在我国水利水电行业不断应用和发展，1982 年研发成功了我国第一台 75kW 大功率振冲器，并应用于引滦工程中，大功率振冲器在处理粗颗粒土、硬黏土及软土层的造孔、挤密和置换能力均大幅提高。1986 年，水利电力部为了三峡工程建设需要组织了《三峡二期围堰风化砂快速加密》"七五"国家科技攻关项目研究，经生产性试验，采用 75kW 振冲器成功加密 30m 的风化砂。1997 年，振冲碎石桩成功应用于三峡二期围堰 24～30m 深度抛填风化砂振冲加固处理，施工深度达 30m，为当时国内之最深。

2000 年以后振冲法施工技术被大量采用，并且应用领域、范围也逐步扩大。2003 年，云南务坪水库蓄水成功，该项目采用振冲碎石桩对坝基湖积软土层和坝肩滑坡体进行处理，并结合控制填筑速度等措施在不排水抗剪强度小于 20kPa 的流塑状软黏土地基上修建了 52m 高黏土心墙碾压堆石坝。2004 年，北京振冲工程股份有限公司研制出 BJ180kW 液压振冲器，填补了我国液压振冲器制造的空白，很大程度上解决了振冲法在覆盖层厚、地质条件复杂、砂卵砾石地层项目中的应用。2005 年，国家能源局颁布了 DL/T 5214—2005《水电水利工程振冲法地基处理技术规范》，为我国水电行业采用振冲法地基处理技术提供了依据。2005 年，海南大隆水库采用振冲法对坝基砂卵砾石地层进行处理，进行无基坑水下筑坝取得成功，实现了简化施工工序、提高功效、一次截断河流、全年施工度汛的技术。2005 年，四川田湾河仁宗海水库采用振冲碎石桩对整个大坝坝基 18m 的深厚淤泥质壤土和崩积体进行处理，建设 50m 高面板堆石坝，施工近 50 万延米，系高寒地区采用振冲碎石桩处理深厚淤泥质壤土建设高坝的典范。2007 年，云南普渡河鲁基厂水电站，采用液压振冲器穿透上部砂卵石地层，对下部粉土及砂土进行处理，最大处理深度达 32.7m，建成 32m 高的混凝土闸坝，在国内乃至国际上尚属首次。在此期间底部出料振冲法和双点、三点振冲挤密施工技术和装备、振冲法施工质量监控系统也得到了不断提升。

2012 年后，振冲法施工技术随着我国工程实践的总结和装备制造能力的提升，进入全面提升阶段。2012 年北京振冲工程股份有限公司成功研制出我国第三代干法底部出料振冲集成设备，并在港珠澳大桥香港口岸填海工程中成功应用，最大处理深度 39m（不含水深），完成工程量 123 万延米，筑岛面积约 150 万 m^2。该成果达到国际领先水平。

2015 年 260kW 电动振冲器、变频电动振冲器也开始研制并投入工程应用。2016 年，国家能源局发布了电力行业标准 DL/T 1557—2016《电动振冲器》，规定了电动振冲器的设计、制造、检验、使用、贮存、维修及保养等技术要求。2020 年，大渡河硬梁包水电站，首次采用大直径气动潜孔锤跟管工艺，对上覆含漂砂卵砾石层引孔进行堰塞湖相沉积细粒土层振冲碎石桩施工，取得较高功效，为该类地层采用振冲碎石桩施工开创了新的工艺和方法。2020 年拉哇水电站振冲碎石桩施工超过 70m，为目前世界最深的超深振冲碎石桩。振冲法施工智能化控制技术和装备研究自 2020 年开始也获得了重大进步，并已在多个工程项目中应用。

1.3　振冲法加固地基的机理及作用

振冲法加固地基的适用范围很广，可以对粉土、砂土、碎石土、黏性土、杂填土进行加固处理，其地基处理的作用主要有提高地基承载力、提高变形模量、减小沉降和不均匀沉降、消除地震液化、形成排水通道加快土体排水固结等作用，实践中使用振冲技术加固地基后经常会形成以上几种作用的综合效果。

振冲法地基加固的机理分为振冲加密和振冲置换两类。

1.3.1　振冲加密

振冲加密主要针对砂性土，从粉细砂到粗砂、含砾粗砂，黏粒含量小于 10% 的都可获得很好的加密效果。随着振冲器功率和振动力的增大，可加密土类的粒径也在增大，2009 年重庆开县调节坝工程中就应用振冲加密对水下抛填坝体进行加密，取得良好效果。

振冲加密是利用振冲器的振动作用，使松散的砂土在振动荷载作用下，颗粒重新排列，体积缩小，变成密实的砂土。对于饱和的松散砂土，在振冲器的水平振动的重复作用下，土体中超孔隙水压力迅速增长，促使土颗粒间连接力减小，土粒更容易向低势能位置转移，形成密实的稳定结构，达到提高承载力、增强抗液化能力等效果。根据大量工程实践统计，通过振动加密，可以使砂基的密实度普遍提高到 70% 以上，大部分可提高到 80% 以上。振冲器的间距越小、激振力越大，加密的效果越好。

振冲加密又可分为无填料加密和填料加密。在粗砂、中粗砂、含砾中粗砂等地层中，当振冲器上提后孔壁在振动作用下极易坍塌，可以自行补料，不用外加填料。但在粉细砂地层中因在振冲时形成流态区大，排水固结作用相对较慢，必须回填粗颗粒才能获得较好的加密效果；对于碎石或卵石类地基因为其内摩擦角大，振冲器的振动力不足以使孔壁坍塌，或者坍塌量不足以弥补振冲加密所需要的填料量，一般也需外加填料。外加填料多用粗砂、砾石、卵石、碎石等。

1.3.2　振冲置换

振冲置换主要用于黏性土地基的加固处理，利用振冲器振动成孔，填入石料，振密形成碎石桩，和桩间土形成复合地基，桩与土共同承担荷载，共同作用。一般认为振冲碎石桩在复合地基中具有桩柱作用、排水作用和垫层作用。碎石桩的刚度大、强度高，承担了大部分荷载，其桩体填筑的碎石形成良好的排水通道，大大缩短了孔隙水的渗径，加速了土体的排水固结。而由振冲碎石桩形成的复合地基除了大幅度地提高地基的变形模量外，还可将荷载扩散使应力分布趋于均匀，达到减少地基的沉降量和不均匀沉降量的结果，可视为垫层。

一般认为振冲碎石桩不宜加固软弱黏土，因为原土的强度过低，对填料挤入的约束力不能平衡振冲器使填料挤入土孔壁的力，无法形成桩体。根据工程经验总结，一般认为振冲置换法不适用于不排水抗剪强度小于 20kPa 的黏性土、粉土、砂土和填土等地基。但是在实际工程实践中也有突破这一下限获得成功的项目。2005 年后，我国开始底部出料振冲法工艺的研究和尝试，并逐渐研发出底部出料振冲法施工工艺和集成设备，2012 年在港珠澳大桥香港口岸填海工程中成功地对人工岛岛壁填筑区域的海相沉积淤泥土进行了处理，获得了巨大的成功。这一成果也使振冲置换的使用范围进一步地突破，现在底部出料振冲工艺和集成设备已经在多个工程中得到了应用和推广。

1.4　振冲法地基加固的勘察设计

因为砂性土地层和黏性土地层使用振冲法加固分为振冲加密和振冲置换两种工艺，因此振冲法地基加固的设计也相应地分为砂性土的振冲加密设计和黏性土的振冲置换（或振冲碎石桩）法设计。砂性土地基经加固处理后期地基沉降量小，一般不计算其沉降量，只考虑砂土加密的效果。黏性土地基振冲加固形成的复合地基，主要依靠振冲碎石桩提高地基强度，因此其加固设计要考虑碎石桩和桩周土的工程特性及相应的指标参数，使加固以后的地基承载力不但要满足上部建筑荷载要求，还要考虑建筑物对沉降的要求。水工建筑物的规模和荷载一般都比较大，对地基的承载力、变形沉降、抗滑稳定有着较高的要求，因此水利水电工程中的振冲加固设计尤为重要。但目前对于振冲碎石桩复合地基的设计还处于半经验半理论的状态，有些设计参数也只能凭工程经验选取，对碎石桩的承载力、复合地基承载力、沉降变形的计算参数难以准确获得，计算方法还不够成熟。因此，在重要工程或重要建筑物以及复杂地层中采用振冲加固方法应在工程现场选取有代表性的区域进行试验，取得相应的参数，确定施工的工艺和技术要求。

进行振冲法地基加固设计应充分了解相应建筑物的参数和要求，例如建筑物的平面布置、荷载要求、变形要求、基础类型等。还要通过勘察资料充分了解加固场地的工程地质情况，各土层的高程和厚度、地下水位、各土层的物理力学性质等。而水利水电工程基本都建设在大江大河之上，多数位于高原峡谷之中，往往存在地层复杂、物理力学性质差异大、覆盖层深厚、沉积厚度和空间分布变化大等特点。因此，水利水电工程中采用振冲法地基加固技术时应做好对加固场地的勘察工作，通过详细的勘察资料判断采用振冲法地基处理技术的可行性及难易程度以及经济、技术的合理性。

振冲加密设计主要确定加固范围、加密深度、布点方式、点位间距，和加密的遍数、加密电流、留振时间、加密段长、是否填料以及填料要求等。

振冲置换设计主要确定加固范围、加固深度、布桩形式、桩径、桩体材料，和加密电流、加密段长、加密电流、留振时间、填料量以及填料要求等。

1.5 振冲施工

1.5.1 施工设备

振冲施工机具主要由振冲器、起吊设备、填料设备、电控系统、供水（风）设备、排浆泵等组成，并辅以配套的电缆、胶管等。

1. 振冲器

振冲器为振冲施工的核心设备，根据驱动方式的不同分为电动振冲器和液压振冲器。我国生产的电动振冲器主要有 30kW、45kW、55kW、75kW、130kW、180kW、220kW 电动振冲器，目前常用的主要是 75kW、130kW 和 180kW 三种功率。水利水电工程因处理深厚覆盖层的需要，大功率振冲器的应用越来越多，2020 年大渡河硬梁包水电站和拉哇水电站都使用了 220kW 的电动振冲器。液压振冲器因其具有频率高、穿透能力强的特点在复杂地层和中粗砂地层的振冲加固中使用较多，1996 年三峡二期围堰风化砂加固、1998 年飞来峡水利枢纽、2005 年大隆水利枢纽、2006 年向家坝水电站、2008 年鲁基厂水电站等工程中均采用液压振冲器为主进行了振冲施工。液压振冲器主要由欧洲企业生产，主要功率为 150kW，我国自 2005 年开始进行液压振冲器的研发，目前已具备国产的能力。在施工时，应根据地质条件和设计要求进行振冲器的选用。

2. 起吊设备

起吊设备可用汽车式起重机、履带式起重机、步履式桩机架、履带式桩机架以及其他具备起吊能力的井架、打桩机等。一般来讲起重设备的高度决定了振冲施工的深度，因此应根据施工的深度和设备的重量进行起重设备的选择。当前随着超深振冲碎石桩的施工需要，或者特殊限高条件下施工的需要，伸缩式振冲器导杆研制成功，也在一定程度上降低了对起重设备高度的要求。在采用双点或者三点振冲加密施工时，除做好起重设备的选型外，还要做好专用吊具的设计和加工制造。

3. 填料设备

填料设备主要采用装载机。常用的装载机为 $1.0\sim2.5\text{m}^3$，应根据填料的强度进行填料设备的选用。

在进行底部填料振冲法施工时，可使用挖掘机或装载机为提升料斗补充填料，或采用砂石泵直接向料仓泵送填料。

4. 电控系统

电控系统一般是集成了施工配电和质量控制功能的控制箱，除控制振冲器、水泵、排污泵等设备的启停，还具有自动控制施工质量主要控制参数（加密电流、留振时间）的功能。随着计算机技术和智能化技术的发展，电控系统越来越多地采用变频控制柜，对施工质量主控参数的控制也越来越多地使用智能化系统，对振冲器、供水泵可进行远程控制，不但很大程度上提高了施工设备控制的便利性，还可减少施工人员的配备。

5. 供水（风）设备

供水设备主要是高压清水泵，向振冲器供水，要求压力可为 $0.5\sim1.0\text{MPa}$，根据施工的深度和用水量的多少，选用满足供水量和扬程、压力等参数的供水泵，一般供水量应

不小于每小时 $20m^3$。

在采用干法施工时，应采用供风设备，主要是空压机向振冲器供风施工，供风的风压和风量应满足振冲施工的要求。

6. 排浆泵

排浆泵用来将振冲施工返出来的泥浆排到沉淀池或排浆场地。应根据排浆的量和排浆距离选用合适的排污泵。水利水电工程一般对水土保持要求高，应做好泥浆排放和沉淀，对沉淀后的清水进行循环利用。现在城市施工，或不具备排浆条件的，一般使用泥水分离技术解决泥浆排放问题。

1.5.2　施工方法

振冲施工应做好施工规划和现场布置，桩位施放应按设计坐标并满足规范对偏差的要求。规划和建立排浆系统，开挖排浆坑和沉淀池等。振冲施工顺序一般采用向一个方向推进的顺序施工，对软黏土或者极易液化的粉土可采用跳打法或围打法。

振冲施工工艺一般分为造孔、清孔、加密 3 个阶段，需要填料的可采用连续填料法或者间断填料法，填料困难的可以采用强迫填料法。振冲施工应采用自动化或智能化控制系统进行加密电流和留振时间的控制，控制好加密段长和填料量。采用人工或者自动记录仪做好施工过程记录。

1.6　振冲施工效果检测

振冲施工效果的检测指标主要有承载力、桩体密实度、桩间土的物理力学指标、渗透系数等。主要检测方法常用的有静载荷试验、动力触探、标准贯入试验、静力触探、剪切试验等。近年有采用地质雷达、瑞利波法等技术进行加固效果检测的研究和尝试，并取得了一定进展。

载荷试验主要有单桩载荷试验、桩间土载荷试验和复合地基载荷试验等，大型载荷试验一般工作量大、工作时间长、费用高，所以多在大型或者重要项目中使用。

通过动力触探进行桩体密实度试验可以检查桩体的密实度和均匀度。其方法简单、速度快，因此在施工过程中多用于施工效果的过程检测和工后检测。

地基土在振冲施工中，因振冲器的扰动和土体中孔隙水压力的改变，使土体的工程性质产生较大的削弱，因此需要等待一定的恢复期，让地基土中的超静空隙水压力消散和土体强度恢复后进行检测，以获得地基土的真实工程性能。一般对于粉质黏土地基恢复期取 30d，粉土取 15d，砂土取 7d。检测的点数，一般载荷试验每 $200\sim400$ 根做 1 个，不少于 3 个。桩体动力触探一般抽检 $1\%\sim3\%$ 的比例。

随着振冲技术的发展，尤其近几年超深振冲碎石桩的使用，原有的检测方法和评价标准已难以对振冲碎石桩加固效果进行全面准确的评价，需要尽快提升检测手段，建立相应的评价标准。

1.7　小结

振冲技术自我国水利水电系统引进以来，随着基础设施建设的发展，我国振冲碎石桩施工技术和装备获得了快速发展和应用，尤其在水利水电工程中的应用促使振冲施工技术不断提升。从工程规模、所覆盖工程地质条件的广泛性和复杂性等评价，我国振冲碎石桩的应用水平已经达到并超过国际水平。依托振冲技术进行水利水电工程建设综合应用的无基坑筑坝技术已在多个工程中进行实践，效益显著；为解决西南地区深厚覆盖层振冲技术应用而开发的大直径气动潜孔锤（或旋挖钻机）辅助引孔工艺也取得了良好效果；超深振冲碎石桩的施工已经超过70m。为更好地总结振冲技术的应用和发展情况，本书选取了多个有代表性的工程案例进行了总结和分析，供水利水电工程技术人员参考。

第 2 章　振冲法地基处理工程地质勘察

2.1　工程地质勘察概述

工程地质是研究与工程建设有关地质问题的学科。工程地质勘察是根据设计建、构筑物的结构和运行特点，对建设场地工程地质条件和工程地质问题进行调查、分析、研究，评价建设场地的地质地理环境特征和岩土工程条件，编制建设工程勘察文件的活动。即工程地质勘察是根据建设工程要求，运用各种勘测技术方法和手段，为查明建设场地的工程地质条件和工程地质问题而进行的调查研究工作，在此基础上，按照现行的国家、行业等相关技术标准、规范、规程以及岩土工程理论方法，去分析和评价建设场地的工程地质条件，解决存在的工程地质问题，编制并提交用于工程设计、施工、监理等工程建设程序的各种工程地质勘察技术文件。因此，工程地质勘察是一项集建设现场勘察、室内资料整理、分析、评价与制图的工程活动。

本章内容着重描述在水利水电工程建、构筑物工程中采用振冲处理第四纪覆盖层的工程地质勘察。

2.2　工程地质勘察的基本要求

水利水电工程地质勘察应根据工程地质问题的性质、水工建筑物的类型和规模以及各阶段勘察任务的要求，布置地质勘查工作，综合运用各种勘探手段和方法。重视基础地质勘察资料的收集，各项资料应真实、准确、完整。为保证水利水电工程建设及使用的寿命、安全等，水利水电工程建设前必须按国家基本建设程序开展地质勘察工作。

水利水电工程建、构筑物工程地质勘察的基本要求：

（1）水利水电各项工程在建设前，必须进行工程地质勘察。

（2）水利水电工程地质勘察一般分为：规划、可行性研究、初步设计、招标设计和施工详图设计 5 个阶段。各阶段的工程地质勘察工作要根据勘察任务书或勘察合同的要求确定。

（3）开展野外工作前，要收集和分析工程场区已有的地质资料，进行现场踏勘，依据工程地质勘察工作要求编制工程地质勘察大纲。

（4）水利水电工程地质勘察工作中应综合运用各种勘察手段和方法。工程地质测绘、工程物探、地质勘探、岩土试验（包括原位测试和室内试验等）等工作要符合现行的国家标准和行业标准。

（5）水利水电工程地质勘察中，对重大、复杂的地质问题应进行专题研究。

（6）水利水电工程地质勘察应重视原位监测和长期观测工作。

（7）水利水电工程地质勘察各阶段均应编制工程地质勘察报告。

2.3 第四纪覆盖层概述

第四纪覆盖层一般是指第四纪以来经过地质作用覆盖于基岩之上的松散堆积物、沉积物的总称。其基本特征如下。

（1）陆相沉积为主，常构成各种堆积地貌形态。

（2）岩相多变。由于形成环境复杂，覆盖层的性质、结构、厚度等在水平方向和垂直方向都有很大的差异性。

（3）组成结构复杂。第四纪覆盖层一般结构松散、层次结构多而且不连续，物质组成和力学特性差异很大。

（4）第四纪覆盖层堆积物的成因类型详见表 2-1。

（5）第四纪覆盖层堆积物的特征见表 2-2。

表 2-1 第四纪覆盖层堆积物的成因类型

成　因	成因类型	主导地质作用
风化残积	残积	物理、化学风化作用
重力堆积	坠积	较长期的重力作用
	崩塌堆积	短促间发生的重力破坏作用
	滑坡堆积	大型斜坡块体重力破坏作用
	土溜	小型斜坡块体表面的重力破坏作用
大陆流水堆积	坡积	斜坡上雨水、雪水间由重力的长期搬运、堆积作用
	洪积	短期内大量地表水流搬运、堆积作用
	冲积	长期的地表水流沿河谷搬运、堆积作用
	三角洲堆积（河、湖）	河水、湖水混合堆积作用
	湖泊堆积	浅水型的静水堆积作用
	沼泽堆积	潴水型的静水堆积作用
海水堆积	滨海堆积	海浪及岸流的堆积作用
	浅海堆积	浅海相动荡及静水的混合堆积作用
	深海堆积	深海相静水的堆积作用
	三角洲堆积（河、海）	三河水、海水混合堆积作用
地下水堆积	泉水堆积	化学堆积作用及部分机械堆积作用
	洞穴堆积	机械堆积作用及部分化学堆积作用
冰川堆积	冰碛堆积	固体状态冰川的搬运、堆积作用
	冰水堆积	冰川中冰下水的搬运、堆积作用
	冰碛湖堆积	冰川地区的净水堆积作用
风力堆积	风积	风的搬运堆积作用
	风—水堆积	风的搬运堆积作用后，又经流水的搬运堆积作用

表 2 - 2　　　　　　　　　　　　第四纪覆盖层堆积物的特征

成因类型	堆积方式及条件	堆积物特征
残积	岩石经风化作用而残留在原地的碎屑堆积物	碎屑物自表部向深处逐渐由细变粗，其成分与母岩有关，一般不具层理，碎块多呈棱角状，土质不均，具有较大孔隙，厚度在山丘顶部较薄，低洼处较厚，厚度变化较大
坡积或崩积	风化碎屑物由雨水或融雪水沿斜坡搬运；或由本身的重力作用堆积在斜坡上或坡脚处而成	碎屑物岩性成分复杂，与高处的岩性组成有直接关系，从坡上往下逐渐变细，分选性差，层理不明显，厚度变化较大，厚度在斜坡较陡处较薄，坡脚地段较厚
洪积	由暂时性洪流将山区或高地的大量风化碎屑物携带至沟口或平缓地带堆积而成	颗粒具有一定的分选性，但往往大小混杂，碎屑多呈亚棱角状，洪积扇顶部颗粒较粗，层理紊乱呈交错状，透镜体及夹层较多，边缘处颗粒细，层理清楚，其厚度一般高山区或高地处较大，远处较小
冲积	由长期的地表水流搬运，在河流阶地、冲积平原和三角洲地带堆积而成	颗粒在河流上游较粗，向下游逐渐变细，分选性及磨圆度均好，层理清楚，除牛轭湖及某些河床相沉积外，厚度较稳定
冰积	由冰川融化携带的碎屑物堆积或沉积而成	粒度相差较大，无分选性，一般不具层理，因冰川形态和规模的差异，厚度变化大
淤积	在静水或缓慢的流水环境中沉积，并伴有生物、化学作用而成	颗粒以粉粒、黏粒为主，且含有一定数量的有机质或盐类，一般土质松软，有时为淤泥质黏性土、粉土与粉砂互层，具清晰的薄层理
风积	在干旱气候条件下，碎屑物被风吹扬，降落堆积而成	颗粒主要由粉粒或砂粒组成，土质均匀，质纯，孔隙大，结构松散

2.4　第四纪覆盖层堆积物（土）分类

2.4.1　GB/T 50145—2007《土的工程分类标准》分类

根据土颗粒组成特征、土的塑性指标、土中有机质存在情况进行分类；按其不同粒组的相对含量划分为巨粒类土、粗粒类土、细粒类土 3 类；粒组的划分见表 2 - 3。

表 2 - 3　　　　　　　　　　　　　粒　组　划　分

粒组统称	粒组名称		粒径 d 的范围/mm
巨粒	漂石（块石）粒		$d>200$
	卵石（碎石）粒		$200\geqslant d>60$
粗粒	砾粒	粗砾	$60\geqslant d>20$
		中砾	$20\geqslant d>5$
		细砾	$5\geqslant d>2$
	砂粒	粗砂	$2\geqslant d>0.5$
		中砂	$0.5\geqslant d>0.25$
		细砂	$0.25\geqslant d>0.075$
细粒	粉粒		$0.075\geqslant d>0.005$
	黏粒		$d\leqslant0.005$

（1）巨粒类土应按粒组划分，巨粒类土的分类见表 2-4。

表 2-4 　　　　　　　　　　　　**巨 粒 类 土 的 分 类**

土类	粒　组　含　量		土代号	土名称
巨粒土	巨粒含量＞75％	漂石粒含量大于卵石含量	B	漂石（块石）
		漂石粒含量不大于卵石含量	Cb	卵石（碎石）
混合巨粒土	75％≥巨粒含量＞50％	漂石粒含量大于卵石含量	BSl	混合土漂石（块石）
		漂石粒含量不大于卵石含量	CbSl	混合土卵石（块石）
巨粒混合土	50％≥巨粒含量＞15％	漂石粒含量大于卵石含量	SlB	漂石（块石）混合土
		漂石粒含量不大于卵石含量	SlCb	卵石（碎石）混合土

（2）粗粒类土应按粒组、级配、细粒土含量划分；砾类土的分类见表 2-5，砂类土的分类见表 2-6。

表 2-5 　　　　　　　　　　　　**砾 类 土 的 分 类**

土类	粒　组　含　量		土代号	土名称
砾	细粒含量＜5％	级配：$C_u \geq 5$，$3 \geq C_c \geq 1$	GW	级配良好砾
		级配：不同时满足上述要求	GP	级配不良砾
含细粒土砾	5％≤细粒含量＜15％		GF	含细粒土砾
细粒土质砾	15％≤细粒含量＜50％	细粒组中粉粒含量不大于50％	GC	黏土质砾
		细粒组中粉粒含量大于50％	GM	粉土质砾

表 2-6 　　　　　　　　　　　　**砂 类 土 的 分 类**

土类	粒　组　含　量		土代号	土名称
砂	细粒含量＜5％	级配：$C_u \geq 5$，$3 \geq C_c \geq 1$	SW	级配良好砂
		级配：不同时满足上述要求	SP	级配不良砂
含细粒土砂	5％≤细粒含量＜15％		SF	含细粒土砂
细粒土质砂	15％≤细粒含量＜50％	细粒组中粉粒含量不大于50％	SC	黏土质砂
		细粒组中粉粒含量大于50％	SM	粉土质砂

（3）细粒类土应按塑性图、所含粒组类别以及有机质含量划分。

细粒土应根据塑性图 2-1 分类。

当采用如图 2-1 所示的塑性图确定细粒土时，按表 2-7 分类。

表 2-7 　　　　　　　　　　　　**细 粒 土 的 分 类**

土的塑性指标在塑性图中的位置		土代号	土名称
塑性指数 I_p	液限 w_L		
$I_p \geq 0.73(w_L - 20)$ 和 $I_p \geq 7$	$w_L \geq 50\%$	CH	高液限黏土
	$w_L < 50\%$	CL	低液限黏土
$I_p < 0.73(w_L - 20)$ 和 $I_p < 4$	$w_L \geq 50\%$	MH	高液限粉土
	$w_L < 50\%$	ML	低液限粉土

注　黏土—粉土过渡区（CL～ML）的土可按相邻土的类别细分。

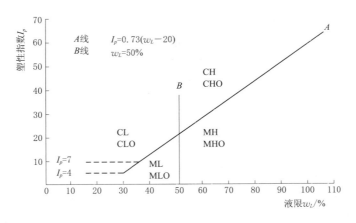

图 2-1　塑性图

注：①图中横坐标为土的液限 w_L，纵坐标为塑性指数 I_p；②图中的液限 w_L，为用碟式仪测定的液限含水率或用质量76g、锥角为30°的液限仪锥尖入土深度17mm对应的含水率；③图中虚线之间区域为黏土粉土过渡区。

2.4.2　国家标准 GB 50021—2001《岩土工程勘察规范》（2009 年版）的分类

2.4.2.1　按地质成因分类

可划分为残积土、坡积土、洪积土、冲积土、淤积土、冰积土和风积土等。此外，尚有复合成因土，如冲—洪积土、坡—残积土等。

2.4.2.2　按沉积时代分类

按照沉积时代分类，可划分为老沉积土，一般堆积土和新近沉积土。

（1）老沉积土：晚更新世及其以前沉积的土。

（2）一般堆积土：第四纪全新世（文化期以前）沉积的土。

（3）新近沉积土：全新世中近期（文化期）以来沉积的土。

2.4.2.3　按颗粒级配和塑性指数分类

土按颗粒级配和塑性指数可分为碎石土、砂土、粉土和黏性土。

（1）碎石土：粒径大于 2mm 的颗粒质量超过总质量 50% 的土。碎石土的分类见表 2-8。

表 2-8　　　　　　　　　　　　　　碎　石　土　分　类

土名称	颗粒形状	颗　粒　级　配
漂石	圆形及亚圆形为主	粒径大于 200mm 的颗粒质量超过总质量 50%
块石	棱角形为主	
卵石	圆形及亚圆形为主	粒径大于 20mm 的颗粒质量超过总质量 50%
碎石	棱角形为主	
圆砾	圆形及亚圆形为主	粒径大于 2mm 的颗粒质量超过总质量 50%
角砾	棱角形为主	

注　定名时应根据颗粒级配由大到小以最先符合者确定。

（2）砂土：粒径大于 2mm 的颗粒质量不超过总质量 50%，粒径大于 0.075mm 的颗粒质量超过总质量50％的土。砂土的分类见表2-9。

表2-9　　　　　　　　　　　　　砂　土　分　类

土名称	颗　粒　级　配	土名称	颗　粒　级　配
砾砂	粒径大于2mm的颗粒质量占总质量25％～50％	细砂	粒径大于0.075mm的颗粒质量超过总质量85％
粗砂	粒径大于0.5mm的颗粒质量超过总质量50％	粉砂	粒径大于0.075mm的颗粒质量超过总质量50％
中砂	粒径大于0.25mm的颗粒质量超过总质量50％		

注　定名时应根据颗粒级配由大到小以最先符合者确定。

（3）粉土：粒径大于0.075mm的颗粒质量不超过总质量的50％，且塑性指数等于或小于10的土。

（4）黏性土：塑性指数大于10的土为黏性土，黏性土又分为粉质黏土、黏土；塑性指数大于10，且小于或等于17的土为粉质黏土；塑性指数大于17的土为黏土。（塑性指数应由76g圆锥仪沉入土中深度为10mm测定的液限计算而得，塑限以搓条法为准。）

2.4.2.4　按工程特性分类

具有一定分布区域或工程意义上具有特殊成分、状态和结构特征的土称特殊性土，根据工程特性分为湿陷性土、红黏土、软土（包括淤泥和淤泥质土）、冻土、膨胀土、盐渍土、混合土、填土和污染土。

2.4.2.5　按有机质含量分类

根据有机质含量分类见表2-10。

表2-10　　　　　　　　　　　土按有机质含量分类

分类名称	有机质含量 W_u	现场鉴别特征	说　　明
无机土	$W_u < 5\%$	—	—
有机质土	$5\% \leqslant W_u \leqslant 10\%$	深灰色，有光泽，味臭，除腐殖质外尚含少量未完全分解的动植物体，浸水后水面出现气泡，干燥后体积收缩	1. 如现场能鉴别有机质土或有地区经验时，可不做有机质含量测定； 2. 当 $W > W_L$，$1.0 \leqslant e < 1.5$ 时称淤泥质土； 3. 当 $W > W_L$，$e \geqslant 1.5$ 时称淤泥
泥炭质土	$10\% < W_u \leqslant 60\%$	深灰或黑色，有腥臭味，能看到未完全分解的植物结构，浸水体胀，易崩解，有植物残渣浮于水中，干缩现象明显	根据地区特点和需要按 W_u 细分为： 弱泥炭质土（$10\% < W_u \leqslant 25\%$） 中泥炭质土（$25\% < W_u \leqslant 40\%$） 强泥炭质土（$40\% < W_u \leqslant 60\%$）
泥炭	$W_u > 60\%$	除有泥炭质土特征外，结构松散，土质很轻，暗无光泽，干缩现象极为明显	—

注　有机质含量 W_u 按灼失量试验确定。

2.4.3　SL 237—1999《土工试验规程》的分类

1. 一般程序

（1）根据土中未完全分解的动植物残骸和无定型物质判定是有机土还是无机土。有机土呈黑色、青黑色或暗色，有臭味，手触有弹性和海绵感。也可根据土工试验结果确定。

（2）对于无机土，则按巨粒土、粗粒土和细粒土进行细分类；粒组的划分见表2-11。

表 2 - 11　　　　　　　　　　　　巨粒土和含巨粒土的分类

土　类	粒　组　含　量		土代号	土名称
巨粒土	巨粒含量 75%～100%	漂石粒含量＞50%	B	漂石
		漂石粒含量≤50%	Cb	卵石
混合巨粒土	巨粒含量 小于75%，大于50%	漂石粒含量＞50%	BSI	混合土漂石
		漂石粒含量≤50%	CbSI	混合土卵石
巨粒混合土	巨粒含量 15%～50%	漂石粒含量＞卵石含量	SIB	漂石混合土
		漂石粒含量≤卵石含量	SICb	卵石混合土

2. 巨粒土和含巨粒土的分类和定名

（1）试样中巨粒组质量大于总质量 50% 的土称巨粒类土。

（2）试样中巨粒组质量为总质量 15%～50% 的土为巨粒混合土。

（3）试样中巨粒组质量小于总质量 15% 的土，可扣除巨粒，按粗粒土或细粒土的相应规定分类、定名。

（4）巨粒土和含巨粒土的分类、定名，应符合表 2-11 的规定。

3. 粗粒土的分类和定名

（1）试样中粗粒组质量大于总质量 50% 的土称粗粒类土。

（2）粗粒类土中砾粒组质量大于总质量 50% 的土称砾类土；砾粒组质量小于或等于总质量 50% 的土称砂类土。

（3）砾类土应根据其中细粒含量及类别、粗粒组的级配，按表 2-5 分类和定名。

（4）砂类土应根据其中细粒含量及类别、粗粒组的级配，按表 2-6 分类和定名。

4. 细粒土分类和定名

（1）试样中细粒组质量大于或等于总质量 50% 的土称细粒类土。

（2）细粒类土应按下列规定划分：

1）试样中粗粒组质量小于总质量 25% 的土称细粒土。

2）试样中粗粒组质量为总质量 25%～50% 的土称含粗粒的细粒土。

3）试样中含有部分有机质（有机质含量 $5\% \leqslant O_u \leqslant 10\%$）的土称有机质土。

（3）细粒土应根据塑性图分类。塑性图的横坐标为土的液限（W_L），纵坐标为塑性指数（I_p）。塑性图中有 A、B 两条界限线：

1）A 线方程式：$I_p = 0.73(W_L - 20)$。A 线上侧为黏土，下侧为粉土。

2）B 线方程式：$W_L = 50$。$W_L \geqslant 50$ 为高液限，$W_L \leqslant 50$ 为低液限。

3）本标准的塑性图见图 2-1。

（4）细粒土应按塑性图中的位置确定土的类别，并按表 2-12 分类和定名。

（5）含粗粒土的细粒土先按表 2-12 规定确定细粒土名称，再按下列规定最终定名。

1）粗粒中砾粒占优势，称含砾细粒土，应在细粒土名代号后缀以代号 G。

示例：CHG——含砾高液限黏土。

　　　　MLG——含砾低液限粉土。

表 2-12   细 粒 土 分 类

土的塑性指标在塑性图中的位置		土代号	土名称
塑性指数 I_p	液限 W_L		
$I_p \geqslant 0.73(W_L - 20)$ 和 $I_p \geqslant 10$	$W_L \geqslant 50\%$	CH	高液限黏土
	$W_L < 50\%$	CL	低液限黏土
$I_p < 0.73(W_L - 20)$ 和 $I_p < 10$	$W_L \geqslant 50\%$	MH	高液限粉土
	$W_L < 50\%$	ML	低液限粉土

2）粗粒中砂粒占优势，称含砂细粒土，应在细粒土名代号后缀以代号 S。

示例：CHS——含砂高液限黏土。

      MLS——含砂低液限粉土。

（6）有机质土可按表 2-10 规定划分定名，在各相应土类代号后缀以代号 O。

示例：CHO——有机质高液限黏土。

      MLO——有机质低液限粉土。

5. 特殊土分类

（1）黄土、膨胀土和红黏土等特殊土类在塑性图中的基本位置见图 2-2。其相应的初步判别见表 2-13。

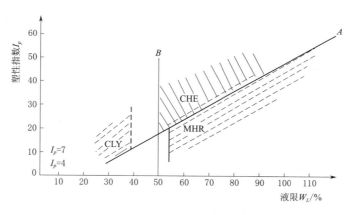

图 2-2   特殊土塑性图

表 2-13   黄土、膨胀土和红黏土的判别

土的塑性指标在塑性图中的位置		土代号	土 名 称
塑性指数 I_p	液限 W_L		
$I_p \geqslant 0.73(W_L - 20)$ 和 $I_p \geqslant 10$	$W_L < 40\%$	CLY	低液限黏土（黄土）
	$W_L > 50\%$	CHE	高液限黏土（膨胀土）
$I_p < 0.73(W_L - 20)$ 和 $I_p < 10$	$W_L > 55\%$	MHR	高液限粉土（红黏土）

（2）黄土、膨胀土和红黏土等特殊土的最终分类和定名尚应遵照相应的专门规范。本书仅规定在塑性图中的基本位置和相应的学名。

2.4.4　第四纪覆盖层堆积物（土）的鉴定要求

对于土的鉴定、定名应在现场观察描述的基础上，结合室内、外试验综合确定。

（1）土的现场描述是一项极为重要的基础工作，应仔细观察，详尽描述。土的描述应符合下列规定。

（2）碎石土，应描述颗粒级配、颗粒形状、颗粒排列、母岩成分、风化程度，充填物的性质和充填程度，密实度及层理特征等。

（3）砂土，应描述颜色、矿物组成、颗粒级配、颗粒形状、黏粒含量、湿度、密实度及层理特征等。

（4）粉土，应描述颜色（干、湿）、包含物、湿度、密实度及层理、摇震反应、光泽反应、干强度、韧性等。

（5）黏性土，应描述颜色（干、湿）、状态、包含物、光泽反应、摇震反应、干强度、韧性、土层结构等（层状、页片状、条带状、块状、团粒状、核状、粒状、柱状、片状、鳞片状等）。

（6）特殊性土，除应描述上述相应土类内容外，尚应描述其特殊成分和特殊性质。如淤泥尚需描述臭味。人工填土尚应描述物质成分、密实度（状态）、厚度的均匀程度、堆填方式、年代等。

（7）对"夹层""互层""夹薄层"尚应描述各层的厚度及层理特征。

2.5　振冲法地基处理工程地质勘察

2.5.1　工程地质勘察目的

水利水电工程地质勘察主要目的就是通过现场勘测技术及室内室外等相关实验检测出拟建建设场地工程地质参数，正确反映建设场地工程地质条件，正确分析相关地质参数并评价场地地质条件与问题，根据场地情况提出解决工程地质问题的方法与措施，为工程建设设计提供合理依据。因此，不同的勘察阶段，其对应的工程地质勘察目的也各不相同，工程地质勘察结果应满足工程设计的需要，也应满足施工过程中为建设施工及竣工验收提供工程地质材料的需求，具体如下。

（1）规划阶段工程地质勘察应对规划方案和近期开发工程选择进行地质论证，并提供工程地质资料。

（2）可行性研究阶段工程地质勘察应在河流、河段或工程规划方案的基础上选择工程的建设位置，并应对选定的坝址、场址、线路和推荐的建筑物基本型式、代表性工程布置方案进行地质论证，提供工程地质资料。

（3）初步设计阶段工程地质勘察应在可行性研究阶段选定的坝（场）址、线路上进行。查明各类建筑物及水库区的工程地质条件，为选定建筑物型式、轴线、工程总布置提供地质依据。对选定的各类建筑物的主要工程地质问题进行评价，并提供工程地质资料。

（4）招标设计阶段工程地质勘察应在审查批准的初步设计报告基础上，复核初步设计阶段的地质资料与结论，查明遗留的工程地质问题，为完善和优化设计及编制招标文件提供地质资料。

（5）施工详图设计阶段工程地质勘察应在招标设计阶段基础上，检验、核定前期勘察的地质资料与结论，补充论证专门性工程地质问题，进行施工地质工作，为施工详图设计、优化设计、建设实施、竣工验收等提供工程地质资料。

采用振冲法处理第四纪覆盖层的水利水电工程地质勘察一般属于施工详图设计阶段工程地质勘察或专项地质问题的工程地质勘察。其主要目的就是为施工详图设计、优化设计、建设实施、竣工验收等提供工程地质资料。

2.5.2 工程地质勘察基本要求

采用振冲法处理第四纪覆盖层的水利水电工程地质勘察的基本要求有：

（1）工程地质勘察工作应根据水工建筑、构筑物的荷载、变形要求、基础尺寸及形式、地基复杂程度和建设要求进行部署，并应满足建设场地和地基稳定性评价的要求。

（2）针对可能采用的振冲处理方案，提供地基处理设计和施工所需的岩土特性参数。

（3）预测振冲地基处理施工对环境和邻近水工建筑、构筑物的影响。

（4）建筑场地地质条件复杂而且缺乏振冲地基处理成功经验时，应在施工现场对拟选的地基处理方案进行试验，检验振冲地基处理方案的设计参数和处理效果。

（5）在地基处理施工期间，应监测振冲施工对周围环境和邻近工程设施的影响。

2.5.3 工程地质勘察基本内容

采用振冲法处理第四纪覆盖层的水利水电工程地质勘察基本内容有：

（1）查明土石坝、混凝土闸坝、地面厂房等水工建筑、构筑物地基下基岩面的形态、埋深等基本地质情况。

（2）查明坝基、地面厂房地基等水工建筑、构筑物地基覆盖层的层次、厚度和分布。重点查明软土层、粉细砂、湿陷性黄土、架空层、漂孤石层等工程性质不良岩土层的情况。

（3）查明可能地震液化层成因类型、埋深、厚度、范围等工程地质条件。

（4）查明拟采用振冲处理的软土层或松散土层的成因类型、分布规律、地层结构、均匀性等工程地质条件。

（5）查明拟采用振冲处理的软土层或松散土层的强度与变形特征指标、固结情况、土体结构扰动对强度和变形的影响。

（6）预评定振冲碎石桩承载力、桩间土承载力、复合地基承载力。

（7）预评定振冲复合地基及其下卧层的压缩性。

（8）预评定振冲处理复合土体的抗剪强度。

2.5.4 工程地质勘察基本规定

采用振冲法处理第四纪覆盖层的水利水电工程地质勘察基本规定有：

（1）工程地质测绘比例尺可选用 1∶1000～1∶500。

（2）物探方法应根据建筑场地的地形、地质条件等确定。

（3）勘探剖面应根据具体地质条件结合水工建筑、构筑物特点布置。选定的坝线应布置坝轴线勘探剖面和上、下游辅助勘探剖面。上游坝踵、下游坝趾、消能建筑物及泄流冲刷等部位应有勘探剖面控制。溢流坝段、非溢流坝段、厂房坝段、通航坝段、泄洪中心线部位等均应有代表性勘探剖面。地面厂房勘探剖面应结合建筑物轴线布置。围堰勘探剖面应沿围堰中心布置，其上、下游可根据需要布置辅助勘探剖面。

（4）勘探点在平面上应能控制建、构筑物的地基范围。堤坝工程坝肩部分应布置勘探点。

（5）控制性勘探孔不应少于勘探孔总数的 1/3，控制性勘探孔深度应满足建筑场地和地基稳定性分析、变形计算的要求。一般性勘探孔深度应满足承载力评价的要求。当需进行抗浮设计时，勘探孔深度应满足抗浮设计要求。

（6）勘探点间距宜为 15～50m。

（7）采取岩土试样和原位测试应满足分析评价要求。

2.5.5　工程地质勘察的一般方法

2.5.5.1　工程地质测绘和调查

2.5.5.1.1　概述

工程地质测绘与调查俗称工程地质填图，它是为了查明拟建场地及其邻近地段的工程地质条件而进行的一项调查研究工作。

其本质就是运用地质、工程地质理论和技术方法，对与工程建设有关的各种地表地质现象进行详细地观察和描述，并将其中的地貌、地层岩性、构造、不良地质作用等界线以及井、泉、不良地质作用等的位置按一定的比例填绘在地形底图上，然后绘制成工程地质图件。通过这些图件来分析各种地表地质现象的性质与规律，推测地下地质情况。再结合工程建设的要求，对拟建场地的稳定性和适宜性做出初步评价，进而为场地选择、勘探、试验等工作的布置提供依据。因此，工程地质测绘与调查是工程地质勘察中的一项基础性工作。也是工程地质勘察工作中最常用的一种基本工作方法。

工程地质测绘和调查宜在可行性研究勘察或初步勘察阶段进行，在详细勘察阶段可对某些专门地质问题做补充地质测绘。其范围除建筑场地外，尚应包括可能对拟建工程有影响的地段和可能受拟建工程影响的地段。

工程地质测绘和调查研究内容应包括下列主要内容：

（1）地形地貌。

（2）地层岩性及岩石风化程度。

（3）地质构造、岩体结构、结构面的性状和发育特征。

（4）水文地质。

（5）不良地质现象。

（6）人类活动对工程地质条件的影响。

2.5.5.1.2　工程地质测绘的技术要求

从客观上讲，工程地质测绘与调查质量的高低在很大程度上取决于测区的自然条件。当测区切割强烈，岩层出露条件良好，地貌形态完整，井、泉出露充分时，就可较全面地查明测区地表的地层岩性、地貌特征、地质构造和水文地质条件等，较好地得到岩土物理力学性质的形成和空间变化的初步概念，通过分析可对地下地质情况有一个比较准确的推断，工程地质测绘质量就会高些。

反之，当测区植被发育，岩层出露条件很差，地貌形态不清，井、泉地下水出露很少时，工程地质测绘质量必然会有所降低。这些客观条件是人为因素难以改变的，但为了保证工程地质测绘的质量能满足工程建设的需要，在主观上可以采用一定的技术措施来提高工程地质测绘的质量。

1. 工程地质测绘比例尺的选择

一般情况，工程地质测绘比例尺越大，图中所能表示的各种地质内容便越详细，位置越具体，质量越容易得到保证。但所需的测绘工作量也越大，越不经济。因此，如何选择一个正确的比例尺，使测绘成果既能满足工程建筑对地质的要求，同时又最经济，便成为工程地质测绘与调查工作中必须首先解决的问题之一。

根据所用比例尺的不同，工程测绘可分为以下 3 种：

（1）小比例尺测绘：所用比例尺为 1∶5000～1∶50000，一般在可行性研究勘察、城市规划或区域性的工业布局时使用，以了解区域性的工程地质条件。

（2）中比例尺测绘：所用比例尺为 1∶2000～1∶5000，一般在初步勘察阶段采用。

（3）大比例尺测绘：所用比例尺为 1∶200～1∶1000，适用于详细勘察阶段或地质条件复杂和重要建筑物地段，以及需解决某一特殊问题时采用。

2. 工程地质测绘范围的确定

一般情况，测绘范围越大，越有利于对各种地质现象的分析与推断，对岩土工程问题的分析评价质量有所提高，但测绘工作量也较大；测绘范围越小，测绘工作量越小，但范围过小，又不能满足岩土工程问题分析评价对地质条件的要求。因此，如何选择一个恰当的测绘范围，是工程地质测绘工作必须解决的另外一个问题。

工程地质测绘范围确定的原则是：既要能解决实际工程地质问题，又不浪费测绘工作量。一般略比拟建场地范围大一些，且应包括拟建场地及其邻近地段。具体应考虑以下 3 个方面：

（1）建筑物的类型及规模。建筑物的类型，规模不同，它与自然地质条件相互作用的规模和强度也不相同，所要解决的工程地质问题也不相同，因此测绘范围的大小也就不相同。但其范围均应以建筑物为中心，包括邻近地段。

例如大型水工建筑物的兴建，往往引起较大范围内水文地质及工程地质条件的变化以及生态平衡的破坏，而这种破坏又反过来作用于建筑物，使其稳定性和正常使用受到影响。

此类建筑物的测绘范围必然很大，应包括库区及其邻近分水岭地段；工业与民用建筑一般只在小范围内与周围地质条件发生作用，测绘范围较小，仅包括建筑场地及四周邻近地段；对于渠道和各种线路，测绘范围则包括线路及其两侧一定宽度地带；对于洞室工程，其测绘范围除包括调查本身外，还应包括进洞山体及其邻近地段等。

（2）设计阶段。在设计的初级阶段，一般都有若干比较方案，一般均将各方案场地包括在同一测绘范围内。因此测绘范围必然较大；在设计的高级阶段，由于建筑场地及建筑物位置已经确定，测绘只需在建筑场地及邻近地段范围内进行即可，因此，测绘范围必然较小。

（3）工程地质条件的复杂程度。工程地质条件包含两种情况：一种是建筑场区范围内工程地质条件非常复杂，如构造形态复杂，地层零乱，岩溶发育等；另一种是建筑场区范围内工程地质条件并不复杂，但邻近地区存在有不良地质作用的影响，如建筑场区邻近存在有滑坡、泥石流、活动性断裂等。这两种情况都直接影响建筑场区的区域稳定性和地基稳定性，仅在一个较小的范围内进行测绘是难以查清的。为了获取足够的资料进行岩土工程评价，就必然根据具体情况扩大测绘范围。例如，对于泥石流，测绘范围不仅包括与工程建筑有关的堆积区，还应包括远离建筑场区的流通区和形成区。

　　3. 工程地质测绘精度要求

　　工程地质测绘精度是指在测绘过程中对野外各种地质现象进行观察、描述的详细程度及其在图上表示的详细和准确程度。从理论上来讲，观察描述越详细，便可获得越多的第一手资料，便越有利于对测区各种地质现象的了解和推断，而这些现象在图上表示得越详细、越准确，便越有利于对各种工程地质问题的分析和评价，因此，测绘质量便会越高。但若过于详细，一方面工作量增加很大；另一方面在图上也无法表示或虽可表示，但图上各种线条太多太密，使读图十分困难。而且在实际工程中一般也无此必要。因此，在实际工程中主要是根据编制工程地质图及对主要工程地质问题评价的要求来确定所采用的测绘精度的。它主要包括 3 个方面：填图单元的最小尺寸；各种界线在图上标绘时的误差大小；对各种自然地质现象观察描述的详细程度。

　　（1）测绘填图时所划分的填图单元应尽量细微。填图单元的最小尺寸一般为图上的 2mm，即凡是在图上大于 2mm 的地质体，都应标在图上。根据这一规定，最小填图单元的实际尺寸应为 2mm 乘以填图比例尺的分母。对出露宽度小于最小填图单元实际尺寸的地质体，一般情况下可不标绘在图上（但应有观察描述记录），但对那些对工程建筑的安全稳定有重要影响的单元体（如滑坡、断层、软弱夹层、洞穴等），其实际尺寸即使在图上小于 2mm，也应采用扩大比例尺将其标绘在图上。

　　（2）观测点及各种填图单元界线要准确地标绘在图上。其在图上的容许误差，现行 GB 50021—2001《岩土工程勘察规范》规定不应超过 3mm；水利水电、铁道及冶金等部门规定不应超过 2mm。对于大比例尺工程地质测绘，观察点应采用仪器法标定其在图上的位置。

　　（3）对野外各种地质现象的观察描述要尽量详细。其详细程度是以每平方公里的观测点数和观测路线长度来控制的。其数量目前认为，观测点、线间距在图上宜为 2～5cm。也可根据地质条件的复杂程度并结合对具体工程的影响适当加密或放宽。总之，观测点、线的间距应以能控制重要的地质界限并能说明工程地质条件为原则，以利于岩土工程分析与评价。

　　为了达到精度要求，现场测绘时所采用的工作底图比例尺可比提交的成图比例尺大一级，待工作结束后再缩成提交成图的比例尺。例如，若提交成图的比例尺为 1∶10000 时，则在测绘时所采用的地形底图应为 1∶5000。

　　4. 工程地质测绘的基本工作方法

　　工程地质测绘的基本工作方法主要有 3 种：路线穿越法、界线追索法和布点控制法。

　　（1）路线穿越法：就是沿着一定的路线，穿越测绘场地，把走过的路线正确地描绘在地形图上，并沿途详细观察地质情况，把各种地质界线、地貌界线、地质构造线、岩层产状及各种不良地质作用等标绘在地形图上。路线的起点应选择在有明显的地物或地形标志处，其方向应尽量垂直岩层走向、地质构造线方向或地貌界线。整个线路上要求露头多，覆盖层薄。此法可用于各类比例尺的工程地质测绘，尤以中、小比例尺采用较多。

（2）界线追索法：就是沿某种界线逐条布点追索，并将其绘于图上的工作方法。此法主要适用于地质条件复杂的中、小比例尺和一般大比例尺的工程地质测绘。

（3）布点控制法：就是按测绘精度要求在地形图上均匀地布置观测点和观测路线的工作方法。在第四系覆盖地段，布点处需进行人工揭露，以保证测绘精度。此法主要适用于地质条件较简单的大、中比例尺的工程地质测绘。

5. 观测点的布置

地质观测点的布置应有代表性，一般宜布置在：地质构造线上；不同时代、不同成因的地层界线上；不同岩性分界线上；不整合面上；不同地貌单元或微地貌单元的分界线上；各种不良地质作用分布地段且具有天然露头的地方。当天然露头不足，以至于无法控制各种地质界线时，可在适当地段布点进行人工揭露，如探坑或探槽等，以查清各种地质情况。

地质观测点密度应根据场地地貌、地质条件和工程要求等确定，并应具有代表性。图面上每 0.01m^2 范围内地质观测点数量不应少于 1 个，宜为 2～3 个，不良地质现象观测点数量应适当增加。

地质观测点宜用仪器法定位。对不良地质现象、地下水露头、软弱夹层等特殊地质观测点，应用仪器法定位，一般观测点、地质界线、构造线等可采用半仪器法定位。

2.5.5.2 工程地质勘探和取样

勘探就是采取某种方法去揭示地下岩土体（含地下水、不良地质作用等）的岩性特征及其空间分布、变化特征。取样则是为了提供对岩土的工程特性进行鉴定和各种试验所需的样品。勘探与取样也是工程地质勘察中最基本和最重要的工作方法之一。

工程地质勘察所采用的勘探方法主要有钻探、坑探、物探和触探。

1. 钻探

钻探就是利用专门的钻探机具钻入岩土层中，以揭露地下岩土体的岩性特征、空间分布与变化的一种勘探方法。它是工程地质勘察中所采用的一种极为重要的技术方法和手段，其成果是进行岩土工程评价、岩土工程设计与施工的基础资料和依据。

岩土工程地质钻探应符合下列要求：能为钻进的地层鉴别岩性，确定其埋藏深度与厚度；能采取符合质量要求的岩土试样、地下水试样和进行原位测试；能查明钻进深度范围内地下水的赋存与埋藏分布特征。

2. 坑探（井探或探洞）

坑探是指在地表或地下所挖掘的各种类型的坑道，以揭示第四纪覆盖层分布区基岩的工程地质特征，并了解第四纪地层情况的一种勘探方法。其主要特点是便于直接观察、采取原状岩土试样和进行现场原位测试。因此，它是区域地质（断裂）构造（或称区域稳定性）、不良地质作用（或场地稳定性）岩土工程勘察中使用较为广泛的勘探方法。

3. 物探（地球物理勘探）

物探主要是根据组成地壳的岩土体具有不同物理性质（如电性、密度、弹性、磁性及放射性等）的特点，利用专门仪器来测定地球物理场在空间和时间的分布规律，经分析整理后，判断地下岩层的位置和空间分布，解决地质构造等有关问题。这些问题主要有：

第四纪松散沉积物的岩性、厚度、空间分布等，为查明建筑物地基、天然建筑材料、古河道等指示方向。

基岩的埋藏深度及其起伏情况，基岩的岩性、厚度、产状及其构造特点，隐伏断裂带的位置、宽度和产状等。

测定岩石风化壳的厚度，进行风化壳分带。

测定岩体的动弹模和泊松比。

调查滑坡面的位置、滑体厚度，测定滑动方向和速度。

寻找地下水源，确定主要含水层分布，淡水和高矿化水的分布范围，测定地下水的埋深、流速和流向。

调查岩溶发育的主导方向及随深度的变化规律，确定岩溶发育的范围和深度。

判断地下工程围岩的破碎程度，确定衬砌厚度。

测定泥石流的堆积厚度及高寒地区多年冻土带的分布。

检验建筑物基础及地基处理的施工质量，如桩基检测、地基灌浆效果检测等。

4. 取样

在工程地质勘察过程中，对技术孔必须进行取样，并对所取试样进行室内土工试验，以测定岩土的各项物理力学性质指标。

2.5.5.3　工程地质测试

工程地质测试就是指利用各种试验或测试技术方法来测得岩、土体的各种物理力学性质指标及其他工程特性指标的试验，它是工程地质勘察的重要组成部分，是各阶段工程地质勘察，尤其是高级阶段工程地质勘察不可或缺的工作内容。其成果是岩土工程定量评价与工程设计的主要依据，应给予高度重视。根据主要试验环境的不同，工程地质测试可分为室内试验和现场原位测试两大类。

1. 室内试验

室内试验的具体方法、内容繁多，大致可分为以下几类：

（1）土的物理性质试验：包括土的基本物理性质指标、界限含水量、渗透性指标、胀缩性指标等。

（2）土的力学性质试验：包括固结试验（压缩试验）、直剪试验、三轴剪切（压缩）试验等。

（3）土的动力性质试验：包括动三轴试验、动单剪试验、共振柱试验等。

（4）土的化学性质试验：主要有土的化学全分析试验等。

（5）水质分析试验。

（6）岩石试验：包括岩石成分与物理性质指标试验、抗压强度试验、抗剪强度试验和抗拉强度试验等。

在工程地质勘察工作中，对具体试验项目和试验方法的选用，应根据工程要求和岩土性质的特点确定。当需要时应考虑岩土的原位应力场和应力历史，工程活动引起的新应力场和新边界条件，使试验条件尽可能接近实际；并应注意岩土的非均质性、非等向性和不连续性以及由此产生的岩土体与岩土试样在工程性状上的差别。选用特殊试验项目时，尚应制定专门的试验方案。

岩土性质的室内试验项目和试验方法应符合现行"岩土工程勘察规范"的有关规定，其具体操作和试验仪器应符合现行 GB/T 50123《土工试验方法标准》和 GB/T 50266《工程岩体试验方法标准》的规定。岩土工程评价时所选用的参数值，宜与相应的原位测试成果或原型观测的分析成果比较，经修正后确定。

各种试验的具体试验方法、内容、技术要求、仪器设备及操作要求等，可参看现行国家标准 GB/T 50123《土工试验方法标准》和 GB/T 50266《工程岩体试验方法标准》及其他相关资料等。

2. 现场原位测试

就是在天然条件下现场测定岩土体的各种工程性质。由于原位测试是在岩土原来所处位置进行，并基本保持其天然结构、天然含水量以及原位应力状态，因此所测得的数据比较准确可靠，更符合岩土体的实际情况。岩土工程现场原位测试的具体方法很多，岩土工程勘察中常用的几种原位测试方法的主要试验目的及其使用范围见表 2-14。

表 2-14　　　　　几种主要原位测试方法的试验目的与适用范围

项目	方法	试　验　目　的	适　用　范　围
载荷试验	平板载荷试验	确定地基土的承载力、变形模量和湿陷性土的湿陷起始压力	各种地基土、填土、软质岩石以及复合地基等
	螺旋板载荷试验	确定地基土的承载力、变形模量，估算其固结系数、不排水抗剪强度	深层地基土或地下水位以下的地基土（砂土、粉土、黏性土和软土等）
旁压试验	预钻式旁压试验	确定地基土的承载力、旁压模量	各种地基土、填土、软质岩石
	自钻式旁压试验	确定地基土的承载力、旁压模量，估算原位水平应力、不排水抗剪强度、剪切模量和固结系数	软土、黏性土、粉土和砂土
动力触探	轻型圆锥动力触探	确定黏性土和黏性素填土的承载力，无黏性土的力学分层	黏性土、粉土、黏性素填土
	重型圆锥动力触探	确定无黏性土的密实度和承载力，无黏性土的力学分层	砂土、中密以下的碎石土、极软岩
	超重型圆锥动力触探	确定碎石土的密实度和承载力	密实和很密的碎石土、软岩、极软岩
	标准贯入试验	确定黏性土、粉土、砂土地基承载力与变形参数，砂土的密实度，判定饱和砂土、粉土的液化	
静力触探	静力触探	确定地基土的承载力、变形参数，地基土分层，估算单桩承载力，确定软土不排水抗剪强度，判定饱和砂土、粉土地震液化可能性	软土、一般黏性土、粉土、砂土、含少量碎石的土
扁铲侧胀试验	扁铲侧胀试验	确定地基土的侧胀模量、侧胀水平应力指数、侧胀土性指数、侧胀孔压指数	软土、一般黏性土、粉土、黄土和松散～中密的砂土
十字板剪切试验	机械式或电测试十字板剪切试验	确定软黏土的不排水抗剪强度、灵敏度和软土路基临界高度，估算地基土和单桩的承载力，判定软土固结历史	饱和软性黏土

项目	方法	试 验 目 的	适 用 范 围
直剪试验	直剪试验	确定地基岩土的抗剪强度、不同法向应力下的比例强度、屈服强度、峰值强度和残余强度	各种岩土地基
波速测试	单孔法或多孔法波速测试	划分场地土类型，评价岩体完整性，计算地基动弹性模量、动剪切模量、动泊松比和场地卓越周期，判定砂土液化等	各种岩土地基

此外，工程上用得较多的还有岩体原位应力测试、基础振动测试、抽水试验、注水试验和压水试验等。上述各种原位试验的原理、方法、技术要求、资料整理和应用等具体内容，可参看岩土工程原位测试教材或有关的规程、规范、试验手册等。

3. 现场检验和监测

现场检验和监测一般应在工程施工期间进行，对需要根据位移（变形）趋势或动态变化做出判断或结论的重要地质现象，应及时布设原位监测或长期观测点（网）。

（1）地基处理效果的检验，可采用载荷试验、静力触探、圆锥动力触探、标准贯入试验、旁压试验、波速测试等方法进行。

（2）为保证工程安全，依据国家现行法规、技术规范及工程经验等，确定需进行的监测工作。建筑物变形监测、基坑工程监测、边坡和洞室稳定监测、滑坡监测、崩塌监测等，当监测数据接近安全临界值时，必须加密监测，迅速报告有关方面，及时采取措施，保证工程和人身安全。

（3）要重视不良地质作用和地质灾害的监测。

（4）地下水的监测应包括地下水的动态变化、地下水的水质监测、孔隙水压力监测、地下水压力的监测等。

2.5.6　工程地质勘察常用方法

采用振冲处理第四纪覆盖层的对象可为残积土、坡积土、洪积土、冲积土、淤积土、冰积土、风积土等，其按颗粒级配和塑性指数分类可为碎石土、砂土、粉土和黏性土。由于可以振冲处理土体几乎涵盖所有的第四纪覆盖层堆积物，因此采用振冲处理第四纪覆盖层的水利水电工程地质勘察常用方法基本为 2.5.5 所述方法。

2.6　工程地质评价

工程地质勘察应在工程地质测绘、勘探、测试和搜集已有资料的基础上，结合工程特点和要求进行工程地质评价。

工程地质分析评价应包括下列内容：

（1）场地稳定性及拟建、构筑物适宜性。

（2）地基基础设计、施工所需的岩土参数。

（3）地基基础、地基处理、工程降水、基坑支护等方案建议。

（4）工程建设引起的环境变化、环境变化对工程的影响及拟建工程对现有工程的影响，可能出现的工程地质问题及相应的防治措施建议。

（5）对于抗震设防烈度等于或大于 6 度的建设场地，进行场地与地基的地震效应评价。

工程地质分析评价应符合下列要求：

（1）充分了解工程结构的类型、特点、荷载情况和变形控制要求。

（2）掌握场地的地质背景，考虑岩土材料的非均质性、各向异性和随时间的变化，评价岩土参数的变异性。

（3）充分考虑当地经验和类似工程的经验。

（4）对于理论依据不足、实践经验不多的工程地质问题，可通过现场模型试验或足尺试验取得实测数据进行分析评价。

（5）必要时可建议进行施工监测。

工程地质定量分析应在定性分析的基础上进行。岩土体的变形、强度和稳定性应做定量分析，场地的适宜性和场地地质条件的变化趋势可仅作定性分析，工程地质定量分析宜采用多种方法进行。

2.7　工程地质勘察报告

采用振冲法处理第四纪覆盖层的水利水电工程地质勘察报告书的内容应根据任务要求、勘察阶段、工程特点和地质条件等具体情况编写，应包括但不限于下列内容：

（1）拟建工程概况。

（2）勘察目的、任务要求和依据的技术标准。

（3）勘察方法和勘察工作布置。

（4）场地地形、地貌、地层、地质构造、岩土性质及其均匀性。

（5）建筑场地各土层的岩土性质指标，岩土强度参数、变形参数、地基承载力的建议值等。

（6）地下水埋藏情况、类型、水位及其变化。

（7）土和水对建筑材料的腐蚀性。

（8）可能影响工程稳定的不良地质作用的描述和对工程危害程度的评价。

（9）建筑场地稳定性和适宜性的评价。

（10）建筑场地的地震效应评价。

（11）结论与建议。

（12）相关图表。

第3章 振冲法复合地基设计

3.1 概述

本章主要介绍振冲法复合地基的设计内容。根据建设场地岩土工程特性及其参数指标（如强度、压缩、固结等物理力学参数及工程要求）进行设计，确定加固的范围、深度、桩径、布桩方式、置换率、机具型号、功率和有关工艺参数等内容，使所构筑的复合地基既能充分满足工程要求又经济、合理。

由于岩土工程的复杂性，振冲法复合地基的设计通常采用理论计算结合工程经验方式进行。因此，在前期设计阶段，工程地基处理方案选用振冲法复合地基时，一般先通过理论计算和类似工程经验初定方案布置及设计参数，实施前应进行现场试验，根据试验成果对设计和施工参数进行调整。地质条件复杂的大型或重要工程，应在前期设计阶段即进行专项振冲试验，根据现场试验取得的成果确定设计和施工参数。

振冲法加固地基的适用范围很广，可以对粉土、砂土、碎石土、黏性土、杂填土进行加固处理，其地基处理的作用主要有提高地基承载力、提高变形模量、提高抗剪强度、减小沉降和不均匀沉降、消除地震液化、形成排水通道加快土体排水固结等作用，实践中使用振冲技术加固地基后经常会形成以上几种作用的综合效果。根据加固机理不同，振冲法地基处理分为振冲挤密和振冲置换两类。

3.2 设计选用原则

振冲法复合地基的主要效用是在成桩过程中对松散土层振密、挤密和碎石的压入效果，使地基土孔隙比减小，密实度增加，承载力增大，同时碎石作为良好的排水通道，有利于砂土、粉土的超静孔隙水消散，有效地增强土体的抗液化能力。根据工程地质条件分析，合理选用振冲法复合地基型式可以取得较好的社会效益和经济效益。现提出下述选用原则，供读者参考。

（1）坚持具体工程具体分析和因地制宜的选用原则。根据场地工程地质条件，所建工程类型，荷载水平，以及使用要求，进行综合分析，还应考虑充分利用地方材料，合理选用振冲法处理。

（2）振冲桩单桩承载力的大小主要取决于桩周土体所能提供的最大侧限力。振冲桩复合地基主要适用于在设置桩体过程中桩间土能够振密挤密，桩间土的强度能得到较大提高的砂性土地基。

（3）对深厚软土地基，为了减小复合地基的沉降量，应采用较长的桩体，尽量减小加固区下卧层土层的压缩量。若软土层较厚，可采用刚度较大的桩体形成复合地基，也可采用振冲法长短桩复合地基。

（4）采用刚性基础下振冲桩复合地基型式时，视桩土相对刚度大小决定在刚性基础下是否设置柔性垫层。桩土相对刚度较大，而且桩体强度较小时，应设置柔性垫层。通过设置柔性垫层可有效减小桩土应力比，改善接近桩顶部分桩体的受力状态。

3.3　设计目的及要点

3.3.1　振冲法复合地基加固目的

在进行振冲法复合地基设计时，首先要搞清楚加固地基的目的，主要可以分四种情况：一是提高地基承载力；二是减小沉降变形；三是防止地基土液化；四是提高复合土体稳定性。

3.3.2　振冲法复合地基设计要点

对振冲法加固地基目的不同，复合地基设计的要点是不同的，下面分别加以讨论。

（1）对沉降量大小控制要求不是很严，主要要求保证地基稳定的工程属于上述第一种情况，主要解决地基承载力不足。若软弱土层不厚，整个软弱土层都得到加固，也属于这种情况。由桩体复合地基承载力公式可知，提高桩的承载力和提高复合地基置换率均可有效提高复合地基承载力。振冲桩的极限承载力主要取决于桩周土对它的极限侧阻力。饱和黏性土地基中的散体材料桩桩体承载力基本上由地基土的不排水抗剪强度确定的。对某一饱和黏性土地基，设置在地基中的散体材料桩的桩体承载力基本是定值。提高散体材料桩复合地基的承载力只有依靠增加置换率。在砂性土等可挤密性地基中设置散体材料桩，在设置桩的过程中桩间土得到振密、挤密，桩间土抗剪强度得到提高，相应散体材料挤密桩的承载力也得到提高。

（2）采用复合地基加固地基的主要目的是减小沉降量时，复合地基优化设计显得更为重要。从复合地基位移场特性可知，复合地基加固区的存在使地基中附加应力高应力区向下伸展，附加应力影响深度变深。从深厚软黏土地基上复合地基加固区和下卧层压缩量分析可知，当软弱下卧层较厚时，下卧层土体压缩量占复合地基总沉降量的比例较大。因此，有效地减小复合地基沉降量最有效的方法是减小软弱下卧层的压缩量。减小软弱下卧层压缩量的最有效方法是加深复合地基的加固区深度，减小软弱下卧层的厚度。增加复合地基置换率和增加桩体刚度可以使复合地基加固区的压缩量进一步减小，但因加固区压缩量已较小，特别是当它占总沉降量的比例较小时，通过进一步减小复合地基加固区的压缩量来进一步减小复合地基的沉降量的潜力不大，而且增加复合地基置换率和增加桩体刚度两项措施，可使加固区下卧层土体中附加应力值增大，其结果反而是增加了加固区下卧层土体的压缩量。

（3）对于疏松、结构不稳定的砂土或粉土，一方面在碎石桩成桩过程中桩周土在振动作用下产生水平、垂直位移，使土颗粒重新排列，从而达到桩周土体密实度的增加；另一方面土体在反复振动作用下，使土体振动液化，液化后的土颗粒在上覆土压力、重力和填料挤压力作用下，土颗粒重新排列、组合成更加密实的状态，从而提高了桩间土的抗剪强度和抗液化性能。根据工程经验，当采用振冲法加固地基的目的是提高抗液化性能时，应根据土颗粒大小选择适宜功率的振冲器，如对颗粒粒径小的粉土等宜采用功率小、振幅小的振冲器，颗粒粒径大的中粗砂等宜采用功率大、振幅大的振冲器，振冲后取得的效果较好。

对采用振冲法加固地基的目的是既为了提高地基承载力又为了减小地基沉降量时，则首先要考虑满足地基承载力的要求，然后再考虑满足减小地基沉降量的要求，其优化设计思路应综合前面讨论的几种情况。

3.4　振冲桩布置和试验要点

振冲挤密和振冲置换设计应根据相关技术标准规范、建筑物类型、荷载、使用要求和建设场地的工程地质条件等进行。

主要设计内容和流程应包括基本资料收集和分析、确定地基处理的范围和深度、布桩形式、桩距和桩径、桩长、桩体材料、面积置换率和施工工艺要求等。

1. 基本资料收集和分析

一个好的振冲法复合地基设计既要满足工程要求，又应确保安全、经济与合理，要求充分掌握设计资料。

（1）有关建筑物的资料与要求。分析研究建筑物的基础类型、建筑物的平面布置、荷载大小、工程要求如地基的承载力、稳定性或液化势以及沉降量与不均匀沉降量的限制等。

（2）加固场地的工程地质勘察资料。获取各土层的物理力学性质及其指标参数，主要包括各土层层厚及标高、地下水位、土的密度、含水量、塑限、液限及稠度、压缩模量及竖向、径向固结系数，十字板强度和各种典型排水条件下土的黏聚力和内摩擦角，以及各土层的承载力标准值等。由此判断采用振冲碎石桩法复合地基的可行性，及其难易程度、关键问题和经济、技术合理性。

2. 振冲处理范围

振冲处理范围一般根据水工建筑物的基础类型、重要性和场地条件确定，根据工程地质条件和受力条件，应在基础外缘扩大桩深的 0.5～1 倍水平宽度；对可液化地基，宜适当扩大。基础范围外设置护桩可以适当地约束基底下桩、土的侧向位移，减小地基的沉降量、增加承载力。故在很弱的淤泥及淤泥质软土中构筑振冲碎石桩时，应根据具体情况考虑设置几排护桩。

3. 振冲处理深度

当相对于硬土层埋藏深度不大时，应按相对硬土层深度确定；当软土层较厚时，应按附加应力影响深度确定，一般要求加固深度处土体承载力标准值宜大于 2～3 倍相应深度处的附加应力。当工程按变形控制时，应按变形分析结果以满足变形允许值确定桩长；对按地基稳定性控制的工程，应按稳定分析结果确定；对可液化地基，加固深度应按有关抗震规范确定，桩长不宜短于 4m。

4. 振冲布桩形式

对于大面积满堂处理的水工建筑物基础，应在基础范围内采用网格形成三角形布桩方式；对于条形基础和独立柱基础，宜在基础底面范围内采取单排、网格形或三角形布桩，一般不需护桩；对于圆形基础，也可采用放射形布桩方式，并视具体条件在基础范围外布1～4排桩，布桩型式如图3-1所示。

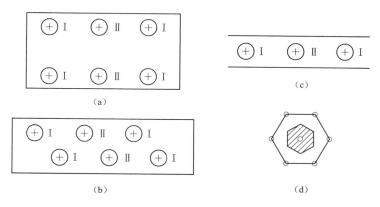

图3-1　各种群桩布置方式

5. 桩距、桩径

桩距应根据荷载大小、原土的抗剪强度和振冲器的功率综合考虑，一般为1.5～3m。荷载大或原土强度低或振冲器功率小时，宜取较小的间距；反之，宜取较大的间距。对于桩端未达到相对硬土层的短桩，应取小间距。

6. 桩体填料

桩体填料可采用含泥量不大于5%的碎石、卵石、角砾、圆砾、砂等硬质材料。材料粒径一般为20～80mm，亦可将其范围扩大为10～150mm。对于很软的土，碎石粒径宜更大一些。只要在振冲桩孔中不发生卡料现象，不影响施工进度，理论上填料粒径愈粗，挤密和成桩效果愈好。

7. 桩顶处理

桩顶部约1m范围内，由于所承受地基土的上覆压力小，该处的约束力也就小，制桩时桩体的密实程度很难达到要求。故应于全部振冲碎石桩制筑完毕后，采用振动碾压等方法使之密实。对于小面积的施工场地，不便进行振动碾压，也可将顶部1.0～1.5m段桩体挖除，不过此时需事先留出相应的预留段。除土坡加固工程外，不论采用何种方法处理后的复合地基，桩顶面一般要铺一层200～500mm厚的碎石垫层，桩间土强度低或桩间距大时应取大值，用来改善传力条件，使荷载传递较为均匀。注意垫层本身亦需要压实。

8. 振冲安全距离

由于振冲器在土内振动产生向四周传布的振动波，对周围的建筑物，尤其是不牢固的陈旧建筑物可能形成某些振害，因此，必要时在设计中应考虑相应的安全施工距离。或采取适当的防振措施，或以功率小的振冲器在临建地段制桩。

根据国内外的一些工程实践，如江苏南通天生港电厂地基振冲加固中的测振结果表明，离振冲中心的距离超过1m后，最大振动速度小于1cm/s。新建厂房地基加固点距老厂房外墙的最近点仅2.4m，却未出现任何不良影响（盛崇文等，1983）。安徽省安庆市有座六层宿舍楼的地基振冲加固，施工场地狭窄，周围均有房屋其是北面破旧砖墙外紧接陈旧的民房，地基为5～7m厚的软黏土，用ZCQ-30型振冲器施工，加固点离砖墙的最短距离仅 2m，施工后检查，砖墙未出现任何裂缝（方永凯，1983）。国外报道在离一黏性土地基上的某些较坚实建筑物 1m 处进行振冲施工，建筑物完全无恙（Greenwood 和 Kircsh，1983）。

由此可见距振冲中心 2～3m 以外，振动对周围建筑物的影响十分轻微，无振害现象。在水利水电工程中，振冲边界一般距离现状建筑物较远，通常在 10m 以上，但在实际施工中，均应做好振动安全监测。

9. 振冲试验

在振冲施工前应进行现场试验，通过试验确定最终的施工参数。

（1）试验目的。

1）通过试验，取得振冲砂砾石地基处理施工参数和满足设计要求的复合地基的压缩模量、承载力、相对密度等指标；确定最佳振冲桩布桩间距、填料级配及数量等参数。

2）选定施工机械、施工工艺，确定施工技术参数（每米进尺填量、加密电流、留振时间、造孔水压，加密水压，加密段长度等），为大面积振冲施工优选合理的参数。

3）通过试验，为坝基振冲挤密加固施工取得现场质量检测的方法和参数。

4）通过试验确定振冲后的浮渣清理厚度，提出浮渣再利用的方法。

（2）试验步骤。

1）确定试验分区及桩位布置。

2）确定振冲填料要求。

3）确定检测方法。

4）进行试验结果检测。

5）总结试验结论，根据试验结果调整振冲桩参数。

3.5 振冲挤密

对于粉土、砂土类地基，经振冲法处理后有效提高复合地基密实度，主要效果有：一是提高地基承载力；二是减小沉降变形；三是提高复合土体稳定性；四是消除地基土地震液化。本节重点对其中的抗地震液化设计进行论述，其他方面设计内容参见有关章节。

3.5.1 原理

振冲密实法加固砂层的原理如下：一是由振冲器的强力振动使饱和砂层发生液化，砂颗粒重新排列，孔隙减少；二是依靠振冲器的水平振动力，在加回填料情况下还通过填料的挤压，使砂层挤密加密。所以这一方法称为振冲挤密法。

在振冲器的重复水平振动和侧向挤压下，砂土的结构逐渐破坏，孔隙水压力迅速增大。由于结构破坏，土体开始变为流体。土在流体状态时，土颗粒不时连接，这种连接又不时被破坏，$1.0g～1.5g$ 时，土体变为流动状态，超过 $3.0g$，砂体发生剪胀，此时砂体不但不变密，反而由密变松。

实测数据表明，振动加速度随离振冲器距离的增大呈指数函数型衰减。从振冲器向外根据加速度大小可以一次划分为紧靠侧壁的流态区、过渡区和挤密区，挤密区外是无挤密效果的弹性区（如图 3-3 所示）。只有过渡区和挤密区才有显著的挤密效果。过渡区和挤密区的大小不仅取决于砂土的性质〔初始相对密度、颗粒大小、形状和级配、土粒相对密度（比重）、地应力、渗透系数等〕，还取决于振冲器的性能（振动力、振动频率、振幅、振动历时等）。例如，砂土的起始相对密度越低，抗剪强度越小，则使砂土结构破坏所需的振动加速度越小，这样加密的影响范围就越大。由于饱和能降低砂土的抗剪强度，故水冲不仅有助于振冲器在砂土层中贯入，还能扩大加密的影响范围，如图 3-2 所示。

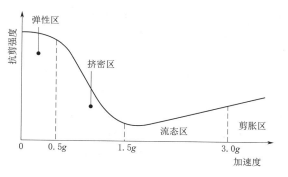

图 3-2　砂土对振动的理想化反应
（After Rodger，A. A.，1979）

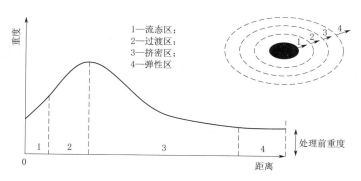

图 3-3　砂土对振动的理想化反应（After Rodger，A. A.，1979）

　　振冲器的振动力越大，影响距离就越大。但是过大的振动力，扩大的多半是流态区而不是挤密区，因此挤密效果不一定成比例地增加。在振冲器一般常用的频率范围内，频率越高，产生的流态区越大。所以高频振冲器虽然在砂层中贯入，但挤密效果并不佳。砂体颗粒越细，越容易产生宽广的流态区，故对粉土或含粉粒较多的粉质砂，振冲挤密的效果很差。缩小流态区的有效措施是向流态区灌入粗砂、砾或碎石等粗粒料。因此，对粉土或粉质砂地基应慎用振冲密实法处理，但可用砂桩或碎石桩法处理。砂体的渗透系数对挤密效果和贯入速率有较大影响。若渗透系数小于 10^{-3}cm/s，挤密效果随渗透率减小，不宜用振冲密实法；若大于 1cm/s，施工时由于土壤的渗透性增加，贯入困难。群桩振冲比单孔振冲效果好。例如，用 30kW 振冲器单孔振冲，距离 0.9m 之外的松砂处理后的相对密度不会超过 0.7，但若群孔振冲，在 2.5m 以内的挤密效果可以叠加。群孔振冲挤密试验表明，松砂在处理后的相对密度普遍在 0.7 以上，大部分在 0.8 以上。在砂层中使用碎石、卵石等透水性强的填料制成的一系列桩体，具有排水功能，可有效地消散地震等震动引起的超静孔隙水压力，从而使液化现象大为减轻。室内和现场试验都表明，砂层中有排水桩体，相应于某一振动加速度的抗液化临界相对密度有很大降低。例如，均值砂基同样 250gal 的振动加速下，如果没有排水桩，相对密度必须超过 0.66 才不发生液化，如果有排水桩，此值可降为 0.46（柳崛羲彦等，1975）。实测资料表明在地基中设置了振冲挤密桩后，加固区内桩间土地面振动加速度明显比加固前减少，甚至仅为加固前的 30%（郑建国等，1992）。是由于桩的刚度和强度均高于桩间土，当桩土共同协调工作时，地震剪应力按刚度分配集中到桩上使桩间土承担的剪应力大为减少。

3.5.2　设计原则

对有抗震要求的松砂地基，要根据砂的颗粒组成、起始密实程度、地下水位、建筑物的抗震设防烈度，计算振冲处理深度、布孔形式、间距和挤密标准，其中处理深度往往是决定处理工作量、进度和费用的关键因素，需要根据有关抗震规范进行综合论证。

振冲法的可行性以及振冲挤密与振冲置换的选择主要取决于土质的颗粒大小分布。通过振冲压实挤密和振冲置换处理的土层类型的范围，如图 3-4 所示。

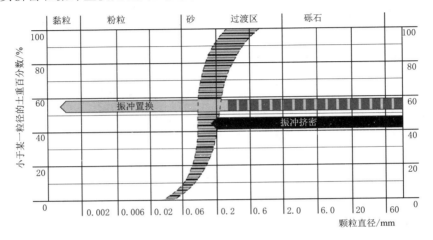

图 3-4　基于土体颗粒的振冲工艺分类图

适用振冲挤密的土质是砂类土，从粉细砂到含砾粗砂，只要黏粒含量不大于 10%，都可得到显著的挤密效果；若黏粒含量大于 30%，则挤密效果明显降低（Mitchell，1970）。适用于振冲挤密的颗粒级配曲线见图 3-4，图中分为 4 个区域，若被加固砂土的级配曲线全部位于Ⅱ区，挤密效果最佳。当然在砂层中夹有黏土薄层、含有机质或细粒较多，挤密效果将降低。

3.5.3　地基地震液化的机理

（1）地基松土具有较强的振密性。饱和松砂或粉土由于土粒骨架疏松且多为不稳定结构，而具有较强的振密性。即在振动下土体趋向密实。所谓密实即是土中孔隙减小。

（2）超静水孔隙水压力的形成。地基土中某点的超静水孔隙水压力，是指该点的水压力值超过了相应的静水压力值，通常超孔隙水压力。

由于地基中的饱和砂土或粉土等，其孔隙水中为水所充满，当受到急促、剧烈的振动时土趋向密实，土孔隙减小。但土孔隙中的水又不易及时排除，土孔隙难以随振密同步减小，土粒骨架即为水所衬托呈松弛状态，粒间压力转移到水体，而形成超孔隙水压力。

（3）超静水孔隙水压力的集聚升高。由于急促强烈的振动，而有压水从土中渗出需经相当的路径和时间，超孔隙水压力不能同步的形成与消散，并随着振动越集越高。当地基土中超孔隙水压力值达上覆土压力时，土骨架粒间的有效应力完全丧失，土粒呈悬浮状而液化，产生喷水、冒砂、地基失效等现象。

3.5.4　地基地震液化的判别

众所周知，饱和的中粒～细粒砂在地震中将会失去有效应力。这种现象就称为砂土液化，并且在最先在饱和的、无黏着力的、中粒～细粒的土壤中发生。为了解释砂土液化，Casagrande（卡萨格兰德）（1936 年）使用了临界孔隙比的概念，在剪切力的作用下，密实砂有膨胀倾向，不过，疏松砂在同等荷载环境下出现了体积减缩现象。在剪切负荷下体积未发生变化的砂土的密度就称为临界密度（临界孔隙比）。

密度小于临界密度的砂土因而在地震运动中将会沉淀。若禁止排水，那么孔隙水压 u 将会增加，直到其与覆盖地层压力相等，其导致的有效应力 σ' 将变为 0。砂土将完全失去有效应力，并化为液体，如图 3-5 所示。

$$\sigma' = \sigma - \mu \tag{3-1}$$

式中　σ'——垂直有效应力；

σ——总应力；

u——孔隙水压。

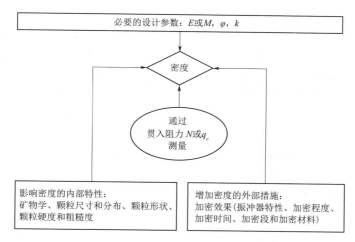

图 3-5　砂土结构设计的互相作用

砂土液化性评估的"简化方法"首先是由 Seed（锡德）与 Idriss（伊德里斯）（1971）开展研究的，并且根据新的进展与发现定期进行修正与更新。该程序研究了深度相对较浅（不超过 15m）的全新世冲积或沉积的沉积物中水平或稍微倾斜的位置。该程序定义了循环应力比（CSR）（可从设计地震中得出该结果），并将其与循环抗力比（CRR）进行比较，循环抗力比也称作抗液化强度，即砂土在地震中能够运动起来。

循环应力比是下列方程式运算得出的：

$$CSR = \frac{\tau_{av}}{\sigma'_{v0}} = 0.65 \times \left(\frac{a_{\max}}{g}\right) \times \left(\frac{\sigma_{v0}}{\sigma'_{v0}}\right) \gamma_d \tag{3-2}$$

式中　$a_{\max}$——设计地震导致的地平面上水平加速度的峰值；

g——重力加速度；

σ_{v0}，σ'_{v0}——总的垂直上覆层压力以及有效垂直上覆层压力；

γ_d——应力折减系数。

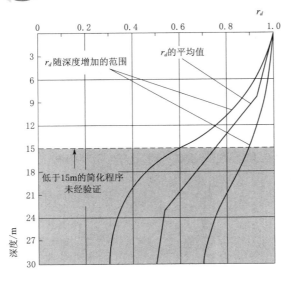

图 3-6　应力折减系数与深度之间的函数
（在锡德与伊德里斯之后，1971 年）

循环应力比代表了设计地震引发的平均水平剪切应力 τ_{av} 与在循环荷载出现之前的初始垂直有效应力之比。图 3-6 为非关键项目所推荐的 r_d 与深度的曲线图。曲线的图形表示了该方法的不确定性，尤其是在深度大于 15m 的时候。

简化的方法是将源自地震的不均匀分布的循环剪切应力用相等的平均均衡应力（等于最大循环剪切应力的 65%）代替。

式（3-2）可计算出不同深度的循环应力，并确定各自的循环应力比。地震震级决定了地面振动的持续时间，因此应力循环 N_c 的有效数字对生成最大剪切应力来讲是非常必要的。表 3-1 提供了代表数字。

表 3-1　　地震震级与有效应力循环次数（在 Seed 与 Idriss 之后，1971 年）

地震震级 M	有效应力循环次数 N_c	地震震级 M	有效应力循环次数 N_c
7	10	8	30
7.5	20		

通过由设计地震引起的剪切应力（确定循环应力比值）与在普通的地理环境下能够引起液化的必要剪切应力之间的比较，可认为土层剖面的区域有可能会发生液化。因此，下一个步骤就是评估土壤的抗液化强度或将实际土壤特性（与这一现象相关）考虑在内的循环抗力比（CRR）。

国外研究者推荐了四种方法用于常规的液化判别：标准贯入试验（SPT）、静力触探试验（CPT）、剪切波速测量及贝克尔渗透测试（Becker penetration test）。因此，对于后面两种方法，只有有限的或少数的液化区的试验结果可用，以下仅研究由使用标准贯入试验与静力触探试验方法而测量得的循环抗力比值。

图 3-7 描述了循环抗力比值与修正的标准贯入试验的锤击计数 $(N_1)_{60}$ 之间

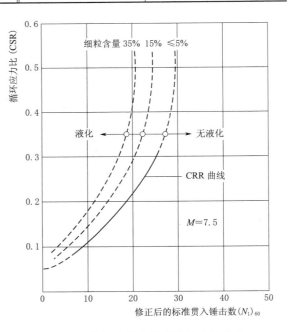

图 3-7　从标准贯入试验数据中推荐的
计算循环抗力比的基础曲线

的函数，由 Seed 等（1985）根据砂土中细粒土含量为 5%、15% 及 35% 的经验数据而发展的）。这些数据只有在震级为 7.5 级时才有效。锤击计数 $(N_1)_{60}$ 是经测量的锤击计数 N_m，由以下方程式修正用以说明影响因子、覆盖地层压力（C_N）、能量比（C_E）、钻孔直径（C_B）、钎杆长度（C_R）以及采样方法（C_S）：

$$(N_1)_{60} = N_m C_N C_E C_B C_R C_S \tag{3-3}$$

修正系数的建议范围可从表 3-2 中获得。为说明覆盖地层压力，C_N 系数是通过式（3-4）中的有效覆盖地层压力计算而得的，该公式是在标准贯入试验进行时运用的。

$$C_N = (P_a / \sigma'_{v0})^{0.5} \tag{3-4}$$

式中 P_a——100kPa 的大气压力。

用以计算循环抗力比 CRR 的基于标准贯入试验的方法具有以下优势：在液化区进行的测验测量次数充分，并且在测试进行期间可以轻松采集扰动土壤样本用以确立细粒土含量以及其他颗粒特性，见表 3-2。

表 3-2   标准贯入试验值的修正（德国地震工程研究中心，1997 年）

因 素	设备变量	术 语	更 正
覆盖地层压力		C_N	$C_N = (p_a / \sigma'_{v0})^{0.5}$ $C_N \leqslant 2$
能量比	圈锤	C_E	0.5~1.0
	安全锤		0.7~1.2
	自动起降圈锤		0.8~1.3
钻孔直径	65~115mm	C_B	1.0
	150mm		1.05
	200mm		1.15
钎杆长度	3~4m	C_R	0.75
	4~6m		0.85
	6~10m		0.95
	10~30m		1.0
	>30m		>1
采样方法	标准采样器	C_S	1.0
	无尾管采样器		1.1~1.3

图 3-8 展示了从经验数据中绘制而来的类似图，但是是基于修正静力触探试验的桩端阻力 $q_{c,1N}$ 以及循环应力比之上的，该图为细粒砂土含量低于 5% 的净砂层的循环抗力比曲线，并且在震级为 7.5 的地震中有效。对测量的归一化锥尖贯入阻力 q_c 是通过应用以下方程式在有效覆盖地层压力 σ'_{v0} 下修正的：

$$q_{c,1N} = C_Q (q_c / P_a) \tag{3-5}$$

式中 $C_Q = (P_a / \sigma'_{v0})^n$ 并且 $P_a = 100kPa$，大气气压，净砂层的 n 取值为 0.5，黏土的 n 取值为 1。

在图 3-9 中，由 Robertson（罗伯逊）（1990）研究得出的土壤性能类型图表，该图表将各种土壤类型确定为锥体压入阻力和摩擦比的函数。静力触探试验摩擦比（摩阻力 f_s 除以锥尖阻力 q_c）随着细粒砂土的含量及土壤的可塑性的升高而升高。该图中不同类

型土壤之间的界限可近似为同心圆的半径 I_c，被称为土壤性能类型指标，见式（3-6）

$$I_c = \sqrt{(3.47 - \log Q)^2 + (1.22 + \log F)^2} \qquad (3-6)$$

式中　Q 与 F——归一化的锥尖压入阻力与归一化的摩擦比，如式（3-7）和式（3-8）所示

$$Q = [(q_c - \sigma_{v0})/P_a](P_a/\sigma'_{v0})^n \qquad (3-7)$$

$$F = [f_s/(q_c - \sigma_{v0})] \times 100\% \qquad (3-8)$$

I_c 是在黏性土的方程式（3-6）、式（3-7）及式（3-8）中从以 $n=1$ 作为指数开始的迭代程序中计算的。如果计算得出的 I_c 值大于 2.6，那么通常认为该土壤黏着力很强不会被液化。出于安全原因，建议应对这些土壤进行采样，并通过实验室试验确定。

若 I_c 值的估计值小于 2.6，那么该土壤很有可能是颗粒状的，应取 $n=0.5$ 重复计算 Q 与 I_c 值。若 I_c 还是低于 2.6，那么就认为该土壤是无塑性的并为颗粒状的，I_c 可用于确定带有细粒含量的土壤的液化可能性。若 I_c 的值再次大于 2.6，那么该土壤可能为黏着的并具有可塑性的土壤，而且应取中间值 $n=0.7$ 重新计算 I_c 值。

然后使用中间的 I_c，将其用于判别该土壤的液化可能性，还应对该土壤进行采样，并进行测试。对于土壤性能指数 $I_c > 2.6$ 的土壤，通常将不会液化，但是会变得十分柔软（图 3-9 中的区域 1），因此将会在地震中产生很大幅度的变形。根据中国标准，这些土壤也可认为是非液化土壤，在该标准中，只有满足以下全部的 3 个标准才会出现液化（在 Seed 和 Idriss 之后，1982）：

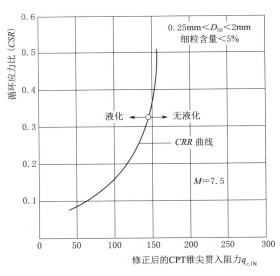

图 3-8　根据静力触探试验数据用以计算循环抗力比的曲线（1997 年）

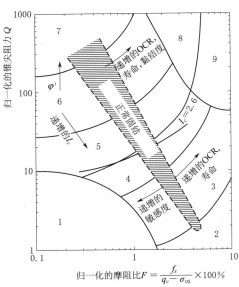

图 3-9　在 Robertson 之后（1990）基于 CPT 的土壤性能类型图表

在罗伯逊之后（1990）基于 CPT 的土壤性能类型图表（由德国地震工程研究中心提出，1997）1—敏感的细粒土；2—有机土—泥炭；3—黏土—粉质黏土至黏土；4—粉砂混合物—黏质粉土至粉质黏土；5—砂土混合物—粉质砂土至砂质粉土；6—砂土—砂至粉质砂土；7—砾质砂至密实砂；8—极硬砂至黏质砂土[*]；9—非常坚硬砂、细粒砂[*]（[*]非常超固结的或黏合的）

（1）黏土含量小于 15％。

（2）液限小于 35％。

（3）自然含水量小于液限的 0.9 倍。

使用以下的关系式，将这些粉土的归一化锥头贯入阻力 $q_{c,1N}$ 修正为等效纯净砂值归一化锥尖阻力（指数 cs），用以确定图 3-9 中抗液化强度循环抗力比，见式（3-9）

$$(q_{c,1N})_{cs} = K_c \cdot q_{c,1N} \qquad (3-9)$$

式中 K_c——颗粒特性的修正系数，该修正系数可从图 3-10 中获得，是方程式（3-6）定义的土壤性能类型指数 I_c 的函数。

为修正 $CRR_{7.5}$（循环抗力比$_{7.5}$）的值（仅在地震震级为 7.5 时可用），作为从图 3-7 所取值的归一化修正标准贯入试验锤击计数之间的函数，或从图 3-9 中所取值的归一化修正静力触探试验锥尖阻力之间的函数，该值乘以震级换算系数得到图 3-13 中所取的应力值 MSF_M，如图 3-10、图 3-11 所示，并在式（3-10）中给定：

$$CRR_M = MSF_M CRR_{7.5}$$

$$(3-10)$$

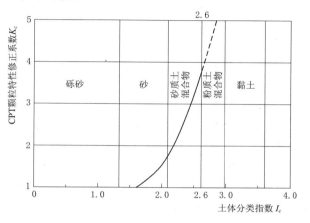

图 3-10 用以确定纯砂层颗粒等效 CPT 阻力特性的修正系数（由德国地震工程研究中心所推荐，1997）

液化的安全系数 FS 目前可写为与循环应力比 CSR、震级为 7.5 级的循环抗力比 $CRR_{7.5}$，以及震级换算系数 MSF 之间的函数，如式（3-11）所示

$$FS = (CRR_{7.5}/CSR)MSF \qquad (3-11)$$

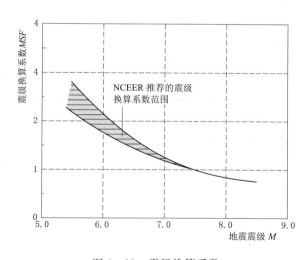

图 3-11 震级换算系数

3.5.5 砂土地基抗地震液化的设计

1. 处理范围

砂基振冲的范围如果没有抗液化要求，宜在基础外缘扩大 1～2 排桩；但在地震区有抗液化要求，应在基底外缘每边放宽不少于地基下可液化土层厚度的 1/2。

当可液化土层不厚时，振冲深度应穿透整个可液化土层；当可液化层较厚时，振冲深度应按要求的抗震处理深度确定。

2. 孔位布置与间距

振冲孔位布置常用等边三角形和

正方形两种。在单独基础和条形基础上常用等腰三角形或矩形布置。对大面积挤密处理，用等边三角形布置比正方形布置可以得到更好的挤密效果。

振冲孔位的间距视砂土的颗粒组成，密实要求，振冲器功率而定。砂的粒径越细，密实度要求越高，则间距应越小。对大面积处理，大功率振冲器单孔挤密处理的面积大，具有更高的经济效益。但是对同一功率的振冲器，有试验表明存在最佳振冲孔位间距，并非间距越小加固效果越好（楼永高，1995）。

设计大面积砂层挤密处理时，振冲孔间距也可用式（3-12）估算：

$$d = \alpha \sqrt{V_p / V} \qquad (3-12)$$

式中　d——振冲孔间距，m；

　　　α——系数，正方形布置为1，等边三角形布置为1.075；

　　　V_p——单位桩长的平均填料量，一般为 $0.3\sim0.5\text{m}^3$；

　　　V——原地基为达到规定密实度单位体积所需要的填料量，可按照式（3-14）计算。

3. 填料选择

填料的作用一方面是填充在振冲器上提后在砂层中可能留下的孔洞；另一方面是利用填料作为传力介质，在振冲器的水平振动下通过连续填料，将砂层进一步挤压加密。

对中粗砂，振冲器上提后由于孔壁极易塌落自行填满下方的孔洞，可以不加填料就地振密；对粉细砂，宜加填料才能获得较好的振密效果。填料可用含泥量不大于5%的粗砂、砾石、碎石、矿渣等材料。

Brown（1977）从实践中提出一个指标——"适宜数"（suitability number，S_n），据以判别填料级配的合适程度。适宜数按式（3-13）计算

$$S_n = 1.7 \sqrt{\frac{3}{(D_{50})^2} + \frac{1}{(D_{20})^2} + \frac{1}{(D_{10})^2}} \qquad (3-13)$$

式中　D_{50}、D_{20}、D_{10}——颗粒大小分配曲线上对应于50%、20%、10%的颗粒直径，mm。根据适宜数对填料级配的评价准则（见表3-3），填料的适宜数越小，则桩体的密实性高，振密速度快。

表 3-3　　　　　　　　　　　　填料按 S_n 的评价

S_n	$0\sim10$	$10\sim20$	$20\sim30$	$30\sim50$	>50
评价	很好	好	一般	不好	不适用

若用碎石做填料，宜选用质地坚硬的石料，不能用风化或半风化的石料。

砂基单位体积所需要的填料量可按式（3-14）计算

$$V = \frac{(1+e_p)(e_0 - e_1)}{(1+e_0)(1+e_1)} \qquad (3-14)$$

式中　V——砂基单位体积所需的填料量；

　　　e_0——振冲前砂层的原始孔隙比；

　　　e_p——桩体的孔隙比；

　　　e_1——振冲后要求达到的孔隙比。

4. 工艺试验法

振冲挤密完成后土层实际达到的密实程度将取决于许多因素，包括土层条件，振冲器设备类型，施工方法和操作人员的技能等，这些变量导致振冲挤密的设计仍然需要成功的经验和试验区来验证。对于3级或3级以下小型工程，振冲压实工作的设计可以根据承包商的经验。对于中大型或重要工程，最好提前进行工艺性试验。图3-12给出了振冲压实挤密试验的典型布置图。

该试验采用三种设计间距，并进行试验前和试验后分别测试，经常使用静力触探试验进行测试。可以根据挤密效果的程度来优化设计，如图3-12所示。

振冲压实挤密工作的技术成功标准是衡量达到指定目标的致密化水平。致密化可以很容易地检查，通过使用标准贯入试验或静力触探试验。比较前后压实测试，并应注意，在每一种情况下使用以确保相同的测试技术。控制设备性能是进行振冲压实挤密工作的另一个重要因素。是最好通过使用一个标准化的程序来实现，编制试验计划及方案，如预设计的加密段、加密时间和加密电流/预先假定的功耗。根据工艺试验的测试结果，对比地基土挤密前后的变化来判断处理的土体的不均匀性或挤密效果的评价，如图3-13所示。

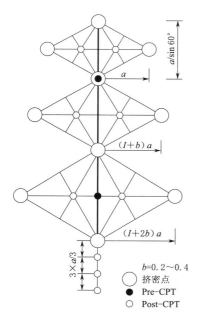

图3-12　振冲压实试验布置图
（Moseley and Priebe，1993）

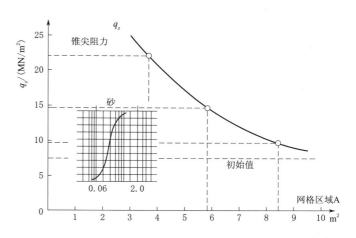

图3-13　振冲挤密试验结果（Moseley and Priebe，1993）

3.6　振冲置换

3.6.1　原理

利用振冲法在软弱黏性土地基中在制作由碎石等坚硬材料构成的桩体这些和原来的黏性土构成复合地基。与原地基比较，复合地基的承载力高、压缩性小。这种加固技术称为振冲置换法或碎石桩法。

如果软弱层不太厚，桩体可以贯穿整个软弱土层，直达相对硬层。如果软弱土层比较厚，桩体也可以不贯穿整个软弱土层，这时软弱土层只有部分转为复合土层，其余部分仍处于天然状态。当桩体达到相对硬层时，复合土层的桩体在荷载作用下主要起应力集中的作用。由于桩体的压缩模量远比软弱土大，故而通过基础传给复合地基的附加应力随着桩、土等的变形会逐渐集中到桩上，从而使软土分担的压力相应减少，是应力集中作用。

对于桩体不达到相对硬层，复合土层主要起垫层的作用。垫层能将荷载引起的应力向周围横向扩散。使应力趋向于均匀，从而可提高地基整体的承载力，减少沉降量。是垫层的应力扩散和均布的作用。

在制桩过程中由于振动、挤压、扰动等原因，地基土中会出现较大的附加孔隙水压力，从而使原土的强度降低。但在复合地基完成之后，一方面随着时间的推移原地基土的结构强度有一定程度的恢复；另一方面孔隙水压力向桩体转移消散，结果是有效应力增大，强度提高。国内实测资料表明，在制桩后一个短时间内原土的天然强度的确有所削弱，大约降低 10%～30%，但经过一段时间的休置，不仅强度会恢复至原来值，而且还略有增加。在国外也有人测得类似的资料。例如，日本 Aboshi（冈干）等人在现场实测得，桩体刚制成时，桩间土的不排水抗剪强度比原有值降低 10%～40%，但经过 30d 后，不排水抗剪强度提高到原有强度的一倍半（Aboshi，1979）。

对黏土、粉质黏土和黏质粉土的结构在振冲制桩前后的电镜摄片观察表明，振冲前这些土的集粒或颗粒连接以（点—点）接触为主；振冲后不稳定的（点—点）接触遭到破坏，形成比较稳定的（点—面）和（面—面）接触，孔隙减少，孔洞明显变小或消失，颗粒变细，级配变佳，并且形成的孔隙有明显的规律性和方向性，土的结构趋于致密，稳定性增大。

由此可见桩体在一定程度上也有像砂井那样的排水作用。

总之，复合地基中的桩体有应力集中和砂井排水双重作用复合土层还起垫层的作用。

碎石桩桩体绝大多数发生鼓胀破坏。一方面由于组成桩体的材料是无黏性的，桩体本身强度随深度而增加，故而随深度增大产生塑性鼓出的可能性变小；另一方面由于桩间土抵抗桩体鼓胀的阻力亦随深度而增大，故最易产生鼓胀破坏的部位是在桩的上端。Hughes 和 Withers（1974）指出，深度为两个桩径范围内的径向位移比较大，深度超过 2～3 个桩径，径向位移几乎可以忽略不计。因此，现有的设计理论都可以鼓胀破坏形式为基础，如图 3-14 所示。

振冲置换桩有时也用来提高土坡的抗滑能力。这时桩体的作用像抗滑桩那样是提高土体的抗剪强度，迫使滑动面向远离坡面、向深处转移。

振冲置换法主要适用于黏性土、粉土、饱和黄土、人工填土等地基的处理，有时还可以用来处理粉煤灰。

用振冲置换法加固软基时，根据 DL/T 5214—2016《水电水利工程振冲法地基处理技术规范》，对于不排水抗剪强度小于 20kPa 的淤泥、淤泥质土及该类土的人工填土等地基，应通过现场试验确定其适用性。前联邦德国 Kirsch 指出振冲置换法只适用于不排水抗剪强度 15～50kPa 的软黏土（Greenwood and Kirsch，1983）。对于不排水抗剪强度小

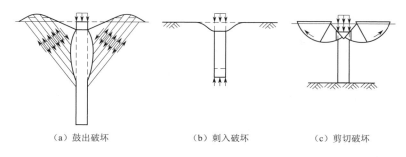

(a) 鼓出破坏　　　　　(b) 刺入破坏　　　　　(c) 剪切破坏

图 3-14　桩体破坏状态

于 20kPa 的软黏土,采用振冲法处理在国内已有不少成功实例,如天津塘沽长芦盐场氯化镁车间软黏土地基不排水抗剪强度仅为 16.1kPa,港珠澳大桥海上人工岛项目海底淤泥层不排水抗剪强度甚至低至 10kPa,振冲法处理均获得良好效果。

3.6.2　设计一般规定

1. 设计所需的基本资料

(1) 建设场地岩土工程勘察报告、钻孔剖面图及土的物理力学性质指标等。

(2) 工程等别、建(构)筑物级别、基础形式、建(构)筑物荷载及抗震设防等级。

(3) 复合地基承载力、沉降量以及抗剪强度指标的设计要求等。

2. 加固的范围

加固的范围应按下述原则确定:

(1) 土石坝(堤)体及坝(堤)基,按变形和稳定性计算分析结果确定其布桩范围。

(2) 建筑物的箱型基础、筏型基础在基础范围内布桩,根据原地基土质情况,在基础外缘宜设置 1~2 排排护桩。

(3) 建筑物的独立基础、条形基础应在基础范围内布桩,当基础外为软黏土、松散回填土或基础位于不利地形条件(如沟、塘、斜坡边缘)时,宜在基础外缘设置 1~2 排排护桩。

(4) 对于可液化地基,在基础外缘扩大处理宽度不小于基础地面下可液化土层厚度的 1/2,且不小于 5m。

3. 桩位的布置和间距

布桩形式应该按下述原则确定:

(1) 对于大面积坝(堤)基、箱基、筏基等,可采用三角形、正方形、矩形布桩。

(2) 对条形基础,可延基础的中心线布桩,当单排桩不能满足设计要求时,可采用多排布桩。

(3) 对独立基础,可采用三角形、正方形、矩形或混合型布桩。

桩中心距的确定应该考虑荷载大小和原土的抗剪强度。荷载大,间距较小,原土强度低,间距亦应小。特别是在深厚软基中打不到相对硬层的短桩,桩的间距应更小。30kW 振冲器布桩间距宜为 1.2~2.0m,75kW 振冲器布桩间距宜为 1.5~3.0m,130kW 振冲器布桩间距宜为 2.0~3.5m,130kW 以上振冲器布桩间距应通过现场试验确定。

4. 处理深度

处理深度应满足建(构)筑物对地基承载力、变形和稳定性等的要求。对于可液化地基，处理深度应符合 GB 50011《建筑抗震设计规范》和 NB 35047《水电工程水工建筑物抗震设计规范》的有关规定。

抗滑稳定性处理深度应超过最危险滑动面不少于 2.0m，地基处理范围按稳定性计算结果确定。当按下卧层承载力确定处理深度时，尚应进行下卧层承载力的验算。

振冲碎石桩桩长宜超过有效设计桩顶高程 1.0～1.5m，当超高不足时，应在振冲施工后对基底土层及有效桩体顶部做密实处理。通常情况是将桩体顶部 1m 左右一段挖去，铺 0.2～0.5m 厚的密实砂石垫层，以改善传力条件，使荷载受力均匀。

桩长是指桩在垫层底面以下的有效长度。如果相对硬层的埋藏深度不大，比如小于 10m，宜将桩深至相对硬层。如果软弱土层厚度很大，只能做贯穿部分软弱土层的桩。在此种情况下，桩长的确定取决于设计建筑物所容许的沉降量；桩越短，留下未加固的土层厚度越大，自然地基因加固而减少的沉降量就越小。

5. 桩体材料

桩体材料可以采用就地取材，通常宜采用含泥量不大于 5％的碎石、卵石、砾（粗）砂、矿渣，或者其他无腐蚀性、无污染性、性能稳定的硬质材料。对于 30kW 振冲器，材料粒径宜为 20～100mm；对于 75kW 以上振冲器，材料粒径宜为 20～150mm；采用底部出料法施工时，材料粒径宜为 8～50mm。

桩的直径与地基土的强度有关，强度越低，桩的直径越大。桩体平均桩径根据式（3-15）计算确定

$$d_0 = 2\sqrt{\eta V_m / \pi} \qquad (3-15)$$

式中 η——密实系数，一般为 0.7～0.8；

       V_m——每延米桩体平均填料量，m^3 / m。

6. 现场制桩试验

由于土层的差异性较大，勘察资料难免不够详尽，因此对于重要的大型工程宜在现场进行制桩试验和必要的测试工作。如通过载荷试验、标准贯入试验、静力触探试验等，以便收集设计施工所需的各项参数值，以便改进设计，制定出比较符合实际的加固施工方案。

现场试验应符合以下要求：

（1）应选择在建设场地工程地质条件有代表性的区域进行。

（2）载荷试验数量不少于 3 点。

（3）土的物理力学性质指标测试应符合 GB 50287《水力发电工程地质勘察规范》和 GB 50021《岩土工程勘察规范》的有关规定。

3.6.3 复合地基承载力的确定

关于碎石桩复合地基的确定，有以下几种计算方法。

3.6.3.1 载荷试验方法

载荷试验法是目前被认为最可靠、最实际的求复合地基承载力的方法，分为载荷试验直接测定复合地基承载力与间接测定复合地基承载力两种方法。

1. 载荷试验直接测定复合地基承载力

直接测定复合地基承载力的大型载荷试验，简称复合地基载荷试验，其中包括多桩复

合地基载荷试验与单桩复合地基载荷试验。

（1）多桩复合地基载荷试验。多桩复合地基载荷试验，对网格型布桩的复合地基，是采用大面积的正方形或矩形预制或现浇的钢筋混凝土承压板进行试验。多桩复合地基的载荷试验的桩数越多，压板面积也越大，更能反映复合地基受荷的工作特性，所获得结果也更为真实、可靠。随着压板面积的增大，在同样的地基承载力的要求下，施加的总荷载也将随之剧增，操作难度增加，耗资费时，故仅对于重要的大型建筑，且地基条件复杂的情况下方考虑多桩复合地基载荷试验。

（2）单桩复合地基载荷试验。鉴于多桩复合地基载荷试验操作困难，耗资费时，而单桩复合地基试验的压板面积仅是 1 个碎石桩及其影响的范围，加载量大为减少，操作方便，耗时耗资等都有大量节省。同时单桩复合地基载荷试验也具有相当的原型性，试验结果仅次于多桩复合地基载荷试验。由于压板面积小，影响的深度较小，仅能反映较浅部位桩与桩间土的共同工作的特性。但碎石桩桩体的破坏多为上端部位的鼓胀破坏，因而对于测定复合地基承载力而言影响不大，故对于较重要或大型或地质条件复杂情况下，工程中逐渐以单桩复合地基载荷试验代替多桩复合地基载荷试验。

2. 载荷试验间接测定复合地基承载力

鉴于复合地基载荷试验，即使是单桩复合地基载荷试验也是较耗资费时的试验，一般中、小工程的复合地基很少采用。通常多分别进行单桩载荷试验和桩间土载荷试验，测定出各自相应的单桩承载力特征值 f_{pk} 与桩间土承载力特征值 f_{sk}。

单桩载荷试验采用面积与桩截面积相同的圆形压板进行，桩间土载荷试验可采用方形压板或圆形压板，其边长或直径不宜大于 0.8 倍的桩距，其面积也不宜小于 0.5m^2。

碎石桩为散体材料桩，桩周土的约束力将直接影响桩的承载力。由于试验时桩间土未受到载荷作用，即桩间土表面的载荷应力 $\sigma_s = 0$（与实际情况不符），致使土对桩的约束力未能发挥，试验结果可能偏低。而桩间土的载荷试验，由于压板尺寸受桩距限制不能太大，影响深度有限，所获得的成果一般只能反映土层厚约 2 倍压板宽度范围内的土质情况。

碎石桩复合地基承载力由地基中碎石桩的承载力特征值 f_{pk} 和桩间土承载力特征值 f_{sk} 共同组成，基础传递的载荷时按桩、土各自的刚度进行分配。相应的复合地基承载力特征值的计算用式（3-16）和式（3-17）

$$f_{spk} = m f_{pk} + (1-m) f_{sk} \tag{3-16}$$

$$m = \frac{d_0^2}{d_e^2} \tag{3-17}$$

等边三角形布置用式（3-18）计算

$$d_e = 1.05s \tag{3-18}$$

正方形布置用式（3-19）计算

$$d_e = 1.13s \tag{3-19}$$

矩形布置用式（3-20）计算

$$d_e = 1.13\sqrt{s_1 s_2} \tag{3-20}$$

式中　f_{spk}——复合地基承载力特征值，kPa；

　　　f_{pk}——桩体承载力特征值，kPa；

f_{sk}——桩间土承载力特征值，对于非可加密土，取其天然地基承载力特征值；对于可加密土，取其加密后的地基承载力特征值；

m——面积置换率；

d_0——桩长范围内的平均桩径；

d_e——单桩等效影响圆直径，m；

$s，s_1，s_2$——桩间距、纵向间距和横向间距。

3.6.3.2　经验法

当工程条件所限难以进行载荷试验给出复合地基或桩体或桩间土的承载力时，对于中小型工程或在初步设计阶段时，可以根据地基天然土质的勘测资料，结合工程实践资料统计分析所获得的碎石桩承载力特征值的经验数据表 3-2，所选用的桩承载力特征值，由式（3-21）计算确定

$$f_{psk}=[1+m(n-1)]f_{sk} \qquad (3-21)$$

式中　n——桩土应力比，无实测资料时可取 2~4，桩间土强度低时取大值，高时取小值。

3.6.3.3　修整后的复合地基承载力特征值

众所周知，地基的承载力大小与加荷基础面积、位置深度有关。而一般的地勘报告所确定的地基承载力特征值是在一定荷载试验条件或相应的原位测试结合实践经验给出的地基承载力，该承载力特征值所处的条件与设计基础的条件不同，就需要将所给的地基承载力特征值进行宽度和深度修正。

根据 DL/T 5214—2016《水电水利工程振冲法地基处理技术规范》，修正后的复合地基承载力特征值，对基础宽度地基承载力修正系数取零是为了考虑安全储备，一般意见比较一致，按 GB 50007《建筑地基基础设计规范》的相关条文执行，但对于基础埋深地基承载力修正系数的取值则意见不一。地基承载力深度修正的主要原因是基础周围上覆土产生的超载使土的被动土压力增大。经振冲处理后的复合地基等效土体内摩擦角均明显大于天然地基，复合土体的综合抗剪强度指标得到显著提高。见式（3-22）

$$f_{spa}=f_{spk}+\eta_d\lambda_m(d-0.5) \qquad (3-22)$$

式中　f_{spa}——修正后的复合地基承载力特征值，kPa；

f_{spk}——复合地基承载力特征值，kPa；

η_d——基础埋深的地基承载力修正系数，根据基底土类别按下列经验值确定：淤泥和淤泥质土、人工填土：$\eta_d=1.0$；孔隙比 e 及液性指数 I_L 均小于 0.85 的黏性土：$\eta_d=1.3$；粉砂、细砂、粉土：$\eta_d=1.5$；中砂、粗砂、砾砂及碎石土：$\eta_d=2.0$；

γ_m——基础底面以上土的加权平均重度，地下水位以下取浮重度，kN/m³；

d——基础埋深，m，在填方整平地区，可自填土地面标高算起，但填土在上部结构施工后完成时，应从天然地面标高算起。

3.6.3.4　Priebe 复合地基承载力计算方法

在 20 世纪 70 年代，振冲置换碎石桩的应用在很大程度上取决于从众多项目积累的经验。随着更多的科学工程师对振冲工艺的兴趣日益增加，设计方法越来越多地弥补了现场

经验的不足，以预测碎石桩的承载力和变形性能。Heinz J. Priebe（海因茨·J. 普里贝）在 1976 年提出了一个简单、半经验的方法，在后来，他改善并改变了该方法，以更好地适应实际情况，最近一次是在 2003 年，他将他的方法和公式推广至极软的土壤（Priebe，1976，1987，1988，1995，2003）。该方法及其他方法的共同点是，它们不适用于小群的碎石桩，这一点具有很大的现实意义，通过使用很多种计算碎石桩群桩承载力和沉降性能的方法。

Heinz J. Priebe（1995）提出"基于单元模型的逼近法"计算振冲碎石桩复合地基，假定桩体在三向应力作用下进入塑性平衡状态，空心圆柱体桩间土呈弹性状态，单元边界呈刚性。利用面积置换率、压缩模量比、内摩擦角、黏聚力、泊松比等参数，推导出各层土的复合地基调整系数 n，进而计算沉降和承载力。

1. 假定条件

首先设定 3 个假定条件，然后逐一放松假设条件，随着假设条件的放松，推导参数逐渐逼近实际工作状态。

（1）碎石桩末端基于刚性层上。

（2）忽略桩体填料空隙影响，桩体为不可压缩的理想弹性体。

（3）忽略桩和土的堆积密度。

2. 初始状态

在初始状态下，桩体末端不会发生位移，荷载作用产生的顶端沉降引起的体积变形沿桩长方向均匀分布，桩与桩间土发生一致的弹性变形，土的侧压力系数 $K=1$，得到复合地基调整系数 n 的初值 n_0。

$$n_0 = 1 + \frac{A_c}{A} \times \left[\frac{1/2 + f(\mu_s, A_c/A)}{K_{ac} f(\mu_s, A_c/A)} - 1 \right] \tag{3-23}$$

$$f(\mu_s, A_c/A) = \frac{(1-\mu_s)(1-A_c/A)}{1 - 2\mu_s + A_c/A} \tag{3-24}$$

$$K_{ac} = \tan^2 \left(45° - \frac{\varphi_c}{2} \right) \tag{3-25}$$

3. 考虑桩体的可压缩性，放弃前述第二个假定

复合地基中，桩与土体具有可压缩性，由于桩的压缩模量 E_p 通过试验或勘察手段较难获取，以及自身的不确定性，Priebe 将上一步推导的调整系数 n_0 与压缩模量比 E_c/E_s 相联系，推导出加载后单元体的桩土面积比 $(A_c/A)_1$，进而推导出此时的地基调整系数 n_1。见式（3-26）～式（3-29）

$$\left(\frac{A_c}{A} \right)_1 = -\frac{4K_{ac}(n_0 - 2) + 5}{2(4K_{ac} - 1)} \pm \frac{1}{2} \sqrt{\left[\frac{4K_{ac}(n_0 - 2) + 5}{4K_{ac} - 1} \right]^2 + \frac{16K_{ac}(n_0 - 1)}{4K_{ac} - 1}} \tag{3-26}$$

$$n_1 = 1 + \frac{\overline{A_c}}{A} \times \left[\frac{1/2 + f(\mu_s, \overline{A_c/A})}{K_{ac} f(\mu_s, \overline{A_c/A})} - 1 \right] \tag{3-27}$$

$$\frac{\overline{A_c}}{A} = \frac{1}{A/A_c + \Delta(A/A_c)} \tag{3-28}$$

$$\Delta(A/A_c) = \frac{1}{(A_c/A)_1} - 1 \tag{3-29}$$

4. 考虑覆盖层的影响

前述第三条假定不计桩与土的自重影响，使桩与土产生体积变形的附加应力大小只与基础传递来的荷载 P 有关，并且其沿桩长的均匀分布。事实上，桩与土的自重（W_c 与 W_s）有可能大大超过荷载 P 的影响。

放弃此假定，随深度增加，土对桩体的侧向作用加强，附加应力和土体应变随深度逐渐减少，桩体的承载力加大。此时的调整系数 n_2 表现为 n_1 与深度系数 f_d 的线性关系。见式（3-30）~式（3-36）

$$n_2 = f_d n_1 \tag{3-30}$$

$$f_d = \frac{1}{1 + \dfrac{K_{oc} - W_s/W_c}{K_{oc}} \times \dfrac{W_c}{P_c}} \tag{3-31}$$

$$P_c = \frac{P}{\dfrac{A_c}{A} + \dfrac{1 - \overline{A_c/A}}{P_c/P_s}} \tag{3-32}$$

$$\frac{P_c}{P_s} = \frac{1/2 + f(\mu_s, \overline{A_c/A})}{K_{ac} f(\mu_s, \overline{A_c/A})} \tag{3-33}$$

$$W_c = \sum(\gamma_c \Delta d) \tag{3-34}$$

$$W_s = \sum(\gamma_s \Delta d) \tag{3-35}$$

$$K_{oc} = 1 - \sin\varphi_c \tag{3-36}$$

5. 复合地基的抗剪强度计算

由面积置换率 A_c/A 和地基调整系数 n 推导复合地基桩土负载比 m，见式（3-37）

$$m = (n - 1 + \overline{A_c/A})/n \tag{3-37}$$

考虑土与桩的可压缩性（非理想弹性体），复合地基中土体的负载比比理想弹性体计算值大，从安全角度考虑，可用式（3-38）计算桩土负载比。

$$m' = (n - 1)/n \tag{3-38}$$

由于不同深度滑移曲线的不确定性，计算负载比 m' 时不考虑深度系数 f_d 的影响，使用 n_1 计算。复合地基内摩擦角利用下式推算。

理论上，复合地基的黏聚力 c 与面积置换率 A_c/A 相关，见式（3-39）和式（3-40）

$$\tan\overline{\varphi} = m' \tan\varphi_c + (1 - m') \tan\varphi_s \tag{3-39}$$

$$c = (1 - \overline{A_c/A})C_s \tag{3-40}$$

碎石桩施工过程破坏了土体的原有结构，破坏程度难以测定，所以保守地用式（3-41）计算复合地基黏聚力 c' 值。

$$c' = (1 - m')C_s \tag{3-41}$$

6. 复合地基承载力计算

Priebe 用复合地基的内摩擦角 $\overline{\varphi}$ 和处理前土的内摩擦角 φ_s，虚拟一个基底宽度 $\overline{b}$，计

算复合地基承载力 P_u，见式（3-42）

$$\overline{b}=b\mathrm{e}^{\left[\mathrm{arc}(45°-\overline{\varphi}/2)\tan\overline{\varphi}-\mathrm{arc}(45°-\varphi_s/2)\tan\varphi_s\right]}\frac{\sin(45°+\overline{\varphi}/2)}{\sin(90°-\overline{\varphi})}\times\frac{\sin(90°-\varphi_s)}{\sin(45°+\varphi_s/2)} \tag{3-42}$$

根据德国标准 DIN 4017，首先，安全系数 η_0 和地基破坏边线的最大深度 $d_{Gr,0}$ 应用每个单独层的土壤参数。见式（3-43）~式（3-45）

$$\eta_0=\overline{\sigma_{0f}}/p \tag{3-43}$$

$$\overline{\sigma_{0f}}=(c_sN_C\nu_C+qN_d\nu_d+\gamma_s\overline{b}N_b\nu_b)\overline{b}/b \tag{3-44}$$

$$d_{Gr,0}=\overline{b}\sin(45°+\overline{\varphi}/2)\mathrm{e}^{\mathrm{arc}(45°+\varphi_s/2)\tan\varphi_s} \tag{3-45}$$

在纯黏性土中，复合地基土的黏聚力用式（3-46）计算

$$c''=(c'+c_s)/2 \tag{3-46}$$

在第二步中，只要 $d_{Gr(n-1)}$ 超过 $d_{u(n-1)}$、$d_{u(n)}$ 和 $d_{l(n)}$ 相关层的上限和下限，最终安全系数 η 和最大深度 d_{Gr} 是连续平均各个层的值。

在分层地基中，分层计算上述各参数，得到各层的承载力。见式（3-47）~式（3-50）

$$\eta_{(n)}=\eta_{0(n)}+\left[\eta_{(n-1)}-\eta_{0(n)}\right]\times\frac{d_{0(n)}}{d_{Gr(n-1)}} \tag{3-47}$$

$$d_{Gr(n)}=d_{Gr,0(n)}+\left[d_{Gr(n-1)}-d_{Gr,0(n)}\right]\times\frac{d_{0(n)}}{d_{Gr(n-1)}} \tag{3-48}$$

$$n\geqslant2 \quad \eta_{(1)}=\eta_{0(1)} \quad d_{Gr(1)}=d_{Gr,0(1)} \tag{3-49}$$

当 $d_{Gr(n-1)}>d_{l(n)}$ 时，然后 $d_{Gr(n-1)}=d_{l(n)}$ \tag{3-50}

3.6.3.5　下卧软弱层承载力特征值验算

复合地基的碎石桩，在荷载和作用下不发生刺入或故障灯桩体的破坏条件下，复合土体的功能虽属桩、土各自工作的综合反映，却可将复合土体作为一加固了的整体土层。若其下还有未加固的软土层，在碎石桩未穿透的剩余软土层时，除复合地基承载力特征值应满足设计要求外，还应验算下卧层承载力特征值是否也满足要求。验算方法与 GB 50007—2011《建筑地基基础设计规范》中的方法相同。因复合土体一作为一整体天然土层看待，即式（3-51）验算

$$p_z+p_{cx}\leqslant f_x \tag{3-51}$$

式中　p_z——软弱下卧层顶面处的附加应力值；

　　　p_{cx}——软弱下卧层顶面处的自重应力值；

　　　f_x——软弱下卧层顶面处经深度修正后的地基承载力特征值。

对条形基础和矩形基础，式中的 p_z 可按下列公式简化计算。

条形基础用式（3-52）计算

$$p_z=\frac{b(p-p_c)}{b+2z\tan\theta} \tag{3-52}$$

矩形基础用式（3-53）计算

$$p_z=\frac{lb(p-p_c)}{(b+2z\tan\theta)(l+2z\tan\theta)} \tag{3-53}$$

式中　b——矩形基础和条形基础底边的宽度；

l——矩形基础底边的长度；

p_c——基础底面底边的长度；

z——基础底面至软弱下卧层顶面的距离；

θ——地基压力扩散线与垂直线的夹角，可由表 3 - 4 选取。

表 3 - 4　　　　　　　　　地基压力扩散线与垂直线夹角的取值

E_{sp}/E_{sz}	z/b		E_{sp}/E_{sz}	z/b	
	0.25	0.5		0.25	0.5
1	5°	12°	5	10°	25°
3	6°	23°	10	20°	30°

注　1. E_{sp} 为复合土体的压缩模量，E_{sz} 为下层土的压缩模量。

　　2. $E_{sp}/E_{sz}=1$ 对应的 θ 角为编者基于理论计算结合一定的试验综合求得的结果。

　　3. $z<0.25b$ 时一般取 $\theta=0°$，必要是，宜由试验确定；$z>0.5b$ 时 θ 值不变；$0.25<z/b<0.5$ 时，θ 值可内插求得。

3.6.4　复合地基的沉降计算

地基沉降量的大小取决于地基土的受力情况和土的变形特性。对于复合地基来讲，其沉降既要考虑复合土体及其下卧层的受力情况，又要考虑它们的变形特性，就比一般地基的沉降计算要复杂得多。而目前有关复合地基沉降的计算理论还不成熟，其中比较实用的近似计算方法，虽都不同程度地考虑了这两方面的影响，分别计算复合地基土层的沉降 S_{sp} 和下卧土层的沉降 S_x，两者之和为复合地基的总沉降量 S_F。见式（3 - 54）

$$S_F = S_{sp} + S_x \qquad (3 - 54)$$

由于某些假定和影响因素考虑不周，或忽略了所计算的沉降仅是复合地基的固结沉降 S_F'，未计及加荷瞬时侧向变形和其他因素引起的竖向变形应有的修正，与天然地基沉降计算相同，对于 E_{sp} 大的复合地基的沉降计算值常大于实测值，而 E_{sp} 小的复合地基，其沉降计算值又常小于实测值。因此，研究更切合实际而简便实用的计算复合地基沉降的方法实属必要。

3.6.4.1　复合模量法

复合模量法是将复合地基加固区的碎石桩与桩间土构成的复合土体，作为沉降等效具有复合压缩模量 E_{sp} 的土，成复合土层。以分层总和法计算复合土层的沉降 S_{sp}'，见式（3 - 55）。

$$S_{sp}' = \sum_{1}^{n_{sp}} \frac{\Delta\sigma_i}{E_{spi}} h_i \qquad (3 - 55)$$

式中　n_{sp}——复合土层的分层数；

　　　$\Delta\sigma_i$——第 i 层附加应力的平均增量；

　　　h_i——第 i 层土的厚度；

　　　E_{spi}——第 i 层土的复合压缩模量。

其中复合压缩模量 E_{sp}，可由桩和桩间土变形协调以及复合土层沉降等效实际桩、土复合体的沉降关系式（3 - 56）、式（3 - 57）导出式（3 - 58）、式（3 - 59）。

$$\frac{\sigma_p}{E_p} = \frac{\sigma_s}{E_s} \tag{3-56}$$

$$\frac{m\sigma_p + (1-m)\sigma_s}{E_{sp}} = \frac{m\sigma_p}{E_p} + \frac{(1-m)\sigma_s}{E_s} \tag{3-57}$$

$$E_{SP} = [1 + m(n-1)]E_s \tag{3-58}$$

$$E_{SP} = \frac{1 + m(n-1)}{n} E_p \tag{3-59}$$

式中 σ_p、σ_s——桩体上的应力和桩间土上的应力；

       E_p、E_s——桩和桩间土的压缩模量；

       m——面积置换率；

       n——桩土应力比。

式（3-55）、式（3-59）还可以推导出应力修正法的公式，见式（3-60）

$$S'_{sp} = \sum_1^{n_{sp}} \frac{\Delta\sigma_i}{E_{spi}} h_i = \sum_1^{n_{sp}} \frac{\Delta\sigma_i}{1 + m(n-1)E_{si}} h_i = \frac{1}{1 + m(n-1)} \sum_1^{n_{sp}} \frac{\Delta\sigma_i}{E_{si}} h_i = \mu_s S'_s \tag{3-60}$$

式中 S'_s——加固前该去原图层在荷载 P 作用下的沉降。

由此可知复合模量法，实质上就是等效沉降法，亦等同于下面推导的应力修正法。

3.6.4.2   应力修正法

施加于复合土层上的荷载由桩土协调共同承担。由于碎石桩的刚度大于桩间土，荷载应力向桩体集中，故桩间土承担的荷载大为减少。应力修正法就是以土上减小了的荷载应力，并忽略碎石桩的存在，以土的压缩模量，采用分层总和法计算复合土层的沉降 S'_{sp}，见式（3-61）~式（3-63）

$$S'_{sp} = \sum_1^{n_{sp}} \frac{\Delta\sigma_i}{E_{spi}} h_i \tag{3-61}$$

$$\Delta\sigma_{si} = \frac{\Delta\sigma_i}{1 + m(n-1)} = \mu_s \Delta\sigma_i \tag{3-62}$$

$$S'_{sp} = \sum_1^{n_{sp}} \frac{\Delta\sigma_{si}}{E_{si}} h_i = \mu_s \sum_1^{n_{sp}} \frac{\Delta\sigma_i}{E_{si}} h_i = \mu_s S'_s \tag{3-63}$$

式中 μ_s——应力修正系数，即应力分散系数。

式（3-60）是按复合土层提高了的复合压缩模量计算其沉降量，而式（3-63）则基于作用于桩间土上减少了的荷载应力计算桩间土的沉降量。虽然两者考虑的角度不同，但所得的结果一致，都等同于加固前土层在荷载作用下的沉降量 S'_s 乘以应力分散系数 μ_s。

3.6.4.3   桩身压缩量法

加固区桩间土的竖向压缩量等于桩体的竖向压缩量和桩端荷载引起土体压缩所产生的桩端沉降量（刺入沉降部分）之和，若刺入沉降很小，则加固区压缩量近似或等于桩体竖向压缩量，此时，用桩身压缩量法。根据作用在桩体上的荷载和桩体变形模量计算桩身压缩量，并将桩身压缩量作为加固区土层压缩量。

桩体分担荷载用式（3-64）计算

$$P_p = \frac{np}{1+m(n-1)} = \mu_p p \tag{3-64}$$

若桩侧摩阻力为平均分布，桩底端承力密度为 P_e，则桩身压缩量用式（3-65）计算

$$S_{sp} = S_P = \frac{\mu_p P + P_e}{2E_p} l \tag{3-65}$$

式中　P_e——桩端应力；

S_P——碎石桩的压缩量

l——桩长。

3.6.4.4　Priebe 复合地基沉降计算方法

首先，理想情况下，假定地基为均质土，计算桩数无限多的群桩复合地基上施加面积无限的面荷载 P 深度 d 处的沉降值 S_∞，见式（3-66）

$$S_\infty = p \times \frac{d}{E_s n_2} \tag{3-66}$$

按照分层总和法，计算每层的沉降，见式（3-67）

$$\Delta S = \frac{p}{E_s n_2} \times \left[\left(\frac{S}{S_\infty} \right)_l d_l - \left(\frac{S}{S_\infty} \right)_u d_u \right] \tag{3-67}$$

3.6.4.5　复合地基下卧层沉降计算

复合地基的下卧层是指复合地基下未加固的土层。由于其未加固处理，土的工程特性没有改变，只是因其上复合土层的工程性能改善，导致下卧层的应力部分有所变化，故主要是设法计算比较合适的下卧土层的应力分布，然后再采用分层总和法计算其沉降 S_x'。目前计算复合地基下卧层附加应力分布的若干近似方法有应力扩散法、等效实体法、Mindlin-Geddes（明德林-格迪斯）法和当层法。

1. 应力扩散法

该法即将复合地基视为双层地基，故作用于其上的荷载 P，按一定的应力扩散角 θ 通过复合土体传递至下卧土层顶面，如图 3-15 所示。由此获得作用于下卧土层顶面的荷载平均应力 σ_x，以及相应的作用范围，并以此计算下卧土层中的应力分布，求其沉降 S_x。见式（3-68）

$$\sigma_s = \frac{BLP}{(B+2h\tan\theta)(L+2h\tan\theta)} \tag{3-68}$$

对于平面应变问题，用式（3-69）和式（3-70）

$$\sigma_x = \frac{BP}{B+2h\tan\theta} \tag{3-69}$$

$$S_x = \sum_{n_{sp}+1}^{n} \frac{\Delta\sigma_{xi}}{E_{si}} h_i \tag{3-70}$$

式中　σ_x——下卧层顶面的荷载平均应力；

B——复合土体上加荷宽度；

L——复合土体上加荷长度；

n——下卧压缩层范围内计算划分的全部分层数；

$\Delta\sigma_{xi}$——下卧土 i 层的附加应力增量。

2. 等效实体法

等效实体法是将复合土体视为一局部的实体，犹如墩式基础。作用其上的荷载扣除周边摩阻力 f 后直接至实体底面，如图 3-16 所示。故作用于下卧土层顶面的荷载应力用下式计算。

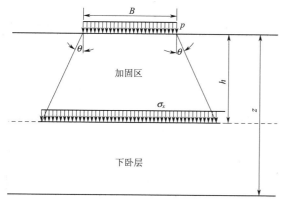

图 3-15　应力扩散法

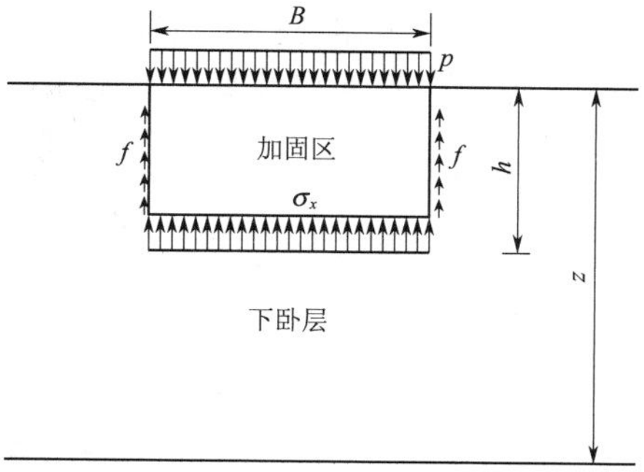

图 3-16　等效实体法

对于空间问题，用式（3-71）计算

$$\sigma_s = \frac{BLP - (2B + 2L)hf}{BL} \tag{3-71}$$

对于平面问题，用式（3-72）计算

$$\sigma_x = P - \frac{2hf}{B} \tag{3-72}$$

式中　f——复合土体周边摩阻力。

3. Mindlin-Geddes 法

复合地基上的荷载按桩土模量比分配至桩和桩间土上，他们分别经各自的途径传至下卧土层上。桩所承担的荷载，在假定的桩侧摩阻力的分布下，按 Mindlin 应力积分解，求出下卧土层中的应力分布。再叠加由土分担的荷载 σ_s，按天然地基应力分布的计算方法求出下卧层中相应的应力分布，两者之和即作为下卧土层的总竖向应力分布。

4. 当层法

复合土层视为地基中的一土层，作为双层地基处理计算下卧土层中的应力分布。通常可将复合土层换算为与下卧土层压缩模量相同的当量土层的厚度，如此可将复合的双层地基转化为相应的均值地基，如图 3-17 所示。以荷载作用于当层顶面计算下卧土层内的应力分布。当层厚度 h_1 用式（3-73）计算

$$h_1 = h\sqrt{E_{sp}/E_x} \tag{3-73}$$

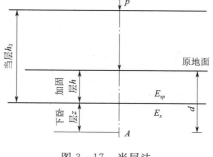

图 3-17　当层法

式中　h_1——复合土层的当层厚度；

　　　h——复合土层的厚度。

3.6.5　抗滑稳定验算

1. Aboshi 等方法

振冲碎石桩也可以用来提高黏性土坡的抗滑稳定性。在这种情况下进行稳定分析需要采用复合土层的抗剪强度 S_{sp}。复合土层抗剪强度分别由桩体和原土产生的两部分强度组成。Aboshi 等（1979）提出按平面面积加权的方法，用式（3-74）计算

$$S_{sp}=(1-m)C_u+mS_p\cos\alpha \tag{3-74}$$

式中　S_p——桩体的抗剪强度；

　　　α——滑动切线与水平线的夹角（如图 3-18 所示）。

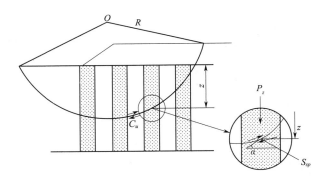

图 3-18　用于提高土坡稳定的桩体

桩体抗剪强度 S_p 为

$$S_p=P_z\tan\varphi_p\cos\alpha \tag{3-75}$$

式中 P_z 为作用于滑动面的垂直应力，可用式（3-75）计算

$$P_z=\gamma'_p z+\mu_p\sigma_z \tag{3-76}$$

其中 μ_p 用式（3-77）计算

$$\mu_p=\frac{n}{1+(n-1)m} \tag{3-77}$$

式中　γ'_p——桩体重度，水位以下用浮重度；

　　　z——桩顶至滑弧上计算点的垂直距离；

　　　σ_z——桩顶平面上作用荷载引起的附加应力，可按一般弹性理论计算；

　　　μ_p——应力集中系数；

上式中 $\gamma'_p z$ 为桩体自重引起的有效应力，$\mu_p\sigma_z$ 为作用荷载引起的附加应力。已知 S_{sp} 后，可用常规稳定分析方法计算抗滑安全系数。

2. Priebe 方法

设原土的抗剪强度指标为 C_s、φ_s，桩体的抗剪强度指标为 $C_p=0$、φ_p。Priebe（1978）提出复合土层的抗剪强度指标 C_{sp}、φ_{sp} 可用式（3-78）和式（3-79）计算

$$C_{sp}=(1-\omega)C_s \tag{3-78}$$

$$\varphi_{sp}=\omega\tan\varphi_p+(1-\omega)\tan\varphi_s \tag{3-79}$$

式中　ω——参数，与桩土应力比、面积置换率有关，它的定义见式

$$\omega = m \frac{\sigma_p}{\sigma_s} = m\mu_p \qquad (3-80)$$

一般 $\omega = 0.4 \sim 0.6$。同样，已知 C_{sp}、φ_{sp} 后，可用常规稳定分析方法计算抗滑安全系数或根据要求的安全系数反求需要的 ω 或 m 值。

3.7 基本设计步骤

前述几节对振冲法复合地基的设计目的、方法、原则、内容等进行了论述。对于地质条件复杂的超大型或大型工程，其主要设计步骤梳理如下。中、小型或一般工程可适当简化参考。

（1）明确设计任务和要求。

（2）设计基本资料收集和分析。

（3）进行基本计算和工程类比。

（4）前期方案选择及布置。

（5）试验技术要求（应在前期设计阶段即进行专项振冲试验，根据现场试验取得的成果确定设计和施工参数）。

（6）试验成果分析。

（7）实施方案布置。

（8）施工技术要求（包括生产试验、施工检测、验收）。

（9）施工过程遇复杂地质条件时的设计调整。

第4章 振冲法地基处理的试验

4.1 概述

岩土是自然地质历史形成的产物，充满了变异性和独特性。岩土的变异性、不连续性和多相性等复杂的土体属性，造成了岩土的强度、变形和渗透等工程问题。由于岩土工程的复杂性，目前振冲法地基处理技术仍处于半经验和半理论的状态，"理论导向，实测定量，经验判断，检验验证"是众多岩土工作者的共同认知。因此，振冲法地基处理的现场试验是振冲法加固处理地基的关键步骤，也是地基处理设计的基本依据。

英国标准 BSEN 14731（深层振动地基处理）7.3 节对现场振冲试验提出了具体的要求。

GB 55003—2021（建筑与市政地基基础通用规范）第四章天然地基与处理地基中，4.2 节地基设计，明确复合地基承载力特征值应通过现场复合地基载荷试验确定，或采用增强体载荷试验结果和其周边土的承载力特征值结合经验确定。

DL/T 5214—2016（水电水利工程振冲法地基处理技术规范）第 4 章设计中，4.1 节一般规定要求，采用振冲法地基处理的设计如下。

（1）1 级、2 级建（构）筑物应采用复合地基载荷试验确定。

（2）3 级及 3 级以下的建（构）筑物宜采用单桩载荷试验和桩间土试验结果按公式计算确定；也可采用工程类比法确定。

由此可见，振冲法地基处理的试验属于水利水电工程设计的一部分工作，岩土设计的基本参数（如复合地基的承载力、变形模量、抗剪强度等）是由试验结果确定，在此基础上才能进行水利水电工程设计的主要工作。所以，振冲法地基处理的试验工作应在工程施工图设计前进行。

同时，水利水电工程振冲法地基处理现场试验的结果可以验证振冲技术的适用性和安全性，并为工程施工提供可靠的施工参数。

振冲法地基处理的试验前，应根据建设场地的工程地质资料、建（构）筑物的荷载对地基承载力及变形等的要求、相关的技术法规、相关的技术规范等，编制出详细的振冲法地基处理试验的技术要求。试验施工单位应依据上述法规和技术文件编制切实可行的振冲法地基处理试验施工方案。

4.2 试验目的

初步设计方案确定采用振冲法加固处理第四纪覆盖层后，需进行现场的振冲法地基处理试验，其目的如下。

（1）通过试验检验振冲法地基处理在本工程的适宜性和处理效果。

（2）为工程设计提供可靠的岩土工程参数。

（3）为业主进行经济效果比选提供决策基础。

（4）为振冲法工程施工提供有效施工参数。

（5）确定振冲法地基处理的工程质量检测方法及标准。

4.3　试验工作内容

振冲法地基处理试验工作的主要内容有两大部分，即振冲法地基处理施工和复合地基检测试验。

振冲法地基处理施工的主要内容有：施工前准备工作、施工顺序（可选用排打、跳打或围打）、施工工艺选择（干法或湿法、孔口填料或底部出料、外加填料振冲或无外加填料的振冲挤密）、施工设备选用、辅助施工工艺（如水气联动、气动潜孔锤辅助成孔等）选用、振冲器造孔施工、振冲加固处理施工等。

复合地基检测试验工作应在振冲施工结束且复合地基达到恢复期后进行，测试试验的方法应根据建设场地具体工程地质条件和工程设计目的选择一种或几种，测试试验的方法有：多桩复合地基载荷试验、单桩复合地基载荷试验、单桩载荷试验、桩间土载荷试验、桩间土室内土工试验、圆锥动力触探试验、标准贯入试验、静力触探试验、现场直接剪切试验、十字板剪切试验、常水头渗透试验、瞬态瑞利波法工程物探检测、地质雷达法工程物探检测等。

根据项目不同地质条件和处理目的，通常振冲试验有关参数指标和要求如下。

（1）振冲处理深度、间距。

（2）振冲碎石桩直径，碎石填料要求，碎石或卵石，粒径和级配要求等。

（3）振冲设备的基本选型和施工参数范围。

（4）振冲处理后的复合地基土体的平均密度标准。

（5）振冲处理后的复合地基的承载力特征值。

（6）振冲处理后变形模量、压缩模量、黏聚力、内摩擦角等。

（7）渗透系数。

（8）振冲处理后抗液化指标。

（9）振冲处理后的检测方法、数量要求和检测时间，如标准贯入检测、动力触探检测、载荷试验、现场剪切试验等。

4.4　振冲法地基处理试验技术要求

编制振冲法地基处理试验技术要求所需基本资料如下。

（1）建设场地的岩土工程勘察报告。

（2）水利水电工程等别、建（构）筑物级别、基础形式、建（构）筑物荷载及抗震设防等级。

（3）复合地基承载力、沉降量以及抗剪强度指标等的设计要求。

编制振冲法地基处理试验技术要求主要内容如下。

（1）建设工程概况。

（2）建设工程场地的工程地质条件。

（3）振冲法地基处理试验的依据。

（4）振冲法地基处理试验的目的及技术要求。

（5）振冲法试验施工区域的布置。

（6）振冲法地基处理试验施工的技术要求。

（7）振冲法地基处理试验复合地基的检测试验。

（8）振冲法地基处理试验工作成果的技术要求。

4.5　振冲法地基处理试验施工方案

振冲法地基处理试验的施工方案一般由施工单位根据国家的相关法规、相关的技术规范、振冲法地基处理试验技术要求等文件编制，其主要内容如下。

（1）建设工程概况。

（2）建设工程场地工程地质条件。

（3）振冲法地基处理试验施工依据。

（4）振冲法地基处理试验施工目的及技术要求。

（5）振冲法试验施工区域布置。

（6）振冲法试验的施工部署（施工的设备、进度、人员等计划安排等）。

（7）振冲法地基处理试验施工方法及工艺要求。

（8）振冲法地基处理试验施工质量、安全、人员职业健康、环境保护等管理计划。

（9）振冲法地基处理试验施工安排（工程施工顺序、针对工程的不同试验区域和重点采取的管理和技术措施等）。

（10）振冲法地基处理试验施工后复合地基恢复期间的保护措施。

4.6　振冲法地基处理试验施工

4.6.1　施工准备

施工场地具备"三通一平"条件，应当做到路通、水通、电通和场地平整，道路应满足施工机械和运料车辆进入施工场地的要求；水源应接至施工现场 50m 以内，水量应满足施工要求，一般用水量可按单台机组 $10\sim20\text{m}^3/\text{h}$ 考虑；电源宜接至施工场地 50m 以内，不宜离施工场地过远，防止电压降过大，影响地基处理质量。用电量应满足振冲器、供水泵、排污泵、夜间施工照明需要。施工场地内的地下障碍物，应查清它们的位置、埋置深度，并予以清除、移动或提出避开和保护的措施，否则在施工中可能造成事故甚至危及人身安全。

安全、技术交底：对现场施工管理人员、技术人员、班组施工人员等进行施工技术、施工质量、安全生产、职业健康、环境保护等交底说明，详细叙述、解读施工方案。

4.6.2 振冲试验场地选择

试验区域的选定应充分考虑其工程地质条件的代表性，试验区域数量和试验施工工程量可根据施工场地工程地质条件的复杂程度，按工程要求确定，通常试验区选择三块场地，每块场地面积为 $300\sim500m^2$，以对比不同地质条件和试验参数下的处理效果。另外，如考虑试验桩作为工程桩使用，应选择水工建筑物结构要求相对较低的部位。

4.6.3 振冲试验桩布置

（1）土石坝（堤）体及坝（堤）基，按变形和稳定性计算分析结果确定其布桩范围。

（2）建筑物的箱形基础、筏形基础，在基础范围内布桩，并根据原地基土质情况在基础外缘宜设置 $1\sim2$ 排护桩（护桩设置的目的是减小地基的沉降量、增加承载力）。

（3）建筑物的独立基础、条形基础应在基础范围内布桩，当基础外为软黏土、松散回填土或基础位于不利地形条件（如沟、塘、斜坡边缘）时宜在基础范围外设置 $1\sim2$ 排护桩。

（4）对大面积坝（堤）基、箱基、筏基等可采用三角形、正方形、矩形布桩。对条形基础，可沿基础的中心线布桩，当单排桩不能满足设计要求时，可采用多排布桩；对独立基础，可采用三角形、正方形、矩形或混合型布桩。

（5）桩间距根据复合地基的设计要求，通过现场试验或按计算确定。30kW 振冲器布桩间距宜为 $1.2\sim2.0m$，75kW 振冲器布桩间距宜为 $1.5\sim3.0m$，130kW 振冲器布桩间距宜为 $2.0\sim3.5m$，130kW 以上振冲器布桩间距应通过现场试验确定。

4.6.4 振冲法施工

施工顺序：按施工方案确定的顺序（排打法、围打法、跳打法）。

1. 振冲碎石桩施工工艺主要流程

布置桩位——→桩机定位——→开启供水泵和振冲器——→造孔至设计深度——→清孔（根据实际地质条件确定是否清孔）——→分段填料制桩——→控制密实电流和留振时间——→施工成桩至设计桩顶标高——→关闭振冲器和水泵——→移至下一桩位。

2. 单根振冲碎石桩施工工艺

（1）造孔。

1）起吊振冲器对准要施工的碎石桩桩位，先开启供水泵，振冲器末端出水口喷水后，再启动振冲器，待振冲器运行正常后开始造孔，使振冲器徐徐贯入土中，直至设计桩底标高。

2）造孔过程中振冲器及导杆应尽量处于悬垂状态。但振冲器与导杆之间有橡胶减震器联结，因此导杆有一定偏斜是允许的，但偏斜不能过大，防止振冲器偏离贯入方向。

3）造孔速度和能力取决于地基土层性质和振冲器类型及水冲压力（或气冲压力）等，根据本工程土层情况来讲，在局部土层中成孔速度较快。

（2）清孔。在造孔时返出的泥浆较稠或孔中有狭窄或缩孔地段进行清孔。清孔时将振冲器提出孔口或在需要扩孔地段上下反复提拉振冲器，使孔口返出泥浆变稀，保证成孔顺直通畅以利填料沉落。

（3）填料加密。采用强迫填料方式。制桩时连续施工，加密从孔底开始，逐段向上，当达到规定的加密电压和留振时间后，将振冲器上提进行下一段的加密。

（4）重复上一步骤工作，自下而上，直至加密到设计桩顶标高。

（5）关闭振冲器，关水（或气），制桩结束。

（6）施工过程中每 1.0～2.0m 记录电流、水压（或气压）、时间、填料量等参数，同时记录碎石桩成桩深度。

4.6.5　试桩试验的质量控制

（1）施工时振冲器喷水中心与孔径中心偏差不得大于 5cm。

（2）振冲造孔后，成孔中心与施工图纸定位中心偏差不得大于 10cm。

（3）桩顶中心与定位中心偏差不得大于桩孔直径的 0.25 倍。

（4）振冲器贯入土中应保持垂直。

（5）振冲器每贯入 1～2m 孔段，应记录一次造孔电流、水压和时间，直至贯入到试验规定的深度。

（6）完孔后应清孔 1～2 遍。

4.6.6　振冲法地基处理试验施工竣工报告

试验施工完成后，由振冲法地基处理试验施工单位编制完成试验施工竣工报告，其主要内容应包括如下。

（1）建设工程概况。

（2）振冲法地基处理试验技术要求。

（3）振冲法地基处理试验施工情况（包括试验施工工程量、工期、施工中采用的施工参数、施工项目部整体情况、施工设备及机具情况、施工班组简述、安全文明生产情况、施工中遇到的问题及处理措施等）。

（4）试验施工记录。

（5）试验施工过程中质量管理情况（包括施工质量管理体系、施工工序质量控制、设备及材料质量控制、施工过程质量自检、复合地基质量自检等）。

（6）振冲法地基处理试验施工总结。

4.7　复合地基效果检测试验

振冲法地基处理试验施工结束，振冲复合地基达到恢复后方可进行检测试验。砂土的恢复期不少于 7d，粉土的恢复期不少于 15d，黏性土的恢复期不少于 30d。

振冲复合地基检测试验工作应由有国家正式颁发的检测资质的单位进行。

振冲复合地基检测的依据包括国家相关的技术法规和规范。

振冲复合地基检测的方法：多桩复合地基载荷试验、单桩复合地基载荷试验、单桩载荷试验、桩间土载荷试验、桩间土室内土工试验、圆锥动力触探试验、标准贯入试验、静力触探试验、现场直接剪切试验、十字板剪切试验、常水头渗透试验、瞬态瑞利波法工程物探检测、地质雷达法工程物探检测等。根据建设场地工程地质条件和地基处理试验技术要求可选用适宜的三种或几种检测方法。

振冲复合地基检测试验前，检测单位应编制详细、切实可行的检测试验大纲。

振冲复合地基检测试验结束后，应编制完整的振冲复合地基检测试验报告。

4.8 振冲法地基处理试验成果报告

4.8.1 振冲试验成果报告内容

（1）工程概况。

（2）检测目的。

（3）场地工程地质条件。

（4）检测技术依据及标准。

（5）检测工作量。

（6）检测方法。

（7）检测仪器设备。

（8）检测结果分析。

（9）结论。

（10）附图。

4.8.2 振冲试验成果分析

（1）不同项目地质条件不同，振冲桩设计目的不同。根据原位测试结果判断桩体、桩间土的密实度以及复合地基承载力；根据室内土工试验确定的压缩模量进行复合地基沉降计算；根据桩间土的标准贯入试验、静力触探试验确定砂土的相对密度，以判定液化消除效果。

岩土工程的分析分为定性分析和定量分析，定性分析主要目的是对工程选址和场地对拟建工程的适用性进行判断，本阶段的成果分析为定量分析，主要内容见表4-1~表4-3。

1）岩土体的变形性状及其极限值。

2）岩土体的强度、稳定性及其极限值，特别是地基的稳定性。

3）岩土压力及岩土体中应力的分布和传递。

4）其他各种临界状态的判定问题。

（2）经验判断。

表 4-1　国内主要规范采用标准贯入试验锤击数 N 判定粉土和砂土密实度

标准	地层	密　实　度				
		松散	稍密	中密	密实	极密
国家规范	砂土	≤10	10~15	15~30	>30	
天津规范	粉土	—	≤12	12~18	>18	—
	砂土	≤10	10~15	15~30	>30	
上海规范	粉土、砂土	≤7	7~15	15~30	>30	—
港口规范	砂土	≤10	10~15	15~30	30~50	>50

注　表内所列 N 值不进行探杆长度修正。

表 4 - 2　　　　　　　　　　　$N_{(手)}$ 与黏性土液性指数 I_L 的关系

$N_{(手)}$	<2	2~4	4~7	7~18	18~35	>35
I_L	>1	1~0.75	0.75~0.50	0.50~0.25	0.25~0	<0
土状态	流塑	软塑	软可塑	硬可塑	硬塑	坚硬

表 4 - 3　　　　　　　　　　　N 与稠度状态和无侧限抗压强度的关系

N	<2	2~4	4~8	8~15	15~30	>30
稠度状态	极软	软	中等	硬	很硬	坚硬
Φ_u/kPa	<25	25~50	50~100	100~200	200~400	>400

国内外关于依据标准贯入锤击数计算地基承载力的经验公式，Peck、Hanson & Tgornburn（1953）的计算公式如下。

当 $D_W \geqslant B$ 时，　　　　$f_k = S_a(1.36\overline{N} - 3)\left(\dfrac{B+0.3}{2B}\right)^2 + \gamma_2 D_t$

当 $D_W < B$ 时，$f_k = S_a(1.36\overline{N} - 3)\left(\dfrac{B+0.3}{2B}\right)^2\left(0.5 + \dfrac{D_w}{2B}\right) + \gamma_2 D_t$

式中　　D_W——地下水离基础地面的距离，m；

f_k——地基土承载力，kPa；

S_a——允许沉降，cm；

$\overline{N}$——地基土标准贯入锤击数的平均值；

B——基础短边宽度，m；

D_t——基础埋置深度，m；

γ_2——基础地面以上土的重度，kN/m³。

根据振冲碎石桩试验和检验成果分析比较，综合评价和确定安全、经济、合理的布桩形式和施工参数，并为施工图设计、工程桩施工、监理及工程桩检测提供合理依据。

第5章 振冲法施工机械

5.1 概述

　　振冲设备作为施工设备中较为特殊的专用设备，在选择的时候，广大岩土工程施工及管理者需要更加深入地了解设备的原理、构造以及工作特性、专用设备的维护保养等，对最大限度地发挥专用设备效率，降低工程造价有着十分重要的意义。通常情况，施工项目机械设备的供应渠道有企业自有设备调配、市场租赁设备、专门购置机械设备、专业分包队伍自带设备。施工机械设备选择的依据是：施工项目的施工条件、工程特点、工程量多少及工期要求等；选择的原则主要有适应性、高效性、稳定性、经济性和安全性。

5.1.1 振冲器的用途与工作对象

　　振冲器是地基加固和地基改良施工中的重要设备之一，它通过偏心体的转动产生振动，将振冲器周围的土体液化或加固，减小振冲器侧向土体阻力，从而在振冲器和上部导杆自重作用下达到预设的加固深度。如图5-1所示为双吊振冲挤密施工示意图。由于振冲器以其自身的工作优势，对各类软土地基进行加固和改良的优良性能，尤其是对于存在砂土液化条件的土体消除液化功能，是其他任何地基处理工法都无法替代的。随着我国国内经济的发展和共享"一带一路"全球倡议的推进，大量基础设施建设生机勃勃，以低碳环保、绿色经济为首要目标的填海工程项目也大量采用振冲技术，促进了振冲技术进一步发展，成为世界范围内软土地基加固和改良的一种经济、环保的地基处理技术，得到了广泛应用。

图5-1　双吊振冲挤密
施工示意图（来自ICE）

5.1.2 发展历程

　　1937年，德国凯勒公司基于混凝土振捣棒的原理，设计制造出了具有现代振冲器雏形的机具，并首次用于处理柏林市郊的一幢建筑物粗砂地基，无外加填料，地基加固后复合土体承载力提高了一倍多。后来在美国、欧洲、日本等地得到应用。

　　1960年在英国开始将振冲法应用于加固黏性土地基。在德国、美国和日本也用于加固软黏土地基。

　　我国岩土工程界在20世纪70年代中期开始了解并注意到国外振冲技术的应用情况，特别在1976年唐山大地震后，我国开始重视对地基与基础的抗震加固处理技术研究，原水利电力部委托北京勘测设计研究院成立振冲科研小组（现发展为中电建振冲建设工程股份有限公司），自行研制出了 BJV30kW 振冲器，成功地应用于北京官厅水库中细砂坝基的抗震加固工程。

1982 年又研制出了 BJV75kW 大功率振冲器，大大提高了振冲技术的应用范围。

为满足在软弱地基上建造各种建筑物的需要，交通部水运规划设计院和南京水利科学研究所于 1976 年开始进行振动水冲法加固软弱地基技术的研究。1977 年 5 月设计试制了 ZCQ13 型，用于南京船厂船体车间软黏土地基加固，加固深度 13～18m。1978 年初又试制成功 ZCQ30 型振冲器。

一般来讲，振冲器在我国发展的里程可分为 4 个阶段：引进试验阶段，技术及设备推广应用阶段，全面广泛应用阶段，工艺装备技术全面提升阶段。

1. 引进试验阶段（1976—1983 年）

1976 年，南京水利科学研究院和交通部水运规划设计院开始研究振冲技术。

1977 年，制造出 13kW 振冲器，首次应用于南京船厂船体车间软土地基加固。

1977 年，原水利电力部北京勘测设计院组建的建筑地基抗震加固振冲碎石桩科研试验小组（北京振冲工程股份有限公司前身）自行研制出 BJ30kW 振冲器，并成功地应用于北京官厅水库大坝下游坡坝基细砂层的液化治理工程。

1982 年，为了满足三峡工程建设的需要，水利电力部国家安排北京振冲工程公司承担了 75kW 电动振冲器研制工作，取得成功并获得发明专利。

2. 技术及设备推广应用阶段（1984—1999 年）

1985 年，昆明深厚淤泥（质）软土地基上完成了数十座多层民用建筑的振冲地基加固处理工程。

1985 年，四川铜街子水电站，采用 75kW 振冲器打穿上覆 8m 厚漂卵石夹砂层加密下伏粉细砂层，建成 40 余 m 高堆石坝。项目由北京振冲工程公司实施。

1986 年，北京振冲工程公司参加了水利电力部为了三峡工程建设需要组织的《三峡二期围堰风化砂快速加密》"七五"国家科技攻关项目研究，经生产性试验，采用 75kW 振冲器成功加密 30m 的风化砂。

1992 年，中国建筑科学院将振冲法列入了我国首次编制的 JGJ 79—2012《建筑地基处理技术规范》。

1996 年，北京振冲工程公司、中国人民武装警察部队水电部队第三总队、中国长江动力公司进口了英国 Pennine 公司的 HD225（135kW）液压振冲器，并在水利水电工程中进行应用。1997 年应用于三峡工程二期围堰风化砂加固处理，1998 年应用广东飞来峡水利枢纽主河床段土坝砂基加固。

1997 年，振冲碎石桩成功应用于三峡二期围堰 24～30m 深度抛填风化砂振冲加固处理，施工深度 30m，为当时国内最深。项目由北京振冲工程股份有限公司实施。

1998 年，天津港湾研究所主编的 JTJ 250—98《港口工程地基规范》将振冲法纳入。

1999 年，由河北省电力勘测设计研究院和北京振冲工程公司联合编制了 DL/T 5101—1999《火力发电厂振冲法地基处理技术规范》。

2005 年，海南大隆水库采用振冲法对坝基砂卵砾石地层进行处理，进行无基坑水下筑坝取得成功，实现了简化施工工序、提高功效、一次截断河流、全年施工度汛的技术，获得了"詹天佑奖""大禹奖"和"鲁班奖"。项目由北京振冲工程股份有限公司实施。

3. 全面广泛应用阶段（2000—2011 年）

2001 年，北京振冲工程股份有限公司在大连市大起大重甜水套制造部基础处理工程中采用了振冲碎石桩＋强夯多重复合地基加固处理技术。

2001 年，北京振冲工程股份有限公司在河北国华定州电厂（2×600MW）首次采用 75kW 振冲器对 600MW 火力发电组的主厂房、烟囱等主要建（构）筑物地基进行加固并取得成功，所建烟囱高达 240m。该项目系国内第一次采用振冲法在 600MW 大型火电厂中成功应用的典范，并为其后在河北西柏坡电厂三期（2×600MW）工程（2003 年）等多个大型火力发电厂主要建（构）筑物采用振冲法进行地基处理奠定了基础。

2003 年，中石化仪征油库 15 万 m³ 石油储罐，采用振冲碎石桩进行地基处理取得成功，为我国当时最大原油储罐。项目由北京振冲工程股份有限公司实施。

2003 年，云南务坪水库蓄水成功，该项目采用振冲碎石桩对坝基湖积软土层和坝肩滑坡体进行处理，并结合控制填筑速度等措施在不排水抗剪强度小于 20kPa 的流塑状软黏土地基上修建了 52m 高黏土心墙碾压堆石坝。

2004 年，北京振冲工程股份有限公司研制出 BJ180kW 液压振冲器，填补了我国液压振冲器制造的空白，并于 2005 年海南大隆水库和广东惠州东江水利枢纽工程、2006 年向家坝水电站、2007 年云南普渡河鲁基厂水电站、2009 年三峡重庆开县水位调节坝等覆盖层厚、地质条件复杂、砂卵砾石地层等类似工程中得到了广泛应用。

2005 年，由北京振冲工程股份有限公司编制了 DL/T 5214—2005《水电水利工程振冲法地基处理技术规范》，为我国水电行业采用振冲法地基处理技术提供了依据。

2005 年，北京振冲工程股份有限公司研制出我国第一台底部出料振冲集成设备，并应用在上海某矿石堆场。该项目土体不排水抗剪强度 C_u 为 8～10kPa，采用常规的振冲碎石桩（振冲置换）技术无法确保形成的碎石桩桩径及桩体强度，底部出料振冲技术成为最适合的地基处理方法被首次应用在该工程中，取得圆满成功。底部出料振冲技术在我国的诞生，开始逐渐突破我国各相关规范对采用振冲碎石桩技术时要求地基土不排水抗剪强度小于 20kPa 的要求。

2005 年，四川田湾河仁宗海水库采用振冲碎石桩对整个大坝坝基 18m 的深厚淤泥质壤土和崩积体进行处理，建设 50m 高面板堆石坝，施工近 50 万延米，系高寒地区采用振冲碎石桩处理深厚淤泥质壤土建设中高坝的典范。项目由北京振冲工程股份有限公司实施。

2006 年，北京振冲工程股份有限公司研制出 BJ150kW 电动振冲器并成功应用。

2007 年，云南普渡河鲁基厂水电站，北京振冲工程股份有限公司采用自主研发的液压振冲器穿透上部砂卵石地层，对下部粉土及砂土进行处理，最大处理深度达 32.7m，建成 32m 高的混凝土闸坝，在国内乃至国际上尚属首次。

2007 年，曹妃甸煤码头项目，北京振冲工程股份有限公司首次采用多点（两点或三点）无填料振冲法进行新近吹填粉细砂的处理获得大量应用。

2009 年，北京振冲工程股份有限公司研制出 BJ180kW 电动振冲器并成功应用，澳门国际机场堤堰建造工程项目采用底部出料振冲设备及工法完成海上振冲碎石桩约 10 万延米。

4. 工艺装备技术全面提升阶段（2012年至今）

2012年，北京振冲工程股份有限公司成功研制出我国第三代干法底部出料振冲集成设备，并在港珠澳大桥香港口岸填海工程中成功应用，最大处理深度39m（不含水深），完成工程量123万延米，筑岛面积约150万 m^2。该成果达到国际领先水平，被认定为中国交通建设有限公司2013—2014年工法（省部级工法）；获得中国施工企业管理协会2017年度科学技术奖科技创新成果二等奖，2018年度中国水运建设科学技术奖三等奖。该项目中所采用的伸缩管专利技术，在机场高度限制仅为25m的条件下进行了36.5m深度的振冲碎石桩施工，目前该项伸缩管施工技术可达到70m的有效桩长施工深度。

2015年，北京振冲工程股份有限公司研发出260kW电动振冲器，并开始在国内外诸多项目广泛应用。

2016年，国家能源局发布了由北京振冲工程股份有限公司主编的电力行业标准DL/T 1557—2016《电动振冲器》，规定了电动振冲器的设计、制造、检验、使用、储存、维修及保养等技术要求。

2016年，国家能源局发布了由北京振冲工程股份有限公司修订的DL/T 5214—2016《水电水利振冲法地基处理技术规范》，将振冲器的适用范围从75kW及以下提高至130kW及以上；取消了振冲法地基处理深度的限值；增加了振冲法底部出料施工工艺、无填料振冲挤密施工工艺和无填料振冲挤密技术的适用范围、设计规定。

2016年，由中交二航局首次自主设计建造的振冲碎石桩自升式海洋施工平台建造完工，为全球首艘专门用于碎石桩施工的自升式平台。该平台为以色列阿什杜德港项目量身打造，平台型宽50m、船长42m、型深5.5m、设计吃水3.6m，大大提高了在中长周期波浪海域进行振冲碎石桩施工的能力。

2018年，北京振冲工程股份有限公司成功开发出国内第四代干法底部出料振冲集成设备，成功应用于香港落马洲河套地域地基处理工程。

2019年，东帝汶Tibar港填海工程，北京振冲工程股份有限公司采用水上以及陆上两种干法底部出料振冲碎石桩施工，全过程采用最新振冲碎石桩质量管理监控系统。

2020年，华能四川大渡河硬梁包水电站，北京振冲工程股份有限公司首次采用大直径气动潜孔锤跟管工艺对上覆含漂砂卵砾石层引孔，进行堰塞湖相沉积细粒土层振冲碎石桩施工，取得较高功效，为该类地层采用振冲碎石桩施工开创了新的工艺和方法。

2020年，北京振冲工程股份有限公司采用第四代干法底部出料振冲集成设备，成功应用于澳门建筑物料堆填区堤堰建造工程海堤处理项目，最大施工深度38m，采用全过程施工质量管理系统对测量定位、施工过程监测及控制进行全程集中控制。

2020年，四川拉哇水电站二期围堰高达60m，基础采用振冲碎石桩处理，北京振冲工程股份有限公司采用一次起吊方法施工，创造了70m深的振冲碎石桩，创造了世界纪录。

2021年，北京振冲机械工程有限公司成功研发出第二代国产柴油驱动液压振冲器。

2022年，中电建振冲建设工程股份有限公司与清华大学成功研发出了中国第一代智能振冲打桩设备，成功在四川硬梁包水电站项目中试验成功。

2023 年，中电建振冲建设工程股份有限公司成功研发出超深振冲成套设备 VC100，并取得极大成功，为低净空以及西南地区超深覆盖层及堰塞体振冲加固奠定了基础。

5.1.3　现状与趋势

1931—1933 年，德国经济一度走上崩溃的边缘，大批工人失业，德国总理海因里希·布吕宁为了扭转这一颓势，在全国范围内，加速大型建筑例如高速公路，桥梁的建设来增加就业率。由于这类大型建筑，都需要对地基进行加固处理，需要大量的钢筋、混凝土和砂石。在这种大环境下，德国工程师们开始积极地探索一种更有效的、经济的、环保的地基处理办法，振冲技术在德国应运而生。

1937 年的德国，人们通过一鱼雷形振冲器的往复插入土体内部产生强烈振动和挤压并通常辅以压力水或气的方法来振密和挤密砂类土地基（Moseley & Priebe，1993）。1937 年德国凯勒公司 Steuerman 基于混凝土振捣棒设计制造出具有现代振冲器雏形的机具，并首次用于处理柏林市郊一幢建筑物的粗砂地基，没有外加填料。加固后承载力提高了一倍多，相对密度由 40% 提高到 80%（Steuerman，1939）。20 世纪 40 年代开始传到美国（D'Appolonia，1953），50 年代被引进到英国和法国，60 年代开始在非洲得到应用（Webb，1969），50 年代末和 60 年代初，英国、德国和美国相继通过回填碎石等粗颗粒填料形成密实粗颗粒桩的方式又把这一技术拓宽到用来处理黏性土，从而使振冲法逐渐发展成两大分支。

即不添加碎石等外来填料的无填料振冲法（国内又称 vibro compaction 振冲密实法）和添加碎石等外来填料的填料振冲法（国外称 vibro replacement 或 vibro stone column 振冲置换法或振冲碎石桩法），其中前者主要用于加固中、粗砂等粗颗粒土，而后者多用于黏性土等细粒土的加固。日本于 1957 年引进振冲法，因 20 世纪 60 年代经新潟和十胜冲地震后振冲处理过砂基的破坏情况远较没有处理过砂基的破坏轻，振冲法开始作为砂基抗震防止液化的有效措施而被进一步推广应用。HySPEED 设备的诞生是日本对碎石桩技术发展的贡献，被广泛地应用在浅层地基处理工程中。

如今，国外振冲技术在设计（软件）、施工、自动控制及记录系统、检测等方面已形成了一整套科学实用的方法；在工艺工法等方面针对不同的地质条件均形成了一系列行之有效的措施；在振冲设备的设计与制造方面，形成了各系列型号的振冲器及配套设施。

振冲器的发展已经非常成熟，在国内以电动振冲器为主，而国外现状通常是电动振冲器和液压振冲器共同发展，齐头并进。

欧美地区的振冲器制造厂商主要有德国 Betterground（贝特格朗德）、英国 Keller（凯勒）、英国 Pennine（排难）、德国 Bauer（宝峨）、荷兰 ICE、美国 ICE、法国 PTC、美国 APE 等公司。上述振冲器厂家有些生产电动振冲器、有些则侧重液压振冲器，我国液压振冲器的应用当追溯至中国三峡大坝二期围堰加固工程，北京振冲工程股份有限公司进口了英国 Pennine 公司的振冲器完成了砂卵砾石地层二期围堰的加固，随后，北京振冲工程股份有限公司自行研制了 BJV-HD200kW 液压振冲器，填补了我国液压振冲器的空白，先后在四川向家坝水电站、海南大隆水库、云南普渡河鲁基厂水电站、三峡重庆开县水位调节坝等项目中得到了广泛的应用。目前国内液压振冲器的发展已经有了 10 多年的历史。

　　近些年，随着工程建设的兴盛，我国同时开发出了底部出料振冲器、变频电动振冲器，以及可变振幅振冲器等，以适用于不同地质条件和施工环境下的工程建设需要。但我国的变频电动振冲器发展仍不成熟，还没有大规模地应用。自 2005 年第一台底部出料振冲器在上海马迹山项目中成功应用以来，经过 10 余年的持续开发，我国底部出料振冲设备已经发展到如今的第三代底部出料设备 BJV - BFSⅢ型。由北京振冲工程股份有限公司自主开发的海上底部出料振冲碎石桩施工关键技术在港珠澳大桥香港口岸填海工程中得到了大规模的成功应用。该项综合技术已经达到世界先进水平，而且可以预见，这项技术将以其高效、经济、环保的特点在未来得到持续的发展和进步，尤其在江、河、湖、海等水域条件下的地基加固和改良中会得到更为广泛的应用，为振冲器的进一步持续发展指明了新的方向。

　　振冲技术除了广泛应用于河湖相沉积地层的地基加固和改良外，在第四代复杂的地质成因条件下，冰碛物、地震活动、泥石流、滑坡、沉积等多种原因形成的堰塞体（坝体覆盖层厚度 100m 以内）性质较为特殊。堰塞体材料复杂且极不均匀，其颗粒大小相差极大，由此形成的坝体结构松散、孔隙率大、稳定性差、力学强度低，极易产生次生灾害，因此需要采取针对性的措施（技术）来提高坝体材料的密实度、均匀性、抗剪强度及稳定性。振冲技术无疑是一种最可靠、最经济的选择。穿透深厚埋深的以砂卵砾石体材料组成的堰塞体过去通常采用可变频的高频率、低振幅的液压振冲器为最优选择，对我国液压振冲器提出了更高的要求，势必将促进液压振冲器在我国的发展。同时，辅助振冲器成孔的一系列技术措施和配套设备也将会应运而生。

　　以色列阿什杜德港深水码头防波堤基础采用振冲碎石桩施工，由于海域条件恶劣，采用普通的碎石桩专用船四锚定位无法克服恶劣波浪等海域水文条件，无法满足施工精度需求，中交集团第二航务工程局最终采用了自升式海上作业平台作为起重设备完成了深水区振冲碎石桩的施工。越来越多的填海工程的推进，国际物流、经济融通的地球村发展，码头建设将向深水港码头建设迈进，深水区域码头泊位防波堤的建设为深水区底部出料振冲技术进步提供了发展契机。

　　随着工程建设行业的大力发展进程，越来越经济的施工技术装备将得到大力推广，可调振幅的振冲器就是针对不同的地层条件下调整振冲器振幅，从而调整振冲器激振力，以在最经济的功耗条件下取得最适合的地基加固效果，避免投入设备的频繁增加，减小资源的浪费，达到不同振冲器加固效果可在同一台振冲器中实现的可能性，北京振冲工程股份有限公司先后在 BJV18kW 振冲器的基础上开发可变振幅的振冲器，振冲器激振力可从 130kN、180kN、220kN、300kN 之间任意调整。但如何针对不同地质条件选用更为经济的振冲器值得我们进一步系统性地研究。

　　内陆大江河流、病险水库库区的滑坡体导致环境破坏、河道堵塞、库区无法正常蓄水等事故，如何加固水中的滑坡体将成为一项重要的世界性难题。振冲技术作为一种深层加固土体的专用技术方法、结合水域底部出料振冲技术的发展，在处理湖区或库区的第四季地层滑坡体中将会发挥更大的技术优势，底部出料振冲技术无论在装备方面，还是在施工技术方面，都将得到大力的推广和发展。

　　目前，我国振冲器生产厂家数量不多，且良莠不齐，振冲器功率也从 30kW、40kW、

55kW、75kW、100kW、130kW、150kW 和 180kW 发展到 200kW 以及更大功率的振冲器。北京振冲工程股份有限公司的振冲器常见的有三个系列，按振冲器直径分为 ϕ325、ϕ377、ϕ426，涵盖不同频率 55kW、75kW、100kW、130kW、150kW、180kW 和 200kW 等，最大功率达 300kW；按振冲器振幅分为 BJV15、BJV18、BJV25、BJV28 等多种型号。西安振冲机械设备有限公司（原西安华山振冲器厂）现主要生产：30kW 型振冲器、45kW 型振冲器、55kW 型振冲器、75kW 型振冲器、100kW 型振冲器、130kW 型振冲器、150kW 型振冲器和 180kW 型振冲器。江阴振博机械有限公司、江阴市振冲机械制造有限公司（原江阴市振冲器厂）现主要生产 ZCQ30 振冲器、ZCQ55 振冲器、ZCQ75 振冲器、ZCQ100 振冲器、ZCQ132、ZCQ160 振冲器、ZCQ180 振冲器和 ZCQ220 振冲器。

无论是从工程规模，还是从所覆盖的工程地质条件的广泛程度上来讲，我国无疑已经成为全世界振冲器生产和应用最多的国家。经过 40 余年的发展，我国振冲器设备制造能力以及技术运用能力都已经非常成熟，达到了国际先进水平。然而相比国外振冲器的设备性能稳定性，我们国家的振冲器还存在差距。

随着我国经济高质量发展，以及共建"一带一路"全球倡议的逐步实施，基础设施建设将会继续蓬勃发展，人们越来越意识到贯彻"绿水青山就是金山银山"的理念的重要性，美好的地球家园需要人们共建共享，振冲技术作为一种高效、节能、环保的地基处理技术必将持续发挥其不可替代的优势。随着工程应用的广泛推进，振冲技术只有更加专注于技术、装备的创新开发，才能为再一次腾飞寻到新的机遇。

5.2　分类

振冲法施工的主要机具设备有振冲器、导杆、起吊设备、自动化控制及记录系统四个部分，同时配套有动力源设备、特殊地质条件下的引孔设备以及原位测试设备等。对土体加固效果起决定性作用的主要是振冲器的性能。近年来伴随着我国工程建设行业的迅速发展，振冲法作为地基处理的一项专用技术也得到了不断推广和广泛应用，振冲器的发展也异常迅速，出现了多种类型和性能的振冲器设备。

（1）按振冲器振动方向。根据振冲器振动方向不同，振冲器一般可分为：水平向振冲器、垂向振冲器和水平＋垂直双向振冲器，最常见并广泛应用的是水平向振冲器。

（2）按振冲器驱动方式。根据振冲器驱动方式可以分为：电动振冲器、液压振冲器。

（3）按振冲器喂料方式。根据振冲器喂料方式可分为：孔口喂料振冲器、底部出料振冲器。

2016 年 6 月 1 日，国家能源局发布了 DL/T 1557—2016《电动振冲器》行业标准，用于规范振冲器制造厂家的实施，但各个厂家通常有自己的产品，且产品质量良莠不齐，产品型号以及命名也较为混乱，产品性能也没有相对统一的检测标准。对于振冲器而言，最核心的无非就是振冲器的振幅以及由振幅所产生的激振力，无论是电动振冲器，还是液压振冲器，功率只是驱动振冲器偏心运转的动力源而已，而外形尺寸也只是振冲器偏心块选材的区分，并不能够代表振冲器本身所具备的性能。因此，振冲器的命名在国外通常以振冲器振幅为主，辅助以振冲器频率为最佳考核参数。

本书以 BJV25、BJV25-BFSⅢ、BJV18-HD200kW 振冲器命名为例说明如下：

（1）BJV25：BJ 代表产品代号，北京振冲工程股份有限公司生产的振冲器。V 代表 vibroflot 意为振冲器。25 代表该振冲器振幅，为全振幅 25mm。

（2）BJV25-BFSⅢ：BFSⅢ型代表 bottom feed stone column 底部出料振冲碎石桩的缩写 BFS，Ⅲ代表第三代。

（3）BJV18-HD200：HD200 代表 hydraulic 液压的缩写 HD，200 代表驱动马达功率。

5.3　工作原理与构造

为适应不同地质地基改良的需要，如今振冲器的设计及工作原理已经经历了很多代的发展和改变，振冲器结构本身一般为 $\phi300\sim500$mm 的圆柱形钢管，内部由一个与振冲法驱动系统（电机或者液压马达）相连接的圆柱轴配有偏心的振动锤组成。一般情况振冲器长度为 $3\sim4.5$m 不等，重量一般为 $1500\sim4500$kg。振冲器其断面结构的细部结构如图 5-2 所示。振冲器由导杆、减振器、水或气供应管线、电机或马达、振冲器一字翼板，偏心块、振冲锥头等组成。图 5-2 为电动振冲器构造断面图。

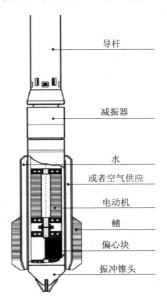

图 5-2　电动振冲器横构造断面图

振冲器处于运行状态时，振冲器的偏心块会绕着振冲器的纵轴 360°旋转，随之会产生振冲挤密时所需的水平振动能量，带动圆柱形的振冲器产生的水平力直接作用于可被加密的周围土壤。在振冲器可到达的加固深度范围内，振冲器在任何深度所产生的水平作用力均是保持不变的，不因深度的变化而衰减，这一点也是根本区别于其他任何振动类用于垂直方向地基改良及打桩设备的核心。

为了使得振冲加固深度更大且更有利于加入深层范围内的土体，在振冲器和振冲器上部直径略小于振冲器直径的圆柱形钢管（俗称导杆）之间设计有一个用于减震作用的振冲专用减震器。整个减震器和导杆内部中空，安装有电缆、风管以及液压管等其他各类所需的施工辅助用介质管道。有时也会根据项目需要在振冲器本身至减震器高度范围的侧向安装有特殊的水、空气等各类介质的喷射装置及管道。

5.3.1　工作原理

振冲器是依靠电机或马达运转通过弹性联轴器带动振动器偏心轴转动产生离心力使壳体产生振动。振冲器中偏心块质心与振冲器壳体质心是否在同一平面其运动规律是不同的。

5.3.1.1　质心位于一个平面的运动规律

振冲器中偏心块质心与振冲器壳体质心在一个水平面上，分析其运动规律，振冲器在空气中受到偏心块离心力的作用，假定空气的阻尼为零，振冲器和偏心块的运动如图5-3所示。

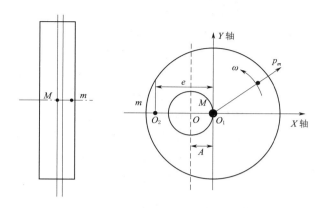

图5-3　振冲器运动图

M—振冲器壳体质量（不包含偏心块质量）；m—偏心块质量；e—偏心距；
A—振冲器壳体产生的振幅；ω—偏心块的转速；p_m—偏心块产生的激振力

O_1、O_2分别为振冲器壳体质心和偏心块质心，O点为振冲器振动的原点。

由图示可以得到振冲器壳体质心点的运动微分方程，见式（5-1）

$$\begin{cases} (M+m)\dfrac{\mathrm{d}^2 x}{\mathrm{d}t^2} = m\omega^2 e\cos\omega t \\[2mm] (M+m)\dfrac{\mathrm{d}^2 y}{\mathrm{d}t^2} = m\omega^2 e\sin\omega t \end{cases} \tag{5-1}$$

上述微分方程的特解为式（5-2）

$$\begin{cases} x = -\dfrac{me}{M+m}\cos\omega t \\[2mm] y = -\dfrac{me}{M+m}\sin\omega t \end{cases} \tag{5-2}$$

上式可以得出在x轴和y轴上振幅A_x，A_y，见式（5-3）

$$A = A_x = A_y = -\frac{me}{M+m} \tag{5-3}$$

因此，振冲器壳体质心的运动轨迹是以O点为圆心，以振幅为半径的圆。

5.3.1.2　质心不在同一平面的运动规律

振冲器中偏心块质心在振冲器壳体质心之下，分析其力学特性，偏心块的质心偏离振冲器质心，并在其下方时，振冲器外壳长度方向上各点振幅呈三角形分布，与振冲器中心线的交点即为零振幅点。图5-4为零振幅点计算图。一般情况下，减振器的质心与零振幅点重合，这时减振器的减振、隔振效果最好，使用寿命也更长。

如图5-4所示，振冲器中心轴线的运动轨迹是一个圆锥面，这个圆锥的顶点就是零振幅点。圆锥的顶角为2β，由于β角很小，所以距零振幅点X处的振幅$x\tan\beta \approx x\beta$，整个振冲器壳体与偏心块所产生的离心力，则可以设想为许多不同振幅的钢盘所产生的离心

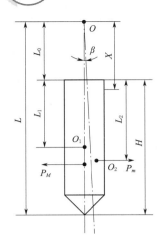

图 5-4　零振幅点计算图

力的总和，通过积分的方式求得。

采用的符号含义如下：

O——零振幅点；

O_1——振冲器壳体重心位置；

O_2——偏心块重心位置；

L_1、L_2、L_0、L、H，如图 5-4 所示；

P_M——振冲器壳体产生的离心力；

P'_m——偏心块产生的离心力；

ρ_1——振冲器壳体对其重心位置 O_1 的惯性半径；

ρ_2——偏心块对其重心位置 O_2 的惯性半径。

P_M、P'_m、P_m 的计算方法见式（5-4）～式（5-6）

$$P_M = \int_M \mathrm{d}M(\beta x)\omega^2 = \int_{L_0}^{L} q(\beta x)\omega^2 \mathrm{d}x$$

$$= q\beta\omega^2 \int_{L_0}^{L} x\, \mathrm{d}x = \frac{1}{2}q\beta\omega^2(L^2 - L_0^2)$$

$$= \frac{1}{2}q\beta\omega^2(L+L_0)(L-L_0) = \frac{1}{2}M\beta\omega^2(L+L_0)$$

$$= M\beta\omega^2(L_1+L_0) \tag{5-4}$$

$$P'_m = \int_m \beta x \omega^2 \mathrm{d}x = m\beta\omega^2(L_0+L_2) \tag{5-5}$$

$$P_m = m\omega^2 e \tag{5-6}$$

由于偏心块产生的激振力与整个振冲器产生的离心力相等，因此有式（5-7）

$$P_m = P_M + P'_m \tag{5-7}$$

$$m\omega^2 e = M\beta\omega^2(L_1+L_0) + m\beta\omega^2(L_2+L_0)$$

$$me = M\beta(L_1+L_0) + m\beta(L_2+L_0)$$

其中 β 的计算方法见式（5-8）

$$\beta = \frac{me}{M(L_1+L_0) + m(L_2+L_0)} \tag{5-8}$$

振冲器壳体重心 O_1 点处的振幅用式（5-9）计算

$$A' = \beta(L_1+L_0)$$

$$A' = \frac{me(L_1+L_0)}{M(L_1+L_0) + m(L_2+L_0)}$$

$$= \frac{me}{M + m\dfrac{L_2+L_0}{L_1+L_0}} \tag{5-9}$$

对比偏心块重心和振冲器壳体重心在一个平面上时振幅 A 和偏心块重心在振冲器壳体重心下面时的振幅 A'，可以看出振幅 A' 比振幅 A 稍微小一些，因此，在初步计算空载振幅时可以按偏心块重心和振冲器壳体重心在一个平面上时振幅 A 进行估计和计算。

另外，振冲器壳体产生的离心力 P_M 与偏心块产生的离心力 P'_m 对零振幅点 O 的力矩

用式（5-10）和式（5-11）计算

$$P_M L = \int_M (\beta x \omega^2 dM) x \text{（此积分式相当于求转动惯量，因此可以运用平行轴定理进行计算）}$$

$$= M \beta \omega^2 [\rho_1^2 + (L_0 + L_1)^2] \tag{5-10}$$

$$P'_m L = \int_m (\beta x \omega^2 dm) x$$

$$= \beta \omega^2 \int_m x^2 dm$$

$$= m \beta \omega^2 [\rho_2^2 + (L_0 + L_2)^2] \tag{5-11}$$

同时偏心块产生的激振力 P_m 对零振幅点 O 的力矩用式（5-12）计算

$$P_m L = m \omega^2 e (L_0 + L_2) \tag{5-12}$$

偏心块产生的激振力 P_m 对零振幅点 O 的力矩与振冲器壳体产生的离心力 P_M 和偏心块产生的离心力 P'_m 对零振幅点 O 的力矩之和相等。见式（5-13）和式（5-14）

$$P_M L + P'_m L = P_m L$$

$$M \beta \omega^2 [\rho_1^2 + (L_0 + L_1)^2] + m \beta \omega^2 [\rho_1^2 + (L_0 + L_2)^2] = m \omega^2 e (L_0 + L_2) \tag{5-13}$$

$$\beta = \frac{me(L_0 + L_2)}{M[\rho_1^2 + (L_0 + L_1)^2] + m[\rho_2^2 + (L_0 + L_2)^2]} \tag{5-14}$$

可以由式（5-8）和式（5-13）消去 β 得式（5-15）

$$M \rho_1^2 + m \rho_2^2 = M(L_0 + L_1)(L_2 - L_1)$$

$$L_0 = \frac{M \rho_1^2 + m \rho_2^2}{M(L_2 - L_1)} - L_1 \tag{5-15}$$

将式（5-15）代入式（5-14）有式（5-16）

$$\beta = \frac{me}{\dfrac{(M+m)(M \rho_1^2 + m \rho_2^2)}{M(L_2 - L_1)} - m(L_2 - L_1)} \tag{5-16}$$

此时，β 是 $L_2 - L_1$ 的单调函数，与 $L_2 - L_1$ 成正比例关系，即振冲器壳体重心位置 O_1 与偏心块重心位置 O_2 的距离越远，半圆锥角 β 越大。β 角的计算可以用式（5-16）计算。

偏心块重心应位于振冲器壳体重心位置之下，即 $L_2 > L_1$，但是偏心块重心过于往下，L_0 可能出现负值，使振冲器同时出现倒圆锥运动，所以应该选择合适的值。

在式（5-15）中零振幅点 L_0 与偏心块重心位置 L_2 成反比，分析零振幅点与 L_1 关系。

对 L_1 求导，有式（5-17）

$$\frac{dL_0}{dL_1} = \frac{M \rho_1^2 + m \rho_2^2}{M(L_2 - L_1)^2} - 1 \tag{5-17}$$

令 $\dfrac{dL_0}{dL_1} = 0$，此时有式（5-18）

$$L_1 = L_2 - \sqrt{\frac{M \rho_1^2 + m \rho_2^2}{M}} \tag{5-18}$$

当 $L_1 < L$ 时，零振幅点 L_0 随着振冲器壳体重心位置距离 L_1 的增大而减小；当 $L_1 > L$ 时，零振幅点 L_0 随着 L_1 的增大而增大。

电动振冲器和液压振冲器的驱动能量由外置的发电机或液压动力站提供，通常为了便于设备移动行走、减少现场管线的铺设等安全性、便捷性、经济性、可行性需要，会将振冲器动力驱动系统诸如发电机、液压动力站安装在起吊振冲器用的吊车后面，根据其重量经过专业计算后调整吊车配重，满足施工需要。

电动振冲器的额定功率一般为 $50 \sim 180 \mathrm{kW}$，最大型的电动振冲器功率目前已达到 $260 \mathrm{kW}$，由北京振冲工程机械有限公司研发。振冲器也根据其内部两个或多个偏心锤的结构构造形式而确定振冲器本身的转速，振冲器的电流以及频率均由其本身的振冲器电机以及外置发电机来确定。以单极性驱动或双极性驱动时，$50 \mathrm{Hz}$ 的电源可形成的振冲器转速频率为 $3000 \mathrm{r/min}$ 或 $1500 \mathrm{r/min}$。当电源为 $60 \mathrm{Hz}$ 工作时，振冲器转速则分别是 $3600 \mathrm{r/min}$ 和 $1800 \mathrm{r/min}$。

振冲器在运行时所产生的振幅 a（半振幅）和全振幅 $2a$ 在振冲器长度范围内呈线性分布，如图 5-5 所示。在振冲器的减震器处振幅为 0，在振冲器独立悬挂周围无任何侧限和约束的状态下，振冲器下尖部或锥头处的振幅为振冲器的最大值，通常为 $10 \sim 50 \mathrm{mm}$，同时在该位置的振冲器加速度值 $a \cdot \omega^2$ 也最大，可以达到 $50g$ 以上。

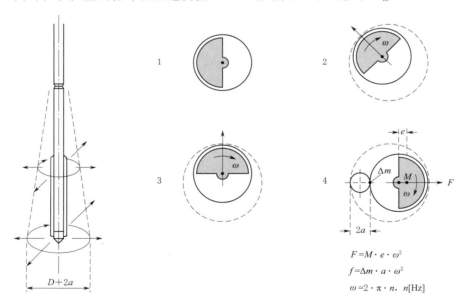

图 5-5　振冲器运行及振幅分布示意图
e—偏心锤离心率；M—偏心锤质量；a—振幅；D—振冲器直径

振冲器运行时所产生的离心力 F 源于偏心质量为 M 离心率为 e 的偏心锤的转速 ω，其以水平向激振力作用于周围的土壤，已达到土体挤压密实的目的。见式（5-19）

$$F = Me\omega^2 \qquad\qquad (5-19)$$

式中　e——偏心锤离心率；

　　　M——偏心锤质量；

a——振幅；

D——振冲器直径。

通常根据国际上各振冲器生产厂家的设备性能情况，小型振冲器的离心力为150kN，而最大型号振冲器的离心力可超过700kN，甚至部分厂家生产了更大激振力的振冲器用于一些较为特殊的地质及工作条件，但其设备的耐久性尚需要大量的工程验证。当振冲器在正常工作状态时，处于土体深部的振冲器会受到周围地质条件以及振动的影响，无论所选用的振冲器离心力 F 多大，振冲器的振幅和加速度都会大大降低。

1. 变频振冲器

近年来，由于电动振冲器的频率因为驱动电机而受限，变频控制也逐渐在市场上得到了很大的发展，同时在工作电源频率不同的地区能够更加适应，变频振冲器已成为一种发展的新方向。电动振冲器在工作状态时，受到地层深部的土体的约束，振冲器的加速度和振幅也会同步降低，从而导致电动振冲器的驱动电机转速降低，通常降低幅度以不低于振冲器电机空载转速的5％为宜。然而通常振冲器在承受土体负载后电机转速降低远不止这些，为了避免这种工作状态时振冲器转速降低对振冲器本身带来的瞬间横向荷载的不利影响，很多知名的振冲器设计公司开发了一种特别的分割式的偏心锤，有利于电动振冲器在转速降低的情况下大幅度增加振冲器激振力，从而仍能持续在变化转速的情况下对土体进行挤密加固。

2. 液压振冲器

同时，液压振冲器也因为其频率的更大范围而收到人们的青睐，尤其在我国西南山区深厚覆盖层地质条件下，选择小直径且高频率的液压振冲器对于地层的穿透性能有极好的市场前景，然而，液压振冲器通常使用设备成本高，运行及维护成本均远远高于电动振冲器，且在操作不当时会造成液压油泄漏，进而导致环境污染等缺点限制了其更大范围的推广。除非采用生物可降解液压油，否则对地下水以及土壤、水源保护地等地区均会有潜在的危害。

3. 全过程自动记录系统

除了考虑振冲器的耐磨性能以及少维修等耐久性能，如何确保振冲器具有更大的振幅，是振冲器功能设计工作中非常重要的环节。多年来这是一个十分复杂且困难的问题，因为地基土的性质本身随着地质成因的不同在深度方向和水平方向上均有非常大的差异，全球范围内的软弱土体随着地区、深度的变化而变化。加上采用振冲器施工时候所采取的施工工艺方法、施工参数诸如留振时间、加密段长度等而复杂多变。需要在振冲施工的全过程中对不同深度不同地质条件下的各类参数进行全过程记录和控制，形成大量与时间相关的函数，便于后期对振冲器适应于该类土体的针对性研究。

（1）振冲器施工深度与时间函数；

（2）电源输出功率的安培数或油压与时间函数；

（3）工作频率与时间函数；

（4）气流压或水流压与时间函数。

上述可视化的振冲工作参数和全过程的参数记录在振冲器工作原理的研究方面是非常重要的。

通过上述参数的研究形成一套控制系统，在操作手通过试验施工后取得的施工参数录入工作系统，即可实现自动打桩的智能化施工。

4. 温度测量系统

同时配套有温度测量系统的振冲器也出现在市场上，有利于振冲器电机避免恶劣高温工作的可能性，进一步保护振冲器，避免内部轴承等结构过度工作。

5. 护板及护套等防护系统

由于振冲器工作环境是处于地面以下的深部土体，因此受到周围土体的磨损十分严重，地层中富含硬度很大的石英颗粒的土体是对振冲器磨损最为严重的，而钙质砂等材料则使得磨损减轻很多。另外，在富含侵蚀性地下水以及海水条件下，振冲器的锈蚀作用会加剧。振冲器本身的双侧护板，以及电机的外护套就会成为十分重要的防护手段，减少磨损，提高振冲器的使用寿命。当护板及护套存在磨损严重或者与振冲器之间存在的间隙超过设计值时，必须要求更换护板或护套。

6. 特殊的电缆连接箱

振冲器开始作业时，其工作效率将直接影响到项目运行成本，任何设备存在故障可能都存在频繁地从振冲器悬挂转为水平地面的维修检查工作。在很大程度降低了振冲器的利用率，大幅度降低了施工效率。

近年来，一种特殊的振冲器电源连接箱得到了广泛的推广和应用，保持电缆、风管、水管在振冲器导杆内固定不动，在振冲器减震器和导杆连接之间采用一个专门的电缆连接箱用于各类介质供应连接的机构，确保各类诸如不同功率设备所需电缆、水管、风管等介质管能够根据需要顺利穿入导管内，电缆连接箱的防水性须不低于10bar。

7. 自动打桩系统

随着智能化技术的发展，振冲自动打桩系统已经开展试验和研究，由中电建振冲建设工程股份有限公司和清华大学共同开发的振冲智能打桩系统科研进展顺利，即各种振冲施工全过程控制系统，加上智能加料系统、GPS测量定位及测距系统等都配套其中，为进一步在全球范围内推广智能振冲打桩设备奠定了基础。相信在不远的将来，在工业 4.0 时代下，利用信息化技术势必促进产业大变革，将智能技术与传统的振冲打桩设备相结合应用的智能化时代已经势不可挡。但是在部分地区和国家由于劳动法和安全法的限制仍然仅能在部分地区使用。

5.3.2　设备构造

国内外最常见的振冲器有电动振冲器和液压振冲器，其振冲器为一根带有偏心块的空腔钢管，通过一个柔性的减震装置连接在导杆下端。振冲器通过外动力源（发电机或液压动力站）驱动电机（或液压马达）使得内部的偏心块沿着垂直轴旋转产生水平向离心力，从而达到加固周围土体的目的。通常情况下，振冲器本身直径会大于上部导杆，振冲器上部导杆根据加固土体的深度可按需配置。为了提高振冲器的振动效果，振冲器周边通常径向设置有"一"字导翼板。

5.3.2.1　电动振冲器

1. 电动振冲器的发展历程

我国于 20 世纪 70 年代中期引进振冲法加固技术，1977 年交通部、水利部南京水利科学研究院首次应用于南京船舶修造厂新建一座船体车间。1978 年 3 月，水利部北京勘测设计研究院采用 30kW 电动振冲器处理北京官厅水库大坝下游坡脚 230m² 水下砂层，使得砂的相对密度由原来 50% 提高到 80% 以上，满足抗震设防烈度 9 度的要求，引起了工程界的广泛关注。

此后的 10 多年，江阴振冲器厂研究出了 55kW 振冲器，紧接着北京水利水电勘测设计研究院研究出了 75kW 振冲器，该 75kW 振冲器先后在四川铜街子水电站、昆明松华坝水库以及三峡二期围堰等重要的工程项目上得到应用，至此我国振冲设备及技术能力已达到世界先进水平。

国内 30kW 和 55kW 振冲器的冷却以及施工用喷射水均穿过潜水电机转动轴以及振冲器偏心轴，易漏水而引发电机损坏。北京水利水电勘测设计研究院振冲科研小组（现中电建振冲建设工程股份有限公司）在研发 75kW 振冲器时解决了这个问题，所采用的水道是通过电机以及振冲器对称两侧再汇集到振冲器端部的方式喷射水，用以辅助造孔。

此后发展的历程中，电动振冲器向着更大功率、激振力、振幅的发展方向进行，如今我国最大功率的振冲器已达 260kW，振冲器最大全振幅已经由过去的 10mm 提高到如今的 30mm 甚至更大。同时，随着电子信息技术的发展，电控系统由过去的恒定频率改变为可变频振冲器，偏心块由原来整体式发展为可拆装的分体式结构，用以根据需要调整振冲器的振幅、激振力等。振冲器控制系统也渐发展为如今的降压启动（也称减压启动），对于振冲器所用电机功率较大时是十分适用的，因为电动机直接启动时，启动冲击电流可达电机额定电流的 4～7 倍，将对电网造成很大的冲击，直接影响电网或发电机中其他用电设备的正常工作，也会影响电动机本身及其拖动设备的使用寿命。目前，降压启动的方式很多，有星三角启动，自耦降压启动，串联电抗器降压启动，延边三角形启动等。

2. 电动振冲器组成

BJV 型振冲器的构造如图 5-6 所示，振冲器组成部分如下：

潜水电机：electrical motor

激振器：偏心振子 eccentric weight

减振器：elastic coupling ect

铸钢管：steel tubular casing

耐磨衬板：armoured

射水管：water jetting pipes

规定深度：penetration to the required depth

振冲法：vibro flotation

振冲器自重：1.5～4.0t。

3. 振冲器功率与频率

（1）功率：通常 50～150kW，特殊情况 200kW。

（2）转速/激振力：振冲器的激振力取决于振冲器的转速。

1）振冲器转速取决于电机的转速。

2）电机的转速取决于电流的频率。

（3）变频：现已有通过使用变频（器）率的方式（振冲器的发展）来改变电机的

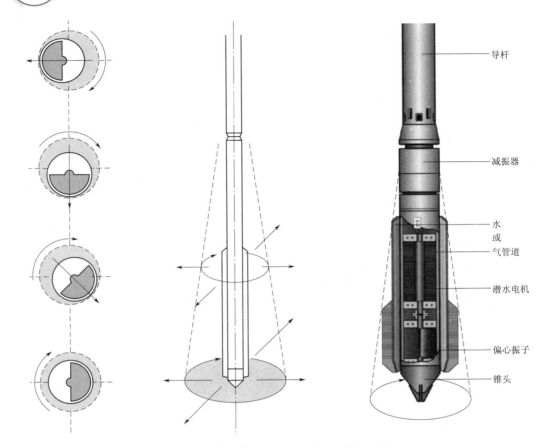

图 5 - 6 电动振冲器结构构造示意图 (来源于 Keller)

转速。

(4) 激振力：通常在 15~70t。

(5) (全) 振幅：空载时通常在 10~50mm 范围内 (no lateral constraint，无侧向约束)。

(6) 加速度：在振冲器锥端底部可达 50g。

说明：上述数据 (技术指标) 多是在空载、无侧向约束条件下获得的。

4. 液压振冲器

液压振冲器，由振冲器和动力供应系统构成。如图 5 - 7 所示液压振冲器系统构成。

振冲器由头部为锥形的外壳、液压马达液压马达输出轴相连的联轴器联轴器另一端相连的偏振转子、偏振转子相连的轴承和轴承相连的锥形振冲小头及包裹在外壳外的水道组成；液压马达、联轴器、偏振转子、轴承和振冲小头内置在外壳内；振冲器内部的液压马达通过油管与动力供应系统相连。

动力供应系统包括主工作单元和润滑冷却单元。动力供应系统可根据不同地层的需要，调节输出的流量，驱动液压马达，调节其输出转速，改变振冲力，以适用不同地层需要。另外，动力供应系统还设有润滑冷却单元保证系统正常工作；并在动力供应系统中增设有蓄能器，保护整个油路系统不受较大振动。

（a）   （b）

图 5-7 液压振冲器系统构成

液压振冲器具有如下鲜明特征：

它由振冲器和动力供应系统两部分构成；振冲器由头部为锥形的外壳、液压马达、与液压马达输出轴相连的联轴器与联轴器另一端相连的偏振转子与偏振转子相连的轴承和与轴承相连的锥形的振冲小头以及包裹在外壳外面的水道组合而成；液压马达、联轴器、偏振转子、轴承和振冲小头均内置在外壳内；振冲器内部的液压马达通过油管与动力供应系统相连；所述动力供应系统包括主工作单元；主工作单元包括两条油路；其中一条油路由依次串联的电机、定量泵、油管、单向阀、油管组成；另一条油路由依次串联的电机、变量泵、油管、单向阀、油管组成；定量泵和变量泵的油路输入端通过油管与油箱相连，被控液压马达与连接两条油路中的单向阀的输出端的油管相连。

动力供应系统还包括润滑冷却单元；该润滑冷却单元包括两条油路，一路由依次相连的电机、大双联泵、单向阀、油管组成，单向阀的输入端与可控溢流阀的输入端相连，可控溢流阀的输出端与油箱相连，以构成润滑单元，该油管的输出端与振冲器内的轴承相连；振冲器壳体与另一条油管的一端插接，另一条油管的另一端与油箱相连；另一路由依次相连的小双联泵、单向阀、散热器、过滤器、与油箱相连的油管组成，以构成散热单元。

BJV 液压振冲器如图 5-7 所示，液压振冲组成部分如下：

（1）液压马达：hydraulic motor。

（2）激振器：偏心振子 eccentric weight。

（3）减振器：elastic coupling ect.。

（4）铸钢管：steel tubular casing。

（5）耐磨衬板：armoured。

（6）射水管：water jetting pipes。

（7）规定深度：penetration to the required depth。

（8）振冲法：vibro flotation。

（9）自重：1.5～4.0t。

5.3.2.2　底部出料振冲器

底部出料振冲成套设备由底部出料振冲器（如图 5-8 所示）、底部出料减震器、具备输料功能的振冲器导杆、双锁（单锁）压力舱送料系统（如图 5-9 所示）、石料提升系统等几部分组成。底部出料振冲器与其他振冲器最大差别在于石料进入孔内的位置不同，顶部喂料（top feed）振冲技术是利用地面可移动机械诸如装载机、皮带机以及其他各类供料设备将石料自振冲孔口填入，石料通过振冲所形成孔与振冲器导杆之间的环形间隙进入孔底，从而使振冲器从孔底开始振冲挤密，形成连续的碎石桩桩体的工艺方法。底部出料振冲碎石桩施工场景图如图 5-10 所示。

图 5-8　底部出料振冲器构造断面图
（来自凯勒公司）

图 5-9　双锁压力舱送料系统
（来自 CVEC 公司）

底部出料振冲碎石桩施工设备不同在于：首先将石料垂直输送至上集料斗，通过一种特殊的石料供应阀门系统，将石料送至与底部出料振冲器相贯通的具备输送石料功能的料管内，该振冲器导杆截面可以为圆形、矩形等，料管内根据振冲施工工艺配置有风水电以及控制系统等介质的管线孔。石料进入导杆输料管后阀门关闭维持均压状态，确保地层中出现的各类地下水不能够从底部出料振冲器端部进入料管内，确保整个振冲器系统为干法作业，以确保碎石骨料能够顺利地从振冲器管内在一定气压的协助下进入由底部出料振冲器所形成的端部负压空腔内，从而形成完整的振冲施工底部出料工艺方法。振冲碎石桩从桩底开始逐渐分段连续形成，在振冲器提升过程中始终保持底部出料振冲器维持足以平衡地下水位的空气压力，确保振冲器不离开已形成的碎石桩体，这样通过这种特殊的底部出料设备确保了振冲碎石桩在一些软弱土体如饱和淤泥、泥炭土、腐殖质土等不排水抗剪强度小于 20kPa 地层的适用性。

　　由于底部出料振冲器结构构造以及振冲施工工艺的特殊性，底部出料振冲器对于下列主要参数有着特殊的要求，例如管内气压、碎石粒径等。图 5-11 为来自北京振冲的 BJV 25-BFSⅢ底部出料振冲器构造图。

图 5-10　底部出料振冲碎石桩施工场景图
（来自德国 BG 公司）

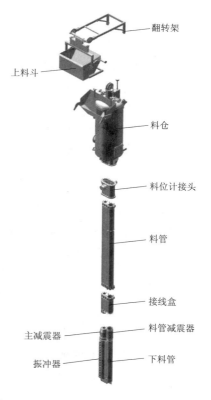

图 5-11　BJV 25-BFSⅢ底部出料振冲器
构造图（来自北京振冲）

1. 气压选择

　　计算底部出料振冲碎石桩施工所需的气量和气压，本身就是一个十分复杂的状况，目前国内外在这方面尚没有一种较为可靠的计算方式。

　　（1）孔内静液柱压力计算。孔内静液柱压力是由液柱重量（包括冲洗液和地下水）引起的压力，其大小与液柱的单位重量、垂直高度（孔深）有关，而与液柱的横向尺寸、形状无关，可用式（5-20）表示

$$P_w = \frac{H\gamma_w}{10} = 9.81 \times 10^{-3} \times H\gamma_w \qquad (5-20)$$

式中　P_w——静液柱压力，MPa；

　　　γ_w——液体比重；

　　　H——垂直高度（孔深）。

（2）上覆岩层压力计算。上覆岩层压力是指某处地层上覆土体压力，即覆盖在该地层上的土体（以及土体中的气、水）的总重量造成的压力，其大小随着土体重量增加而增加，且为孔深的函数，可用式（5-21）计算

$$P_0 = \frac{土体重量+流体重量}{面积} = 0.1H[(1-\alpha)\gamma_{rm}+\alpha\gamma]$$

$$= 9.81 \times 10^{-3} H[(1-\alpha)\gamma_{rm}+\alpha\gamma] \qquad (5-21)$$

式中　P_0——上覆土体压力，kg/cm^2；

　　　H——垂直高度（孔深），m；

　　　α——岩石孔隙度；

　　　γ_{rm}——岩石基质的比重；

　　　γ——岩石空隙中流体的比重。

（3）地层侧压力 P_v 用式（5-22）计算

$$P_v = \lambda P_0 = 9.81 \times 10^{-3}\lambda H[(1-\alpha)\gamma_{rm}+\alpha\gamma] \qquad (5-22)$$

除上述几个重要的作用力外，振冲施工时底部出料振冲器料管端部所承受的力还有地下孔隙水压力、地下水上返流动所产生的压力，以及振冲器在上下提升过程中产生的激动压力，这些都会直接影响底部出料振冲碎石桩施工时所需要的空气气量以及压力数量。为了安全起见，一般在经过上述计算后所得的压力值的基础上选择系数 1.2～1.5 倍，即可确保底部出料振冲碎石桩在整个施工过程中能够满足管内压力足以排开底部出料振冲器端部所承受的外界孔内管径压力，确保料管内为干法施工状态，碎石骨料顺畅进入振冲器端部。

2. 碎石粒径选择

对于垂直向管内输送的碎石或卵石骨料，其粒径大小以及级配直接影响所采用的管径是否适宜。在不考虑管内可能存在的水压等因素的情况下，碎石将靠自重在风压携带下自由进入振冲器端部。因此，底部出料振冲器碎石或卵石粒径与管径的匹配按式（5-23）进行验算

$$d_{max} = D/3(碎石) 或 d_{max} = D/2.5(卵石) \qquad (5-23)$$

式中　d_{max}——碎石或卵石最大粒径；

　　　D——底部出料振冲器输料管直径。

5.3.3　主要技术参数

振冲器的挤密效果除振动能量外，还与其振动频率、振幅、加速度以及振冲器与电机的匹配等有关，是一个比较复杂的综合效应问题。振冲器的主要技术性能参数及项目参数、符号、单位，见表 5-1。

表 5-1   振冲器的主要技术性能及项目参数、符号、单位表

序号	项　目	符号	单　位
1	功率	P	kW/HP
2	偏心力矩	K	N·m（kg·m，kg·cm）
3	振动频率	f	Hz（r/min）
4	偏心质量	m	kg（t）
5	激振力	F	kN（tf）
6	振幅	A	mm
7	振动加速度	a	m/s^2（g）
8	零振幅点	L_0	mm

1. 功率

电动振冲器的功率，是指所配电机额定功率，在我国，按照振冲器的功率作为主要参数对振冲器进行分类的做法较为常见，并按照电动振冲器的功率大小形成了电动振冲器的系列。

液压振冲的功率，是指液压驱动马达的功率，它由液压马达的进、出口的压强差和进入马达的液压油流量决定的。对于液压振冲器而言，我国仅有北京振冲工程股份有限公司自行研制并生产应用，尚未形成系列化液压振冲器产品，而在国外液压振冲器较为常见，常见的液压振冲器生产厂家有德国 Bauer、荷兰 ICE、法国 PTC、英国 Keller、英国 Pennine（于 2005 年被 BALFOUR BEATTY 集团收购）、美国 VEP 等。其功率也是根据振冲器的驱动马达输出功率大小来命名，如 HD+激振力大小来进行振冲器的命名。

（1）电机输出功率的计算用式（5-24）

$$P = \sqrt{3} \times I \times U \times \cos\varphi \times \eta \times 10^{-3} \tag{5-24}$$

式中　P——施工运转时电机的实际输出功率，kW；

　　　I——电流值，A；

　　　U——电压值，V；

　　$\cos\varphi$——功率因数；

　　　η——效率。

（2）液压马达的输出功率计算用式（5-25）

$$P = \Delta p \times q \times \eta \times 10^{-3} \tag{5-25}$$

式中　P——施工运转时液压马达的实际输出功率，kW；

　　Δp——液压马达进口和出口的压强差，MPa；

　　　q——进入液压马达的液压油流量，m^3/s；

　　　η——效率。

2. 电动振冲器电机运转时的注意事项

（1）振冲器的电机应采用能承受巨大负荷和振冲的耐振潜水电机。

（2）耐振电机在额定电流下的额定连续工作时间为 60min，在 150% 的负荷条件下的限制工作时间为 10min。

（3）为防止振冲器电机被烧毁，在振冲器运作期间应时时检测振冲器电流值，并严格

按照规范做好电流值的控制管理。

3. 偏心力矩

振冲器偏心力矩指偏心体质心和振冲器主轴轴线的距离，偏心力矩是作为振冲器产生激振力、振幅和振动加速度的源头。偏心体的大小形状如图 5-12 所示，偏心力矩可用式（5-26）来计算

$$K = mrg \tag{5-26}$$

式中　K——振冲器的偏心力矩，N·m；

m——偏心体的质量，kg；

r——从偏心体的旋转中心到偏心体质心的距离，m；

g——重力加速度，9.8m/s²。

图 5-12 给出了偏离角测定原则，它是该控制机制的基础，谐振时 $\varphi = \pi/2$。偏心体的转动变化与产生的离心力变化情况如图 5-13 所示，见表 5-2 振冲器运动主要参数表。

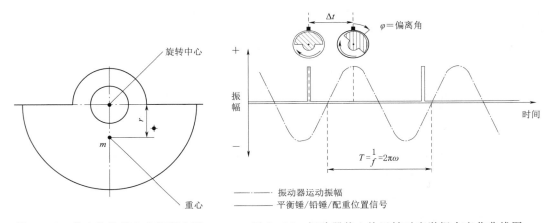

图 5-12　偏心体的偏心力矩概念图　　　　图 5-13　振冲器偏心块运转对应激振力变化曲线图

表 5-2　　　　　　　　　　　振冲器运动主要参数表

$\varphi =$ slip angle	$\varphi =$ 偏离角
amplitude	振幅
time	时间
amplitude of vibrator movement	振冲器运动振幅
signal for position of bob weight	平衡锤/铅锤/配重位置信号

4. 振动频率

振冲器的振动频率（f）表示的是偏心体以某旋转转速进行转动时，带动振冲器产生径向圆周运动，其每一秒里的周期性回转运动的次数。该振动状态可用弹簧悬挂的锤体来表示。如图 5-14 所示，弹簧下端接着的小锤体上下周期性的运动称为振动，它等同于一质点以一定的角速度在半径为 A 的圆周上运动的质点水平投影。此振动的频率为 f，T 为周期，它表示质点在圆周上环绕一周的时间，如图 5-14 所示。

以振冲器振密松散土体时，振冲器将迫使周围土粒振动，产生相对位移而密实。实践表明，当土粒的振动与强迫振动处在共振状态时振密效果最佳。目前我国振冲器选用的电

机转速为 1450r/min，接近最佳加密效果频率。

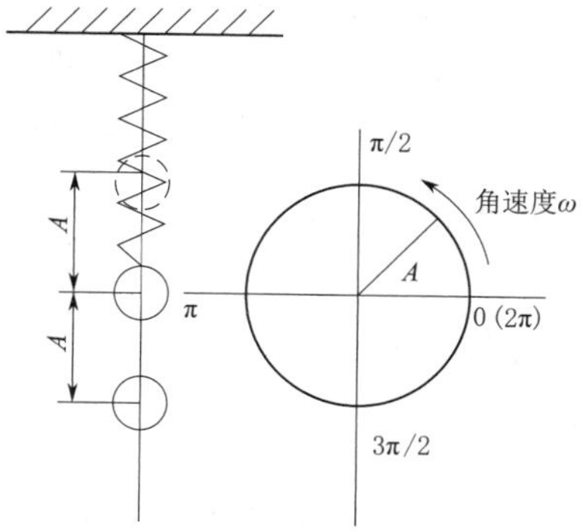

5. 偏心质量

振冲器的质量决定着振冲器施工时贯入土体性能和加固土体性能的一项十分重要的参数，振冲器质量由偏心体质量和振冲器总重量组成。振冲器总重量包含了振冲器减震器在内的所有振冲器内外和外在质量总和。振冲器的振动质量是参与振动的所有质量之和，决定了振冲器的振幅、激振力以及振动加速度的大小。

6. 激振力

激振力就是在振冲器驱动电机（液压马达）的转动下，偏心体旋转产生的离心力。激振力就是产生水平径向圆周运动加固侧向土体的源动力。激振力可用式（5-27）来计算

$$F = K\omega^2/g \, 10^{-3} \tag{5-27}$$

图 5-14　振动状态示意图

式中　F——振冲器的激振力，kN；

　　　K——振冲器的偏心力矩值，N·m；

　　　ω——振冲器的角速度，s^{-1}（$\omega = 2\pi f$，π 为圆周率；f 为振冲器的振动频率，Hz；g 为重力加速度，$9.8 m/s^2$）。

7. 振幅

通常振冲器的振幅为全振幅，即振冲器的圆周运动时所产生的振幅的 2 倍（2A）。振冲器的振幅用式（5-28）来计算

$$A = \frac{K}{Mg} \times 10^3 \tag{5-28}$$

式中　A——振冲器振动时的振幅值，mm；

　　　K——振冲器的偏心力矩值，N·m；

　　　M——振冲器的总质量（含振冲器偏心体质量），kg；

　　　g——重力加速度，$9.8 m/s^2$。

振动器的振幅在一定范围内可压密土体。在相同的振动时间，振幅大沉降量亦大，加密效果好，但振幅过大或太小均不利于土体的压密加固。我国的振冲器的设计一般为全振幅 10～40mm。

8. 振动加速度

振冲器振动时的振动加速度可用式（5-29）求得：

$$a = \frac{F}{M} \times 10^3 \tag{5-29}$$

式中　a——振冲器振动时所产生的振动加速度，m/s^2；

　　　F——振冲器的激振力，kN；

　　　M——振冲器的总质量（含振冲器偏心体质量），kg。

振冲器的振动加速度单位以 SI 标准（国际标准）表示为 m/s²，在我国通常用重力加速度 g 的倍数来作为振动加速度的大小值。对于振冲器的振动加速度计算可按如下例子进行。

按照 SI 标准，某振冲器 BHV20，激振力 $F=350\text{kN}$，振动质量 M＝3000kg。

$$a=\frac{F}{M}\times10^3=350\div3000\times10^3=116.6\,\text{m/s}^2$$

基于通常的表示习惯

$$a=116.6/9.8=11.9g$$

即采用重力加速度 g 的 11.9 倍作为振动加速度的大小值。

振冲器的振动加速度是反映其振动强度的主要指标。加密土体时只有当加速度达到一定数值后才起作用。国产振冲器发生的振动加速度值约在 $10g$。

8. 零振幅点

零振幅点计算图如图 5-15 所示，振冲器的减震器位于零振幅点时振冲器的减振效果最佳。

零振幅点公式见式（5-30）

$$L_0=\frac{M\rho_1^2+m\rho_2^2}{M(L_2-L_1)}-L_1 \qquad (5-30)$$

式中　L_0——振冲器顶部端面到零振幅之间的距离，mm；

L_1——振冲器顶部端面到振冲器壳体质心位置的距离，mm；

L_2——振冲器顶部端面到振冲器偏心块质心位置的距离，mm；

M——除偏心块外的整机质量，kg；

m——偏心块质量，kg；

ρ_1——振冲器壳体对其质心位置 O_1 的惯性半径；

ρ_2——偏心块对其质心位置 O_2 的惯性半径。

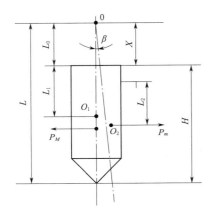

图 5-15　振冲器零振幅点计算图

0—零振幅点；O_1—振冲器壳体质心位置；O_2—偏心块质心位置；β—振冲器中心轴线与垂直方向的偏离角度；X—振冲器上某一个位置与零振幅点的距离；P_M—振冲器壳体产生的离心力；P_m—偏心块产生的离心力

5.4　国内外主要振冲器技术参数

5.4.1　中国振冲器主要生产厂家

中国振冲器生产厂家形成以北京振冲工程机械有限公司为主，见表 5-3，占中国振冲器市场份额超过 70%，其他以江阴振冲见表 5-4，西安振冲为辅的设备生产现状，尤其北京振冲器经过 40 年的发展，在电动振冲器、液压振冲器、底部出料振冲器以及振冲全过程质量监控系统等全配套产品方面均具有十分显著的优势，持续引领中国振冲技术装备行业的发展和进步。

表 5 - 3   北京振冲电动振冲器常用型号和参数

规格型号	额定激振功率/kW	转速/(r/min)	额定激振力/kN	振幅/mm	额定电流/A	直径×长度/(mm×mm)	质量/kg	工字桩径/mm
BJ - ZC - 30 - 325	30	1450～1800	130～200	13.5	58	325×2000	1192	600～800
BJ - ZC - 30 - 377	30	1450～1800	130～230	20	58	377×2300	1300	700～900
BJ - ZC - 45 - 325	45	1450～1800	130～200	13.5	88	325×2000	1200	600～800
BJ - ZC - 45 - 377	45	1450～1800	130～230	20	88	377×2300	1380	800～1000
BJ - ZC - 55 - 325	55	1450～1800	130～200	13.5	108	325×2000	1240	600～800
BJ - ZC - 55 - 377	55	1450～1800	150～230	20	108	377×2300	1560	800～1000
BJ - ZC - 75 - 325	75	1450～1800	130～200	13.5	148	325×2000	1368	600～800
BJ - ZC - 75 - 426	75	1450	180	16	148	426×2783	2018	1000～1200
BJ - ZC - 75 - 377L	75	1450	188	17.5	148	377×2783	1828	1000～1200
BJ - ZC - 75 - 377S	75	1450～1800	208～320	25	148	377×3200	1740	800～1000
BJ - ZC - 100 - 325	100	1450～1800	130～200	13.3	195	325×2000	1500	600～800
BJ - ZC - 100 - 426	100	1459	208	17.2	195	426×2883	2073	1000～1200
BJ - ZC - 100 - 377L	100	1450～1800	180～276	19	195	377×2760	1880	800～1000
BJ - ZC - 100 - 377S	100	1450～1800	208～320	25	195	377×3200	1820	1000～1200
BJ - ZC - 130 - 426	130	1450	208	17.2	255	426×2963	2320	1000～1200
BJ - ZC - 130 - 377L	130	1450～1800	180～276	19	255	377×2760	1900	800～1000
BJ - ZC - 130 - 377S	130	1450～1800	208～320	25	255	377×3200	1860	1000～1200
BJ - ZC - 150 - 426	150	1450	276	18.9	290	426×3023	2516	1000～1200
BJ - ZC - 150 - 377L	150	1450～1800	180～276	19	290	377×2760	2100	800～1000
BJ - ZC - 150 - 377S	150	1450～1800	208～320	25	290	377×3200	1900	1000～1500
BJ - ZC - 180 - 426	180	1450	276	18.9	350	426×3100	2586	1200～1500
BJ - ZC - 180 - 377L	180	1450～1800	180～276	21	350	377×2760	2140	1000～1200
BJ - ZC - 180 - 377S	180	1450～1800	250～384	28	350	377×3840	1980	1000～1500

表 5 - 4   江阴振冲器性能参数表

型号项目	ZCQ30	ZCQ55	ZCQ75C	ZCQ75E	ZCQ100C	ZCQ132C	ZCQ160A	ZCQ180A	ZCQ220
功率 kW	30	55	75	75	100	132	160	180	220
转速/(r/min)	1470	1470	1480	1470	1470	1470	1480	1480	1470
额定电流/A	60	107	146	142	189	241	295	336	395
激振力/kN	90	130	160	160	180	200	260	300	320
外形尺寸/mm	ϕ351×2470	ϕ351×2785	ϕ426×3125	ϕ351×3660	ϕ351×3950	ϕ351×4320	ϕ402×4400	ϕ402×4470	ϕ402×4410
重量/kg	960	1150	1800	1640	1816	2410	2890	3000	3110

型号项目			ZCQ75D	ZCQ100A	ZCQ132A	ZCQ132B			
功率/kW			75	100	132	132			
转速/(r/min)			1460	1480	1480	1480			
额定电流/A			150	197	246	246			

续表

型号项目		ZCQ75D	ZCQ100A	ZCQ132A	ZCQ132B		
功率/kW		75	100	132	132		
激振力/kN		160	190	220	220、200、180、150、120		
外形尺寸/mm		$\phi402\times$3250	$\phi402\times$3215	$\phi402\times$3655	$\phi402\times$4003		
重量/kg		1690	1900	2320	2500		

5.4.2　Vibro GmbH 振冲器

自 1992 年以来，Vibro（振冲）公司一直致力于振冲器以及高喷工程的设计、施工和设备开发工作。1992 年，Vibro 公司开发的振冲器成功应用于中国香港机场和中国澳门机场；1996 年，Vibro 公司研发的大功率振冲器 V500 广泛应用于世界各地，功率达 212kW，激振力达 480kN，振冲挤密处理深度创造了 71m 的世界纪录，仅仅在德国就完成 3 亿 m^3 的振冲挤密砂，如图 5-16 所示。

1998 年，世界上振冲挤密最大深度为 35m，而 Vibro 公司振冲器在 1995 年施工深度已经达到了 56m，如图 5-17 所示。V500 振冲器双吊振冲挤密填海地基处理深度达到 22m，如图 5-18 所示。

图 5-16　V500 振冲挤密施工场景（71m）　　图 5-17　V500 振冲挤密施工场景（56m）

1997 年，Vibro 公司完成了 V330 电动振冲器功率 130kW 的开发，用于双吊振冲挤密施工，如图 5-19 所示。

从 1997 年到 2000 年，Vibro 公司开发的振冲器在德国劳西茨地区采用振冲挤密处理，深度达到了 55~64m。目前，最大振冲处理深度达到 100m，用于振冲挤密的振冲器已经成功开发。

表 5 – 5   **Vibro GmbH 振冲器性能参数表**

设备参数	单位	V330	V500	V750	V1000
功率	kW	130	212	350	500
电压	V	400~480	400~480	400~480	400~480
转速	rpm	1000~2000	1000~1800	900~1500	800~1200
偏心力	kN	128~341	245~570	385~858	—
标准偏心力	kN	280	500	750	1000
振幅	mm	12	13	14	15
直径	mm	382	442	512	—
长度	mm	3445	4050	4600	7600
重量	kg	2400	4000	5800	7500
导管	mm	298	406	457	

注 振冲器以 kN 为单位的标准偏心力命名，振冲器功率从 50kW 到 350kW，V500 和 V750 是目前世界上功率较大的电动振动器。振冲器转速和振幅可以根据土壤条件进行调整。

图 5 – 18 V500 双吊振冲挤密填海地基
处理场景（深度 22m）

图 5 – 19 V330 双吊振冲挤密施工场景（12m）

图 5 – 20 德国 Refilled 煤矿振冲挤密施工场景

图 5 – 21 用于振冲挤密的 550t 起重吊车

在中国，由中电建振冲建设工程股份有限公司开发的 VC100 型超深振冲器已经成功试验，采用伸缩式的导杆装置，使振冲施工更加便利，更加经济，在未来低净空或起重设备受限的地区将会得到广泛的应用。

5.4.3　德国 Bauer 液压振冲专用设备

德国 Bauer 一直以来致力于液压振冲器的开发与研究，见表 5-6 为德国 Bauer 公司振冲器性能参数表，表 5-7～表 5-12 为不同型号振冲器以及配套起重设备性能参数表，图 5-22～图 5-27 所示为不同型号振冲器及配套起重设备示意图。

表 5-6　　　　　　　　　　　　德国 Bauer 振冲器性能参数表

振冲器型号	单位	TR17	TR75
激振力	kN	193	313
偏心力矩	N·m	17	75
振幅	mm	±6.0	±10.5
速度/频率	rpm/Hz	0～3215/0～53	0～1950/0～32
输出功率	kW	96	224
导杆重量	kg	4700（18.3m）	8700（29m）
钻孔深度	m	可达 25.0	可达 45.0
水流量	m³/h	60	90～120
气流量	m³/min	10	18～20
配置动力站			HD460
输出功率	kW		260
最大油压	bar		330
流量	L/min		460

表 5-7　　　　　　　　　　　Bauer BF12 振冲成套设备性能参数表

型号	BF12	整机重量	58t
振冲器	TR17	空压机	Atlas Copco XAHS186
造孔深度	12.5m	输出功率	104kW
发动机输出功率	205kW	流量	10.5m³/min
挖掘力	100kN	工作压力	12bar
绳拉力	260kN	适用工法	振冲置换、振冲混凝土桩
整机高度	19.2m		

表 5-8　　　　　　　　　　　Bauer BG 系列振冲成套设备性能参数表

型号	BG18-BG40	整机重量	54～142t
振冲器	TR17-TR75	空压机	
造孔深度	11～22m	输出功率	104～186kW
发动机输出功率	153～433kW	流量	10.5～20.5m³/min
挖掘力	100～110kN	工作压力	10～12bar
绳拉力	140～460kN	适用工法	振冲置换、振冲混凝土桩
整机高度	19～33m		

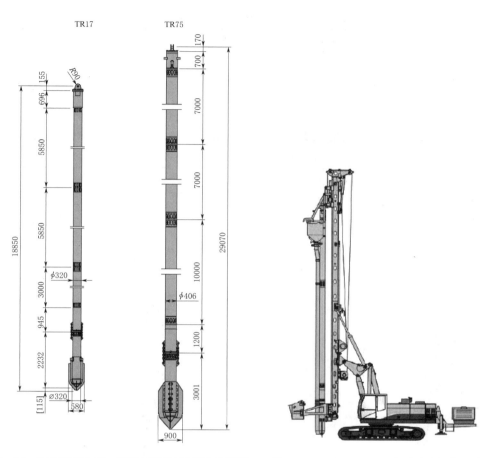

图 5-22　BAUERTR 17、TR75 型振冲器组装示意图

图 5-23　BAUER BF12 振冲成套设备示意图

图 5-24　BAUER BG 系列振冲成套设备示意图　　图 5-25　BAUER MC32 系列起重设备示意图

表 5－9　　　　　　　　　　　　　　BAUER MC32 系列起重设备性能参数表

型号	MC32	整机重量	52t
振冲器	TR17	高压水泵	
造孔深度	16m	流速	约 800～1200L/min
桅杆长度	22m	工作压力	约 7.5～20bar
发动机输出功率	201kW	适用工法	振冲置换
绳拉力	根据载重表获取		

表 5－10　　　　　　　　　　　　　BAUER MC64 系列起重设备性能参数表

型号	MC64	整机重量	约 95t
振冲器	TR75	高压水泵	约 800～1200L/min
造孔深度	27m	流速	约 7.5～20bar
桅杆长度	33m	工作压力	
发动机输出功率	455kW	适用工法	振冲置换
绳拉力	根据载重表获取		

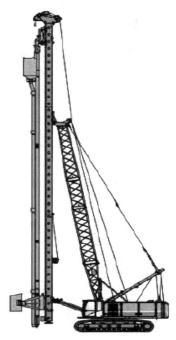

图 5－26　BAUER MC64 系列起重设备示意图　　图 5－27　BAUER MC64 系列起重设备示意图

表 5－11　　　　　　　　　　　　　MC64 搭载 BL35 设备参数性能表

型号	MC64 搭载 BL35	整机重量	约 135t
振冲器	TR75	空压机	Atlas Copco XH AS347
造孔深度	25m	输出功率	186kW
发动机输出功率	455kW	气流量	20.5m³/min
最大挖掘力	100kN	工作压力	12bar
绳拉力	500kN	适用工法	振冲置换

表 5－12   其 他 辅 助 设 备

	装载机	水泵	混凝土泵	空压机	备　注
振冲挤密	$2\sim3m^3$	流量 $50\sim90m^3/h$	—		安装有 c/w 阀门供水管
振冲置换	侧翻 $0.8\sim1.0m^3$	—		输出流量 $10\sim20m^3/min$ 工作压力 12bar	
振冲混凝土桩			$32\sim36m$ 泵高		挖掘机，用于平整场地，安装钢筋笼

5.4.4　德国 Keller 公司振冲器

表 5－13 所示为德国 Keller 公司振冲器性能参数表。

表 5－13   德国 Keller 公司振冲器性能参数表

设备型号	L	M	A	S
功率/kW	100	50	50	120
转速/(r/min)	3600	3000	2000	1800
质量/kg	1815	1600	1900	2450
激振力/kN	201	150	160	280
振幅/mm	5.3	7.2	13.8	18
直径/mm	320	290	290	400
长度/mm	3100	3300	4350	3000

如图 5－28～图 5－32 所示分别为电动振冲器结构示意图，底部出料振冲器结构示意图，以及底部出料振冲碎石桩施工原理图，陆域底部出料振冲碎石桩施工流程图，海域底部出料振冲碎石桩施工流程图。图 5－33、图 5－34 所示分别为陆域振冲挤密施工流程图，海域振冲挤密施工流程图，以及图 5－35 为振冲混凝土桩施工流程图。

图 5－28　电动振冲器/底部出料电动振冲器结构示意图（来自 Keller 公司）

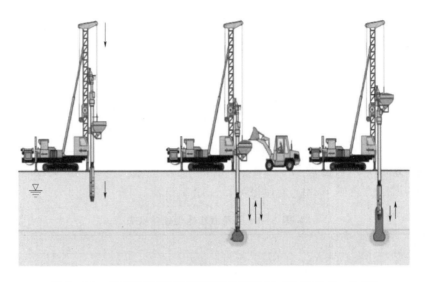

图 5 - 29　底部出料振冲碎石桩施工原理图（来自 Keller 公司）

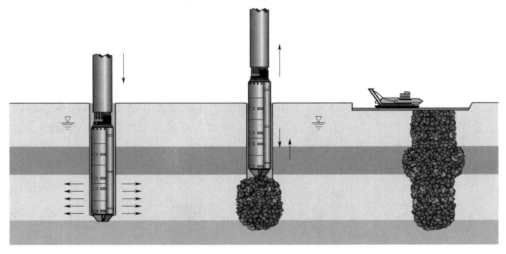

图 5 - 30　陆域底部出料振冲碎石桩施工流程图 1（来自 Keller 公司）

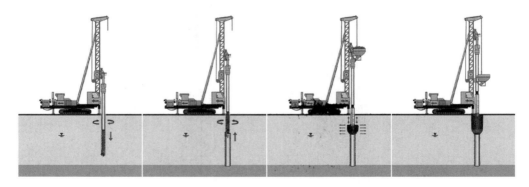

图 5 - 31　陆域底部出料振冲碎石桩施工流程图 2（来自 Keller 公司）

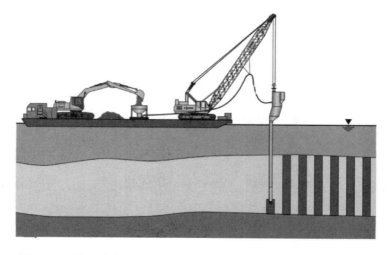

图 5-32　海上底部出料振冲碎石桩施工示意图（来自 Keller 公司）

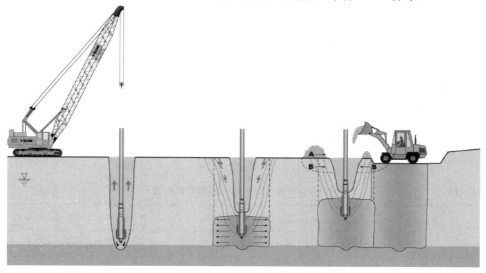

图 5-33　陆域振冲挤密施工流程图（来自 Keller 公司）

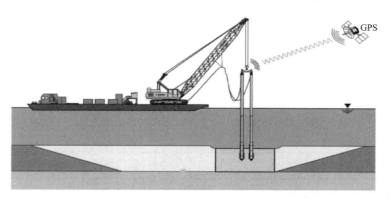

图 5-34　海域振冲挤密施工流程图（来自 Keller 公司）

图 5-35 振冲混凝土桩施工流程图（来自 Keller 公司）

5.4.5 德国 Betterground 振冲设备

德国 Betterground 公司自 1900 年开始，经过 100 多年的发展历程，持续不断地在振冲技术方面进行不遗余力的研究，带动全球振冲技术向前发展，先后带动振冲技术向日本、美国等多个国家推广应用。在全球范围内设立多家分子公司并传播振冲技术向前发展。表 5-14 为 Betterground 公司生产的主要振冲器性能参数表。

表 5-14 Betterground 系列振冲器性能参数表

项目	单位	B12 液压	B12 电动	B15 电动	B15 液压	B15 电动	B27	B41	B44	B51
电压	V			420			440	440		
频率	Hz			100			60	60		
转速	r/min	3000	3000	3000	3000	3000	1800	1800	1800	1800
马达功率	kW	94	90	82	114	105	130～140	210	250	360
激振力	kN	170	170	270	190	190	240～270	450	520	842
振幅	mm	9	9	15	12	12	24	32	42	54
直径	mm	292	292		310	310	354		418	460
长度	mm	2840	2840		3430	3430	3480		4250	4570
重量	kg	1530	1530	1700	1840	2200	2200	2800	3960	4500

5.4.6 荷兰 ICE 液压振冲器

荷兰 ICE 所生产的专用振冲器性能参数见表 5-15，如图 5-36、图 5-37 所示。

表 5 - 15　　　　　　　　　　荷兰 ICE 所生产的专用振冲性能参数表

项　　目	单位	V180	V230
偏心力矩	kg·m	5.5	11
转速	r/min	1800	1800
激振力	kN	195	388
振幅	mm	20	24
最大静拔力	kN	500	500
流量	L/min	450	450
最大油压	bar	350	350
重量			
振冲器重量	kg	2580	3235
配管重量（每根长 5.5m）	kg	1900	1900
吊头重量	kg	405	405
管线导轨重量	kg	545	545
含一根导杆设备总重量	kg	4490	5160
宽度 A	mm	744	806
直径 B	mm	358	420
直径 C	mm	360	360
振冲器长度 D	mm	4956	5153
旁料管长度 E	mm	5500	5500
料管直径 F	mm	330	330
管线导轨长度	mm	722	722
吊头长度 H	mm	820	820
最小总长度 D＋G＋H	mm	6498	6695
推荐配液压动力站		500	500
桩宽度	mm	1000～1200	1500

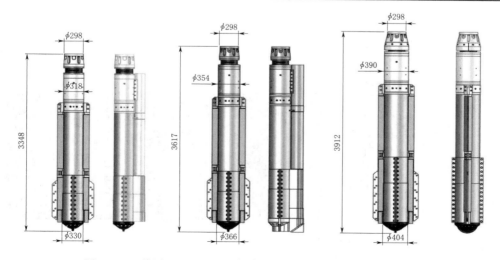

图 5 - 36　德国 Betterground 振冲器 B15、B27、B41 系列示意图

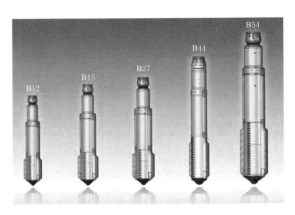

图 5 - 37　德国 Bettergrund 振冲器 B12、B15、B27、B44、B54 系列示意图

表 5 - 16　　　　　　　　　ICE500 系列液压动力站参数性能表

柴油发动机	Volvo	最大油流量/(L/min)	500
最大理论功率/(kW/HP)	395/537	重量/kg	5800
最大转速/(r/min)	1800	尺寸（长×宽×高）/mm	4325×1650×2075
最大工作压力/bar	3500		

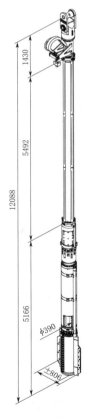

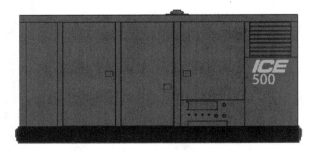

图 5 - 38　荷兰 ICE V180 振冲器
　　　　　结构示意图

图 5 - 39　荷兰 ICE V230 振冲器结构示意图

5.4.7 英国 Pennine 液压振冲器

振冲设备分为两个系列，即 300 系列－HD130、HD150 和 HD300，以及 500 系列－BD400、BD500。其近海施工的底部喂料振冲器是依托于 HD130、HD150 振冲器进行的改装，顶部料斗为 12m³，陆域底部出料振冲碎石桩设备见表 5－17、表 5－18。英国 Pennine EMMS 系列振冲器性能参数见表 5－19，液压振冲器的构造如图 5－40 所示，如图 5－41 所示为英国 Pennine 底部喂料振冲器示意图。

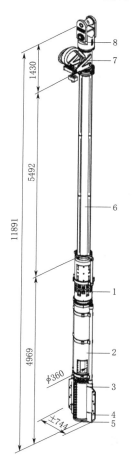

图 5－40 ICE500 系列液压动力站示意图　　图 5－41 英国 Pennine 底部喂料振冲器示意图

1—减震器；2—马达；3—偏心块；4—喷射管；5—振冲
器小头；6—导杆；7—管线导轨吊头；8—吊头

表 5－17　　　　　　　　　　　英国 Pennine300 系列振冲器性能参数表

项目	单位	HD130	HD150	BD300
直径	mm	310	310	310
激振力	kN	140	200	175
最大激振力	kN	202	288	252
频率	Hz	50	50	30

续表

项目	单位	HD130	HD150	BD300
最大频率	Hz	60	60	36
输出功率	kW	98	130	120
最大输出功率	kW	117	156	143
振幅	mm	8	11	14
振冲器总重量（处理深度 8.5m）	kg	1850	2550	2575
导杆重量（每 5m）	kg	850	850	850
液压油流量	L/min	180	240	200
最大流量	L/min	216	280	230
油压	Bar	325	325	360

表 5－18　　　　　　　　　　英国 Pennine500 系列振冲器性能参数表

项目	单位	BD400	BD500
直径	mm	400	500
激振力	kN	310	314
最大激振力	kN	426	397
频率	Hz	30	20
最大频率		35	22.5
输出功率	kW	215	215
最大输出功率		254	240
振幅	mm	17	45
振冲器总重量（处理深度 11.5m）	kg	4400	5500
导杆重量（每 5m）	kg	850	3350
液压油流量	L/min	450	426
最大流量		525	480
油压	Bar	290	300
		350	325

表 5－19　　　　　　　　　英国 Pennine EMMS 系列振冲器性能参数表

主料斗容量	m³	1.2
提升料斗容量	m³	1.0
最小挖掘力	t	5
最大起拔力	t	20（取决于挖掘机）
处理深度 1	m	14（底部喂料）
处理深度 2	m	15.5（振冲挤密、振冲碎石桩）
最大附属拉力	t	2.5
约总重（不含振冲器）	kg	10240

　　HD225 T3 液压动力站适用于英国 Pennine 公司所有的液压振冲器，采用 242kW 卡特皮勒的发动机，可输出转速 270L/min 和压力 325bar；Pennie 的水泵为三级泵，当水压为 10.5～

16bar 时，输出水量可达到 48～150m³/h，该水泵可由 HD225 T3 动力站提供动力，也可以额外配置动力设施，HD225 液压动力站及高压水泵性能参数见表 5-20。

表 5-20　　　　　　　　　HD225 液压动力站及高压水泵性能参数表

发动机	Caterpillar C9	压力	主压力 325bar
输出功率	242kW@2000rpm		辅助压力 325bar
气缸数量	6 轴涡轮增压	过滤	每个泵配置一个主回流压力过滤器 一个润滑回流过滤器
泵	可变排量多轴柱塞泵		
流量	主流量达 270rpm	流体	柴油和液压 380
	次流量 220rpm	体积	3000mm×1500mm×2000mm
		重量	3300kg

5.4.8　法国 PTC（FAYAT Group）液压振冲设备

法国 PTC 振冲器性能参数见表 5-21。

表 5-21　　　　　　　　　　法国 PTC 振冲器性能参数表

振冲器	单位	VL18	VL40	VL40S	VL110
输出功率	kW/HP	113/154	135/183	180/245	202/274
偏心力矩	kg·m	1.8	4.0	4.0	11.2
频率/转速	Hz/(r/min)	50/3000	30/1800	40/2400	28/1680
激振力	kN	181	145	258	353
振幅	mm	24			
总重量	kg	2570			
导杆重量（每 5m）	kg	1100			
动力站		240D	240D	400DO	400DO

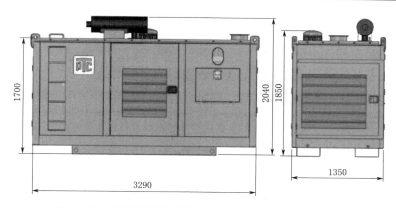

图 5-42　PTC 液压振冲器动力站示意图（单位：mm）

上述液压振冲器的所配置的动力站系统参数性能见表 5-22。PTC 液压振冲器配置动力系统设备示意图如图 5-42～图 5-44 所示。

PTC 液压振冲器动力系统设备性能参数表、底部出料振冲设备性能参数表以及底部出料用振冲桩机设备性能参数表分别见表 5-23～表 5-25。

表 5 - 22　　　　　　　　　　法国 PTC 液压振冲器配置动力系统设备

项目	单位	240D	240DO	240VO	400CO	400VO	400DO
发动机型号		Deutz TCD 2012 L6		VOLVO TAD 552VE	CAT C9 ACERT	VOLVO TAD 853 VE	DEUTZ TCD 2013 L6 4V
排放等级		Tier 3					
输出功率	kW/HP	155/211	155/211	160/217	242/329	235/319	238/323
转速	r/min	2500	2400	2400	3800	3800	2200
最大流量	L/min	240	280	280	500	500	500
正常流量	350bar		240	240	380	380	380
最大工作压力	Bar	360	350	350	350	350	350
最大储油量	L	270	460	710	700	710	700
柴油箱体积	L	395	470	595	650	595	650
尺寸（长×宽×高）	m×m×m	3.29×1.35×2.04	2.99×1.6×1.96	3.5×1.6×2.15	3.85×1.6×2.02	3.5×1.6×2.15	3.85×1.6×1.95
总质量	kg	3100	3975	3975	5585	5100	5185
环保模式		有	有	有	有	有	有
管线长度	m		30	30	30	30	30
管线质量	kg		220	220	350	350	350

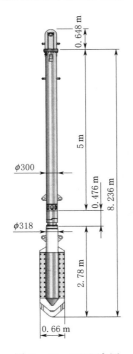

图 5 - 43　PTC 液压
振冲器结构示意图

图 5 - 44　法国 PTC 液压振冲器配置动力系统设备（空压机、水泵）

表 5-23　　　　**PTC 液压振冲器配置动力系统设备性能参数表（空压机、水泵）**

项目	单位	KAESER M114 空压机	KAESER M122 空压机	WJ70 水泵	WJ150 水泵
发动机型号		DEUTZ TCD 2012 L4 3.6	DEUTZ TCD 2012 L4		
排放标准		Stage ⅢB Tier 4i	Stage ⅢA Tier 3		
输出功率	kW/HP	85/114	83/113		
最大转速	r/min	2200	2300		
最大工作压力	bar	10	10		
最大流量	m³/min	9.7	9.5		
柴油箱体积	L	150	150		
流量	m³/h			70（当 15.5bar）	150（当 15.5bar）
最大水压	bar			16	16
油箱容量	L			500	750

表 5-24　　　　**法国 PTC 底部出料振冲器设备性能参数**

振动喷枪	单位	BFS18	BFS40
土壤处理深度（标准配置）	m	13	13
最大，土壤处理 DEOTH（带扩展）	m	23	40
石柱直径	mm	450～800	650～1200
液压流动	kW/HP	113/154	180/245
液压流动	L/min	190	300
运转力度	Hz/rpm	50/3000	40/2400
离心力	kN	181	258
偏心力矩	kg·m	1.8	4.1
空气喷射系统			
推荐的电源组			
模型		240	400

表 5-25　　　　**PTC 底部出料振冲器用桩机设备性能参数**

石柱钻机	单位	SC13	SC18
最大水柱深度	m	13	17.5
高度	m	20.6	24.7
下拉力	t	24	28
整机重量	t	41	68
发动机功率	kW/HP	194/260	227/308
石槽容积	m³	1.5	1.5
振动喷枪		BFS18	BFS40
偏心力矩	kg·m	1.8	1.8

石 柱 钻 机	单位	SC13	SC18
离心力	kN	181	181
频率	Hz/(r/min)	50/3000	50/3000
水力	kW/HP	110/150	110/150
空气压缩机（可选）			
气流	m³/min	9.5	9.5
压力	bar	10	10
柴油动力	kW/HP	83/113	83/113

5.4.9　菲律宾 VEP 振冲设备

菲律宾 VEP 振冲器分为电动振冲器和液压振冲器，以及底部出料振冲器，其电动振冲器和液压振冲器的性能参数见表 5-26、表 5-27。

表 5-26　　　　　　　　　　　菲律宾 VEP 电动振冲器性能参数表

| 高级线路可变偏心技术（ST/HD）CIssicLine Fixde 偏心 | | | | | | | 电动振冲器 | | | | |
| 应用 | 模式 I | 偏心配置 | 频率/Hz | 电动发动机 | | 力/kN | 偏心力矩 | | 耐磨外套/mm | 振幅/mm |
				转速/(r/min)	功率/kW		N·m	kg·m		
A，B，C，D	DVE100-F	固定的	50	1500	104	190	76	8	420	15
A，B，C，D			60	1800	104	274	76	8	420	15
A，B，C，D	DVE180-F	固定的	50	1500	180	190	76	8	386	18
A，B，C，D			60	1800	180	274	76	8	386	18
C	DVE230-F	固定的	50	1500	227	224	89	9	430	24
C		固定的	60	1800	227	383	89	9	430	24
A，B，C，D	DVE180-ST	变量的	50	1500	180	190	76	8	386	18
A，B，C，D			60	1800	180	274	76	8	386	18
A，B，C，D	DVE230-HD	变量的	50	1500	180	306	122	12	386	24
A，B，C，D			60	1800	180	440	122	12	386	24
C	DVE230-ST	变量的	50	1500	227	329	131	13	430	24
C			60	1800	227	474	131	13	430	24
C	DVE230-HD	变量的	50	1500	227	543	216	22	430	32
C			60	1800	227	781	216	22	430	32

注　A 为振动压实（VC）；B 为顶部湿式给料混凝土（VR）；C 为干式底部给料石材（VR）；D 为混凝土（VR）。

菲律宾 VEP 公司 DVE230 振冲挤密双吊示意图如图 5-45 所示，VA1400 底部出料振冲器示意图如图 5-45、图 5-46 所示。并采用挖掘机配套振冲设备以及底部出料振冲设备示意图如图 5-46 所示。

表 5－27　　　　　　　　　　　**菲律宾 VEP 液压振冲器性能参数表**

高级线路可变偏心技术（ST/HD）辅助线路固定偏心							液　压			
应用	模型	偏心配置	流率 Q ltr/min	液压马达转速 /kW	力 /kN	偏心力矩		耐磨外套 /mm	振幅 /mm
						N·m	kg·m		
A，B，C，D	DVH180－F	固定的	316	1500	180	190	76	8	386	20
A，B，C，D			379	1800	180	274	76	8	386	20
C	DVH230－F	固定的	395	1500	232	266	106	11	430	24
C			474	1800	232	383	106	11	430	24
A，B，C，D	DVH180ST	变量的	316	1500	180	190	76	8	386	20
			379	1800	180	274	76	8	386	20
A，B，C，D	DVH180HD	变量的	316	1500	180	306	122	12	386	24
			379	1800	180	440	122	12	386	24
C	DVH230ST	变量的	395	1500	231	329	131	13	430	24
			474	1800	231	473	131	13	430	24
C	DVH230HD	变量的	395	1500	231	543	216	12	430	24
			474	1800	231	781	216	12	430	24

注　A 为振动压实（VC）；B 为顶部湿式给料石混凝土（VR）；C 为底部干式给料石（VR）；D 为混凝土。

说明：表格中上部 A、B、C、D 和 C 为 Cllassic，在下部表格中为 Premium。

图 5－45　DVE230（双吊）振冲挤密设备、VA1400 底部出料振冲设备

　　DVH230－液压振冲器和 DVE230－电动振冲器，振冲器可在电动和液压之间相互更换，振冲器偏心可固定可调，通常用于振冲挤密，可单头或多头施工。

图 5 - 46　DVH230 - 液压振冲器和 DVE230 - 电动振冲器

表 5 - 28　　　　　　　　　VEP 液压及电动振冲器性能参数表

项目	DVH230	DVE230	DVH180	DVE
固定偏心				
流量/电压	474L/min	480V	320L/min	380V
马达功率/最大压力	232kW	230kW	300bar	180kW
转速/(r/min)	1800	1800	1500	1500
激振力	383kN	383kN	227kN	224kN
振幅	可达 28mm	可达 28mm	20mm	20mm
可变偏心				
流量/电压	474L/min	480V	379L/min	380V
马达功率/最大压力	232kW	232kW	300bar	180kW
转速/(r/min)	1800	1800	1500/1800	1500/1800
激振力	可达 781kN	可达 781kN	可达 440kN	可达 440kN
振幅	可达 32mm	可达 32mm	24mm	24mm
长度	4325mm	4325mm	4230mm	4230mm
直径	430mm	430mm	386mm	386mm
重量	2602（挤密）/kg	3204（挤密）/kg	1954kg（顶喂料） 1982kg（挤密） 2300kg（底部喂料）	2415kg（顶喂料） 2442kg（挤密） 2760kg（底部喂料）

　　DVE230 及 DVH230 振冲器结构示意图如图 5 - 47 所示。

　　DVE180 及 DVH180 振冲器结构示意图如图 5 - 48 所示。

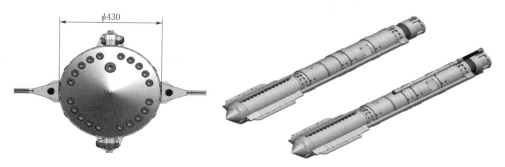

图 5-47 DVE230 及 DVH230 振冲器结构示意图

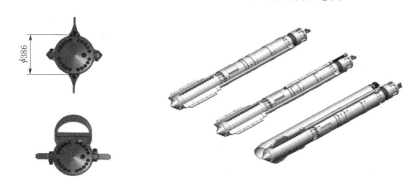

图 5-48 DVE180 及 DVH180 振冲器结构示意图

DVH180-液压振冲器、DVH180-电动振冲器这两种振冲器可在电动和液压之间相互更换，振冲器偏心可固定也可调，通常用于振冲碎石桩施工，也可用来振冲挤密，还可以用于振冲底部出料施工设备。VEP 振冲施工自动记录仪（振冲挤密）施工界面如图 5-49 所示。

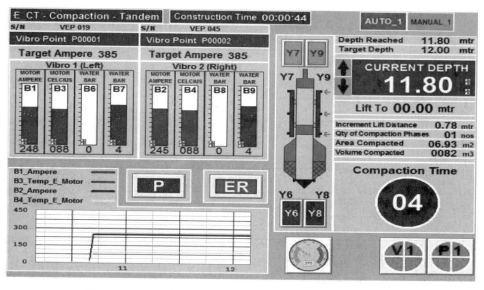

图 5-49 VEP 振冲施工自动记录仪（振冲挤密）施工界面

菲律宾 VEP 公司所生产的振冲器还有见表 5 - 29 的型号以及性能参数。

表 5 - 29　　　　　　　　　　　　　VEP 振冲器性能参数表

型　　号	电机转速/(r/min)	液压马达转速/(r/min)	输入功率/kW	偏向力矩/(N·m)	离心力/kN
DVH150 - ST		1416	1618	103.40	201.87
DVH150 - HD		1416	1618	109.04	211.27
DVE180 - ST	1500		190	109.53	226.50
DVE180 - HD	1500		190	115.50	237.04
DVH - 180ST		1618	170	118.17	263.67
DVH - 180HD		1618	170	124.62	275.94
DVE230 - ST	1800		227	243.54	520.84
DVE230 - HD	1800		227	257.16	545.77
DVH230 - ST		1699	223	229.92	464.21
DVH230 - HD		1699	223	242.78	486.42

5.4.10　美国 PVE 振冲器

美国 PVE 公司振冲器性能参数见表 5 - 30。

表 5 - 30　　　　　　　　　美国 PVE 公司振冲器设备性能参数表

项　　目	单　　位	V180	V230
偏心距	Ibs - in	477	955
转速	rpm	1800	1800
激振力	t	20	40
振幅	In	0.78	0.94
绳拉力	t	56	56
液压流量	gpm	119	119
最大油压	Psi	5076	5076
重量			
总重量	Ibs	5688	7132
导杆	Ibs	4189	4189
吊头重量	Ibs	893	893
管线导架重	Ibs	1202	1202

5.4.11　意大利 MAIT 公司振冲器

意大利 MAIT 公司各类振冲器性能参数见表 5 - 31、表 5 - 32，意大利 MAIT 公司 HR180 底部出料振冲集成设备示意图如图 5 - 50 所示。

表 5 - 31 意大利 **MAIT** 公司振冲器性能参数表 **1**

	VF800	VF1000
Centrifugal force	230kN	230kN
Rotation speed	3.000rpm	1.800rpm
Frequency	50Hz	30Hz
Power of vibrolance	154kW	154kW
Amplintude	12mm	26mm
Total weight（10m application）	3.600kg	3.800kg

表 5 - 32 意大利 **MAIT** 公司振冲器性能参数表 **2**

	HR180	HR300 - 570
Total height	23.500mm	28.700mm
Overall crawler lenght	4.900mm	5.900mm
Stroke of sledge	17.500mm	22.500mm
Depth	16.00mm	22.000mm
Winches		
Main winch（pulling vibrator）	18.000 * 2 daNm	20.000 * 2 daNm
Auxiliary winch	8.000 daNm	8.000 daNm
Pulldown winch（pushing vibrator）	7.500 * 2 daNm	10.000 * 2 daNm

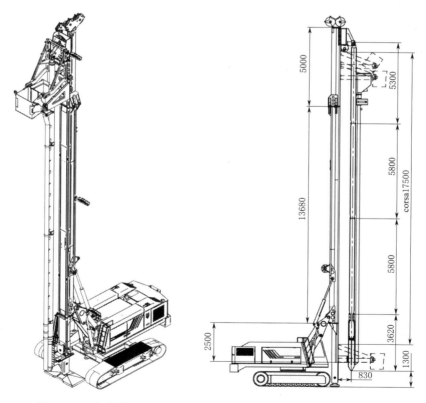

图 5 - 50　意大利 MAIT 公司 HR180 底部出料振冲集成设备示意图

5.4.12　德国 OMS 液压振冲器

德国 OMS 成立于 1987 年，掌握了振动打桩/起拔机、液压动力组、液压夹具、隧道掘进机和土壤改良设备的设计和制造。如今，OMS 是该领域的领先公司之一，其产品广受欢迎。德国 OMS 公司各类液压振冲器性能参数见表 5-33，液压振冲器配套的液压动力站性能参数见表 5-34，德国 OVF 底部出料振冲器结构示意图如图 5-51、图 5-52 所示。

表 5-33　　　　　　　　　德国 OVF 液压振冲器性能参数表

性能参数	OVF 300-2	OVF 300-2HF	OVF 300-4	OVF 400-9	OVF 400-9 HF
Eccentric Moment/(kg·m)	2026	2026	4	91	91
Frequency/(r/min)	3000/50	3600/60	3000/50	1800/30	2100/35
Centrifugal Force/kN	200	293	396	329，6	448，6
Power/kW	90	108	187，5	112，5	131，25
Weight/kg	1400	1400	2000	2200	2200
Height/H	2640	2640	3300	3250	3250
Width/W	348	348	348	434	434
Length/L	520	520	520	660	660
Power Pack	PP 200	PP 200	PP 265	PP 343	PP 343
Output/kW	147	147	195	252	252

表 5-34　　　　　　　　德国 OVF 液压振冲器配置动力站性能参数表

Power Pack	PP 200	PP 265	PP 343
Output/kW	147	195	252
Output/HP	200	265	343
Oil Flow/(lt/min)	360	360	475
Working Pressure/bar	350	350	350
Diesel Tank Capacity/lt	600	600	600
Hydraulic Oil Capacity/lt	350	350	400
Length/L/mm	3700	3700	3700
Width/W/mm	1590	1590	1590
Height/H/mm	1935	1935	1935
Weight/kg	3150	3150	3680

5.4.13　意大利 STA 振冲器及灌浆设备公司

意大利 STA 公司以生产液压振冲器为主，涉及型号有 VS130H、VS150IR、VS180H 以及 VS200H 等多种型号，液压振冲器以及所配套的液压动力站性能参数见表 5-35、表 5-36。

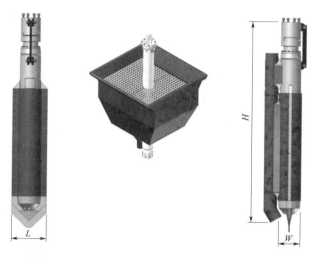

图 5-51　德国 OVF 底部出料振冲器结构示意图

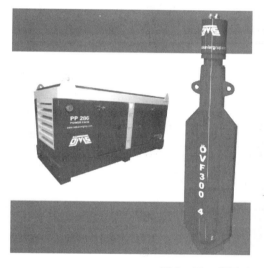

图 5-52　德国 OVF 液压振冲器构成图

表 5-35　　　　　　　　　　　　意大利 STA 振冲器性能参数表

HYDRAULIC RANGE	VS130H	VS150IR	VS180H	VS200H
Power/kW	130	154	180	204
Freq/Hz	30	50	30	30
Rpm Max	2000	3000	2200	1800
kN	200	230	230	413
Weight/kg	1.900	1.600	2.100	2.600
Length B/mm	4.000	3.400	4000	4.200
Diameter A/mm	400	310	400	500

表 5 - 36   **Power pack 液压动力包性能参数表**

TECNICAL DATA	POWER PACK	VIBRO STA
Engine	Caterpillar	CAT C9
Power	kW	261
Frequency	r/min	2200
Hydraulic flow	L/min	400
Hydraulic pressure	bar	360
Oil tank	lt	1.400
Weight	kg	6.000
Length	mm	3.200
Width	mm	2.000
Height	mm	1.950

5.4.14 VFA 振冲器

  VFA 公司振冲器以液压振冲器为核心，主要设备性能参数见表 5 - 37 和表 5 - 38。

表 5 - 37   **VFA200 液压振冲器技术参数表**

MODEL	模型	VF170	VF230	VF330	VF410
Standard eccentric force/kN	标准偏向力/kN	120	230	230	360
Maximum eccentric force/kN	最大偏心力/kN	172	331	331	414
Maximum Frequency/rpm	最大频率/(r/min)	3600	3600	2160	1800
Amplitude/mm	幅度/mm	9.5	12.0	26.0	26.0
Diameter vibroflot/mm	直径/mm	320	320	400	520
Vibroflot length/mm	长度/mm	3200	3200	4000	4600
Vibroflot weight [vibro onIy]/kg	重量/kg	1200	1300	2100	3200
POWERPACK	PowerPack	VFP300	VFP300	VFP375	VFP375
Power/(HP/kW)	功率/(HP/kW)	290/220	290/220	375/280	375/280
Oil flow (Ipm)	流量/L	350	350	350	350
Maximum pressure/bar	最大压力/bar	340	340	340	340

表 5 - 38   **VFA 公司液压振冲器技术参数表**

TYPE	单位	V220	V330	V500	V750
Power	kW	50	130	212	350
Voltage	V	400~480	400~480	400~480	400~480
Frequency		50	40~60	40~60	30~50
Revolutions	r/min	3000	1200~3000	1200~1800	900~1500
Eccentric force	kN	120~220	190~330	340~580	510~850
Standard eccentric force	kN	150	280	480	750
Amplitute	mm	8	25	26	30

TYPE	单位	V220	V330	V500	V750
Diameter	mm	320	385	445	545
Length	mm	2720	3445	4050	5005
Weight	kN	1500	2400	4000	7300
FoIIow tube	mm	254	298	406	406

5.4.5 其他类型振冲器

在一些土体条件较为复杂且坚固的土层，在水平振动以及垂直或水平水冲的作用下，振冲器靠自重无法穿透土体进行土层深部的挤密加固。通常情况下是采用辅助技术措施诸如引孔等方法用以穿透土体，进行深部振冲挤密。然而考虑施工成本因素以及经济效益的因素，振冲器本身具备水平振动和垂直振动的双作用力显得更加经济。

近年来，国内外很多学者均有意致力于该方向进行振冲器垂直向和水平向双向振冲器的研究，以解决振冲器造孔困难的问题。北京振冲工程机械有限公司所研究开发的水平垂直双向振冲器包括主轴，主轴的外侧设有振壳，主轴上设有水平偏心块，主轴的下端连接有第一锥齿轮，第一锥齿轮与第二锥齿轮、第三锥齿轮连接，第二锥齿轮和第三锥齿轮的中部穿设有连接轴，连接轴上在第二锥齿轮和第三锥齿轮的外侧均设有偏心块；连接轴的一端与下轴套连接，下轴套的下方连接有振头等。

水平垂直双向振冲器是在原有水平方向振动的基础上增加垂直方向的振动，使造孔更加方便，垂直方向振动的设置增强了垂直夯实力，提高对各种土层进行处理的适应能力，延长设备的使用寿命，并且结构简单，使用方便，制造成本低。

5.5 设备选型和应用

5.5.1 基本原则

施工项目机械设备的供应渠道有企业自有设备调配、市场租赁设备、专门购置机械设备、专业分包队伍自带设备。施工机械设备选择的依据是：施工项目的施工条件、工程特点、工程量多少及工期要求等；选择的原则主要有适应性、高效性、稳定性、经济性和安全性。

5.5.2 选择的方法

施工机械设备选择的方法有单位工程量成本比较法、折算费用法（等值成本法）、界限时间比较法和综合评分法等。

1. 施工机械需用量的计算

施工机械需用量根据工程量、计划期内台班数量、机械生产率和利用率可用式（5-31）计算

$$N = P / (WQK_1K_2) \qquad (5-31)$$

式中　N——机械需用数量；

　　　P——计划期内工作量；

W——计划期内台班数；

Q——机械台班生产率（即台班工作量）；

K_1——现场工作条件影响系数；

K_2——机械生产时间利用系数。

2. 单位工程量成本比较法

机械设备使用的成本费用分为可变费用和固定费用两大类。可变费用又称操作费，它随着机械的工作时间变化，如操作人员的工资、燃料动力费、小修理费、直接材料费等。固定费用是按一定施工期限分摊的费用，如折旧费、大修理费、机械管理费、投资应付利息、固定资产占用费等，租赁机械的固定费用是要按期交纳的租金。在多台机械可供选用时，可优先选择单位工程量成本费用较低的机械。单位工程量成本的计算公式见式（5-32）

$$C=(R+Fx)/QX \qquad (5-32)$$

式中　C——单位工程量成本；

R——实际作业期间固定费用；

F——单位时间可变费用；

Q——单位作业时间产量；

X——实际作业时间（机械使用时间）。

3. 折算费用法（等值成本法）

当施工项目的施工期限长，某机械需要长期使用，项目经理部决策购置机械时，可考虑机械的原值、年使用费、残值和复利利息，用折算费用法计算，在预计机械使用的期间，按月或年摊入成本的折算费用，选择较低者购买。计算公式见式（5-33）

年折算费用＝（原值－残值）×资金回收系数＋残值×利率＋年度机械使用费 　（5-33）

其中资金回收系数用式（5-34）计算

$$资金回收系数=\frac{i(1+i)^n}{(1+i)^n-1} \qquad (5-34)$$

式中　i——复利率；

n——计利期。

5.5.3　振冲器的选型要素

由于土体在水平方向以及垂直方向上因为其成因不同而导致的物理性能的复杂性、多样性、可变性等特性，在采用振冲法进行地基加固时所选择的施工工艺方式以及辅助的施工工艺的差异性，振冲器在土体中运行时所承受阻力的计算是十分复杂和多变的，土体在承受振冲器运动所给予的动力荷载状态下性质复杂且多变，因此如何准确地计算出振冲器在这样复杂的工作状况下所承受的侧向阻力以及端部阻力等荷载也是很困难且不够准确，因此目前准确的选型计算公式尚且需要广大岩土工程工作者们在工作中深入研究，通过大量工程实践的检测总结来得出。下面给出了振冲器选择的基本原则，以及需要重点关注的振冲主要参数，综合以下原则选择振冲器，并根据振冲相关主要参数最后来决定使用振动器的规格型号。

5.5.3.1　振冲器选用原则

根据 DL/T 5214—2016《水电水利工程振冲法地基处理技术规范》规定，振冲器类型的选择应根据地基处理设计要求、土的性质以及振冲法处理工艺（振冲置换或振冲挤密）通过现场试验确定。施工前，通过现场进行的生产性工艺试验，确定振冲施工水压、气压、加密电流（加密油压）和留振时间、加密段长度等各种施工参数。

（1）根据地质勘查报告的详细资料来选型。一般而言，原状土的强度越低，所选择振冲器功率小，反之，选择大功率振冲器。

（2）根据振冲复合地基设计要求的复合地基承载力、变形、稳定性及抗震的要求来选型。当设计要求的复合地基承载力特征值小于 250kPa 时，宜选用功率 55kW 以下振冲器，反之，选择大功率振冲器。

（3）根据设计的布桩形式、桩长、桩距、桩径、每米填料量来选型。

（4）当土体在水平方向和垂直方向上的特征差异较大时候，宜视高强度土体利用就高原则选择较大功率振冲器。

（5）当采用振冲挤密施工工艺，宜选用大功率的振冲器，大功率振冲器振幅一般为 18～22mm。

（6）根据振冲处理土体对象的性质，可选用自振频率为 1450r/min 和 1800r/min 的电动振冲器。

（7）对于长桩（大于 10m）、大直径振冲碎石桩（直径大于 1000mm）宜选择用大功率振冲器。

（8）地下水位较高时，宜选择小功率振冲器，反之，选择大功率振冲器。这是由于振冲工法本身振动水冲的特性所决定的。

（9）形成碎石桩桩体的碎石粒径越大，就需要足够大的振冲器与孔壁的环形间隙方能使得碎石骨料在自重作用下进入碎石桩端部，因此碎石最大粒径超过 150mm 时，宜选择大功率振冲器。反之，选择小功率振冲器。

（10）根据起吊设备的起吊吨位和起吊高度来选择，应满足振冲器贯入设计深度的要求。

（11）根据施工现场外电电源容量或发电设备容量大小来选择电动振冲器或液压振冲器，以及确定功率电动振冲器的功率大小，电源容量充足时可以选择大功率振冲器。

（12）对于应急抢险类工程，为提高施工效率，加快工程进度，可选择比平时更大型号的振冲器。

5.5.3.2 振冲器参数选择

选择合适的振冲器最重要的是选择振冲器的相关参数，以期能使振冲器发挥最佳的土体加固性能，达到最佳加固效果。近年来，我国很多教学和科研机构的学者们对振动条件下的土体动力学特性进行了大量的研究及试验，以期能够得出土体在遇到动力荷载作用下仍然能够为建筑物提供安全耐久的地基强度，但目前由于土体性质的多样性和差异性，尚不能形成一套放之四海而皆准的岩土动力学特性模型，通常的做法是有针对性地就所遇到的土体对象进行试验、研究，从而提出一系列的诸如如何排水、如何加固土体及采用多大的振动动力荷载使土体消除液化等的有效方法。

1. 土的动力特性

振冲器的相关振动参数的选择其实与土体的动力特性有很大的关系。当土体遇到动力作用时的性质即为土的动力性能。动力性质主要是指土的动剪切模量、阻尼、振动压密、动强度和液化等 5 个方面。采用振冲器进行振动加固地基的过程恰好就是土体动力性质的振冲压密以及液化等特性的体现。很多工程问题都与土在动力荷载下的性能有关。由于地区的差异性和动力加载条件的复杂性，对土的动力问题不容易建立起学科体系，广大岩土工程师们尽管依然努力地从多种途径建立各种模型或大量试验数据，却仍然无法建立这种复杂的动力条件下的土体颗粒运动模型，因此采用振冲法这种动力加固土体的方法依然采用半经验半理论的方式进行各类设计及计算运用。有关静力问题的经典土力学，主要关心的是估计基础或土结构抵抗破坏的安全度，其基本的方法是估计土的有效强度，并与外部荷载引起的土中的应力进行比较。人们的注意力集中在估计土的强度上。土的动力特征可以认为来源于冲击、振动和波动这些现象。

在一定的压实功能（在试验室压实功能是用击数表示的）下使土最容易压实，并能达到最大密实度时的含水量称为土的最优含水量 w_{op}。峰值干密度 $\rho_{d\max}$ 对应的含水量就是最优含水量 w_{op}。同一种土，干密度越大，孔隙比越小，所以最大干密度相应于实试验所能达到的最小孔隙比。在某一含水量下，将土压到最密，理论上就是将土中所有的气体都从孔隙中赶走，使土达到饱和。土体干密度与含水量关系图如图 5-53 所示。

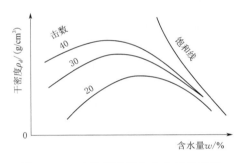

图 5-53　土体干密度与含水量关系图

近年来，在水利水电工程项目中，在第四纪砂卵砾石地层上建设拦河大坝的无基坑筑坝技术广泛采用，另外在各种自然条件下形成的堰塞体的除险加固以及筑坝工程中，采用振冲技术进行堰塞体的加固也越来越多。国内大量学者以及研究机构比如长江勘测规划设计研究院，以及黄河勘测规划设计研究院等单位均在堰塞体的加固处理方法和理论上进行了大量的研究，为丰富堰塞坝开发利用理论，探究其改良加固的可行性，对易贡大滑坡残存的天然堰塞体进行取样，设计了不同频率的室内振冲模型试验，研究了振冲法对堰塞体材料的加固效果和密实机理。模型试验采用砂雨法制样，综合测试了振冲后地基的孔压累计消散规律、土压力发展规律，加固效果和复振效应等。试验结果表明：在振冲器的贯入过程中，松散堰塞料中的土压力和超静孔压迅速上升，在振冲器的上拔和分段留振作用下，堰塞料的超静孔压表现为小幅上升和消散直至逐渐稳定的总体趋势。随着振冲次数的增加（2~3 次复振后），堰塞料地基的土压力逐渐稳定，超静孔压峰值逐渐下降并趋于稳定。因此振冲对松散堰塞体材料的加固效果明显，振冲后堰塞体材料的锥尖阻力大幅提升，但堰塞料密实后，进一步提高复振次数不能有效改善加固效果。满足易贡堰塞体材料的振冲设计方案为：采用 125Hz 频率进行 4~5 次振冲，或采用 150Hz 频率进行 2~3 次振冲。研究结果可为堰塞坝料地基的振冲加固提供理论依据。

上述研究为广大岩土工程师未来在水利水电工程复杂的第四纪地层条件下采用振冲技术加固处理提供了可靠的理论依据和试验参数。

2. 振动频率

振冲器迫使周围土颗粒振动，产生相对位移达到最佳加密效果发生在土体颗粒振动和强迫振动处在共振状态。常见土体的振动频率见表 5-39。

表 5-39　　　　　　　　　**常 见 土 体 的 振 动 频 率**　　　　　　　　单位：Hz

土质	砂土	疏松填土	软石灰石	相当紧密 优级配砂	极紧密 优级配砂	紧密矿渣 填料
自振频率	1040	1146	1800	1446	1602	1278

选择与土体频率相近的振冲器使得两者产生共振，从而达到土体密实要求。

多年来，我国很多大学和科研机构对针对不同地区的砂土对象进行了砂桩加固可液化地基的振动台试验研究。早在 20 世纪，日本金刺敏郎利用玻璃箱进行的振动试验，对比原状土和设置了 17% 截面积的碎石桩的土体，证实经振冲处理后，液化的临界相对密度可以下降约 1/3。振动频率在 1500r/min 时，可获得最佳加密效果，在振冲频率继续加大到 3000r/min 时，土体挤密效果最差。目前我国大多数电动振冲器在未变频的情况下一般转速为 1450r/min。

过高的振动频率虽有利于振冲器的贯入，但无助于土体振密。因此，在我国第四纪砂卵砾石地层中采用振冲技术时，通常选择小振幅、小直径、高频率的振冲器以穿透深厚的覆盖层进入土体深部进行软弱下卧层的加固。大量工程的成功应用均证明了这一点，诸如四川向家坝水电站一期土石围堰、云南普渡河鲁基厂水电站首部枢纽、三峡重庆开县水位调节坝以及四川拉哇水电站等。

3. 振幅

振冲器运转所产生的振幅通常是在振冲器悬挂于空气状态时，利用激光多普勒测振仪测量三次的平均值。振冲器振幅在一定范围内给被加固土体以挤压作用，在相同振动时间里，振幅大的振冲器比振幅小的振冲器使得被加固土体的沉降量更大，土体挤密效果更好。但是振幅不宜过大，以免产生对土体的挤压破坏。振幅也不宜太小，否则不能保证足够的激振力作用于土体。

近年来，由于振冲法加固土体对象日益广泛化、复杂化、多样化。一些灵敏度高的软弱土体也需要通过振冲法作业来形成良好的排水通道，以在后续堆载预压等工作中能够迅速排水，加速固结土体。土的灵敏度 $S_t = Q_u/Q_t$（原状土与其重塑后立即进行试验的无侧限抗压强度之比值，即原状土强度/扰动土强度）。灵敏度测试仪如图 5-54 所示，土的灵敏度测试如图 5-55 所示。工程上常用灵敏度 S_t 来衡量黏性土结构性对强度的影响，土的灵敏度越高，结构性越强，受扰动后土的强度降低越多。天然状态下的黏性土，由于地质历史作用常具有一定的结构性。当天然结构被破坏时，土粒间的胶结物质以及土粒、离子、水分子之间所组成的平衡体系受到破坏，黏性土的强度降低，压缩性增高。通常，现场原位测试中的十字板剪切试验为测量土的灵敏度的主要方法，可以快速准确地确定土的灵敏度。根据灵敏度可以将黏性土分为低灵敏度（$1 < S_t \leqslant 2$）、中灵敏度（$2 < S_t \leqslant 4$）、高灵敏度（$S_t > 4$）。

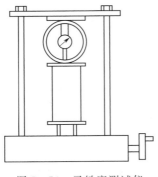

图 5-54　灵敏度测试仪

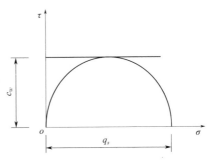

图 5-55　土的灵敏度测试

因此，广大岩土工程师在选择振冲器时候，对振冲器的振幅也要十分重视，以免振幅过大造成高灵敏度土体的不必要的破坏，从而迅速降低土体强度，起到适得其反的作用。但是对于砂土地基的加固，大振幅的振冲器也越来越受到人们的青睐，目前世界上振冲器最大振幅已达到 50mm，在达到设计要求的相对密度条件下，采用超大振幅振冲器会使得振冲挤密的点间距达到 4.5m 甚至更大，大大降低了工程造价，缩短了工期。

4. 加速度

振冲器的加速度是振动强度的主要指标，只有当振冲器的振动加速度达到一定值才开始对于土体起到挤密作用。

Greenwood 和 Kirsch 根据从振冲器侧壁向外加速度的大小将振冲器周围的土体分为 5 个区域，即紧靠振冲器侧壁依次为剪胀区、流态区、过渡区和挤密区以及弹性区（如图 5-56 所示），并认为只有过渡区和挤密区才有明显的挤密作用，过渡区和挤密区的大小取决于砂土的性质和振冲器的性能。振动加速度对加固效果的影响：当土体振动加速度为 $1.0g\sim2.0g$ 时，孔隙水压力随加速度的增加而增加；当加速度在 $2g$ 以上时，孔隙水压力基本不再增加，说明过大的振动加速度对砂土加固是没有意义的。大量工程实践表明，振冲器的振动加速度和振动孔压随离振中距离的增加而呈指数关系衰减。砂土振动密实主要受控于振动强度即振动加速度，并存在一最优振动加速度。如图 5-56 所示为振冲器中心向外加速度区域分布图。

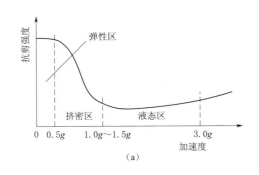

（a）

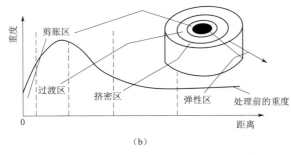

（b）

图 5-56　振冲器中心向外加速度区域分布图

5. 振冲器与电机或马达的匹配

振冲器与电机或马达的匹配也是一个很值得注意的问题。振冲器与电机的匹配是十分重要，匹配恰当，振冲器使用效果好，适用性强；反之，匹配不当则难以达到预期的目标，也不能很好的加固土体。

即使是大功率振冲器也与一般小功率振冲器相差无几，俗称大马拉小车，既不利于资源节约，也不利于效率发挥，可惜目前在这方面尚缺乏理论分析。一般先制造出振冲器配以电机，再通过工程实践不断修改、调整、定型。

5.6 其他辅助设备

除了专用设备振冲器以外，在振冲工程施工工程中尚有许多辅助设备，诸如起重设备、供料设备、全过程质量管理系统、水气联动系统、引孔设备、低净空条件下的伸缩管装置、泥浆净化设备，以及发电机、风机、砂石泵、挖掘机、高压水泵、潜水泵、泥浆泵等。

5.6.1 起吊设备

振冲施工起吊设备的选型要根据施工设计桩长，以及施工工艺来选择起吊设备，选用的起吊设备的性能指标应满足振冲器贯入到设计深度的要求，并具备足够的稳定性和安全起吊能力。起吊设备主要包括：履带塔式吊车、履带式桩机、步履式桩机架、走管式桩机架、旋挖桩机以及挖掘机等。部分振冲施工起重设备示意图如图 5-57 所示。

图 5-57 部分振冲施工起重设备示意图（摘自荷兰 ICE）

除了上述传统起吊设备以外，还有汽车起重机用于振冲碎石桩、振冲挤密的施工。按起重量分类：轻型汽车起重机（起重量在 5t 以下），中型汽车起重机（起重量在 5~15t），重型汽车起重机（起重量在 5~50t），超重型汽车起重机（起重量在 50t 以上）。通常而言，随着振冲技术所处理土体深度的加大，一般采用超重型汽车起重机用于振冲碎石桩或振冲挤密的施工。用于振冲施工的超重型汽车起重机如图 5-58 所示。

随着基础设施建设的进一步发展，例如近海领域港口、码头以及各类城市建设填海、防波堤、护岸工程的大力发展，采用传统的抛石填海以及地基改良方式已经越来越不能满足绿色施工环保作业的基本需要，尤其是不能满足对于近海生物以及生态环境保护及需要，底部出料振冲碎石桩作为一种更加绿色、低碳、环保、经济的近海地基改良和加固的方式越来越受到人们的青睐。海上软土地基的加固和处理在近海或者水上作业的条件下，底部出料振冲器的起吊设备一般是与海上作业平台或者海上施工平板驳船等相结合的方式，常见的有如下几种方式及设备。

图 5-58　用于振冲施工的超重型汽车起重机

（1）平板驳船安装 A 型架＋多桅杆的组合方式，如图 5-59、图 5-60 所示。

图 5-59　平板驳船安装 A 型架＋多桅杆的组合施工场景图

（2）海上作业平台采用桁架式横梁悬挂振冲器。如图 5-61 所示海上碎石桩施工平台由中交二航局委托设计建造，用于水上底部出料振冲碎石桩施工的起重装置，通过以色列阿什杜德的使用，其可靠性、安全性、耐久性以及经济性等方面均具有十分显著的特征，尤其是在特殊的水深以及波浪恶劣的施工海域，更有其独特的适用性。图 5-62 为海域或陆域振冲挤密起重示意图。

（3）平板驳上安装履带式或三点式步履（履带）等桩机架。平板驳上安装履带式塔式起重机如图 5-63 所示，用于振冲挤密或振冲碎石桩施工。

（4）其他诸如大型海上浮吊。在深水条件下，存在施工现场风浪条件等制约因素，在一些地区可以尝试采用大型海上浮吊船进行振冲碎石桩施工，如图 5-

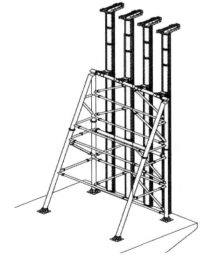

图 5-60　平板驳安装 A 型架起重结构示意图

图 5-61　海上碎石桩施工平台（中交二航局）

图 5-62　海域陆域振冲挤密起重示意图（Keller 公司提供）

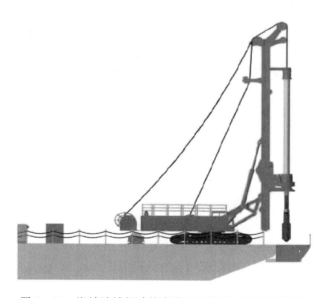

图 5-63　海域陆域振冲挤密起重示意图（CVEC 提供）

64 所示用浮吊船将捆绑式振冲器安全顺利送到海底，进行振冲挤密或振冲碎石桩施工。

图 5 - 64　大型海上浮吊船起吊振冲器

5.6.2　供料设备

供料设备包括装载机、皮带机，以及移动式皮带车等各种水平运输设备。如图 5 - 65 所示，装载机及皮带机等喂料设备系统。

图 5 - 65　装载机及皮带机等喂料设备系统

对于振冲碎石桩施工的供料设备，目前随着信息技术的发展，供料设备的性能也成了振冲施工质量管理过程中一个十分重要的环节，这个性能主要包括对于石料体积或重量的识别能力，无论采用哪种供料设备用于振冲碎石桩的施工，均需要具备石料重量以及体积的识别功能，准确识别出在一定的时间以及加密碎石桩达到的深度时点所填入的碎石骨料体积或重量，这在碎石桩桩施工质量控制方面是十分重要的。

（1）根据施工现场条件来选择装载机与挖机机型。

（2）孔口填料宜选用轮式装载机或挖掘机，其容量根据填料强度确定。

（3）底部出料提升料斗的斗容量与提升速度应满足连续施工的要求。

（4）空压机风量不小于 $10m^3$，压力不小于 0.8MPa。

针对振冲碎石桩施工上料的特点，国内大量学者就以下几种方案进行研究论证，以期选择切实可行的上料系统。

1. 装载机称重系统

采用装载机进行上料，在其液压系统中安装无线电子秤，进行石料的计量和填料。其原理是通过两支高精度压力传感器感知装载机料斗主举升油缸进出口压力，计算出压力差；同时通过两支温度传感器检测液压油油温，计算压力补偿，从而能根据对应的压力差进行重量计算。使用时提升装载机动力臂至一定高度时，位置传感器将触发称重过程；称重仪表采集称量段内来自装载机动臂油缸上/下油腔油压传感器的压力信号；经信号处理与补偿运算后，得到每斗的物料重量（单斗载重），并自动累加至累计载重，同时显示累计载重与累计限载的偏差值与报警信息。通过组成一定的编码写到通信口，连接无线电台，将称重量等参数发送到振冲施工管理系统，安装在不改变装载机原有结果的基础上开发一个新的程序，电台通信协议进行无线通信。在远程平板电脑上可以读取每斗的净重、斗数，累计重量。该方案的优点是在称重时相当于静态称重，计量准确，其误差优于 1%；采用装载机上料比较便捷、灵活，不单独占用空间。

2. 智能振冲计量供料系统

研发制造智能振冲计量供料系统，采用 $2m^3$ 容积的料斗，底部安装称重系统和溜槽，放置于孔口。填料时可以对料斗的阀门进行远程或本地的操作，并实时进行称重计量。其原理是采用微电脑和应变式传感器（4 支）感知石料重量的变化，对石料进行精确称重，换算成电信号，然后通过现场仪表显示出来，并且通过无线电台将重量信息传输到施工管理系统的平板电脑上，在平板电脑上可以远程控制料斗卸料阀的开关及开度。该方案传感器精度可达 4/10000，系统精度优于 0.1%，其卸料阀由电动液压推杆控制，电脑控制箱通过无线电台和施工管理系统联网。其优点为：准确度高，投料精准，可以比较容易地填进孔内。但缺点是相对机动性不强，需要每根桩移动料斗，并需要装载机配合料斗进行石料供应。

3. 皮带机供料称重系统

皮带机供料称重系统，采用皮带机进行石料的输送和计量。该方案计量误差大，其计量受皮带机的运行速度和皮带的受压等因素影响大。缺点是皮带机进出场运输成本高，现场占用空间大、每根桩都需要移动，且需要配合装载机或其他设备进行石料供应。

4. 填料图像识别系统

研究通过基于深度学习算法图像识别的功能进行碎石料的品质评价和填料量的数据采集，并留存图片或视频资料。该方案对石料的计量是体积计量，重量计量精度可能较差。该方案需要进行大量样本的积累，建立比对标准，每次采集的图像需要进行数据库的比对给出计量数据。

目前，我国大量学者在进行相关方面的研究，对于碎石桩准确计量石料的体积或重量方面采用各种物料管理的科技手段来实现准确计量的难题。在四川拉哇水电站一期土石围堰振冲碎石桩工程项目中，采用顶部填料振冲技术创造了世界上最长的振冲碎石桩，有效桩长达到了 71.5m，工程师们采用了一种特别的物料识别技术方法，通过图像识别系统，对石料进行识别，从而实现碎石桩单桩填料总体积或重量的精确计量，进而根据所采用碎石性质以及压实系数来推算出所形成碎石桩的桩径，通过所形成碎石桩桩径计算所形成复合土体的其他承载力等其他指标。

5.6.3 全过程质量管理系统

振冲碎石桩施工质量控制主要采用全过程施工关键点控制组成，通过采用振冲自动控制及记录系统，对振冲碎石桩桩位、总填料量、倾斜度、桩深、电流、气压、时间监测等进行实时的监测，通过上述监测，对每根振冲碎石桩质量实施全过程的监测及控制。

近年来，我国各行各业的振冲碎石桩复合地基设计者以及施工者，为了保证振冲碎石桩施工质量，在大力推行振冲碎石桩施工全过程质量控制系统，对碎石桩以及振冲挤密施工的全过程各参数进行实时监控，做到了事前、事中、事后质量控制。

5.6.3.1 自动监控系统的组成

振冲制桩数据监测采集与分析系统由 PLC、ARM 数据采集器和计算机三大模块构成。PLC 完成测深编码器高速计数和转角—深度值转换、各输入开关量监测及输出开关量的逻辑控制及加料过程中的顺序控制。数据采集系统主要由配电屏、电机启动器、平板电脑、吊车手监视屏及各类传感监测器件组成，完成对振动制桩全过程的主要数据监测与记录；其中自动记录仪包括操作界面、基本数据输入和数据采集终端及存储系统；传感器采集装置包括深度编码器、倾角采集仪、电流传感器、压力传感器、石料控制系统等。全过程施工质量监控系统功能清单见表 5-40。

表 5-40　　　　　　　　　全过程施工质量监控系统功能清单

序号	控制参数	实现手段	参数控制目的及意义
1	定位	GPS	操作界面实时显示定位坐标不超出设计要求，提示操作人员，并在随后的记录报表中提取设计坐标及完工坐标
2	高程	水准仪	测量地面高程并录入，并根据桩顶高程计算有效桩施工深度，并提取参数显示在最终报表中
3	施工电子图	计算机拷贝	实现施工图拷贝、可视定位、成桩后完成施工图填充等功能，防止少桩漏桩
4	时间	时间继电器	实时记录时间，包括中间停滞、故障以及维修时间设备运行时间等
5	深度	深度编码器	实时记录各不同时段的深度
6	电流（功耗）	电流传感器	记录振冲器自启动至施工结束的全过程电流，采集频次 0.5 次/s，记录振冲器空载、造孔及挤密时电流
7	电压	电压传感器	以确定振冲器输出功率
8	垂直度	倾角仪	1/20，测量桩体垂直度，保证形成竖向排水通道
9	气压/水压	压力传感器	通过继电器由屏幕端操作阀门，控制水泵、风机等的输出压力、流量
10	气量/水量	流量传感器	通过继电器由屏幕端操作阀门，控制水泵、风机等的输出流量
11	提升/下降速度	计算	通过时间和深度计算所得，根据规范控制相应的提升下降速度，以及加密段长度。实现可视化并设置报警提示（颜色变化及声音异常）
12	填料量	称重传感器	记录填料次数、单次填料量以及累计填料量

序号	控制参数	实现手段	参数控制目的及意义
13	可视化桩径图	计算	通过不同深度和时间的单次填料量、累计填料量计算出每延米段的碎石桩桩径，时时显示在操作界面中，以便于操作人员调整达到设计要求桩径
14	深度—时间曲线	计算	直观地在界面显示，供操作人员及时反馈质量是否满足要求
15	深度—电流曲线	计算	直观地在界面显示，供操作人员及时反馈质量是否满足要求
16	深度—压力曲线	计算	直观地在界面显示，供操作人员及时反馈质量是否满足要求
17	深度桩位偏差曲线	计算	直观地在界面显示，供操作人员及时反馈质量是否满足要求
18	深度倾角曲线	计算	直观地在界面显示，供操作人员及时反馈质量是否满足要求
19	所有元器件操作控制界面	工控机屏幕操作	实现所有附属设备诸如水泵、空压机、振冲器等的启停，流量压力设计值录入工作，为后续实际值与设计值的偏差提供依据
20	生成记录报表打印	后台处理程序	生成制桩报告，并提交检测方依据规范验收

5.6.3.2 工作原理及控制方法

自动记录仪显示界面如图 5-66 所示。振冲器自动记录仪主要完成无线采集振冲器工作电流、深度、垂直度、气压数据、上料量、出料量等数据，记录振冲器工作状态、参数调整、数据监测、数据浏览、数据保存等功能。振冲碎石桩施工完成后，通过网络自动发送邮件，也可通过 USB 将数据储存至计算机，可对数据进一步进行分析整理，以调整施工工艺及参数，确保振冲碎石桩施工满足质量要求，且针对不同的地质条件总结出切实合理的操作工法。

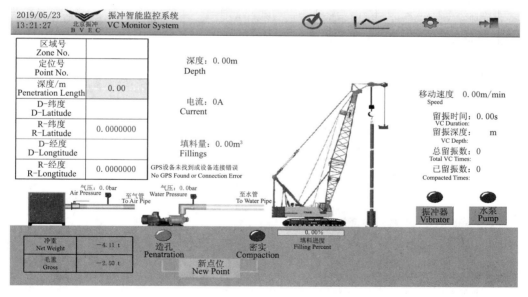

图 5-66 系统操作主页面

5.6.3.3 参数设置

参数设置即在施工开始前，须对系统的参数进行设置（如桩号、设计桩长等），并对桩深度、石料重量进行标定。详细设置界面如图 5-67 所示。

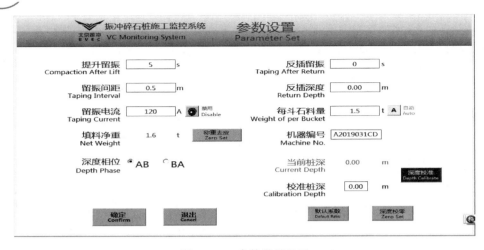

图 5 - 67　参数设置界面

5.6.3.4　工作界面

振冲碎石桩施工时的工作界面显示制桩工作的状态，该窗口是工作中主要的监视界面，如图 5 - 68 所示。主工作界面："制桩动态数据监测记录"提供的信息如下。

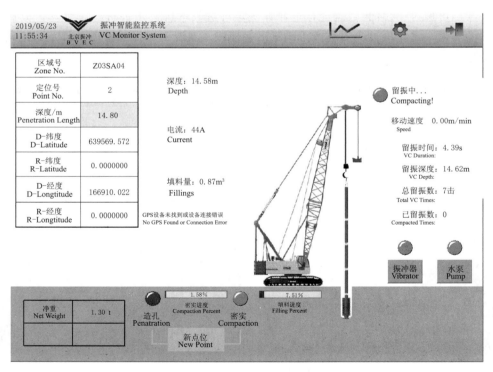

图 5 - 68　工作界面——数据监测及控制记录

显示当日正在制桩的顺序编号：

（1）工作电压显示；

（2）工作电流显示；

（3）当前制桩进程深度显示；

（4）深度到达设定值报警；

（5）当前填充加料重量指示；

（6）累计加料重量显示；

（7）阀板状态指示（支持更多图形阀板状态及手动操作界面）；

（8）更多图形化参数显示（需要点选进入"图形参数显示"），如图 5-69、图 5-70 所示；

（9）倾角数据指示（需要点选进入"图形参数显示"）。

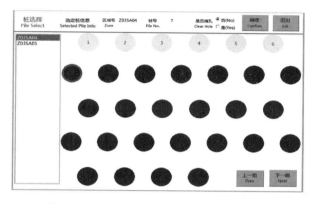

图 5-69　工作界面——测量定位记录界面

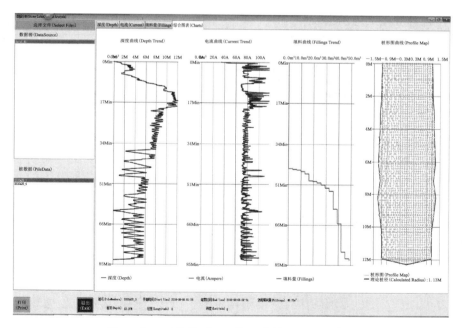

图 5-70　工作界面——施工成果记录显示界面

5.6.3.5　振冲碎石桩施工记录

振冲碎石桩完成后，在合同规定日期内将签署后的施工记录提交给工程师，记录内容包含如下信息，同时，记录中应简短地记录施工过程中遇到及上报的未预测到的工况。

（1）每米填料量。

（2）总填料量。

（3）模拟桩径图。

（4）提升及下降速度。

（5）时间—深度曲线。

（6）深度—电流曲线。

（7）深度—倾角曲线。

（8）桩号施工部位。

（9）天气。

（10）工法名称及设备类型。

（11）材料来源。

（12）设计桩长。

（13）贯入时间。

（14）加密时间。

（15）设计坐标。

（16）施工坐标。

采集到上述振冲施工全过程控制参数后，可在振冲施工的操作界面实时关注到施工进展情况，并为操作手提供操作培训。如图 5-71 所示为澳门国际机场堤堰建造工程海上底部出料振冲碎石桩施工记录报表。

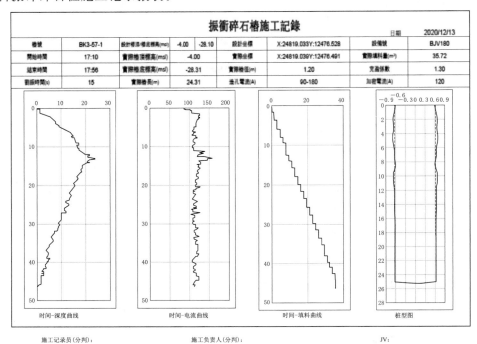

图 5-71　澳门国际机场堤堰建造工程振冲碎石桩施工记录报表

5.6.4 水气联动系统

水气联动主要是用于振动外两侧或四侧旁通管，通过调节输送水气阀门的开关度，来改变旁通管多个点位的出水、出气或水气联动。利用高压侧方出水、出气或水气联动的方式来切割孔壁土体，解决砂土抱振动器的问题。

水气联动阀又称水气联动装置，如图5-72所示，以及水气联动振冲挤密施工场景如图5-73所示。包括水控装置和气控装置，主要部件有：进气口、泄压阀杆、锥形管、鼓膜、水温调节阀、顶杆、微动开关、火力调节阀、电磁阀等。水气联动装置的作用是保证在水压足够且被引进热交换器流动时，燃气控制阀门才能打开；而当水流停止或压力不足时，则自动切断燃气的供气通路，防止因缺水而烧坏设备，即通常所说的"水到、气到"。

图5-72　水气联动振冲挤密施工场景图

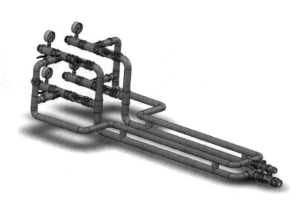

图5-73　水气联动装置示意图

5.6.5 特殊地质条件下辅助引孔设备

振冲法作为可专门针对地层深部土体改良加固的一种地基处理方法，在加固地基土软弱下卧层方面具有十分显著的优点，然而有时要想穿透上部块石含量多或坚硬土层仅采用振冲器本身尚不能得到优异的性价比，尽管目前国内外的设计者们穷尽思路，力求开发一种双向振冲器，即除了目前的水平向偏心振动能量外，附加一种垂直向的振冲能量用于穿透普通振冲器无法穿透的地基土覆盖层。然而所取得的成就和效果非常不显著，又或者所开发的方法十分不经济，设备耐久性能也得不到保障。

因此，引孔作为穿透各类土体硬壳层的方法被全世界的工程师所采用。在坚固的土体诸如老黏土采用长螺旋钻机引孔，再利用振冲器逐段加密下卧的软弱层形成碎石桩。在我国西南山区，在砂卵砾石含量较高的第四纪覆盖层中，采用潜孔锤钻机引孔技术已经在四川拉哇水电站一期土石围堰振冲施工以及四川硬梁包水电站坝基振冲碎石桩施工中得到了很好的实施，取得了良好的技术经济效益。

特殊地质条件下辅助引孔设备有以下几种：

（1）长螺旋钻机引孔，长螺旋成孔后把振冲器放入孔底加碎石挤密，如图5-74（a）所示。

（2）旋挖钻机加半护筒引孔，成孔后把振冲器放入孔底加碎石挤密（配振动锤起护筒），如图 5 - 74（b）所示。

（a）长螺旋钻机引孔设备　　　　（b）旋挖钻机引孔设备　　　　（c）潜孔锤钻机引孔设备

图 5 - 74　特殊地质条件下辅助引孔设备

（3）潜孔锤加全护筒引孔，先采用潜孔锤引孔，潜孔锤穿透较厚的覆盖层后，把振冲器再放入孔内造孔到设计深度，添加碎石振动挤密，主要用于解决较厚的卵石地层（配振动锤拔护筒）。如图 5 - 74（c）所示。

5.6.6　低净空条件下的伸缩装置技术装备

在低净空条件下，或者在超深振冲施工条件下，采用伸缩管施工技术，可最大限度地适应现场作业条件，减小起重设备的高度，满足振冲施工深度需要，因此在这类特殊的施工条件下，采用伸缩管施工技术是十分必要的。

某项工程存在低净空限制条件，部分施工区域振冲碎石桩施工设备高度不能超过 25m，而该区域振冲碎石桩的设计长度最长超过了 36m，采用新型的内外双管伸缩管施工技术既保证了设备不超出高度限制，又能按设计要求完成既定深度的振冲碎石桩。大型振冲设备采用伸缩管技术且入土深度达到 36m 的情况在全世界范围内尚不多见，采用机械式内外管伸缩连接以及密封技术在本项目上属于首创。这项新技术、新设备、新工艺在本项目的应用为项目的顺利实施创造了可能性，并获得了良好的经济效益和社会效益。该项新技术装备由两个部分组成：第一是振冲碎石桩船起重 A 架以及桅杆立柱系统（如图 5 - 75 所示，可根据低净空限制的高度进行组合配置）；第二是悬挂在底部的出料振冲器系统（如图 5 - 76，可根据低净空高度限制的条件进行内外双管伸缩管长度的配置，以满足设计桩深以及高度限制的双重要求）。

伸缩机构主要包括伸缩抱箍、充气密封、插销、内销孔、转轴支架、转轴、外管端圆环，如图 5 - 77 所示。首先在内管中植入销孔，销孔由抗压耐磨材料组成，然后在外管顶端安装外管端圆环及转轴支架、转轴、伸缩抱箍。在不需要伸缩时，伸缩抱箍处于闭合状

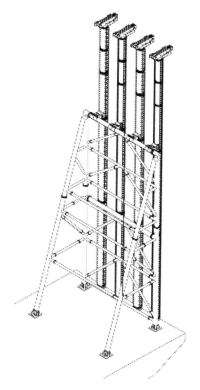

图 5-75 无限高条件下打桩船结构
示意图（立柱高度 42.5m）

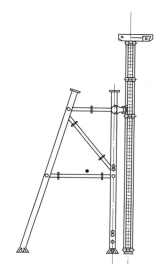

图 5-76 低净空条件下的打桩船
结构示意图（立柱高度 21.5m）

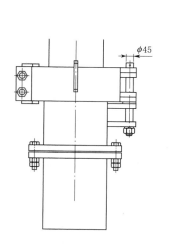

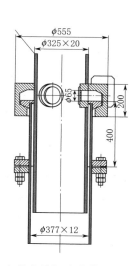

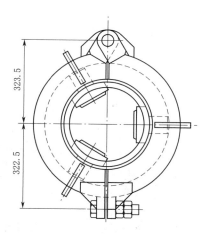

图 5-77 底部出料振冲器伸缩管结构示意图（单位：mm）

态，由固定螺丝闭合，充气密封处于充气状态，整个伸缩机构保持密封。在需伸缩时，在
将充气密封进行排气处理后，仅需拆卸伸缩抱箍固定螺丝，将伸缩抱箍分开，然后提升内
管，在提升至销孔位置时，将插销插入销孔，然后闭合抱箍并上紧固定螺丝，最后将充气

密封进行充气，使得伸缩机构达到密封状态，至此伸缩过程完成。

采取上述方案，具有以下优点：

由于整个伸缩抱箍机构除充气密封采取橡胶材料外，其他部件皆可采用抗压耐磨材料加工，故整个伸缩机构可承受外部较大振动及外力，且在外部环境复杂时达到耐磨抗损的特点。

伸缩机构采取充气密封方式进行封闭，具有密封效果，满足在地下，水下等复杂环境下工作。

整个伸缩过程仅需要拆卸固定螺丝及安装固定螺丝，操作简洁高效。

伸缩机构均采用简单机械加工件组成，故在使用过程中可随时更换各个组件，保养维修简洁，且经济效益突出。

5.6.7　泥浆净化设备

随着城市环保以及绿色施工的发展，在地质条件适应的条件下，传统的振动水冲法逐渐被底部出料振冲碎石桩所替代，然而尚有大量湿法振冲碎石桩因为地质条件、经济性等因素依然应用十分广泛，就需要一种对振冲法施工所形成泥浆进行净化处理的设施，通过该设施净化处理后的泥浆可以直接排入城市雨污管道排入，环保经济是振冲碎石桩鲜明的时代特征，尤其是在城市以及城市周围建筑地基处理上的优越性更为明显。

中国泥浆除砂机设备生产厂家较为成熟，如图 5-78 所示黑旋风 ZX-200（250）泥浆净化器在钻孔灌注桩以及地下连续墙工程中应用十分广泛。采用振冲技术顶部喂料方式产生的泥浆量可以根据供水能力以及地层地质条件进行粗略的估算，根据估算所产生的泥浆量、结合回收利用量，可以得出一个项目所需要泥浆处理的总量，然后通过除砂机进行除砂处理，必要的条件下可采用泥浆压滤机进行压滤处理，最终甚至可以达到形成清水排水的标准直接排放到市政管道内。

5.6.7.1　除砂机工作原理

反循环砂石泵由孔底抽吸出来的污浆通过总进浆管输送到泥浆净化装置的粗筛，经过其振动筛选将粒径在 3mm 以上的渣料分离出来。经过粗筛筛选的泥浆进入泥浆净化装置的储浆槽，由泥浆净化装置的渣浆泵从槽内抽吸泥浆，在泵的出口具有一定储能的泥浆沿输浆软管从水力旋流器进浆口切向射入，通过水力旋流器分选，粒径微细的泥沙由旋流器下端的沉砂嘴排出落入细筛。经细筛脱水筛选后，较干燥的细渣料分离出来，经过细筛筛选的泥浆再次返回储浆槽内。处理后的干净泥浆从旋流器溢流管进入中储箱，然后沿总出浆管输送回孔。

在泥浆净化装置渣浆泵的出口安装了一条反冲支路与储浆槽连通。通过反冲支路，可以扰动储浆槽内沉淀的渣料，使储浆槽内不致因长期使用而导致淤积漫浆。

图 5-78　黑旋风 ZX-200（250）泥浆净化器

在泥浆循环过程中，由中储箱与

储浆槽之间的一个液位浮标保持泥浆净化装置储浆槽内的液面高度恒定。一旦储浆槽内输出的浆量大于输入量，那么液位浮标将随液面的下降而下落，此时中储箱的泥浆就通过开启的补浆管转送到储浆槽内，液面因此上升而恢复原状，液位浮标也随之上升并封住中储箱补浆管；如果输水浆量大于输出量，储浆槽的溢流管将会溢流以防止储浆槽漫浆。

当要求高质量的泥浆时，可通过减少总进浆量，重复旋流器中的泥浆分选过程以达到目的。

5.6.7.2 除砂机主要组成部分

1. 振动筛

振动筛由 2 台振动电机、1 个振动箱、1 副粗筛板、1 副细筛板、4 组隔振弹簧、2 组调整垫板组成。振动电机是振动筛的激振源，由电机直接带动偏心装置产生离心力。

2 台振动电机作同步反向运转，使振动筛产生直线振动。

通过调整偏心块的夹角可实现激振力的变化。出厂时激振力调整到最大值的 100%。

振动电机在运行期间轴承应保证良好的润滑。

振动筛箱为框架式焊接结构，由四组隔振弹簧支撑。良好的结构刚性使其性能可靠地承受安装在其顶部的振动电机传递的激振力，通过双向斜面楔紧机构和标准件的连接紧固，粗细筛分上、下两层装于振动筛箱内。粗细筛板均为聚氨酯筛板或不锈钢条缝筛板，筛孔尺寸粗筛为 3mm×35mm，细筛为 0.4mm×28mm。

振动筛的倾斜度是由调整垫板的高度所决定的。可根据渣料筛分效率及生产率的变化而变化。调整垫板共有 3 块，分别为 1°、2°、3°调整垫板。当出渣不畅时可适当降低调整垫板高度；当渣料含水率偏高时则适当增加调整垫板高度。

2. 渣浆泵系统

渣浆泵系统由渣浆泵、驱动电机组成。

卧式离心渣浆泵采用副叶轮轴封。运转中应注意及时添加润滑脂、润滑密封填料。渣浆泵不能空转，以免烧损填料。

3. 旋流器

整个泥浆净化装置对泥浆的最终净化效果，主要取决于旋流器的颗粒分选指标。净化效率具体的指标体现在对 0.060mm 粒级的分离程度。主要取决于以下几种因素：

（1）泥浆比重、黏度和含砂量。

（2）旋流器的进浆压力及流通量。

（3）旋流器的溢流管与沉砂嘴的直径比值。

旋流器工作中出现的故障主要是由于沉砂嘴堵塞造成的。此时砂停止排出，溢流泥浆含砂量与污浆没有区别。

5.5.7.3 技术性能

（1）最大泥浆处理量达到 200m³/h（250m³/h）。

（2）净化除砂的分离粒度 d_{50}＝0.060mm。

（3）渣料筛分能力 25～80t/h。可根据造孔机具进尺的不同而调整。

（4）筛分出的渣料最大含水率小于 30%。

（5）达到最大净化除砂效率时污浆的最大比重小于 1.2g/cm³，马氏漏斗黏度 40s 以下（苏氏漏斗 30s 以下），固相含量小于 30%。

（6）能处理污浆的最大比重小于 $1.4g/cm^3$。

（7）装机总功率：48（58）kW。

（8）设备外形尺寸（长×宽×高）：$3.54m×2.25m×2.83m$。

（9）整机重量：4800kg。

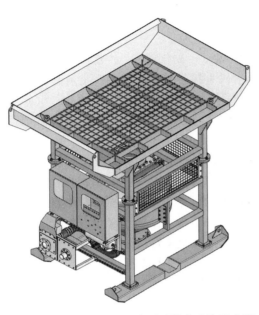

图 5-79 德国 BG 公司砂石泵供应系统示意图

5.6.8 砂石泵系统

砂石泵系统是一种特殊的振冲碎石桩施工供料系统。如图 5-79 所示为德国 BG 公司砂石泵供应系统示意图。这种特殊石料供应系统由德国 BG 以及法国地基、英国 Keller 等公司提出，在全球范围内得到了广泛的应用。在特殊的施工条件下，比如斜坡体的加固处理、水上地基加固，采用底部出料振冲工艺施工时，将采用一种新型的砂石泵系统垂直输送石料到底部出料双锁压力仓。该系统采用水力或风力携带 1~3cm 的碎石骨料进入底部出料振冲设备的双锁压力仓系统，从而实现底部出料振冲碎石桩高位上料的可能性，以及实现振冲碎石桩在特殊地域条件下供料的可能性、经济性、可靠性。底部出料振冲碎石桩砂石泵骨料供应示意图如图 5-80 所示。

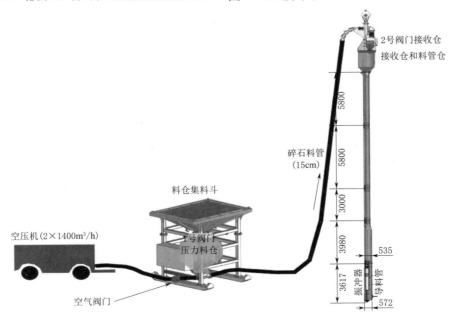

图 5-80 底部出料振冲碎石桩砂石泵骨料供应示意图

5.6.9 其他设备

除了上述振冲专用成套设备外，尚有空压机、挖掘机、高压水泵、潜水泵、泥浆泵。对于其他辅助设备而言，空压机、挖掘机、潜水泵以及泥浆泵均为常规设备，此处不赘述。

5.7 安全操作、维护保养及常见故障排除

5.7.1 设备维修保养规则

工程机械设备的维修及保养对于工程施工效率、设备的使用折旧年限以及工程施工设备成本造价均有着十分重大的影响。通常，根据设备维修的程度将工程机械设备的维修保养分为日常维修保养、一级维修保养与二级维修保养三个级别。其中日常维修保养又分为每班维修保养与节假日维修保养。

5.7.1.1 日常维修保养规则

（1）设备操作人员在每班上班前应对设备进行检查，查看设备是否存在异常并检查上班设备运行记录状况及记录填写情况。

（2）设备操作人员应在设备启动运行前按照设备润滑的规定对设备进行润滑保养处理，例如电动振冲器电机油液压振冲器液压油及液压泵、液压操作各电液阀门系统的润滑保养。

（3）设备操作人员应在确保设备检查状况良好后进行设备的空载试运转，待设备的螺栓等各机械结构连接以及供水电管线连接系统等各个部分运转正常后方能进行后续工作。

（4）设备操作人员在设备的运行过程中要进行过程巡视检查，一旦发现设备电流、电压、油压以及异响等异常状况时，应立即停机检查，并及时通知设备保养专员进行设备检查，确保设备状态良好后方能继续作业。

（5）每班交接班时，当班的设备操作人员应检查当班设备运行记录是否准确记录填写完整，并确保将设备清理清洗干净、整洁，且设备作业场区料具堆放整齐，杂物清理干净，场地保持清洁。

（6）法定节假日期间，设备操作人员应根据属地环境保护及安全等作业许可要求，彻底地清洗设备、清除油污、泥水污染等，进行润滑保养，并由设备保养专员进行日常检查，最大限度确保证设备完好率。

5.7.1.2 设备的一级保养规则

（1）设备的一级保养原则上最长不超过 3 个月，在干磨、多尘、多振以及高温、潮湿、腐蚀、冻溶环境下的设备应缩短设备维修保养期限到 1 个月。

（2）设备的一级保养应以操作人员为主、设备保养专员为辅的原则进行。

（3）设备的一级保养操作要点按照下列原则进行。

1）拆卸指定结构部件、箱盖及防尘罩、液压油箱等，进行彻底清洗。

2）疏通油路、清洗过滤器及油箱，更换油线、油毡、滤油器、润滑油等零部件。

3）补充完善设备的液压、电器手柄、手球、螺钉、螺帽、油嘴等关键机件。

4）紧固设备机械连接的松动部位，确保螺栓连接强度符合荷载要求，调整设备连接

的配合间隙，更换个别易损件及密封件。

5）检查钢丝绳、滑轮以及起吊吊具等符合安全要求，确保钢丝绳毛刺、断股符合要求。

5.7.1.3　设备的二级保养规则

（1）设备的二级保养原则上每半年进行一次，也可在生产淡季进行。

（2）生产设备的二级保养以设备保养专员为主、操作人员为辅。

（3）生产设备二级保养的操作要点如下。

1）对设备的各部分装置进行分解机械、电器、液压等的检查维修，更换、修复其中的磨损零部件。

2）更换设备中的液压油、机械油、润滑油等。

3）清扫、检查、调整电气线路及装置。

5.7.1.4　特殊或专用设备的维修保养规则

特殊设备主要指公司的"专用、精密、大型、稀有、进口"的设备，由于振冲器设备属于专用设备，设备内部结构为精密类型，辅助的起吊设备以及供料设备为大型设备，因此需要对上述设备制定专门的设备维修保养计划，并按照下述要求进行专用设备的维修和保养。

（1）在日常工作中，对于特殊的专用设备，设备维修保养人员需要指导专门的设备操作人员，分门别类地就不同工作环境下的设备运行状况进行针对性分析，确保专用设备在不同环境下的工作性能符合要求。

（2）特殊设备的操作人员在设备的日常保养中必须严格遵守设备养护规范，不得随意拆卸部件，特别是精密部件。

（3）特殊设备保养中所使用的润滑品、擦拭材料及清洗剂等必须按照设备使用说明书中的规定使用，不得随意更换，尤其是进口设备中所专用液压油、轴承以及螺栓等必须符合设备使用说明的规定。

（4）特殊设备在运行中若出现任何异常现象，应立即停机，报告设备保养专员进行检修，严禁特殊设备带病运行，从而导致设备有形磨损加剧，造成设备使用寿命迅速降低。

（5）特殊设备在停机待工期间，须对整机或关键部位进行安全护罩防护，防止电器元器件日晒雨淋及风化等损害。若长期停用的特殊设备，维保人员须定期进行设备的擦拭、润滑及空运转，防止设备零部件的腐蚀、锈蚀、受损等老化现象发生。

（6）特殊设备的附件或分体式设备的配套系统及保养工具应设立专柜由设备操作人员妥善保管并保持清洁，防止丢失。

（7）特殊设备在遇到操作以及运维等特殊的技术困难时，应及时将相关信息反馈厂家，寻求厂家售后技术指导协助或到现场维修或返厂进行设备维修。尤其是振冲器等设备施工现场不具备无尘、无振等特殊维修条件的时候，须将振冲器返厂进行内部结构轴承等的维修及保养。

（8）如遇到专用配件，诸如振冲器特殊的轴承以及联轴器、密封等专用配件，应及时联络厂家售后采购。

5.7.1.5 振冲器维护与保养规则

为了高效率低成本地进行振冲施工，并延长使用寿命和防止事故发生，振冲器必须经常进行维护和保养。

（1）按振冲器保养规定，做好检查保养工作。

（2）振冲器使用前，应进行试运转。

（3）振冲器水管和电缆应可靠固定，不得与导杆内壁相碰。

（4）对振冲器各部位进行检查，外观检查是否有开裂变形，保护焊接是否牢固，连接螺栓是否松动，电动机、电缆测试绝缘阻值是否正常，连接线是否破损，振冲器或电动机是否渗油，减振器注胶是否有溢出或开裂。

（5）每次工作前和工作完成后应检查各部位的螺栓是否松动，若松动应及时拧紧。

（6）检查供水管路是否畅通无泄漏，水压是否符合要求。

（7）每个台班都应松开振动体的注油螺栓，用压力注油枪往轴承箱内加注润滑脂，并检查注油螺栓处的密封件是否完好无损，如损坏或遗失，应及时更换新的，以防振动体内进水，影响振冲器的使用寿命。

（8）每个台班都要检查振冲器的空振电流是否符合电动振冲器设备性能参数标准，若不相符，应采取措施解决后方可施工，以防止在施工过程中突然发生机具故障。

（9）定期松开潜水电动机的注油孔，检查变压器油有无泄漏或变质，如有泄漏应及时补加。

（10）定期检查潜水电动机绕组对地的绝缘电阻值：冷态绝缘电阻$\geqslant 5M\Omega$，热态电阻$\geqslant 0.38M\Omega$。

（11）工作时应经常注意振冲器有无异常声音，若有则应找出原因并解决。

（12）振冲器连续制桩后应进行观察，检查螺栓有无损坏、松动，密封是否完好；检查焊缝有无开裂现象；检查减振器是否产生裂纹等，若发现应及时解决后方可继续施工。

（13）对于大功率振冲器，应经常检查振冲器外部的保护层的磨损情况，及时修补或更换，以免磨损振冲器本体，影响振冲器的使用寿命。

（14）对于大功率振冲器，还应经常检查各连接螺栓的保险、减振器保险是否被磨损掉或振裂，若损坏应及时修复，以免发生意外事故。

（15）振冲器试运转及每完成进尺200m后，应按照装配要求紧固所有螺栓，每次成桩后检查螺栓有无松动。

（16）新设备完成进尺1000延米后，应更换润滑油。

（17）正常使用完成进尺5000延米更换润滑油。

（18）完成进尺5000延米后对设备检修保养，更换易损件。

（19）工作中或是刚刚停止运转后禁止立即放油或加油。

（20）维修前，应先将振冲器腔体内的油排放干净，并保证油嘴处于开放状态。

对于液压振冲器而言，其日常维护保养可按照下列程序及原则进行。

1）启动液压站时必须先检查油泵吸油口的阀门是否在打开状态。

2）每个台班要注意观察液压油，油箱油面位置的变化情况，检查滤油器压力表的指示位置并且做好记录。如果回油压力指示到黄色显示位置，就要停机检查更换相对应的滤油器。停机时间超出 10h 要打开油箱底部排污孔，排放油箱内的沉淀物。适当放点油出来观察液油是否有变质现象。

3）每次启动设备时要观察各个系统的压力表是否正常。

4）每个台班要记录二次振动器运转的空载记录（冷机一次，热机一次）。空载压力的试验是指启动振动器后，振动器离开地面转速在最高转速时，观察各个压力表的压力指示是否在正常工作范围，压力表是否有抖动现象。

5）每次启动振动器调频开关时，一定要慢慢地旋转调频开关，在旋动调频开关时的同时，要观察各个压力表的指数和观察油管接头位置是否有漏油的现象。振动器结束工作时调频开关要慢慢地调到关机的位置。禁止快速地打开和关闭调速开关。

6）正常使用情况下每 5000h 要更换液压系统的滤油器，10000h 要把液压油用滤油机抽出清理油箱，更换滤油器然后用滤油机再加入油箱。

7）如果液压站的动力源是燃油发动机，每次启动发动机前要检查发动机冷却液、润滑油的位置。发动后要怠速暖机 5～10min，特别是寒冷地区停机时间较长，暖机时间适当要加长一些，一方面提高发动机温度；另一方面让振动器在未贯入土体前先空运转一会儿，防止油液黏度太大冲坏压力表和滤油器。开始工作时要缓慢地提高发动机转速和振动器调速开关，发动转速最好不要调到最高转速工作。工作结束时也不能马上关闭发动机，同样要让发动机怠速运转 5～10min 后再关闭发动机。

8）如果液压站的动力是电机带动液压泵，特别是两台或两台以上电机带动的液压泵，启动电机时一定要等第一台电机完全启动运转平稳后才可以启动下一台电机。绝对不允许第一台电机还未运转平稳的情况下启动第二台电机。由于启动电流较大，如果连续启动造成欠压很容易损坏电器和电机。启动电机时如果第一次没有顺利启动运转时，要等待 2min 后再进行第二次启动，如果反复几次都无法启动，必须仔细检查各个系统后再重新启动。

9）无论是柴油动力液压站或电动液压站，在炎热和温度比较高的环境下连续工作时间较长时，一定要注意观察液压油的工作温度表，如果温度传感器出现报警提示，就要停机或采取给液压油降温，如果不采取降温措施，液压站会自动停机。振动器长时间的使用，振动器的锥头和筒体都会造成不同程度磨损，磨损后的锥头采用堆补法和贴补法。堆补的方法是：选择合适的耐磨焊条对锥头进行堆补。贴补的方法是：选择耐磨焊接性能好的材料焊接于锥头上。壳体一般都采用更换壳体的耐磨保护板。

5.7.2　设备维修保养职责

设备的维修保养所涉及的主要人员为设备主管、设备技术人员与设备操作人员，以及设备维修辅助人员。上述人员须确保设备性能良好，运行状态最佳，最大限度地提高设备完好率。其相应的维修保养职责如下。

5.7.2.1　设备维修主管职责

设备维修主管是设备维修保养的第一责任人，应编制维修保养方案，将设备的保养工作落实到具体的人员，并制定相应的考核方案。

（1）根据工程项目进度计划、设备性能等资料制订设备维修保养计划。

（2）开展设备操作人员、设备维修保养人员有关设备使用、维修保养方面的知识培训。

（3）监督和检查设备维修保养计划、维修制度、维修保养规范的落实与执行情况。

（4）定期检查设备的三级维修保养工作落实情况。

（5）对设备维修效果进行评比考核。

5.7.2.2　设备维修保养专员职责

设备维修保养专员应在开工前制作好各类设备的各种维修保养记录表单，并准备齐全设备养护的工具及用品。

在设备使用前，设备维修保养专员应会同设备维修主管及技术部相关人员对设备的原理、结构、构造、精度、性能、安全、控制等细部进行全方位的检查与核对，确保设备无隐患方可进行使用。

每台设备应由设备维修保养专员填写设备维修保养记录及维修情况布告牌，内容包括设备维修保养的基本要点及程序示意图。设备维修保养专员职责如下：

（1）充分掌握设备运行状况。

（2）进行设备二级维修保养工作。

（3）督导设备操作人员完成设备维修保养工作。

（4）检查设备的维修保养记录，并定期收集、整理、分析设备损坏及完好率情况。

（5）负责备用设备的维修保养工作。

5.7.2.3　设备操作人员职责

设备操作人员在上岗前必须取得上岗证，尤其是特种设备操作人员必须持证上岗，严禁无照驾驶，确保每台设备定岗定责，对应设备操作人员不得随意调换。

设备维修主管应在设备操作人员上岗前对其进行安全、技术培训及交底。确保设备操作人员掌握设备的结构、性能、操作、保养规定等，达到"三懂"（懂结构、懂原理、懂性能）、"四会"（会使用、会检查、会维修、会排除故障）的要求。

（1）严格执行设备的操作规范，做好设备维修保养的记录。

（2）负责设备的清理、清扫、清洁工作。

（3）负责监测设备的运行状况，一旦发现问题应及时上报设备维修主管。

5.7.3　振冲器安全操作与运行

振冲施工人员必须了解本机构造和机械性能，熟知振冲施工安全操作规程。振冲施工时，必须按设计规定及施工说明书进行，确保振冲器安全操作，正常运行。

5.7.3.1　供水系统安装

（1）水压、流量必须满足振冲加固的要求。

（2）管路接头要牢固，配水管所用铁管直径必须大于射水管直径。

（3）在施工中，为保证振冲器正常运行并保证桩体质量，振冲器应配置供水供气系统。振冲器的供水和供气系统应有压力和流量调节装置。供水系统的压力为 $0.1\sim0.8MPa$，流量 $15\sim50m^3/h$。供气系统的压力为 $0.4\sim0.8MPa$，流量 $10\sim30m^3/h$。

5.7.3.2　电源

（1）电工必须遵守电气操作规程。

（2）供电必须满足振冲器启动和运转所需最大负荷。

5.7.3.3　场地

施工场地应平整，永久道路和临时道路相结合，道路畅通，便于大型起重设备通行以及石料运输设备进出厂区。

5.7.3.4　组装及起吊振冲器

（1）电动振冲器或液压振冲器组装须专人负责，振冲器与导杆连接以及导杆之间螺栓连接螺丝紧固力达到要求。

（2）射水管或风管接头采用专用闭水、闭气接头，不得漏水或漏气，风管或水管在振冲器导杆内应设有管道固定结构，与各管路以及信号控制管路相对固定，或导杆内采用专用水管、气管通道。

（3）在组装好的振冲器顶端，应设置有专用的各管路弧形支撑结构，一般为高跨比不大于 1/3。用于安装固定水管、电缆管以及信号控制线等各类管线。该专用弧形管线支撑结构应随振冲器起落而采用近似同步的卷扬。

（4）振冲器起吊时，视振冲设备（振冲器＋导杆）长度而定起吊点数量。根据振冲设备整套重量、长度选择合适的吊具，当振冲导杆与钢丝绳的夹角小于 45°时或导杆上有 4 个（一般是偶数个）或超过 4 个吊点的应采用加钢梁吊装。

（5）起吊时绳索与振冲器导杆水平面的夹角不宜小于 45°，采用吊架起吊时，应经验算确定。

（6）振冲器组装时，振冲器及导杆应平直水平放置，导杆及振冲器下部设置 200mm×200mm 的方木垫平。

（7）振冲器及导杆重量、长度以及起吊现场条件等因素来确定起重设备的型号以及配套的吊具，回转半径应覆盖起吊区域，便于振冲器起吊和拆卸。

（8）钢丝绳夹应把夹座扣在钢丝绳的工作段上，U 形螺栓扣在钢丝绳的尾段上。钢丝绳夹不得在钢丝绳上交替布置。钢丝绳夹间的距离等于 6~7 倍钢丝绳直径。

（9）标准 GB/T 29086—2012 紧固绳夹时须考虑每个绳夹合理受力，离套环最远处的绳夹不得首先单独紧固。离套环最近处的绳夹应尽可能地紧靠套环。

（10）使用钢丝绳卡子固结时，应尽量采用骑马式卡子，同时 U 形螺栓内侧净距应与钢丝绳直径大小相适应，不得以大卡子夹细绳，螺栓一定要拧紧，应将钢丝绳的直径压扁 1/3。

（11）吊装作业中新使用的钢丝绳必须采用交互捻钢丝绳。

（12）用錾子剁切钢丝绳时，剁切位置不应前后变化，操作人员应戴上护目镜，以便避免钢丝碎屑崩起损伤眼睛。

（13）新钢丝绳使用前以及旧钢丝绳使用过程中，每隔半年应进行强度检验；其检验方法应以钢丝绳容许拉力的两倍进行静载负荷检验，在 20min 内，钢丝绳保持完好状态，即为合格。

（14）钢丝绳穿过滑轮时，严禁使用轮缘已破损的滑轮。

（15）起重机械的启动和制动过程中必须平稳，严防起重钢丝绳承受过大的冲击动荷载。

（16）钢丝绳端部和吊钩，卡环连接，应该利用钢丝绳固接零件或使用插接绳套，不得用打结绳扣的方法来连接。

（17）工作中若发现钢丝绳股缝间有大量的油挤出，这是钢丝绳破断的前兆，应立即停吊，查明原因。

（18）工作中的钢丝绳，不得与其他物体相摩擦，特别是带棱角的金属物体；着地的钢丝绳应用垫板或滚轮托起。

（19）钢丝绳端头与起重卷筒的连接，起重钢丝绳端部自身固定或与吊钩的连接，应采用模式固定，并应留出长度不小于 2.5 倍钢丝绳直径的绳头。

（20）吊装应采用慢起、快升、缓放的操作方式。钢丝绳必须保证完好，严禁用已损坏的铁丝、钢丝绳进行捆扎。

5.7.3.5　振冲器开机前的检查

（1）孔口排水沟要保证返水流畅，不得随地漫流。

（2）各绳索连接处要牢固，各部件连接螺丝要紧固，振冲器外部螺丝要加有弹簧垫圈。

（3）配电箱及电器操作箱的各仪表要灵敏、可靠。

（4）所用工具要齐备。吊车就位地点要坚实牢靠。

（5）吊车运行期间行人不得在桅杆下通过、停留以防撞伤人。在有高压线路或带电体附近运行时，应按有关规范要求保持一定安全距离。

5.7.3.6　振冲器造孔

（1）振冲器电动机启动前，确保振冲器电缆、水管、风管等各类管路顺直，不扭曲，随动架可随振冲器导杆上下提升。

（2）振冲挤密或振冲碎石桩施工过程均需按照设计要求以及生产性试验确定的施工工艺及参数进行。

（3）振冲造孔施工过程中不得停风、停水、停电，并时刻根据不同振冲施工工艺要求确保水压、风压保持持续稳定。

（4）振冲造孔过程中，如发生停风、停水、停电等突发事件，振冲器应立即停止贯入土体，并尽快将振冲器提出孔口至地面，待风水电等资源恢复正常时再行造孔，贯入土体。

（5）振冲器进行造孔及加密过程中，振冲器操作人员应时刻观察电器操作箱仪表各注入电流、电压、深度、风压、水压等各类参数情况，如发生异常情况要立即停止振冲器继续贯入。在异常情况处理后方可继续施工。

（6）振冲器贯入时，若观察到振冲器导杆上下跳动，或听到振冲器在孔底有硬物撞击阻力异响，水压、气压、电流等频繁突变且不稳的现象，初步判断孔底可能存在障碍物，应立即将振冲器提出孔口，并报告项目技术负责人会同相关人员研究解决措施及方案。

（7）振冲碎石桩施工过程中，由于地质原因发生孔内大量漏水而孔内水不能自行反流至地面时，可考虑增加水管自孔口注水至孔内，确保振冲器导杆与孔壁之间形成良好贯通的环形通道。对于振冲挤密而言，则应加大水量，水压确保振冲器周围土体塌陷，根据施工进程控制水量水压，确保土体挤密效果达到设计要求。

5.7.3.7　填料加密

这部分仅仅针对外加填料的振冲碎石桩适用，振冲碎石桩填料加密施工应符合 DL/T 5214—2016《水电水利工程振冲法地基处理技术规范》以及相应的设计技术要求。

（1）振冲碎石桩施工时，当造孔达到设计深度后，应进行全孔清孔工作，确保孔内下料时通道的畅通。

（2）开始填料前，应确保振冲器端部距离孔底 20～30cm，并根据规范、设计要求以及前期生产性试验所确定的振冲施工参数（加密水压、加密电流、留振时间等）开始填料施工。

（3）碎石（卵石）填料应从振冲器导杆四周徐徐入孔，不得持续从孔口一侧下料，以免石料下落环形通道堵塞，造成振冲碎石桩桩体垂直度不能满足设计要求。

（4）填料开始后，不得随意中断填料，填料速度以及填料量应根据石料孔内下落速度相协调，遵循"少吃多餐"的原则，以免填料过多堆积孔口阻碍水携带细粒土排出孔内，石料过少而不能形成连续干净的碎石桩体。

（5）每米填料量根据设计要求碎石桩桩径以及碎石压实系数来确定，当碎石填料在每一延米段方量达到设计要求时，应勤观察电器控制仪表所示的电流值和振密时间，待加密段长度和留振时间达到设计要求时要及时提升振冲器，其提升高度视振冲器功率大小等性能而定。一般以 30～50cm 为宜，不要提升过高。

目前该过程的控制已经实现了全自动打桩的功能，在全过程质量管理系统中，其中一个重要的模块就是电流—时间参数曲线、深度—时间曲线以及填料—深度曲线等多个函数一一对应的可视化界面，大大地方便了振冲操作人员的全过程施工质量控制。

（6）对于孔口喂料工法而言，振冲碎石桩在填料加密过程中，若发现下料通道填塞，操作人员可将振冲器提至孔内通道畅通段，再缓慢下方振冲器到原加密深度以下 0.5～1.0m，如此往复数次直至下料通道畅通，方能进行后续振冲碎石桩桩体的形成，直至达到设计要求的桩顶。

5.7.3.8　安全操作技术其他要求

采用振冲法施工应符合下列安全操作技术要求。

（1）电动振冲器在运行过程中，应根据地层情况调整电流工作范围。

（2）电动振冲器在外置电网电压（1±5%）380V 异常时停止施工。

（3）振冲器停止工作后，应关闭振冲器及各配套系统装置的电源。

（4）组装电动振冲器应有专业人员负责指挥，电动振冲器各连接螺丝应拧紧，不应松动。

（5）电动振冲器的潜水电机尾线与橡皮电缆接头处应用防水胶带包扎，包扎好后用胶管加以保护，以防漏电。

（6）起吊电动振冲器时，电动振冲器各连接节点应增设保护设施，以防节点折弯损坏。

（7）电动振冲器起吊时，吊车运行期间，严禁行人在桅杆下驻足、通行、停留。

（8）在电动振冲器开机前，应检查振冲器起吊钢丝绳以及横拉杆等各绳索连接处是否牢固，各结构之间连接是否紧固。

（9）电动振冲器启动前，各级配电箱及电器操作箱的各种仪表应灵敏、可靠，是否按照施工用电技术要求设置三级控制，二级漏电保护装置。

（10）电动振冲器的电动机启动前，若所采用的振冲器有防扭绳索，应由专人将其拉紧并固定。

（11）振冲施工过程中，造孔期间不应停水停电，水压应保持稳定，若采用辅助风压施工，应确保供风系统持续稳定，确保风量、风压满足设计要求。

（12）振冲器运行时，操作人员应密切注视电控箱的仪器仪表情况，如发生异常情况应立即停止振冲器向下贯入，并排查异常原因解决故障后方可继续造孔。

（13）电动振冲器严禁倒置启动。电动振冲器在无冷却水冷却电机的情况下，运转时间不应超过 1～2min。

（14）振冲器工作时，工作人员应密切观察孔内返水情况，若发现返水中混有蓝色油花、黑油块或黑油条，应立即提拔振冲器进行检修。

（15）在振冲造孔或加密过程中，若遇突然停电，应尽快恢复或使用备用电源，不应强行起拔振冲器。

（16）超深振冲碎石桩（大于 35m 深）施工时，不宜频繁地起落振冲器导杆以防损坏导杆及连接，以及产生超长杆件的起吊安全事故。宜采用垂直悬挂状态更换或检修振冲器。

（17）遇有 6 级以上大风或暴雨、雷电、大雾时，应停止振冲施工。

5.7.4 运输与贮存

（1）振冲器的运输应符合铁路、公路、水路运输和机械化装载的现行有关规定。

（2）振冲器存放于露天场地时，应有防雨、防潮措施；如存放在仓库内，室内应保持通风，干燥，并无腐蚀性有害物质和气体。

5.7.5 设备常见故障

施工中常见故障包括振冲器主机出现的故障和使用振冲器操作不当引起的故障。设备常见故障检测及排除措施见表 5－41。

表 5－41　　　　　　　　　设备常见故障检测及排除措施表

设备故障清理	检 测 和 排 除
振冲器不能正常启动	检查线路电源是否缺相，检查电源电压，检查振冲器联轴器间隙，检查振冲器和电动机轴承是否损坏（冬季检查润滑油黏稠度，加温处理）
振冲器空载电流过大	检查电压，检查润滑油量及黏稠度，检查振冲器内和电动机轴承是否损坏
工作时振冲器有异响	检查轴承及连接部位
工作时振冲器轴承部分温度上升	检查润滑油量，检查轴承
振冲器正常运行时突然停机	检查电动机电缆是否漏电，检查控制线路与保护装置
振冲器整体带电	检查漏电保护装置
电动机不转动，发出嗡嗡的响声	检查线路和电机的三相接头是否断路
空振时电流值过大，或电流值过大而振冲器不振动	应立刻检查电机的三相电压以及三相电流是否平衡；若电机是好的，问题则发生在振动体内部，需拆开检查修理

设备故障清理	检测和排除
成孔过程中，电动机电流超过额定电流或电机温升太高	振冲器成孔速度太快，阻力增加，应减慢成孔速度，如果电流仍未降下来，则需将振冲器提升一点，待电流降下来后再重新徐徐下降成孔
成孔困难，振冲器不易下沉	水压不够，应加大水压和水量，土层较硬时水压应更大，且成孔速度应更慢
设计加固深度以下地基被冲坏，使振冲桩底部的强度减弱	振冲器到达设计加固深度以上 100cm 时，要适当减小水量
制桩过程中密实电流值长时间达不到	减小水压，适当增加每次的填料量
工作时，振冲器内的杂音渐渐变大	应检查是否因轴承磨损后间隙增大所致，准备好新的轴承更换
工作时，振冲器突然不动，电流值猛增	应检查是否因轴承损坏卡住了主轴使它不能转动，如果原因准确，则需拆开机体更换轴承
工作时，振冲器轴承部分温度持续升高	一是轴承箱内已无润滑油，应加注润滑油到轴承箱内；二是轴承箱内油料已变质，需更换；三是需检查轴承情况
放开油塞后机体内部有水渗出	应检查射水管是否断裂，或密封件是否损坏，需重新修整
电动机绕组短路、电动机接地短路或整个施工机具带电	检查电动机内变压器油含水量是否过大，用兆欧表检查电动机内绕组、电缆接头处的绝缘状况，最后检查电机各绕组间、线间绝缘状况

第6章　振冲法地基处理施工

　　水利水电工程建设难度最大的部分是地基基础工程，地基基础工程是水利水电工程的核心，其施工质量直接影响整个水利水电工程的建设和运行。经过数十年的发展，中国水利水电地基工程施工技术不断的发展和完善，施工方法得到合理的规范和创新，尤其在软土地基基础建设上取得了重大突破。在软土地基基础处理工艺中，振冲桩工艺因其地层适用性强、施工效率高、地基处理效果好、经济性评价高，而广泛应用于水利水电工程中的挡水坝、水闸、围堰等建筑物基础，为水利工程的建设提供了坚实的支撑。

　　振冲法施工顺序一般为"由里到外"，或"由一边向另一边"的顺序施工，在强度较低的软土地基施工中，为减少制桩对桩间土的扰动，宜采用间隔振冲的方式施工或分期加固。

　　振冲法复合地基施工，包括施工机具与设备选择、施工前的准备工作、施工工艺设计、施工中的质量控制以及施工中常见问题的处理等。

6.1　施工准备

6.1.1　施工组织设计的编制

1. 施工组织设计编制依据

（1）工程相关设计图纸、地勘资料。

（2）DL/T 5214《水电水利工程振冲法地基处理技术规范》。

（3）DL/T 5024《电力工程地基处理技术规程》。

（4）SL 303《水利水电施工组织设计规范》。

（5）GB 50007《建筑地基基础设计规范》。

（6）JGJ 79《建筑地基处理技术规范》。

（7）JGJ 340《建筑地基检测技术规范》。

（8）DL/T 5113.1《水电水利基本建设工程单元工程质量等级评定标准　第1部分：土建工程》。

（9）NB 35047《水电工程水工建筑物抗震设计规范》。

（10）GB 50287《水力发电工程地质勘察规范》。

（11）SL 320《水利水电工程钻孔抽水试验规程》。

（12）SL 345《水利水电工程钻孔注水试验规程》。

（13）SL 31《水利水电工程钻孔压水试验规程》。

（14）DL/T 5355《水电水利工程土工试验规程》。

（15）DL/T 5356《水电水利工程粗粒土试验规程》。

（16）DL/T 5354《水电水利工程钻孔土工试验规程》。

（17）GB 50202《建筑地基基础工程施工质量验收标准》。

（18）YBJ 17—90《岩土静力载荷试验规程》。

（19）GB 50487《水利水电工程地质勘察规范》。

（20）GB/T 50502《建筑施工组织设计规范》。

2. 施工组织设计的主要内容

施工组织设计应根据工程地质条件、设计要求、现场情况、工程其他要求编写，主要内容如下。

（1）工程概况。

（2）工程地质条件。

（3）施工工艺及技术参数。

（4）施工进度计划。

（5）施工机械设备计划。

（6）施工管理组织机构及劳动力计划。

（7）施工质量管理体系或措施。

（8）安全生产、文明施工措施。

6.1.2　施工设备的准备

1. 专用设备

目前国内各种振冲器的电动机和振动器结构、构造不同，即使相同功率型号的振冲器，其性能也有较大的差异。按设计确定的振冲器型号进行施工，施工单位可以根据工程经验选择合适的振冲器型号。

振冲专用设备（振冲器）主要分电动振冲器和液压振冲器，其各自有适用的地质条件和设计施工参数。

2. 起重设备

陆地振冲施工的起吊设备包括履带吊机（轮胎式起重机）或打桩架，水上振冲施工的起吊设备除陆地设备形式外，还可以采用 A 型打桩架。

6.1.3　施工场地的准备

（1）地下障碍物要清除或采取措施进行保护。

（2）做好"三通一平"工作。保证现场的道路、施工用水、施工用电以及施工场地的平整，满足振冲设备、材料进场以及现场施工的要求。

（3）除采用干法振冲工艺外，陆地振冲施工应做好现场排污系统的规划与设置，保证振冲施工进行，同时确保现场的安全文明施工满足要求。

6.2　振冲施工

6.2.1　振冲工艺技术分类
6.2.1.1　加固原理分类

振冲工艺按照加固原理可分为振冲置换和振冲挤密。

振冲置换法，是指加固软黏土地基时利用振冲器反复水平振动和冲水的作用，在加固土体中成孔，并振填碎石形成密实的碎石桩体，构成碎石与加固土体的复合地基。

振冲挤密法，是指加固黏性颗粒少于10%的砂土或粉土，利用振冲器反复水平振动和冲水的作用，使原有土体颗粒重新排列而形成密实土体。

根据振冲工艺应用的土层条件（细粒含量）不同，可参照如图6-1所示进行振冲置换和振冲挤密工艺的选择。

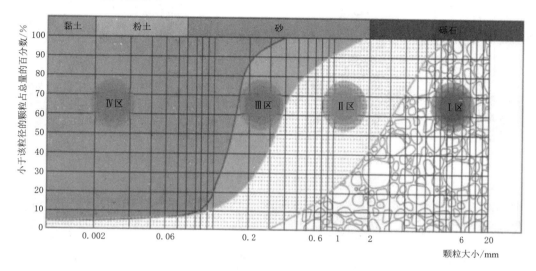

图6-1　不同土体应用振冲技术分类

Ⅰ区振冲挤密施工可能遇到大体积石块的影响；Ⅱ区适合无填料振冲挤密法施工；Ⅲ区可采用无填料振冲挤密或有填料振冲挤密施工；Ⅳ区可采用振冲置换法（振冲碎石桩法）施工

6.2.1.2　施工环境分类

振冲工艺凭借其较低的造价、良好的地基改良效果，在建筑、市政、道路、交通、港口、石油化工等各类工程中不断应用，按照振冲施工的作业环境可分为陆地振冲施工和水上施工。如图6-2所示。

6.2.1.3　起吊设备分类

受振冲处理的场地条件限制，以及填料方式的选择不同，振冲设备的起吊方式可以选择起重机和桩架两种形式。

用起重机起吊振冲设备的优势在于，为完成不同点位的振冲施工不需频繁移动起重机，调整吊臂的位置即可实现。而桩架式起吊振冲设备，优势在于桩架立柱可以设置滑道，在需要设置集料仓的振冲工艺情况下，可使集料仓稳定地在立柱滑道上下运行，提高设备的稳定性。

6.2.1.4　填料方式分类

振冲碎石桩工艺，根据填料方式不同，分为孔口填料和底部出料两种方式，如图6-3所示。

孔口填料振冲工艺，是振冲碎石桩常规工艺，即在振冲成孔的孔口位置填料，通过反复提放振冲器和高压水冲作用，将碎石带入孔内从而形成桩体。

（a）   （b）

图 6-2　陆地和水上振冲施工图

（a）   （b）

图 6-3　孔口填料碎石桩和底部出料碎石桩施工照片

底部出料振冲工艺，是在淤泥质土层厚度较大的地层条件下，常规的填料方式不能将碎石带入孔内从而形成桩体，需要将碎石通过输送管路直接送至桩底的一种工艺方法。

6.2.1.5　振冲设备驱动力分类

振冲器根据工作动力划分为电动振冲器和液压振冲器，电动振冲器反映振密效果参数是电流，而液压振冲器反映振密效果参数是油压。

电动振冲器和液压振冲器的相关参数见相关章节。

1. 适用范围

液压振冲器具备高激振力、低振幅，且自振频率能够根据地基土固有频率不同而变化，能有效穿透覆盖层，特别是水利水电项目厚度较大的卵砾石地层，可造孔至设计深度形成振冲桩体，对不均匀地层进行加固，保证地基土的均衡。

2. 施工方法

液压振冲器施工与电动振冲器设备施工程序相同，只是施工参数不同，液压振冲设备中自带全部参数控制仪表，可在电子显示屏中直接观察。

通过自动方式控制加密油压值和留振时间，施工中当油压和留振时间达到设定值时，会自动发出信号，指导施工，保证施工质量。

施工中采用如下参数作为振冲碎石桩施工的控制参数：

（1）造孔油压：16～28MPa；

（2）加密油压：20～26MPa；

（3）留振时间：8～15s；

（4）加密段长度：30～50cm；

（5）造孔水压：0.6～1.0MPa；

（6）加密水压：0.4～0.80MPa。

制桩电压为380V，波动超过±20V不得施工。

6.2.2 振冲挤密施工

6.2.2.1 振冲挤密工艺流程

振冲挤密工艺流程，如图6-4、图6-5所示。

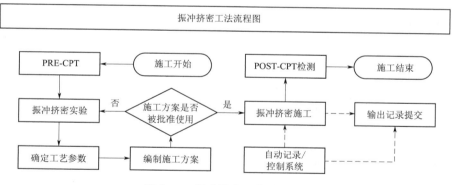

图 6-4 振冲挤密工艺流程图

6.2.2.2 适用范围

振冲挤密施工工艺主要适用于较大颗粒的砂土，其适用范围主要为0.06mm颗粒通过率小于10%的砂土，如图6-6所示。

振冲挤密试用范围亦可根据CPT测试结果，参照土体分级表（Dr.Roberson，1990）进行判断。根据Roberson（罗伯逊）博士（1990）提出的土体分级表上画出适合振冲挤密的土体范围，参考如图阴影区域。如图6-7所示。

6.2.2.3 点间距确定原则

根据规范要求，振冲挤密点间距需要通过试验确定，暂定间距可根据不同设备型号依据下式计算，计算原理和过程如下：

由图6-8可见，其计算公式如下：

$$实验间距 = a（水平间距）/\sin60°$$

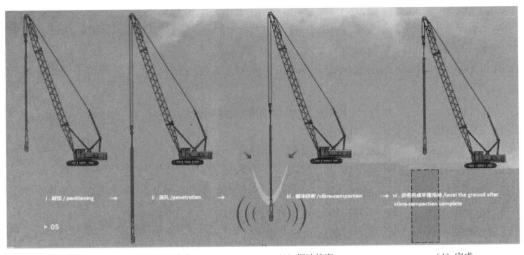

（1）就位　　　　（2）造孔　　　　（3）振冲挤密　　　（4）完成

图6-5　振冲挤密施工流程示意图

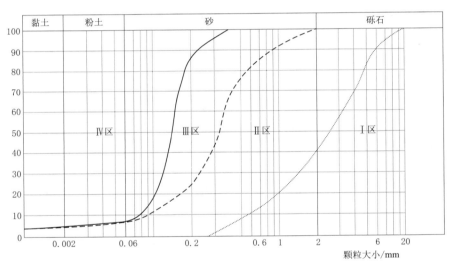

Ⅰ区：此范围的振冲挤密会受到障碍物影响；　　　　　…………Ⅰ区及Ⅱ区分界线
Ⅱ区：此范围的振冲挤密施工能够获得理想的挤密效果；　　－－－Ⅱ区及Ⅲ区分界线
Ⅲ区：此范围能够进行适当的振冲挤密；　　　　　　　　　───Ⅲ区及Ⅳ区分界线
Ⅳ区：此范围应使用振冲置换/振冲碎石桩

图6-6　无外加填料振冲挤密效果分区图

其中：

试验区1　水平间距$=a$

试验区2　水平间距$=(1+b)a$

试验区3　水平间距$=(1+2b)a$

假定a，b取0.2～0.4（根据设备能力选择）

国内振冲挤密点间距通常设置为2.5～3.5m。

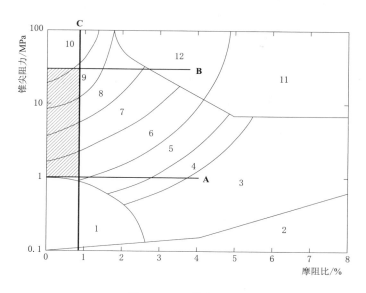

图 6-7　土体分级表

B线：以上区域为已密实区域，无须再进行密实；A线：颗粒状土，包括非常松散的回填料，沿红线区域的
密实度最小；C线：经验表明，在摩阻比 R_f 大于 0.8% 的土壤里密实会有问题，这主要被认为
一些和颗粒含量较高的砂土里同样有一些较少理解的土壤属性。

6.2.2.4　施工方法

1. 造孔

（1）开启高压水泵供水或空压机供气，根据深度调节水压/气压以适应造孔所需要求。

（2）开启振冲器等待其运转正常后，吊车将振冲器缓慢地放入土层中开始造孔。

（3）振冲器入土后，须时刻注意垂直度，保持卷扬钢丝绳处于收紧状态。

（4）使用水气联动辅助振冲器穿透到预计深度。

2. 加密

（1）振冲器已达到预计处理深度后，关闭空压机，振冲器留振约 $30\sim60s$。

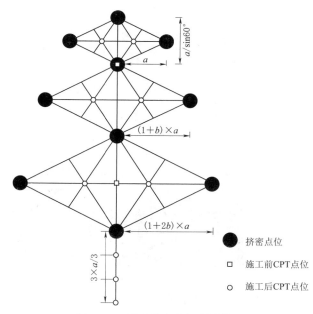

图 6-8　振冲挤密点间距计算图

（2）慢速振冲上拔 0.5m，留振 $30\sim60s$。

（3）依次类推，每段上拔 0.5m，每段留振 $30\sim60s$。

（4）直至孔口处，再留振 $30\sim60s$。

（5）根据实际情况，可再次慢速振冲下沉并重复上述过程。

（6）成桩结束，关闭振冲器及水、泵，移至下一组桩。

3. 填料

在振冲挤密的过程中，根据实际情况，可能需要向振冲孔内补充砂料，主要目的是提高振冲上部密实效果，同时也减少场地标高差保证起重机械场地移动安全。

4. 质量控制方法

（1）造孔过程中，应保持振冲器处于悬垂状态，发现桩孔偏斜应立即纠正。

（2）造孔水压应根据地质条件确定，且满足施工要求。

（3）造孔速度不宜超过 6m/min。

（4）造孔深度应满足设计要求。

（5）振冲挤密施工过程中，采用留振时间和加密段长作为控制标准，加密电流作为参考值。

（6）加密应从设计底标高开始，逐段向上进行，中间不得漏振。

（7）在振冲施工过程中，若振冲器周围形成孔洞应及时加入补充砂料。

6.2.2.5　多点吊振冲挤密施工

振冲挤密可根据地质条件、施工深度、设备总重等情况进行综合判断，确定是否可采用单台起重设备同时起吊多台振冲设备施工，即起重机起吊固定架，固定架的尺寸按照振冲点间距制作，固定架下悬挂振冲设备进行施工，形成单点、双点、三点振冲挤密施工，提高加密效果并提高施工效率，双点吊振冲挤密施工如图 6-9 所示。

图 6-9　双点吊振冲挤密施工

6.2.2.6　水上振冲挤密施工

根据工程项目需要，如在水上进行振冲挤密施工，需要采用平台或驳船上设置吊机或者打桩架，悬挂振冲专用设备进行施工，施工工艺流程同陆地振冲挤密施工。水上振冲挤密施工如图 6-10 所示。

6.2.3　孔口填料振冲碎石桩

振冲碎石桩是通过振冲设备造孔形成空孔，以碎石或卵石为材料填至孔内并振密为密

图 6-10　水上振冲挤密施工实景图

实碎石桩体。为保证碎石或卵石能够下落至桩底，根据地质条件不同，可划分为孔口填料和底部出料两种填料方式。

6.2.3.1　工艺流程

孔口填料振冲桩施工工艺流程与振冲挤密工艺基本一致，仅增加外加填料（碎石或卵石）工序，如图 6-11 所示。

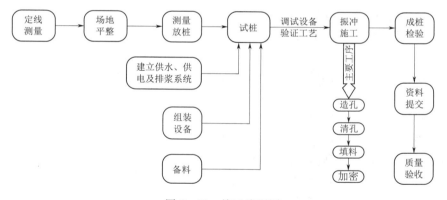

图 6-11　施工流程图

6.2.3.2　适用范围

振冲置换适用于处理松散砂土、粉土、粉质黏土、素填土、杂填土、粉煤灰等地层，对于不排水抗剪强度大于 20kPa 且灵敏度不大于 4 的饱和黏性土、饱和黄土、淤泥也可使用，但应在施工前通过现场试验确定其适用性。

6.2.3.3　点间距确定原则

30kW 振冲器布桩间距宜为 1.2～2.0m，75kW 振冲器布桩间距宜为 1.4～3.0m，130kW 振冲器布桩间距宜为 2.0～3.5m；对于不加填料的振冲工程，布点间距可根据工

151

程地质条件和工程要求适当增大；采用其他型号振冲器时，布桩间距应按现场试验确定。

6.2.3.4 施工方法

1. 施工准备

（1）参加技术交底。

（2）收集、分析施工场地的地质资料。

（3）编写详细的施工组织设计，包括但不限于如下内容。

1）振冲试验桩位布置示意图。

2）振冲施工工艺及制桩参数。

3）施工质量、安全和环境保护措施。

4）施工进度计划。

（4）按要求准备相应功率及型号的振冲器和配套机具、设备。

（5）根据建设单位提供的控制点，按图纸测放桩位。

（6）施工前应对振冲施工机具进行试运行，并做好试运行的记录。

2. 振冲桩施工工序

（1）清理场地，接通电源、水源。

（2）施工机具就位，起吊振冲器对准桩位。

（3）造孔。

1）振冲器对准桩位，先开启压力水泵，振冲器末端出水口喷水后，再启动振冲器，待振冲器运行正常开始造孔，使振冲器徐徐贯入土中，直至设计的持力层。

2）造孔过程中振冲器应处于悬垂状态。振冲器与导管之间有橡胶减震器连接，因此导管有稍微偏斜是允许的，但偏斜不能过大，防止振冲器偏离贯入方向。

3）造孔速度和能力取决于地基土质和振冲器类型及水冲压力等。

（4）清孔：造孔时返出的泥浆稠或孔中有狭窄或缩孔情形应进行清孔。清孔可将振冲器提出孔口或在需要扩孔段上下反复提拉振冲器，使孔口返出泥浆变稀，保证振冲孔顺直通畅以利填料沉落。

（5）填料加密：采用强迫填料制桩工艺。制桩时应连续施工，加密从孔底开始，逐段向上，中间不得漏振。当达到设计规定的加密电流和留振时间后，将振冲器上提继续进行下一段加密，每段加密长度应符合试验要求。

（6）重复上一步骤工作，自下而上，直至加密到设计要求桩顶标高。

（7）关闭振冲器，关水，制桩结束。

振冲桩施工工序示意图见图 6－12。

3. 填料要求

含泥量小于 5%、级配良好的卵石、碎石等，粒径要求为 2～10cm，最大不超过 15cm。

6.2.3.5 质量控制方法

1. 造孔和清孔

（1）施工时振冲器喷水中心与孔径中心偏差不得大于 5cm。

（2）振冲造孔后，成孔中心与施工图纸定位中心偏差不得大于 10cm。

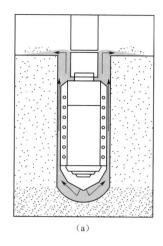 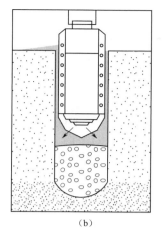 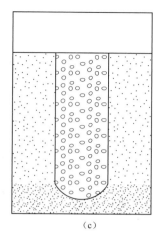

（a）　　　　　　　　　　（b）　　　　　　　　　　（c）

图 6-12　振冲桩施工工序示意图

（3）桩顶中心与定位中心偏差不得大于桩孔直径的 0.2 倍。

（4）振冲器贯入土中应保持垂直，其偏斜应不大于桩长的 3%。

（5）振冲器每贯入 1～2m 孔段，应记录一次造孔电流、水压和时间，直至贯入试验规定的完孔深度。可根据项目需要，采用自动记录系统进行全过程记录。

（6）完孔后应清孔 1～2 遍。

2. 填料和加密

孔口填料振冲桩通常采用强迫填料法，主要利用振冲器的自重和振动力将孔上部填料送到孔的下部。

加密按下述要求进行。

（1）加密电流、留振时间、加密段长及填料数量，应符合试桩选定的上述参数。

（2）加密电流应为振冲器空载电流基础上增加 10～30A，留振时间 8～15s。相应投料量则应以满足电流增量、留振时间及设计要求。

（3）应用电气自动控制系统控制加密电流和留振时间。

（4）加密必须从孔底开始，逐段向上，中间不得漏振，加密位置应达到基础设置高程以上 1.0～1.5m。

可根据项目需要，采用自动记录系统进行全过程记录。

6.2.4　底部出料振冲桩

底部出料振冲工艺，是针对淤泥质土层厚度较大的地层条件下，当采用孔口填料方式无法实现时，振冲桩施工采用压力仓输料至孔底的施工方法，简称底部出料工艺，是一种集成的振冲软基加固技术。底部出料碎石桩施工原理如图 6-13 所示。其主要工作原理如下。

（1）经装载机或挖掘机供料至提升料斗，由提升料斗将石料输送至振冲器顶部集料斗，然后经转换仓送至压力仓。

（2）通过维持一定风压与风量，压迫压力仓内石料经导料管输送至振冲器底部。

（3）通过上部的双控阀系统，形成转换仓与压力仓的交替减、增压连续供料。

图 6 - 13　底部出料碎石桩施工原理图

（4）重复上述循环，以实现底部连续出料与形成密实桩体。

底部出料碎石桩施工如图 6 - 14 所示。底部出料振冲碎石桩工艺流程如图 6 - 15 所示。

6.2.4.1　工艺流程

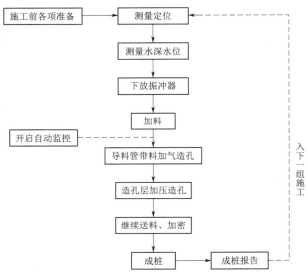

图 6 - 14　底部出料碎石桩施工图　　　图 6 - 15　底部出料振冲碎石桩工艺流程图

6.2.4.2　适用范围

（1）常规振冲桩无法适应的软塑～流塑的淤泥或淤泥质不排水抗剪强度低于 20kPa 的软土振冲置换。

（2）由于潜在的土壤污染问题，地表不允许水冲刷的地区。

（3）不允许水冲刷的土壤类型，如泥炭土、液态土体等。

（4）附近水源缺乏或较少水源的条件下。

6.2.4.3　点间距确定原则

同孔口填料振冲桩原则。

6.2.4.4　施工方法

底部出料振冲桩流程示意图如图 6 - 16 所示。

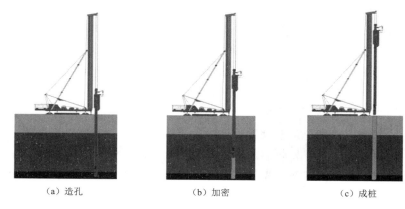

　　（a）造孔　　　　　　　（b）加密　　　　　　　（c）成桩

图 6 - 16　底部出料振冲桩流程示意图

　　1. 造孔

　　（1）对位：将振冲器对准施工点位，对位偏差应满足规范要求。也可采用 GPS 定位仪，将点位图纸输入定位仪，将设备移动直接在图纸中显示，不需提前测放振冲点位。

　　（2）振冲器系统悬挂在桩机架系统上，通过桩机架来调整碎石桩底部出料系统的垂直度。

　　（3）填入碎石，直至充满石料管。

　　（4）开启振冲器及空压机，压力仓控制阀门应处于关闭状态，风压为 0.2～0.5MPa，风量不小于 20m³/min。

　　（5）振冲器造孔速度不大于 1.5～3m/min，深度大时取小值，以保证制桩垂直度。

　　（6）振冲器造孔直至设计深度。造孔过程应确保垂直度，形成的碎石桩的垂直度偏差不大于 1/20。

　　2. 加密

　　（1）采用提升料斗的方式上料，通过振冲器顶部由集料斗、转换料斗过渡至压力仓，形成风压底部供料系统。

　　（2）造孔至设计深度后，振冲器提升 0.5～1m（取决于周围的土质条件），匀速上提升，提升速度不大于 1.5m/min。石料在下料管内风压和振冲器端部的离心力作用下贯入孔内，填充提升振冲器所形成的空腔内。

　　（3）振冲器再次反插加密，加密长度为 300～500mm，形成密实的该段桩体。

　　（4）加密电流应为振冲器空载电流基础上增加 10～30A，留振时间 8～15s。相应投料量则应以满足电流增量、留振时间及设计要求。

　　（5）在振冲器加密期间，在须维持相对稳定的气压 0.2～0.5MPa，保持侧面的稳定性并确保石料通过振头的环形空隙达到要求的深度。

　　（6）重复上述工作，直至达到桩顶高程。

　　（7）关闭振冲器、空压机，制桩结束。

　　（8）移位进行下一根桩的施工。

　　3. 填料要求

　　含泥量小于 5% 的卵石、碎石等，通常粒径要求为 2～5cm，最大不超过 7cm。

6.2.4.5　质量控制方法

底部出料碎石桩施工质量控制要对全过程施工关键点监控，最有效的方法为采用振冲自动控制及记录系统，对碎石桩桩位、总填料量及每米填料、倾斜度、桩深、电流、气压、时间监测等进行实时的监测，通过上述计算机监测施工中任意时间的电流、水压、深度等参数。

对每根碎石桩质量实施全过程的监测及控制。

（1）为保证加密电流和留振时间准确性，施工中应采用电气自动控制装置。在振冲施工过程中，设定的加密电流，留振时间可能发生变化，应及时核定和调整。

（2）施工中应确保加密电流、留振时间和加密段长都要达到设计要求，否则不能结束一个段长的加密。

（3）应定期检查电气设备，不合格，老化，失灵的元器件应及时更换。

6.2.4.6　水上底部出料振冲桩

水利水电项目，因汛期过水、截流、导流等原因，部分项目需要在水上完成振冲施工。常规填料的振冲碎石桩施工，在水上实施时，无法有效填料至孔内，特别是水深较大时，该工艺完全不可实现。而采用底部出料振冲碎石桩设备，可利用独立的碎石输送系统将碎石直接送到孔底，可穿越深水和厚度较大的淤泥地层，从而可保证精准投料形成有效桩体。

1. 水上底部出料振冲桩施工

如图6-17所示，施工、作业平台可采用两种方式。

（1）搭设施工平台或浮台。采用钢管桩或工字钢桩作为支撑，上面铺设钢架作为施工平台，形成与陆地施工类似的作业环境，平台上设立吊机（桩架）起吊底部出料振冲桩设备进行施工。

因振冲工艺为复合地基，振冲点间距相对较小，施工平台搭设时不便将振冲施工点位预留出来，因此水上振冲施工选用驳船方案较多。

(a)　　　　　　　　　　　　　　　(b)

图6-17　水上底部出料振冲桩

（2）施工驳船。水上振冲施工可在平板驳船上施工作业，水上振冲的设备起吊机械可选用陆地施工使用的吊车，但效果更高的方式为专用的打桩架，即 A 型架＋桅杆形式，可在单船上设置多台振冲桅杆，提高平板驳的利用率。

采用 A 型架作为打桩的起重桩架，主要有如下特点：

1）方驳上安装 A 型架及桅杆，稳定性高。

2）采用 A 型架＋桅杆桩架系统，其承载力大，易满足施工需求，如图 6-18 所示。

3）采用可拆装式 A 型架，可根据高度限制要求及时拆装 A 型架及桅杆高度。

4）考虑水上振冲桩施工的重要性，桩架系统设计均按高标准，成倍的安全系数考虑设计，增加其质量及耐用性。

5）采用 A 型架＋桅杆的桩架系统作为起重设备，振冲器可悬挂式起吊，易于保证桩体垂直度。

6）桅杆间距可根据需要沿船首平行进行移动安装，仅需要增加驳船平面上的链接销轴及底座，以及与 A 型架间链接的转动销轴即可，以适应桩间距的变化。

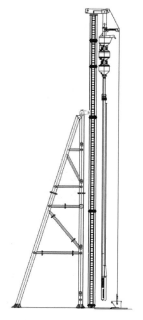

图 6-18　A 型架＋
桅杆起重系统

7）可采用振冲器的外加压系统。即在打桩船甲板上安装两组滑轮，通过卷扬、钢丝绳给振冲器系统提供一个下拉的辅助力，使得振冲器能尽可能地穿透需要穿透的土层，达到地基处理的目的。

2. 施工工艺流程

施工工艺流程如图 6-19 所示。

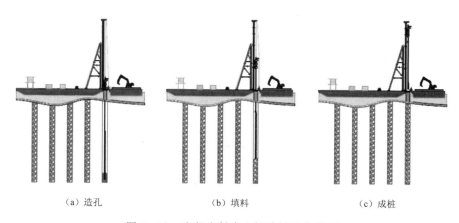

(a) 造孔　　　　　　(b) 填料　　　　　　(c) 成桩

图 6-19　底部出料水上振冲桩工艺流程

3. 水上底部出料振冲施工

水上振冲施工相较于陆地振冲施工，差别在于在一定施工作业面内可通过锚缆绳实现移船定位，在超出缆绳调解范围外，需要重新起锚并拖船至下一施工作业面。

水上振冲碎石桩施工另一个不同陆地施工的问题是碎石的供应，需紧靠打桩平板驳船设置一条碎石驳船，其上设置挖机负责将碎石放置于振冲施工的提升料斗，而碎石驳船的碎石供应采用运输船以皮带机输送的方式进行补给。

（1）定位。采用 GPS 定位仪 RTK 定位方法，将船机定位，振冲器对准桩位中心。

（2）造孔：

1）开启振冲器及空压机，压力仓控制阀门应处于关闭状态，风压为 0.2～0.5MPa，风量不小于 $20m^3/min$。

2）造孔至硬层时，如需要，则可通过桩机施加外压协助振冲器造孔至设计桩底标高。

3）振冲器造孔速度不大于 1.5～3m/min，深度大时取小值，以保证制桩垂直度。

4）振冲器造孔直至设计深度。造孔过程应确保垂直度，形成的碎石桩的垂直度偏差不大于 1/20。

（3）填料：

1）边振动边便通过提升料斗上料，并通过振冲器顶部收集料斗、转换料斗过渡至压力仓，形成风压底部干法供料系统，填入碎石骨料。

2）振冲器匀速上提升 500～1000mm，石料在下料管内风压和振冲器端部的离心力作用下贯入孔内，填充提升振冲器所形成的空腔内。

（4）加密：

1）振冲器再次反插加密，形成密实的桩体。

2）在振冲器加密期间，在需维持相对稳定的气压 0.2～0.5MPa，保持侧面的稳定性并确保石料通过振头的环形空隙达到要求的深度。

（5）继续填料、加密。第二次填料，提升振冲器 500～1000mm，重复以上加密过程。

（6）成桩：

1）重复上述填料加密工作，直至达到碎石桩桩顶高程。

2）关闭振冲器、空压机，制桩结束。

6.2.5 振冲工程资源投入

6.2.5.1 劳动力资源

根据振冲工程工艺、规模、工期的不同，建议参考表 6-1 制定详细的劳动力资源投入计划。

表 6-1　　　　　　　　建议劳动力资源投入表

序号	岗位/工种	单位	数量	备注
一	管理人员			
1	项目经理	人		
2	项目副经理/项目总工	人		
3	现场工程师	人		
4	质检员	人		
5	安全员	人		
6	资料员	人		

序号	岗位/工种	单位	数量	备注
7	材料员	人		
8	后勤			
	⋮			
二	施工人员			
1	班组长	人		
2	吊机（桩机）操作手	人		
3	装载机操作手	人		
4	电工	人		
5	辅助	人		
	⋮			
三	检测人员			
1	检测工程师	人		
2	检测操作员	人		
3	辅助工	人		
	⋮			

6.2.5.2 设备资源

根据振冲工程的工艺要求和工期以及类似工程经验，建议参考表 6-2 制定详细的设备资源动员和投入计划。

表 6-2 　　　　　　　　　　设 备 资 源 投 入 表

序号	设备名称	规格型号	数量	备注
一	施工设备			
1	振冲器	75～260kW		
2	振冲专用配电柜	75～260kW		
3	全自动控制记录系统			
4	履带吊车/打桩架	50～550t		
5	装载机	ZL20/50		
6	发电机	200～500kW		
7	GPS/全站仪			
8	除砂器			
9	离心式水泵			
10	泥浆泵			
11	潜水泵			
12	电控箱			
	⋮			

续表

序号	设备名称	规格型号	数量	备注
二	检测设备			
1	CPT 钻机			
2	地质钻机			
3	重型动力触探设备			
	⋮			

6.2.6　特殊条件下的振冲施工措施

随着振冲技术的不断发展，工艺应用日趋广泛，装备能力不断完善，在不同行业、不同外界环境、不同地质条件下均可采用振冲工艺。在各种特殊条件下，为保证振冲施工的造孔、加密等过程能够实现，需要不断地开发研制新装备或采用其他辅助施工设备。

6.2.6.1　低净空/超深条件下的伸缩管技术

随着振冲碎石桩工艺应用的不断扩展，尤其是复杂应用环境下，如机场扩建、建筑施工、油田钻探等行业应用中，施工设备受严格的高度限制，采用常规振冲碎石桩施工装备无法完成超深桩施工的复杂环境。针对桩机而言，在有限装备高度内延长桩机施工深度，需要采用关键技术从而提供一种伸缩机构，在外部限高条件下达到桩机延长工作长度的目的。

限高条件下的振冲碎石桩的伸缩机构，伸缩过程中需抵抗较大外力和振动力，且具有耐磨和密封效果。除采用大型油缸之外，伸缩机构主要包括伸缩抱箍、充气密封、插销、内销孔、转轴支架、转轴及外管端圆环。

其工作原理为：首先在内管中植入销孔，销孔由抗压耐磨材料组成，然后在外管顶端安装外管端圆环及转轴支架、转轴、伸缩抱箍。在不需要伸缩时，伸缩抱箍处于闭合状态，由固定螺丝闭合，充气密封处于充气状态，整个伸缩机构保持密封；在需要伸缩时，将充气密封进行排气处理后，拆卸伸缩抱箍固定螺丝，将伸缩抱箍分开，并提升内管至销孔位置时，将插销插入销孔，闭合抱箍并上紧固定螺丝，最后充气密封，使伸缩机构达到密封状态。

整个伸缩抱箍机构除充气密封采取橡胶材料外，其他部件皆可采用抗压、耐磨材料加工，故整个伸缩机构可承受外部较大振动及外力，且在外部环境复杂时，具备耐磨、抗损的特点。伸缩机构采取充气密封方式封闭，密封效果好，可在地下、水下等复杂环境中工作。整个伸缩过程仅需要拆卸固定螺丝及安装固定螺丝，操作简单、高效。伸缩机构均采用简单机械加工件组成，使用过程中可随时更换各个组件，保养维修简洁，且经济效益突出。

6.2.6.2　特殊条件下的引孔措施

振冲碎石桩工艺在黏性土地层应用时，存在造孔效率低的问题，特别是沉积多年、含水率较高的黏土，成孔难度很大。在该地质情况下，可采用螺旋钻机进行辅助引孔，再以振冲设备进行碎石填料和振密，从而形成密实的振冲碎石桩。

我国部分西南山区，需振冲工艺处理的场地内存有大量崩塌积或残坡积的大孤石，常规的振冲施工无法实现造孔，需引进大直径的潜孔锤进行引孔施工，引孔完成后按照前述振冲碎石桩的填料和振密工序施工。以下对潜孔锤引孔工艺进行详述。

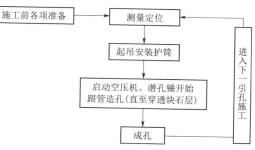

图 6-20　潜孔锤引孔施工工艺流程图

1. 潜孔锤引孔工艺

根据振冲碎石桩设计直径要求，合理选择引孔直径，配备相应直径的潜孔锤锤头，外配对应直径的钢护筒。钻杆应采用特制改进钻杆，强度和韧性满足引孔需求。

潜孔锤引孔施工工艺流程图如图 6-20 所示。潜孔锤设备如图 6-21 及图 6-22 所示。

图 6-21　潜孔锤设备图

2. 施工方法

（1）施工准备：

1）收集引孔区场地岩土工程勘察报告，掌握引孔桩位地层分布。

2）查明引孔区空中、地下障碍物等资料。

3）做好引孔机具的配套，保证引孔效果和效率。

4）掌握振冲碎石桩设计要求，明确引孔技术要求。

5）对场地进行平整。

（2）冲钻成孔：空气潜孔锤的钻机型号为 JUZ120，为国内先进设备；$30m^3$ 柴油空气压缩机 4 台，额定排气压力 3.45MPa/2.41MPa，可以满足凿岩、排渣清孔的需要。钻孔产生的渣由潜孔锤排渣孔排出；为保证钢护筒较好的护壁作用，防止卡钻、埋钻和提高钻进效率，在进入卵石前钻进时，要保持潜孔锤与护筒的同步跟进，并且要进行 1～2 次提

图 6-22　潜孔锤引孔实物照片

拔长螺旋钻杆排渣清孔，尤其是在大块径砂卵石层施工中尤为重要；减少钢护筒和岩壁的摩擦，也可延长钢护筒的使用寿命。

先启动空气压缩机，当气压达到 12MPa 压力时，潜孔锤随旋转振动，开动钻机内外动力头进行冲钻。为防止偏孔，开孔时要采取慢速冲击；钢护筒解决了防止桩孔坍孔、卡钻或埋钻的问题；随潜孔锤进尺穿透施工平台回填层后停止引孔施工。

1）冲钻过程中采用匀速慢进，遇阻力大时潜孔锤向上提升，提升距离 0.3~0.5m，再次随旋转振动冲击进尺，孔深钻至 5~8m 时，提升排除钻渣一次，至 10.00m 时进行第二次排除钻渣，孔深达到设计要求。采用空压机气压达到 12MPa 压力时清孔 2~3min，提升螺旋杆排除钻渣。

2）钻进参数：330HP 空压机，在钻进过程中气压为 12MPa，进入卵石层电流表参数为 220A，潜孔锤气压值为 2.41~3.012MPa。在钻进过程中禁止移动钻机，要保持机架的稳定。

（3）质量控制措施。

1）桩位偏差：

a. 引孔桩位由测量工程师现场测量放线，报监理工程师审批。

b. 钻机就位时，认真校核潜孔锤对位情况，如发现偏差超标，及时调整。

2）桩身垂直度：

a. 引孔钻机就位前，进行场地平整、密实，防止钻机出现不均匀下沉导致引孔偏斜。

b. 钻机用水平尺校核水平，用液压系统调节支腿高度。

c. 引孔时，采用两个垂直方向吊垂线校核钻具垂直度，确保垂直度满足设计和规范要求。

3）引孔：

a. 引孔深度严格按设计要求，需穿透回填平台及上部卵石层，以满足振冲桩施工要求。

b. 在引孔过程中，控制潜孔锤下沉速度；派专人观察钻具的下沉速度是否异常，钻具是否有挤偏的现象；若出现异常情况应分析原因，及时采取措施。

c. 引孔终孔的深度如出现异常，及时上报设计、监理进行妥善处理，可采取超前钻预先探明引孔地层分布。

d. 引孔时，由于钻具直径相对较大，引孔过程中钻杆与孔壁间的环状孔隙小，对孔壁稳定有一定的作用。但在提钻时，由于风压大，对孔壁稳定有一定的破坏作用，此时应控制提升速度，防止引起孔壁坍塌。

e. 孔口处地层为松散卵石时，引孔时容易造成孔壁不稳定，可采取在孔口一定深度范围内埋设钢护筒护壁。

f. 引孔时，派专人及时清理孔口岩渣，防止岩渣二次入孔，造成孔口堆积、重复破碎，防止埋钻现象发生。

4）大直径潜孔锤引孔质量检验标准。桩位偏差、引孔垂直度、引孔长度应符合大直径潜孔锤质量检验标准的规定和设计要求。

6.2.6.3 水汽联动装置

水气联动装置，即主水道由 1 台多级清水泵供水，两支旁通"水气联动"管由两台空压机和 1 台多级清水泵通过专门的分水盘实现，通过在振冲器底部的大水气量和相对较高的风压，有利于不断促使孔底部物料失稳并形成相对稳定的物料流，以有效地提高振冲器的穿透能力。水气联动效果实景如图 6-23 所示。

6.2.6.4 振冲加压装置

振冲施工过程中，如遇到硬层难以穿透，可采取振冲加压装置。该装置需陆地打桩架或海上打桩架起吊振冲器方可实施，桩架上轨道可有效限制振冲系统的水平位移，保证加压装置的效果。

图 6-23 水气联动效果实景图

在桩架下部平台或打桩船甲板上安装两组滑轮，通过卷扬、钢丝绳给振冲器系统提供一个下拉的辅助力，使得振冲器能尽可能地穿透需要穿透的土层，以达到地基处理的目的。

6.3 施工质量管理体系

加强施工质量管理体系建设，首先要根据设计要求，适时准确地把握施工关键要素，认真解决施工中遇到的各种质量技术问题，严格把关；其次要加强施工人员质量意识，做好技术交底，层层落实岗位责任制，定期对质量进行全面评定总结，发现问题及时解决，做好施工技术档案。

质量管理是工程管理重要组成部分，施工中应制定严格的保证体系确保工程质量满足要求，使工程全过程施工质量处于受控状态，满足工程的设计要求。

6.3.1 质量管理依据

《中华人民共和国建筑法》（主席令第 46 号）。

《建设工程质量管理条例》（国务院令第 687 号）。

DL/T 5214《水电水利工程振冲法地基处理技术规范》。

DL/T 5024《电力工程地基处理技术规程》。

SL 303《水利水电工程施工组织设计规范》。

GB 50007《建筑地基基础设计规范》。

JGJ 79《建筑地基处理技术规范》。

JGJ 340《建筑地基检测技术规范》。

DL/T 5113.1《水电水利基本建设工程单元工程质量等级评定标准 第1部分：土建工程》。

工程相关设计图纸、地勘资料。

6.3.2 质量保证体系框架图

质量保证体系框架图如图6-24所示。

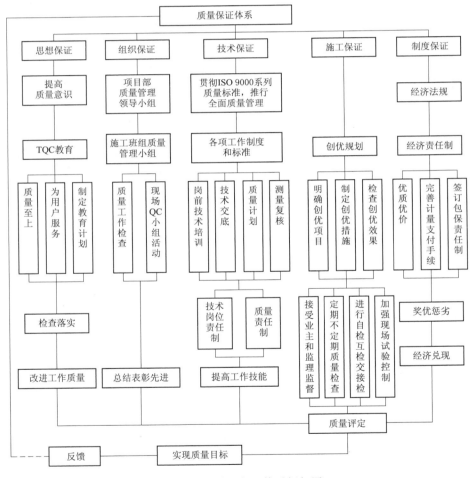

图 6-24 质量保证体系框架图

6.3.3 质量管理主要内容和分类

振冲工法的质量管理主要分为几个方面的内容。

（1）建筑材料检验，即碎（卵）石、砂的检验。主要内容包括抗压强度〔碎（卵）石〕、粒径、含泥量等指标。

（2）振冲专用施工设备的检验。主要内容包括振冲器的额定功率、激振力、振幅测试，电流表、压力表（水压、气压）等电器元件的误差检测。

（3）施工过程质量控制。主要内容为振冲工艺施工参数，如桩位偏差、垂直度、桩长、填料量、密实电流（油压）、留振时间等。

（4）振冲施工质量自检。振冲施工的自检工作主要是桩体或桩间土的密实度检测，方法包括圆锥动力触探（轻型、重型、超重型）、标准贯入、静力触探等方法。

6.3.4 质量控制措施

6.3.4.1 材料检验

根据规范要求，振冲碎石桩采用的填料，应采用未风化、含泥量小于5%的碎石或卵石硬质材料，粒径4~10cm，最大不超过15cm，但粒径选择应根据采取的填料方式和振冲专用设备进行调整。碎石材料在未使用前，应按照规范要求的送检批次（2000~5000m³/批次）现场见证取样送至有资质的实验室进行检验，合格后方可使用。

6.3.4.2 振冲专用施工设备的检验

振冲器的额定功率、激振力和振幅，须满足设计图纸要求。通过检查设备的出厂合格证数据，并在施工前进行现场测试进行验证。

振冲施工涉及的电流表、压力表（水压、气压）等电器元件，必须在施工前送至项目所在地质检机构进行检验，验证其误差是否在规范允许范围内，如不能满足要求则不可用于项目施工。

6.3.4.3 振冲施工过程质量控制

振冲施工过程质量控制，一方面控制碎石桩本身特质如桩长、桩位偏移、桩径等；另一方面是控制桩体质量，如施工中密实电流、留振时间、加密电流等。

随着振冲技术的不断进步，质量要求也逐步提高，除将工艺参数仪表化以外，目前发展到全自动控制并全过程实时记录的程度。振冲挤密、孔口填料振冲和底部出料振冲都可根据工艺开发相关的自动控制和记录系统，本书按照控制和监控内容最多的底部出料振冲桩的相关系统进行说明。

1. 自动监控系统的组成

振冲制桩数据监测采集与分析系统由PLC、ARM数据采集器和计算机三大模块构成。碎石桩控制记录系统框图见图6-25。

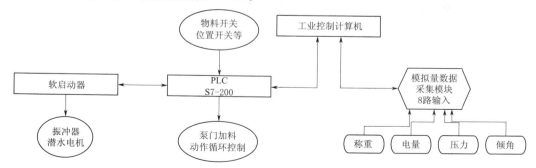

图6-25 碎石桩控制记录系统框图

2. 自动记录仪工作原理及控制方法

自动记录仪显示界面如图 6-26 所示。振冲器自动记录仪主要完成无线采集深度数据、振冲器工作电流、垂直度、气压数据、上料量出料量等数据，记录振冲器工作状态、参数调整、实时数据监测和浏览、数据保存等功能。碎石桩施工完成后，通过网络自动发送邮件，也可通过 USB 将数据储存至计算机，可对数据进一步进行分析整理，以调整施工工艺及参数，确保碎石桩施工满足质量要求，且针对不同的地质条件总结出切实合理的操作工法。

图 6-26　系统操作主界面

3. 功能说明

（1）参数设置。在施工开始前，须对系统的参数进行设置（如桩号、设计桩长等），对长度、石料称重进行标定。详细设置界面如图 6-27 所示。

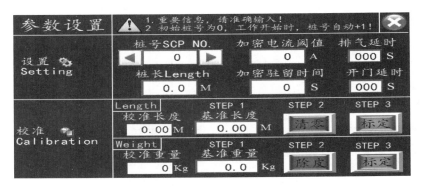

图 6-27　参数设置界面

（2）工作界面。碎石桩施工时的工作界面如图 6-28 所示，显示制桩工作的状态，该窗口是工作中主要的监视界面。主工作界面："制桩动态数据监测记录"提供的信息如下。

1）显示当日正在制桩的顺序编号。

2）工作电压显示。

3）工作电流显示。

4）当前制桩进程深度显示。

5）深度到达设定值报警。

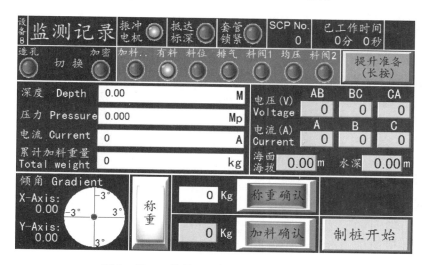

图 6-28　工作界面—数据监测及控制记录

6）当前填充加料重量指示。

7）累计加料重量显示。

8）阀板状态指示（支持更多图形阀板状态及手动操作界面）。

9）更多图形化参数显示（需要点选进入"图形参数显示"）。

碎石桩施工时压力仓检测界面如图 6-29 所示。

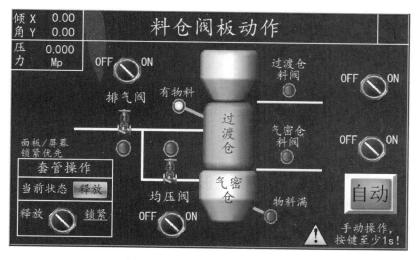

图 6-29　压力仓系统检测界面

4. 资料汇总及提交

碎石桩完成后，在合同规定日期内将签署后的施工记录提交给工程师记录中应简短地记录施工过程中遇到及上报的未预测到的工况。记录内容包含如下碎石桩的信息：

（1）每米填料量。

（2）总填料量。

（3）模拟桩径图。

（4）提升及下降速度。

（5）时间—深度曲线。

（6）深度—电流曲线。

（7）深度—倾角曲线。

（8）桩号施工部位。

（9）天气。

（10）工法名称及设备类型。

（11）材料来源。

（12）设计桩长。

（13）造孔时间。

（14）加密时间。

（15）设计坐标。

（16）施工坐标。

6.3.5　振冲施工质量自检

振冲施工的质量自检，通常指振冲碎石桩的桩体动力触探检验和振冲挤密施工的桩间土标注贯入试验（静力触探检测），相关检验工作必须与振冲施工同步进行，如出现不合格应进行复打处理，以实现及时发现问题并调整施工工艺和参数、确保振冲施工整体质量满足设计要求的目的。

振冲碎石桩动力触探自检数量通常为桩数的 $1\%\sim3\%$，且单体工程不少于 3 根。采用标准贯入试验（静力触探）对处理地基土质量进行验收检测时，单位工程检测数量不应少于 10 点，当面积超过 $3000m^2$ 应每 $500m^2$ 增加 1 点。检测同一土层的试验有效数据不应少于 6 个。

6.4　施工安全管理体系

6.4.1　安全管理依据

《中华人民共和国安全生产法》（主席令第 13 号）。

《中华人民共和国电力法》（主席令第 60 号）。

《中华人民共和国消防法》（主席令第 4 号）。

《中华人民共和国危险化学品安全管理条例》（国务院令 591 号）。

《水利工程建设安全生产管理规定》（水利部令 26 号）。

SL 398《水利水电工程施工通用安全技术规程》。

SL 399《水利水电工程土建施工安全技术规程》。

SL 400《水利水电工程金属结构与机电设备安装安全技术规程》。

SL 401《水利水电工程施工作业人员安全操作规程》。

6.4.2　安全管理体系

为贯彻、落实"安全第一、预防为主、综合治理"的方针，以现代化管理为手段，落实各级安全生产责任制,须实行全员参加的全方位、全过程控制。全员、全面的安全管理保证体系如图 6-30 所示。

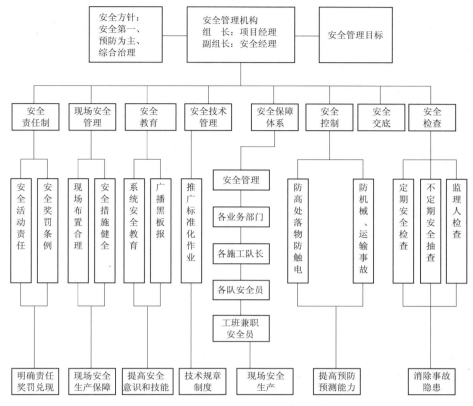

图 6-30 全员、全面的安全管理保证体系图

6.4.2.1 建立健全安全责任制度

振冲工程项目部应建立严格细致的安全责任制度,明确各部门、各员工、各级领导等职责和工作要求。

(1)振冲施工的项目部必须成立以项目经理为首,安全经理、安全员、质检员、施工员、材料员等参加的安全生产领导小组,具体负责项目工程的各项安全生产工作。

(2)根据法律规定,振冲施工项目须配备专职安全员,并保持人员相对稳定。项目部根据项目工程的规模,在施工现场设立安全机构,配备齐全安全管理人员。

(3)各级安全领导机构要建立例会制度,定期召开安全生产会议,分析安全生产情况,掌握安全生产动态,研究解决安全生产的突出问题。

(4)所有生产班组均设兼职安全员,并在班组长的领导下,负责本班的安全生产工作。

6.4.2.2 确保安全生产资金的足额、及时投入

严格按《建筑工程安全防护、文明施工措施费用及使用管理规定》(建办〔2005〕89号),每年备好安全技术措施费用,专款专用。财务部、物资部及项目部要落实项目安全生产资金及物资要求,组织力量按时完成,不断改善劳动条件。

加大安全管理投入，更新安全设施，积极采用新工艺、新技术、新材料和新设备。例如，为预防振冲施工工地触电事故，采用的三相五线制及安装漏电保护装置；对危险性较大的作业，用机械化或自动化代替手工操作等。

建立完善的安全操作规程。随着新技术、新工艺、新设备和新材料的应用，一些旧的安全操作规程已经不能满足现代施工的需要，就要求对其重新制定或加以完善，使每个施工过程都在法定的程序下进行。

6.4.2.3　加强职工安全教育

由于施工人员来源复杂，文化水平参差不齐，而且具有胆大、冒险蛮干心理较强的特点，为提高施工人员的素质，增强自防自救能力，必须重视岗前或作业前的安全教育培训，并把各种教育方法结合起来，定期实施有针对性的安全教育培训，坚持少而精，注重其适用性。安全教育培训不能脱离本岗位、本工地实际情况，要使职工感到安全教育多而不厌、勤而不烦，天天都有新东西、次次都有新内容。

6.4.2.4　定期检查和整改

安全检查可以发现隐患，避免或消除事故的发生，同时可以解决怎样开展安全检查，采取何种方式开展检查，如何把事故隐患暴露出来的问题。要求每位领导者和职工弄懂要检查对象的安全标准。施工现场的安全检查要始终坚持高标准、严要求。

编制振冲施工的施工组织设计时，对整个生产作业区和工人生活就餐居住区要统一安排，整体部署，切忌边施工、边设计、边安装。

项目部应每月定期组织安全检查，各施工段/区每周组织一次安全检查，各班组每天作业前必须进行安全检查。

6.4.3　施工的安全管理措施

根据《水利工程建设安全生产管理规定》，施工单位应当在施工组织设计中编制安全技术措施和施工现场临时用电方案，对下列达到一定规模的危险性较大的工程应当编制专项施工方案，并附具安全验算结果，经施工单位技术负责人签字以及总监理工程师核签后实施，由专职安全生产管理人员进行现场监督。

6.4.3.1　起重作业安全管理措施

（1）参加起重吊装作业的人员，包括司机、起重工、信号指挥等必须经过专业培训考核取得合格证。

（2）起重吊装作业前应该详细勘查现场，合理选用索具。

（3）起重机械进入现场后应经检查验收并按规定进行试运转。

（4）对起重运行道路应进行检查，达不到地基承载力要求时应采取铺垫措施。作业坡度不大于1‰。

（5）起重机吊装作业前应进行安全技术交底。

（6）起重应按照现行国家标准 GB 6067《起重机械安全规程》和该机说明书的规定安装幅度指示器、起高限位器、力矩限制器等安全装置。

（7）起重机工作之前应先空载运行检查，并检查各安全装置的灵敏可靠性。

（8）当起重机接近满负荷作业时，应避免起重臂杆与履带处于垂直方位。

（9）采用双机抬吊作业时，应选择起重性能相似的起重机进行作业，单机的起吊荷载不得超过额定荷载的 80%，两机吊索在作业后应保持垂直，必须同步起吊同步落位。

（10）作业时臂杆仰角，一般不超过 78°；起重作业后应将臂杆降至 40°～60°并转至顺风向。

（11）遇有 6 级及以上大风或大雨等恶劣天气时应停止起重吊装作业，雨后作业前应先试吊，确认制动器灵敏可靠后方可进行作业。

（12）起重机的吊钩和吊环严禁补焊。

6.4.3.2　预防高处坠落措施

（1）高处作业人员须经体检合格后方可上岗，严禁患有高血压病、心脏病、贫血、癫痫病等不适合高处作业的人员从事高处作业；对疲劳过度、精神不振和情绪低落的人员要停止高处作业。

（2）高处作业必须系好安全带（绳），安全带（绳）应挂在上方牢固可靠处，高处作业人员穿着灵便，衣袖、裤脚应扎紧，穿软底鞋。

（3）高处作业的平台、斜道、走道上的物品不得堆放超过允许载荷的范围，应装设防护栏杆和挡脚板或设防护立网。

（4）上下脚手架应走斜道、梯子，不得沿绳、脚手架立杆或横杆等攀爬。

（5）高处作业不得嬉戏、睡觉、打闹，不得骑坐栏杆、扶手上，不得站在栏杆外工作或凭借栏杆吊运物件。

（6）高处作业人员不得坐在平台或孔洞的边缘，不得骑坐在栏杆上，不得躺在走道上或安全网内休息，不得站在栏杆外作业或凭借栏杆起吊物件。

（7）用于高处作业的防护设施，不得擅自拆除，确因作业必需，临时拆除或变动安全防护设施时必须经项目总工程师同意，并采取相应的可靠措施，作业后应立即恢复。

6.4.3.3　施工用电管理措施

（1）施工现场必须使用三相五线制。

（2）所使用的电箱必须符合 JGJ 46《施工临时用电规范》规范要求的铁壳标准电箱，配电箱必须设置总开关，同时做到一机、一闸、一箱、一漏保。

（3）照明与动力用电严禁混用，开关上标明用电设备名称。

（4）电缆线及支线架设必须架空或埋地，架空铺设必须采用绝缘，不准直接绑扎在金属构架上，严禁用金属裸线直接绑扎。

（5）移动电箱内照明与动力用电严禁合置，应分箱设置。

（6）施工现场的用电设备、设施必须制定有效的安全管理制度，现场电线电气设备、设施必须有专业的电工经常检查整理，发现问题立即解决，凡是触及或接近带电的地方，均应设置绝缘保护装置以及安全距离等措施。电线和设备选型必须按照国家标准限定安全载流量、所有的电气设备和金属外壳必须有良好的接地和接零保护，所有的临时电源和移动电具必须装置有效的二级漏电保护开关。

（7）电缆的接头不许埋设和架空，必须接入接线盒。

（8）开关箱的电缆线长度不得大于 30m，与其控制固定式用电设备的水平距离不超过 5m。

（9）所有配电箱、开关箱必须编号，箱内电器完好。

（10）接地：工作接地的电阻不超过 4Ω。保护接零每一重复接地装置的接地电阻应不大于 10Ω，并由电工每月检测一次，做好原始记录。

（11）所有配电箱、开关箱应每月检查和维修一次，检查、维修人员必须是专职电工。检查、维修需与前一级相应的电源开关分闸断电，并悬挂停电标志牌，严禁带电作业，如必须带电作业时，应有可靠的安全措施，并派专人监护。

（12）所有电机、电气、照明器具、手动电动工具的金属外壳、不带电的外露导电部分，应做保护接零。

6.4.3.4　预防机械伤害措施

（1）进场施工设备必须按规定进行验收，合格方可使用。做好验收记录，验收人员履行验收签字手续。

（2）施工机械设备的操作人员必须身体健康，按规定经专门安全技术培训，取得上岗证书方可独立操作。

（3）操作人员要严格执行各种机具的操作规程，并按规定做好保养。

（4）施工机械设备应按技术性能的要求使用，缺少安全装置或安全装置失效的施工机械设备不得使用。

（5）手持电动工具转动时，不得撒手不管，严禁使用已经变形、破损、有故障等不合格机具。

（6）使用冲击电钻或电锤时应掌握电钻或电锤手柄，打孔时先将钻头抵在工作表面，然后开动，用力适度，避免晃动。

（7）砂轮机、砂轮锯的旋转方向不得正对设备和人，严禁使用有缺陷或裂纹的砂轮片。

（8）砂轮机或砂轮锯必须装设坚固的防护罩，无防护罩严禁使用；不得两人同时使用一个砂轮片，不得在砂轮片的侧面打磨工件。

6.4.3.5　施工现场安全管理措施

项目部要健全施工现场安全管理制度，加强对现场施工人员的安全教育，施工现场安全要达标，在施工期内必须达到 JGJ 59—2021《建筑施工安全检查标准》中的合格以上要求。

（1）各工序在施工前，技术人员都应根据施工组织设计的要求，编写有针对性的安全技术措施和方案，经审定批准的施工安全技术措施或方案应层层进行安全技术交底。接受交底的每个施工人员，都应在交底书上签字。

（2）施工现场的布置应符合防火、防爆、防洪、防雷电等安全规定及文明施工单位的要求，施工现场的生产区、生活区、办公用房、仓库、材料堆放场、停车场等均应按批准的总平面布置图进行布置。

（3）现场道路平整、坚实、保持畅通。施工现场进口处必须设置统一规定的"五牌一图"（工程概况牌、管理人员名单及电话监督牌、消防保卫牌、安全生产牌、文明施工牌和施工现场平面图），施工现场设大幅安全宣传标语。

（4）危险地点如起重机械、临时用电设施、孔洞口、基坑边沿及有害危险气体和液体存放处等，都必须按 GB 2893《安全色》、GB 2894《安全标志及其使用导则》和 GBZ 158

《工作场所职业病危害警示标识》的规定悬挂醒目的安全警示标志牌。夜间行人经过的坑、洞处应设红灯示警。

（5）施工作业人员到施工现场必须佩戴安全帽，持证上岗，非施工人员不得进入施工现场。

（6）振冲桩施工时，吊车司机及装载司机操作过程中要注意其他施工人员的安全，必须确认有关人员在安全地区时方可进行作业。同时应在吊装作业处悬挂施工警示牌。

（7）振冲器前方和下方的其他操作工不能随便触摸振冲设备。

（8）做好防风，防雷电等工作，以免威胁人员及设备的安全。

（9）夜间作业时需设置足够的照明系统，设置相应的警示灯牌信号等。

（10）项目部应依据工种特点，按照国家的劳动保护法的规定，向作业人员提供安全防护用具和安全防护服装，并书面告知危险岗位人员的操作规程和违章操作的危害。凡参与施工的人员都应按规定正确使用相应的劳动保护用品。

（11）振冲工程施工基本都是露天作业，受天气变化的影响很大，因此，在施工中要针对季节的变化制定相应施工措施，主要包括雨季施工措施和冬季施工措施，以及高温天气下的防暑降温措施。

6.5 职业健康管理体系

6.5.1 职业健康管理依据

（1）《中华人民共和国劳动法》（主席令第 28 号）；

（2）《中华人民共和国职业病防治法》（主席令第 52 号）；

（3）《作业场所职业健康监督管理暂行规定》（安全生产监督管理总局令第 23 号）。

6.5.2 职业健康管理要求

根据以上法律和标准要求，施工现场职业健康安全卫生主要包括办公室、宿舍、食堂、厕所、其他卫生管理等内容。主要要求如下：

（1）项目部成立职业健康安全保障领导小组，设立工地医务室，配备必需的现场检测、检验、治疗设备及药品。

（2）保证各项安全费用投入，配备足额劳保用品。

（3）坚持三级教育，维护职工权益。

（4）定期体检，加强防疫，杜绝传染病的发生。

（5）施工现场应设置办公室、宿舍、食堂、厕所、淋浴间、开水房文体活动室、密闭式垃圾站（或容器）及盥洗设施等临时设施。临时设施所用建筑材料应符合环保、消防要求。

（6）办公室和生活区应设密闭式垃圾容器。

（7）办公内布局合理，文件资料宜归类存放，并应保持室内清洁卫生。

（8）项目部应根据法律、法规的规定，制定施工现场的公共卫生突发事件应急预案。

（9）施工现场应配备常用药品及绷带、止血带、颈托、担架等急救器材。

（10）施工现场应设专职或兼职保洁员，负责卫生清扫和保洁。

（11）办公区和生活区应采取灭鼠、灭蚊、灭蝇、灭蟑螂等措施，并应定期投放和喷洒药物。

（12）项目部应结合季节特点，做好作业人员的饮食卫生和防暑降温、防寒保暖、防煤气中毒、防疫等工作。

（13）施工现场必须建立环境卫生管理和检查制度，并应做好检查记录。

（14）按照要求配发劳保用品并正确佩戴，特种作业时佩戴手套和防护眼罩，杜绝违章作业。

（15）高温期间，现场应为作业人员备饮用水，防止高温中暑。

6.5.3　施工现场职业健康安全卫生的措施

6.5.3.1　宿舍的管理

（1）宿舍内应保证有必要的生活空间，室内净高不得小于 2.4m，通道宽度不得小于 0.9m，每间宿舍居住人员不得超过 16 人。

（2）现场宿舍必须设置可开启式窗户，宿舍内的床铺不得超过 2 层，严禁使用通铺。

（3）宿舍内应设置生活用品专柜，有条件的宿舍设置生活用品储藏室。

（4）宿舍内应设置垃圾桶，宿舍外设置鞋柜或鞋架，生活区应提供为作业人员晾晒衣服的场地。

6.5.3.2　食堂的管理

（1）食堂必须有卫生许可证，炊事人员必须持身体健康证上岗。

（2）炊事人员上岗应穿戴洁净的工作服、工作帽和口罩，并应保持个人卫生。不得穿工作服出食堂，非炊事人员不得随意进入制作间。

（3）食堂炊具、餐具和公用饮水器具必须清洗消毒。

（4）施工现场应加强食品、原料的进货管理，食堂严禁出售变质食品。

（5）食堂应设置在远离厕所、垃圾站、有毒有害场所等有污染源的地方。

（6）食堂应设置独立的制作间、储藏间，门扇下方应设不低于 0.2m 的防鼠挡板。制作间灶台及其周边应贴瓷砖，所贴瓷砖高度不宜小于 1.5m，地面应做硬化和防滑处理。粮食存放台距墙和地面应大于 0.2m。

（7）食堂应配备必要的排风设施和冷藏设施。

（8）食堂的燃气罐应单独设置存放间，存放间应通风良好并严禁存放其他物品。

（9）食堂制作间的炊具宜存放在封闭的橱柜内，刀、盆、案板等炊具应生熟分开。食品应有遮盖，遮盖物品应用正反面标识。各种作料和副食应存放在密闭器皿内，并应有标识。

（10）食堂外应设置密闭式泔水桶，并应及时清运。

6.5.3.3　厕所的管理

（1）施工现场应设置水冲式或移动式厕所，厕所地面应硬化，门窗应齐全。蹲位之间设置隔板，隔板高度不宜低于 0.9m。

（2）厕所大小应根据作业人员的数量设置。高层建筑施上超过 8 层以后，每隔四层设置临时厕所。厕所应设专人负责清扫、消毒，化粪池应及时清掏。

6.5.3.4　其他临时设施的管理

（1）淋浴间应设置满足需要的淋浴喷头，可设置储衣柜或挂衣架。

（2）盥洗设施应设置满足作业人员使用的盥洗池，并应使用节水龙头。

（3）生活区应设置开水炉、电热水器或饮用水保温桶；施工区应配备流动保温水桶。

（4）文体活动室应配备电视机、书报、杂志等文体活动设施、用品。

（5）施工现场作业人员发生法定传染病、食物中毒或急性职业中毒时，必须在 2h 内向施工现场所在地的建设行政主管部门和有关部门报告，并应积极配合调查处理。

（6）施工人员患有法定传染病时，应及时进行隔离，并由卫生防疫部门进行处置。

6.6 施工环境保护体系

水利水电工程建设是实现人类社会发展进步的重要技术手段。水利水电工程在带给人类重大社会经济效益的同时，不容置疑地破坏了长期形成的稳定的生态环境。水利水电工程一方面实现了防洪、发电、灌溉、航运等巨大社会经济效益，同时在施工建设和运行过程中破坏了生态环境的平衡。导致水土流失、植被破坏；大气和噪声污染；大量机械污水和生活污水排放；水库工程库区水流速度减缓，降低河流自净化能力；污染物沉降、水温水质的变化影响水生生物种群的生存繁衍；库区水位抬升致使景观文物淹没，珍稀动、植物灭绝；水库下游河道水文水环境改变影响水生生物种群生存；灌溉引水水温降低加害农作物生长。凡此种种，有些不利影响是暂时的，有些是长期的；有些是明显的，有些是隐性的；有些是直接的，有些是间接的；有些是可逆的，有些是不可逆的。在环境影响方面，水利水电工程具有突出的特点；影响地域范围广阔，影响人口众多，对当地社会、经济、生态环境影响巨大，外部环境对工程也同样施以巨大的影响。深入揭示和认知这些影响规律并采取相应的防治措施，扩大和保护水利水电工程对生态环境的有利影响，消除或减轻对生态环境的不利影响，不仅是水利水电工程技术人员和环境保护工作者的职责，更是全社会的责任。

针对水利水电工程振冲工艺施工过程中造成的环境影响，应建立有效管理措施进行规避，将相应的影响降到最低，使水利水电工程可持续发展。

6.6.1 施工环境保护管理依据

《中华人民共和国水污染防治法》（主席令第 12 号）。

《中华人民共和国环境保护法》（主席令第 22 号）。

《中华人民共和国固体废物污染环境保护法》（主席令第 31 号）。

《中华人民共和国大气污染防治法》（主席令第 32 号）。

《中华人民共和国环境噪声污染防治法》（主席令第 77 号）。

6.6.2 施工现场环境保护内容

施工现场环境保护的目的是保护和改善生活环境与生态环境，防止由于施工造成的作业污染和扰民，保障现场施工人员和附近居民的身体健康。施工现场环境保护的基本内容：

（1）防止大气污染：防止施工扬尘；生产和生活的烟尘排放（锅炉、茶炉、沥青锅的消烟除尘）。

（2）防止水污染：施工废水排放；油漆、油料渗漏防治；施工现场临时食堂、厕所的污水排放。

（3）防止施工噪声污染：人为的施工噪声防治；施工机械的噪声防治。

（4）防废弃物的污染。

6.6.3　施工现场环境保护措施

6.6.3.1　防治大气污染

（1）施工垃圾的清理，使用封闭的专用垃圾道或采用容器吊运，严禁随意凌空抛洒造成扬尘。

（2）建筑垃圾要及时清运，清运时，适量洒水减少扬尘。

（3）施工期间，应适当洒水，减少扬尘污染。

（4）临时施工道路，基层要夯实，路面铺设焦渣或细石，并及时洒水，减少道路扬尘。

（5）喷砂作业应搭设封闭的作业棚和围挡设施，避免对周围场地和公用设施造成影响。

6.6.3.2　防治水污染

（1）用水设施尽量使用节能型产品，提倡节约用水，减少生活废水排放。

（2）禁止将有毒有害废弃物随意弃置，以免污染地下水和环境。

（3）生活用水经化学处理满足排放标准后方可外排。

（4）食堂污水排放时，设置简易有效的隔油池，定期清理油污和杂物，防止污染。

6.6.3.3　防噪声污染

施工现场防止噪声污染的措施如下。

（1）人为噪声的控制：施工现场提倡文明施工，建立健全控制人为噪声的管理制度。尽量减少人为的大声喧哗，增强全体施工人员防噪声扰民的自觉意识。

（2）牵扯到产生强噪声的成品、半成品加工、制作应安排在远离员工生活区的地点完成，减少因施工现场加工制作产生的噪声。

（3）尽可能选用低噪声或备有降噪设备的施工机械。对施工现场必须使用的强噪声机械（如：振冲器、空压机等）尽可能在封闭的机械棚内进行，以减少噪声的扩散。

（4）噪声等级超过 85dB 的作业环境，作业人员应使用适当的耳塞或耳罩，以减少噪声危害。

（5）采取各种措施，减低施工过程中产生的噪声，夜间施工其噪声不得超过当地有关部门的规定值。

6.6.3.4　防粉尘污染

（1）根据现场情况，可在施工场地四周设置降尘设施，如喷淋系统和雾炮机等，根据现场扬尘情况适时开启减少扬尘。

（2）采用洒水车对扬尘场地及路面洒水，减少粉尘飞扬污染环境。

（3）及时对施工区域车辆行走的便道安排人清扫洒水，减少粉尘飞扬污染环境。

（4）车辆不带泥沙出现场。在施工现场车辆出入口处铺一段石子路，定期过筛清理。同时设置洗车槽及冲洗车辆的设施，将进出车辆的车轮及车身清洗干净，防止进出车辆车轮携带泥沙进入城市路面，洗车污水经沉淀后排入指定地点。

（5）运输渣土采用侧帮与车斗底板为一体的运输车辆，运输渣土的车辆后车帮处使用彩条布或塑料布铺垫，并在车顶上用彩条布覆盖，确保运输时不遗洒。

（6）限制施工车辆的运行速度，尽量减小其运行时的扬尘。

6.6.3.5　防废弃物的污染

（1）按照废弃物的分类，对各类废弃物要挂牌标识。标识牌按要求制作，并标明各类废弃物的名称。尤其是有毒有害废弃物，要有醒目标识。

（2）产生废弃物的单位均应设置废弃物临时置放点，并在临时存放场地配备有标识的废弃物容器。

（3）施工现场对可回收的和不可回收的废弃物均需建立存放场所。

（4）有毒有害废弃物要与其他废弃物区分开，单独封闭存放，防止再次污染。

（5）有毒有害废弃物存放场（点）应设有防雨、防泄漏、防飞扬等设施。

（6）施工中的建筑垃圾，应及时清理和外运，建筑垃圾应排放到指定场所，严禁随意排放。

（7）对贮存固体废弃物的设施、设备和场所，要加强管理和维护，保证其正常运行和使用。

（8）废弃物必须按特性分类进行收集、储存。对不相容且未经安全性处理的危险废弃物，禁止混入非危险废弃物中。

（9）运输建筑材料、垃圾和工程渣土的车辆，应采取有效措施，防止建筑材料、垃圾和工程渣土飞扬、洒落或流溢，做到行驶途中不污染道路和环境。

（10）对于危险、有毒有害废弃物的运输，必须执行国家有关法规，利用密闭容器装存，防止二次污染。

（11）应尽量减少废弃物的产生量，特别是危险废弃物的产生量。

6.6.3.6　振冲施工泥浆排放管理

振冲作业产生大量泥浆，影响周围环境和施工现场，是最大的环境影响因素。应做好现场泥浆管理，及时外运或排放到指定地点，防止场地泥浆外溢，采取各种有效措施，防止在施工过程中胡乱排放泥浆，为满足环保要求与文明施工，必须在施工设计中安排好排污系统，满足环保要求。

应根据现场情况挖掘排污沟渠，集污池、储放污泥坑或运送指定地点等。须根据排浆量和排浆距离选用合适的排浆泵，宜准备多台不同规格的泥浆泵。由专人监督、检查，发现问题及时整改。

1. 泥浆排放总体方案

（1）结合振冲碎石桩施工中对施工排放（弃）要求，制定有针对性泥浆排放方案，可确保振冲施工现场干净整洁，泥浆不造成现场和环境污染。

（2）规划排污场地开挖作为沉淀池，在振冲桩施工现场设置临时集浆池收集泥浆，排至泥浆中转池，然后从中转池用泥浆泵通过管道将泥浆排至泥浆处理池进行处理。泥浆处理布置图如图 6-31 所示。

2. 泥浆排放处理系统布置

（1）泥浆收集系统：

图 6 - 31　泥浆处理布置图

1）现场泥浆收集系统包括：临时集浆池、主排浆沟、副排浆沟、大功率排污泵等。

2）在整个施工场地内，根据碎石桩施工范围、场地条件及施工机具走向，选好集浆坑位置。

3）将施工区划分成若干小施工区域，由临时集浆池向各施工区挖一条或几条深度及宽度较大的主排浆沟，作为整个施工作业区的主要排浆系统。

4）在每个小施工区内挖好通向主排浆沟的副排浆沟，副排浆沟应沿着每排桩侧进行开挖，并联通主沟形成小排浆沟系。

5）在临时集浆池上架设大功率排浆泵与泥浆中转池相连，设专人进行看护。

（2）泥浆中转输送：

1）设若干个泥浆中转池，施工机组的泥浆通过临时集浆池输送至泥浆中转池。泥浆中转池应每天清理一次，确保中转池正常使用。

2）临时集浆池的泥浆通过 3PNL 型泥浆泵抽至泥浆中转池，泥浆中转池用泥浆泵通过管道输送至泥浆沉淀池。

（3）泥浆沉淀池设计及开挖：

1）泥浆沉淀池平面尺寸视最后的排浆场地情况确定，容量应满足以上泥浆排放量及排放强度估算量的要求，并有不小于 10％的设计安全储备量。

2）泥浆沉淀池采用机械开挖，围筑土堰应分层夯实。

3）为保证人员和设备的安全，防止进入施工现场的人员或物体掉入泥浆中转池或泥浆沉淀池，在泥浆池的周围设警示标志和灯光，设置护栏。设专人 24h 昼夜巡视中转池、排浆管道和泥浆池，发现管道、围堰隐患险情及时采取补救、堵漏或加固措施，防止泥浆漫流。

（4）振冲泥浆可采用自然沉淀分离技术回收泥浆，回收的水重复应用于项目施工，减少泥浆排放和水资源的浪费。

（5）如有需要，采用除砂机进行除砂分离后，将砂集中运输至堆放地点。

第7章　振冲法地基处理检测与验收

7.1　概述

建筑工程质量涉及人民群众生命和财产安全，关乎经济社会持续健康发展。因此，《中华人民共和国建筑法》规定：建筑活动应当确保建筑工程质量和安全，符合国家的建筑工程安全标准。建筑工程勘察、设计、施工的质量必须符合国家有关建筑工程安全标准的要求。

振冲法处理第四纪覆盖层的水利水电工程属于建筑工程的一部分，其工程施工质量的检测和验收，是保证建筑工程质量的关键环节之一。工程施工质量检测是工程验收的基础，工程验收应在施工质量检验与评定工作的基础上进行。

工程质量检测与验收的重要性不言而喻，它可以保证工程质量符合标准和要求，避免工程质量问题对人民群众生命财产造成损失，同时，它也可以促进工程建设的科学、规范和可持续发展，提高工程建设的质量和效益。

7.2　检测

工程施工质量检测是指依据国家有关法律、法规、工程建设强制性标准和设计文件，对建设工程的材料、构配件、设备以及工程实体质量、使用功能等进行测试，确定其质量特性的活动。质量检测，是必不可少的一部分，工程的每个环节都涉及，环环相扣，如果其中一环出现问题，就将影响到整个工程。因此必须严格按照国家相关规定及合同质量标准进行质量检测，保证工程各项工序顺利进行，对工序质量检查给予充分重视，以提升整个工程项目施工质量管理效率。

7.2.1　检测目的

地基处理工程的检测应分析工程的地质勘察报告、地基基础设计及地基处理设计资料、了解施工工艺和施工中出现的异常情况等，然后根据地基处理目的制定检测方案，运用各种原位测试及室内土工试验等技术方法和手段，为查明拟建场地的地基承载力和变形参数、评价岩土性状、地基施工质量而进行检测研究工作。地基检测是测定地基处理后是否满足设计要求的重要环节，为工程验收投入使用或进行下一阶段施工提供重要的参数依据。

振冲法复合地基发挥了振冲法施工的多种功能，使复合地基具有一系列的工程功效，从而满足工程建筑与结构对地基的要求。然而振冲法复合地基的功能与功效，能否充分地发挥，发挥的程度如何，与一系列因素如原地基土的土质条件、碎石桩或挤密点的布设、桩体或挤密点的质量、桩间土工程性能的改善以及施工质量等直接相关。复合地基工程性能的好坏，实为一个受多种因素控制的复杂问题，需要在加固处理后进行必要的检测，根据检测结果作出具体评价。

7.2.2　检测依据

（1）国家和地方现行有关法律法规。

（2）国家和行业现行有关规程规范。

（3）行业有关主管部门的管理规定。

（4）经批准的工程立项文件、初步设计文件。

（5）岩土工程勘察报告。

（6）经批准的设计文件及相应的工程变更文件。

（7）试桩成果报告及试桩检测报告。

（8）施工图纸及设计技术要求。

（9）签订的施工合同。

7.2.3　检测时间

地基土由于振冲施工而产生了较大的超静孔隙水压力和土体扰动，使土的工程性能暂时产生了较大的削弱。土中的超静孔隙水压力的消散和土体性能的恢复都需要一定的时间。为反映振冲施工后复合地基土的真实工程性能，应使地基土有适当恢复工程性能的时间。地基土恢复工程性能时间的长短，因土的性质而异。

因此，从施工结束到开始检测试验的时间间隔应符合设计要求，当设计无要求时应符合 DL/T 5214—2016《水电水利工程振冲法地基处理技术规范》的相关规定：检测试验应在振冲施工结束并达到恢复期后进行，砂土恢复期不少于 7d，粉土恢复期不少于 15d，黏性土恢复期不少于 30d。

7.2.4　检测点选取原则

随机性原则也叫等可能原则，是指从调查对象中随机抽取部分单位。遵循随机性原则的意义在于保证样本对总体有足够大的代表性。

振冲碎石桩的质量优劣，是受多种因素，如土层性状、制桩工艺的控制、填料的性质与数量等的影响，各桩质量不可能控制得完全一致，其间存在着人为难以掌握的差异，即质量差异的随机性；但对于某些总体情况，由于掌握了一定的实践经验，能作出相应合理的主观判断，形成所谓的判定性。故检验桩点的位置，应遵循随机性与判定性相结合的原则。

对于桩体和桩间土的检测点应以随机性为主，判定性为辅，按平面均布，选择一些有针对性的点。对于复合地基载荷试验，宜以判定性为主，随机性为辅，即在桩体和桩间土检测的基础上，选择具有较好的代表性或有疑义的点位进行检测，检测深度不应小于处理地基深度。对情况较复杂且加固面积较大的工程，其检测工作可在完成 1/3 左右工程量后进行检测，以发现问题并及时采取措施。当检测发现复合地基的加固质量存在问题时，应分析原因，采取必要的补救措施。

对于无填料振冲挤密处理的砂土地基，可采用标准贯入试验、静力触探试验、重型动力触探试验及载荷试验等检测方法，检测点应以随机性与判定性相结合的方法，选择在有代表性或地基土质较差的地段，并位于振冲点围成的形心处进行检测，检测深度不应小于处理地基深度。

除此之外，检测点位置应考虑下列原则布置：

（1）具有代表性和均匀性。

（2）布置在建（构）筑物的重要部位。

（3）布置在不同工程地质条件的代表性区域。

（4）施工中出现异常的地段。

7.2.5　检测点数量

振冲碎石桩复合地基中所构筑的碎石桩，一般都具有较大的数量。尤其是大面积复合地基，碎石桩数量就更为可观。若每根桩进行检测，必然耗资大、且为时过长，也无此必要。通常是以随机性与判定性相结合的方法，选择一定数量有代表性的能综合反映总体实际情况的桩点进行检测。其中主要以载荷试验（处理后的地基竣工验收时，承载力检验应采用复合地基载荷试验）、动力触探试验、标准贯入试验、静力触探试验或其他原位测试等方法进行检测，检测点的数量应符合以下原则：

（1）载荷试验检测点数量应为每 200～400 根桩抽检 1 点，且检测点的总数不得少于 3 点。

（2）桩体密实度宜采用重型或超重型动力触探试验进行检测，检测数量根据工程重要性和工程地质条件的复杂性确定，宜为总桩数的 1%～3%，单项工程不少于 3 根，触探平均击数应达到设计要求。

（3）桩间土处理效果宜采用标准贯入试验、静力触探试验等原位测试方法，每一建筑地段不宜少于 3 孔。室内土工试验等方法进行检测，土工试验按 GB/T 50123《土工试验方法标准》和 DL/T 5355《水电水利工程土工试验规程》的有关规定执行。

无填料振冲挤密处理的砂土地基，施工质量检验可采用标准贯入试验、静力触探试验、重型动力触探试验及载荷试验等。检测点应均匀布置，并考虑地质条件的代表性区域或施工中出现异常的地段。检测点数量宜取振冲点数量的 0.5%～1.0%，总数不应少于 3 点。

7.2.6　检测内容

振冲法复合地基的检测主要分为两方面：一是施工质量的检测，主要是检测碎石桩的质量好坏，如桩数、桩径、桩位偏差、桩体密实度、桩间土处理效果等是否满足设计要求；对于无外加填料的振冲挤密而言，则主要检测振冲挤密点数量、点间距、点位偏差、振密土体的处理效果等是否满足设计要求；二是振冲法复合地基的功效检测，验证其性能是否满足设计要求的各项功效，如复合地基的承载力、变形模量、沉降量和沉降差、抗剪强度指标以及抵抗地震液化的能力等是否达到设计要求。

7.2.7　原材料检测

振冲法地基处理所用填料宜级配良好、质地坚硬、性能稳定，应经过质量检验方可使用。填料宜按 2000～5000m³ 送检一组试样进行质量检验，不足 2000m³ 时按一批次送检，填料的颗粒级配、含泥量及强度等指标应符合设计要求，具体检测方法如下：

7.2.7.1　颗粒级配

1. 仪器设备

（1）烘箱：温度控制在 （105±5）℃。

（2）天平：分度值不大于最少试样质量的 0.1％。

（3）试验筛：孔径为 2.36mm、4.75mm、9.50mm、16.0mm、19.0mm、26.5mm、31.5mm、37.5mm、53.0mm、63.0mm、75.0mm 及 90mm 的方孔筛，并附有筛底和筛盖，筛框内径为 300mm。

（4）摇筛机。

（5）浅盘。

2. 试验步骤

（1）按规定取样，并将试样缩分至不小于规定的质量，烘干或风干后备用。

（2）按规定称取试样，将试样倒入按孔径大小从上到下组合的套筛（附筛底）上，然后进行筛分。

（3）将套筛置于摇筛机上，摇筛 10mm；取下套筛，按筛孔大小顺序再逐个用手筛，筛至每分钟通过量小于试样总量的 0.1％ 为止。通过的颗粒并入下一号筛中，并和下一号筛中的试样一起过筛，顺序进行，直至各号筛全部筛完为止。当筛余颗粒的粒径大于 19.0mm 时，在筛分过程中，允许用手指拨动颗粒。

（4）称出各号筛的筛余量。

3. 结果计算与评定

（1）计算分计筛余百分率：各号筛的筛余量与试样总质量之比，应精确至 0.1％。

（2）计算累计筛余百分率：该号筛及以上各筛的分计筛余百分率之和，应精确至 1％。筛分后，如每号筛的筛余量及筛底的筛余量之和与筛分前试样质量之差超过 1％ 时，应重新试验。

（3）根据各号筛的累计筛余百分率评定该试样的颗粒级配。

7.2.7.2　含泥量

振冲法地基处理所用填料通常情况下含泥量要求不大于 5％，测试方法根据土的颗粒大小及级配情况，可采用下列两种方法：

（1）筛析法：适用于粒径为 0.075～60mm 的土。

（2）移液管法：适用于粒径小于 0.075mm 的土。

7.2.7.2.1　筛析法

1. 仪器设备

（1）试验筛：应符合现行国家标准 GB/T 6003.1《试验筛技术要求和检验　第 1 部分：金属丝编织网试验筛》的规定。

（2）粗筛：孔径为 60mm、40mm、20mm、10mm、5mm 和 2mm。

（3）细筛：孔径为 2.0mm、1.0mm、0.5mm、0.25mm、0.1mm 和 0.075mm。

（4）天平：称量为 1000g，分度值为 0.1g；称量为 200g，分度值为 0.01g。

（5）台秤：称量为 5kg，分度值为 1g。

（6）振筛机：应符合现行行业标准 DZ/T 0118《实验室用标准筛振荡机技术条件》的规定。

（7）其他：烘箱、量筒、漏斗、瓷杯、附带橡皮头研杵的研钵、瓷盘、毛刷、匙、木碾。

2. 试验步骤

（1）从风干、松散的土样中，用四分法按下列规定取出代表性试样。

1）粒径小于 2mm 的土取 100～300g。

2）最大粒径小于 10mm 的土取 300～1000g。

3）最大粒径小于 20mm 的土取 1000～2000g。

4）最大粒径小于 40mm 的土取 2000～4000g。

5）最大粒径小于 60mm 的土取 4000g 以上。

（2）砂砾土筛析法应按下列步骤进行。

1）应按标准规定的数量取出试样，称量应准确至 0.1g；当试样质量大于 500g 时，应准确至 1g。

2）将试样过 2mm 细筛，分别称出筛上和筛下土质量。

3）若 2mm 筛下的土小于试样总质量的 10%，则可省略细筛筛析。若 2mm 筛上的土小于试样总质量的 10%，则可省略粗筛筛析。

4）取 2mm 筛上试样倒入依次叠好的粗筛的最上层筛中；取 2mm 筛下试样倒入依次选好的细筛最上层筛中，进行筛析。细筛宜放在振筛机上震摇，震摇时间应为 10～15min。

5）由最大孔径筛开始，顺序将各筛取下，在白纸上用手轻叩摇晃筛，当仍有土粒漏下时，应继续轻叩摇晃筛，至无土粒漏下为止。漏下的土粒应全部放入下级筛内。并将留在各筛上的试样分别称量，当试样质量小于 500g 时，准确至 0.1g。

6）筛前试样总质量与筛后各级筛上和筛底试样质量的总和的差值不得大于试样总质量的 1%。

（3）含有黏土粒的砂砾土应按下列步骤进行。

1）将土样放在橡皮板上用土碾将黏结的土团充分碾散，用四分法取样，取样时应按标准规定称取代表性试样，置于盛有清水的瓷盆中，用搅棒搅拌，使试样充分浸润和粗细颗粒分离。

2）将浸润后的混合液过 2mm 细筛，边搅拌边冲洗边过筛，直至筛上仅留大于 2mm 的土粒为止。然后将筛上的土烘干称量，准确至 0.1g。应按标准规定进行粗筛筛析。

3）用带橡皮头的研杵研磨粒径小于 2mm 的混合液，待稍沉淀，将上部悬液过 0.075mm 筛。再向瓷盆加清水，研磨，静置过筛。如此反复，直至盆内悬液澄清。最后将全部土料倒在 0.075mm 筛上，用水冲洗，直至筛上仅留粒径大于 0.075mm 的净砂为止。

4）将粒径大于 0.075mm 的净砂烘干称量，准确至 0.01g。应按标准规定进行细筛筛析。

5）将粒径大于 2mm 的土和粒径为 2～0.075mm 的土的质量从原取土总质量中减去，即得粒径小于 0.075mm 的土的质量。

6）当粒径小于 0.075mm 的试样质量大于总质量的 10% 时，应按密度计法或移液管法测定粒径小于 0.075mm 的颗粒组成。

3. 结果计算与评定

（1）小于某粒径的试样质量占试样总质量百分数用式（7-1）计算

$$X=\frac{m_A}{m_B}d_x \qquad\qquad (7-1)$$

式中　　X——小于某粒径的试样质量占试样总质量的百分数，%；

　　　　m_A——小于某粒径的试样质量，g；

　　　　m_B——当细筛分析时或用密度计法分析时所取试样质量（粗筛分析时则为试样总质量），g；

　　　　d_x——粒径小于 2mm 或粒径小于 0.075mm 的试样质量占总质量的百分数，%。

（2）以小于某粒径的试样质量占试样总质量的百分数为纵坐标，颗粒粒径为横坐标，在单对数坐标上绘制颗粒大小分布曲线。

7.2.7.2.2　移液管法

1. 仪器设备

（1）移液管：容积为 25mL。

（2）小烧杯：容积为 50mL。

（3）天平：称量为 200g，分度值为 0.001g。

（4）其他：应符合标准规定。

2. 试验步骤

（1）取代表性试样，黏土为 10～15g，砂土为 20g，应按标准规定制取悬液。

（2）将盛试样悬液的量筒放入恒温水槽中，测计悬液温度，准确至 0.5℃。试验中悬液温度允许变化范围应为±0.5℃。

（3）可按标准式推算出粒径小于 0.05mm、0.01mm、0.005mm、0.002mm 和其他所需粒径下沉一定深度所需的静置时间。

（4）准备好移液管，将二通阀置于关闭位置，三通阀置于移液管和吸球相通的位置。

（5）用搅拌器沿悬液上、下搅拌各 30 次，时间 1min，取出搅拌器。

（6）开动秒表，根据各粒径的静置时间，提前约 10s，将移液管放入悬液中，浸入深度为 10cm，用吸球吸取悬液，吸取悬液量不应少于 25mL。

（7）旋转三通阀，使与放流口相通，将多余的悬液从放流口放出，收集后倒入原量筒内的悬液中。

（8）将移液管下口放入已称量过的小烧杯中，由上口倒入少量纯水，开三通阀使水流入移液管，连同移液管内的试样悬液流入小烧杯内。

（9）每吸取一组粒径的悬液后必须重新搅拌，再吸取另一组粒径的悬液。

（10）将烧杯内的悬液蒸发浓缩半干，在 105～110℃下烘至恒量，称小烧杯连同干土的质量，准确至 0.001g。

3. 结果计算与评定

（1）小于某粒径的试样质量占试样总质量的百分数用式（7-2）计算

$$X=\frac{m_{dx}V_x}{V_x'm_d}\times100 \qquad\qquad (7-2)$$

式中　m_{dx}——吸取悬液中（25mL）土粒的干土质量，g；

V_x——悬液总体积，取 1000mL；

V'_x——移液管每次吸取的悬液体积，取 25mL。

（2）以小于某粒径的试样质量百分数为纵坐标，粒径为横坐标，在单对数横坐标上绘制颗粒大小分布曲线。

7.2.7.3　抗压强度

1. 仪器设备

（1）压力试验机：量程不小于 1000kN，精度不大于 1%。

（2）钻石机或石材切割机。

（3）岩石磨光机。

（4）游标卡尺、角度尺等。

2. 试验步骤

（1）用游标卡尺测定试件尺寸，精确至 0.1mm，并计算顶面和底面的面积，取顶面和底面的算数平均值作为计算抗压强度所用的截面积。将试件浸没于水中浸泡（48±2）h。

（2）从水中取出试件，擦干表面，放在压力机上进行强度试验，加荷速度为 0.5～1.0MPa/s。

3. 结果计算与评定

（1）试件抗压强度用式（7-3）计算，并精确至 0.1MPa

$$R = F/A \tag{7-3}$$

式中　R——抗压强度，MPa；

F——破坏荷载，N；

A——试件的承载面积，mm^2。

（2）岩石抗压强度应取 6 个试件结果的算术平均值，给出最小值，应精确至 1MPa。

（3）对存在明显层理的岩石，应以平行层理与垂直层理的岩石抗压强度的算术平均值作为其抗压强度，应精确至 1MPa，并给出最小值。

7.2.8　工序检测

根据 DL/T 5113.1—2019《水电水利基本建设工程单元工程质量等级评定标准　第 1 部分：土建工程》，振冲法地基处理工程质量检查项目、质量标准及检测方法见表 7-1。

表 7-1　　　　　振冲法地基处理工程质量检查项目、质量标准及检测方法

项　类	检查项目	质量标准	检测方法
主控项目	1. 桩数	符合设计要求	现场检查
	2. 填料质量与数量	符合设计要求	现场检查，试验报告
	3. 桩体密实度	符合设计要求	现场检查，试验报告
	4. 桩间土密实度	符合设计要求	现场检查，试验报告
	5. 施工记录	齐全、准确、清晰	查看资料

续表

项　类	检查项目			质量标准	检测方法
一般项目	1. 加密电流			符合设计要求	现场抽查，施工记录
	2. 留振时间			符合设计要求	现场抽查，施工记录
	3. 加密段长度			符合设计要求	现场抽查，施工记录
	4. 孔深			符合设计要求	钢尺量测
	5. 桩体直径			符合设计要求	钢尺量测
	6. 桩中心位置偏差	柱基础	边缘桩	$\leqslant D/5$	钢尺量测
			内部桩	$\leqslant D/4$	钢尺量测
		大面积基础满堂布桩		$\leqslant D/4$	钢尺量测
		条形基础桩		$\leqslant D/5$	钢尺量测

注　表中 D 表示桩直径。

　　其中桩数、孔深、桩体直径等检查较为简单，本书中就不过多赘述，在施工过程中加密是振冲法施工的关键工序，应按电流、留振时间、加密段长度实施多指标综合控制。为保证施工质量，应对关键工序的重要指标进行检测，检测方式为现场旁站抽查，具体方法如下。

7.2.8.1　加密电流

　　即振密土体或填料制桩过程中，振冲器电机需达到的设计电流值。由于不同振冲器的机械性能存在一定差别，相应电机的空载电流值可能不完全一致，因此在施工中宜根据不同振冲器的空载电流对设计加密电流值做适当的增减，有利于降低不同机组施工效果的差异性。对于加密电流的控制采用自动信号控制系统，即在配电柜内设置继电器，在起重机驾驶员附近安装信号灯，颜色一般为红色，在填料加密下放振冲器过程中，达到加密电流时信号灯亮起，提示达到设计值。

7.2.8.2　留振时间

　　即振密土体或填料制桩过程中，振冲器电机维持加密电流所持续的时间。在规定留振时间内，电流值应大于或等于加密电流值。对于留振时间的控制同样采用自动信号控制系统，即在配电柜内设置继电器，在起重机驾驶员附近安装信号灯，颜色一般为黄色，在填料加密下放振冲器过程中，达到加密电流红色信号灯亮后起开始计时，达到留振时间时，黄色信号灯亮起，提示达到设计值。

7.2.8.3　加密段长度

　　即前一次加密段结束位置与本次加密段结束位置之间的距离，一般要求施工加密段长度应不大于设计加密段长度。为保证加密段长度的准确性，振冲器导杆应有明显的深度标志，一般在振冲器导杆上焊上以 1.0m 或 0.5m 为单位的刻度标志，使操作人员能较准确地掌握处理深度及加密段长度。对于加密段长度的控制一般采用现场记录，即在上一段次达到加密电流和留振时间的设计值时，记录导杆的刻度值，随后上提振冲器继续填料加密下放振冲器，当再次达到加密电流和留振时间的设计值时，再记录导杆的刻度值，两个刻度值的差值为本段次的加密段长度。

7.2.9 复合地基质量检测

振冲碎石桩施工质量的检测，主要是对碎石桩进行质量测定，常用的方法有单桩载荷试验、桩体动力触探试验等，而振冲碎石桩复合地基的质量检测，常用的方法有单桩复合地基载荷试验、多桩复合地基大型载荷试验、单桩载荷试验、桩间土载荷试验、圆锥动力触探试验、标准贯入试验、静力触探试验等。振冲挤密处理的砂土地基，施工质量及功效检测的常用方法有标准贯入试验、静力触探试验、重型动力触探试验及载荷试验等。

7.2.9.1 载荷试验

载荷试验，是指在地基上通过承压板向地基施加竖向荷载，观察所研究地基土的变形和强度规律的一种检验实验。是目前检验地基承载力的各种方法中应用最广的一种，且被公认为试验结果最准确、最可靠，被列入各国地基处理工程规范或规定中。该试验手段利用各种方法人工加荷，模拟地基或基础的实际工作状态，测试其加载后承载性能及变形特征。

1. 试验设备组成

载荷试验设备主要由静载仪、千斤顶、百分表等组成，如图 7-1 所示。

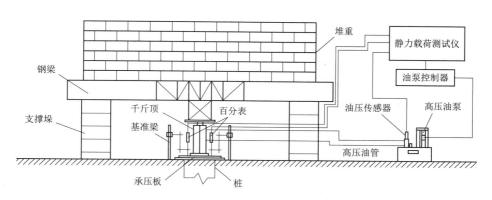

图 7-1　复合地基载荷试验设备

2. 试验方法步骤

（1）确定承压板的边长或直径。

（2）确定最大加载压力及反力。

（3）开始试验分级加载，测读沉降量。

（4）根据规范或设计要求终止试验。

（5）分级卸载，测读回弹量，结束试验。

（6）整理试验数据，分析试验结果，判定地基承载力特征值等指标。

3. 试验要点

（1）复合地基载荷试验和单桩载荷试验分别用于测定承压板下应力主要影响范围内复合土层和桩体的承载力及变形参数。单桩复合地基载荷试验的承压板可用圆形或方形，面积为一根桩所承担的处理面积；多桩复合地基载荷试验的承压板可用方形或矩形，其尺寸按实际桩数所承担的处理面积确定；单桩载荷试验的承压板可用圆形，其面积与桩的截面积相等。荷载作用点、承压板的中心应与桩的中心（或形心）保持一致。

（2）承压板底标高宜与基础设计底标高相同。承压板底面下应铺设 200mm 厚的碎石垫层并加中粗砂找平层。试验标高处的试坑长度和宽度，应不小于承压板尺寸的 3 倍。

（3）试验前应采取措施将地下水降至载荷板以下 0.5m。防止试验场地的地基土扰动，以免影响试验结果。严禁在周围存在振动干扰的情况下进行试验。

（4）加载与分级：荷载宜按等量分级施加，加载等级可分为 8～12 级。复合地基载荷试验的最大加载压力不应小于设计要求压力值的 2.0 倍。单桩载荷试验的最大加载压力不应小于设计要求压力值的 2.5 倍。

（5）沉降观测时间：每加一级荷载后，第一小时内按间隔 10min、10min、10min、15min、15min 各测计一次沉降量，以后每隔 30min 读计一次沉降量，直至沉降量达到相对稳定标准。

（6）相对稳定标准：每小时沉降量小于下列规定值时，即可加下一级荷载。

1）单桩试验时，相对稳定标准取 0.1mm/h。

2）复合地基载荷试验时，对软黏土地基，可根据经验适当放大相对稳定标准，其他均取 0.1mm/h。

（7）试验前应进行预加载，预载量宜为上覆土自重。

（8）当出现下列现象之一时可终止试验：

1）沉降急剧增大或承压板周围的土明显地侧向挤出。

2）承压板的累计沉降量已大于其宽度或直径的 6%。

3）当达不到极限荷载，而复合地基、单桩载荷试验最大加载压力已分别大于设计要求压力值的 2.0 倍和 2.5 倍。

当满足前两种情况之一时，其对应的前一级荷载定为极限荷载。

（9）卸载级数可为加载级数的一半，等量进行，每卸一级，间隔 30min 读记回弹量，待卸完全部荷载后，间隔 3h 读记总回弹量。

4. 检测结果评价

复合地基或单桩承载力特征值的判定应符合下列要求：

（1）当压力—沉降曲线上极限荷载能确定，而其值不小于对应比例界限的 2.0 倍时，可取比例界限；当其值小于对应比例界限的 2.0 倍时，可取极限荷载的一半。

（2）当压力—沉降曲线为平缓的光滑曲线时，按相对变形值确定：

1）相对变形值等于承压板沉降量与承压板宽度或直径（当承压板宽度或直径大于 2.0m 时，可按 2.0m 计算）的比值。

2）当地基土以黏性土、粉土为主时，可取相对变形值等于 0.015 所对应的压力；当地基土以砂土为主时，可取相对变形值等于 0.01 所对应的压力。

3）对有经验的地区，也可按当地经验确定相对变形值。

4）按相对变形值确定的承载力特征值不应大于最大加载压力的一半。

（3）试验点的数量不应少于 3 点，当实测值的极差不超过其平均值的 30% 时，可取其平均值作为相应的复合地基或单桩承载力特征值。

根据试验测定的承载力特征值，结合工程具体的承载力设计要求，判定处理后的复合地基或单桩承载力是否满足设计的质量要求。

7.2.9.2 圆锥动力触探试验

圆锥动力触探试验是利用一定的落锤能量，将一定尺寸、一定形状的探头打入土中，根据打入的难易程度（可用贯入度、锤击数或探头单位面积贯入阻力等表示）判定土层性质的一种原位测试方法。

1. 实验设备组成

圆锥动力触探设备由触探头、触探杆及穿心锤等组成，如图 7-2、图 7-3 所示。

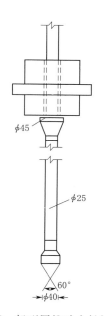

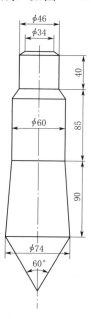

图 7-2　轻型圆锥动力触探设备　　图 7-3　重型、超重型圆锥动力触探设备（单位：mm）

圆锥动力触探试验的类型分为轻型、重型和超重型三种，每种类型试验的规格和适用范围见表 7-2、表 7-3。对于碎石桩体的质量检测一般采用重型动力触探。可采用超重型动力触探，尤其当桩体很密实或桩长过长时宜采用。

表 7-2　　　　　　　　　　　圆锥动力触探类型及规格

类　型		轻型	重型	超重型
落锤	锤的质量/kg	10	63.5	120
	落距/cm	50	76	100
探头	直径/mm	40	74	74
	锥角/(°)	60	60	60
探杆直径/mm		25	42	50～60
指标		贯入 30cm 的读数 N_{10}	贯入 10cm 的读数 $N_{63.5}$	贯入 10cm 的读数 N_{120}

表 7-3 　　　　　　　　　　圆锥动力触探的适用范围

类型＼适用范围	黏性土		粉土	砂土					碎石土（无胶结）		风化岩石	
	黏土	粉质黏土		粉砂	细砂	中砂	粗砂	砾砂	圆砾角砾	卵石碎石	极软岩	软岩
轻型												
重型												
超重型												

2. 试验方法步骤

（1）贯入前，触探架安装平稳，保持触探孔垂直。试验时穿心锤应自由下落并连续贯入。

（2）量尺读数，轻型动力触探记读每贯入 30cm 所需要的锤击数，重型、超重型动力触探记读每贯入 10cm 所需要的锤击数。

（3）对轻型动力触探，当锤击数大于 100 击或贯入 15cm 锤击数超过 50 击时，可停止试验。对重型动力触探，当锤击数连续 3 次大于 50 次时，可停止试验或改用超重型动力触探继续试验。

（4）试验后对得到的锤击数按照规范要求的杆长修正系数表进行修正。

（5）分析试验数据，判定桩体或地基土密实度、承载力等指标。

3. 试验要点

（1）采用自动落锤装置，试验时使穿心锤自由下落。

（2）触探杆最大偏斜度不应超过 2%，锤击贯入应连续进行。

（3）防止锤击偏心、探杆倾斜和侧向晃动，保持探杆垂直度。

（4）锤击速率每分钟宜为 15～30 击。

（5）每贯入 1m，宜将探杆转动一圈半，当贯入深度超过 10m，每贯入 20cm 宜转动探杆一次。

（6）对轻型动力触探，当锤击数大于 100 击或贯入 15cm 锤击数超过 50 击时，可停止试验。对重型动力触探，当锤击数连续 3 击大于 50 击时，可停止试验或改用超重型动力触探继续试验。

4. 影响因素的修正

（1）侧壁摩擦影响的修正。对于砂土和松散—中密的圆砾、卵石，触探深度在 1～15m 的范围内时，一般可不考虑侧壁摩擦的影响，如果土层较为密实或触探深度较深，可采取一定的技术措施，如泥浆护壁、分段触探等予以消除，或通过专门的试验研究，以对触探指标进行必要的修正。

（2）触探杆长度的修正。在 GB 50021—2001《岩土工程勘察规范》中规定，重型圆锥动力触探当触探杆长度大于 2m 时，锤击数须按式（7-4）进行修正

$$N_{63.5} = \alpha_1 N'_{63.5} \qquad (7-4)$$

式中　$N_{63.5}$——修正后的重型圆锥动力触探试验锤击数；

$N'_{63.5}$——实测重型圆锥动力触探锤击数；

α_1——触探杆长度修正系数，按表 7-4 选定。

表 7-4　　　　　　　　重型圆锥动力触探触探杆长度修正系数

杆长/m ＼ $N'_{63.5}$	5	10	15	20	25	30	35	40	≥50
2	1.00	1.00	1.00	1.00	1.00	1.00	1.00	1.00	—
4	0.96	0.95	0.93	0.92	0.90	0.89	0.87	0.86	0.84
6	0.93	0.90	0.88	0.85	0.83	0.81	0.79	0.78	0.75
8	0.90	0.86	0.83	0.80	0.77	0.75	0.73	0.71	0.67
10	0.88	0.83	0.79	0.75	0.72	0.69	0.67	0.64	0.61
12	0.85	0.79	0.75	0.70	0.67	0.64	0.61	0.59	0.55
14	0.82	0.76	0.71	0.66	0.62	0.58	0.56	0.53	0.50
16	0.79	0.73	0.67	0.62	0.57	0.54	0.51	0.48	0.45
18	0.77	0.70	0.63	0.57	0.53	0.49	0.46	0.43	0.40
20	0.75	0.67	0.59	0.53	0.48	0.44	0.41	0.39	0.36

超重型圆锥动力触探当触探杆长度大于 1m 时，锤击数需用式（7-5）进行修正

$$N_{120}=\alpha N'_{120} \tag{7-5}$$

式中　N_{120}——修正后的超重型圆锥动力触探试验锤击数；

N'_{120}——实测超重型圆锥动力触探锤击数；

α——触探杆长度修正系数，按表 7-5 选定。

表 7-5　　　　　　　　超重型圆锥动力触探触探杆长度修正系数

杆长/m ＼ N'_{120}	1	3	5	7	9	10	15	20	25	30	35	40
1	1.00	1.00	1.00	1.00	1.00	1.00	1.00	1.00	1.00	1.00	1.00	1.00
2	0.96	0.92	0.91	0.90	0.90	0.90	0.90	0.89	0.89	0.88	0.88	0.88
3	0.94	0.88	0.86	0.85	0.84	0.84	0.84	0.83	0.82	0.82	0.81	0.81
5	0.92	0.82	0.80	0.78	0.77	0.77	0.76	0.75	0.74	0.73	0.72	0.72
7	0.90	0.78	0.75	0.74	0.72	0.72	0.71	0.70	0.68	0.68	0.67	0.66
9	0.88	0.75	0.72	0.70	0.68	0.68	0.67	0.66	0.64	0.63	0.62	0.62
11	0.87	0.73	0.69	0.67	0.66	0.66	0.64	0.62	0.61	0.60	0.59	0.58
13	0.86	0.71	0.67	0.65	0.64	0.63	0.61	0.60	0.58	0.57	0.56	0.55
15	0.86	0.69	0.65	0.63	0.62	0.61	0.59	0.58	0.56	0.55	0.54	0.53
17	0.85	0.68	0.63	0.61	0.60	0.60	0.57	0.56	0.54	0.53	0.52	0.50
19	0.84	0.66	0.62	0.60	0.58	0.58	0.56	0.54	0.52	0.51	0.50	0.48

（3）地下水影响的修正。对于地下水位以下的中、粗、砂砾和圆砾、卵石，锤击数可用式（7-6）进行修正

$$N_{63.5} = 1.1N'_{63.5} + 1.0 \qquad\qquad (7-6)$$

式中　$N_{63.5}$——经地下水影响修正后的锤击数；

　　　$N'_{63.5}$——经触探杆长影响修正而未经地下水影响修正的锤击数。

5. 检测结果评价

（1）碎石桩质量的评定：

1）碎石桩桩体密实度评定。重型圆锥动力触探试验可沿桩轴由顶部至桩底，于各不同深处对桩体的密实度与均匀性进行检测，一般可按表 7-6 进行评定。

表 7-6　　　　　　　　　　碎石桩桩体密实度评定标准

贯入 10cm 的锤击数/次	>15	10~15	7~10	5~7	<5
密实程度	很密实	密实	较密实	不够密实	松散

2）碎石桩承载力的评定。碎石桩的承载力可根据实践经验，参照重型动力触探对碎石土地基承载力的经验数值表 7-7 选定。鉴于表中数值是属半无限地基碎石土的承载力，而碎石桩为松软介质中的碎石圆柱体，考虑其间的差别，有一定的安全储备，建议对于由表 7-7 查出的数值乘以小于 1.0 的折减系数 μ。见式（7-7）

$$f_{p,k} = \mu f_k \qquad\qquad (7-7)$$

式中　$f_{p,k}$——碎石桩的判定承载力基本值，kPa；

　　　f_k——由表 7-7 查出碎石土层承载力基本值，kPa；

　　　μ——安全折减系数，μ 可取 0.8~1.0，桩间土强度低者取小值，高者取大值。

表 7-7　　　　　　　　重型动力触探 $N_{63.5}$ 确定地基基本承载力

击数平均值 $N_{63.5}$	3	4	5	6	7	8	9	10	12	14
碎石土	140	170	200	240	280	320	360	400	470	540
中、粗、砾砂	120	150	180	220	260	300	340	380		
击数平均值 $N_{63.5}$	16	18	20	22	24	26	28	30	35	40
碎石土	600	660	720	780	830	870	900	930	970	1000

3）碎石桩变形模量的评定。初步评估碎石桩的变形模量 E_0 时，可按表 7-8 查选，并乘以相应的折减系数 μ，见式（7-8）

$$E_{0P} = \mu E_0 \qquad\qquad (7-8)$$

式中　E_{0P}——碎石桩体的估判变形模量，MPa；

　　　E_0——由表 7-8 查得的碎石土变形模量，MPa；

　　　μ——折减系数，μ 取 0.8~1.0，桩间土松软的取小值，紧硬的取大值。

表 7-8　　　　　　动力触探 $N_{63.5}$ 确定圆砾、卵石土的变形模量 E_0

击数平均值 $N_{63.5}$	3	4	5	6	7	8	9	10	12	14
E_0/MPa	10	12	14	16	18.5	21	23.5	26	30	34
击数平均值 $N_{63.5}$	16	18	20	22	24	26	28	30	35	40
E_0/MPa	37.5	41	44.5	48	51	54	56.5	59	62	64

（2）地基土的评定：

1）用重型圆锥动力触探击数确定砂土、碎石土的孔隙比和砂土的密实度，见表7-9、表7-10。

表7-9 触探击数与孔隙比的关系

土的分类	校正后的动力触探击数 $N_{63.5}$									
	3	4	5	6	7	8	9	10	12	15
中砂	1.14	0.97	0.88	0.81	0.76	0.73				
粗砂	1.05	0.9	0.8	0.73	0.68	0.64	0.62			
砾砂	0.9	0.75	0.65	0.58	0.53	0.5	0.47	0.45		
圆砾	0.73	0.62	0.55	0.5	0.46	0.43	0.41	0.39	0.36	
卵石	0.66	0.56	0.5	0.45	0.41	0.39	0.36	0.35	0.32	0.29

表7-10 触探击数与砂土密实度的关系

土的分类	$N_{63.5}$	砂土密实度	孔隙比
砾砂	<5	松散	>0.65
	5～8	稍密	0.65～0.50
	8～10	中密	0.50～0.45
	>10	密实	<0.45
粗砂	<5	松散	>0.80
	5～6.5	稍密	0.80～0.70
	6.5～9.5	中密	0.70～0.60
	>9.5	密实	<0.60
中砂	<5	松散	>0.90
	5～6	稍密	0.90～0.80
	6～9	中密	0.80～0.70
	>9	密实	<0.70

2）GB 50021—2001《岩土工程勘察规范》和GB 50007—2011《建筑地基基础设计规范》按表7-11、表7-12确定碎石土的密实度。表中锤击数是经综合修正后的平均值。

表7-11 碎石土密实度 $N_{63.5}$ 分类

重型动力触探锤击数 $N_{63.5}$	密实度	重型动力触探锤击数 $N_{63.5}$	密实度
$N_{63.5} \leqslant 5$	松散	$10 < N_{63.5} \leqslant 15$	中密
$5 < N_{63.5} \leqslant 10$	稍密	$15 < N_{63.5} \leqslant 20$	密实

注 本表适用于平均粒径等于或小于50mm，且最大粒径小于100mm的碎石土。对于平均粒径大于50mm，或最大粒径大于100mm的碎石土，可用超重型动力触探试验。

表 7 - 12　　　　　　　　　　　碎石土密实度 N_{120} 分类

超重型动力触探锤击数 N_{120}	密实度	超重型动力触探锤击数 N_{120}	密实度
$N_{120} \leqslant 3$	松散	$11 < N_{120} \leqslant 14$	密实
$3 < N_{120} \leqslant 6$	稍密	$N_{63.5} > 14$	很密
$6 < N_{120} \leqslant 11$	中密	—	—

3）根据各勘察院及科研院所的研究成果，总结出重型（超重型）动力触探试验锤击数与地基承载力关系，见表 7 - 13、表 7 - 14。

表 7 - 13　　　　　　　　动力触探 $N_{63.5}$ 确定地基基本承载力

击数平均值	7	8	9	10	12	14	16	18	20	24	26	28	30	35	40
碎石土承载力/kPa	280	320	360	400	470	540	600	660	720	830	870	900	930	970	1000

注　引用《工程地质手册》（第四版）。

表 7 - 14　　　　　　　　动力触探 N_{120} 确定地基基本承载力

击数平均值	3	4	5	6	8	10	12	14	>16
碎石土承载力/kPa	250	300	400	500	640	720	800	850	900

注　引用《工程地质手册》（第三版）。

7.2.9.3　标准贯入试验

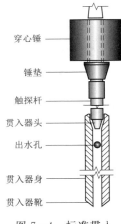

穿心锤

锤垫

触探杆

贯入器头

出水孔

贯入器身

贯入器靴

图 7-4　标准贯入
试验设备

标准贯入试验是用质量 63.5kg 的重锤按照规定的落距（76cm）自由下落，将标准规格的贯入器打入地层，根据贯入器在贯入一定深度得到的锤击数来判定土层的性质。这种测试方法适用于砂土、粉土和一般黏性土。

1. 试验设备组成

标准贯入试验设备由贯入器、触探杆及穿心锤（即落锤）组成，如图 7-4 所示。

标准贯入试验的设备规格见表 7-15。

2. 试验方法步骤

（1）钻具钻至试验土层标高以上约 15cm 处，以避免下层土受扰动。

（2）贯入前，应检查触探杆的接头，不得松脱。贯入时，穿心锤落距为 76cm，使其自由下落，将贯入器直打入土层中 15cm。以后每打入土层 30cm 的锤击数，即为实测锤击数 N。

（3）提出贯入器，取出贯入器中的土样进行鉴别描述。

（4）若需继续进行下一深度的贯入试验时，即重复上述操作步骤进行试验。

（5）试验后对得到的锤击数按照规范要求的杆长修正系数表进行修正。

（6）取出贯入器中的土样，依据相应的规程规范对其进行室内物理力学性质试验，确定土样的物理力学参数。

（7）分析试验数据，判定地基土密实度、承载力、液化等指标。

表 7 - 15 标准贯入试验设备规格

落锤		锤的质量/kg	63.5
		落距/cm	76
贯入器	对开管	长度/mm	＞500
		外径/mm	51
		内径/mm	35
	管靴	长度/mm	50～76
		刃口角度/(°)	18～20
		刃口单刃厚度/mm	2.5
钻杆		直径	42
		相对弯曲	＜1/1000

3. 试验要点

(1) 与钻探配合进行，先钻进到需要进行试验的土层标高以上约 15cm，清空后换用标准贯入器，并量得深度尺寸。

(2) 采用自动脱钩的自由落锤法进行锤击，并减少导向杆与锤间的摩阻力，避免锤击时的偏心和侧向晃动，保持贯入器、探杆、导向杆连接后的垂直度。

(3) 以每分钟 15～30 次的贯入速度将贯入器打入试验土层中，先打入 15cm 不计击数，继续贯入土中 30cm，记录锤击数 N。若地层比较密实，贯入击数较大时，也可记录贯入深度小于 30cm 的锤击数，这时需按下式换算成贯入深度为 30cm 的锤击数，见式 (7 - 9)

$$N = \frac{30n}{\Delta S} \qquad (7-9)$$

式中　n——所选取的任意贯入量的锤击数；

　　　ΔS——对应锤击数 n 击的贯入量，cm。

(4) 拔出贯入器，取出贯入器中的土样进行鉴别描述。

(5) 若需进行下一深度的贯入试验时，则继续钻进，重复上述操作步骤。一般每隔 1m 进行一次试验。

(6) 在不能保持孔壁稳定的钻孔中进行试验时，可用泥浆护壁。

4. 影响因素的修正

(1) 触探杆长度影响的修正。GB 50021—2001《岩土工程勘察规范》中规定，应用 N 值时是否修正和如何修正，应根据建立统计关系时的具体情况确定。

(2) 地下水位影响的修正。GB 50487—2008《水利水电工程地质勘察规范》中规定，当标准贯入试验贯入点深度和地下水位在试验地面以下深度，不同于工程正常运用时，实测标准贯入锤击数应按式 (7 - 10) 进行校正，并应以校正后的标准贯入锤击数 N 作为地震液化复判的依据。

$$N = N' \left(\frac{d_s + 0.9d_w + 0.7}{d'_s + 0.9d'_w + 0.7} \right) \qquad (7-10)$$

式中　N'——实测标准贯入锤击数；

　　　　d_s——工程正常运用时，标准贯入点在当时地面以下的深度，m；

　　　　d_w——工程正常运用时，地下水位在当时地面以下的深度，m，当地面淹没于水面以下时，d_w 取 0；

　　　　d'_s——标准贯入试验时，标准贯入点在当时地面以下的深度，m；

　　　　d'_w——标准贯入试验时，地下水位在当时地面以下的深度，m；若当时地面淹没于水面以下时，d'_w 取 0。

校正后标准贯入锤击数和实测标准贯入锤击数均不进行钻杆长度修正。

5. 检测结果评价

（1）密实度的评定。砂土、粉土、黏性土和花岗岩残积土等岩土性状可根据标准贯入试验实测锤击数标准值按下列规定进行评价：

1）砂土的密实度可按表 7-16 分别松散、稍密、中密和密实。

表 7-16　　　　　　　　　　　　　砂 土 的 密 实 度 分 类

标准贯入试验锤击数 N（实测平均值）	密实度	标准贯入试验锤击数 N（实测平均值）	密实度
$N \leqslant 10$	松散	$15 < N \leqslant 30$	中密
$10 < N \leqslant 15$	稍密	$N > 30$	密实

2）粉土的密实度可按表 7-17 分为松散、稍密、中密和密实。

表 7-17　　　　　　　　　　　　　粉 土 的 密 实 度 分 类

标准贯入试验锤击数 N（实测标准值）	密实度	标准贯入试验锤击数 N（实测标准值）	密实度
$N \leqslant 5$	松散	$10 < N \leqslant 15$	中密
$5 < N \leqslant 10$	稍密	$N > 15$	密实

3）黏性土的状态可按表 7-18 分为流塑、软塑、可塑、硬塑和坚硬。

表 7-18　　　　　　　　　　　　　黏 性 土 的 状 态 分 类

I_L	N'_k（修正后标准值）	状态
$0.75 < I_L \leqslant 1$	$2 < N'_k \leqslant 4$	软塑
$0.5 < I_L \leqslant 0.75$	$4 < N'_k \leqslant 8$	软可塑
$0.25 < I_L \leqslant 0.5$	$8 < N'_k \leqslant 14$	硬可塑
$0 < I_L \leqslant 0.25$	$14 < N'_k \leqslant 25$	硬塑
$I_L \leqslant 0$	$N'_k > 25$	坚硬

（2）承载力的评定。砂土、粉土、黏性土等地基土承载力特征值可根据标准贯入试验修正锤击数标准值 N_k 参照表 7-19～表 7-21 进行评定。

表 7-19　　　　　　　　　　　　　砂土承载力特征值 f_{ak}　　　　　　　　　　　　　单位：kPa

土的名称 ＼ N_k	10	20	30	50
中砂、粗砂	180	250	340	500
粉砂、细砂	140	180	250	340

表 7-20 粉土承载力特征值 f_{ak} 单位：kPa

N_k	3	4	5	6	7	8	9	10	11	12	13	14	15
f_{ak}	105	125	145	165	185	205	225	245	265	285	305	325	345

表 7-21 黏性土承载力特征值 f_{ak} 单位：kPa

N_k	3	5	7	9	11	13	15	17	19	21
f_{ak}	90	110	150	180	220	260	310	360	410	450

（3）地基液化的评定。依据 GB 50011—2010《建筑抗震设计规范》在地面下 20m 深度范围内，液化判别标准贯入锤击数临界值可用式（7-11）计算

$$N_{cr} = N_0 \beta \left[\ln(0.6 d_s + 1.5) - 0.1 d_w \right] \sqrt{3/\rho_c} \qquad (7-11)$$

式中 N_{cr}——液化判别标准贯入锤击数临界值；

N_0——液化判别标准贯入锤击数基准值，可按表 7-22 采用；

d_s——饱和土标准贯入点深度，m；

d_w——地下水位，m；

ρ_c——黏粒含量百分率，当小于 3 或为砂土时，应采用 3；

β——调整系数，设计地震第一组取 0.80，第二组取 0.95，第三组取 1.05。

注：用于液化判别的黏粒含量是采用六偏磷酸钠作分散剂测定，采用其他方法时应按有关规定换算。

表 7-22 液化判别标准贯入锤击数基准值 N_0

设计基本地震加速度/g	0.10	0.15	0.20	0.30	0.40
液化判别标准贯入锤击数基准值	7	10	12	16	19

若复合地基由式（7-11）判别后仍存在一定的液化时，则应探明各液化土层的深度和厚度，还应进一步按式（7-12）评定其液化等级，以便确定是否需要加强措施。即

$$I_{lE} = \sum_{i=1}^{n} (1 - N_i / N_{cri}) d_i w_i \qquad (7-12)$$

式中 I_{lE}——液化指数，见表 7-23；

n——在判别深度范围内每一个钻孔标准贯入试验点的总数；

N_i/N_{cri}——i 点标准贯入锤击数的实测值和临界值，当实测值大于临界值时应取临界值；当只需要判别 15m 范围以内的液化时，15m 以下的实测值可按临界值采用；

d_i——i 点所代表的土层厚度，m，可采用与标准贯入试验点相邻的上、下两标准贯入试验点深度差的一半，但上界不高于地下水位深度，下界不深于液化深度；

w_i——i 土层单位土层厚度的层位影响权函数值，m^{-1}。当该层中点深度不大于 5m 时应采用 10，等于 20m 时应采用零值，5～20m 时应按线性内插法取值。

表 7 - 23　　　　　　　　　　液化等级与液化指数的对应关系

液化等级	轻微	中等	严重
液化指数	$0 < I_{lE} < 6$	$6 < I_{lE} < 18$	> 18

7.2.9.4　静力触探试验

静力触探试验是用静力将探头以一定的速率压入土中，利用探头内的力传感器，通过电子量测器将探头受到的贯入阻力记录下来。由于贯入阻力大小与土层的性质有关，因此通过贯入阻力的变化情况，可以达到了解土层工程性质的目的。

1. 试验设备组成

静力触探试验设备主要由触探主机、反力装置、探头、探杆及测量系统构成，以及其他设备及配套工具等，见图 7 - 5。

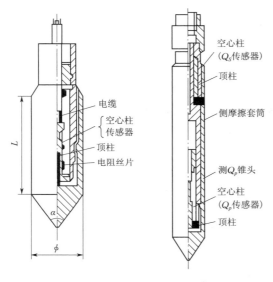

图 7 - 5　静力触探试验设备

静力触探试验的触探头根据其结构和功能，主要分为单桥触探头和双桥触探头两种，单桥触探可测定贯入阻力（p_s）、双桥触探可测定锥尖阻力（q_c）、侧壁摩阻力（f_s）和贯入时的孔隙水压力（u）。单桥触探头和双桥触探头的规格应符合表 7 - 24 的规定，且触探头的外形尺寸和结构应符合下列规定：

（1）锥头与摩擦筒应同心。

（2）双桥探头的摩擦筒应紧挨锥头，当连接部位有倒角时，其倒角应为 45°，且摩擦筒与锥头的间距不应大于 10mm。

（3）双桥探头锥头等直径部分的高度，不应超过 3mm。

2. 试验方法步骤

（1）平整试验场地，设置反力装置，将触探主机对准孔位，调平机座，并紧固在反力装置上。

表 7 - 24　　　　　　　　　　单桥和双桥静力触探头规格

锥底截面积 /cm²	锥尖直径 /mm	锥角 /(°)	单桥触探头	双桥触探头	
			有效侧壁长度 /mm	摩擦筒表面积 /cm²	摩擦筒长度 /mm
10	35.7	60	57	150	133.7
15	43.7	60	70	300	218.5
20	50.4	60	81	300	189.5

（2）将已穿入探杆内的传感器引线按要求接到测量仪器上，打开电源开关，预热并调试到正常工作状态。

（3）贯入前应试压探头，检查顶柱、锤头、摩擦筒等部件工作是否正常。

（4）采用自动记录仪时，应安装深度转换装置，并检查卷纸机运转是否正常。

（5）将探头按（1.2±0.3）m/min 均速贯入土中 0.5～1.0m 然后稍许提升，使探头传感器处于不受力状态，待探头温度与地温平衡后，仪器零位基本稳定，将仪器调零记录初始读数，即可进行正常贯入。

（6）贯入过程中，当采用自动记录时，应根据贯入阻力大小合理选用供桥电压，并随时核对，校正深度记录误差，做好记录，使用电阻应变仪或数字测力计时，一般每隔 0.1～0.2m 记录读数 1 次。

（7）当出现下列情况之一时，应终止贯入，并立即拔起：

1）孔深已达任务要求。

2）反力失效或主机已超负荷。

3）探杆明显弯曲，有断杆危险。

（8）试验结束后应及时拔起探杆，并记录仪器的回零情况。

（9）分析试验数据，判定试验结果。

3. 试验要点

（1）探头圆锥锥底截面积应采用 10cm² 或 15cm²，单桥探头侧壁高度应分别采用 57mm 或 70mm，双桥探头侧壁面积应采用 150～300cm²，锥尖锥角应为 60°。

（2）探头应匀速垂直压入土中，贯入速率为 1.2m/min。

（3）探头测力传感器应连同仪器、电缆进行标定，室内探头率定的非线性误差、重复性误差、滞后误差、温度漂移、归零误差均应小于 1%FS，现场归零误差应小于 3%，绝缘电阻不小于 500MΩ。

（4）深度记录的误差不应大于触探深度的 ±1%。

（5）当贯入深度超过 30m，或穿过厚层软土后再贯入硬土层时，应采取措施防止孔斜或断杆，也可配置测斜探头，量测触探孔的偏斜角，校正土层界线的深度。

（6）孔压探头在贯入前，应在室内保证探头应变腔为已排除气泡的液体所饱和，并在现场采取措施保持探头的饱和状态，直至探头进入地下水位以下的土层为止，在孔压静探试验过程中不得上提探头。

（7）在预定深度进行孔压消散试验时，应量测停止贯入后不同时间的孔压值，其计时间隔由密而疏合理控制；试验过程不得松动探杆。

4. 检测结果评价

（1）土层分类的评定。利用静力触探进行土层分类，由于不同类型的土可能有相同的 p_s、q_c 或 f_s 值，因此单靠某一个指标如单桥探头的 p_s，无法对土层进行正确分类。本节介绍用双桥探头和孔压探头判定土类的方法。

1）使用双桥探头，可按图 7-6 划分土类。

R_f——摩阻比，$R_f = 100f_s/q_c$，$q_c < 0.7$MPa 可划分为软土。

2）使用过滤片置于锥面的孔压探头触探时，在地下水位以下的土层可按图 7-7 划分土类。

3）使用过滤片置于锥底圆柱面处的孔压探头触探时，在地下水位以下的土层可按图 7-8 划分土类。

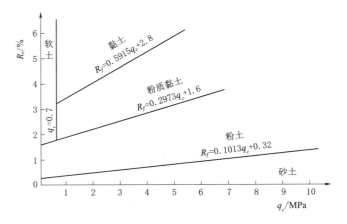

图 7 - 6 用双桥探头触探参数判别土类

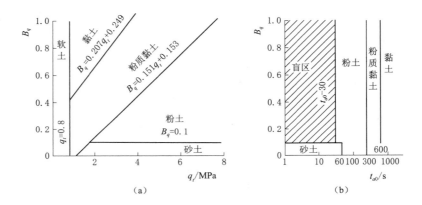

图 7 - 7 用孔压探头触探参数判别土类（过滤片置于锥面）

（a）主判别；（b）辅助判别

q_t—总锥尖阻力；B_q—超孔压比

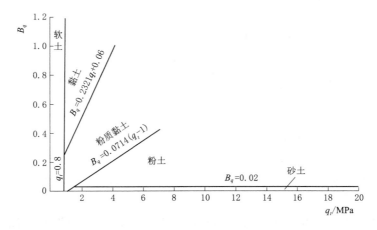

图 7 - 8 用孔压探头触探参数判别土类（过滤片置于锥底圆柱面处）

（2）地基土承载力的评定。静力触探确定地基土的承载力，国内外都是根据对比试验结果提出经验公式，建立经验公式的途径主要是将静力触探试验结果与载荷试验求得的比例界限值进行对比；并通过对比数据的相关分析得到用于特定地区或特定土性的经验公式。

1）黏性土的经验公式详见表 7 - 25。

表 7 - 25　黏性土静力触探承载力经验公式（f_0 单位为 kPa，p_s、q_c 单位为 MPa）

序号	公　式	适应范围	公式来源
1	$f_0 = 104 p_s + 26.9$	$0.3 \leqslant t_s \leqslant 6$	勘察规范（TJ 21—77）
2	$f_0 = 183.4 \sqrt{p_s} - 46$	$0 \leqslant p_s \leqslant 5$	铁三院
3	$f_0 = 17.3 p_s + 159$	北京地区老黏性土	原北京市勘察处
	$f_0 = 114.8 \lg p_s + 124.6$	北京地区新近代土	同上
4	$p_{0.026} = 91.4 p_s + 44$	$1 \leqslant p_s \leqslant 3.5$	湖北综合勘察院
5	$f_0 = 249 \lg p_s + 157.8$	$0.6 \leqslant p_s \leqslant 4$	四川省综合勘察院
6	$f_0 = 45.3 + 86 p_s$	无锡地区 $p_s = 0.3 \sim 3.5$	无锡市建筑设计室
7	$f_0 = 1167 p_s^{0.387}$	$0.24 \leqslant p_s \leqslant 2.53$	天津市建筑设计院
8	$f_0 = 87.8 p_s + 24.36$	湿陷性黄土	陕西省综合勘察院
9	$f_0 = 80 p_s + 31.8$		机械工业勘察设计研究院
	$f_0 = 98 q_s + 19.24$	黄土地基	同上
	$f_0 = 44.7 + 44 p_s$	平川型新近堆积黄土	同上
10	$f_0 = 90 p_s + 90$	贵州地区红黏土	贵州省建筑设计院
11	$f_0 = 112 p_s + 5$	软土，$0.085 < p_s < 0.9$	铁道部（1988）

2）砂土的经验公式详见表 7 - 26。

表 7 - 26　砂土静力触探承载力经验公式（f_0 单位为 kPa，p_s、q_c 单位为 MPa）

序号	公　式	适应范围	公式来源
1	$f_0 = 20 p_s + 59.5$	粉细砂 $1 < p_s < 15$	用静探测定砂土承载力
2	$f_0 = 36 p_s + 76.6$	中粗砂 $1 < p_s < 10$	联合试验小组报告
3	$f_0 = 91.7 \sqrt{p_s} - 23$	水下砂土	铁三院
4	$f_0 = (25 \sim 33) q_c$	砂土	国外

3）对于粉土可采用式（7 - 13）计算

$$f_0 = 36 p_s + 44.6 \qquad (7 - 13)$$

式中　f_0 的单位为 kPa；p_s 的单位为 MPa。

（3）地基土变形模量的评定。根据原铁道部 TB 10018《铁路工程地质原位测试规程》规定土层的压缩模量 E_s 可按照表 7 - 27 确定，地基土变形模量 E_0 可按表 7 - 28 确定。

表 7-27 E_s 值   单位：MPa

土层名称	p_s/MPa								
	0.1	0.3	0.5	0.7	1	1.3	1.8	2.5	3
软土及一般黏性土	0.9	1.9	2.6	3.3	4.5	5.7	7.7	10.5	12.5
饱和砂土	—	—	2.6~5.0	3.2~5.4	4.1~6.0	5.1~7.5	6.0~9.0	7.5~10.2	9.0~11.5
新黄土（Q_4、Q_3）	—	—	—	1.7	3.5	5.3	7.2	9.0	

土层名称	p_s/MPa								
	4	5	6	7	8	9	11	13	15
软土及一般黏性土	16.5	20.5	24.4	—	—	—	—	—	—
饱和砂土	11.5~13.0	13.0~15.0	15.0~16.5	16.5~18.5	18.5~20.0	20.0~22.5	24.0~27.0	28.0~31.0	35.0
新黄土（Q_4、Q_3）	12.6	16.3	20.0	23.6	—	—	—	—	—

注 1. E_s 为压缩曲线上 $p_1=0.1$MPa～$p_2=0.2$MPa 压力段的压缩模量。

    2. 粉土可按表列砂土 E_s 值的 70% 取值。

    3. Q_3 及其以前的黏性土和新近堆积土应根据当地经验取值或采用原状土样作压缩试验。

    4. 表内数值可内插。

表 7-28 E_0 值 经 验 公 式

公式号	土层名称		E_0 算式 /MPa	p_s 值域 /MPa	相关系数 r	标准差 s /MPa	变异系数
（Ⅰ）	老黏性土（Q_1～Q_3）		$E_0=11.78p_s-4.69$	3~6	—	—	—
（Ⅱ）	软土及饱和黏性土（Q_4）		$E_0=6.03p_s^{1.45}-0.8$	0.085~2.5	0.860	0.63	0.066
（Ⅲ）	细砂、粉砂、粉土		$E_0=3.57p_s^{0.684}$	1~20	0.840	3.9	0.219
（Ⅳ）	新黄土（Q_3、Q_4）	东南带	$E_0=13.09p_s^{0.64}$	0.5~5	0.53	11.7	0.468
（Ⅴ）		西北带	$E_0=5.95p_s+1.41$	1~5.5	0.70	7.2	0.347
（Ⅵ）		北部边缘带	$E_0=5p_s$	1~6.5	取下限值公式		

注 新近堆积土的 E_0 应根据当地经验取值或用载荷试验确定。一般工程，当 $I_p>10$ 时，按式（Ⅱ）算出 E_0 后再乘以 0.9~0.4 折减系数，折减系数随 p_s 值增加而降低。

7.2.9.5 十字板剪切试验

1. 一般规定

（1）十字板剪切试验适用于饱和软黏性土天然地基及其人工地基的不排水抗剪强度和灵敏度试验。

（2）对处理地基土质量进行验收检测时，单位工程检测数量不应少于 10 点，检测同一土层的试验有效数据不应少于 6 个点。

2. 仪器设备

（1）十字板剪切试验可分为机械式和电测式，主要设备由十字板头、记录仪、探杆与贯入设备等组成。

（2）加载设备可利用地锚反力系统、静力触探加载系统或其他加压系统。

（3）十字板头、记录仪、探杆、电缆等应作为整个测试系统按要求进行定期检定、校准或率定。

（4）现场量测仪器应与探头率定时使用的量测仪器相同，信号传输线应采用屏蔽电缆。

3. 检测试验方法

（1）场地和仪器设备安装规定：

1）检测孔位应避开地下电缆、管线及其他地下设施。

2）检测孔位场地应平整。

3）在试验过程中，机座应始终处于水平状态；地表水体下的十字板剪切试验，应采取必要措施，保证试验孔和探杆的垂直度。

（2）机械式十字板剪切试验操作规定：

1）十字板头与钻杆应逐节连接并拧紧。

2）十字板插入至试验深度后，应静止 2～3min，方可开始试验。

3）扭转剪切速率宜采用 6°～12°/min，并应在 2min 内测得峰值强度；测得峰值或稳定值后，继续测读 1min，以便确认峰值或稳定值。

4）需要测定重塑土抗剪强度时，应在峰值强度或稳定值测试完毕后，按顺时针方向连续转动 6 圈，再按第 3 款测定重塑土的不排水抗剪强度。

（3）电测式十字板剪切仪试验操作规定：

1）在十字板探头压入前，宜将探头电缆一次性穿入需用的全部探杆。

2）在现场贯入前，应连接量测仪器并对探头进行试力，确保探头能正常工作。

3）将十字板头直接缓慢贯入至预定试验深度处，使用旋转装置卡盘卡住探杆；应静止 3～5min 后，测读初始读数或调整零位，开始正式试验。

4）以 6°～12°/min 的转速施加扭力，每 1°～2°测读数据一次。当峰值或稳定值出现后，再继续测读 1min，所得峰值或稳定值即为试验土层剪切破坏时的读数 P_r。

（4）十字板插入钻孔底部深度应大于 3～5 倍孔径；对非均质或夹薄层粉细砂的软黏性土层，宜结合静力触探试验结果，选择软黏土进行试验。

（5）十字板剪切试验深度宜按工程要求确定。试验深度对原状土地基应达到应力主要影响深度，对处理土地基应达到地基处理深度；试验点竖向间距可根据地层均匀情况确定。

（6）在测定场地土的灵敏度时，宜根据土层情况和工程需要选择有代表性的孔、段进行。

（7）当出现下列情况之一时，可终止试验：

1）达到检测要求的测试深度。

2）十字板头的阻力达到额定荷载值。

3）电信号陡变或消失。

4）探杆倾斜度超过 2%。

4. 检测试验成果

（1）十字板剪切试验应记录下列信息：

1）十字板探头的编号、十字板常数、率定系数。

2）初始读数、扭矩的峰值或稳定值。

3）及时记录在贯入过程中发生的各种异常或影响正常贯入的情况。

（2）检测报告应包括下列内容：

1）每个检测孔的地基土的不排水抗剪强度、重塑土强度和灵敏度与深度的关系曲线（图表），需要时绘制抗剪强度与扭转角度的关系曲线。

2）根据土层条件和地区经验，对实测的十字板不排水抗剪强度进行修正。

3）同一土层的不排水抗剪强度、重塑土强度和灵敏度的标准值。

4）结合对比试验结果和地区经验所确定的地基承载力、估算土的液性指数、判定软黏性土的固结历史、检验地基加固改良的效果。

7.2.9.6　现场直接剪切试验

现场直剪试验可用于岩土体本身、岩土体沿软弱结构面和岩体与其他材料接触面的剪切试验，可分为岩土体在法向应力作用下的沿剪切面剪切破坏的抗剪断试验，岩土体剪断后沿剪切面继续剪切的抗剪试验（摩擦试验），法向应力为零时岩体剪切的抗切试验。

1. 一般规定

（1）现场直剪试验可在试洞、试坑、探槽或大口径钻孔内进行。当剪切面水平或近于水平时，可采用平推法或斜推法；当剪切面较陡时，可采用楔形体法。同一组试验体的岩性应基本相同，受力状态应与岩土体在工程中的实际受力状态相近。

（2）现场直剪试验每组岩体不宜少于 5 个。剪切面积不得小于 $0.25m^2$。试体最小边长不宜小于 50cm（一般采用 70cm×70cm 的方形体，与国际标准一致），高度不宜小于最小边长的 0.5 倍。试体之间的距离应大于最小边长的 1.5 倍。

（3）每组土体试验不宜少于 3 个。剪切面积不宜小于 $0.3m^2$，高度不宜小于 20cm 或为最大粒径的 4～8 倍，剪切面开缝应为最小粒径的 1/4～1/3。

2. 仪器设备（千斤顶法）

（1）试验所用的主要仪器设备应由垂直加荷装置、水平推力（拉力）装置、剪切盒、水平及垂直位移计组成。

（2）试验所用的仪器设备应符合下列规定：

1）附压力表的千斤顶 4～6 个，出力 150～200kN；压力表为 1.5 级。经称量的加重物若干块。

2）拉力计：量程为 0～100kN，最大允许差值为 1.0%F.S。

3）百分表：2～4 个，量程 10～25mm，分度值 0.01mm。

4）牵引及导向设备包括：钢丝绳、滑轮、三脚架、锚座等。

5）其他设备：加荷台、起重葫芦、秒表、土锚、工字梁、槽钢、垫块、滚珠轴承、链条钳。

3. 检测试验方法

（1）开挖试坑时应避免对试体的扰动和含水量的显著变化；在地下水位以下试验时，应避免水压力和渗流对试验的影响。

（2）施加的法向荷载、剪切荷载应位于剪切面、剪切缝的中心；或使法向荷载与剪切荷载的合力通过剪切面的中心，并保持法向荷载不变。

（3）最大法向荷载应大于设计荷载，并按等量分级；荷载精度应为试验最大荷载的±2％。

（4）每一试体的法向荷载可分4～5级施加；当法向变形达到相对稳定时，即可施加剪切荷载。

（5）每级剪切荷载按预估最大荷载的8％～10％分级等量施加，或按法向荷载的5％～10％分级等量施加；岩体按每5～10min，土体按每30s施加一级剪切荷载。

（6）当剪切变形急剧增长或剪切变形达到试体尺寸的1/10时，可终止试验。

（7）根据剪切位移大于10mm时的试验成果确定残余抗剪强度，需要时可沿剪切面继续进行摩擦试验。

4. 检测试验成果

（1）现场直剪试验结束后应将野外所得原始数据、草图进行详细检查与校对，然后进行室内系统整理。

（2）现场直剪试验成果分析应绘制剪切应力与剪切位移曲线、剪应力与垂直位移曲线，根据曲线特征确定比例强度、屈服强度、峰值强度、剪胀点和剪胀强度。

（3）绘制法向应力与比例强度、屈服强度、峰值强度、残余强度的曲线，确定相应的强度参数。

7.2.9.7 常水头渗透试验

1. 一般规定

（1）常水头渗透试验适用于粗粒土，变水头渗透试验适用于细粒土。

（2）试验用水宜采用实际作用于土中的天然水。有困难时，可用纯水或经过滤的清水。在试验前必须用抽气法或煮沸法进行脱气。试验时的水温宜高于室温3～4℃。

（3）渗透系数的最大允许差值应为$\pm2.0\times10^{-n}$cm/s，在测得的结果中取3～4个在允许差值范围内的数据，求得其平均值，作为试样在该孔隙比 e 时的渗透系数。

（4）本试验应以水温20℃为标准温度，计算标准温度下的渗透系数。

2. 仪器设备

（1）常水头渗透仪装置：封底圆筒的尺寸参数应符合现行国家标准 GB/T 15406《岩土工程仪器基本参数及通用技术条件》的规定；当使用其他尺寸的圆筒时，圆筒内径应大于试样最大粒径的10倍；玻璃测压管内径为0.6cm，分度值为0.1cm。

（2）天平：称量5000g，分度值1.0g。

（3）温度计：分度值0.5℃。

（4）其他：木锤、秒表。

3. 检测试验方法

常水头渗透试验应按下列步骤进行：

（1）应先装好仪器，并检查各管路接头处是否漏水。将调节管与供水管连通，由仪器底部充水至水位略高于金属孔板，关止水夹。

（2）取具有代表性的风干试样3～4kg，称量准确至1.0g，并测定试样的风干含水率。

（3）将试样分层装入圆筒，每层厚2～3cm，用木锤轻轻击实到一定的厚度，以控制其孔隙比。试样含黏粒较多时，应在金属孔板上加铺厚约2cm的粗砂过渡层，防止试验时细粒流失，并量出过渡层厚度。

（4）每层试样装好后，连接供水管和调节管，并由调节管中进水，微开止水夹，使试样逐渐饱和。当水面与试样顶面齐平，关止水夹。饱和时水流不应过急，以免冲动试样。

（5）按照规定逐层装试样，至试样高出上测压孔 3～4cm 为止。在试样上端铺厚约 2cm 砾石作缓冲层。待最后一层试样饱和后，继续使水位缓缓上升至溢水孔。当有水溢出时，关止水夹。

（6）试样装好后量测试样顶部至仪器上口的剩余高度，计算试样净高。称剩余试样质量，准确至 1.0g，计算装入试样总质量。

（7）静置数分钟后，检查各测压管水位是否与溢水孔齐平。不齐平时，说明试样中或测压管接头处有集气阻隔，用吸水球进行吸水排气处理。

（8）提高调节管，使其高于溢水孔，然后将调节管与供水管分开，并将供水管置于金属圆筒内。开止水夹，使水由上部注入金属圆筒内。

（9）降低调节管口，使其位于试样上部 1/3 高度处，造成水位差使水渗入试样，经调节管流出。在渗透过程中应调节供水管夹，使供水管流量略多于溢出水量。溢水孔应始终有余水溢出，以保持常水位。

（10）测压管水位稳定后，记录测压管水位，计算各测压管间的水位差。

（11）开动秒表，同时用量筒接取经一定时间的渗透水量，重复 1 次。接取渗透水量时，调节管口不得浸入水中。

（12）测计进水与出水处的水温，取平均值。

（13）降低调节管管口至试样中部及下部 1/3 处，以改变水力坡降，按标准规定重复进行测定。

（14）根据需要，可装数个不同孔隙比的试样，进行渗透系数的测定。

4. 检测试验成果

（1）常水头渗透试验渗透系数应按下列公式计算，见式（7-14）和式（7-15）

$$k_T = \frac{2QL}{At(H_1+H_2)} \tag{7-14}$$

$$k_{20} = k_T \frac{\eta_T}{\eta_{20}} \tag{7-15}$$

式中　k_T——水温 T℃时试样的渗透系数，cm/s；

　　　Q——时间 t 秒内的渗透水量，cm³；

　　　L——渗径，cm，等于两测压孔中心间的试样高度；

　　　A——试样的断面积，cm²；

　　　t——时间，s；

H_1、H_2——水位差，cm；

　　　k_{20}——标准温度（20℃）时试样的渗透系数，cm/s；

　　　η_T——T℃时水的动力黏滞系数，$1×10^{-6}$ kPa·s；

　　　η_{20}——20℃时水的动力黏滞系数，$1×10^{-5}$ kPa·s。

（2）当进行不同孔隙比下的渗透试验时，可在半对数坐标上绘制以孔隙比为纵坐标，渗透系数为横坐标的 $e-k$ 关系曲线图。

（3）常水头渗透试验的记录格式应符合 GB/T 50123—2019《土工试验方法标准》附录 D 表 D.24 的规定。

7.2.9.8　跨孔 CT 检测

1. 一般规定

（1）弹性波层析成像（CT）检测依据 DL/T 5010—2005《水电水利工程物探规程》进行。

（2）跨孔 CT 检测的测试场地宜平坦，测试孔宜布置在同一条直线上。测试孔的间距在土层中宜 2～5m，在岩层中宜取 8～15m；测试时，应根据工程情况及地质分层，沿深度方向每隔 1～2m 布置一个测点。

（3）钻孔时应注意保持井孔垂直，并宜采用泥浆护壁或下套管，套管壁与孔壁应紧密接触。测试时，振源于接收孔内的传感器应设置在同一水平面。

2. 仪器设备

试验设备主要由跨孔透射法超声波检测仪、激振控制器、记录仪等构成。

3. 检测试验方法

（1）检测部位及检测项目。弹性波层析成像（CT）主要用于检测碎石桩质量，通过在两个检测钻孔之间获取不同深度处孔壁介质的声波速度、振幅、频率等参数，间接反映出两孔之间不同深度处介质的密实程度。由于 CT 扫描数据量远远大于跨孔声波法，因此通过成像原理能够准确圈定两孔之间低速体的分布位置、规模等。

（2）观测系统布置：

1）弹性波 CT 激发、接收间距、射线分布、交叉角度及扇形扫描范围等应满足成像精度要求。

2）激发、接收点距不大于激发与接收洞间距 1/15，采用声波 CT 成像时，已充分考虑激发能量、介质强弱等因素确定两检测孔之间的距离。

（3）现场检测技术：

1）弹性波 CT 测试采用国内先进的 HX-SYO4A 型多道声波 CT 仪、Geode24 型数字地震仪，均具有数字采集和存储功能。

2）在检测工作开始前对探头的零时进行校正，同时对电缆深度标记进行复核。

3）采用扇形观测系统，使用 KXP-3A2 数字测斜仪进行孔斜测量和孔距校正。

4）钻孔宜有井液耦合，或使用干孔换能器，孔距以保证接收信号清晰为前提。

5）测试宜从孔底向孔口测试，点距不大于孔间距的 1/15。检测时每个整数标记校对一次深度。

6）孔间声波 CT 采用大功率超磁震源或电火花震源。

4. 检测试验成果

检测资料整理分析，应符合以下要求：

（1）现场采集声波原始波形初至清晰，易于判读。

（2）检测过程中及检测结束后，对测试资料进行严格检查，对不合格的记录立即进行重测。

（3）依据测量资料计算每条射线的激发和接收点坐标。

（4）弹性波 CT 处理软件应具有较好的处理效果，参数选择合理，处理结果正确。

（5）同一测线上的多组 CT 断面应拼接成一幅成果图。CT 图像采用等值线、灰度、色谱等图示方法，图像可等差分级，为了突出异常，也可变差分级。

（6）结合地质资料与其他检测成果，综合分析与解释弹性波 CT 成果。

7.2.9.9 瑞利波法

1. 一般规定

（1）面波法，本试验采用稳态振动法测定不同激振频率下瑞利波（R 波）速度弥散曲线（即 R 波波速与波长关系曲线），可以计算一个波长范围内的平均波速。

（2）面波法波速测试可采用瞬态法或稳态法，宜采用低频检波器，道间距可根据场地条件通过试验确定。

2. 仪器设备

（1）本试验所用的主要仪器设备由激振器、检波器、放大器、记录器、测斜仪、零时触发器和套管组成。

（2）本试验所用的主要仪器设备应符合下列规定：

1）激振器：可采用机械震源、电火花等，但主要是采用能正反向重复激振的井下剪切波锤。面波法采用电磁式或机械式激振器。

2）检波器：采用三分量检波器，其谐振频率一般为 $8\sim27\,\mathrm{Hz}$，检波器必须置于密封防水的无磁性圆筒内。

3）放大器：采用低噪声多通道放大器，噪声水平应低于 $2\mu\mathrm{V}$，相位一致性偏差应小于 $0.1\mathrm{ms}$，并配有可调的增益装置，电压增益应大于 $80\mathrm{dB}$，不应采用信号滤波装置。

4）记录器：可采用各种型号的示波记录器或多通道工程地震仪，记录最大允许误差应为 $1\sim2\mathrm{ms}$。

5）测斜仪：应能测量 $0°\sim360°$ 的方位角及 $0°\sim30°$ 的倾角，倾角测量允许差值应为 $0.1°$。

6）零时触发器：采用压电晶体触发器或机械触发装置，其升压时间延迟应不大于 $0.1\mathrm{ms}$。

7）套管：内径为 $76\sim85\mathrm{mm}$，壁厚为 $6\sim7\mathrm{mm}$ 的硬聚氯乙烯塑料管。

3. 检测试验方法

稳态振动面波法试验应按下列步骤进行：

（1）选择试验场地，并进行整平。

（2）可采用瞬态法或稳定法，宜采用低频检波器，间距可根据场地条件通过试验确定，以振源作为测线零点，在振源一边布置 2 个或 3 个检波器。

（3）选择适合的激振频率，开启激振器，由拾振器接受瑞利波。

（4）当两检波器接收到的振动波有相位差时，表明两检波器的间距 Δl 不等于瑞利波波长 L_R，因此，移动其中任一检波器，使两检波器记录的波形同相位（2π），然后在同一频率下，移动检波器至 2 个波长或 3 个波长处，$l=L_R$、$2L_R$、$3L_R\cdots$进行测试。试验应重复多次，一般 5 组即可。

4. 检测试验成果

（1）波形识别按下列规定进行：

1）在各测点的原始波形记录上识别出压缩波（P波）序列和剪切波（S波）序列，第1个起跳点即为压缩波的初至。然后，根据下列特征识别出第1个剪切波的到达点。

2）波幅突然增至压缩波幅2倍以上。

3）周期比压缩波周期至少增加2倍以上。

4）若采用井下剪切波锤作振源，一般压缩波的初至极性不发生变化，而第一个剪切波到达点的极性产生180°的改变，所以，极性波的交点即为第一个剪切波的到达点。

（2）瑞利波的传播速度最大允许误差应为±5%。

（3）根据整理和计算的数据，以深度为纵坐标，压缩波波速、剪切波速、动剪切模量、动弹性模量为横坐标，绘出与深度变化的关系曲线。

（4）波速试验的记录格式应符合GB/T 50123—2019《土工试验方法标准》附录D表D.84、表D.85的规定。

（5）波速测试成果分析应包括下列内容：

1）在波形记录上识别压缩波和剪切波的初值时间。

2）计算由振源到达测点的距离。

3）根据波的传播时间和距离确定波速。

4）计算岩土小应变的动弹性模量、动剪切模量和动泊松比。

7.2.9.10　地质雷达法

1. 应用特点

探地雷达技术是一种无损检测高新技术，使用高速多通道的探地雷达，测量结果精度更高，用于振冲法地基处理无损检测，具有以下一些特点。

（1）探地雷达剖面分辨率高，其分辨率是目前所有地球物理探测手段中最高的，能清晰直观地显示被探测介质体的内部结构特征。

（2）探地雷达探测效率高，对被探测目标无破坏性，其天线可以贴近或离开目标介质表明面进行探测，探测效果受现场条件影响小，适应性较强。

（3）抗干扰能力强，探地雷达探测不受机械振动干扰的影响，也不受天线中心频段以外的电磁信号干扰影响。

2. 仪器设备

地质雷达主要有以下组成：

（1）发射机。

（2）天线。

（3）接收机。

（4）数据采集系统。

（5）显示器。

（6）信号处理系统。

（7）控制系统。

（8）通信系统。

3．检测试验方法

探地雷达利用高频电磁波（主频为 $10^6 \sim 10^9$ Hz 或更高）以宽频带短脉冲形式由地面通过发射天线送入介质内部，经目标体的反射后回到表面，由接收天线接收回波信号。电磁波在介质中传播时，其路径、电磁场强度及波形随所通过的介质的电性性质及物性体界面几何形态而变化，根据接收的反射回波的双程走时、幅度、相位等信息，对介质的内部结构进行判释。然后根据所测精确时间 t 值 ns．，$1 \text{ns} = 10^{-9} \text{s}$，和已知介质中波速 v，求出目标深度。

地质雷达利用主频为 $10 \sim 100 \text{MHz}$ 甚至 GHz 的高频电磁波以宽频带脉冲的形式，通过发射天线向地下发射电磁波，经地下的各地层或某一目的体的反射或透射，被地面的接收天线所接收，其脉冲波行程所需要的时间用式（7-16）计算

$$t = \sqrt{(4h^2 + x^2)}/V \tag{7-16}$$

若地下某一地层介质波速 v 已知时，可以根据测得的精确 t 值（一般为 ns 级）来算出地下目的体反射点的深度（m），其工作原理如图 7-9 所示。

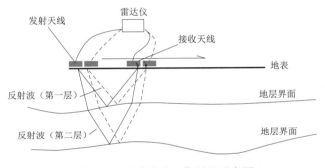

图 7-9　地质雷达工作原理示意图

结合不同检测目的和现场条件，应用地质雷达进行检测时，可以采用不同的测线布设方式，具体如下：

（1）从桩的一侧垂直穿过桩体，到桩的另一侧，应用地质雷达系统可探测桩体与两侧的扩底部分。

（2）沿着桩的周围闭合圈展开探测，使用地质雷达评价桩端扩底部分的施工质量，并给出扩大头的埋深与相对扩高等参数。

（3）从桩边垂直桩体向外进行地质雷达探测，可得知桩的扩底部分情况。

在检测过程中应用地质雷达系统，采用地质雷达点测法得到的勘测图像分辨率高，且异常信息能够直观形象地表现出来，以便检测人员了解准确的施工质量情况。

4．检测试验结果

雷达图像剖面图常以脉冲反射波的波形形式记录。波形用变面积形式表示，或者以灰度或彩色剖面形式表示。这样，同相轴或等灰线、等色线即可形象地表征出地下反射面或目的体。在波形记录图上各测点均以测线的铅垂方向记录波形，构成雷达成像剖面。根据雷达剖面图像来判断反射界面或目的体。雷达探测的分辨率、最大探测深度与采用的天线中心频率有密切关系。如果频率越高，那么检测的分辨率就越高，而穿透深度也越浅。

在检测过程中应用地质雷达系统，采用地质雷达点测法得到的勘测图像分辨率高，且异常信息能够直观形象地表现出来，以便检测人员能够了解准确的施工质量情况。

7.2.10　检测记录

对于质量检测数据的收集和记录，应贯穿检测活动的全过程，是检测的原始资料。其检测原始记录是整个检测过程和结果信息的真实记录，是被检对象质量的真实反映，是对检测结果提供客观依据的文件，作为检测过程及结果的原始凭证，也是编制检测报告的基

础并在必要时再现检定的重要依据，要保证检测记录的规范和数据处理的准确，应做好以下几点：

（1）检测记录形成单位应对记录的真实性、完整性、准确性负责。

（2）检测记录应字迹清楚，图样清晰，图标整洁，签字盖章手续应完备。

（3）检测记录纸张幅面尺寸规格宜为 A4 幅面，图纸宜采用国家标准图幅，所有图纸均应加盖图章。

（4）检测原始记录应能再现检测过程，并由试验、复核人员及时签字确认。

（5）检测原始记录不得随意修改，当需要修改时，应实行划改，并由划改人签署，检测中发现检测数据异常时，现场检测工程师应查明原因。

（6）检测的原始数据应使用电子仪器自动采集或人工记录，并且应真实准确、数据无误。

（7）检测原始记录应为原件，当为复印件时，提供单位应在复印件上加盖单位公章，并应有经办人签字及日期，提供单位应对资料的真实性负责。

（8）用于归档的电子文件应采用电子签名等手段，所载内容应真实和可靠，内容必须与其纸质文件一致。

7.2.11　检测报告

检测报告应根据原始记录出具，结论准确，用词规范，包括但不限于以下内容：

（1）检测报告编号，委托单位，工程概况，施工概况，建设、勘察、设计、监理和施工单位，地基及基础类型，设计要求，检测目的，检测依据，检测数量，检测日期。

（2）主要岩土工程勘察资料。

（3）主要岩土层结构及其物理力学指标资料。

（4）检测点或受检桩的编号、位置和相关施工记录。

（5）检测点的标高、场地标高、地基设计标高。

（6）主要检测仪器设备。

（7）检测的基本原理、方法步骤、检测过程。

（8）检测数据，实测与计算分析曲线、表格和汇总结果。

（9）检测资料的分析方法、评价结果。

（10）检测过程中的异常情况描述。

（11）与检测内容相应的检测结论。

（12）检测相关的影像资料。

其中，检测结论作为检测报告的核心内容，应依据检测记录中的各项数据，与设计文件中的技术要求进行对比，判定检测结果是否符合设计要求的各项参数，从而对于施工质量是否符合设计要求应给出明确结论。

7.3　验收

工程质量验收是指在工程建设完成后，对工程质量进行检查、评估、认可的过程，即在施工单位自行检查合格的基础上，根据设计文件和相关标准以书面形式对工程质量是否达到合格标准作出确认的活动。它是保证工程质量的重要环节，也是保障工程安全、可靠、经济的必要手段，工程质量验收的目的是确保工程质量符合国家标准和相关规定，达到设计要求和使用功能，保证工程的安全、可靠、经济和环保。

在水利水电工程中，合同工程一般按级划分为单位工程、分部工程、单元工程等三级，振冲法施工多用于建（构）筑物的地基处理，归属于地基与基础分部工程。当建（构）筑物设置基础时，振冲法地基处理按独立建筑物地基或同一建筑物地基范围内不同加固要求的区域划分，每一独立建筑物地基或不同要求的区域为一个单元工程，以单元工程进行验收，所有单元工程验收完成后再和基础部分组成分部工程进行验收；当建（构）筑物未设置基础时，所有单元工程验收完成后可直接进行分部工程进行验收。

7.3.1　验收的目的

工程验收指建设工程完成后建设单位会同设计、监理、施工、设备供应单位及工程质量监督部门，对该工程是否符合设计质量要求进行全面检验，取得合格资料、数据和凭证的过程。工程验收是全面考核建设工作，检查是否符合设计要求和工程质量的重要环节，对促进建设工程及时投产，发挥投资效果，总结建设经验有重要作用。

在水利水电工程中，振冲法地基处理在水利水电工程中一般作为分部工程或单元工程进行验收，根据其不同的验收形式，其验收的组织程序、要求、所需资料也有所不同。

7.3.2　验收的依据

振冲法地基处理工程验收时应以下列文件为主要依据：

（1）国家现行有关法律、法规、规章和技术标准。

（2）有关主管部门的规定。

（3）经批准的工程立项文件、初步设计文件、调整概算文件。

（4）经批准的设计文件及相应的工程变更文件。

（5）施工图纸及主要设备技术说明书等。

（6）签订的施工合同。

7.3.3　验收的基本原则

（1）当工程具备验收条件时，应及时组织验收。未经验收或验收不合格的工程不应交付使用或进行后续工程施工。验收工作应相互衔接，不应重复进行。

（2）工程验收应在施工质量检验与评定的基础上，对工程质量提出明确结论意见。

（3）工程验收结论应经 2/3 以上验收委员会成员同意。验收过程中发现的问题，其处理原则应由验收委员会协商确定。主任委员（组长）对争议问题有裁决权。若 1/2 以上的委员（组员）不同意裁决意见时，验收应报请验收监督管理机关决定。

（4）验收的成果性文件是验收鉴定书，验收委员会成员应在验收鉴定书上签字。对验收结论持有异议的，应将保留意见在验收鉴定书上明确记载并签字。

（5）验收资料制备由项目法人统一组织，有关单位应按要求及时完成并提交。项目法人应对提交的验收资料进行完整性、规范性检查。

7.3.4　验收的主要内容

振冲法地基处理工程验收时应包括以下主要内容：

（1）检查工程是否按照批准的设计进行建设。

（2）检查已完工程在设计、施工、设备制造安装等方面的质量及相关资料的收集、整理和归档情况。

（3）检查工程是否具备运行或进行下一阶段建设的条件。

（4）检查工程投资控制和资金使用情况。

（5）对验收遗留问题提出处理意见。

（6）对工程建设做出评价和结论。

7.3.5 验收的基本资料

振冲法地基处理工程验收时应具备下列文件和资料：

（1）岩土工程勘察资料。

（2）工程设计文件、设计变更等。

（3）施工记录、施工大事记。

（4）材料试验、施工质量自检及评定记录。

（5）施工质量缺陷记录、缺陷分析及处理结果。

（6）竣工报告及竣工图纸。

（7）工程监理报告。

（8）工程质量检测报告。

（9）其他相关资料。

7.3.6 验收的形式

7.3.6.1 分部工程验收

分部工程是单位工程的组成部分，是在一个建筑物内能组合发挥一种功能的建筑安装工程，对单位工程安全、功能或效益起决定性作用的分部工程为主要分部工程。分部工程验收管理流程分为验收申请、现场验收、问题整改、整理资料与归档等4个环节。

1. 应具备的条件

（1）所有单元工程已验收、评定完成。

（2）已完单元工程施工质量经评定全部合格，有关质量缺陷已处理完毕或有监理机构批准的处理意见。

（3）合同约定的其他条件。

2. 参加单位及人员

（1）组织单位。

监理单位：总监理工程师。

（2）参加单位。

建设单位：项目负责人。

勘察单位：项目负责人。

设计单位：项目负责人。

施工单位：项目负责人、项目技术负责人、公司技术及质量部门负责人。

大型工程分部工程验收工作组成员应具有中级及其以上技术职称或相应执业资格；其他工程的验收工作组成员应具有相应的专业知识或执业资格。参加分部工程验收的每个单位代表人数不宜超过 2 名。

3. 验收的资料准备

（1）进行分部工程验收前，监理单位应督促施工单位及时完成下列主要验收文件、资料的准备工作：

1）分部工程竣工图纸（包括工程竣工图、设计变更和施工技术要求等）、目录及其说明。

2）分部工程验收施工报告（包括工程概况，重大设计与施工变更，合同工期和实际开工、完工日期，合同工程量和实际完成工程量，分部工程施工情况，施工质量事故及重大施工质量缺陷处理，施工质量检验数据分析，安全生产与施工环境保护事故处理等）。

3）施工生产性试验、施工质量检查、施工期测量成果等文件。

4）单元工程的检查记录和影像资料。

5）单元、分部工程施工质量检查及已有的施工过程验收签证。

6）施工地质报告（含图纸）、施工测量报告（含图纸）。

7）施工质量事故及重大施工质量缺陷处理和处理后的检查记录。

8）安全生产、施工环境保护事故记录、分析资料及其处理结果。

9）施工大事记和施工原始记录。

10）建设单位或监理单位要求报送的其他资料。

（2）监理单位应在分部工程验收前完成监理工作报告的编写。分部工程验收监理工作报告的内容，可结合工程验收要求确定。

4. 验收的主要内容

（1）检查工程是否达到设计标准或合同约定标准的要求。

（2）评定工程施工质量等级。

（3）对验收中发现的问题提出处理意见。

5. 验收的工作程序

（1）进行分部工程验收的 14d 前，监理单位应督促施工单位提交分部工程验收申请，并及时完成验收文件、资料的准备工作。

（2）监理单位接收施工单位报送的分部工程验收申请后，应在 3d 内完成对验收文件的预审、预验。对不符合验收条件或对报送文件持异议的，应在规定期限内通知施工单位补充完善。

（3）通过预审、预验后，监理单位应及时报告建设单位，在 7d 内组织进行分部工程验收。

（4）分部工程验收应按以下程序进行：

1）听取施工单位工程建设和单元工程质量评定情况的汇报。

2）现场检查工程完成情况和工程质量。

3）检查单元工程质量评定及相关档案资料。

4）讨论并通过分部工程验收鉴定书。

（5）监理单位经现场验收和工程质量、资料检查后，讨论并通过《分部工程验收鉴定书》，详见表 7-29。

（6）《分部工程验收鉴定书》经质量监督机构核备，在验收鉴定书通过之日起 30d 内，由监理单位负责发送至相关单位。

（7）分部工程验收遗留问题处理情况应有书面记录并有相关责任单位代表签字，书面记录应随《分部工程验收鉴定书》一并归档。

（8）验收中发现有质量缺陷或质量不合格的情况，由监理单位组织施工单位及时进行处理，整改后重新检查验收，直到合格为止。

（9）整改结束后，施工单位汇总整理验收资料，移交建设单位归档。

表 7－29　　　　　　　　　　　　　　**分部工程验收鉴定书**

编号：
×××××工程 ××××分部工程验收 鉴 定 书 　　　单位工程名称： ××××分部工程验收工作组 年　　月　　日
前言（包括验收依据、组织机构、验收过程等） 一、分部工程开工完工日期 二、分部工程建设内容 三、施工过程及完成的主要工程量 四、质量事故及质量缺陷处理情况 五、拟验工程质量评定（包括单元工程、主要单元工程个数、合格率和优良率；施工单位自评结果；监理单位复核意见；分部工程质量等级评定意见） 六、验收遗留问题及处理意见 七、结论 八、保留意见（保留意见人签字） 九、分部工程验收工作组成员签字表 十、附件：验收遗留问题处理记录

6. 质量评定标准

（1）施工质量同时满足下列标准时，其质量评为合格：

1）所含单元工程的质量全部合格。质量事故及质量缺陷已按要求处理，并经检验合格。

2）原材料质量检验全部合格。

（2）施工质量同时满足下列标准时，其质量评为优良：

1）所含单元工程质量全部合格，其中 70％以上达到优良等级，关键部位单元工程质量优良率达 90％以上，且未发生过质量事故。

2）原材料质量检验全部合格。

（3）当达不到合格标准时，应及时处理。处理后的质量等级应按下列规定重新评定：

1）全部返工重做的，可重新评定质量等级。

2）经加固补强并经设计和监理单位鉴定能达到设计要求时，其质量评定为合格。

3）全部返工重做的单元工程，经检验达到优良标准时，可评为优良等级。

7.3.6.2　单元工程验收

单元工程是分部工程的组成部分，在分部工程中由几个工序（或工种）施工完成的最小综合体，是日常质量考核的基本单位。单元工程验收管理流程分为自检与评定、验收、整改、整理资料与归档等 4 个环节。

1．应具备的条件

单元工程相关工序或检验批自检合格，质量验收资料完整。包括各工序使用的原材料及工序等全部验收合格，检验资料齐全、完整。

2．参加单位及人员

（1）组织单位。

监理单位：专业监理工程师。

（2）参加单位。

建设单位：专业负责人。

设计单位：设计代表。

施工单位：项目质量负责人。

3．验收的工作程序

（1）施工过程中验收。在施工过程中专业监理工程师应对加密电流、留振时间、加密段长度等项目进行旁站验收。

（2）施工完成后验收：

1）资料完整后，施工单位填写《振冲法地基处理单元工程质量等级评定表》（详见表 7-30），在 24h 内报监理单位。

2）监理单位收到施工单位提交的《振冲法地基处理单元工程质量等级评定表》，在 24h 内组织开展单元工程验收。

3）监理单位负责组织单元工程质量验收，建设单位专业负责人、设计单位设计代表以及施工单位项目质量负责人参加验收。

4）监理单位专业监理工程师主持单元工程验收工作时，施工单位应按工序或检验批留出足够的时间，进行单元工程验收与质量评定。

5）在一个单元工程完工后，一般情况下应在 7d 内做完验收与质量评定工作。

6）单元工程质量验收中发现有质量缺陷或质量不合格的情况，由监理单位组织施工单位及时进行处理，整改后重新检查验收，直到合格为止。

7）整改结束后，施工单位汇总整理验收资料，移交建设单位归档。

4．质量评定标准

（1）单元工程施工质量应按照下列标准评定：

1）合格：主控项目桩体密实度、桩间土密实度有不小于 90％的检查点符合质量标准，其他主控项目全部符合质量标准，一般项目不小于 70％的检查点符合质量标准。

2）优良：主控项目全部符合标准，一般项目不小于 90％的检查点符合质量标准。

（2）当达不到合格标准时，应及时处理。处理后的质量等级应按下列规定重新评定：

1）全部返工重做的，可重新评定质量等级。

2）经加固补强并经设计和监理单位鉴定能达到设计要求时，其质量评定为合格。

3）全部返工重做的单元工程，经检验达到优良标准时，可评为优良等级。

表 7-30　　　　　　　　振冲法地基处理单元工程质量等级评定表

单位工程名称				单元工程量		
分部工程名称				施工单位		
单元工程名称				检验日期		年 月 日

项类		检查项目	质量标准	各项检测结果
主控项目	1	桩数	符合设计要求	
	2	填料质量与数量	符合设计要求	
	3	桩体密实度	符合设计要求	
	4	桩间土密实度	符合设计要求	
	5	施工记录	齐全、准确、清晰	
一般项目	1	加密电流	符合设计要求	
	2	留振时间	符合设计要求	
	3	加密段长度	符合设计要求	
	4	孔深	符合设计要求	
	5	桩体直径	符合设计要求	
	6	桩中心位置偏差	（1）柱基础边缘桩$\leqslant D/5$，柱基础内部桩$\leqslant D/4$ （2）大面积基础满堂布桩$\leqslant D/4$ （3）条形基础桩$\leqslant D/5$（注：D表示桩直径）	

本单元工程共有振冲桩　　　　根，主控项目　　　　%符合标准，一般项目　　　　%符合标准		
单元工程效果检查	复合地基承载力 $f=$　　　　　kPa	
	其他：	

评　定　意　见	单元工程质量等级
施工单位　　　　　　　年　月　日	监理单位　　　　年　月　日

注1：各项检测结果凡可用数据表示的均应填写数据，不便用数据表示的可用符号表示，"√"表示"符合质量标准"；"×"表示"不符合质量标准"。

注2：单元工程效果检查中的"其他"一栏中可以填写桩的开挖检查情况等。

第8章 无基坑筑坝技术

8.1 概述

无基坑筑坝技术是指在深厚砂及砂卵砾石覆盖层河床上筑坝，不需要传统坝基基坑开挖的筑坝技术，分为"土石坝无基坑筑坝技术"和"混凝土闸坝无基坑筑坝技术"。该技术的产生源于三点：一是随着现代振冲施工设备及技术能力的提高，具备了对35m以上甚至100m深度的深厚砂砾石层进行振冲挤密处理的施工技术条件；二是防渗技术及施工手段的改进，对于深厚覆盖层及水下填筑坝体挤密后的防渗处理有了更先进可靠的技术条件；三是在深厚的砂卵砾石河床覆盖层上坝基开挖困难，代价巨大，随着经济社会的发展，对于生态环境保护的要求日益提高。无基坑筑坝技术是经多个工程实践探索和经验总结研究提炼出的一项实用技术，在水利水电工程中应用前景广阔。该技术被水利部科技推广中心列入水利先进实用技术重点推广指导目录，被认定为水利先进实用技术。

8.2 土石坝的无基坑筑坝技术

8.2.1 土石坝无基坑筑坝技术的提出

在世界坝工建设中，土石坝是目前发展最快、分布最广、数量最多的坝型，它对地基要求相对较低，一般来说只要能进行防渗处理的地基，均可满足修建土石坝的要求。但是土石坝施工导流不如混凝土坝方便，如何提高施工速度，降低土石坝构筑过程的度汛风险，是建造土石坝需要深入研究的重要课题。

在河床上修建土石坝，按传统的构筑方法，一般先在拦河坝上下游坝基开挖线以外填筑施工围堰，对围堰进行防渗处理使其闭气后，进行基坑抽水和开挖，再进行坝基防渗处理和度汛堰体的填筑。对于在砂砾石覆盖层较厚的河床上进行土坝施工，按传统方法，围堰防渗、抽水和基坑开挖往往已占去枯水期较多的时间，留给坝基防渗处理和度汛坝体填筑的施工时间相对较少，加大了施工强度，给施工进度安排造成了较大困难，增加施工费用。

经过若干工程实践和探索，提出一种新的在砂卵砾石河床上构筑土石坝方式，称为"土石坝无基坑筑坝技术"，即利用枯水期，在适宜布置土石坝的河床上下游坝坡脚处抛填块石，形成戗堤，往上、下游戗堤之间堆填砂砾石或石渣料形成旱地坝基平台，并进行振冲挤密处理。在坝基平台上同时进行坝基防渗处理和大坝拦洪度汛体的施工。该设计方法将上、下游围堰与大坝结合为一体，抬高坝基，不用进行河床坝基开挖，无需堰体防渗，无需基坑抽水，施工干扰少，工作效率高，为一次截断河床，全年施工的土石坝度汛提供

218

了重要的技术保障，并能节省工程投资。因无坝基开挖，减少了弃渣外运和渣场用地，有利于工程环境保护。

土石坝的无基坑筑坝技术，是根据现代施工机械设备能力，在研究清楚地基振冲挤密效果、防渗措施的可靠性、施工速度以及筑坝料在施工过程和完建后的变形特性之后，采用直接向水下堆填砂砾或石渣等筑坝料抬高河床坝基至水面之上的筑坝方式。土石坝无基坑筑坝典型断面图如图8-1所示。它实质是利用振冲地基处理技术，使坝体结构设计与施工导流设计合理组合，该技术能有效地简化施工工序，提高工效，加快工程进度，降低土石坝施工期风险。

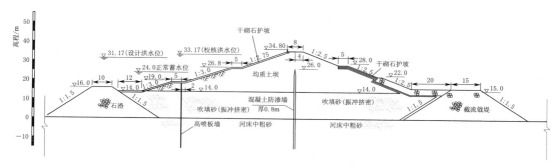

图8-1　土石坝无基坑筑坝典型断面图

8.2.2　土石坝无基坑筑坝设计要点

1. 坝基平台及戗堤高程和位置的确定

坝基水上施工平台的施工选择在枯水时段进行，由于坝基水上施工平台使用时段较短，平台面与河床面的高差较小，坝基水上施工平台及戗堤高程的确定可选用枯水时段围堰正常应用时的洪水标准的下限。

如大隆土坝导流建筑物为4级，若用土石结构其设计洪水标准为10～20年一遇，采用河床一次截流，取其下限即枯水期10年一遇的流量，相应上、下游的水位分别为17.2m和14.1m，据此拟定坝基水上施工平台高程为18.0m。飞来峡枢纽右岸河床土坝导流建筑物也为4级，戗堤截流选在汛末进行，坝基水下填料采用吹填河床砂，坝址11月10年一遇的流量相应上游水位为13.0，据此定出的坝基吹填砂水上施工平台高程为14.0m。

无基坑筑坝戗堤高程一般取坝基施工平台高程加1～2m超高，下游戗堤可结合排水棱体进行布置。戗堤位置可在坝坡脚以内，也可以在坝坡脚以外，需根据戗堤基础地层条件计算后确定。

2. 上、下游戗堤内填料选择

上、下游戗堤内填料选择原则应因地制宜，充分利用附近河床较丰富砂砾料和枢纽其他建筑物的开挖石渣料，以利于降低工程投资。

如飞来峡水利枢纽泄洪闸孔孔底基本与原河床底平齐，在坝址上、下游河床取砂后均很容易天然补给，飞来峡戗堤内填料工程量较大，因此河床土坝直接采用在距坝脚一定距离处取砂往戗堤内吹填。大隆水利枢纽坝基水下填料首选库区内距坝上游坡脚300m以外至 3km 以内，有一定级配且适宜数 $S_n < 20$ 的砂砾料，粒径控制在 20cm 以内的砂砾料占 90% 以上。在上下游戗堤结合部要填符合反滤要求且有一定厚度的坚硬砾料。对粗砾含量较多的填料，其水上铺填厚度要严格控制在 1.0m 之内，否则会形成粗料过于集中，将影响振冲和防渗墙施工。大隆工程填砂初期未控制好粒径和厚度造成大粒径料局部集中，给振冲和防渗墙造成较大困难，调整铺填厚度和粒径后，大大地加快了施工的精度。

3. 坝基平台振冲加密处理

坝基平台振冲加密处理设计需根据坝高、河床覆盖层深度和平台填料成分确定，经振冲加密处理后需满足相应筑坝密实度要求。

飞来峡水利枢纽右岸河床土坝坝基平台水下填料采用吹填河床砂，吹填砂的最大层厚达 14m。需对原河床松散砂层和吹填砂进行振冲挤密处理，主要是解决砂层地震液化问题。根据振冲原位试验确定的孔距、孔深及相关振冲参数，将填砂区域依地形分区，按 3.0m 三角形布置，孔深 5～20m。经有限元分析，振冲处理后的河床段土坝基础，其液化安全度明显提高，无单元发生液化。

大隆水利枢纽拦河土坝坝基河床表层 5m 较为松散，其上部为 5～8m 水下砂砾填料，拟对二者同时进行振冲加密处理。经现场原位试验，采用 120～150kW 大功率振冲器。按 2.5m 三角形布置，要求相对密度 $D_r > 0.7$，用重（Ⅱ）型动力触探跟踪检测。

4. 坝基平台防渗设计

坝基平台及河床覆盖层防渗一般采用防渗墙垂直防渗。以大隆枢纽工程为例，用混凝土防渗墙截断平台以下砂砾石层透水坝基，混凝土防渗墙下设防渗帷幕至基岩相对不透水层，防渗墙顶与上部土坝防渗体相接，墙帽插入防渗体深度为坝高的 1/10，其顶部和两侧采用含水率高于最优含水率的高塑性土填筑。坝基防渗线布置是本工程水上坝基平台施工的关键，其布置原则：一是布置在土防渗体上游坡脚起 1/3～1/2 的坝底宽度处；二是尽量不影响度汛临时挡水坝体的施工；三是防渗墙要与度汛临时挡水坝体结合后具备挡施工设计洪水的功能。度汛临时坝体的封闭与防渗线位置密切相关，布置时要根据填筑能力进行工期等相关计算，满足工期要求才最后确定位置。

5. 度汛临时挡水坝体设计

对于一次截断河床全年施工的土石坝而言，安全度过第一个汛期极为重要。临时拦洪度汛体设计为大坝防渗体的一部分是合理而经济的选择。如大隆土坝度汛体填筑量约 105 万 m^3，高峰月填筑强度 21.8m^3，实际防渗料有效施工日不足 100d。本工程度汛体实际上是拦河坝的一部分，下接防渗墙，无基坑筑坝方式为度汛体和防渗墙、帷幕同时平行施工提供重要平台，防渗线布置既要满足永久防渗要求，又要满足度汛体防渗需要，还要尽量减少坝体填筑和坝基防渗处理的施工干扰。无基坑筑坝技术将土石坝度汛体施工设计与大坝结构设计及坝基设计紧密结合，减轻了度汛施工压力。

8.2.3　无基坑水下筑坝的优点分析

1. 加快汛期挡水坝体临时拦洪断面的填筑速度，缩短工期

采用无基坑水下筑坝由于简化施工工序，加快汛期临时拦洪断面或挡水坝体的填筑速度，降低了土石坝的施工期风险。飞来峡水利枢纽右岸河床土坝 1998 年 8 月底完成下游戗堤截流到 1999 年 3 月底正式蓄水，共用 7 个月的时间，也就是说在一个枯水期完成了大坝的填筑和防渗墙的施工并投入使用。大隆水利枢纽主体工程于 2004 年 12 月中旬开工，2005 年 2 月中旬戗堤截流完成，拦河坝临时度汛体防渗土料有效施工日不足 100d，由于采用无基坑水下筑坝方式，使得在 5 月前完成度汛体填筑，该设计方案是安全度过 2005 年第 18 号超强台风所形成的百年一遇洪峰的关键技术保障。

2. 节省投资提高经济效益

坝基平台水下填料充分利用附近河床砂砾料和枢纽其他建筑物的开挖石渣料（弃渣利用料）。如白石窑小江土坝坝基水下填料采用抛填大江基坑开挖弃渣料和下游河床砂砾料；飞来峡河床土坝戗堤内平台填料直接利用河床沙吹填；大隆拦河土坝坝基平台填料利用库区河滩砂砾料和溢洪道开挖弃渣料。由于这些填料单价低，大大节省工程投资。若计入上下游围堰及堰体防渗和基坑抽排水费用后，采用无基水下坑筑坝技术一般可节省该部分坝体投资 20% 左右。

例如大隆拦河土坝若采用大开挖方案，要开挖土坝截水槽和坝基范围内河床上部松散层和淤泥质透镜体，围堰需进行防渗，所以开挖方案需挖除河床覆盖层 100 万 m³ 以上，并填回相应的土料，计入上下游围堰及堰体防渗和基坑抽排水后，采用无基坑水下筑坝方案比大开挖方案要节省大坝工程投资约 3000 万元。

3. 减少弃渣及料场、渣场征地

采用无基坑筑坝技术，大大减少了基坑开挖，相应减少弃渣及料场、渣场征地，节省相应的水保、环保措施，有利于生态环境保护。如大隆拦河土坝采用无基坑筑坝技术减少挖除河床覆盖层 100 万 m³ 以上，相应减少料场开采土料 100 万 m³ 以上，大大节省了渣场、料场征地及相应水保、环保措施。

8.3　混凝土闸坝的无基坑筑坝技术

在深厚砂及砂砾卵石覆盖层的河床上修建混凝土坝，设计方案需要充分利用地形条件，妥善处理地基承载力、抗滑稳定、坝基及岸坡防渗处理、软基上消能防冲等问题。随着振冲技术的飞速发展，对于较松散的砂及砂砾石河床地基进行振冲处理后，可加强地基的整体性和稳定性，改善和提高地基的物理力学性能，从而实现在该类河床地基上建筑 30~40m 高的混凝土闸坝。

在对多个工程实例的基础进行总结后，与土石坝无基坑筑坝技术类似，提出了砂及砂砾石河床上的混凝土坝无基坑筑坝技术。利用枯水期，在混凝土闸坝上游铺盖和下游消力池及护坦之外抛填块石形成上、下游戗堤，往两戗堤间堆填一定级配要求的砂石料，进行振冲加密处理。上游铺盖下设置防渗墙，下游消力池尾部设置防冲墙，防冲墙后抛填一定宽度块石，保证消力池与下游河床以小坡降衔接，如需要可在抛填块石之外再设置一道防冲墙。混凝土闸坝无基坑筑坝典型断面图如图 8-2 所示。

振冲处理地基时可根据枢纽中不同的混凝土建筑物对基础承载力的大小要求，将建筑物基础范围划分区域处理。通过振冲原位试验确定振冲桩桩距，针对不同地基层次的地质特点，采用不同的振冲桩型式，并选择合适的振冲设备。

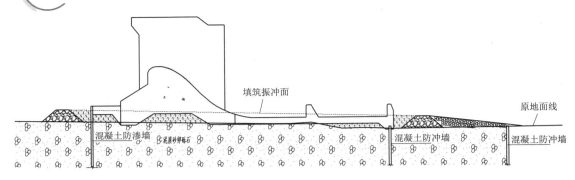

图 8-2 混凝土闸坝无基坑筑坝典型断面图

8.4 工程实践

20 世纪 90 年代末及 20 世纪初的广东北江飞来峡水利枢纽、海南宁远河大隆水利枢纽和云南鲁基厂水电站等工程的大坝设计施工中均采用无基坑水下筑坝技术，取得了良好的效果（表 8-1）。

1. 北江飞来峡水利枢纽

北江飞来峡水利枢纽位于北江干流的中游，为国家重点工程，是一座以防洪为主，兼有航运、发电等综合利用的水利枢纽。坝址多年平均流量 $1100\text{m}^3/\text{s}$，水库总库容 $18.6 \times 10^8\text{m}^3$，水电站装机容量 140MW。枢纽布置把泄水闸、电站厂房和船闸等混凝土建筑物布置在基岩面较高的左岸河床及阶地上，混凝土建筑物左侧河床和滩地布置土坝（图 8-3）。工程施工采用分期导流，即利用河道右侧大部分主河床与右岸滩地扩挖段为一期导流与临时通航。二期工程由建好的泄水闸导流和临时通航，进行右岸土坝的施工。右岸河床覆盖层为主要由砂砾石组成的冲积层，厚度 16~20m，河床原平均高程 9.0m，因导流后河床下切最低高程约为 0.0m。河床土坝上、下游堤脚利用了二期截流的上、下游戗堤，在两戗堤之间水下吹填河床中粗砂，即从一期导流河床最低高程约为 0.0m 的河床面开始吹填河床砂至高程 14.0m 的水上坝基平台，其上填筑土料至坝顶高程 34.8m。以河床最低高程计，坝体吹填砂的最大层厚为 14m。吹填砂及原河床砂层采用振冲加密的方法进行处理，以满足Ⅶ度地震设计烈度条件下，防止地震带来砂层液化。坝基平台以下采用混凝土防渗墙作为主防渗体，为保证防渗体的施工质量，在土坝上游侧高程 19.0m 平台另加设一道高喷板墙作为防渗的副屏障。本工程上下游戗堤大部分利用混凝土建筑物基坑开挖弃渣料，水下填料利用河床丰富的河沙吹填。工程于 1999 年 3 月开始蓄水，至今运行正常。北江飞来峡水利枢纽拦河土坝断面如图 8-3 所示。

2. 海南宁远河大隆水利枢纽

大隆水利枢纽位于海南省三亚市宁远河下游，是以防洪、供水、灌溉为主兼顾发电的多目标开发综合利用工程，为国家重点工程。枢纽建筑由拦河坝、溢洪道、引水道、发电厂房和供水渠首组成。拦河坝采用碾压式分区土石坝，最大坝高 65.5m，总库容 $4.68 \times 10^8\text{m}^3$。坝址河床含泥砂砾覆盖层厚度平均 15m，最深达 20m，表层 5m 呈松散状，淤泥质粉细砂透镜体分布于不同深度（图 8-4）。上游坝体以花岗岩风化土为防渗体，下游坝

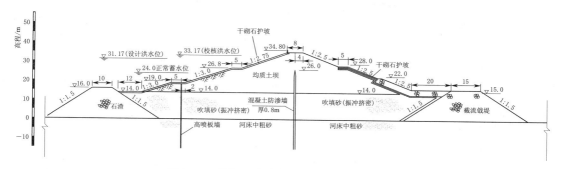

图 8-3　北江飞来峡水利枢纽拦河土坝断面

体采用枢纽建筑物的开挖弃渣料和库区淹没线以下的风化岩等透水性较强的材料填筑。

拦河土坝的施工是采用一次性截断河床全年施工,隧洞导流。先在土坝上、下游坡脚处设截流戗堤,在两戗堤之间水下堆填砂砾料和石渣料至 18.0m 高程,形成水上坝基平台,水下堆填料最大厚度 8.0m,堆填料和原河床表面松散砂层采用振冲加密的方法进行处理。在平台上同时进行坝基防渗墙、帷幕灌浆和大坝拦洪度汛体的施工。无基坑筑坝技术的成功应用,加快了施工进度,为一汛期间安全度过 2005 年的 100 年一遇洪峰起到了关键作用。大隆土坝坝基水下砂砾平台完工到竣工验收,河床中部覆盖层较厚处,平台总沉降变形值为 25.8cm,且大部分是在大坝填筑完成前形成。工程从 2006 年 9 月开始蓄水至今,坝体渗压监测读数正常,坝面未出现裂缝。海南大隆水利枢纽拦河土坝断面见图 8-4。

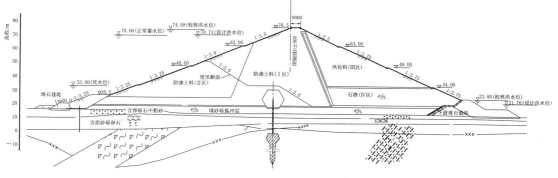

图 8-4　海南大隆水利枢纽拦河土坝断面

3. 云南鲁基厂水电站工程

鲁基厂水电站位于云南省普渡河下游河段的禄劝县则黑乡小河口村下游 1.5km 处,距昆明市约 177km,是《昆明市普渡河干流(岔河—金沙江汇口)水能规划》中推荐的 8 级开发方案的第 6 级水电站,采用低坝长引水开发方式。水库设计总库容 0.0941 亿 m³,拦河水闸泄洪规模大于 1000m³/s,电站装机容量 96MW,工程等别属Ⅲ等。

枢纽主要由首部枢纽和引水发电系统组成,首部枢纽建筑物包括泄水闸、冲沙泄洪底孔、挡水坝段;引水发电系统包括进水口、引水隧洞、调压井、厂房和变电站等建筑物。首部枢纽除左岸混凝土重力坝两个坝段建基于基岩外,其余闸坝段均建于河床砂卵石覆盖层,最大坝高 34.5m,属于目前世界上建于软基上的较高的混凝土闸坝之一。

坝基河床覆盖层最大厚度达 41.9m，并且该坝址处于古崩塌滑坡体影响范围内，砂卵砾石夹块石多，地基处理难度很大。采用了无基坑筑坝技术，坝基覆盖层采用振冲碎石桩处理，选用 225kW 的液压振冲器，处理后复合地基的相对密度平均达到 0.8 以上，承载力平均值达到 700kPa 以上，成功解决了承载力不足的问题，避免了深厚坝基覆盖层及右岸巨厚崩坡积层边坡的大开挖，减少了弃渣和征地，使工程对环境的不良影响降到最低限度。工程自 2010 年投入运行以来，运行期的安全监测成果表明，大坝变形较小，工作性态正常，运行良好。鲁基厂水电站闸坝典型剖面见图 8-5。

以上工程实例说明，由于现代振冲加密和防渗技术的提高，采用无基坑筑坝方式在深厚砂、卵砾石覆盖层上建中等高度的土石坝、40m 以下混凝土闸坝已较为成熟。采用无基坑筑坝技术构筑的大坝，其沉降变形、渗流控制和坝坡稳定是有保证的。无基坑筑坝技术，具有简化施工工序、缩短工期、减少弃渣和征地、节省投资、有利于生态环境保护等优点，近年被更广泛地推广和应用。

表 8-1 为以上采用无基坑筑坝技术已建三个工程综合特性表。

表 8-1　　　　　　　　采用无基坑筑坝技术已建三个工程综合特性表

项　　目	飞来峡水利枢纽右岸河床土坝	海南大隆水利枢纽拦河土坝	鲁基厂水电站
1) 工程等别及建筑物级别	Ⅰ 等/1 级	Ⅱ 等/2 级	Ⅲ 等/3 级
2) 坝址多年平均流量	$1100 \mathrm{m^3/s}$	$21.4 \mathrm{m^3/s}$	$96.1 \mathrm{m^3/s}$
3) 河床覆盖层特性	砂砾石冲积层	砂卵砾石冲积层	砂卵砾石冲积层
4) 河床覆盖层厚度	16～20m	8～16m，局部最深 20m	3～45m
5) 地基覆盖层渗透系数	$2.1 \times 10^{-2} \mathrm{cm/s}$	$3 \times 10^{-2} \mathrm{cm/s}$	$1.1 \times 10^{-2} \mathrm{cm/s}$
6) 导流形式	河床分期导流	河床一次截流，隧洞导流	河床一次截流，隧洞导流
7) 下游坝坡脚形式	二期截流下游戗堤	截流下游戗堤	
8) 上游坝坡脚形式	二期截流上游戗堤	抛石上游戗堤	
9) 坝基水下填料	吹填河床砂	抛填砂砾料	
10) 水下填料最大填筑厚度	14m	8.0m	41.9m（河床覆盖层）
11) 上部土坝坝型	均质坝	分区土石坝	混凝土闸坝
12) 上部土质防渗坝体高度	20.8m	58.0m	
13) 水下填料（河床覆盖层）挤密处理	振冲挤密	振冲挤密	振冲挤密
14) 振冲孔距及最大振冲深度	振冲孔距为 3m，最大振冲深度 20m	振冲孔距为 2.5m，最大振冲深度 16m	振冲孔距为 2.5m，最大振冲深度 30m
15) 坝基砂砾石层垂直防渗措施及厚度	混凝土防渗墙厚 0.8m	混凝土防渗墙厚 0.8m	
16) 防渗墙与土质防渗体的连接形式	防渗墙插入均质土坝体 12m（至正常蓄水位以上 2.0m）	设高塑性土区，防渗墙插入高塑性土区 6.8m	
17) 下游戗堤截流完成时间	1998 年 8 月底	2005 年 2 月	2008 年 11 月
18) 完建及挡水应用期	1999 年 3 月底	2006 年 9 月	2010 年 5 月

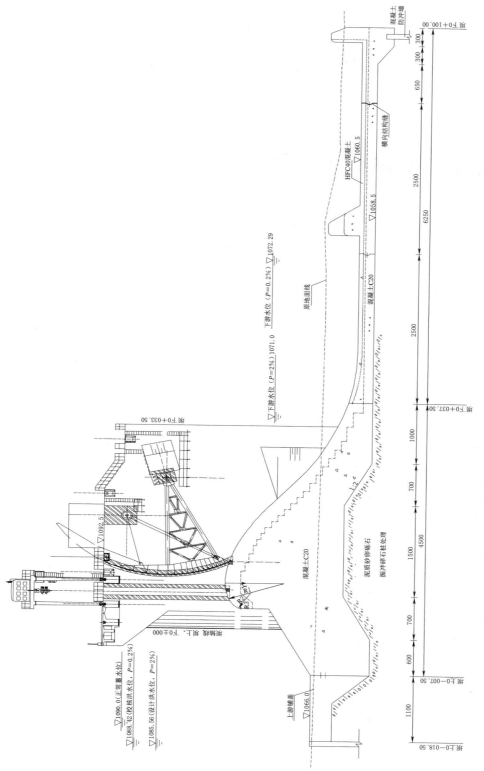

图 8-5 鲁基厂水电站闸坝典型剖面图

第9章 工 程 案 例

9.1 海南宁远河大隆水利枢纽工程

9.1.1 工程概况

大隆水利枢纽位于海南省三亚市西部的宁远河中下游，距三亚市 56km，距宁远河出海口保港镇 20km。

大隆水库总库容 4.68 亿 m^3，规划灌溉面积 9.92 万亩[1]，年灌溉用水量 1.3 亿 m^3，近期供水规模为 1.18 亿 m^3/a，远期供水规模为 1.98 亿 m^3/a，电站装机为 6900kW，年发电量 2891 万 kW·h。大隆水利枢纽建成后可承担宁远河下游崖城镇、保港镇、南滨农场沿河两岸的人口、农田、海口虾塘和下游基础设施的防洪任务，可将防洪能力由原不足 2 年一遇提高到 20 年一遇标准；可满足三亚市区中部和西部城镇人口的生活用水、城区绿地的生态用水、旅游风景区的用水、南山和梅山等工业区的工业用水以及其他特殊用水要求，使全市 2020 年用水达到 2.82 亿 m^3/a；还可为宁远河下游的南滨农场和梅山、保港、崖城、天涯 4 个乡镇的宜灌农田及热带高效农业灌区和国家良种繁育基地提供灌溉用水，水库保灌面积达到 9.92 万亩。

大隆水利枢纽由拦河坝、泄水建筑物、引水建筑物和发电厂房等组成。主要建筑物土石坝、溢洪道及引水系统进水口为 2 级建筑物，引水发电隧洞和电站厂房为 3 级建筑物，临时建筑物为 4 级建筑物。水库主要建筑物设计洪水标准为 100 年一遇，校核洪水标准为 2000 年一遇。电站厂房设计洪水标准为 50 年一遇，校核洪水位标准为 200 年一遇，下游消能防冲建筑物设计洪水标准为 50 年一遇。

拦河坝为土质防渗体分区坝，在坝体 20.0m 高程处，分为上、下两部分：上部坝体按常规方式进行填筑，上游以花岗岩风化土为防渗体，下游坝体采用石渣及风化岩等透水性较强的材料填筑，二者间为中粗砂组成的斜坡式排水道，后接排水棱体；下部坝体采用"无基坑筑坝技术"填筑，20.0m 高程以下坝体为水中抛填的砂砾料，对抛填料及原河床松散砂卵砾石覆盖层共同进行振冲挤密处理，形成砂砾石相对密度大于 0.75 的下部坝体。对下部砂砾坝体和河床砂卵砾石层采用混凝土防渗墙防渗，基岩采用帷幕灌浆防渗。土坝坝顶宽度 9.0m，坝顶长度 535m，坝顶高程 76.50m，最大坝高 65.50m，上游坝坡为混凝土护坡，下游坝坡为草皮护坡。

工程采用一次断流，隧洞导流的施工导流方式，设计施工总工期为 3 年 2 个月（实际

---

[1] 1 亩 ≈ 666.67m²。

提前 1 年）。

9.1.2 设计基本资料

9.1.2.1 水位及流量

大隆水库坝址 $H \sim Q$ 关系成果见表 9-1。

坝址设计洪水成果见表 9-2。

建库后各级频率洪水成果见表 9-3。

表 9-1　　　　　　　大隆水库坝址 $H \sim Q$ 关系成果表

H/m	13.80	13.89	14.00	14.20	14.33	14.50	14.70	14.80	14.90
$Q/(m^3/s)$	0	4.35	21.00	55.00	78.20	106.00	140.00	159.00	182.00
H/m	15.00	15.20	15.50	15.70	16.00	16.50	17.00	17.50	18.00
$Q/(m^3/s)$	208	273	386	475	626	930	1290	1720	2160
H/m	18.50	19.00	19.50	20.00	20.50	21.00	21.50	22.00	22.50
$Q/(m^3/s)$	2640	3140	3640	4160	4700	5240	5790	6390	7010
H/m	23.00	23.50	24.00	24.50	25.00	25.50	26.00	26.50	
$Q/(m^3/s)$	7650	8330	9080	9830	10600	11500	12300	13100	

表 9-2　　　　　　　坝址设计洪水成果表（天然）

项目	各级频率设计值/%							
	0.05	1	2	3.33	5	10	20	50
$Q_m/(m^3/s)$	15100	9070	7720	6930	5920	4590	3290	1680

表 9-3　　　　　　　建库后各级频率洪水成果表

$P/\%$	水库水位 $Z_泄/m$	库容 $V/亿 m^3$	溢洪道下泄量 $Q_泄/(m^3/s)$	坝下水位 $Z_下/m$
0.05	74.58	4.68	8850	23.85
1.00	70.73	4.05	6100	21.76
2.00	70.40	4.00	5890	21.58
5.00	70.00	3.93	1660	17.43

9.1.2.2 水库特征水位

正常蓄水位：70.00m。

设计洪水位（$P=1\%$）：70.73m，相应库容 4.05 亿 m^3。

校核洪水位（$P=0.05\%$）：74.58m，相应库容 4.68 亿 m^3。

防洪限制水位：58.45m（主汛期 6—9 月），相应库容 2.43 亿 m^3。

死水位：33.00m，死库容 0.43 亿 m^3。

9.1.3 工程地质条件

9.1.3.1 坝区工程地质

1. 地形条件

大隆水利枢纽坝址区为断层谷，两岸山体雄厚，山顶高程均大于 150m，河谷形态呈左缓右陡的不对称 V 形谷。坝址河床宽 180～240m，河床中部有一宽 80～120m、长近

540m、高程为 15.0～16.4m 的沙洲。坝址右岸距河边约 180m 处有北东向的天然垭口，垭口高程 59.0m，垭口在下游沿山坳通向宁远河，其出口位于坝坡脚下游约 700m 处。

2. 坝区地质条件

坝区为一断层谷，其形态呈左缓右陡不对称 V 形。左岸分布二级堆积阶地，而右岸阶地不发育。

坝区主要出露燕山晚期雅亮单元（K_1Y）似斑状黑云母二长花岗岩；第四系堆积物（Q）为壤土、砂壤土夹碎石及含卵（砾）中粗砂、砂卵（砾）石等。此外，还有脉岩：花岗斑岩（$\delta\pi$）、辉绿岩（$\gamma\pi$）、花岗细晶岩（γ_1）。

坝区断裂构造发育。东西向展布的区域性九所——陵水深大断裂在坝址下游约 5.0km 处通过；北东—北北东向 3 条断裂纵贯坝址河床和左岸阶地。除此，还发育有北西向断裂。

岩体风化除正常面状风化分带外，还存在囊状、槽状风化现象。具有两岸比河床风化深，构造发育地段比岩体完整地段风化深等特征。

坝区物理地质现象仅在右岸局部陡崖处见少量崩塌堆积体，规模极小，河谷两岸自然边坡基本稳定。

区内地下水属孔隙性潜水和裂隙性潜水类型。

3. 河床覆盖层的物理力学性质

含卵砾石的中粗砂。

天然密度：1.70～1.92g/cm³。

孔隙比：$e > 0.85$。

有效粒径：$d_{10} = 0.12～0.32$mm。

不均匀系数：$C_u = 6.56～39.17$。

含泥～淤泥质粉细砂层剪切波速度：1.35～2.29m/s。

含砾中粗砂、砂卵（砾）石层的剪切波速度：0～4.34m，$V_v = 102～243$m/s；4.34m～基岩：V_v 一般为 339～432m/s，局部为 263～274m/s；$0.6 \leqslant e \leqslant 0.85$。

河床覆盖层级配的力学试验成果见表 9-4。

表 9-4　　　　　　　　　　　河床覆盖层级配的力学试验成果见表

试验编号	试验密度 /(g/cm³)	压缩特性		抗剪强度		
		压缩系数 $a_{v100～200}$ /MPa⁻¹	压缩模量 $E_{s100～200}$ /MPa	试验方法	C'_d /kPa	ϕ'_d /(°)
上线（松）	1.70	0.11	14.20	三轴	9.0	37.0
下线（密）	1.88	0.04	35.46		15.0	40.8

根据连续性重（Ⅱ）型动力触探对河床覆盖层的试验：砾砂按 $N < 5$ 击为松散；$N = 5～10$ 击为稍密～中密；$N > 10$ 击为密实。砂卵（砾）石 $N < 7$ 击为松散；$N = 7～20$ 击为稍密～中密；$N > 20$ 击为密实标准判别。

按上述标准，在河床的覆盖层中，松散状砂砾层的承载力为 100～120kPa，中部稍密～中密状的覆盖层承载力为 200～250kPa，承载力较低。

岩体质量及岩石物理力学性质：

坝区各类岩体的地震纵波速（V_{pm}）数值如下。

全风化花岗岩：$V_{pm}＝500\sim1500\text{m/s}$。

强风化花岗岩：$V_{pm}＝1500\sim3500\text{m/s}$。

弱、微风化花岗岩：$V_{pm}＝4000\sim5600\text{m/s}$。

构造破碎带：$V_v＝2600\sim3800\text{m/s}$。

根据坝区声波测井成果，岩体按完整性指标 K_v，划分其完整程度和所对应的波速成果见表 9-5。

表 9-5　　　　　　　　　　　　　　　岩 体 完 整 程 度

完整性系数	＞0.75	0.75～0.55	0.55～0.35	0.35～0.15	＜0.15
声波速度 V_P/(m/s)	＞4850	4150～4850	3310～4150	2170～3310	＜2170
完整程度	完整	较完整	较破碎	破碎	极破碎

按上述试验成果得出：坝区弱、微风化岩体均属坚硬岩。弱风化岩体属 A_{III} 类，微风化岩体属 A_{II} 类，而全、强风化岩石属类松散岩和软岩。

9.1.3.2　坝基地质条件

大隆水利枢纽坝址河床砂（砾）石层较厚，平均厚度为 13.06m，其中左河床厚 6.5～12m，沙洲一带厚 13.8～21m，右河床厚 4.0～19.5m。

1. 覆盖层的结构

根据钻探和物探声波测试结果，河床覆盖层大致可分为 2 层。

第一层：0～5.0m，此层为含卵砾石的中粗砂，根据现场和室内试验，有效粒径 $d_{10}＝0.12\sim0.32\text{mm}$，不均匀系数 $C_u＝6.56\sim39.17$，小于 2mm 的砂粒含量 53%～59%，平均粒径 0.46mm，含泥量很少；卵砾石以小于 100mm 的为主。此层的分类名称为砾砂～砾石。

在河床左侧岸边台地上有一含泥～淤泥质的粉细砂层透镜体，埋深为 1.0～3.9m，局部埋深为 5.30～5.80m，底板高程 9.79～14.01m，沿坝轴线方向宽度为 30～50m，顺河方向长度约 200m。根据剪切波试验成果表明，下伏粉细砂层波速为 135～229m/s，均大于所测点的临界波速和上限波速，不会产生液化。

第二层：5.0m～基岩，厚度 4.3～17.4m，根据钻孔岩样和钻探感应分析，此层的卵砾石含量较上部多，粒径增大，常有大于 200mm 的蛮石、漂砾分布。砂的含泥量较上部略高，底部的卵砾石常附有少量的黄泥，但未发现淤泥夹层，据钻孔的钻进感应，5.0m 以下有数层厚度 0.2～1.0m 不等的细砂夹层，夹层中含少量粒径小于 50mm 的砾石。各钻孔中夹层均不连续，据此分析均为透镜体状，其展布范围不大于 100m，对地基的抗滑稳定影响不大。

2. 覆盖层的力学特性

根据连续性重（Ⅱ）型动力触探对河床覆盖层的试验，砾砂按 $N＜5$ 击为松散状，$N＝5\sim10$ 击为稍密～中密，$N＞10$ 击为密实；砂卵砾石 $N＜7$ 击为松散，$N＝7\sim20$ 击为稍密～中密，$N＞20$ 击为密实判别；左河床覆盖层：0～2.4m 为松散状，2.40～

3.30m 为稍密～中密，以下到基岩面为密实；沙洲覆盖层：0～4.60m 为松散状，3.10～5.3m 局部～9.0m 为稍密～中密，以下到基岩面为密实；右河床覆盖层：0～1.90m 为松散状，1.90～7.30m 为稍密～中密，以下到基岩面为密实。

9.1.4　振冲法地基处理设计

9.1.4.1　枢纽布置

大隆水利枢纽由拦河坝、泄水建筑物、引水建筑物和发电厂房等建筑物组成（图 9-1）。

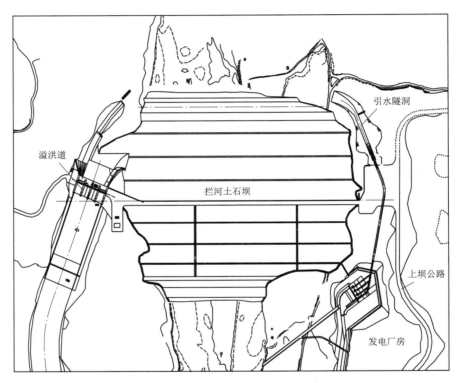

图 9-1　枢纽平面布置图

根据坝址区的地形及地质条件，考虑到土质防渗体分区土坝的防渗土料可充分利用库区淹没线以下料场，减少生态环境影响和农田征地，对地质条件的要求较低、适应性较好，且施工围堰可尽可能地与土坝主体相结合，工程投资相对较经济，因此确定拦河坝坝型为土质防渗体分区土坝。

土坝坝轴线连接左、右两岸高程 80m 以上基本对称的山体，与河道走向基本垂直；坝顶高程 76.50m，坝顶长度 535m，最大坝高 65.50m，防浪墙顶高程 77.7m；基础采用回填河床砂砾料至 20.0m，随后对回填河床砂砾料及原河床含卵砾石粗砂和砂卵（砾）石层覆盖层进行振冲挤密加固处理；坝基防渗采用混凝土防渗墙和帷幕灌浆，防渗线布置在桩号坝上 0－015.0，基本平行坝轴线，左岸斜向上游向岸坡延伸 76.5m，右岸与溢洪道控制段防渗线相接。

泄水建筑物布置于右岸天然垭口内，与坝轴线交角 69°，为开敞式溢洪道，由进水渠、控制段、泄槽、挑流鼻坎和泄水渠五部分组成。进水渠根据地形条件采用不对称布置，其左边为直立导墙，右岸开挖岸坡用扭曲面与控制段右边墩相接，底板置于强风化岩面，从扭变段起点至控制段首部，总长 32.2m；控制段由 4 孔宽 14m 的 WES 堰组成，堰顶高程 56.0m，工作闸门采用弧形钢闸门，液压启闭机启闭，控制段前沿总长 71.0m，闸墩顺水流向长 33.406m；泄槽宽 65m，纵坡 1:8，总长 130m；挑流鼻坎为连续式，置于泄槽末端，挑角 20°；挑流鼻坎之后的泄水渠在桩号溢 0+250 处设半径 $R=260$m、转角 50.28° 的圆弧，然后以与宁远河河道走向成 50°、不对称的喇叭口与下游河道相接，总长约 755m。

引水建筑物布置于左岸，由竖井式进水口和压力引水隧洞组成。进口底板高程为 27.0m，事故检修闸门布置于竖井内；压力引水隧洞长 312m，洞径为 4.8m，采用钢筋混凝土衬砌。引水隧洞出口接压力钢管，分设 3 条 $D=2000$mm 的岔管引入发电厂房各水轮机组，另设一条 $D=2300$mm 的旁通管经消力池后进入供水渠首。

发电厂房布置于左岸，距压力引水隧洞出口约 30m，距下游坝坡脚约 40m，厂房主机间布置 3 台总容量为 6900kW 的水轮发电机组，电站尾水接供水渠首。进厂公路结合供水渠道傍山布置。

坝顶左岸布置枢纽综合管理楼，下游接上坝公路通左岸厂房直至三亚市风景区，右岸平台设溢洪道管理房。

左岸距厂区约 300m 处进厂公路分叉，以 6%～8% 的纵坡上升至坝顶 76.5m 高程平台，连接枢纽上下游交通。右岸溢洪道控制闸交通桥连接坝顶及右岸公路。

9.1.4.2　土坝设计

本工程拦河坝为土质防渗体分区土坝，土坝坝顶高程为 76.5m，坝顶长度 535.0m，坝顶宽度 9.0m。最大坝高 65.5m。防浪墙顶高程为 77.7m。土坝上游坡分 4 级设置，分别在高程 63.0m、48.0m 和 34.0m 处变坡，变坡处设置宽度为 2.0m 的马道，坡比从上至下分别为 1:3.0、1:3.0、1:3.25、1:3.25，并于 26.5m 高程处设一宽为 16m 的平台与坝相连，平台上游以 1:3.25 的边坡与 20.0m 高程上游堆石戗堤平台相接。下游坝坡分 4 级设置，在高程 63m、48m、34m 分设 2m 宽的马道，坡比从上至下依次为 1:2.5、1:2.75、1:2.75、1:2.75。高程 25.0m 以下为堆石排水棱体，其顶宽为 8.0m，上游面坡度为 1:1.5，下游面坡度为 1:2，上游面在 20.0m 高程与下游堆石戗堤相结合，在棱体上游面及堆石戗堤顶层设 1.0m 厚的砾料反滤层，在戗堤的上游侧设 3 层反滤。下游堆石棱体顶高程根据下游校核洪水位 23.94m 而定，堆石棱体顶部作为施工时的通道，根据交通要求确定。

上游坝体以残坡积土和花岗岩风化土为防渗体，下游坝体采用石渣及风化岩等透水性较强的材料填筑。二者之间以 1.0m 厚中粗砂夹 2.0m 厚级配砂砾石为排水体，排水体顶高程 73.8m，底部与振冲加固后的砂砾石表面（顶高程为 18.5m）相连。

考虑到本工程采用土坝与围堰相结合的特点以及截流后第一个汛期坝体拦洪度汛的需要（此阶段坝体填筑为 51.1m 高程，相当于全年围堰 20 年一遇洪水标准），为加快土坝施工进度，因地制宜将上游防渗土料分为两区。第Ⅰ区在坝体中间与地基防渗墙相连，它与第Ⅱ区的边线及 18.5m 高程以上围成的防渗体，要求填筑土料一般为渗透

系数小于 1×10^{-5} cm/s 的防渗土料；第Ⅱ区在迎水面与上游围堰相结合，由底高程 25.0m 与坝上 0−053 交点以 1∶0.5 坡比及上游坝坡围成的三角形，要求填筑土料一般为渗透系数小于 1×10^{-4} cm/s 的防渗土料。在排水道下游上部为风化料，中部为石渣填筑区，石渣填筑区与风化料的分界高程根据石渣料量多少而定，石渣填筑区底高程为 18.5m，以下为经振冲加固的回填河床砂卵砾石料及原河床含卵砾石粗砂和砂卵（砾）石层覆盖层。

由于经振冲加固的回填河床砂卵砾石料及原河床含卵砾石粗砂和砂卵（砾）石层覆盖层为透水地基层，因此坝基防渗采用了混凝土防渗墙和帷幕灌浆处理。混凝土防渗墙及帷幕灌浆设于桩号坝上 0−015.0。为了不影响上游坝体的填筑，在汛期前达到防洪断面，将原初步设计布置的防渗墙向下游移了 30.0m，使坝体填筑及防渗墙的施工互不干扰，加快了上游度汛断面的填筑。防渗墙顶高程为 24.0m，底高程穿过透水地基，进入基岩 0.5～1.0m 深度。在防渗墙下设一排帷幕灌浆，帷幕底线以 3Lu 控制。受河床截流时间滞后于设计进度较大，导致防渗墙的施工无法在汛期前完成，为保证混凝土防渗墙的施工质量，因此在上游施工戗堤后坝上 0−188.50 加设一道高压喷浆板墙截渗，以保证混凝土防渗墙在平水压条件下施工。

大隆水利枢纽位于海南省西南部，下距出海口较近，属多台风地区，风浪及暴雨强度较大。工程受台风及其产生的洪水影响最为严重，上游坡易被波浪淘刷破坏，同时考虑到施工、美观实用、环境影响、运行合理、工程投资等几方面因素，工程上游护坡采用了现浇混凝土型式护坡。

上游混凝土护坡长 6m、宽 6m、厚 0.25cm，采用错缝布置，在面板表层纵横向设 $\phi 8$ 钢筋，间排距 20cm，遇结构缝时钢筋不断开，使整个面板连成一个整体，增加了抗风浪淘刷的能力，护坡顶部与防浪墙相连接，底部至平台 26.0m 高程。在混凝土护坡下设 25cm 的粗砂垫层，上游护坡设置孔径 50mm 的排水孔，排距、行距 2.0m，梅花形布置。在上游护坡两侧设有排水沟，在坝面上设有两条上坝台阶。

下游护坡采用草皮护坡，草皮下均铺一层厚 10cm 的腐殖土。排水棱体坡采用干砌石护面。下游坡的马道及两岸岸坡设置浆砌石排水沟，坝坡设置横向排水沟及两条上坝台阶。

大隆水利枢纽拦河土坝典型断面如图 9−2 所示。

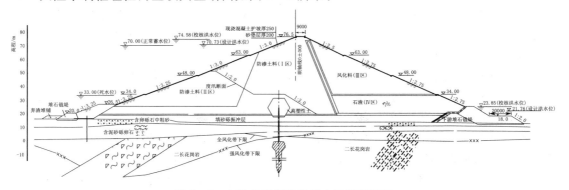

图 9−2　大隆水利枢纽拦河土坝典型断面

9.1.4.3 主要设计难点

1. 坝体形成度汛体难度大

本工程土石坝修建于强透水的深厚覆盖层河床地基上,覆盖层厚 15m 以上,表层 5～6m 为松散砂砾石层,左侧河床及阶地局部分布透镜状含泥粉细砂和淤泥质黏土夹层。地质建议,挖除承载力较低的河床 5～6m 松散砂砾层及透镜状含泥粉细砂和淤泥质黏土。若按传统筑坝方式,需先修筑围堰并对其进行防渗处理形成基坑,再进行基坑排水,挖除河床松散覆盖层和透镜状含泥粉细砂和淤泥质黏土夹层,进行坝基防渗处理和坝体填筑,其施工程序复杂,且围堰的堰基防渗处理和基坑抽排水的工作量巨大,施工期长,大坝度汛风险较大。为此,需要考虑采用新的土石坝筑坝方式,研究不修筑围堰及其防渗系统,不设基坑抽水,不开挖基坑,采用砂砾料填筑坝体水下部分,结合加密处理河床表层松散砂卵砾石层,形成无基坑的旱地施工条件,以期加快土石坝度汛体填筑。如何加快大坝水下部分坝基处理及其填筑尽快形成度汛体,为本工程土石坝设计的第一难点。

2. 施工导流方式及度汛方案选择难度大

宁远河洪水时空分布不均,年内洪水分配与暴雨相应,工程场区位于暴雨中心,该区域比较特殊的是大部分暴雨均与台风相关,河床坡降较陡,洪水暴起暴落,坝址 100 年一遇洪水流量达 $9070m^3/s$。

在强台风暴雨区的 U 形河谷上修筑碾压式中高土石坝,按传统土石坝施工技术,施工导流难度较大。若土石坝采用一次断流、隧洞导流的施工导流方式,修筑 20 年一遇导流标准的上游全年围堰的土石方填筑量达 200 万 m^3 左右,施工强度大,第一个枯水期土石坝主体几乎无法施工;若土石坝采用分期导流方式施工,纵向围堰的修筑、坝体过洪断面的保护、一二期土石坝结合面的处理等均需花费巨大代价,工期长。相应于 20 年一遇洪水时库内的拦洪库容已达 1 亿 m^3,根据规范坝体施工期临时度汛洪水标准也应相应提高至 100 年一遇。因此采用一次断流,以堰坝结合的拦洪度汛体替代上游全年围堰及相应导流方式的研究,是本工程土石坝设计的第二难点。

3. 工程建设地生态环境保护难度大

大隆水利枢纽是支撑三亚市可持续发展的防洪和水源工程,其所在地三亚市是我国南海重要战略基地,我国唯一的热带滨海国际旅游度假胜地,国家热带高效农业生产科研和良种繁育基地。随着我国社会经济的发展,三亚市地位日益提高。当地政府对本工程的生态环境保护要求远远高出国内外同类工程。

工程场区范围林木茂盛,植被良好,耕地稀少,自然生态环境优良。本工程土石坝等建筑物填筑工程量近 600 万 m^3,工程所需土石料开采和枢纽各建筑物土石开挖 600 万 m^3 以上。对于如此大规模的土石方工程,土石料开采及各建筑物土石方开挖与弃置,势必对周边环境造成较大的不良影响。以滨海国际旅游为龙头产业的三亚市对大隆水利枢纽工程生态环境保护提出了极高的要求,把生态环境保护提升至与工程效益和工程安全同等重要,要求工程设计高度重视生态环境保护,把大隆水利枢纽和谐地融合在三亚优美的生态环境之中,建成环境友好型工程的楷模。工程建成后,在保护好生态环境的同时,还为宁远河流域生态农业园区和生态旅游业的发展及热带高效农业生产科研创造了良好的条件。面对三亚市政府对生态保护的高标准要求以及本工程巨大的土石挖填方量,如何根据现场条件进行环保选料筑坝，减少或不占用耕地，把对环境的不良影响降低到最低限度，使工程建成后与整个三亚市美丽优良的生态环境相协调，是本工程土石坝设计的第三难点。

9.1.4.4　采用振冲技术解决设计难点

1．"土石坝无基坑筑坝技术"创新

本工程拦河土石坝建于深厚砂砾石覆盖层上，若按传统筑坝技术，汛前完成度汛体填筑及其防渗十分困难，施工导流风险大，工期长，投资大。为解决该技术难题，设计提出了"土石坝无基坑筑坝技术"方案：即在土石坝上、下游坝坡脚处抛填块石，形成堆石戗堤；两戗堤之间抛填有一定级配要求的砂砾料至超出水面一定高程（枯水期设计施工洪水高程），对抛填料及原河床松散覆盖层进行振冲加密处理，形成水上施工平台，并将其作为坝体的一部分；随后在该平台（施工期水下坝体部分）进行坝基防渗处理和水上部分的坝体填筑；将坝基、坝体的永久防渗措施与度汛体临时防渗措施结合为一体。与传统土石坝筑坝技术相比，"土石坝无基坑筑坝技术"不需要设置围堰及围堰防渗措施，不需要基坑排水，不需要开挖河床坝基覆盖层，简化了施工程序，极大地加快了施工进度，节省了工程投资，为拦洪度汛坝体填筑创造了良好条件。仅用了不到一年时间完成了近 300 万 m^3 的坝体填筑量和防渗墙、帷幕灌浆等全部基础处理工程，使度汛体超过拦洪高程 57.0m，满足了坝体施工期临时度汛洪水标准不低于百年一遇的要求。确保了本工程 2005 年施工期间遭遇"达维"台风所产生超百年一遇洪水的安全度汛。"无基坑筑坝"是本工程的关键技术，该技术使本工程施工工期至少缩短了一年，并节省了基坑围堰、防渗处理等临时工程费用达 3000 万元以上，水下坝体部分采用砂砾筑坝减少了土料开采，节省了土料场征地，对本工程生态环境保护做出重要贡献，工程提前投入运行产生的效益显著。

2．施工导流优化

大隆水利枢纽土石坝若按传统方式筑坝，采用一次断流、隧洞导流的导流方案，基础处理工作量过大，工期长，度汛坝体填筑强度巨大，不能保证度汛坝体适时达到百年一遇的拦洪高程；若采用分期导流方案，工期要延后一年，工程投资增大，结合面处理困难，易留下质量安全隐患。"土石坝无基坑筑坝技术"确保了采用一次断流、隧洞导流的导流方案的可行性和度汛安全。设计利用堰坝结合作为拦洪度汛体，且将大坝永久防渗系统作为拦洪度汛体的堰基防渗系统，从而避免了拦洪度汛体填筑与防渗系统施工的相互干扰，为枯水期完成拦洪度汛体的施工创造了条件。"土石坝无基坑筑坝技术"简化了坝体水下部分的施工程序，极大地提高了度汛坝体的施工效率，可以很快将度汛体填至导流度汛拦洪高程之上，有利于选择较为经济的导流洞断面，既节省了工程投资又确保了度汛的安全。

3．"环保选料筑坝"的设计理念

根据海南省生态建设规划要求及工程场区所处三亚市生态环境特点，三亚市政府对生态环境保护要求标准极高，要求尽量不征用原初步设计方案的水库下游土料场及弃渣堆放场。大隆水利枢纽工程设计必须尽可能减少开挖量、加大弃渣利用率和扩大开采库区淹没线以下筑坝材料，减少因库外土料开采和弃渣堆放对生态环境的影响。在施工图阶段，设计根据现场土料和渣料情况进一步调整料场规划，优化了坝体结构分区，提出了现场土料碾压试验技术要求，并针对不同料源增加了多批次试验，及时分析不同料源的相关试验结果复核坝体设计参数。本工程"土石坝无基坑筑坝技术"的实施减少了大坝坝基开挖量，设计施工过程中克服了坝体填筑料差异大的困难，拦河土石坝防渗土料全部取自库区淹没线以下，非防渗料除利用枢纽建筑物开挖弃渣料外其余也均取自库区淹没线以下，本工程枢纽建筑物开挖弃渣利用率达 90％以上。满足了三亚市政府的要求，没有征用原初步设计方案规划的水库下游土料场及弃渣堆放场，节省了土料场、弃渣场的征地费用和植被恢复费，除水库淹没区外，工程建设未征用库外任何耕地。工程设计施工过程中始终贯彻环保选料筑坝的设计理念，很好地保护了工程场区的土地资源和生态环境，已建成的大隆水利枢纽和谐地融合在三亚市优美的生态环境之中。

9.1.4.5 坝基振冲设计

河床土坝基础为砂卵砾石层，采用回填河床砂卵砾石至 20m 高程，为了提高坝基承载力和减少沉降，针对回填河床砂砾料及原河床含卵砾石粗砂和砂卵（砾）石层覆盖层坝基进行振冲加挤密处理。

1. 地基有关物理力学特性

河床段坝基砂砾石可分为 2 层：表层平均约 5m 厚，由上至下呈松散～稍密状，为含卵砾中粗砂，有效粒径 $d_{10}=0.12\sim0.32\text{mm}$，不均匀系数 $C_u=6.56\sim39.17$，小于 2mm 的砂粒含量 53％～59％，卵砾石多小于 10cm，定名为砾砂～砾石层。

据连续性重（Ⅱ）型动力触探对河床覆盖层的试验：砾砂按 $N<5$ 击为松散状，$N=5\sim10$ 击为稍密～中密，$N>10$ 击为密实；砂卵砾石 $N<7$ 击为松散，$N=7\sim20$ 击为稍密～中密，$N>20$ 击为密实；左河床覆盖层：0～2.40m 为松散状，2.40～3.30m 为稍密～中密，以下到基岩面为密实；沙洲覆盖层：0～4.60m 为松散状，3.10～5.30m 局部为 9.00m 为稍密～中密，以下到基岩面为密实；右河床覆盖层：0～1.90m 为松散状，1.90～2.40m，局部为 7.30m 为稍密～中密，以下到基岩面为密实。

声波测试结果表明：覆盖层 0～4.34m 的剪切速度较低，为 102～243m/s；覆盖层以下 4.34m～基岩的剪切波速度一般为 339～432m/s，局部为 263～274m/s。剪切波速度主要和覆盖层的组成结构和密实度有关，据此分析，0～4.34m 为松散的砂砾石层，其孔隙比 $e>0.85$；4.34m～基岩为稍密～中密的砂砾石层，$0.60\leqslant e\leqslant0.85$。

试验表明：河床覆盖层（较松散）$\rho=1.70\text{g/cm}^3$ 时，$a_{v100\sim200}=0.04\sim0.11\text{MPa}^{-1}$，为中偏低～低压缩性土，抗剪强度的小值平均值为：$\phi'=37.8°$，$C'=8.33\text{kPa}$。

2. 河床坝基和部分坝体填砂振冲内容及要求

设计内容具体如下：

（1）根据地形地质条件主体施工方案，确定振冲范围和深度。

（2）复合地基的设计参数。

（3）进行现场试验，确定有关技术参数。

（4）提出检测要求及方法。

3. 振冲范围

上下游方向基本上以上下游堆石戗堤为界，左右以岸坡 20m 高程线为边界。振冲范围根据地形地质条件分为 4 个区 A 区、B 区、C 区、D 区，C 区和 A 区分别为左右河床两侧深槽区，平均水深为 2m；B 区为河中心的沙洲，平均地面高程 14～15m，位于水面以上；D区位于左岸上游台地上，上游桩号坝上 0－216.8，下游桩号坝上 0－075.0，左侧桩号坝 0＋209.6，右侧桩号平均为坝 0＋238.0，D区的地质属淤泥质粉细砂层，须加粗料进行振冲。振冲平面布置图如图 9－3 所示，振冲典型剖面示意图如图 9－4 所示。

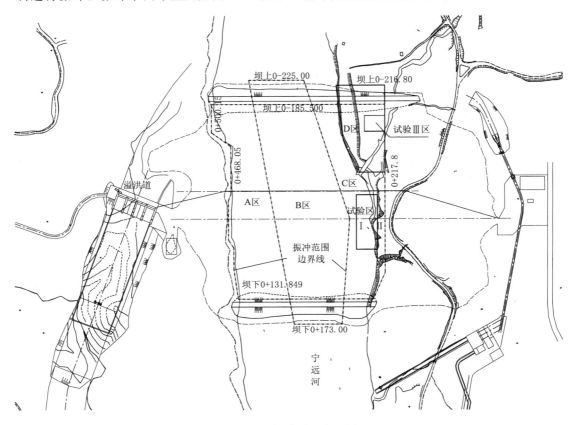

图 9－3 振冲平面布置图

4. 处理方法

先填筑上下游施工戗堤至 20.0m 高程，在两戗堤间回填河床砂卵砾料至高程 20.0m。对回填料和河床表层共 8～13m 深的松散砂砾层同时进行强力振冲。振冲结束后将表层 1.5m 左右的松砂清除。采用该处理方式后，本工程施工戗堤不需要做防渗处理，省去基坑抽水，全部在水上作业，从而缩短了施工工期，节省了工程费用。

坝基填料：采用中粗砂以上，有一定级配且含泥量较少的砂砾作为填料，据地勘资料，可采用大隆沟或高村砂料场的砂砾料直接使用。要求适宜数 $S_n < 20$。坝址河床左侧局部有范围不大的透镜体状含淤泥质粉砂夹层，埋深为 3～5m，顺河向长度约为 100m，宽度为 20～30m，由于其埋深较浅，选择含粗颗粒含量较多的砂砾料做填料对该区域进行挤密振冲。

在振冲前进行原位试验，根据试验结果确定振冲参数。

5. 拟定振冲参数

振冲设备：选用 120kW、150kW 的大功率振冲器，配以 75kW 振周边砂砾较薄层。

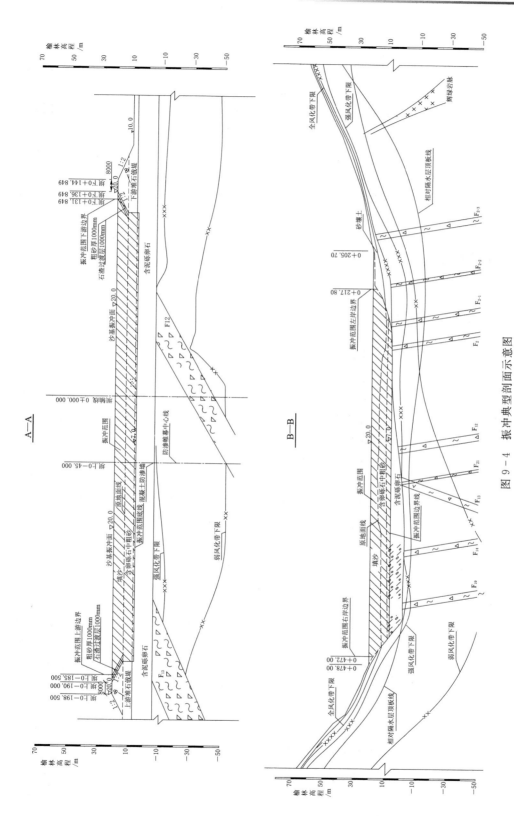

图 9 - 4 振冲典型剖面示意图

实际选用根据原位试验确定。

孔位布置：按边长 1.5～3.0m 的等边三角形布孔，实际根据原位试验确定。

振冲桩孔深度：河床坝基砂砾石松散层平均深 5m，填砂平均厚度 7m，根据地形地质条件，在河床右侧深槽 A 区桩长为 12～15m，局部 16m，平均长 13.5m；在河床中心沙洲 B 区桩长 11m 左右，B 区戗堤下砂基振冲桩长 5m；在河床左侧深槽 C 区桩长 11.5～13.5m，平均为 12.5m；D 区桩长 12m，戗堤下砂基振冲桩长 9m。

控制相对密度 $D_r>0.73$。

6. 振冲后的地基强度要求

对坝基及回填砂砾料进行振冲加密后，坝基及填料应达到的强度要求，A 区、B 区、C 区基础应满足：砂砾石坝基的相对密实度大于 0.73，复合地基压缩模量大于 35.0MPa^{-1}；D 区复合地基应满足：承载力特征值应大于 240kPa，压缩模量大于 35.0MPa^{-1}。

9.1.5　振冲法地基处理试验

9.1.5.1　振冲试验依据

(1) DL/T 5214—2016《水电水利工程振冲法地基处理技术规范》。

(2) JGJ 79—2012《建筑地基处理技术规范》。

(3) GB 50487—2008《水利水电工程地质勘察规范》。

(4)《海南省宁远河大隆水利枢纽工程初步设计报告》。

(5)《大隆水利枢纽工程地质勘察报告》及附图。

9.1.5.2　试验目的

(1) 通过试验，取得振冲砂砾石地基处理施工参数和满足设计要求的复合地基的压缩模量、承载力、相对密度等指标。

(2) 确定最佳振冲桩布桩间距、填料级配及数量等参数。

(3) 选定施工机械、施工工艺，确定施工技术参数（每米进尺填量、加密电流、留振时间、造孔水压，加密水压，加密段长度等），为大面积振冲施工优选合理的参数。

(4) 通过试验，为坝基振冲挤密加固施工取得现场质量检测的方法和参数。

(5) 通过试验确定振冲后的浮渣清理厚度，提出浮渣再利用的方法。

9.1.5.3　试验的主要内容和要求

1. 试验分区及桩位布置

(1) 试验区位置的确定。根据地质资料揭示的地层情况，并结合现场实际条件，选择具有代表性的地段进行振冲试验（图 9-5）。试验分Ⅰ区、Ⅱ区、Ⅲ区进行，其中在左岸河床深槽 C 区设两个试验区Ⅰ区、Ⅱ区，在含有淤泥质粉细砂层的 D 区设Ⅲ区。试验Ⅰ区、Ⅱ区各布桩 90 根，桩体回填材料为天然中粗砂；试验Ⅲ区布桩 50 根，桩体回填材料分别为天然中粗砂（20 根）和砂砾料（30 根）。试验区测点布置图如图 9-6、图 9-7 所示。

(2) 原土（砂）地基位置振前检测。分别在河床沙洲和左岸淤泥质粉细砂层（试验Ⅲ区）采用标贯和重（Ⅱ）动力触探进行地基原状土（砂）试验（未填砂的）。

(3) 桩位布置及试验设备。Ⅰ区采用 75kW、120kW、150kW 振冲设备进行施工，等边三角形布桩，桩间距 3.0m；Ⅱ区采用 75kW、120kW、150kW 振冲设备施工，等边三

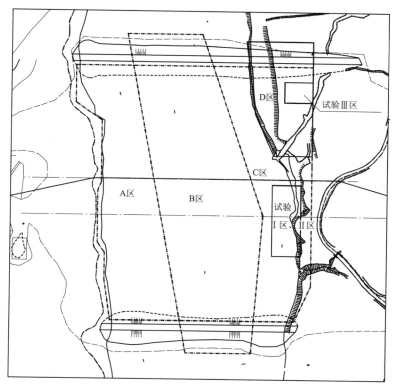

图 9-5 振冲分区及试验区示意图

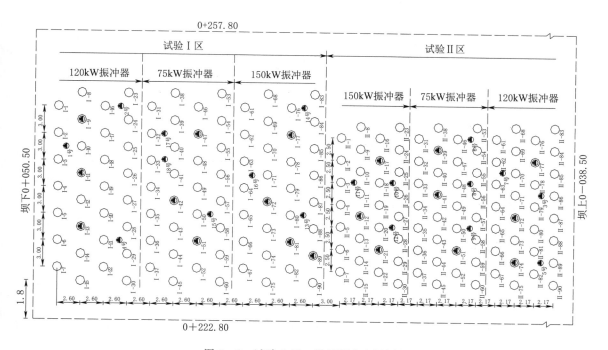

图 9-6 试验Ⅰ区、Ⅱ区测点布置图

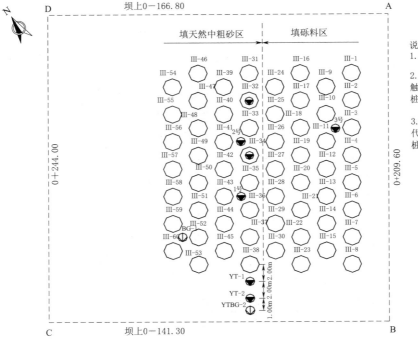

图 9-7 试验Ⅲ区测点布置图

角形布桩，桩间距 2.5m；Ⅲ区采用 75kW 振冲设备施工，等边三角形布桩，桩间距 1.6m 及 2.0m。桩间距可通过现场试验情况进行调整。

（4）桩径。Ⅲ区振冲砾石桩径暂按 1000～1200mm 考虑，最终通过现场试验确定。

2. 振冲桩填料技术要求

（1）河床Ⅰ区、Ⅱ区振冲挤密。Ⅰ区、Ⅱ区为天然砂地基，地基成分为原河床中粗砂层和回填的中粗砂。

（2）需填砂砾粗料的振冲桩。Ⅲ区为淤泥质粉细砂层透镜体区，需分别添加河床天然中粗砂和砂砾石两种粗料分别进行振冲试验。

振冲砾石回填料应满足以下要求：具有一定级配的砂砾石，且粒径控制为 30～100mm，个别最大粒径不超过 150mm。根据试验情况适当调整填料级配及粒径。砾石应采用饱和抗压强度大于 35MPa 的石料。

中粗砂填料可直接在砂砾料场取用，按天然级配。如按添加河床天然砂砾料可达到设计要求，则砾石桩试验可免。

3. 振冲试验设计要求

（1）Ⅰ区、Ⅱ区设计要求：处理后的砂砾石坝基的相对密度大于 0.73，提出相应压缩模量。

（2）Ⅲ区设计要求：处理后的复合地基承载力特征值应大于 240kPa。提出相应的压缩系数、抗剪指标及压缩模量。

Ⅲ区应先进行添加河床天然中粗砂料的试验，若达到以上指标，就不必再进行加砾料的试验；若不能满足以上设计要求，则应进行加砾料的复合地基试验。

（3）分析比较沙洲和Ⅲ区振冲之前的原土（砂）地基的标贯和重（Ⅱ）型动力触探试验值与填砂振冲之后的坝基的标贯和重（Ⅱ）型动力触探试验值。

（4）施工单位在试验前提出试验实施方案，方案中应明确检测方法和手段。

4．试验检测

（1）主要检测内容。

1）桩体采用重（Ⅱ）型动力触探试验，桩间土采用标准贯入试验和重（Ⅱ）型动力触探试验。

2）结合（1）进行单桩复合地基载荷试验。

3）Ⅲ区采用钻孔取桩间土进行物理力学试验。

（2）成桩后的试验及检测工作：施工结束后，应按现行有关规程、规范的要求，完工7d后对Ⅰ区、Ⅱ区进行检验，完工21d后对Ⅲ区进行成桩检验。检测点布置应具有代表性和均匀性，在设计和监理认为的重要部位、地质条件变异部位和施工中出现过异常情况的部位宜布置检验点。每区检测点数不少于3点。试验区测点布置见图9-6、图9-7。

试验区主要进行以下试验及检测工作：

1）Ⅰ区、Ⅱ区通过标贯和重（Ⅱ）型试验，选定相对密度符合设计要求的振冲器功率和布桩方案，通过载荷试验确定所选方案区域的承载力和压缩模量等指标，并提出施工检测方法和标准。

2）Ⅲ区通过选定满足设计要求的布桩方案，通过标贯和重（Ⅱ）型及桩间土取样试验确定所选方案的压缩模量等指标，并提出施工检测方法和标准。

5．试验成果要求

通过对振冲挤密试验及检验成果的分析比较，综合评价确定安全、经济、合理的布桩形式和施工参数，并为设计、监理、施工及振冲挤密效果检测提供合理依据。试验完成后，施工单位应于业主提供可进行各项试验的施工平台后30d提交试验报告（包括电子文档和原始记录），报告应包括以下内容：

（1）试验报告应分析评价本次试验是否达到试验目的和是否满足设计要求。通过试验，提出可满足设计要求且适合下一阶段大面积施工的施工机具、布桩方式及其他相关技术参数。

（2）提出相对密度满足设计要求的振冲挤密效果检测的检测方法和检测标准。

（3）提出各试验区标准贯入与重（Ⅱ）型动力触探的关系曲线，分析各试验区砂基相对密度与承载力之间的关系以及各试验区坝基压缩模量、压缩系数与相对密度之间的关系。

（4）分析比较坝址河床砂洲和Ⅲ试验区振冲挤密前后原土（砂）地基的密实程度变化情况，提出相关参数指标的比较成果表。

（5）结合Ⅲ试验区桩间土取样试验，提出满足设计要求的振冲挤密回填砂砾石的级配曲线。

（6）随试验报告附坝基大面积振冲挤密施工方案。施工方案应特别注意振冲与坝基填砂、戗堤填筑、防渗墙和帷幕施工、坝体填筑等各项相关工作之间的搭接关系，提出控制各项相关工作边界施工质量的方法。

9.1.6 试验结论

在大面积振冲加密施工前，在施工现场进行了Ⅰ、Ⅱ、Ⅲ 3 个区的原位振冲试验，其中Ⅰ、Ⅱ试验区位于左河床内，Ⅲ试验区在淤泥质粉细砂层透镜体范围内。Ⅰ、Ⅱ试验区均采用 75kW、120kW、150kW 3 种振冲器施工，施工中需加中粗砂回填料，等边三角形布桩，桩距分别为 3.0m 和 2.5m，桩长 11.5～13.5m，要求振后地基土相对密实度不小于 0.73，试验结果适用于 A 区、B 区、C 区（河床区）坝基振冲加密；Ⅲ区采用 75kW 振冲器施工，施工中需加含卵砾较多的中粗砂回填料，形成复合地基，等边三角形布桩，桩距分别为 1.6m 和 2.0m，桩长 5～8m，要求振后复合地基桩径 1.0～1.2m，承载力特征值不小于 240kPa，试验结果适用于 D 区（透镜体区）坝基振冲加密。

海南有色长勘勘察院在振冲加密现场试验完成后，分别对Ⅱ、Ⅲ试验区进行了浅层平板载荷试验、室内土工试验。试验得出的结论为：

（1）根据Ⅱ区（2.5m 桩间距）检测结果判定，A 区、B 区、C 区（河床区）坝基振冲加密宜采用 2.5m 桩间距、150kW 振冲器振冲加密，振冲加密后的复合地基承载力特征值 $f_{spk}=235$kPa，复合地基压缩模量 $E_{sp}=38.5$MPa，桩间土的相对密度 $D_r=0.45\sim0.89$，平均值为 0.73，可满足设计要求。

（2）根据Ⅲ区（2.0m 以及 1.6m 桩间距）检测结果判定，D 区（透镜体区）坝基振冲加密宜采用 1.6m 桩间距、75kW 及其以上振冲器振冲加密，振冲加密后的复合地基承载力特征值 $f_{spk}=222$kPa，复合地基压缩模量 $E_{sp}=16.3$MPa，基本可满足设计要求。

海南有色长勘勘察院的试验结果论证了施工工艺的可行性以及施工参数，考虑到本工程检测工作量巨大，按试验阶段的检测方法不仅成本巨大，且将影响工程施工进度，因此设计提出振冲加密效果采用重（Ⅱ）型动力触探的办法检测振冲加密后砂基的相对密实度。但是目前采用重（Ⅱ）型动力触探评价砂土的相对密实度方面尚无明确的工程规范，因此必须通过现场相关试验，确定适合于该工程地质条件的重（Ⅱ）型动力触探检测标准。

为寻求重（Ⅱ）型动力触探检测标准，项目业主单位委托水利部珠江水利委员会基本建设工程质量检测中心进一步进行现场干密度、重（Ⅱ）型动力触探、剪切波测试、桩间土取样、室内土工试验复核等试验内容，力求通过建立振冲后的现场干密度与重（Ⅱ）型动力触探击数之间的相关关系，从而得出相对密度（Ⅰ区、Ⅱ区）或承载力（Ⅲ区）的重（Ⅱ）型动力触探的检测标准，并利用剪切波测试以及室内土工试验进行验证。该试验成果表明：

1）振后 A 区、B 区、C 区坝基振冲加密效果采用重（Ⅱ）动力触探检测桩间土的密实度时，要求在深 1.5m 范围桩间土的重（Ⅱ）击数不低于 8.5 击，深 2m 范围桩间土的重（Ⅱ）击数不低于 9 击，以后深度每增加 1m，重（Ⅱ）击数提高 1 击，可确保振后 A 区、B 区、C 区满足设计关于地基土密实度的要求。

2）振后 D 区坝基振冲加密效果采用重（Ⅱ）动力触探检测桩间土的密实度时，要求

1.0～3.0m 的重（Ⅱ）击数不低于 10 击，3.0～9.0m 的重（Ⅱ）击数不低于 12 击，可确保振后 D 区满足设计关于复合地基承载力的要求。

大隆水利枢纽工程实践证明该工程采用重（Ⅱ）型动力触探检测砂基的相对密实度具有较强的可操作性，且行之有效。

9.1.7 振冲施工

9.1.7.1 工艺流程

振冲施工工艺流程见图 9-8。

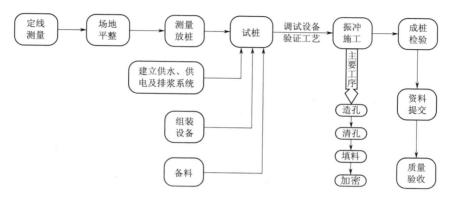

图 9-8 振冲施工工艺流程图

9.1.7.2 振冲施工工艺

1. 振冲造孔

（1）振冲器对准桩位，先开启压力水泵，振冲器末端出水口喷水后，再启动振冲器，待振冲器运行正常开始造孔，使振冲器徐徐贯入土中，直至设计深度。

（2）造孔过程中振冲器应处于悬垂状态。振冲器与导管之间有橡胶减震器联结，因此导管有稍微偏斜是允许的，但偏斜不能过大，防止振冲器偏离贯入方向。

（3）造孔速度和能力取决于地基土质和振冲器类型及水冲压力等，根据类似工程施工经验，该地层条件下成孔速度宜为 0.5～1.6m/min（在原土和回填砂中速度差别较大），平均可控制在 0.8m/min。

（4）清孔：对于 D 区，当造孔返出的泥浆很稠或遇到有狭窄、缩孔地段应进行清孔。清孔可将振冲器提出孔口或在需要扩孔地段上下提拉振冲器，使返出泥浆变稀，保证振冲孔顺直通畅以利于填料沉落。

2. 振冲填料加密

本工程采用强迫填料的制桩工艺施工。制桩时应连续施工，不得中途停止，以免影响制桩质量。加密从孔底开始，逐段向上，中间不得漏振。当达到设计规定的加密电流和留振时间后，将振冲器上提继续进行下一段加密，每段加密长度应符合设计要求。

重复上一步骤工作，自下而上，直至加密到设计要求桩顶标高。

关闭振冲器，关水，制桩结束。

9.1.7.3 施工机具的选择

本工程砂砾石坝基振冲施工有以下技术特点：

（1）加固的地层中涉及含卵砾石的中粗砂，局部处理深度较深，遭遇振冲器不易贯入及抱、卡导杆等情况。

（2）加密对象中浅层为填筑含卵砾石的中粗砂，结构较为松散，加密施工难度较大，浅部存在返砂量较大情况。

鉴于以上情况，因此在机具的选择中，应具有针对性地进行选择。

1. 振冲器

根据本工程试验桩施工取得的成果，为克服振冲器贯入、提拉、加密困难的问题，保证施工质量及施工工效，确定 A 区、B 区、C 区及 D 区（20.0m 高程）采用 120kW、150kW 振冲器施工，D 区（16.0m 高程）采用 75kW 振冲器施工。各型号振冲器技术参数见表 9－6。

表 9－6　　　　　　　　　　　　电动型振冲器技术参数

型号	参数	电动机功率 /kW	转速 /(r/min)	额定电流 /A	振动力 /kN	振幅 /mm	振冲器外径 /mm	振冲器长度 /mm	重量 /kg
1	BJ－75kW	75	1450	150	160	7.0	426	2700	2100
2	BJ－120kW	120	1450	220	180	7.5	426	2806	2300
3	BJ－150kW	150	1450	260	200	8.5	426	2980	2600

2. 起吊机械

起吊力和起吊高度必须满足施工要求，考虑到本工程施工易发生抱、卡振冲器导杆情况，施工均选用 30～60t 的吊车。

3. 填料机械

每套机组配备 1 台 1.0m³ 以上的装载机供料。

4. 电气控制装置

本工程采用北京振冲公司研制的自动控制装置，通过设定加密电流值和留振时间，自动控制施工技术参数，当电流和留振时间达到设定值时，自动发出信号，指导施工。

9.1.7.4　振冲桩施工情况

1. 试验桩施工

根据施工现场实际情况，2004 年 11 月 14—28 日，首先安排一个机组进行Ⅲ试验区振冲桩施工，完成振冲桩 86 根；2004 年 12 月 16—22 日，安排两个机组进行Ⅰ、Ⅱ试验区振冲桩施工，完成振冲桩 180 根。试验桩总进尺 2347.1m，各试验区工作量汇总见表 9－7 及工效统计见表 9－8。

表 9－7　　　　　　　　　　　　工 作 量 汇 总 表

区域	项目	振冲器型号	桩数 /根	进尺 /m	桩长范围/平均 /m	填料量 /m³	每米填料量 /(m³/m)	备注
Ⅰ区		75kW	24	221.4	4.5～10.1/9.2	162.5	0.73	3.0m 桩间距
		120kW	36	342	9.5～9.5/9.5	255.8	0.75	
		150kW	30	316.7	9.3～13.0/10.6	279.0	0.88	

续表

区域 \ 项目	振冲器型号	桩数/根	进尺/m	桩长范围/平均/m	填料量/m³	每米填料量/(m³/m)	备注
Ⅱ区	75kW	30	263.1	5.4～10.5/8.8	241.3	0.91	2.5m 桩间距
Ⅱ区	120kW	30	290.0	6.5～13.0/9.7	255.5	0.88	2.5m 桩间距
Ⅱ区	150kW	30	324.9	7.0～13.2/10.8	312.0	0.96	2.5m 桩间距
Ⅲ区	中粗砂 75kW	30	197.0	6.0～7.9/6.8	250.8	1.27	1.6m 桩间距
Ⅲ区	砾石 75kW	30	189.7	5.6～7.8/6.1	256.8	1.35	1.6m 桩间距
Ⅲ区	中粗砂 75kW	26	202.3	7.4～8/7.8	249.4	1.23	增补 2m 间距

表 9 - 8 　　　　工 效 统 计 表

区域 \ 项目	振冲器型号	桩长范围/平均/m	造孔时间/(min/m)	加密时间/(min/m)	制桩时间/(min/m)	备注
Ⅰ区	75kW	4.5～10.1/9.2	1.86	1.87	3.73	3.0m 桩间距
Ⅰ区	120kW	9.5～9.5/9.5	1.42	2.48	3.90	3.0m 桩间距
Ⅰ区	150kW	9.3～13/10.6	1.91	2.06	3.97	3.0m 桩间距
Ⅱ区	75kW	5.4～10.5/8.8	3.44	3.21	6.65	2.5m 桩间距
Ⅱ区	120kW	6.5～13.0/9.7	3.10	3.19	6.29	2.5m 桩间距
Ⅱ区	150kW	7.0～13.2/10.8	2.32	2.19	4.51	2.5m 桩间距
Ⅲ区	中粗砂 75kW	6.0～7.9/6.8	0.97	6.15	7.12	1.6m 桩间距
Ⅲ区	砾石 75kW	5.6～7.8/6.1	0.85	2.72	3.57	1.6m 桩间距
Ⅲ区	中粗砂 75kW	7.4～8/7.8	0.72	6.03	6.75	增补 2m 间距

通过试验桩的施工，取得了以下成果：

（1）Ⅰ、Ⅱ试验区是在回填含砾中粗砂的场地（高程 20.0m）上施工的。在试验桩施工过程中，3 种型号振冲器均出现以振冲孔为中心的地面沉陷，下沉量 40～50cm，在半径为 2.0～2.5m 的地面由于下沉而开裂，说明振冲施工对含砾中粗砂的加密效果明显。

（2）通过分析试验桩工效统计表可以看出，振冲施工的工效比较快，振冲器功率越大，工效越快、贯入越深，120kW 和 150kW 振冲器均可达到设计要求的深度。

（3）Ⅲ试验区地层中存在容易随泥浆返出地面的粉细砂，在振冲施工时，当填料为含砾中粗砂时，地层及填料中的细颗粒容易随泥浆返出地面堆积在孔口，施工过程中应减少加密水压，控制至 0.05MPa 为佳。填料量较大，达 1.3m³/m，满足设计对桩径的要求。

（4）明确了桩长的控制措施。试验桩施工前，在Ⅰ、Ⅱ、Ⅲ试验区原状土中进行了重（Ⅱ）型动力触探检测，检测点布置和结果见北京振冲公司完成的"海南省宁远河大隆水利枢纽土坝砂砾石基础振冲试验桩工程试验报告"附录。检测结果表明，实际需要加密的地层深度要小于设计要求深度。施工中当振冲器造孔至实际需要加密的深度时，造孔电流明显升高，造孔速度明显降低，当继续往下造孔时，75kW 振冲器的电流值升至 100A 以上，120kW 振冲器的电流值升至 120A 以上，150kW 振冲器的电流值升至 140A 以上，且振冲器贯入速度更低。根据这一现象，对照重（Ⅱ）型动力触探检测结果（20 击以上为控制标准），确定 75kW、120kW、150kW 3 种振冲器施工时的终孔电流分别为 100A、120A、140A，并以此控制施工桩长。

考虑到本工程原河床底面起伏较大，需要加密的覆盖层深浅不同，经与设计、监理商定，在施工中采取宏观控制和局部控制相结合的方法控制实际的施工桩长。即在某区施工时，按该区设计要求的桩长进行宏观控制；同时，在具体作业时，按上述终孔电流控制桩的实际长度。

2. 工程桩施工情况

2004 年 12 月 23 日开始进行大面积工程桩施工，由于受回填料料源变化的影响，Ⅰ、Ⅱ试验区以外场地回填的中粗砂中含卵砾量远高于试验区，且粒径大。由于场地是一次性回填至设计要求的 20.0m 高程，回填层厚 4.0～7.0m，回填过程中，粒径大的卵砾料滚落集中于坡底，致使大功率振冲设备在 3.0～7.0m 深度段成孔速度非常慢，有的区域根本就无法贯入。针对施工过程中发现的问题，项目部积极采取措施，并得到了业主、设计、监理单位的大力支持和总包单位葛洲坝集团公司的大力配合，具体采取了如下施工措施：

（1）根据大坝分区填筑的需要，在施工工期非常紧张的情况下，为了确保能及时提供急需的作业面，施工总包单位葛洲坝集团公司项目部将上游振冲施工区划分为 10 个区，分别为戗堤区、D 区、0 区、Ⅰ区、Ⅱ区、Ⅲ区、Ⅳ区、Ⅴ区、Ⅵ区、防渗墙区；下游振冲施工区划分为 2 个区，分别为戗堤区和坝基区。各区具体位置详见振冲施工分区图（图 9－9）。

（2）重新调整场地回填施工方案，根据振冲设备的施工能力，将Ⅲ区、Ⅵ区及防渗墙区右岸部分分两层回填，第一层回填至 16.0m 高程，待振冲施工结束后再回填第二层至 20.0m 高程进行振冲施工。由于防渗墙区左岸部分在确定重新调整场地回填施工方案时已经回填到 20.0m 高程，设计要求将其部分开挖至 16.0m 高程后进行振冲施工。Ⅲ区、Ⅵ区及防渗墙区分两层施工，第二层施工的振冲桩桩长进入第一层 1.5m。

（3）采用大功率 BJ－150kW 电动振冲器施工，利用其穿透能力强、额定电流高便于合理设定过载电流的有利因素，在施工中采取勤提快速跟进施工措施，并采用设旁通管加大水量，以便振冲器底端含砾中粗砂充分饱和，提高振冲造孔速度。为了保证上游节点工期的实现，项目部组织了 11 支 BJ－150kW 电动振冲机组施工。

（4）紧急从公司调来两台英国 PENNINE 公司生产的 HD225 型液压振冲器，利用其小直径、小振幅、高频率（自动调频）、大击振力对地层穿透力强的特点，解决在 20.0m 高程施工的难题。HD225 型液压振冲器技术参数见表 9－9。

表 9－9　　　　　　　　　HD225 型液压振冲器技术参数

型　　号	功率 /kW	额定油压 /MPa	转速 /(r/min)	振动力 /kN	振幅 /mm	外径 /mm	长度 /mm
HD225 型液压振冲器	150	0～36	0～3600	290	3.5	310	2200

两台 HD225 型液压振冲器的到来，彻底地解决了从 20.0m 高程施工的难题，为了确定其施工参数，在大面积工程桩施工之前，进行试桩施工，并及时对桩间土进行重（Ⅱ）

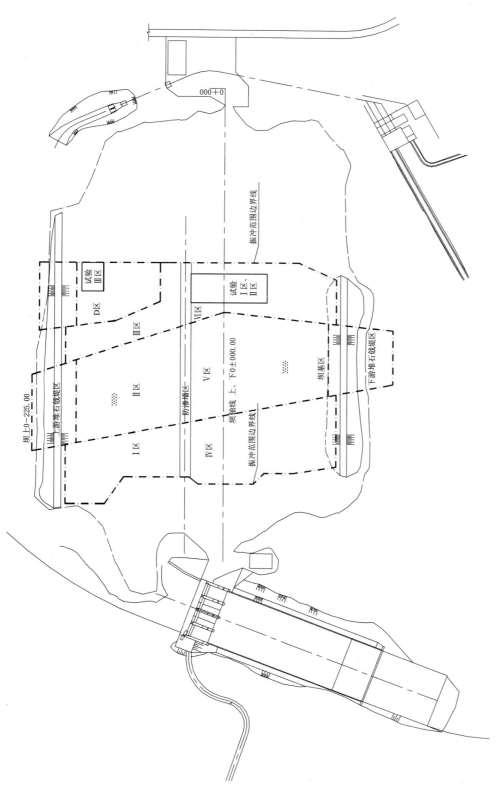

图 9 - 9　振冲施工分区图

型动力触探检测，确定满足设计要求的施工参数见表 9-10。

表 9-10   HD225 型液压振冲器施工参数

项目 型号	加密油压 /MPa	终孔油压 /MPa	留振时间 /s	造孔水压 /MPa	加密水压 /MPa	加密段长度 /cm
HD225 型液压 振冲器（150kW）	20	26	10	0.3～0.5	0.1～0.2	30～50

（5）根据下游河道水位的实际情况，设计将下游坝基区振冲施工标高由原设计 20.0m 高程下调至 17.0m 高程，上下游施工面按比 1：5 放坡连接。考虑上游施工时设备磨损非常严重，项目部将 13 支振冲施工队整合为 10 支，集中力量施工。

（6）在具体施工过程中，由于场地的实际情况和设计要求的振冲边界有差别，经与业主、设计、监理研究后确定做局部调整。坝基左岸完全按设计要求的振冲边界施工；坝基右岸山体陡峭、平面走向变化大，若按原设计要求的振冲边界施工，必然有部分振冲桩布置到山体上无法施工，而有些振冲边界以外的区域还需要进行振冲处理，施工时根据现场的实际情况进行了调整（详见施工报告单），0 区、Ⅲ区、Ⅵ区有增有减，总体增加 98 根桩，下游坝基区减少 10 根桩。

（7）本工程设计要求 D 区布桩间距为 1.6m，由于 D 区有Ⅲ试验区的增补 2.0m 桩间距施工区，工程桩施工时，在原增补 2.0m 桩间距施工区插补振冲桩 18 根；原试验Ⅰ区振冲施工布桩间距为 3.0m，设计要求本区工程桩施工时布桩间距为 2.5m，工程桩施工时，在原 3.0m 桩间距施工区插补振冲桩 88 根。

9.1.8 质量检验

9.1.8.1 试验桩质量检测

本次试验检测进行了重（Ⅱ）型动力触探、标准贯入试验、载荷试验和室内土工试验。

1. 重（Ⅱ）型动力触探成果分析

为了比较试验区各种型号振冲设备的处理效果，采用重（Ⅱ）型动力触探对每个试验区、每种型号振冲器施工的桩体和桩间土进行了检测。根据对附录的统计对比看，振冲加固后桩间土的加固效果明显，且Ⅱ区的加固效果优于Ⅰ区，在相同深度范围内，在同一振冲器施工下，Ⅱ区的重（Ⅱ）锤击数略高于Ⅰ区。Ⅱ区 1.5m 以下，用 120kW 和 150kW 振冲器加固的桩间土重（Ⅱ）击数均超过 10 击。桩间土重（Ⅱ）锤击数统计对比见表 9-11。Ⅲ试验区振冲施工后桩间土较施工前不仅没有降低，反而有一定的提高，即桩间土有一定的加密效果。此现象说明，Ⅲ试验区的加密机理应以振冲置换为主并有一定的挤密作用，这对提高复合地基的承载力是很有利的。

2. 振冲碎石桩顶部松散层的处理

从试验区重（Ⅱ）检测结果可以看出，振冲作业面以下 1.5m 深度范围内重（Ⅱ）击数偏低，不能满足设计要求，应进行部分开挖后碾压处理。

3. 载荷试验和室内土工试验成果

根据Ⅱ区载荷试验和土工试验的结果，复合地基压缩模量 $E_{sp}=38.5$MPa，桩间土的相对密实度为 0.73。Ⅲ区载荷试验结果表明，2.0m 桩间距复合地基承载力特征值达不到 240kPa 的设计要求；1.6m 桩间距复合地基承载力满足 240kPa 的设计要求。

表 9-11　　　　　　　　　　桩间土重（Ⅱ）锤击数统计对比表

试 验 部 位		振冲前平均击数/击	振冲后平均击数/击		
		1～7.5m	0～1.5m	1.5～4.0m	4.0m 以下
试验Ⅰ区	75kW	2.9	5.9	6.6	9.5
	120kW	2.7	7.1	8.4	10.7
	150kW	3.8	6.2	7.6	11.5
试验Ⅱ区	75kW	2.3	7.0	8.0	9.8
	120kW	2.7	6.4	10.5	12.2
	150kW	3.1	7.2	12.8	12.5

9.1.8.2　工程桩质量检测

依据设计要求，本工程振冲地基处理质量检测应进行 3 个阶段检测，即施工单位自检、第三方检测及设计单元剪切波测试。

1. 施工单位自检

在施工过程中，为了检测并控制施工质量，项目部成立了重（Ⅱ）型动力触探自检施工队。振冲施工前，对场地土进行检测，对照设计要求确定地基处理深度；施工过程中，检测桩体（D区）、桩间土（其他区）重（Ⅱ）型动力触探击数是否满足试验确定的检测标准，并对施工过程进行控制和调整。依据规范要求，本工程完成重（Ⅱ）型动力触探自检桩数为总桩数的 2%，自检结果全部满足设计要求。

2. 第三方检测

受业主、监理单位的委托，海南有色长勘勘察院对全部振冲施工进行质量检测，分别对桩体（D区）和桩间土（其他区）采用重（Ⅱ）型动力触探进行检测，每个质量评定验收单元作为一个检测区，检测桩数为总桩数的 2%。首先，由现场监理工程师按每个区总桩数的 2%随机抽取检测点振冲桩号，并验收测放的检测点，全部旁站重（Ⅱ）型动力触探检测，对检测结果签字确认。根据重（Ⅱ）型动力触探检测结果，对照设计确定质量检测验收标准，本工程振冲施工质量全部满足设计要求。

3. 设计单元剪切波测试

为了进一步验证相对密实度与重（Ⅱ）型动力触探锤击数之间相关关系，中水珠江规划勘测设计有限公司对经振冲地基处理后的场地进行剪切波测试。首先，在要做剪切波测试的某点处进行重（Ⅱ）型动力触探检测，再分步开挖取不同深度处的土进行相对密实度实验，在取土深度处进行剪切波测试。通过对比重（Ⅱ）、相对密实度及剪切波测试结果，建立相对密实度与重（Ⅱ）型动力触探锤击数之间相关关系，从而对本工程检测标准进行验证。通过分析剪切波测试报告可以看出，本工程确定的振冲桩质量检测标准是科学合理的，工程质量满足设计要求。

9.1.9　结语

1. 振冲结果

水利部珠江水利委员会基本建设工程质量检测中心对本工程坝基振冲挤密处理效果进行了检测。检测报告《海南宁远河大隆水利枢纽坝基振冲挤密加固处理工程检测复核报告》[编号：质（物）2005-11号]的结论如下：

河床150kW振冲区 $N_{63.5} \geqslant 9.5$ 击、台地75kW振冲区修正 $N_{63.5}$（修正后平均值）$\geqslant 8.0$ 击要求，振冲挤密效果良好，基本符合设计要求。

2. 工程运行

大隆水利枢纽工程2006年9月下闸蓄水，2007年10月竣工验收，至今已安全运行15年，各项监测数据表明，采用振冲处理后的大坝基础沉降和渗透变形稳定，运行安全可靠，工程发挥了巨大的工程效益。

9.2　云南省普渡河鲁基厂水电站

9.2.1　工程概况

1. 工程概述

鲁基厂（邓子山一级）水电站位于云南省普渡河下游河段的禄劝县则黑乡小河口村下游1.5km处，距昆明市约177km，是《昆明市普渡河干流（岔河—金沙江汇口）水能规划》中推荐的8级开发方案的第6级水电站，采用低坝长引水开发方式，电站地理位置示意图见图9-10。水库具有日调节能力，设计总库容 0.0941 亿 m^3，设计泄洪流量 2700m^3/s，校核泄洪流量 4080m^3/s。电站装机容量96MW，工程规模为中型，工程等别属Ⅲ等。永久性主要建筑物级别为3级，永久性次要建筑物级别为4级，临时性水工建筑物级别为5级。地震基本烈度为Ⅷ度，设计烈度为Ⅷ度。

图 9-10　鲁基厂水电站首部枢纽工程

枢纽主要由首部枢纽和引水发电系统组成，首部枢纽正常蓄水位1090.0m，死水位1087.9m。

首部枢纽由混凝土闸坝和右岸土石坝组成，坝顶高程为1092.5m，坝顶全长213.3m，其中右岸土石坝长41m，混凝土坝长170.4m。混凝土闸坝从左至右依次为：左岸重力坝段、泄洪冲沙底孔坝段、泄水闸坝段、右岸重力坝段、右岸土坝连接段。河床中间布置泄水闸，共设3孔，孔口尺寸16m×13.5m（宽×高），采用WES堰型，堰顶高程1077.0m。设3扇弧形工作闸门和1扇平面检修门，孔口尺寸16m×13.5m（宽×高），采用宽尾墩加消力池联合消能，消力池底板高程1060.5m，池长60m，池深4m，池中部设置2m和4m高的齿坎，消力池下游再接40m长的钢筋石笼海漫。泄水闸左侧为泄洪冲沙底孔坝段，底坎高程1066.0m，设1扇弧形工作闸门和1扇事故检修门，孔口尺寸分别为6m×6m（宽×高）和6m×7m（宽×高），底孔进口段为陡槽式，有利冲沙。首部枢纽除左岸混凝土重力坝两个坝段建基于基岩，右岸土石坝连接段建于岸坡残坡积层外，其余混凝土闸坝段均建于河床砂卵石覆盖层，最大坝高34.5m，属于目前世界上建于软基上的较高的混凝土闸坝之一。图9-10所示为鲁基厂水电站首部枢纽工程。

引水发电系统包括进水口、引水隧洞、调压井、厂房和变电站等建筑物。引水隧洞进口底板高程1076.1m，位于坝轴线左岸上游约40m处，经长3815m引水隧洞引水至调压室，再经171.7m长的压力管道引水至电站厂房。

鲁基厂（邓子山一级）水电站于2007年1月开工，2010年5月完工。工程主要特性表见表9-12。

表9-12 　　　　　　　　　　　**工 程 特 性 表**

序号及名称	单位	数量	备 注
一、工程概况			
1. 流域面积			
全流域	km²	11751	
坝址以上	km²	11240	
2. 利用的水文系列			
径流	年	47	1956年6月—2003年5月
洪水	年	51	1953—2003年
泥沙	年	3	1958—1960年
3. 多年平均年径流量	亿m³	30.31	坝址
4. 代表性流量			
多年平均流量	m³/s	96.1	坝址
实测最大流量	m³/s	1120	1955年11月10日三江口站
实测最小流量	m³/s	6.3	1954年5月29日三江口站
调查历史最大流量	m³/s	2080	1908年三江口站
设计洪水流量（P=2%）	m³/s	2700	坝址
校核洪水流量（P=0.2%）	m³/s	4080	坝址
施工导流流量（P=20%）	m³/s	1350	坝址

续表

序号及名称	单位	数量	备　注
5. 洪水			
实测最大洪量（1d）	亿 m³	1.26	三江口站
设计洪水洪量（1d）	亿 m³	2.09	坝址
校核洪水洪量（1d）	亿 m³	3.25	坝址
6. 泥沙			
多年平均悬移质年输沙量	万 t	353.6	坝址
多年平均含沙量	kg/m³	1.17	坝址
实测最大含沙量	kg/m³		
多年平均推移质年输沙量	万 t	12.88	坝址
7. 天然水位			
①多年平均水位	m	1160.22	三江口站
相应流量	m³/s	70	
②实测最低水位	m	1159.02	1954 年 5 月 29 日三江口站
相应流量	m³/s	6.3	
③实测最高洪水位	m	1165	1998 年 7 月 23 日三江口站
相应流量	m³/s	1431	
二、水库			
1. 水库水位			
校核洪水位（$P=0.2\%$）	m	1090.0	
设计洪水位（$P=2\%$）	m	1090.0	
正常蓄水位	m	1090	
最低发电水位	m	1087.9	
2. 正常蓄水位时水库面积	km²	0.764	
3. 回水长度		7.52	
4. 水库容积			
总库容（校核洪水位以下库容）	万 m³	941	
正常蓄水位以下库容	万 m³	941	
5. 调节性能		日	
6. 水量利用系数	%	64.52	
三、下泄流量及相应下游水位			
1. 设计洪水位时最大泄量	m³/s	2700	
相应下游水位	m	1071.00	坝下水位
2. 校核洪水位时最大泄量	m³/s	4080	
相应下游水位	m	1072.29	坝下水位
3. 装机满发引用流量	m³/s	135.78	
相应下游水位	m	998.84	厂房尾水
四、发电工程效益指标			
装机容量	MW	96	

续表

序号及名称	单位	数量	备 注
保证出力	MW	9.0	
多年平均发电量	亿 kW·h	4.0897	
年利用小时	h	4260	
五、主要建筑物及设备			
1. 挡水建筑物			
型式		混凝土重力坝	
地基特性（河床覆盖/基岩）		河床覆盖层	
地震基本烈度		Ⅷ度	
顶部高程	m	1092.5	
最大坝高	m	34	
坝顶长度	m	217	
2. 泄水建筑物			
型式		水闸	
地基特性		河床覆盖层	
堰顶高程	m	1077	
闸孔尺寸/孔数	m/孔	16/3	
消能方式		底流	
闸门型式、数量、尺寸		弧门（3×16）	
启闭机型式、数量、容量		液压	
设计泄洪流量（$P=2\%$）	m³/s	2700	
校核泄洪流量（$P=0.2\%$）	m³/s	4080	
单宽流量（$q_设/q_校$）	m³/(s·m)	38.85/61.49	
3. 排沙建筑物			
型式		冲沙底孔	
地基特性		河床覆盖层	
底坎高程	m	1066	
孔口尺寸/孔数	m/孔	6×6/1	
消能方式		底流	
闸门型式、数量、尺寸		弧形门	
启闭机型式、数量、容量		液压	
4. 引水建筑物			
设计引用流量	m³/s	140.1	
最大引用流量	m³/s	139.0	
进水口型式		岸塔式	
进口地基特性		灌注桩	

续表

序号及名称	单位	数量	备 注
进口底坎高程	m	1076.1	
闸门型式、数量、尺寸		平板、1、6.4×6.4	
引水道型式		隧洞/压力管道	
条数/长度	条/m	1/3815	
断面尺寸	m	φ6.4/6.6/7.4	
衬砌型式		钢筋混凝土衬砌/喷锚	
启闭机型式、数量、容量		卷扬机	
5. 厂房			
型式		窑洞式厂房	
地基特性		弱/强风化	
主厂房尺寸（长×宽×高）	m×m×m	66.45×16.8×37.1	
水轮机安装高程	m	995.50	

2. 设计基本资料

（1）气象。普渡河流域地处低纬亚热带高原湿润季风气候区，具有"立体气候"的特点。坝址附近多年平均气温15.7℃，极端最高气温33.6℃，极端最低气温−4.5℃，最高月（6月）平均气温21.6℃，最低月（12月）平均气温7.6℃；相对湿度平均为74%；年平均日照1949h；平均无霜期301d；多年平均风速1.9m/s，多年平均最大风速15.0m/s，常年风向西南风偏多；多年平均降水日数171d，多年平均蒸发量（φ20cm）1961mm。

普渡河流域多年平均降水量约1000mm，降水总体变化趋势上游小下游大，存在局部暴雨区。降水的年内分配不均匀，5—10月降水量占年降水量87.9%，暴雨主要集中在7月和8月发生。

（2）水位及流量。坝址 $H \sim Q$ 关系成果见表9-13。

坝址设计洪水成果见表9-14。

表9-13 坝址水位流量关系采用成果表

水位/m	流量/(m³/s)	水位/m	流量/(m³/s)	水位/m	流量/(m³/s)
1063.60	0	1067.47	291.0	1070.50	2250.0
1065.68	9.4	1067.81	436.0	1071.00	2700.0
1065.77	16.9	1068.24	634.0	1071.50	3200.0
1065.92	26.3	1068.49	751.0	1072.00	3750.0
1066.08	36.3	1068.67	825.0	1072.50	4300.0
1066.32	52.8	1068.72	851.0	1073.00	4900.0
1066.67	98.3	1069.00	1020.0	1073.50	5500.0
1066.99	163.0	1069.50	1350.0		
1067.23	215.0	1070.00	1780.0		

表 9 - 14　　　　　　　　　　　　坝址设计洪水成果表

项目	各级频率（%）洪峰流计值										
	0.01	0.02	0.05	0.1	0.2	0.33	0.5	1.0	2.0	3.33	5.0
流量 $Q/(\mathrm{m^3/s})$	5900	5480	4920	4500	4080	3780	3540	3120	2700	2390	2150

9.2.2　工程地质

1. 区域地质概况

工程区地处云南高原中北部，地貌特征严格受构造控制，山体总体走向南北，区内山高、坡陡、谷深，尤其在普渡河两岸，为深切割高、中峡谷或中切割中山陡坡地形区。区内地势北高南低，最高点在测区东北部的舒姑以东火石梁子，海拔 4344m，最低点为测区北部的普渡河与金沙江交汇口，高程 748m，北部地区山峰高程一般在 2500～3800m，普渡河河床高程在 748～1300m，相对高差 1000～3000m。南部地区山峰高程一般 2000～2600m，普渡河河床高程在 1300～1600m，相对高差 800～1000m。

区内地层出露岩石主要为硅质条带白云岩、白云质灰岩，分布于工程区中部普渡河河谷两岸。上更新统冲积层主要为砂砾卵石，局部已呈弱胶结，大多分布于高程 1145m 二级阶地以下，测区出露厚度约 40m。全新统残坡积层主要为碎石土。分布于山坡表层，厚度 0.5～3.0m。全新统崩坡积层主要为块石、滚石、蛮石、夹块石粉质黏土，多分布于陡坎下或坡度较陡下部。全新统洪冲积层岩性主要为夹砾石、碎石的粉质黏土，分选性差，多分布于冲沟出口处，厚度 0.5～5.0m。全新统冲积层主要为粉质黏土、粉土、砂土、砂砾卵石。主要分布于河床及两岸漫滩，厚度 3～45m。

工程区 50 年超越概率 10% 的地震动基岩峰值加速度为 0.169g；50 年超越概率 5% 的地震动基岩峰值加速度为 0.221g；地震动反应谱特征周期为 0.40s；相应地震基本烈度为 Ⅷ 度。

2. 首部枢纽工程地质条件

坝址两岸为不对称 V 形谷，左岸临河分布有宽约 50m 的高漫滩地，地面高程 1068～1072m，后缘为坡度达 60° 的陡壁，基岩出露，上游为大冲沟出口，下游陡坎下为范围较大的崩坡积堆积体。河床宽约 90m，左河床主要为砾卵石的漫滩，高程 1066～1067m，右河床为主河道，宽约 25m。右岸自然边坡 40°～45°，上部多为崩坡积层覆盖，下游约 150m 为冲沟出口。

坝址区出露的地层有震旦系、寒武系和第四系松散堆积层。

普渡河断裂带中支断层从坝址左岸（西侧）约 200m 处通过，为坝址区发育最大的区域性断层，坝址区又表现为两条分支断层（F_1、F_2），破碎带宽 3～5m，以碎裂状的页岩、砂质页岩为主，影响带宽百余米。

坝址区由于受普渡河断裂带影响，节理发育，常形成节量密集带或劈理化带。

坝址区内地下水类型分为基岩裂隙水、碳酸盐岩类喀斯特水及松散岩类孔隙水 3 个大类，均受大气降水补给，向普渡河排泄。坝址附近由于受普渡河断裂带的影响，基岩裂隙多呈张开状，含水量较丰富，局部可见泉水渗出。

3. 左坝肩 1 号、2 号坝段工程地质条件

1 号坝段建基面开挖的弱风化岩面分为两类状态：一类未开挖出新鲜岩石面的原岩边

坡面，见少数根茎，在坝上游侧见有卸荷裂隙、宽 2cm、充填黏性土；另一类已开挖出新鲜岩面的岩石基面，岩石基面风化、节理发育，经机械施工扰动后岩面呈碎裂状。根据实际地质情况采取了以下措施：清除坝基面卸荷裂隙与碎裂状岩体，凿槽清除碎渣再灌细砂浆护盖的处理，岩体质量达 AⅢ₂ 类，满足设计强度要求。左坝肩 1 号坝段基础开挖情况见图 9 - 11。

图 9 - 11　左坝肩 1 号坝段基础开挖情况

2 号坝段基面设计要求为强风化下限岩体，开挖后岩石基面主要为三种类型：一是分布在轴线上游的卸荷裂隙东侧的滑移岩石体为灰岩；二是在坝轴线南东向为灰岩白云质，是崩塌岩石体；三是在坝轴线北西向为灰岩，也属崩塌岩石体。根据实际地质情况采取了以下措施：把破碎岩体和宽裂隙岩体清除干净，对宽裂隙采用了凿槽清除 50cm 碎渣再灌细砂浆护盖的处理措施，满足设计强度要求。

4. 3～9 号坝段（振冲碎石桩复合坝基）工程地质条件

3～9 号坝段分别是首部枢纽左岸混凝土重力坝冲沙泄洪底孔、3 孔泄水闸、右岸混凝土重力坝、这 7 个坝段下覆地层为大面积的坡积、崩积层覆盖，河床第四系覆盖层广泛分布，河床覆盖层最厚达 41.9m，渗透系数 $1.3 \times 10^{-4} \sim 1.1 \times 10^{-2}$ cm/s，属中等透水～强透水层。其地层均为河床砂卵砾石覆盖层和左、右岸崩坡积体，主要为砂砾、卵石、块石，部分为含泥砂砾、卵石，呈松散～稍密状，天然地基承载力 200～300kPa。河床覆盖层及基岩物理力学指标试验成果见表 9 – 15。

表 9 – 15　　　　　　　河床覆盖层及基岩物理力学指标试验成果表

位置		深度 /m	岩性简要描述	密度 /(g/cm³)	地基承载力特征值 天然状态 /kPa	变形模量 E_0 /MPa	压缩模量 E_s /MPa	渗透系数 /(cm/s)	孔隙率 /%	c /kPa	Φ /(°)	允许流速 /(m/s)	混凝土基础底面/地基土之间摩擦系数 天然状态	振密后
河床	覆盖层	0~18	含泥砂砾卵石，稍密~中密状，以卵石为主，次为砂、砾石及黏粉粒	1.85	200~300	25~35	20~25	$3.67×10^{-3}$~$1.07×10^{-2}$	40	0	30	1~1.2	0.5	0.55
		18~25	泥质粉细砂，松散状，成分以粉细砂为主，次为黏粉粒	1.75	70~80	8~12	5~8	$2.33×10^{-3}$	45	3	20			
		25~30	粉质黏土，可塑状，标贯 5~12 击	1.8	150~180	15~20	15~20	$1.34×10^{-4}$	35	10	15			
		30~42	泥质砂砾卵石，中密~密实状，以卵石为主，次为砂砾石及黏粉粒	1.9	350~400	35~45	30~35	$6.22×10^{-3}$~$1.57×10^{-2}$	40	0	32			
		坝下 150~400 块石、滚石	直径一般大于 3m，为两岸陡崖基岩崩塌									5.0		
	基岩	42~60	弱风化石英砂岩	2.6	4000~5000	4000~6000						6.0		

5. 右坝肩土坝工程地质条件

右坝肩土坝连接段全长 46.6m，坝顶高程 1092.5m，坝顶宽 13m，上下游坡度均为 1：2.5。土坝上游面为 C20 混凝土护坡，厚 25cm；土坝下游面采用 C20、厚 12cm 的六边形预制块护坡。土坝防渗体为中心防渗土料区包裹的一道 1.2m 厚混凝土防渗心墙，墙顶高程 1092.1m，墙底建基于基岩。坝基工程地质条件如下：

(1) 塌滑体岩块（Q_4^{col+dl}）：灰白色、岩面稍湿、母岩为石英砂岩、原岩结构基本保存，结构松散、仍可呈中厚层与薄层，属崩塌岩块。分布于坡面上半部下游侧。

(2) 含粉质黏土块石碎石（Q_4^{col+dl}）灰白色、稍湿、块石碎石为崩坡积堆积而成，少部尚可见原岩结构，大部无序堆积，直径多数为 20~40cm、最大直径为 80~100cm，块石间填充粉质黏土，结构呈松散状态。分布在坝坡下半部上游侧。

(3) 含块石、碎石粉质黏土（Q_4^{col+dl}）：灰白色、褐黄色、稍湿、结构密实、硬塑、以粉质黏土为主，多见胶结 5～10cm 碎石，并见胶结由少部分 20～30cm 块石组成。分布在坝坡下半部中部及坡面下半部至基岩面交汇。

（4）含块石、卵石砾砂与含卵石砾砂（Q_4^{al}）：灰白色、湿、部分饱和、稍密状，以砾砂为主、磨圆度好，见部分中粗砂与圆砾含泥量高，胶结 30％胶左右块石和卵石、径多为结 20～30cm，大部分分布在高程 1065.0m 以下基面。该土层水量丰富。

9.2.3　振冲设计

1. 首部枢纽布置

首部枢纽建筑物从左至右依次为：左岸混凝土重力坝连接段（1～3 号坝段）、冲沙泄洪底孔（4 号坝段）、泄水闸（5～7 号坝段）、右岸混凝土重力坝（8～10 号坝段）和右岸土石坝连接段（11 号坝段），前缘总长 213.3m。生态流量管理设于 8 号混凝土坝段，管径 0.9m，进口管中心高程 1078.0m，出口管中心高程 1068.5m。

泄水闸布置在河床中间，前缘长度为 64.8m，分 3 孔，孔口净宽 16m，采用 WES 堰型，堰顶高程 1077m，工作门采用弧形钢闸门，闸墩采用宽尾墩型式。泄水闸上游接 11m 长的混凝土防渗护坦，下游消能采用长 62.5m，深 4m 的消力池，消力池底板高程 1060.5m，池中部设置 2m 和 4m 高的消力坎，参差布置。消力池下游接 40m 长的防冲钢筋石笼海漫。泄水闸剖面图见图 9-14。

冲沙底孔位于泄水闸左侧，设一孔，距发电引水隧洞进水口约 42m，前缘长度 11.6m。闸室底坎高程 1066m，弧形工作门尺寸 6m×6m（高×宽），上游事故门尺寸为 7m×6m（高×宽），冲沙底孔闸室下游以 1∶5 的坡度接长 62.5m 的泄水闸消力池。冲沙底孔剖面图见图 9-15。

左岸岸坡连接建筑物采用混凝土重力坝型式，即冲沙底孔与岸坡之间采用混凝土重力坝相连；右岸岸坡连接建筑物采用土石坝型式，土石坝与泄水闸之间采用混凝土重力坝相连。左、右两岸混凝土重力坝段前缘长度分别为 50m 和 45m，坝顶宽 13m，最大坝高 32.5m。

土石坝段前缘长度 46.6m，坝顶宽度 13m，上、下游坡度均为 1∶2.5。土坝坝体防渗采用一道 1.2m 厚混凝土防渗墙。

坝顶左岸接对外交通公路，公路上游通往进水口平台和生产生活区，公路下游通往电站厂房。

首部枢纽布置见图 9-12～图 9-17。

2. 坝基处理方式选择

根据河段规划及坝址河段的地形地质条件，考虑到与上游梯级电站的合理衔接，以及位于左岸发电引水道进水口的布置，本工程坝址选择的决定因素是河道河势及泄水闸的泄洪条件，因此可供选择的坝址并不多。最终所选坝址出闸水流与河道方向基本一致，可以保证消力池后下泄水流稳定和顺畅，消力池下游存在的大块飘石堆积体，能进一步削减出池水流的能量，可以解决河床比降偏陡，消力池出池水流对河床的局部冲刷。

根据坝址的地质条件及当地建材的情况，若采取大开挖，盖层最大厚度达 41.9m，把混凝土闸坝建在基岩上，其代价巨大。同时由于右岸为大面积崩坡积体，不宜挖除。因此采用了覆盖层上修建混凝土闸坝与右岸土石坝相结合的混合坝型布置方式。该方案优点

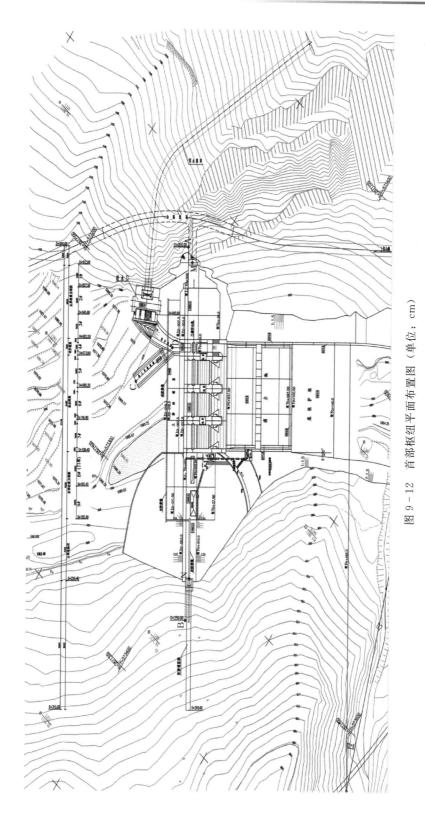

图 9 - 12　首部枢纽平面布置图（单位：cm）

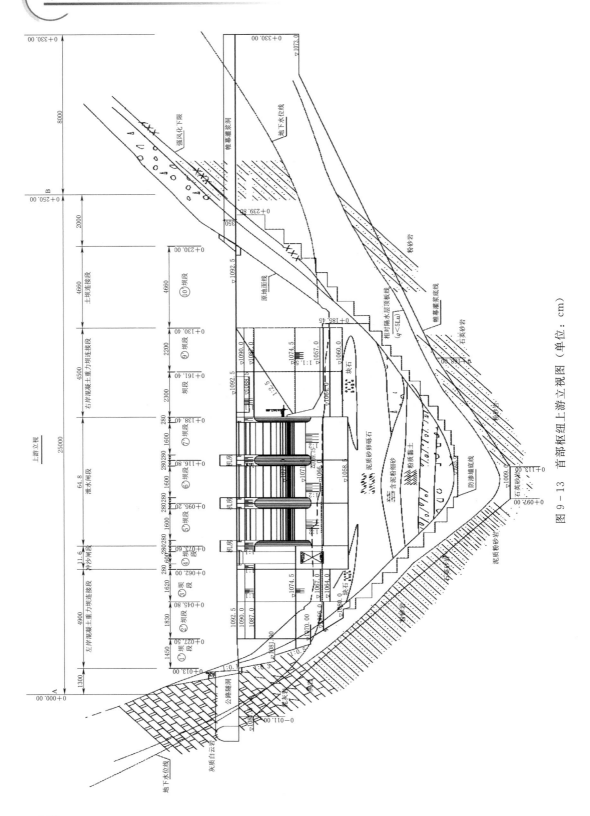

图 9 - 13　首部枢纽上游立视图（单位：cm）

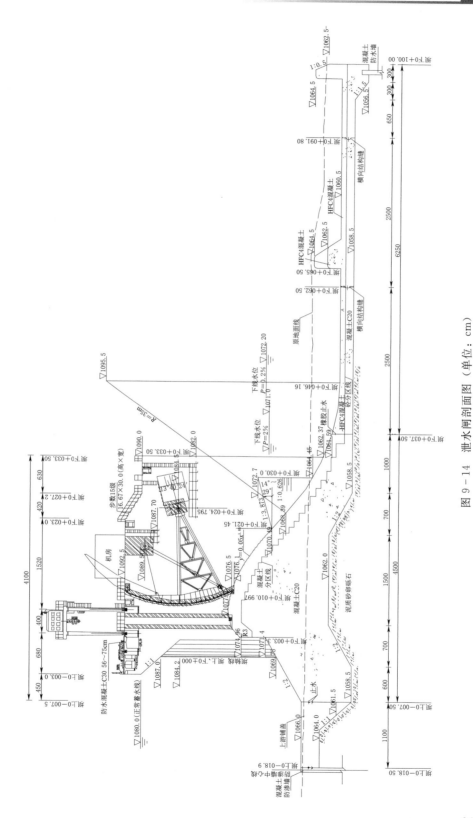

图 9 - 14　泄水闸剖面图（单位：cm）

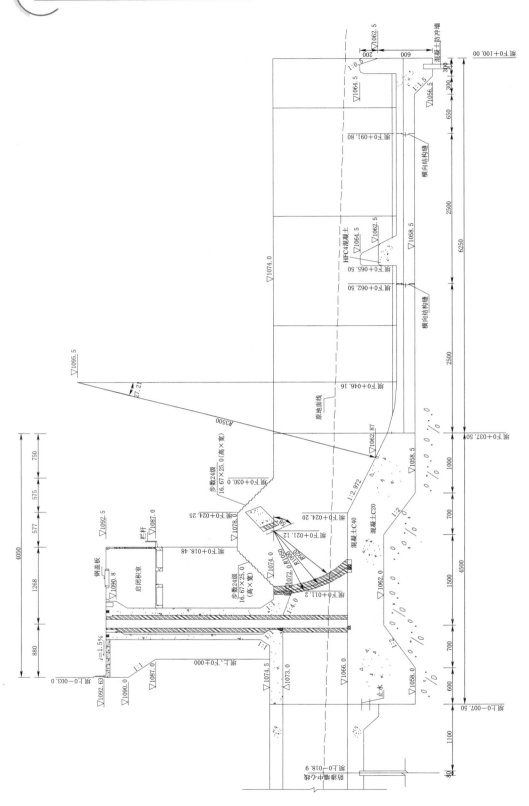

图 9 - 15　冲沙底孔剖面图（单位：cm）

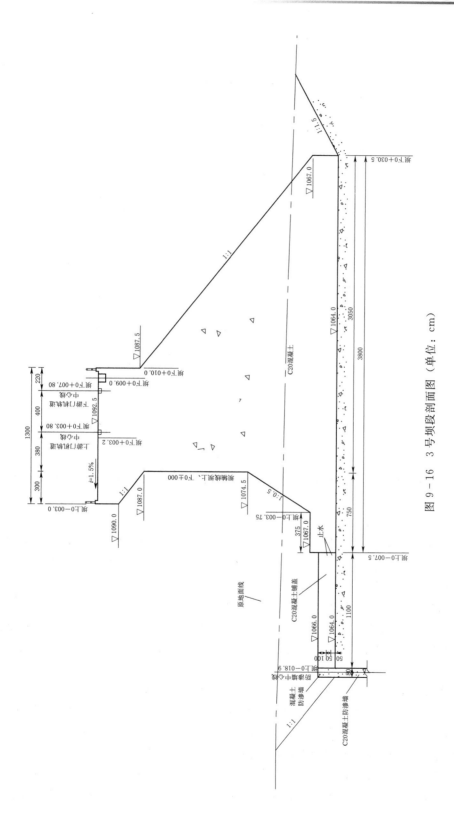

图 9-16 3 号坝段剖面图（单位：cm）

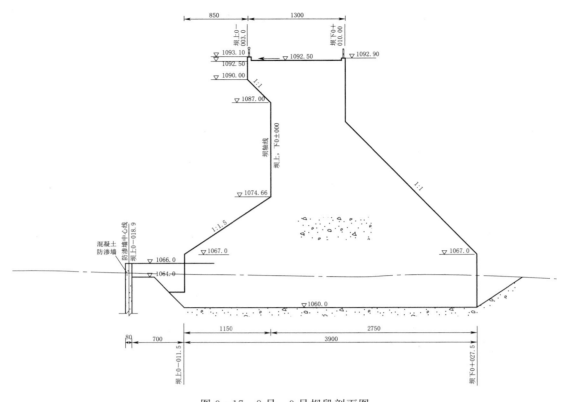

图 9-17　8 号、9 号坝段剖面图

是通过合理布置各建筑物，不需要大开挖，不扰动天然岸坡，适合坝址区的地形地质条件，缺点是坝型相对复杂，河床天然地基承载力不能满足要求，因此本工程选择了振冲方式对基础进行处理。

3. 振冲处理施工导流方式

首部枢纽施工导流建筑物级别为 5 级，采用 5 年一遇洪水标准。围堰挡水标准采用枯水期（12 月—翌年 4 月）5 年一遇洪水标准，相应流量 174m³/s；度汛标准采用全年 5 年一遇洪水标准，相应流量 1350m³/s。

发电引水隧洞进水口底板高程为 1076m，拦砂坎高程为 1075m，混凝土闸坝一汛期间采用 5 年一遇洪水标准拦洪度汛，坝址上游水位为 1069.5m，混凝土闸坝二汛期间采用 5 年一遇洪水标准拦洪度汛，坝址上游水位为 1077.45m，由于发电引水隧洞进水口处的施工场地已填筑至 1078m 高程，发电引水隧洞进口施工不受洪水影响。混凝土闸坝三汛期前发电引水隧洞施工完成，因此引水隧洞进口不设围堰挡水。

根据首部枢纽布置、地形地质条件、洪水特性以及首部枢纽混凝土闸坝的施工特点，结合施工导流程序及施工进度安排，进行导流方式的选择，比较了一次拦断河床、隧洞导流和分期导流。采用振冲处理后的地基，其建基面提高，开挖和浇筑工作量大大减少，合理选择导流方案、精心组织施工，主要工作量可以分别在两个枯水期内完成，使选定的分期导流方式才成为可能。分期导流方式相比隧洞导流方式（枯期隧洞导流、汛期坝体过水方案）导流工程投资减少 567.32 万元。

根据围堰工程地形地质条件，左岸河床为漫滩，地面高程为 1068～1072m，右岸为主河槽，地面高程为 1068～1072m，覆盖层深厚，总体来说覆盖层上部为含泥砂砾卵石夹层状块石，属中等透水，采用防渗墙防渗。首部枢纽采用这种布置以及振冲地基处理后，一期围堰基坑内泄洪冲沙底孔建基面开挖高程为 1061.0～1064.2m，总体开挖深度不大，围堰防渗结构采用了黏土截渗槽，基坑渗水进行强排方案，经济上远比采用悬挂式高喷板墙防渗方案省。二期上下游围堰基础防渗结构分别利用首部枢纽工程的上游防渗墙及消力池尾坎的防冲墙，先填筑施工平台后进行上游防渗墙（下游防冲墙）施工，然后再拆除施工平台填筑二期围堰。具体导流程序如下：

（1）第一个枯水期：一期围左岸连接重力坝段及泄洪冲沙底孔，基本不影响河床过流。利用一期围堰挡水，右岸主河槽导流，施工左岸连接重力坝段、泄洪冲沙底孔、泄水闸段的基础振冲处理、混凝土闸坝的上游防渗墙及下游防冲墙，左岸连接重力坝段和泄洪冲沙底孔基础开挖、左岸连接重力坝段和泄洪冲沙底孔混凝土浇筑到 1078m 以上高程、泄洪冲沙底孔金结预埋件安装。

（2）第一个汛期：利用一期基坑过水及右岸主河槽度汛。在第一个汛期，合理安排防洪度汛与工程进度的关系。

（3）第二个枯水期：二期围泄水闸段、右岸混凝土重力坝段和右岸土石坝连接段，利用一期已建成的泄洪冲沙底孔枯期导流，二期上下游枯期围堰及泄洪冲沙底孔纵向导墙挡水，泄水闸段、右岸混凝土重力坝段和右岸土石坝连接段在围堰保护下进行施工；泄水闸溢流面混凝土浇筑到 1071m 高程预留的缺口，泄水闸闸墩、右岸混凝土重力坝段和右岸土石坝连接段施工到 1078m 以上高程。

（4）第二个汛期：汛期利用泄洪冲沙底孔联合泄水闸溢流面预留的缺口泄洪度汛，泄水闸闸墩、右岸混凝土重力坝段和右岸土石坝连接段汛期继续施工上升至坝顶高程。

（5）第三个枯水期：利用一期已建成的泄洪冲沙底孔枯期导流，二期上下游枯期围堰及泄洪冲沙底孔纵向导墙挡水，继续施工泄水闸溢流面土建及金结安装。

截流时段选择在 11 月下旬，采用 5 年一遇 11 月下旬旬平均流量 $Q_{20\%}=127\text{m}^3/\text{s}$ 作为截流设计流量。龙口位置选在抗冲刷能力较强的偏右岸河床。通过对不同龙口宽度水力指标对比分析，选定龙口宽度为 20m。截流方式采用右岸单向进占、立堵截流。

4. 地基承载力要求

在软基上修建高达 34.5m 的混凝土闸坝，基底应力大小及分布是否均匀是本工程重力坝体型设计的重要控制指标。根据 SL 265—2001《水闸设计规范》7.3.2 条第 2 款规定：土基上的闸室稳定计算应满足闸室基底应力最大值与最小值之比不大于 7.3.5 条规定的允许值（本工程处理后的基础按"中等坚实"定性，基本组合取 2.0，特殊组合取 2.5）。通过大坝抗滑稳定及基底应力计算，确定适应本工程地基的混凝土重力坝体型与常规的重力坝型式不同，坝踵与坝趾均较长，基底宽度大于坝高，达到 39m，这种断面才能在各工况下受力均匀，满足以上应力条件。首部枢纽砂卵石基础上各混凝土典型坝段应力稳定计算结果见表 9-16。

河床含泥沙卵砾石总体上呈松散～稍密状，天然地基承载力 200～300kPa。左河床深度 18～25m 为含泥粉细砂，松散状，天然地基承载力 70～80kPa，深度 25～30m 为粉质黏土，可塑状，天然地基承载力 150～180kPa。左岸滩地深度 16～19.5m、右河床深度 5.5～10.5m 为块石夹卵石，直径 5～30cm，对防渗及振冲处理有不利影响。

对比河床天然基础承载力和首部枢纽各坝段计算的基础应力可知，各混凝土坝段的地基应力多大于 300kPa，有的部位甚至超过 700kPa，而河床砂卵石覆盖层表层的天然基础承载力小于 300kPa，显然无法满足各坝段对基础的承载力要求，因此必须对基础进行处理，本工程采取的措施为对地基进行振冲形成复合地基从而提高基础承载力。

表 9 - 16　　　　　　　　　砂卵石覆盖层混凝土重力坝段稳定应力计算结果表

计 算 情 况			稳定安全系数允许值 K	稳定安全系数 K_c	坝基边缘应力/kPa		应力不均匀系数 η
					$\sigma_上$	$\sigma_下$	
左岸混凝土重力坝 3 号坝段	基本组合	施工完建	—	—	470.20	295.00	1.59
		正常蓄水位	1.25	1.497	264.3	329.20	1.25
	特殊组合	地震情况	1.05	1.196	220.34	373.10	1.69
右岸混凝土重力坝 8 号坝段	基本组合	施工完建	—	—	572.48	424.51	1.35
		正常蓄水位	1.25	2.087	378.93	479.12	1.26
	特殊组合	地震情况	1.05	1.625	324.92	533.14	1.64
右岸混凝土重力坝 9 号坝段	基本组合	施工完建	—	—	719.70	617.9	1.16
		正常蓄水位	1.25	6.25	498.67	648.84	1.30
	特殊组合	地震情况	1.05	3.875	446.82	700.70	1.57
泄水闸	基本组合	施工完建	—	—	388.49	294.77	1.318
		正常蓄水位	1.25	1.260	237.87	324.71	1.365
	特殊组合	校核洪水位	1.10	2.072	209.98	302.87	1.442
		地震情况	1.05	1.061	204.66	357.92	1.749
冲砂闸	基本组合	施工完建	—	—	463.47	241.54	1.92
		正常蓄水位	1.25	1.915	361.00	206.00	1.753
	特殊组合	校核洪水位	1.10	1.941	303.59	152.07	1.996
		地震情况	1.05	1.505	328.98	237.97	1.382

根据 SL 265—2001《水闸设计规范》7.3.2 条第 1 款规定，在各种计算工况下，闸室平均应力不大于地基允许承载力，最大基底应力不大于地基允许承载力的 1.2 倍，即本工程计算的地基 8 号、9 号重力坝段要求地基承载力不小于 630kPa，其他坝段要求地基承载力不小于 500kPa，因此，本工程根据首部枢纽各建筑物对地基承载力要求的不同，采取了不同的振冲设计处理方式。

5. 振冲设计

本工程振冲设计的主要内容有：①根据地形地质条件以及主体施工方案，确定振冲范围和振冲深度及振冲桩类型；②复合地基的设计参数；③进行原位试验后提出最终技术参数；④施工阶段提出检测要求及方法。

振冲范围分为三部分：第一部分是利用施工准备期振冲右河床防渗墙以及下游防冲墙

基础范围；第二部分利用一期围堰振冲围堰范围内原河床高程地基；第三部分利用二期围堰振冲剩余部分地基。具体振冲范围布置详见"坝基振冲及防渗线布置图"，对于防渗墙和下游防冲墙基础范围只振冲上层，即只采用加密砂卵砾石桩。

振冲范围分区：振冲总范围为建筑物边线上下游30m内，根据不同混凝土建筑物对基础承载力的要求，将枢纽建筑物基础范围划分为3个区域：Ⅰ区为左岸重力坝段，Ⅱ区为冲沙闸及泄水闸坝段，Ⅲ区为右岸重力坝段，同时为增强地基的整体性，对建筑物边线外上、下游30m内的范围（定为Ⅴ区）也进行振冲处理。振冲工作面为原河床高程。振冲范围平面布置图见图9-18。

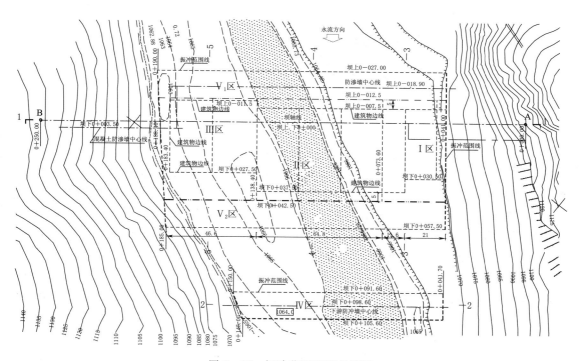

图9-18 振冲范围平面布置图

振冲桩孔深度：Ⅰ区、Ⅲ区振冲桩全部至基岩面。Ⅱ区穿透粉细砂和黏土层至1035m高程的砂卵砾石层中（根据砂卵砾石实际分布，其高程略有变化，但粉细砂层和黏土层必须穿透）；Ⅳ区桩长16m（遇坚硬层振冲30min后无法穿透时即可收桩，不强求16m）；Ⅴ区桩长与Ⅰ区、Ⅱ区、Ⅲ区分别对应一致。

振冲处理后的地基承载力设计值为Ⅰ区、Ⅱ区500kPa，Ⅲ区630kPa，Ⅳ区400kPa，Ⅴ区为坝体上下游范围，要求振冲后相对密度0.75。沿坝轴线纵剖面振冲范围见图9-19。

9.2.4 振冲试验

1.试验分区布置

地基振冲的施工设计参数需要通过振冲原位试验确定，实际控制指标应根据现场所采用的设备、振冲深度、工作条件等因素，进行现场原位试验，既要符合施工条件又满足设计对承载力或相对密度的要求。

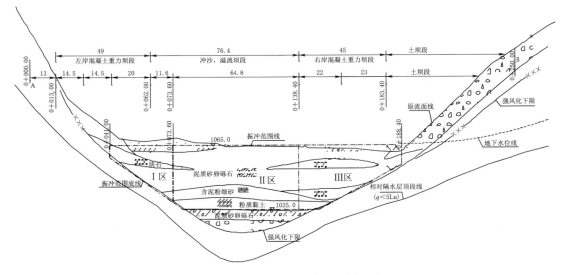

图 9-19 振冲范围坝轴线纵剖面图

Ⅳ区为下游防冲墙振冲范围，是为墙体施工时防止塌孔而设，对承载力要求不高。Ⅴ区属于坝基上下游扩充范围，其振冲的目的是密实基础，对坝基起到保护作用，对承载力要求也不高。因此在方便施工导流的条件下，在Ⅰ区、Ⅱ区选取了具有代表性的区域 A 区、B 区进行原位振冲试验，拟定桩距为 2.0m，振冲桩采用等边三角形布置。要求经过振冲处理后的试验区复合地基承载力特征值：A 区不小于 630kPa，B 区不小于 500kPa，振冲后砂卵砾石基础相对密度不小于 0.7。

由于本工程振冲工作量较大，总计 82300m，并且受施工导流时间限制，为了选择高效的大面积施工方法，加快施工速度，增加了试验 C 区，C 区选用了液压振冲设备进行试验施工。

振冲试验区布置见图 9-20。

振冲填料采用破碎、筛分后的引水隧洞洞渣，填料单轴饱和抗压强度为 108.9MPa，软化系数为 0.85。粒径控制为 30~100mm，含泥量不得大于 5%。

2. 试验 A 区

试验 A 区位于Ⅰ区振冲区，施工平台高程 1069.5m。具体布置如图 9-21 所示。

该区振冲施工采用的振冲器功率为 180kW，振冲器起吊设备采用 35t 汽车吊。试验 A 区成桩 24 根，共计 340.5m，填料 600.1m³，平均孔深 14.2m，平均桩径 1.25m。

试验 A 区承载力检测结果：面积置换率 $m=0.39$；复合地基承载力特征值 $f_{spk}=354.3$kPa；1062.5m 高程基础面的复合地基承载力特征值 $f_a=454.3$kPa；复合地基变形模量 $E_{op}=48.8$MPa，复合地基压缩模量 $E_s=61$MPa。复合地基承载力特征值不满足设计要求。

试验 A 区复合地基承载力特征值不满足设计要求有以下几种原因。一是表层为含粉砂粉质黏土原承载力很低；二是 ZCQ-180 型振冲器因地层中块石直径大无法穿透到基岩面；三是检测施工前长时间被水浸泡（2007 年 7 月 19 日—8 月 5 日发洪水），桩间土含水

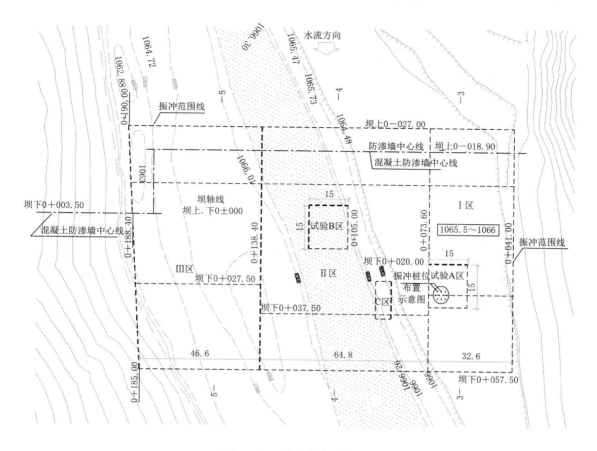

图 9-20　振冲试验区布置图

量大；四是桩间距 2.0m 偏大。

因此对于承载力要求不小于 630kPa 的区域，施工时缩小了桩间距 1.5m，等边三角形布置，并采用"旋挖、冲击钻机引孔后振冲"的方案保证桩体深度。

3. 试验 B 区

试验 B 区位于 Ⅱ 区振冲区，施工平台高程 1068.7m。具体布置如图 9-22 所示。该区振冲施工采用的振冲器功率为 180kW，振冲器起吊设备采用 50t 汽车吊。B 试验区工作面高程 1068.7m，成桩 17 根，共计 543.6m，平均孔深 32.0m，填料 726.1m³，平均桩径 1.12m。

试验 B 区成果：面积置换率 $m=0.28$；复合地基承载力特征值 $f_{spk}=497.92$kPa，1062.5m 高程基础面的复合地基承载力特征值 $f_a=569.92$kPa；复合地基变形模量 $E_{op}=44.4$MPa，复合地基压缩模量 $E_s=55.5$MPa；复合地基变形模量 $E_{op}=37.64$MPa，复合地基压缩模量 $E_s=47.05$MPa。复合地基承载力特征值满足设计要求。

4. 试验 C 区

试验 C 区位于 Ⅱ 区振冲区，在原试验 B 区下游 6m 处，地质条件与 B 区类似，振冲试验平台高程为 1067.0～1068.0m，采用 225kW 振冲器，桩距 2.0m，等边三角形布置。

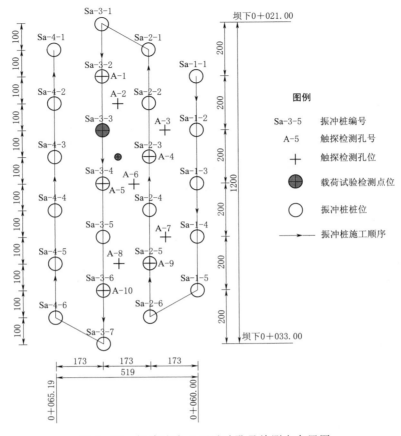

图 9-21　振冲试验 A 区试验孔及检测点布置图

根据施工过程中造孔油压的大小最终确定，并为大面积振冲施工优选合理的施工参数，以保证在不同地层条件下采用相应的造孔施工参数，达到最大处理深度要求。

试验 C 区成果：面积置换率 $m=0.32$；振冲后桩间土地基承载力特征值为 408kPa，变形模量 $34.3\sim52.3$MPa；碎石桩地基承载力特征值为 745kPa，变形模量 $31.7\sim74.4$MPa。计算的复合地基承载力为 516kPa。考虑实际坝体建基面需要开挖，如本工程最大基底应力坝段 9 号坝段建基面 1060.0m，经计算，该层面上的地基承载力为 630kPa，满足设计要求。

5. 振冲设备及施工参数选择

根据以上 A 区、B 区、C 区的原位试验施工情况，本工程采用了如下振冲碎石桩施工的参数。

主要施工振冲设备：选用 225kW 的液压振冲器，其技术参数如下。

（1）造孔油压：$16\sim32$MPa。

（2）加密油压：$20\sim28$MPa。

（3）留振时间：$8\sim10$s。

（4）加密段长度：$30\sim50$cm。

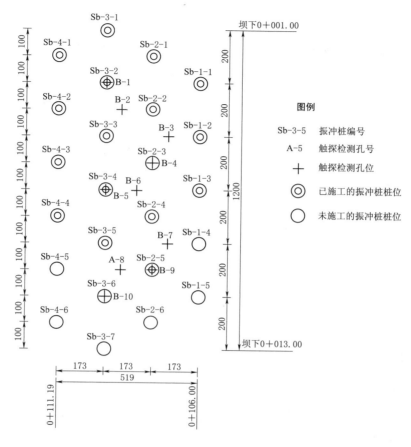

图 9-22 振冲试验 B 区试验孔及检测点布置图

（5）造孔水压：0.8～1.0MPa。

（6）加密水压：0.4～0.80MPa。

在工程桩施工中，根据实际情况对以上参数做适当调整以达到要求的加密效果。

孔位布置：振冲孔按边长 2.0m（部分为 1.5m）的等边三角形布置。

振冲桩孔深度：振冲最小深度 3m，最大深度 29m，平均深度 22m。

由试验施工及检测结果，大面积振冲施工时可依照 DL/T 5214—2016《水电水利工程振冲法地基处理技术规范》及 DL/T 5113.1—2019《水电水利基本建设工程单元工程质量等级评定标准　第 1 部分：土建工程》中的检测方法和标准来进行施工过程质量控制。

6. 振冲地基沉降计算

首部枢纽 3～9 号坝段基础进行振冲挤密后，按振冲后砂基础相对密度达到 0.8，取用试验 C 区振冲成果，振冲后桩间土地基承载力特征值为 408kPa，变形模量 34.3～52.3MPa；碎石桩地基承载力特征值为 745kPa，变形模量 31.7～74.4MPa。计算振冲后的压缩模量 $E_s = 60$MPa。

（1）计算原则。

1）土质地基允许最大沉降量和最大沉降差，应以保证水闸安全和正常使用为原则，天然土质地基上水闸地基最大沉降量不宜超过 15cm，相邻部位的最大沉降差不宜超过 5cm。

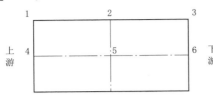

图 9-23　地基沉降计算代表性的计算点

2）计算沉降量时，选择正常工况下的荷载组合情况，具体计算点见图 9-23。按压缩层深度处的 $\sigma_z = 0.2\sigma_{sz}$ 来确定地基压缩层深度，根据计算最终确定压缩层深度在高程 -26.0m 处，压缩层厚度为 26m。

（2）计算公式。

1）坝基垂直向自重应力用式（9-1）计算

$$\sigma_{sz} = \sum_{i=1}^{n} \gamma_i h_i \tag{9-1}$$

式中　n——土层数；

　　　γ_i——第 i 层土的容重，水位以上用天然容重，水位以下用浮容重；

　　　h_i——第 i 层土的厚度。

2）附加应力计算。根据 NB/T 35023—2014《水闸设计规范》的规定，闸底长 $L = 45$m，闸底宽 $B = 21.6$m，则：

$$\frac{L}{B} = \frac{45}{21.6} = 2.083 < 10 \text{——属空间问题}$$

列表计算由三角形竖向荷载、均布竖向荷载以及均布水平荷载引起的附加应力值。

3）地基最终沉降量采用分层总和法计算，见式（9-2）

$$S_\infty = m \sum_{i=1}^{n} \frac{p_i}{E_i} h_i \tag{9-2}$$

式中　S_∞——土质地基最终沉降量；

　　　p_i——第 i 计算土层的附加应力；

　　　E_i——第 i 计算土层的变形模量；

　　　m——地基沉降量修正系数，m 值采用 1.0～1.6，本次计算 m 取 1。

4）计算成果。典型坝段 1、2、3、4、5、6 点的沉降量见表 9-17。

表 9-17　　　　典型坝段 1、2、3、4、5、6 点的沉降量　　　　单位：cm

部　位	计算点号	1	2	3	4	5	6
泄水闸	振冲前最终沉降量	7.60	15.62	6.25	11.35	25.05	9.86
（5 号坝段）	振冲后最终沉降量	1.97	3.97	1.99	2.88	6.85	2.24
冲沙闸	振冲前最终沉降量	1.81	3.55	1.31	3.31	17.18	1.67
（4 号坝段）	振冲后最终沉降量	0.75	1.48	0.52	1.34	4.8	0.68
左岸混凝土重力坝	振冲前最终沉降量	5.18	9.48	3.62	7.34	21.78	5.63
3 号坝段	振冲后最终沉降量	2.37	3.95	1.51	3.06	6.41	2.35

续表

部　位	计算点号	1	2	3	4	5	6
右岸混凝土重力坝 8号坝段	振冲前最终沉降量	5.69	12.56	5.51	9.66	23.85	9.17
	振冲后最终沉降量	1.81	3.75	1.75	3.15	9.98	2.99
右岸混凝土重力坝 9号坝段	振冲前最终沉降量	3.34	22.58	10.01	17.85	30.07	16.15
	振冲后最终沉降量	3.34	6.51	3.15	5.85	17.65	5.26

由计算成果可知，在振冲后期，地基沉降有很大改善，根据《鲁基厂水电站安全监测工程2009年安全监测月报》第10～12期，大坝沉降满足水闸设计规范要求。

（3）地基沉降处理措施。根据地基沉降结果，振冲后，各坝段间仍存在不均匀沉降的可能性。对于这种缺陷采取的措施主要如下：

1）加强伸缩缝止水：本工程止水采用了水平及垂直采用双道止水，并在此基础上加强了上游混凝土铺盖伸缩缝的水平面层止水（采用SR防渗体系）。止水采用变形性能较大的材料及型式，并考虑了补救的设施。

2）加强大坝变形监测，鲁基厂水电站根据规范规程要求设置了完备的大坝安全监测系统，并具备实时自动化监测，及时对工程安全运行作出判断和决策。

9.2.5　振冲施工

振冲碎石桩桩体施工分两个阶段进行，第一个阶段按施工图进行施工，当施工方与第三方检测在进行检测时发现经施工后的振冲碎石桩不能满足设计要求时，按检测发现的具体情况进行设计变更后，进行第二个阶段补桩或加密桩或变更桩长深度直至满足设计要求。

本工程施工中分别采取下面3种振冲施工工艺。

工艺一：电动振冲器直接振冲。

直接采用ZCQ-180型振冲器造孔后填料振冲加密成桩。

工艺二：HD-225全液压振冲器直接振冲。

直接采用HD-225全液压振冲器造孔后填料振冲加密成桩。

工艺三：旋挖钻机＋冲击钻机＋振冲器。

步骤一：旋挖钻机（$\phi800$mm螺旋钻头）开孔3.0m，再扩孔至$\phi1000$mm埋设$\phi1000$mm的护壁钢桶。

步骤二：旋挖钻机开孔后冲击钻机就位施工。

步骤三：冲击钻引孔完成后电动振冲密实成桩。

采用振冲密实法进行地基加固，施工程序如下：

孔位定点→吊车和振冲器就位→打开水阀门并启动振冲器→振冲器贯入地层至设计深度→清孔→向孔内填料自下而上分段振密→全孔加固结束→转移至新的孔位。

（1）孔位布置。依据施工区控制点，根据施工图纸放出孔位控制点，以其为准测放施工孔位，并对其插钎编号。

（2）施工顺序。采用排打法进行施工，根据每坝段提供场地情况"从一边到另一边"的方法施工，先施工上游排，后施工下游排的次序进行施工。

（3）造孔。

1）振冲器对准桩位，开启压力水泵，启动振冲器，待振冲器运行正常开始造孔，使振冲器徐徐贯入土中，直至设计的桩底标高。

2）造孔过程中振冲器应处于垂直状态。振冲器与导管之间有橡胶减震器联结，因此导管有稍微偏斜是允许的，但偏斜不能过大，防止振冲器偏离贯入方向。

（4）加料方式与加密段长度：

1）振冲器造孔至设计深度时，向孔内添加石料送至孔底；必须保证：①填入的石料不致导致孔堵塞；②保证孔内输入料量可供加密。

2）对于振冲桩体的加密，为保证孔内有 0.5m 加密桩体的加料量，每次提升振冲器应在 1.5～2.0m。

（5）振冲加密：采用连续填料制桩工艺。制桩时应连续施工，加密从孔底开始，逐段向上，中间不得漏振。当达到规定的加密油压和留振时间后，将振冲器上提继续进行下一个段加密，每段加密长度应符合要求。

（6）重复上一步骤工作，自下而上，直至加密到设计要求桩顶标高。

（7）关闭振冲器、关水，制桩结束。

（8）吊车移位进行下一根桩的施工。

（9）施工记录。造孔时，每贯入 1.0～2.0m 记录一次电流、电压、水压、时间等参数；填料时每 1.0～2.0m 分段记录电流、电压、水压、时间及填料量等参数。每施工一根桩，在施工图上做上标记，以防止漏桩。

4 个区振冲桩实际完成工程量达 68978.4m，其中一期完成 51720m，二期完成 17258.40m。

9.2.6　振冲质量检测

1. 检测方法

载荷试验采用浅层平板重物载荷试验方法；动力触探试验采用超重型动力触探（N_{120}）试验方法；相对密度试验，现场采用注水法，室内采用相对密度仪进行。

（1）浅层平板重物载荷试验：单桩、桩体与桩间土复合桩采用浅层平板载荷试验检测。

（2）动力触探检测：根据碎石桩密实度情况主要为（N_{120}）触探贯入试验、在验槽中采用（$N_{63.5}$）标准贯入试验、试验阶段桩间土采用重（Ⅱ）型动力触探。

（3）对桩体及桩间土挤密情况进行相对密度试验：现场采用注水法，室内采用相对密度仪进行。

2. 检测成果

（1）Ⅰ区的检测结论。

1）加密补桩处理后复合地基承载力经计算范围值为 578～697kPa。

2）加密补桩处理后的桩体，经超重型动力触探试验，依据超重型触探击数判别，桩体多为密实～很密状态；经相对密度试验，其相对密度为 1.06～1.09，桩体处于很密状态。

3）加密补桩处理后的桩间土，经相对密度试验，其相对密度为 0.82～1.02，桩间土处于密实～很密状态。

（2）Ⅱ区的检测结论。Ⅱ区承载力检测结论：

1）两个单桩复合载荷试验点的承载力特征值分别为 735kPa 和 632kPa，两点均大于 500kPa，均能满足设计要求。

2）通过超重型动力触探试验，采用小值均值统计值，桩体的承载力为 755kPa，桩间的承载力为 730kPa。从击数与触探深度的关系曲线来看，在检测深度范围内随着深度的增加，锤击数也随之增加，这也说明愈往深处密实度总体呈增大的趋势，小值均值统计值反映的是检测高程以下 10m 内深度的承载力。

3）在 1064m 高程检测的相对密度值在 0.71～1.47，属于密实～超密状态。

Ⅱ区 6 号和 7 号坝段的检测结论：

1）6 号坝段加密处理后，经相对密度试验其相对密度值为 0.69～1.00，均属于密实状态。通过超重型动力触探检测按 10m 深度统计，根据经验公式推算 6 个孔的 f_{ak} 值均大于 500kPa，满足设计要求。

2）7 号坝段采用超重型动力触探试验进行检测，按 10m 深度统计，桩间土的 f_{ak} 值为 420kPa 小于 500kPa，其余 7 个孔的 f_{ak} 值均大于 500kPa。用触探资料推算出的最小的 f_{ak} 值进行计算，复合地基承载力为 554kPa，大于 500kPa。7 号坝段经过振冲处理后的复合地基能满足设计要求。

（3）Ⅲ区的检测结论：

1）8 号坝段振冲处理后单点复合载荷试验得出的承载力特征值为 793kPa，大于 630kPa 满足设计要求；通过超重型动力触探检测按 10m 深度统计，根据经验公式推算 12 个点的 f_{ak} 值均大于 500kPa，满足设计要求。

2）9 号坝段振冲处理后单点复合载荷试验得出的承载力特征值为 750kPa，大于 630kPa，满足设计要求；通过超重型动力触探检测按 10m 深度统计，根据经验公式推算 8 个点的 f_{ak} 值均大于 500kPa，满足设计要求。

（4）振冲碎石桩复合坝基形态：

1）根据振冲碎石桩施工完成 67803.4m 桩体进尺反馈情况揭示，鲁基厂坝基础砂卵砾石软基属高山峡谷地貌堰塞加洪冲积形成，其成因相当复杂，由不同时期、不同成因、不同岩性、类型繁多的复杂层次叠置而成，既有水力成因又有动力成因，属复合加积型砂砾石地基。

2）坝基深埋 18～25m 的含泥粉细砂层，其岩性成分主要为黏粉粒、粉细砂组成，可塑状、含泥量大于 25%，手捏岩芯可成团，遇水易崩解。仅少数孔见，通过振冲碎石桩施工情况反馈分析，其形成是窝状，并没有形成整合层状。

3）通过振冲碎石桩复合桩检测成果分析研究可发现振冲碎石桩复合桩桩体密实特征：从击数与深度的关系曲线来看，在检测深度范围内随着深度的增加，锤击数也随之增加这说明愈往深处密实度总体呈增大的趋势。也说明桩体越往坝基深处其密实度越大。

4）通过振冲碎石桩桩长显示，其振冲碎石桩埋深已经穿过了勘察孔揭示的"分布于左河床深度 18～25m 的含泥粉细砂层"，已经起到了振冲碎石桩的复合坝基效果。

5）通过振冲碎石桩复合桩坝基也由松散状态变为密实状，复合地基的相对密度为 0.69～1.09，属密实～很密状态，说明经过振冲处理后的复合地基，其承载力较天然地基有成倍提高；深埋 18～25m 的含泥粉细砂层，也由松散状态变为密实状，也消除了地震振动液化的可能性。

9.2.7 　结语

本工程于 2007 年 9 月 28 日正式开工建设，2010 年 7 月 31 日建成投产，2011 年 9 月通过所有单位工程验收，2014 年 9 月完成枢纽工程专项竣工验收。

工程自 2010 年投入运行以来，从电站运行期安全监测月报监测成果统计数据看，大坝水平位移、大坝垂直位移、基础结合面、横缝开合度、基础渗透压力等指标变化较小，工作性态正常。工程运行良好，安全可靠，发挥了巨大的经济效益。

9.3 　北江飞来峡水利枢纽工程

9.3.1 　工程概况

9.3.1.1 　概述

北江飞来峡水利枢纽工程位于北江干流的中游，为国家重点工程。是一座以防洪为主，兼有航运、发电等综合利用的水利枢纽。坝址多年平均流量 $1100m^3/s$，水库总库容 $18.6×10^8 m^3$，水电站装机容量 140MW。

飞来峡水利枢纽为一等工程，挡水建筑物为 1 级，洪水标准按 500 年一遇洪水设计，5000 年一遇校核，土坝和副坝按 10000 年一遇洪水校核。枢纽布置从左至右由非溢流挡水坝、船闸、非溢流挡水坝、厂房、溢流坝，连接坝段、右岸土坝等组成。枢纽左右岸坝共设有 4 座副坝，此外左岸还有社岗防护堤。坝顶长 2358m，其中混凝土挡水坝段长 580.2m。

主土坝又分河床段土坝与滩地段土坝，河床段土坝与二期围堰结合，即在截流戗堤与上游石渣堤之间填砂作为基础，然后在其上填土而成。为了防止主土坝砂基的地震液化、保证坝基稳定，减少大坝的沉陷，需对填筑砂或吹填砂及以下覆盖层进行振冲加固处理。

根据枢纽地形地质条件，基岩面较高的左岸河床及阶地上布置泄水闸、电站厂房和船闸等混凝土建筑物，右岸河床和滩地布置土坝。工程施工采用分期导流，即利用河道右侧大部分主河床与右岸滩地扩挖段，作为一期导流与临时通航，二期由建好的泄水闸导流和临时通航，进行右岸土坝的施工。

右岸河床覆盖层主要由砂砾石组成的冲积层，厚度为 16～20m，河床原平均高程 9.0m，因导流后河床下切最低高程约为 0m。

设计上河床土坝上、下游堤脚利用了二期截流的上、下游戗堤，在两戗堤之间水下吹填河床中粗砂，即从一期导流河床最低高程约为 0m 的河床面开始吹填河床砂至高程 14.0m 的水上坝基平台，其上填筑土料至坝顶高程 34.8m。以河床最低高程计，坝体吹填砂的最大层厚为 14m，吹填砂及原河床砂层采用振冲加密的方法进行处理，以满足 Ⅶ 度地震设计烈度条件下，防止地震带来砂层液化。坝基平台以下采用凝土防渗墙作为主防渗体，为保证防渗体的施工质量，在土坝上游侧高程 19.0m 平台另加设一道高喷板墙作为防渗的副屏障。本工程上下游戗堤大部分利用混凝土建筑物的基坑开挖弃渣，水下填料利用河床丰富的河沙吹填。飞来峡土坝典型剖面图如图 9－24 所示。

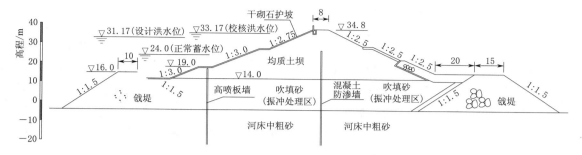

图 9-24　飞来峡土坝典型剖面图

9.3.1.2　设计基本资料

1. 流域概况

北江是珠江流域第二大水系，流经江西、湖南、广东三省属下的 33 个县市，流域面积为 46686km²。北江干流上游称浈水，发源于江西，流至韶关与武水汇合后始称北江，韶关至清远飞来峡为中游，出飞来峡峡谷后为下游，干流至思贤滘与西江贯通后，注入珠江三角洲平原。主要支流除武水外，在韶关以下有南水、连江、滨江、绥江、渝江、涪江等支流汇入。北江流域山地丘陵多、平原较少、山间盆地沿河中下游呈串珠状分布。

飞来峡水利枢纽位于北江干流中游清远市管辖境内，上距英德市 50km，下距清远市 33km，坝址控制流域面积 34097km²，占北江流域面积的 73%。

流域内除部分支流水土流失较为严重外，大部分有较好的植被覆盖，水力侵蚀程度较低，水土保持条件良好。

2. 水文

本工程设计主要应用的水文测站资料有：干流的马径寮、横石、石角、连江的高道，滨江的珠坑站，渝江的黄岗站，港江的大庙峡站 7 处。其中横石站位于坝址上游 5.37km，控制流域面积 34013km²，占坝址以上流域面积的 99.75%，自 1953 年 4 月至今，测有系统的水位、流量、含沙量资料，是本工程水文计算的主要依据站。

3. 径流

坝址实测径流系列采用 1953 年 4 月—1986 年 3 月共 33 年，多年平均流量为 1100m³/s，多年平均径流量为 347 亿 m³。4—9 月丰水期径流量以 6 月为最大，占年径流量的 20.4%，10 月—翌年 3 月枯水期以 1 月为最小，仅占年径流的 2.8%。根据实测资料，历年流量最小值为 96.6m³/s（1963 年 3 月 23 日），综合历时保证率 $P=95\%$ 的枯水流量为 190m³/s。

4. 洪水

北江洪水由暴雨形成，较大洪水出现的时间多在 5—7 月，以 6 月居多，约占出现概率为 57.1%。北江洪水，洪峰猛涨暴落，具有山区河流特性。洪水过程大都呈单峰型或双峰型，复峰型的洪水过程较少。较大的洪水过程，历时大都在 7～20d，一次连续（3～5d）的暴雨过程所造成的洪水历时 10～15d。洪峰持续时间大都为 6～12h，洪水的涨水历时，一般为 1～3d，退水历时为 6～12d，每年汛期发生洪水 3～4 次。

北江的历史洪水，近 2000 年间有以下年份曾出现大洪水：1764 年、1834 年、1908 年、1914 年、1915 年、1931 年和 1982 年。其中以 1915 年为最大。最大流量为 21000m³/s

（1915 年 7 月 10 日），其重现期为 200 年。历史实测最大流量为 18000m³/s（1982 年 5 月 12 日）。

坝址设计洪水直接移用横石站 1953—1986 年实测系列与 1915 年、1931 年历史洪水组成的不连续系列统计成果，洪峰均值 9450m³/s，C_v 值为 0.34，C_s 采用 $3C_v$；500 年一遇（$P=0.2\%$）洪峰流量为 22700m³/s，3 日洪量为 53.2 亿 m³，7 日洪量 98.0 亿 m³，15 日洪量 159 亿 m³；5000 年一遇（$P=0.02\%$）洪峰流量为 27400m³/s，3 日洪量 65.1 亿 m³，7 日洪量 120 亿 m³，15 日洪量 195 亿 m³；10000 年一遇（$P=0.01\%$）洪峰流量 28200m³/s，3 日洪量 68.6 亿 m³，7 日洪量 126 亿 m³，15 日洪量 206 亿 m³。

5. 水库特征水位（珠基）

正常蓄水位　　　　　　　　　　　　　　24m

汛期最低运行水位　　　　　　　　　　　18m

设计洪水位（$P=0.2\%$）　　　　　　　31.17m

校核洪水位：

混凝土坝（$P=0.02\%$，动库调洪）　　　33.17m

土坝（$P=0.01\%$，动库调洪）　　　　　33.17m

防洪高水位：

近期（$P=0.5\%$）　　　　　　　　　　30.79m

远期（$P=0.33\%$）　　　　　　　　　　31.17m

9.3.2　工程地质条件

9.3.2.1　坝区地质条件

飞来峡枢纽坝址区地形开阔，主要为高漫滩地貌（含北江一级阶地），两岸为低丘陵地带，高程 40～60m。坝址两岸多为第四系覆盖发育有高漫滩（含一级阶地）。主土坝段地形起伏较大，从一期纵向围堰起至右岸地段，其坝底高程依次从 −4.6m 上升到 9.0m、11.0m、18.0m。左岸高漫滩呈小长条形；右岸高漫滩地面高程 17～19m。滩地段冲积物厚 25～28m，上部厚 13～15m 壤土、砂壤土、黏土相互成层，渗透性弱，下部为 10～20m 厚含泥卵砾石层，渗透性强。河床覆盖冲积层层厚 16～18m，主要以含砾中粗砂为主，底部见有 2～4.5m 厚的含泥卵砾石层，渗透性强。下伏基岩主要为燕山期中细粒花岗岩。场地内未发现规模较大的断裂。

9.3.2.2　土坝地质条件

1. 右岸滩地段土坝

右岸滩地段土坝处在开阔平坦的一级阶地上，地面高程 17～19m。左接河床土坝段，右接花岗岩剥蚀残丘，桩号 2+320～2+370 为一长水塘。

表层砂壤土分布广而薄，一般厚 2～3m；上、中层壤土和黏土分布广、厚而稳定，共厚 14～18m，其中壤土、黏土及花岗岩残坡积土呈可塑状～硬塑状，中等压缩性，可作坝基的持力层。长水塘一带软土分布区工程地质条件差，应予处理。下层含泥砂卵砾石和砾质粗砂厚 2～5m 不等，砂砾石层透水性中等～强，需进行防渗处理。

2. 河床段土坝

河床段土坝在河床右侧及右岸边滩滩地右侧与右岸滩地段土坝相接。坝基为第四系冲积层，自上至下分3层：黏、壤土（滩地）或含砾～砾质中粗砂、含砾粗砂、含泥砂卵砾石；上两层各约5～8m，下层厚1～3m，总厚16～17m。厚度变化小，沉积稳定。砂砾层透水性强，渗透系数：砂层为103.6～221.71m/d，含泥砂卵砾石为39.3～69.3m/d。故应加强坝基防渗。

沉积层下为全风化花岗岩（土状），普遍较薄，厚1.0～4.5m；下伏为花岗岩强风化带，厚3.0～6.5m，局部遇断层（桩号0+830～0+860）厚达12m，强风化岩透水性普遍较弱，有断层及节理密集部位为中等透水性，仍需考虑防渗。

9.3.3 振冲设计

9.3.3.1 枢纽布置

1. 工程等级及防洪抗震标准

飞来峡水利枢纽工程等别为Ⅰ等。混凝土挡水段，溢流坝及与土坝连接段，厂房段、船阿上闸首、土坝、副坝以及建于副坝部位的排水涵闸等均为1级建筑物，按500年一遇洪水设计，5000年一遇洪水校核；土坝和副坝按10000年一遇洪水校核。

船闸闸室及下闸首为3级建筑物，按30年一遇洪水设计，200年一遇洪水校核。溢流坝消能建筑物包括护坦、隔墙等按100年一遇洪水设计。社岗防护堤为4级建筑物，按100年一遇洪水设计，不设校核标准。施工导流挡水和泄水建筑物为4级建筑物，按20年一遇洪水设计。地震设计烈度为Ⅵ度，挡水建筑物按度进行抗滑稳定复核。

2. 总体布置

枢纽布置根据地形、地质、施工条件，从左至右由非溢流挡水坝、船闸、厂房、溢流坝、连接坝段、右岸土坝等组成。此外，左右岸垭口设有四座副坝，在枢纽左岸还有社岗防护工程。坝顶高程34.8m，坝顶长度（含泄水建筑物）2358m，最大坝高52.3m。坝顶上游设宽度为8.0m的公路桥，贯穿整个枢纽的交通。

溢流坝采用混凝土重力式，前缘长285m，建于弱风化花岗岩上，最大坝高52.3m。共设16个溢流孔，其中15孔为带双胸墙的泄洪孔，另一孔为排漂表孔，溢流坝顶公路桥宽8m。消能方式采用高挑坎淹没面流形式。闸孔采用弧形钢闸门，配置固定式卷扬机启闭闸门。采用固结灌浆进行基础处理。

主土坝全长1777.8m，最大坝高25.8m，左、右岸共有四处哑口布置副坝、最大坝高24.65m，总长586.9m。均为均质土坝，主土坝基础采用混凝土防渗墙防渗。

船闸采用单线一级船闸、船闸闸室有效尺寸为：190m×16m×3m（长×宽×槛上水深）。闸首和闸室均建于弱风化花岗岩上。闸首设人字工作门。船闸采用分散输水系统闸底长廊道顶孔出水型式。

厂房为河床式，前缘长130.5m，采用坝顶垂直进厂方式。安装4台灯泡式水轮发电机组，型号为奥地利MCE-KR4/70，单机容量为3.5万kW。在尾水平台上设置有变电站，220kV和110kV设备采用一列式的中式布置。控制楼位于安装场下游侧。

9.3.3.2 土坝设计

1. 结构布置

本工程土坝平面布置见图9-25。

（1）右岸滩地土坝。右岸滩地土坝为均质土坝，全长1155m，坝顶高程34.8m，坝

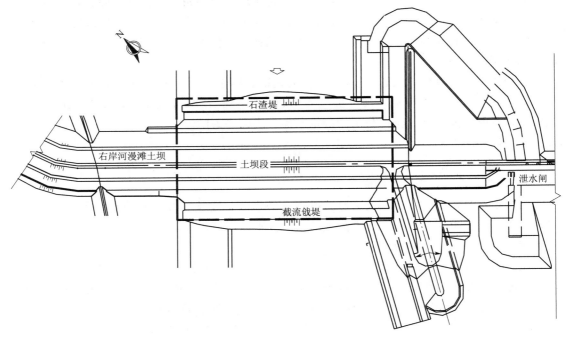

图 9-25　土坝平面布置图

顶宽度 8m，坝顶上游侧设置 1.2m 高钢筋混凝土防浪墙，路面为混凝土刚性路面。该坝上游边坡 1∶2.75，坡面采用干砌块石护坡，在高程 26.8m 处设马道，以下采用 1∶3.0 的边坡；下游边坡为 1∶2.5，在高程 28.0m 处设马道且不变坡，马道以上采用草皮护坡，以下采用干砌块石护坡。

　　滩地段土坝基础下伏含泥砂卵砾石层和中粗砂，基础的防渗采用混凝土防渗墙，布置在坝顶中心线位置，在下游坝址设置了堆石棱体。对软基地段土坝还采用砂井排水固结法进行基础软基处理，并且上下游均设置压重平台以增加坝体深层抗滑稳定性。土坝典型剖面图如图 9-26 所示。

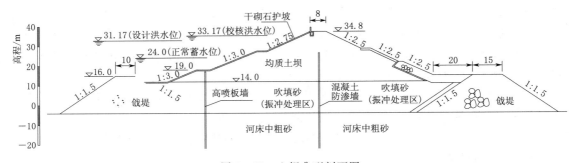

图 9-26　土坝典型剖面图

　　（2）河床段土坝。河床段土坝系指右联段至右岸滩地之间的土坝，以二期截流段为主，在纵向围堰左侧坝段，其断面与滩地土坝相同；均为均质土坝，全长 622.8m。纵向围堰的右侧，是利用二期截流的下游戗堤和上游石渣堤作为河床段挡水坝的一部分，两者之间坝基和部分坝体回填河沙，采用振冲加密的方法处理后再填筑土坝至坝顶高程，下游则采用砌石贴坡排水的形式。

该坝基础覆盖层深厚且为强透水的中粗砂，为防止地基渗漏采用混凝土防渗墙作为主防渗体，其轴线与坝顶中心线重合。为保证纵向围堰以右的防渗墙施工质量并为提前蓄水创造条件，在土坝上游侧高程 19.0m 平台另加设一道高喷板墙作为防渗的副屏障。

（3）基础处理。

1）纵向围堰以左区域。因溢流坝及右联段基础的开挖，在围堰内已形成了一个深基坑，坑底高程约为 -11.0m。原设计该坑底即为土坝的填筑基面，但施工土坝时该基坑内的渗水难以排除，水中填土又难以保证质量。故将该基坑填筑土坝的区域以中粗砂及石渣料填至高程 9.0m 作为土坝的人工基础，高程 9.0m 以上填筑坝料土。人工基础采用分区分料的填筑方式处理，坝顶中心线上下游各 35m 的范围填筑中粗砂，在该范围以外用 1m 厚的石渣再用 50cm 厚的中粗砂间层填筑并用振动碾分层碾压密实。中间填砂的 70m 范围采用 55kW 的振冲器振冲挤密。振冲深度 6～7m，共分两层振冲，要求振冲后砂的相对密度应达到 0.7 以上。因检测手段的限制难以取到砂的原状样，故结合经验采用动力触探的方法进行检测。表层难以满足设计要求的振冲砂采用填一层约 40cm 厚的坝料土，用振动碾碾压 12 遍的方法处理。

2）纵向围堰以右区域。纵向围堰以右的基础系结合二期截流下游戗堤及上游石渣堤，在这二道堤之间回填河床中粗砂形成的。二道堤的堤顶高程为 16.0m，回填砂顶面高程为 14.0m，成为河床挡水坝的一部分。回填砂及其原河床砂层采用振冲加密的方法进行处理以满足在Ⅶ度地震设计烈度条件下，防止地震带来砂层液化。为确保施工质量，在施工开始前进行了现场生产性试验，确定了 75kW、150kW 的振冲器一次振冲 15m 深的设计参数，孔距 3m，正三角形布置，实际施工时，将填砂区域依地形情况分为 5 个区域，振冲深度自 5～20m 不等。因施工进度的要求，又调入了 120kW 的振冲器加入施工，对该振冲器亦在使用前进行了生产性试验以确定设计参数。实际施工时发现Ⅲ区及Ⅳ区的局部高程 10.0m 左右夹有一层砂壤土，影响振冲效果，为此设计提出了修改方案，即采用半桩或全桩加碎石振冲的方案，效果良好。桩号 1+340 以左的部分基础，高程 7.0～15.0m 含有粉细砂，为防地基震动液化，采用全挖除的方案进行处理。鉴于河床土坝的重要性及一旦受损难以修复，对原土坝断面进行了修改，即在截流戗堤下游约 100m 处再填一道石渣堤，堤顶高程为 16.0m，二堤间回填砂，不振冲。经此修改增加了土坝的基础底宽以确保土坝的稳定。

9.3.3.3 振冲设计

飞来峡水利枢纽右岸河床土坝坝基平台水下填料采用吹填河床砂，对原河床松散砂层和吹填砂进行振冲挤密处理，主要是解决砂层地震液化问题。

枢纽工程二期围堰截流后，在截流戗堤与上游石渣堤之间充填中、粗砂至 15.0m 高程，填砂采用车卸回填砂和吹填砂两种方式，填砂范围长约 300m，吹填砂的最大层厚达 14m，宽约 160m，面积约 5 万 m²，振冲处理范围为填砂区域，设计共划分了 5 个施工区，振冲桩按正三角形布置，桩距 3.0m，排距 2.6m，振冲深度按各个分区的振前重（Ⅱ）动力触探检测结果确定。要求振冲后砂基相对密度 D_r 达到 0.7。振冲施工分区图如图 9 - 27 所示。初拟振冲参数后，进行现场试验。再根据现场试验结果对设计参数进行调整修改。最终振冲加固处理见表 9 - 18。

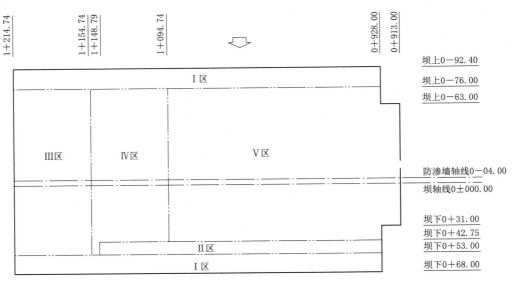

图 9 - 27 振冲施工分区图

表 9 - 18 振冲加固设计分区及处理深度

区号	面积 /m²	布桩数 /孔	桩深 /m	地层特点	备注
Ⅰ	9166	832	5~15	主要是施工扰动段，含人工抛填块石和其他杂物	靠近戗堤和石渣堤
Ⅱ	2316	298	10		下有护底（水下地石）
Ⅲ	7740	1044	15	含砂壤土和淤泥夹层	右岸河漫滩地
Ⅳ	7125	927	15	原河床沙滩，间填较薄	
Ⅴ-1	11250	1440	19	汽车运回填砂	1+000 以右
Ⅴ-2	11668	1313	20	主要为吹填砂	
护桩		253	5~20		按实际造孔深度
总计	49265	6107			

9.3.4 振冲试验

9.3.4.1 振冲试验依据

（1）DL/T 5214—2016《水电水利工程振冲法地基处理技术规范》。

（2）JGJ 79—2012《建筑地基处理技术规范》。

（3）GB 50487—2008《水利水电工程地质勘察规范》。

（4）《初步设计报告》。

（5）《工程地质勘察报告》。

9.3.4.2 试验目的

（1）通过试验，取得振冲砂砾石地基处理施工参数和满足设计要求的复合地基的压缩模量、承载力、相对密度等指标。

（2）确定最佳振冲桩布桩间距、填料级配及数量等参数。

（3）选定施工机械、施工工艺，确定施工技术参数（每米进尺填量、加密电流、留振时间、造孔水压，加密水压，加密段长度等），为大面积振冲施工优选合理的参数。

（4）通过试验，为坝基振冲挤密加固施工取得现场质量检测的方法和参数。

（5）通过试验确定振冲后的浮渣清理厚度，提出浮渣再利用的方法。

9.3.4.3 试验主要内容

1. 试验方案

试验地点选择在工程地质条件与河床段基础基本类似距坝址上游 1km 处右岸夹洲沙滩，为模拟施工现场的吹填砂，在试验场地内原河床砂层之上，堆填了厚度为 5m 的中粗砂，其人工填筑平台长 72m，宽 20.5m。

试验方案分 6 组进行，按正三角形布孔。其中 150kW 液压振冲器进行 2 组试验，孔距分别为 3.0m、3.5m，75kW 电动振冲器进行 4 组试验，孔距分别为 2.0m、2.5m、3.0m、3.5m。

2. 试验情况综述

试验共完成试验桩 72 根，总进尺 958.5m，回填砂料 618.5m³，工作量汇总见表 9－19。现场试验进行了 24 孔的重（Ⅱ）型动力触探检测工作和 6 个钻孔的地震剪切波测试，对不同的振冲试验方案行了比较和分析，试验结果确定：

（1）75kW、150kW 两种类型的振冲器均能满足设计要求（振冲器施工技术参数见表 9－20、表 9－21）。150kW 振冲器穿透力强，成柱深度大，造孔速度快，振冲器的频率高且可调；而 75kW 振冲器相对而言，其穿透力稍差，施工工效较低。

（2）检测结果表明：布孔形式为正三角形，孔距为 3.0m，两种振冲器按设计参数施工，工程质量除表层外均能满足要求。

（3）试验表明：表层 0～2m 左右加固效果难以满足设计要求，建议结合碾压措施进行处理。

表 9－19　　　　　　　　　试 验 工 程 量 汇 总 表

组别	布桩形式	桩距/m	数量/根	振冲器类型	备注
第 1 组	正三角形	3.0、3.5	21	15kW	原河床
第 2 组	正三角形	2.5	3	75kW	原河床
第 3 组	正三角形	2.0	20	75kW	原河床
第 4 组	正三角形	2.5	4	75kW	试验场地
第 5 组	正三角形	3.5	12	150kW	试验场地
第 6 组	正三角形	3.0	12	150kW	试验场地

表 9-20　　　　　　　　　　150kW 振冲器施工技术参数

布孔形式	油压/MPa		水压/MPa		留振时间/s	加密段长/cm	频率/rpm	备注
	造孔	加密	造孔	加密				
正三角形	17～33	18～20	0.5	0.2～0.3	20	10.0 以下 80 10.0 以上 50	造孔：2000 加密：1700	孔距 3.0m

表 9-21　　　　　　　　　　75kW 振冲器施工技术参数

布孔形式	电流/A		水压/MPa		留振时间/s	加密段长/cm	备注
	造孔	加密	造孔	加密			
正三角形	45～150	75	0.8～1.0	0.15	20～30	30～50	孔距 3.0m

3. 检测方法及结果

根据 SD 128《土工试验规程》有关要求，结合本工程具体情况，选用重（Ⅱ）型动力触探检测该试验振冲前后砂层的密实度。同时为进一步检测振冲效果，检验动力触探检测结果的可靠性，又增设剪切波测试试验。通过剪切波的测试结果对比分析动力触探检测结果，最后确定了主要以重（Ⅱ）型动力触探（$N_{63.5}$）作为判别振冲加密效果的手段，其检测标准见表 9-22。

表 9-22　　　　　　　　　　动力触探检测标准

深度/m	重（Ⅱ）型动力触探临界击数	深度/m	重（Ⅱ）型动力触探临界击数
0～5	6	14～16	15
5～8	8	16～18	17
8～10	11	18～20	19
10～14	14		

试验结果表明，按试验方案所采用的技术参数进行各组试验均能达到设计要求，其中 150kW 振冲器穿透力强，造孔速度快，成桩深度大，且振冲器频率可调；75kW 振冲器相对而言，穿透力较差，且在深桩施工中常有"抱孔"现象，工效难以提高。建议大范围施工以 150kW 振冲器为主。

4. 试验建议

（1）Ⅲ区、Ⅳ区施工可采用 120kW 振冲器施工，填料为粗砂料。

（2）150kW 振冲器施工采用加填半碎石料施工。

（3）150kW 振冲器已施工区域，继续采用 150kW 振冲器加填碎石料处理。

9.3.5　振冲施工

振冲施工根据试验结果和加固设计要求，结合地形地质条件，最终采用 150kW、120kW、75kW 3 种振冲器进行施工，并针对地层特点进行了布置。振冲施工随现场填砂情况和工期安排适时调整，合理安排施工力量，为后续工序创造有利的条件。

9.3.5.1　河漫滩段的加固施工

1. 150kW 振冲器施工

（1）主要施工问题。

4 台 150kW 振冲器河漫滩段由上游至下游施工，由于地质情况复杂，在施工过程中出现的主要问题有：

1）造孔时有大量稀泥浆返出，泥浆呈黑色，部分有含泥团块带出。

2）加密不塌孔，不沉陷或沉陷量小。

3）8m 以上填料困难，砂料大部分随水返出。

4）部分造孔达不到设计深度。

5）检测结果显示，振冲效果不能达到以前试验检测效果，部分段次不能满足设计要求。

（2）解决方案。针对以上问题，经分析研究采取的解决措施如下：

1）回填砂料严格控制，要求其各项参数均符合中粗砂要求，如粒径、含泥量等的控制。

2）填料采用粗砂，并按要求每孔控制填入一定量的砂料。

3）调整振冲参数，如提高加密油压，延长加密时间等。

4）设备保护，主要是振冲设备，考虑天气处于高温状态，改进降温措施等。

5）跟踪检测，及时发现问题症结。

6）召开质量专题会议，针对本区工程特点，调整参数。改进施工工艺，规范各机组操作方法等。

通过以上措施的进行，施工过程中，虽然解决了一定的质量问题，但是仍然存在质量和进度的差距。

（3）原因分析。分析主要原因在于下部原河床存在软弱夹层、填砂粒径偏小、粒度系数不能满足要求、部分填砂含泥量大等。之后采取了在 0～8m 范围内加碎石振冲成桩施工，并对原施工桩 9m 以上进行加固的处理方案。

振冲碎石加固桩对原已进行全砂填料振冲桩（150kW 振冲器施工）进行加固，即在原桩位，造孔深度 9m（部分原来未处理到设计深度要求造孔深度 15m），填料用 2～8cm 碎石，称为碎石加固桩；对Ⅲ区上游（除高喷板墙位置）其他未进行过振冲处理的区域，造孔 15m，9m 以下填粗砂料加密，9m 上填碎石料加密，称之为半碎石桩。

采用该方法振冲施工比较正常，在加固施工中，填料（石料）量较大，施工速度明显提高。但是由于地层原因，距砂层表面以下 5～8m 深度加密存在加密时间长、下料较慢等问题。

半碎石桩平均每延米成桩时间 4.63min，每延米平均填料 0.93m³；碎石加固桩平均每延米成桩时间 4.44min（造孔时间较长，未进行校正），每延米平均填料 0.82m³。相比较而言，碎石加固桩工效快，说明第一次振冲处理对后来加固处理是有一定帮助的。

在碎石加固施工中，通过逐步调整施工参数，在确保施工质量的前提下，提高工效，以确保工程工期。主要采取的措施是：提高加密油压，保证碎石加密效果；均匀填料和给定参考填料量值；加大水压，加快碎石料下沉速度等。

另外，由于采取碎石填料，设备的磨损问题较为突出。在施工中，故障率较高，维修量增大，辅助生产任务加重，影响生产和工期的保证，为此，专门成立维修小组，现场抢修设备，保障生产，确保工期，起到很好效果。

2. 120kW 振冲器施工

120kW 振冲器的施工在河漫滩段共 2 个机组，并完成施工 457 孔，进尺 6474.5m，填料 3885m^3，成桩速度快，加密效果好，场地塌陷明显，检测结果较好（见检测成果分析）。存在桩头 0～4m 加密时间较长、填料困难、部分地段有返水现象等问题。主要原因是填砂中含泥量较大。解决办法是延长加密时间，减小加密段长度；减小水压，甚至在短时间内不给水；少部分桩施工中造孔达到设计深度后，振冲器起拔困难。解决办法是采用大吨位吊车，加密前不清孔，直接加密。

120kW 振冲器速度较快地完成了河漫滩段和河床过渡段全部施工任务，填料采用中～粗砂，对造孔和加密中有泥浆返出的部分桩位，填料方式为加砂振密至表面以下 9m，其上部加碎石填料振冲。从统计数据看，120kW 振冲器成桩的平均填料量小于其他两种型号振冲器的平均填料量，主要是因为 120kW 振冲器在造孔和加密过程中，其本身振幅较大，产生振动能量较大，砂层塌陷最明显，部分填料量未计入总量。成桩时间短，平均 44min。通过检测分析，成桩质量是合格的（见检测结果对比）。120kW 电力驱动振冲器，由于设计振幅较大，在一定的地质条件下，相对于 150kW 振冲器加密效果好，工效高，维修简易。

9.3.5.2 河床段的振冲施工

河床填砂采用抽砂船直接从河床中抽取，填砂粒径较粗，振冲采用 150kW 振区施工，投入 3 台 150kW 振冲器连续作业，施工主要出现的问题和解决的办法有：

（1）冲深度为 20m，振冲器导杆加长，重量加大，造孔到深度后起拔困难。设计深度 20m，部分孔位能造孔达 22m 或更深部位，由于振动力的作用，松散的砂体对导杆的摩擦阻力增大，导致起拔困难。解决办法：加强孔口指挥，当达到设计深度后，如果振冲器不再向下位移，要迅速起拔振冲器，进行下一工序；如果造成抱孔，则停机一段时间再起拔。

（2）加密过程中，底部（深度不等）部分段次加密困难，加密油压难以达到规定值。解决办法：延长留振时间，减小加密段长度。

（3）部分上部 4m 加密困难吹填砂上覆粒径较细含泥量较大的砂料的区域上部 4m 加密困难。解决办法：改填粗砂料，控制加密水压，堆填高度加大等。

（4）靠近左岸部分孔位造孔难以达到设计深度。解决办法：移位后能达到设计深度。

9.3.6 质量检测

9.3.6.1 振前、振后成果对比分析

振前检测共完成了 15 个点（次）。振前检测主要为了确定各分区的处理深度，保证坝基满足设计防震和稳定的要求，同时也便于振冲后检测结果进行对比。

振后检测是按验收单元（64 个单元）划分来布置的，一共进行了 117 个检测点。检测孔位由监理部门抽取，一般每个单元 1～2 个检测点，检测位置为 3 个相邻振冲孔位（呈正三角形）的中心点，其中部分检测点由于地层条件变化的影响而未至要求检测深度，根据实际情况增加了一些检测点。

振前和振后对比见图 9-28 和图 9-29。

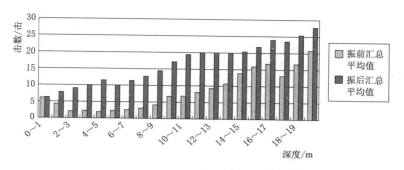

图 9-28 振冲处理效果柱状图

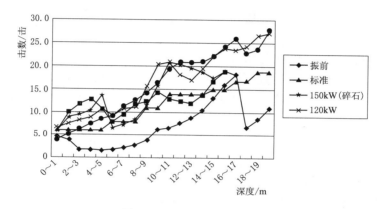

图 9-29 振冲处理对比图

从检测资料对比分析来看，各施工区域振冲处理效果是明显的，振后重型动力触探击数均有不同程度的提高，Ⅲ区在 2~9m 击数提高很明显，提高 120%~632%；Ⅳ区在 2~11m 击数提高很明显，提高率在 100%以上；Ⅴ(1) 区在 2~16m 击数提高很明显，提高率最大达 1100%以上；Ⅴ(2) 区在 2~17m 击数平均提高较大。

表层砂体（0~2m）加密效果差，提高率也较小，这和振冲原理是一致的，即靠近表层砂体挤密由于上覆压力小，振动能量消散快，加密效果稍差。

Ⅲ区检测资料较多，统计平均值发现 5~7m 提高幅度较小，这与其复杂的地质条件是对应的。

Ⅳ区的地质条件为过渡变化区域，从检测结果分析，其振后提高幅度较为稳定，各段变化幅度相似，反映出回填砂质量均匀，原河床地层变化不大等特点。Ⅳ区下游较小面积施工时，有泥浆返出。

Ⅱ区检测击数平均值均匀上升，其地层条件简单，深度 10m，底部抛填石护底。

Ⅰ区检测结果没有规律，5~7m 段明显下滑，说明受到软弱夹层（壤土、黏土）的影响。从Ⅰ区上游检测资料分析，从右岸往左岸，该段检测效果逐步提高，这与地质条件的变化是有直接的关系。右岸受滩地软弱层的影响，其平均击数较低；左岸砂层均匀，沿深度上没有差别，检测击数相对均匀上升。

不同区域振前和振后对比分析：各区加密效果明显，振后击数提高较大；振冲检测结果和地层地质情况、填砂性质、振冲器类型及施工工艺具有相关关系。其中Ⅴ区相对提高幅度较大，振前检测击数很低，振冲处理后，粗砂加密效果好，密实度提高幅度较大，前后对比明显。

9.3.6.2　检测结论

（1）河床段坝基振冲处理作为主土坝基础工程，施工强度高，工期紧，交叉施工干扰大。为保证工程质量和工程工期，建管局等有关单位全面掌握施工动态，攻克了许多技术难题，北京振冲公司先后组织 10 台振冲机组每天连续 24h 作业，最后提前 15d 完成施工任务，这是各方相互合作、共同努力的结果。

（2）振冲加固处理对砂体加密作用显著。整个河床段坝基划分为 64 个单元验收，均已达到或满足设计要求。按不同区域振前和振后重（Ⅱ）型动力触探检测资料对比，振后重（Ⅱ）型动力触探检测击数均有很大程度的提高，部分段次最大提高 1000％以上。

（3）直观分析，振冲前地面标高为 15.0～15.5m，振冲后地表下降至 13.0～13.5m，振冲前后地层塌陷了 2m 左右，且围绕振冲孔 5～8m 地表出现环状裂缝，说明原回填松砂，经振冲加密得到了明显改善，飞来峡水利枢纽工程河床段坝基础采用振冲法处理是有效、合理和必要的。

（4）检测结果统计重（Ⅱ）型动力触探击数振后比振前平均提高率分别为：Ⅲ区 178％、Ⅳ区 176％、Ⅴ区 385％，这反映出不同的地质条件经振冲处理后有不同的效果。Ⅲ区为右岸沙滩地，地质情况复杂；Ⅳ区属Ⅲ区、Ⅴ区过渡区，基本类似区地质情况；Ⅴ区为北江主河床，地层较为单一，其填筑砂料较粗，尤其吹填砂部分的粗砂，振冲加密后，基础条件得到大幅度提高。

（5）河床段坝基地层地质条件变化较大，缺少必要的数测资料。从施工过程看，右岸的河漫滩的振冲处理难度大，原河床段处理效果好，工效高，说明地质条件是振冲处理最直接的制约因素。

填砂的变化对振冲施工有着明显的干扰和影响。例如砂的细度模数大小、填砂含泥量多少等都要求采用不同的施工工艺与之适应。

（6）振冲处理取得了大面积施工的经验：有效组织施工、及时调整工艺，参数和完善的质量保证体系；施工中处理问题要有针对性；对施工计划、部署和技术要求要详细和明确；合理选择振冲参数和施工工艺，以保证工程质量和施工工期；项目经理保持通畅的信息渠道，全盘掌握施工进度和质量。

（7）对于砂层的振冲工艺，控制加密时间是保证质量的基础。施工中，由于砂层本身的性质，往往在加密时不能达到规定的电流（或油压）值，但适当延长留振时间，对柱体周围产生足够的振动和密实，是保证质量的有效措施之一；对比填料量的大小，也是控制成柱的重要方法；水量和水压的大小直接影响造孔和加密的时间和效果，如在表层的加密中，适当控制水量，可取得较好的加密效果。

（8）各类型振冲器有着不同的特点：150kW 振冲器，功率大，频率高，故障少，工效高，穿透力强。应用在Ⅴ区吹填砂范围内施工，完成任务量大，速度快，说明 150kW 振冲器适合于对粗砂处理；应用在Ⅲ区加固桩的施工，穿透硬层对软弱层进行处理说明其穿透能力最好。

120kW 振冲器，功率较大，振幅大，抗电流过载能力强，主要用于区下游、Ⅳ区、Ⅴ区回填砂部分的施工，完成了整个工程量的 409％以上。75kW 振冲器加固效果好但穿透力稍差，主要用于Ⅰ区、Ⅱ区的短桩区域的施工，对保证工期起到了重要作用。

（9）振冲施工过程中，砂体对振冲机具有很大的握裹力，导致上提振冲器困难，从而损坏起吊设备；另外为加快施工进度，减少振冲机具的移位次数，大吨位起吊设备是必不可少的。

（10）Ⅲ区、Ⅴ区为原滩地扩挖而形成的河槽，经地质钻探取样证实，10.0m 高程左右有砂壤土层存在，设计决定对该地层采用加碎石填充振冲方案，以形成复合地基基础，提高地基抗剪强度，减少基础沉降。实际施工中，采用 150kW 振冲器对区上游部分孔位进行了填碎石振冲加固，对该区域内有泥浆返出或难以密实的孔位也进行了填碎石振冲加固，保证了工程质量和工期满足要求。

9.3.7 结语

广东飞来峡水利枢纽坝基振冲处理是右岸河床段主土坝工程的主要技术难题之一，经过振冲加固处理，坝基全部 64 个验收单元，均已达到设计要求标准，按不同区域振前和振后重（Ⅱ）型动力触探检测资料对比，检测击数均有很大程度提高，部分段次最大提高1000％以上。目前大坝运行良好，说明广东飞来峡水利枢纽坝基采用振冲处理是合理的、成功的。

飞来峡水利枢纽右岸河床土坝 1998 年 8 月底下游戗堤截流完成时间到 1999 年 3 月底正式蓄水，共用 7 个月的时间，也就是说在一个枯水期完成了大坝的填筑和防渗墙的施工并投入使用，这与采用振冲加密坝基的方案是密不可分的。运行 20 年来，大坝未发生明显沉降和地震液化情况，工程发挥了显著的经济和社会效益。

9.4 北江清远水利枢纽

9.4.1 工程概况
9.4.1.1 工程概述

北江清远水利枢纽位于北江支流大燕河河口上游约 1km 处的北江干流上，坝址上距飞来峡水利枢纽 46.73km，下距石角水文站 4.8km，左岸是清东围，右岸是清西围。

清远水利枢纽是以航运、改善水环境为主，结合发电和反调节，兼顾改善灌溉和供水条件、旅游、养殖和水资源配置。属河床式开发，正常蓄水位 10.0m，总库容为 3.018亿 m³，相对应正常蓄水位库容为 1.4 亿 m³，电站装机容量 44MW，航道等级为Ⅳ级，工程等别为Ⅰ等，工程规模均为大（1）型。

清远水利枢纽工程建于松散的砂土层上，采用软基建坝，枢纽主要建筑物有泄水闸、船闸、厂房和左右岸土坝等。从左至右依次为左岸土坝、门库段、厂房安装间、厂房主机间、31 孔泄水闸、门库段、船闸、船闸门库段、右岸土坝，同时厂房左侧预留位置布置二线船闸和鱼道，枢纽坝顶全长 1520.42m。坝顶上游侧布置一条贯穿整个枢纽的坝顶交通公路，行车道宽 5m，人行道 1m，由于通航净空要求，坝顶交通公路在船闸段路面升至 24.4m，左、右两侧分别以 1.7% 及 5% 的坡度与水平段相接。

泄水闸布置在河床主河道可兼排漂及冲砂作用，软基建闸，采用平底宽顶堰型，堰顶高程 3.0m，泄洪规模为 31 孔，闸孔单孔净宽 16.0m，水流方向长 20.5m，采用底流方式消能。厂房为河床式厂房，机组安装高程为 -6.26m，由主机间、安装间和副厂房组成。船闸按通过 1000t 级单船设计，闸室有效尺度为 180m×23m×3.5m（长×宽×门槛水深），由上、下游引航道、上闸首、闸室和下闸首组成。左岸设有 3 段重力式连接坝段，均兼作门库，门库坝段采用重力式，软基形式，坝顶高程 19.5m。右岸土坝为黏土防渗分区土石坝，筑坝材料主要为砂砾料，坝顶长 169.4m，坝顶高程 19.5m，坝顶宽 8m，最大坝高 15.4m。

枢纽主要建筑物天然地基承载力为 100～300kPa，均匀性差，不能满足水工建（构）筑物荷载、沉降变形等的要求。经设计方案比选，采用振冲挤密处理措施加固河床砂土层，此设计方案不需要开挖深基坑，施工导流布置相对简单可靠，施工工期短，总体投资相对小。

本工程施工总工期为 3 年 8 个月，概算静态总投资为 165975.21 万元。

9.4.1.2 设计基本资料

1. 设计洪水成果

坝址设计洪水成果见表 9-23。

表 9-23 　　　　　　　坝址设计洪水成果表（飞来峡建成后）　　　　　单位：m³/s

项　　目	各频率（%）设计值							
	0.33	0.50	1.00	2.00	3.33	5.00	10.00	20.00
石角水文站	19000	19000	17600	17600	16400	15500	13900	12000
长布水文站	3080	3080	2880	2880	2700	2550	2230	1870
清远坝址	15900	15900	14700	14700	13700	13000	11700	10100

2. 水位及流量

清远水利枢纽坝址水位流量关系见表 9-24。

表 9-24 　　　　　　　　　　　清远水利坝址水位流量关系表

现状（2007 年）		坝址河底高程下切至 -5m		河道变化前情况（2002 年）	
水位/m	流量/（m³/s）	水位/m	流量/（m³/s）	水位/m	流量/（m³/s）
2.61	200	0.63	200	5.40	200
2.73	237	0.70	237	5.54	237
2.84	274	0.76	274	5.64	274
2.93	300	0.81	300	5.71	300
3.18	400	0.99	400	5.98	400
3.48	528	1.21	528	6.22	528

续表

现状（2007 年）		坝址河底高程下切至－5m		河道变化前情况（2002 年）	
水位/m	流量/(m³/s)	水位/m	流量/(m³/s)	水位/m	流量/(m³/s)
3.64	600	1.32	600	6.36	600
3.87	700	1.49	700	6.53	700
4.06	790	1.65	790	6.68	790
4.46	980	1.90	980	6.95	980
4.76	1110	2.09	1110	7.12	1110
4.86	1160	2.15	1160	7.18	1160
5.22	1340	2.41	1340	7.41	1340
5.56	1530	2.66	1530	7.61	1530
5.82	1670	2.83	1670	7.79	1670
5.86	1720	2.86	1720	7.82	1720
6.12	1910	3.06	1910	8.01	1910
6.42	2160	3.29	2160	8.25	2160
6.54	2270	3.39	2270	8.36	2270
6.80	2530	3.63	2530	8.60	2530
7.10	2850	3.90	2850	8.88	2850
7.78	3680	4.58	3680	9.60	3680
8.37	4560	5.31	4560	10.26	4560
8.89	5430	6.03	5430	10.84	5430
9.35	6270	6.73	6270	11.38	6270
9.81	7040	7.33	7040	11.88	7040
10.24	7950	7.99	7950	12.44	7950
11.30	10100	9.37	10100	13.56	10100
12.04	11700	10.19	11700	14.22	11700
12.64	13000	10.75	13000	14.76	13000
13.36	14700	11.35	14700	15.44	14700
13.85	15900	11.81	15900	15.85	15900

3. 水库特征水位

正常蓄水位　　　　10m　　　　　　相应库容　1.40 亿 m³

上游设计洪水位　　13.53m（P＝2%）　相应库容　2.79 亿 m³

下游设计洪水位　　13.35m（P＝2%）

上游校核洪水位　　14.04m（P＝0.5%）　相应库容　3.02 亿 m³

下游校核洪水位　　13.84m（P＝0.5%）

9.4.2 工程地质条件

9.4.2.1 区域地质条件

北江干流自出飞来峡后，形成宽阔的河谷，阶地发育。河谷两侧为宽广的冲积平原，外围为构造剥蚀低山和侵蚀构造中山组成的北江与邻谷之分水岭山地。库区及其外围地区的地貌类型为平原—中、低山。库区及其外围出露的地层主要有寒武系、泥盆系、石炭系、第三系、第四系及燕山三期侵入花岗岩。

工程区主要构造形迹呈北东向，未发现规模较大的构造穿过库坝区。根据 GB 18306—2015《中国地震动参数区划图》，以及广东省工程防震研究院对工程场地所作的地震安全性评价，本工程区地震动峰值加速度为 $0.05g$，相应地震基本烈度为Ⅵ度，反应谱特征周期为 $0.35s$。

9.4.2.2 坝址区地质条件

坝址区为深厚的第四系沉积层所覆盖，阶地冲积层（$Q_4^{al(1)} \sim Q_3^{al}$）具多元结构，双旋回沉积韵律较明显，左岸尤为突出。第一旋回沉积（$Q_3^{al}-1 \sim 2$）上部分为 3 层，第 1 层（$Q_3^{al}-1-1$）主要以淤泥、淤泥质土及含腐木黏土为主，局部为粉土，呈流～可塑状；第 2 层（$Q_3^{al}-1-2$）主要为含泥粉细砂，呈稍密状；第 3 层（$Q_3^{al}-1-3$）以黏土及淤泥质土为主，呈软～可塑状；整层在左岸分布厚度约 7.7m，右岸分布厚度约 2.7m。下部（$Q_3^{al}-2$）为砂卵砾石层或含泥砂卵砾石层，厚度一般 4.4～9.0m。第二旋回沉积（$Q_4^{al(1)}-1 \sim 2$）上部（$Q_4^{al(1)}-1$）为灰褐色、灰黄色黏土，呈可塑状，左岸层厚 4.5m 左右，右岸层厚大于 12.3m；下部（$Q_4^{al(1)}-2$）为含泥（砾）中细砂及含砾中粗砂层，左岸层厚 8.5～10.2m，右岸层厚约 8.9m。河床及河漫滩冲积层（$Q_4^{al(2)}$）主要分布于河床、河漫滩及阶地的前缘部分，厚度一般 0～5m，成分主要由中细砂组成，局部为含砾中细（粗）砂，多呈松散状。

河床冲积层由砂层和砂卵砾石层组成，呈松散～中密状，上部砂层为近现代河流冲积，由含泥中细砂，含砾中粗砂、砾质中粗砂等组成，一般层厚 8.0～22.0m，最厚达 25.0m；下部砂卵砾石层由含泥砂卵砾石和砂卵砾石组成，局部有含泥中粗砂，一般层厚 4.4～9.0m，最厚大于 15.0m，基岩深埋于第四系松散沉积层以下，埋深均大于 22m，最深处钻孔 41m 尚未钻穿覆盖层。

据标贯试验成果，河床 0～3.0m 砂层呈松散状，地基承载力为 100～150kPa，以下渐变呈稍密～中密。中上部砂层和含砾中粗砂层呈松散～稍密状，天然地基承载力 250～300kPa，应进行处理后作为建筑物基础使用。底层含泥卵砾石层相对密实，地基承载力可达 400kPa，可不进行加固处理。

据现场钻孔注水试验、单孔抽水试验结果，上部砂层含水量最丰富，透水性亦最强，其渗透系数为 $k=2.6 \times 10^{-3} \sim 1.05 \times 10^{-2}$ cm/s，属中等偏强透水层；下部分布的砂卵砾石层，含水层含泥较多，据经验及工程类比，其渗透系数为 $k=1.0 \times 10^{-4} \sim 1.0 \times 10^{-2}$ cm/s，属中等透水层。

坝线岩石及土体物理力学参数及地基承载力值见表 9-25～表 9-27。

表 9 - 25　　　　　　　　　　　　　　　　岩石及土体设计参数表

砂土名称		承载力允许值 /kPa	与混凝土摩擦系数 f	抗渗比降 破坏	抗渗比降 允许	抗渗比降 允许	压缩模量 MPa E_s	允许抗冲流速 /(m/s)	相对密度 D_r	钻孔灌注桩 阻力 q_{sik} /kPa	钻孔灌注桩 端承力 q_{pk} /kPa	预制桩 侧阻力 q_{sik} /kPa	预制桩 端承力 q_{pk} /kPa
$Q_4^{al(1)}-1$ （黏土）		130	0.25~0.28	1.0	0.5	0.5	6.5	0.8	—	—	—	—	—
$Q_4^{al(2)}-2$ （砂层）	0~3.0	150	0.3	0.2	0.1	0.3	10~15	0.8~1.0	0.18	20	—	22	—
	3.0~5.5	180	0.35	0.2	0.15	0.35	15~20	1.0~1.2	0.33	40	—	25	—
	5.5m以下	200	0.4	0.2	0.15	0.35	20~25	1.2~1.5	0.58	60	—	28	—
$Q_3^{al}-1$ （黏性土）	淤泥	70	0.18	1	0.5	0.5	2	0.7	—	10	—	16	—
	腐木土	100	0.2	1	0.5	0.5	4	0.7	—	11	—	16	—
	黏土	120	0.25	1	0.5	0.5	6.5	0.8	—	30	—	20	—
$Q_3^{al}-2$ （砂卵砾石层）		400	0.45	0.4	0.2	0.38	30~40	1.5~2.0	0.72	90	1800	75	6000
灰岩		1000	0.65								4800		11000

注　q_{sik} 为极限侧阻力标准值，q_{pk} 为极限端承力标准值。

9.4.3　振冲设计

清远水利枢纽属低水头水利枢纽，其主要建筑物最大挡水高度不超过 10m，根据基础条件以及挡水高度等情况，建筑物基础可置于岩基或经过处理后的软基上。

目前工程软基处理常采用的方法有：垫层法、强力夯实法、振动水冲法、桩基础等。其中垫层法、强力夯实法只适用于厚度不大的软土地基，桩基础可适用于较深厚的软土地基。但对于大面积的软基处理采用桩基础，其工程造价高。鉴于本工程最大挡水高度不超过 10m，根据标贯试验成果，本工程河床 0~3.0m 砂层呈松散状，以下渐变呈稍密~中密~密实状。中上部砂层和砂卵砾石层总体上呈松散~稍密状，天然地基承载力不能满足要求，松软地基层深厚，基础处理面积较大，采用振冲挤密处理措施较为合适，类似工程国内已有大量成功工程实践，由于不需要开挖深基坑可大大节省工程量，施工导流布置相对简单可靠，工程施工时间短，总体投资小。故本枢纽工程主体建筑基础采用振冲挤密措施对河床砂层进行处理，最终达到满足基础承载力与稳定性要求。对于存在淤泥等特殊基础，结合工程结构布置及基础应力情况另行处理。

表 9-26　砂土体设计参数表

部位	地层代号	岩土名称	天然状态土的物理性指标 含水率 W %	密度 天然 (g/cm³) 湿 ρ_o	干 ρ_d	ρ_d	土粒比重 G_s	孔隙比 e_o	饱和度 S_r %	界限含水率 液限 W_L %	塑限 W_p %	塑性指数 I_p	液性指数 I_L	固结 压缩系数 $a_{v0.1-0.2}$ MPa⁻¹	固结 压缩模量 $E_{s0.1-0.2}$ MPa	垂直渗透系数 20℃ k_v cm/s	直剪试验方法 饱和固结快剪 凝聚力 c kPa	摩擦角 φ (°)	快剪 凝聚力 c kPa	摩擦角 φ (°)	慢剪 凝聚力 c kPa	摩擦角 φ (°)
左岸	Q₄^{al(1)}-1	黏土或粉质黏土	34.99	1.88	1.39	1.92	2.74	0.97	97.8	46.44	25.57	20.87	0.47	0.45	4.3	1.34×10^{-6}	15.7	20.6	12.0	9.6	18.8	19.3
		黏土或粉质黏土	30.800	1.90	1.400	1.94	2.700	0.90	96.40	39.90	22.50	17.40	0.50	0.410	5.05	1.40×10^{-5}	12.0	17.0	12.0	9.8	18.8	19.3
		粉土	19			2.02	2.65	0.50	94.3	26.0	14.4	11.6	0.40	0.140	10.60	1.97×10^{-5}	7.0	14.0	4.3	12.0	8.0	16.0
右岸	Q₃^{al}-1	淤泥及淤泥质土	59	1.60	1.0	1.71	2.70	1.73	97.5	56.1	32.1	24.1	1.10	1.200	2.30	5.33×10^{-6}	8.0	10.0	3.5	5.5	9.0	12.0
		黏性土	34.00	1.90	1.44	1.94	2.69	1.00	97.00	43.00	24.00	19.00	0.51	0.43	4.70	7.67×10^{-6}	13.9	18.8	12.0	9.7	18.8	19.3

表 9 - 27 河床砂层地基承载力表

名称 \ $\overline{N}_{63.5}$ 及物理力学性质	深度/m	$\overline{N}_{63.5}$/10cm	状态	承载力标准值/kPa
含砾中粗砂	0～3.0	4.3	松散	150
	3.0～5.5	7.2	中密	200
	5.5～11.8	14.6	密实	280
砂卵砾石		50	密实	400

9.4.3.1 振冲布置

根据已有工程地质勘探资料，经研究分析，对泄水闸、发电厂房安装间、发电厂房进出水渠挡墙、船闸闸室段、船闸下游引航道及导墙区、右岸门库坝段等部位地基进行振冲处理。坝基振冲加固平面布置图见图 9 - 30，坝基振冲加固典型剖面图见图 9 - 31。

1. 振冲范围和深度

按照 DL/T 5214—2016《水电水利工程振冲法地基处理技术规范》相关条文规定，基础布桩范围在地震区有抗液化要求的，应在基底轮廓线外缘每边放宽不少于基底下可液化土层厚度的 1/2；基础没有抗震抗液化要求的，振冲加固范围一般在建筑物基底轮廓线外缘加 1～2 排振冲孔。清远水利枢纽工程区地震烈度为Ⅵ度，不进行抗震设计，故振冲加固范围为枢纽建筑物基底轮廓线上下游边线各延伸 5m。

按照规范振冲加固深度的规定，当基础相对硬层埋深不大时，振冲深度应按相对硬层埋深确定；当相对硬层埋渗深较大时，按建筑物地基变形允许值确定。清远水利枢纽工程河床上部 0～3.0m 砂层呈松散状，以下渐变呈稍密～中密～密实状，中上部砂层和砂卵砾石层总体上呈松散～稍密状，一般层厚 4.4～9.0m，天然地基承载力不大，按相对硬层埋深考虑，振冲加固深度采用 15m，局部达 18m。

2. 振冲孔布置

振冲孔孔布置常用等边三角形和正方形两种。对大面积挤密处理，用等边三角形布置比正方形布置可以得到更好的挤密效果。根据现有工程经验及振冲试桩结果，按边长 3.0m/3.3m 的三角形布置。

3. 填料选择

填料的作用一方面是填充振冲器上提后在砂层中可能留下的孔洞，另一方面是利用填料作为传力介质，在振冲器的水平振动下通过连续加填料，将砂层进一步挤压加密。

对中粗砂，振冲器上提后由于孔壁极易塌落自行填满下方的孔洞，从而可以不加填料，就地振密；故本工程主要采用地基原位填料振冲挤密。施工前通过现场原位生产试验，根据现场所采用填料、设备、振冲深度、工作条件等因素确定处理实际控制指标。

4. 特殊地段振冲处理

针对地质勘探及现场施工发现的小部分含泥沙层以及邻近厂房 2 孔泄水闸回填基础均采用质地坚硬的碎石料作为填料进行加固处理，碎石桩桩径 0.8m，桩间距 2.0m，三角形布孔。

在进行闸室地基振冲前，根据相关规程规范要求，进行生产性试验，并同时开展静载

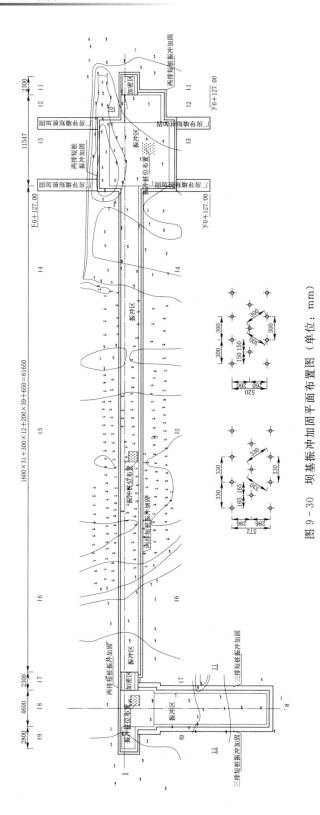

图 9 - 30　坝基振冲加固平面布置图（单位：mm）

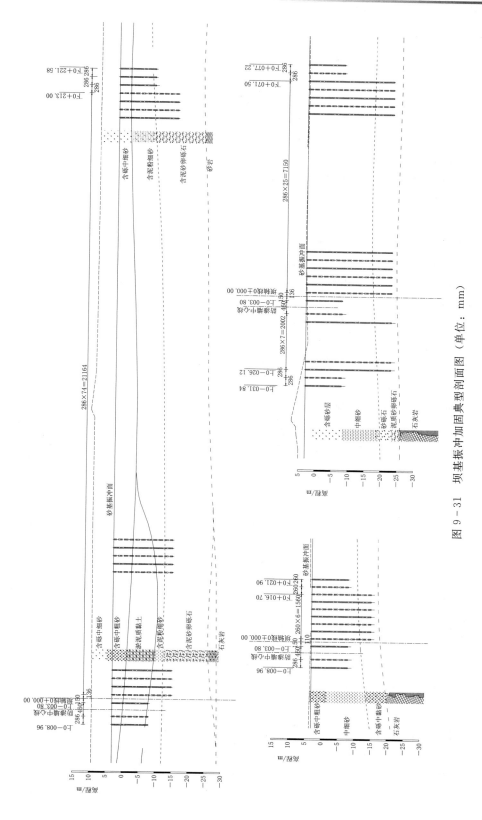

图 9-31 坝基振冲加固典型剖面图（单位：mm）

试验、重型动力触探、孔隙水压力测试以及地面沉降量监测等现场试验，根据试验成果，闸室振冲桩间距由原来 3.0m 调整为 3.3m。

9.4.3.2　主要施工技术要求

1. 振冲设备

（1）根据试验结果，本工程采用 200kW 液压调频振冲器进行施工。

（2）起重机械：起重能力和提升高度应满足施工图的桩长要求，起重能力为 25t 以上。

2. 造孔和清孔

（1）振冲桩的桩位应按施工图纸要求测定，振冲施工的造孔应符合下列规定：

1）振冲器开孔，允许偏差应小于 100mm。

2）造孔过程中振冲器应处于悬垂状态，发现桩孔偏斜应立即纠正。

3）造孔深度不可小于设计桩深度以上 500mm。

4）造孔最大速度不宜超过 2m/min。

5）造孔过程中，振冲器出现上下抖动却无法贯入时，应暂停造孔，报告监理、设计单位，及时调整施工方案。

（2）清孔：造孔时反出的泥浆过稠或桩孔存在缩孔时宜进行清孔，清孔时上下提拉振冲器，直至振冲器顺直通畅以利填料加密为止。

（3）终孔条件。原则上要求达到施工图中桩底高程。

3. 填料和振密技术要求

振密技术要求详见表 9-28。

表 9-28　　　　　　　　　振　密　技　术　要　求

工程 地基性质 地基技术要求　部位	左中泄水闸，厂房 上层：含砾中粗砂 中层：局部含泥中砂 下层：含泥沙卵砾石	右泄水闸，门库 上层：含砾中粗砂 中层：含泥粉细砂 下层：含泥沙卵砾石	闸室上游段 上层：含砾中粗砂 中层：淤泥、黏土 下层：含泥沙卵砾石	船闸闸室 上层：含砾中粗砂 中层：含泥粉细砂 下层：含泥沙
振冲孔距/m	3.3	3.3（3.0）	3.0	3.0
回填料	原位填料（砂）	原位填料（砂）	碎石、原位填料（砂）	原位填料（砂）
地基承载力/kPa	≥300	≥300（≥380）	≥280	≥280
动力触探/击	$\bigtriangledown 0m>8$ $\overline{N}_{63.5}=15$	$\bigtriangledown 0m>8$ $\bigtriangledown -3>10$ $\overline{N}_{63.5}=13；21$	$\bigtriangledown -6>8$ $\overline{N}_{63.5}=12.5$	$\bigtriangledown -6>10$ $\overline{N}_{63.5}=12.5$
剪切波速 V_s/(m/s)	300	300（350）	250	250
有关施工参数				
造孔油压/MPa	18～23	18～23	18～23	18～23
加密油压/MPa	21～23	21～23	21	21
造孔水压/MPa	0.6～1.0	0.6～1.0	0.6～1.0	0.6～1.0
加密水压/MPa	0.1～0.4	0.1～0.4	0.1～0.4	0.1～0.4
造孔气压/MPa		0.2～0.5		
留振时间/s	5～10	5～10	5～10	5～10

4．质量控制

（1）质量控制总则。

1）建立完善的施工质量保证体系，制定质量计划或质量保证措施。

2）进行施工质量控制与监测，做好各项施工记录。当处理效果达不到设计要求时，应及时会同设计单位及有关部门研究解决。

3）加密油压和留振时间宜采用自动控制系统控制，并及时检查其准确性。

4）振冲器的导管应有明显的深度标志。

5）桩位标志应明显、牢固，在施工中应注意复核，保证其准确度。

6）填料应经过质量检验方可使用，填料的粒径、含泥量及强度等指标应符合设计要求。

7）填料应按 $2000\sim3000m^3$ 作为一组试样进行质量检验。

8）对桩体的密实度宜采用超重（Ⅱ）型动力触探试验进行抽样检测，检测时间应在成桩 1d 后进行。

9）对可加密地基土，应对桩间土的加密效果采用超重（Ⅱ）型动力触探试验或标准贯入试验进行检测，根据地基土的性质宜在施工 $7\sim15d$ 后进行。

（2）质量控制要点。

1）过程控制，重点从布桩开始，不能漏桩和串桩，严格控制留振时间、加密长度等施工设计参数。

2）结果控制，采用超重（Ⅱ）型动力触探对桩体和桩间土进行跟踪监测，不满足设计要求时，应及时告知设计代表和监理，最终进行"复合（单桩）地基载荷试验"，严格按照 DL/T 5214—2005《水电水利工程振冲法地基处理技术规范》附录 A 进行。

（3）施工方案中应明确以下内容：

1）施工工艺和方法。

2）自检措施和保证设计、施工参数的措施。

3）重要控制点的质量保证措施。

（a）桩位偏差控制措施。

（b）桩长控制措施。

（c）施工技术参数控制措施。

（d）防止抱卡杆措施。

（e）保证浅部填筑砂桩体及桩头密实程度措施。

9.4.4 振冲试验

9.4.4.1 振冲试验依据

（1）DL/T 5214—2005《水电水利工程振冲法地基处理技术规范》。

（2）JGJ 79—2002《建筑地基处理技术规范》。

（3）GBJ 50287—2016《水利水电工程地质勘察规范》。

（4）《广东省清远市清远水利枢纽工程初步设计报告》。

（5）《广东省清远市清远水利枢纽工程初步设计报告工程地质专题报告》及附图。

9.4.4.2　试验目的

（1）通过试验，取得砂土层地基振冲挤密处理施工参数和满足设计要求的地基承载力及相对密度。

（2）根据现场孔隙水压力或振冲监测确定最佳振冲挤密布点间距。

（3）选定施工机械、施工工艺，确定施工技术参数（加密电流、留振时间、造孔水压、加密水压、加密段长度等），为大面积振冲挤密施工优选合理的参数。

（4）通过试验，为坝基振冲加固施工确定现场质量检测的方法及标准。

（5）为采用原位填料振冲对多层结构砂质河床中含泥夹层的加密作用及其适应性提出评价标准。

9.4.4.3　试验主要内容和要求

1. 振冲试验方案

（1）试验区选择。针对工程实际地质条件，选定具有代表意义的 3 个区域作为实际试桩点。

1）Ⅰ区布置在坝上 0−8.5～坝下 0+1.9，坝纵 1+20.0～坝纵 1+47.0。Ⅰ区在河床靠右岸侧，覆盖层为河床冲积含砾细砂、砂卵砾石层，其中含砾细砂表层 0～3.0m 呈松散状，3.0～19.0m 呈稍密～密实状，底板高程为−16m；下部砂卵砾石层 19.0～20.0m 呈中密～密实状。通过振冲处理后，含砾细砂 0～3.0m 呈稍密状，3.0～19.0m 呈中密～密实状，底板高程为−16m；下部砂卵砾石层 19.0～20.0m 呈中密～密实状。

2）Ⅱ$_{(1)}$ 区布置在船闸与泄水闸坝之间的连接段位置，试验区域桩号：坝上 0−8.5～坝下 0+1.9，坝纵 1+129～坝纵 1+171。Ⅱ$_{(1)}$ 区在河床靠右岸侧，覆盖层为河床冲积含砾中细砂、含泥粉细砂、砂卵砾石层，其中含砾中细砂表层 0～3.0m 呈松散状，3.0～13.0m 呈稍密～中密状，底板高程为−10m；含泥粉细砂 13.0～16.0m 呈松散～稍密状，厚度 3m，底板高程为−13m；下部砂卵砾石层 16.0～20.0m 呈中密～密实状。通过振冲处理后，含砾中粗砂 0～15.0m 呈稍密～密实状，底板高程为−12m；下部砂卵砾石层 15.0～20.0m 呈密实状。

3）Ⅱ$_{(2)}$ 区布置在船闸闸室与上闸首、右岸联接坝段等相交的部位。具体桩号：坝下 0+40.0～坝下 0+61.3，坝纵 1+334.5～坝纵 1+147.0。其中含砾中粗砂表层 0～5.0m 呈松散状～中密实状，底板高程为−2.0m；淤泥层 5.0～15.2m 呈软塑状，孔隙比（e）1.705，天然含水率（W）62.3%，厚度 10m，底板高程为−12.2m；下部砂卵砾石层 15.2～18.6m 呈中密～密实状。通过振冲处理后，含砾中粗砂 0～8.0m 呈松散状～密实状，底板高程为−5.0m；黏土层 8.0～15.8m 呈中塑状，孔隙比（e_0）0.599～0.719，平均 0.672，天然含水率（W）26.3%～28.6%，平均 27.3%，厚度 7.8m，底板高程为−12.8m；下部含泥细砂和砂卵砾石层呈密实状。

（2）按坝址地基结构进行分区试验，包括对不同振冲设备、振冲间距、振冲填料及振冲工艺等进行方案比选。

（3）按地基地质情况，要求振冲挤密的深度达到底部含泥砾卵石层顶板，高程约−15.0m。地基顶面高程为 1m。试验挤密深度 18～20m。

（4）根据以往经验振冲点位均按三角形布置。

（5）振冲回填料采用含泥量不大于 5% 的硬质材料，禁止使用已风化及易腐蚀、软化的材料粒径不大于 150mm。

各区振冲试验情况见表 9-29。

表 9-29　　　　　　　　　　　　各区振冲试验情况表

项目　　地基分类	含砾中粗砂层 （局部夹泥中粗砂）	上、下透水层中 含泥粉细砂夹层	上、下透水层中 有淤泥质黏土夹层
工程部位	主河床泄水闸及厂房地基	河床右岸泄水闸及门库地基	河床右岸船闸及连接坝段地基
振冲设备	120kW；75kW	大于 100kW	大于 100kW
振冲点间距	2.5m；3.0m	2.0m；2.5m	2.0m
振冲填料	（1）无填料； （2）原位填料	（1）原位填料； （2）原位填料＋20%石料	（1）原位填料＋30%石料； （2）碎石桩（桩径 0.8m）
试验分区	Ⅰ区（左岸）	Ⅱ$_{(1)}$区（右岸）	Ⅱ$_{(2)}$区（右岸）

2. 振冲挤密试验设计要求

（1）Ⅰ、Ⅱ$_{(1)}$试验区设计要求。振冲挤密处理后的砂砾石坝基的相对密度大于 0.75，地基承载力特征值应大于 280kPa，提出相应压缩模量。

（2）Ⅱ$_{(2)}$试验区设计要求。振冲挤密处理后的复合地基承载力特征值应大于 280kPa，提出相应的压缩系数、抗剪指标及压缩模量。

3. 试验检测

（1）主要检测工作。

1）振冲前后各试验区桩体采用重（Ⅱ）型动力触探，振冲后桩间土采用标准贯入或重（Ⅱ）型动力触探。

2）Ⅱ试验区钻孔取桩间土进行物理力学试验。

3）Ⅱ$_{(2)}$试验区结合 1）、2）项进行单桩复合地基荷载试验。

4）必要时进行地基土剪切波测试。

振冲试验检测工作量见表 9-30。

表 9-30　　　　　　　　　　　　振冲试验检测工作量表

阶　段		检测方法	检测技术指标	工　作　量
振冲 加固前	原位	静载荷试验	变形模量、承载力	2 点
		标贯入试验及常规钻探取土	标贯击数 N	2 孔
		动力触探	动探击数 $N_{63.5}$	2 孔
		静力触探试验（单桥或双桥）	比贯入阻力	2 孔
		密实度（现场干密度）	干密度	2 个坑各 5 层
		孔隙水压力试验	孔隙水压力	2 孔，分 3 个不同源检距 （1m、3m、5m）、4 个不同深度 （1m、5m、10m、15m） 分别进行原位监测

续表

阶　段		检测方法	检测技术指标	工　作　量
振冲加固前	原位	表面沉降量测量	高程（沉降）	2 个台班
		波速试验	V_p、V_s	2 孔
	室内	天然密度 ρ		2 组
		击实试验或相对密度试验	ρ_{max}、ρ_{min}、ρ_d、D_r	2 组
		剪切试验或天然坡角	$(C、\phi)$ （水上 α_m、水下 α_c）	2 组
		颗分试验	含泥量或黏粒含量	2 组
振冲加固中	原位	孔隙水压力及水位监测	孔隙水压力及水位	分 3 个不同源检距（1m、3m、5m）、4 个不同深度（1m、5m、10m、15m）分别进行原位监测，同时进行表面沉降量监测
		表面沉降量监测	高程（沉降）	
		地基土上的震动能量的大小监测	震动能量	
		体波（即横波和纵波）在地基中的传播速度及对能量的吸收能力监测	V_p、V_s	
振冲加固后	原位	表面沉降量监测	高程（沉降）	20 个台班
		孔隙水压力及水位监测	孔隙水压力及水位	5 个时段（1d、3d、7d、14d）分别进行原位监测
		体波传播速度检测	V_p、V_s	2 孔
		载荷试验	变形模量、承载力	2 点
		标准贯入试验	标贯击数 N	2 孔
		动力触探及静力触探试验（单桥或双桥）	$N_{63.5}$、比贯入阻力	各 1 孔
		干密度（现场挖坑）	5 层检测 ρ_d	2 个坑各 5 层
	室内	天然密度 ρ		2 组
		击实试验（最大干密度 ρ_d）或相对密度试验	ρ_{max}、ρ_{min}、ρ_d、D_r	2 组
		剪切试验	$(C、\phi)$	2 组
		天然坡角	（水上 α_m、水下 α_c）	2 组
		颗分试验	含泥量或黏粒含量	2 组

（2）检测时间及检测点布置。施工结束后，应按现行有关规程、规范的要求，完工 7d 后对Ⅰ试验区、Ⅱ$_{(1)}$ 试验区进行检验，完工 30d 后对Ⅱ$_{(2)}$ 试验区进行成桩检验。检测点布置应具有代表性和均匀性，在设计和监理认为的重要部位、地质条件变异部位和施工中出现过异常情况的部位宜布置检验点，每区检测点数不少于 3 点。

（3）各试验区检测应达到的目标。

1）Ⅰ试验区、Ⅱ$_{(1)}$ 试验区通过标准贯入或重（Ⅱ）型动力触探选定相对密度符合设计要求的振冲器功率和布桩方案，通过载荷试验确定所选方案区域的承载力和压缩模量等指标，并提出振冲挤密效果检测的检测方法和检测标准。

2）Ⅱ$_{(2)}$ 试验区通过载荷试验选定承载力满足设计要求的布桩方案，通过标准贯入或重（Ⅱ）型动力触探及桩间土取样试验确定所选方案的压缩模量等指标，并提出振冲挤密效果检测的检测方法和检测标准。

4. 试验成果要求

通过对振冲挤密试验及检验成果的分析比较，综合评价和确定安全、经济、合理的布桩形式和施工参数，并为设计、监理、施工及振冲挤密效果检测提供合理依据。施工单位应于业主提供可进行各项试验的施工平台后 30d 提交试验报告（包括电子文档和原始记录），报告应包括以下内容。

（1）试验报告应分析评价本次试验是否达到试验目的和是否满足设计要求。通过试验，提出可满足设计要求且适合下一阶段大面积施工的施工机具、布桩方式及其他相关技术参数。

（2）提出满足设计要求的振冲挤密效果检测的检测方法和检测标准。

（3）提出各试验区标准贯入与重（Ⅱ）型动力触探的关系曲线，分析各试验区砂基相对密度与承载力之间的关系以及各试验区坝基压缩模量、压缩系数与相对密度之间的关系。

（4）分析比较试验区振冲挤密前后原土（砂）地基的密实程度变化情况，提出相关参数指标的比较成果表。

（5）结合Ⅱ$_{(2)}$ 试验区桩间土取样试验，提出满足设计要求的振冲挤密回填碎石的级配曲线。

（6）随试验报告附坝基大面积振冲挤密施工方案。施工方案应特别注意振冲与坝基填砂、戗堤填筑、防渗墙、预制钢筋混凝土方桩和水泥土搅拌桩施工、坝体填筑等各项相关工作之间的搭接关系，提出控制各项相关工作边界施工质量的方法。

9.4.4.4 试验检测结论

振冲Ⅱ$_{(1)}$ 区检测于 2009 年 10 月 2 日开始，2009 年 10 月 26 日完成，主要结论如下：

（1）根据北京振冲公司给的施工参数（200kW），结合波在地基中的传播速度测试成果，可以算出含砾砂层的振冲影响半径为 5.91m；含泥粉细砂为 4.70m；含泥砂卵砾石为 3.78m。在振冲区与其他建筑物地基搭接时，建议距离振冲点 6.0m 内应做好有效控制或防护措施，从由其他建筑物地基搭接处先振冲再往振冲区内方向施工。

（2）根据地基土上的震动监测、孔隙水压力及水位监测成果，本试验区振冲有效半径（范围）为 3～4m，最大孔隙水压力相应的最佳振冲间距为 2.5～3.0m。因此，建议振冲设计和施工时，在建筑物地基重要或受力及变形要求较高的区域，宜采用最佳振冲间距 3.0m，其他区域可采用有效振冲间距 3.3m。

（3）由现场振冲间距为 3.3m 试验区的试验成果。

1）振冲试验处理后地基承载特征值从振前的 $f=155.8$kPa 提高到 $f \geqslant 280$kPa；重型动力触探击数含砾砂层从 5.2 击提高到 13.7 击，含泥粉细砂层从 7.2 击提高至 18.5 击，含泥粉细砂层得到有效的置换；含砾砂层的剪切波平均速度（V_s）从 232m/s 提高到 264m/s，提高了 13.8%；含泥粉细砂的剪切波平均速度（V_s）从 261m/s 提高到 360m/s，提高了 37.9%；含泥砂卵砾石层的剪切波平均速度（V_s）325～393m/s，提高了 20.9%。

2）根据相对密度（D_r）、重型动力触探（$N_{63.5}$）、剪切波速（V_s）之间的关系统计分析可见，当 $N_{63.5} \geqslant 8$ 击时，$D_r \geqslant 0.79$，$V_s \geqslant 256 m/s$，$f \geqslant 319 kPa$。由此推断，当重型动力触探（校正后）击数 $N_{63.5} \geqslant 8$ 击时，振冲加固达到设计要求。可采用重型动力触探（校正后）击数（$N_{63.5}$）$\geqslant 8$ 击进行振冲加固效果检测的控制和评价依据。

（4）综合上述分析成果，结合实际出发，采用原料砂填料，在相应施工工艺及参数条件下，建议振冲设计和施工时，在建筑物地基重要或受力及变形要求高的区域，宜采用最佳振冲间距 3.0m，其他区域可采用有效振冲间距 3.3m。处理后施工效果评价按重型动力触探（校正后）击数（$N_{63.5}$）$\geqslant 8$ 击进行施工及验收控制。

9.4.5　振冲施工

9.4.5.1　工艺流程

（1）清理场地，接通电源。

（2）导入整个施工场区的测量控制线，并按设计要求布置桩点。

（3）施工机具就位，起吊振冲器对准桩位。

（4）造孔。

1）振冲器对准桩位，开启压力水泵，启动振冲器，待振冲器运行正常开始造孔，使振冲器徐徐贯入土中，直至设计的桩底标高。

2）造孔过程中振冲器应处于垂直状态。振冲器与导管之间有橡胶减震器联结，因此导管有稍微偏斜是允许的，但是偏斜不能过大，防止振冲器偏离贯入方向。

（5）加料方式与加密段长度。

1）振冲器造孔至设计深度时，向孔内添加砂送至孔底；必须保证：①填入的砂不致导致孔堵塞；②孔内输入料量可供加密。

2）对于振冲桩体的加密，为保证孔内有足够加密桩体的加料量，每次提升振冲器应在 1.5～2.0m。

（6）振冲加密：采用连续填料制桩工艺。制桩时应连续施工，加密从孔底开始，逐段向上，中间不得漏振。当达到规定的加密油压和留振时间后，将振冲器上提继续进行下一个段加密，每段加密长度应符合要求。

（7）重复上一步骤工作，自下而上，直至加密到设计要求桩顶标高。

（8）关闭振冲器，关水，制桩结束。

（9）吊车移位进行下一根桩的施工。

振冲施工工艺流程见图 9-32。资源设备配置见表 9-31。

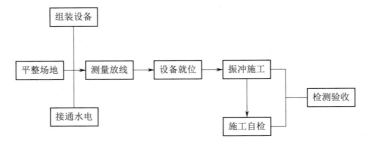

图 9-32　振冲施工工艺流程图

表 9 - 31   资 源 设 备 配 置 表

序号	设备名称	数量	单位	规格型号	功率	进场时间	备注
1	振冲器	4	套	液压振冲器	200kW	2009 - 09 - 14	
2	动力包	4	套	液压	200kW	2009 - 09 - 14	
3	履带吊	3	台	50t		2009 - 10 - 05	
4	装载机	3	辆	ZL30		2009 - 09 - 14	
5	清水泵	4	台	D25 - 30	25kW	2009 - 09 - 14	
6	潜水泵	4	台	8JQ	5kW	2009 - 09 - 14	
7	电控箱	3	个	150kW	150kW	2009 - 09 - 14	
8	空压机	1	台	$24m^3/17kg$	250kW	2009 - 10 - 09	
9	空压机	2	台	$21m^3/10kg$	200	2009 - 10 - 19	
10	电焊机	3	台	150A	30kW	2009 - 09 - 14	
11	排污泵	3	台	3PNL	7.5kW	2009 - 09 - 14	

9.4.5.2 施工技术参数

根据本工程的特点和要求,采用200kW液压调频振冲器进行施工,根据本工程技术要求,采用如下参数作为振冲桩施工的控制参数。

(1) 加密油压。上部:22~23MPa;下部:21MPa。

(2) 加密段长度。上部:0.8~1.0m;下部:0.5~0.8m。

(3) 留振时间。上部:8~10s;下部:5~8s。

(4) 供气。风压:0.2~0.5MPa;风量:15~20m³/min。

9.4.5.3 常见问题及处理措施

(1) 采用液压型振冲器,具有更大的激振力和穿透能力,可降低砂层抱卡导杆的概率。

(2) 采用大直径高强度导杆,减小导杆与振冲器连接处的直径突变,增加造孔设备自重,增强穿透能力,也可降低砂层抱卡导杆的机会。

(3) 当出现抱卡导杆的迹象时,在该地段附近多次上下提拉振冲器清孔,防止卡孔,实现穿透。

(4) 当振冲器不慎卡埋在孔中,采用以上措施无效时,可使用大吨位吊车提住振冲器,启动振冲器慢慢上提,多次启动直至提出;若一时不能提出,可暂停动力站运行,继续水冲,过一段时间待障碍物束缚振冲器及导管的应力解除后,再按上面的步骤提拔;而当振冲器马达损坏,吊车不能提出时,可采用其他振冲器在其周围打孔,或用反铲开挖一定深度减小阻力,再使用反铲或装载机配合吊车提拔。

(5) 液压振冲施工中常见问题的纠正预防措施见表9-32。

表 9 - 32   液压振冲施工中常见问题的纠正预防措施

类别	问题		原因	处 理 方 法
造孔	贯入速度慢		土质坚硬	加大水压
	振冲器油压过大		振冲器贯入速度快	减小贯入速度
			砂类土被加密	加大水压,必要时可增加旁通管射水,减小振冲器振动力;采用更大功率振冲器

类别	问题	原　因	处　理　方　法
造孔	孔位偏移	周围土质有差别	调整振冲器造孔位置，可在偏移一侧倒入适量填料
		振冲器垂直度不好	调整振冲器垂直度，特别注意减震器部位垂直度
孔口返水	孔口返水少	遇到强透水性砂层	加大供水量
		孔内有堵塞部分	清孔，增加孔径，清除堵塞
填料	填料不畅	孔口窄小，孔中有堵塞孔段	用振冲器扩孔口，铲去孔口泥土
		石料粒径过大	选用粒径小的石料
		填料把振冲器导管卡住，填料下不去	填料过快、过多所致。暂停填料，慢慢上下活动振冲器直至消除石料抱导管
加密	油压上升慢	土质软，填料不足	加大水压，继续填料
	振冲器油压大	土质硬	加大水压，减慢填料速度，放慢振冲器下降速度

9.4.5.4　施工控制质量标准和技术要求

1. 造孔

（1）振冲器开孔允许偏差不大于 100mm。

（2）造孔深度不应浅于设计处理深度以上 300～500mm。

（3）振冲器贯入土中应保持垂直，其偏斜应不大于桩长的 3%。

（4）造孔水压宜控制在 0.8～1.0MPa，造孔速度不宜超过 2.0m/min。

（5）造孔过程中，如发现异常情况，应暂停造孔，报告监理、设计单位，及时分析异常原因，并提出处理方案。

2. 填料和振密

该试验工程采用铲车不连续填料，为强迫式填料，填料和加密应符合下列要求：

（1）加密油压、留振时间、加密段长度、填料量应达到设计规定的技术参数。

（2）加密段长应控制在 0.5～1.0m。

（3）加密时从孔底开始，逐段向上，中间不得漏振。

（4）加密时水压一般控制在 0.4～0.8MPa。

（5）制桩完成后的桩顶中心与设计定位中心偏差不得大于桩直径的 0.25 倍。

（6）施工时应由专人负责查对孔号，按记录表详细记录，每班的成孔电流、水压、时间等要详细、如实、准确、整洁填写。

9.4.6　结语

振冲施工于 2010 年 10 月完成，复合地基达到恢复期后，经工程质量试验检测，复合地基压缩模量大于 35MPa，3.3m 振冲区域的复合地基承载力特征值大于 240kPa，3.0m 振冲区域的复合地基承载力特征值大于 350kPa。满足振冲处理的设计要求。运行至今，各项监测数据表明，采用振冲处理后的大坝基础沉降和渗透变形稳定，运行安全可靠，发挥了巨大的工程效益。

9.5 云南务坪水库

9.5.1 工程概况

务坪水库位于云南省西北部小凉山地区宁蒗县境内乌木河上游的帕帕河上，属金沙江水系雅砻江上游的二级支流。务坪水库属中型水利工程枢纽，工程等别为Ⅲ等，主要建筑物级别为 3 级，次要及临时建筑物级别为 4 级。水库的主要任务是农田灌溉，同时兼顾城市部分供水。

务坪水库工程由拦河坝、导流隧洞、泄洪隧洞、输水隧洞与输水干渠组成。大坝设计为黏土心墙碾压堆石坝，坝底高程 1997.00m，最大坝高 52.00m，坝体典型剖面见图 9-33。

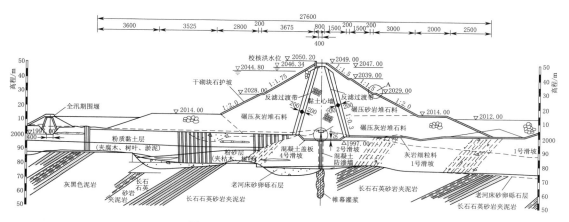

图 9-33 务坪水库坝体典型剖面图

9.5.2 坝址区工程地质条件

坝址区工程地质条件极其复杂，大坝坝基由滑坡堆积体和湖积层软土构成。坝基地面以下 20～30m 内均为湖积软土，其成分主要为粉质黏土和粉砂，夹带大量腐木、树叶、块石，土的含水量和有机质含量都很高。另一部分为 1 号滑坡和 4 号滑坡堆积体。

湖积层软土属第四系（Q_4），分布于坝址区坝轴线上游务坪盆地中，沉积于原老河床冲积的砂卵砾石之上，最大厚度 33m，总面积 0.4km^2。湖积层的形成是由于 1 号滑坡下滑堵塞河道形成湖泊后，湖积淤满形成现在的务坪湖积型山间盆地。坝址湖积层分布狭窄而深厚，加之受到两岸坡山洪及固体径流强烈干扰，结构复杂，地质特性很差，其中，有黏土、粉土、粉砂、砂砾，有机质树木树叶、碎石、块石、滚石等。湖积层的典型地质剖面如图 9-34 所示，从 E 至下分为 3 个大层和两个亚层。

1. 第 1 层：轻～中砂壤土层

层中夹透镜状黏土、树叶、砂砾层，分布高程 1995～2005m，一般层厚 10m，较为密实，无塑性，透水性较好，为中等透水地层，因为该层沉积年代较晚，岩性及层厚均较为稳定。其中来自两岸坡的坡积物（碎石、块石）含量少。

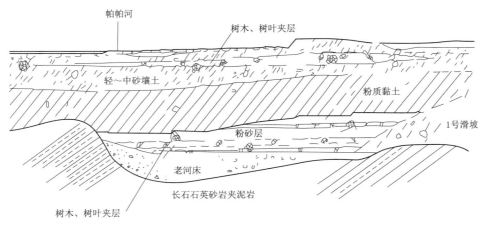

图 9 - 34　湖积层软土的典型地质剖面图

2. 第 2 层：粉质黏土层

层中央透镜状粉砂、树叶层，分布高程 1987～1995m，一般层厚 7～12m。该层黏土含水量高，一般为软～流塑状，局部呈可塑状，黏性好，可搓 1mm 土条，干后干裂崩解，层中含有不等量的碎岩和碎块石。第 2 层具有两个亚层，分别是：

（1）2 - 1 粉土层。呈透镜状产出于第 2 层中，主要分布于软基区的西南部及东南部，厚度为 0.70～4.20m。

（2）2 - 2 砂土层。呈透镜状产出于第 2 层中，整个软基区均有分布，厚度为0.30～5.80m。

3. 第 3 层：粉砂层

层中夹树叶层，分布高程为 1980～1987m，一般层厚为 5～7m，密实，无塑性，透水性良好，局部夹有中粒砂层。第 3 层中含承压水，水头高程为 2003～2005m。

湖积层软土物理力学性能均较差，经判别属于淤泥类土。具有明显的"三高两低"特征，即高压缩性、高灵敏度、高流变性和低强度、低渗透性，其物理力学特征如下：

（1）孔隙比大，一般为 1.5～2；天然含水量高，最高 136%，一般为 60%～80%。

（2）压缩系数大，一般为 1.5～2.5MPa^{-1}。

（3）凝聚力小，低于 20kPa。

（4）抗剪强度低，天然快剪一般为 10°～11°，饱和快剪一般为 7°～10°。

（5）有机质含量高，一般为 9%～15%。

9.5.3　设计情况

务坪水库的坝址区地质条件十分复杂，分布着滑坡群和深厚湖积软土层。湖积软土层最大厚度达 33m，而且这种软土远远没有达到固结，孔隙比为 1.5～2.0，天然含水量一般为 60%～80%，呈流动状，不排水抗剪强度不到 20kPa。在这样的地区修建 52m 高的大坝，国内外还没有先例。

因为没有其他可以比选的坝址，务坪大坝不得不选在相对较强的滑坡堆积体土层和软弱的湖积软土层这样两种强度和变形特性相差很大的不均匀地基上。如何处理极为软弱的淤泥质黏土地基，提高地基承载力和抗剪强度，解决两种不同地基土层的差异沉降，是务坪工程中最大的困难。

为了实现在湖积软土地基上修建高达52m的土石坝的目标，设计方案前后经历了近20年的反复论证，先后进行了袋装砂井、大口径砂井、塑料排水板、大开挖、振冲置换碎石桩方案的技术可行性与经济合理性的比较，最终选定了振冲碎石桩处理软基，设置14m高的上下堆石反压平台预压固结和提高坝体抗滑能力，以及严格控制上坝速度相结合的综合处理技术措施。

振冲碎石桩的设计，根据物理力学试验、数学模型计算分析以及现场生产性试验成果，考虑整个振冲区湖积层软基厚度、埋深及受力有一定的差别，将振冲区划分为主要应力区和次应力区，将湖积软土较深、受力较大的区域设为主要应力区，对坝基、坝坡起保护作用的区域设为次要应力区。选用了30kW和75kW两种功率的振冲器。碎石桩深度一般要求达到持力层，最大深度为18m。主要应力区的振冲置换率为40%，次要应力区的置换率为32%。其振冲布孔剖面图见图9-35，主要设计桩距和排距见表9-34，设计工程量见表9-34，处理后物理力学指标见表9-35。

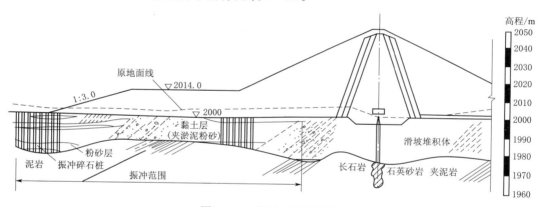

图9-35　振冲布孔剖面图

表9-33　　　　　　　　　　　　　桩距和排距设计参数

振冲区域	振冲器类型	桩距/m	排距/m
主要应力区	30kW	1.6	1.4
	75kW	1.8	1.56
次要应力区	30kW	1.8	1.56
	75kW	2.0	1.73

表9-34　　　　　　　　　　　　　设 计 工 程 量

振冲区域	振冲器类型	桩数/根	进尺/m	单位填料量/m³
主要应力区	30kW	380	3800	≥0.891
	75kW	2501	36251	≥1.125
次要应力区	30kW	1241	11966	≥0.891
	75kW	1757	21330	≥1.125

表 9-35　　　　　　　　　　　　　　　　　复合地基物理力学指标

项目	干密度 ρ_d/(g/cm^3)	凝聚力 c/kPa	内摩擦角 φ/(°)	压缩系数 a_{1-2}/MPa^{-1}
数量	≥1.8	>20	≥22°	≤0.3

9.5.3.1　振冲碎石桩施工情况

务坪水库采用振冲碎石桩，共加固湖积软土 15213m^2，制桩 4834 根，总进尺约 52400m，碎石桩最大深度 22m。

9.5.3.2　振冲碎石桩单桩载荷试验情况

振冲碎石桩施工后，共进行单桩静载荷试验 16 组，大多数桩体承载力均达到了较高水平，最高达 500～800kPa，少数几个承载力较低的也达到 320～400kPa。由于湖积软土工程特性差，加之地下水丰富，桩间土难以固结，对桩身施加侧限小，在此等情况仍能保持这样高的桩体承载力，说明施工质量是可靠的。

单桩静载荷试验成果见表 9-36。

表 9-36　　　　　　　　　　　　　　　　　单桩静载荷试验成果

振冲分区号	单元及桩号	振冲器功率/kW	桩深/m	单位填料量/m^3	单元置换率/%	桩径 D/m	沉降量/mm	容许荷载/kN	承载力/kPa
I	①93 号	75	8.30	0.878	33.0	0.72	14.4	159	391
	③309 号	30	9.70	1.154	25.5	0.80	16.0	243	487
	④61 号	30	9.15	0.940	25.5	0.65	13.0	122	370
	⑤196 号	30	12.75	0.941	29.7	0.80	16.0	172	344
II	⑥205 号	75	8.10	1.074	35.0	0.90	18.0	250	390
	⑥173 号	75	11.00	1.091	35.0	0.90	18.0	207	324
	⑦199 号	75	8.10	1.383	41.3	1.00	20.0	296	378
	⑦23 号	75	11.00	1.609	41.3	1.00	20.0	490	624
III	⑧103 号	30	13.70	1.139	31.8	1.05	21.0	463	535
IV	⑨260 号	75	11.50	1.435	39.9	0.80	16.0	250	500
	⑩162 号	75	14.00	1.814	35.0	1.00	20.0	624	795
	⑩211 号	75	16.90	1.373	35.0	1.00	20.0	655	834
	⑪315 号	75	19.60	1.071	30.4	1.10	22.0	356	374
	⑫205 号	75	19.80	1.389	41.0	0.76	15.2	178	395
	⑬309 号	75	17.60	1.307	34.4	0.90	18.0	540	667
	⑭364 号	75	22.40	1.629	29.6	1.05	21.0	440	506

9.5.3.3　务坪水库振冲碎石桩处理软基总结

（1）桩体承载力。单桩静载试验表明，大多数桩体承载力达到了较高水平，最高达 500～800kPa，少数几个承载力较低的桩也达到 320～400kPa。重（Ⅱ）型动力触探试验表明，桩体的承载力为 248～512kPa。由于湖积软土工程特性差，加之地下水位丰富，桩间土难以固结，对桩身施加的侧限小，在此情况下能保持这样高的承载力，说明施工质量是可靠的。

（2）各单元钻孔抽芯检查结果表明，碎石桩体连续，桩体材料基本为灰岩碎石，仅有个别桩在 8m 以下处夹有少量黏土；桩斜、桩深均满足要求。

（3）桩体容重和动力触探结果表明，桩体密实，基本达到 $N_{63.5} > 9$ 击，天然容重基本达到 $20kN/m^3$ 的标准。

（4）桩间土室内土工试验及现场原位试验成果表明：上层的粉质黏土承载力达 145kPa；范围、深度分布最广的淤泥层桩间土，承载力在 86～101kPa。

（5）务坪水库采用振冲碎石桩对坝基进行加固处理是成功修建高坝的关键技术，是使用振冲技术成功加固特软地基的实例，经现场测试，振冲后的地基承载力提高到 200～300kPa。务坪水库于 2001 年 5 月大坝填筑到设计高程 2049m，2002 年 9 月蓄水至 2036m，2003 年 9 月蓄水至设计高水位 2044.8m 后，经过 1 年多的高水位运行，大坝未出现裂缝、坍塌、不均匀变形以及异常渗漏等现象。这一工程的成功使我国软基筑坝技术登上了一个新的台阶。

9.6　大渡河硬梁包水电站首部枢纽基础处理振冲碎石桩工程

9.6.1　工程概况

硬梁包水电站位于四川省甘孜藏族自治州泸定县境内的大渡河干流上，为四川省大渡河干流最新规划 28 级方案的第 14 级电站，上游梯级为泸定水电站，下游为大岗山水电站。

坝（闸）址距上游泸定县城约 10.8km，距下游石棉县城约 100km，距成都市约 300km。库坝区左岸有省道 S211，在泸定甘谷地与国道 318 相连，右岸有县乡道相通，交通较为方便。

工程规模为 Ⅱ 等大（2）型，电站采用低闸长引水式开发，由首部枢纽、引水系统和厂区枢纽等建筑物组成。挡水建筑物建在河床深厚覆盖层上，由左岸生态电站厂房坝段、泄洪冲砂闸和右岸的面板堆石坝构成，最大闸（坝）高 38m；引水隧洞布置于左岸，由两条平行排列的长约 14.4km、洞径为 13.3m 的圆形有压隧洞组成；地下厂房系统位于左岸观音崖山体内，主要由调压室、压力管道、地下厂房、尾水建筑物等组成。水库正常蓄水位为 1246m，总库容为 2075.4 万 m^3，调节库容为 826 万 m^3，具有日调节性能。电站装机容量为 111.6 万 kW，其中首部生态电站装机容量为 3.6 万 kW，单独运行多年平均年发电量为 48.47 亿 kW·h，与上游双江口水库联合运行多年平均年发电量为 51.42 亿 kW·h。

闸（坝）址区覆盖层按成因主要有河床冲积、冰水沉积、崩坡积。冲积层主要为含漂卵砾石层和堰塞沉积细粒土，分布于河床及漫滩、阶地上。河床覆盖层最大厚度为 129.7m，分布有两层连续性较好的堰塞沉积细粒土层，其中上层堰塞沉积细粒土层埋藏浅，在 Ⅷ 度设防条件下存在地震液化的可能，综合考虑该层力学性质差，其承载力低、变形较大，不能满足设计要求，且存在一定的不均匀沉降变形问题，同时还存在抗滑稳定问题。经过研究论证，采用振冲碎石桩进行地基处理。

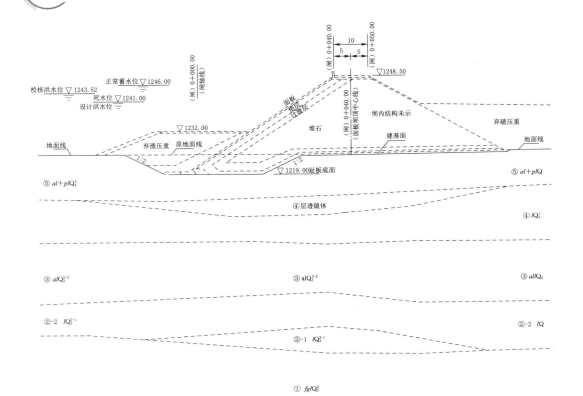

图 9-36　设计断面图

9.6.2　工程地质条件

硬梁包水电站工程区河段河谷较开阔，呈 U 形，河流纵坡降相对较缓，为 5.8‰ 左右，河流受两岸冲沟洪积扇控制，河曲或左或右，直至谷坡陡岸边，河谷呈舒缓的深切曲流侵蚀地貌。

闸（坝）址区覆盖层按成因主要有河床冲积、冰水沉积、崩坡积。冲积层主要为含漂卵砾石层和堰塞沉积细粒土，分布于河床及漫滩、阶地上。冰碛及冰水堆积块碎石土，主要分布于河谷两岸及河床谷底。崩坡积块碎石土主要分布于左岸上、下游岸坡中、下部及右岸下游区域的缓坡地带。

根据河床覆盖层区勘探钻孔揭示，河床覆盖层最大厚度为 129.7m，分布有两层连续性较好的堰塞沉积细粒土层，以此为界，其余为粗粒土层。由老到新，从下至上大致可分为 5 层：即①、②、③、④、⑤层。

第①、第③、第⑤层总体为含漂砂卵砾石粗粒土层，物质成分主要为花岗岩、闪长岩，有一定磨圆度，成因依次为冰水沉积、冲积、冲洪积。

第②和第④层为堰塞沉积细粒土层，第②层又可细分为上部的中细砂层和下部的粉土、粉质黏土层，第④层以粉土、粉质黏土为主，含细砂、中细砂透镜体。

闸（坝）址区河床覆盖层深厚，结构层次复杂。根据各土层物理力学试验成果，提出各土层物理力学指标建议值见表 9-37。

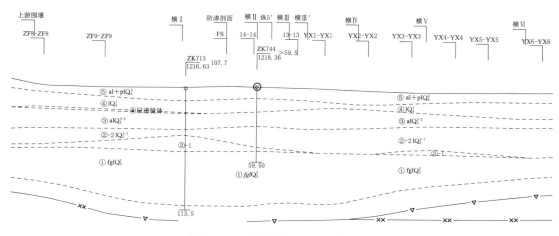

图 9-37　闸坝段典型河床纵剖面图

表 9-37　　　　　　　　　　土体物理力学指标地质建议值表

地质分层	天然密度 ρ /cm³	干密度 P /(g/cm³)	变形模量 E_o /MPa	允许承载力 $[R]$ /MPa	抗剪强度（饱、固、快）		渗透系数 K /(cm/s)	允许坡降 $J_允$
					ϕ/(°)	C/kPa		
块碎石土层 col+dlQ₄	2.10~2.15	2.05~2.10	35~45	0.35~0.40	30~32	25~30	1×10⁻²~5×10⁻²	0.12~0.14
⑤层 al+plQ₄²	2.15~2.20	2.05~2.15	40~50	0.50~0.60	29~31	0	5×10⁻³~1×10⁻²	0.12~0.15
④层 lQ₄¹	1.60~1.70	1.40~1.55	10~15	0.15~0.20	16~18	10	2.0×10⁻⁶~1×10⁻⁵	0.5~0.6
③层 alQ₃³⁻²	2.20~2.25	2.10~2.20	50~60	0.55~0.65	30~32	0	1×10⁻³~1.5×10⁻²	0.15~0.18
②层　②-2 lQ₃³⁻¹	1.70~1.80	1.55~1.65	20~25	0.22~0.27	22~25	0	5×10⁻⁵~1×10⁻⁴	0.40~0.50
②层　②-1 lQ₃³⁻¹	1.60~1.70	1.50~1.60	12~18	0.20~0.25	18~20	10	5×10⁻⁶~5×10⁻⁵	0.50~0.60
①层 fglQ₃²	2.20~2.25	2.10~2.20	60~80	0.65~0.75	32~34	0	1×10⁻³~1×10⁻²	0.15~0.20

9.6.3　振冲碎石桩设计要求

9.6.3.1　桩距

首部枢纽基础处理工程布置了面板坝上游振冲区、面板坝下游振冲区、铺盖振冲区、闸基振冲区、护坦振冲区共 5 个振冲处理区，其中：前两个区为面板坝振冲区，即一期工程；后 3 个区为闸坝段振冲区，即二期工程。各振冲处理区的桩距均不相同，具体布置参数见表 9-38。

表9-38　　　　　　　　　　　首部枢纽地基处理振冲布置参数表

区　域	部位	桩径/m	桩间距/m	布置形式	置换率/％
面板堆石坝上游振冲区	Z1区	1.3	2.6	正三角形	26
面板堆石坝上游振冲区	Z2区	1.1～1.3	3.2	正三角形	10.5～15
铺盖振冲区	Z1区	1.3	2.45	正三角形	25.50
闸基振冲区	Z2区	1.3	2.15	正三角形	33.20
	Z3区	1.3	2.15	正三角形	33.20
	Z4区	1.3	2.0	正三角形	38.30
护坦振冲区	Z5区	1.3	2.45	正三角形	25.50

9.6.3.2　碎石桩技术指标要求

桩体的承载力不小于850kPa，变形模量不小于50MPa，桩体摩擦角≥37°，消除第④层土的地震液化。

9.6.3.3　桩体要求

（1）桩底高程应进入第③层顶界下1m。

（2）桩体加密参数以保证在第④层中的成桩直径为目标，为此应保证每米桩长填料用量足够。

（3）振冲碎石桩桩体具有竖向排水的特点，存在细颗粒被带走，形成渗流通道的可能。为此，桩体内设置反滤段，改善不同颗粒土之间的渗透性能，达到排水的同时，又能防止细颗粒被带走。

防渗墙下游侧区域振冲桩桩体内应设置反滤段。设置原则：Z4区的沙石换填区反滤段设置起始高程为1206.5m，其余区域在第④层顶部设置，且在建基面以下；反滤段段长0.5m。

9.6.3.4　填料质量标准

1．振冲碎石

碎石应采用母岩饱和抗压强度大于45MPa的人工石料或经过筛选掺配的砂砾石料；碎石粒径应控制在10～120mm，个别最大粒径不超过150mm，小于5mm粒径的含量不超过10％，小于0.075mm粒径含量不大于5％。

2．反滤段填料

反滤段填料为由土工布包裹碎石填料而成的反滤包。经工艺验证，其外观为方形，由裁切为500mm×500mm长丝无纺土工布包裹碎（卵）石而成，外扎十字交叉型18号热镀锌丝；反滤包每个质量应在3.5kg以上，且所包裹碎（卵）石粒径宜为20～40mm。

9.6.4　振冲施工

根据总体导流规划，首部枢纽地基处理分两期施工。

一期施工导流明渠占压段范围，利用主河道导流，在导流明渠进出口及河侧修建围堰；二期施工闸坝段基础范围，由导流明渠过流，一次性拦断河床，上游围堰、下游围堰及纵向围堰全年挡水。

振冲碎石桩施工是在修筑的施工平台上进行，施工程序为：导流明渠占压段范围振冲施工平台修筑→一期振冲碎石桩施工→大江截流形成二期基坑→闸坝段基础范围振冲施工平台修筑→二期振冲碎石桩施工。

9.6.4.1 施工工艺

根据工程地质条件及工程实际，施工采用空气潜孔锤引孔＋振冲碎石桩组合式工艺。综合考虑含漂砂卵砾石土层（第⑤层）的厚度普遍在 10～15m，且漂石含量较高、集中分布，引孔施工难度大，主要采用 ϕ813mm 空气潜孔锤同步跟管钻进引孔工艺，局部采用 ϕ600mm 空气潜孔锤钻孔引孔工艺。

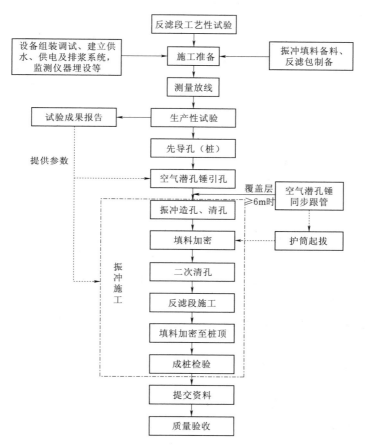

图 9-38　工艺流程图

9.6.4.2 主要施工设备

1. 振冲器

本工程使用具备大振幅、高激振力的大功率 BJV200 电动振冲器（表 9-39）进行施工。

表 9-39　BJV200 电动振冲器性能参数表

额定功率/kW	最大转速/(r/min)	额定电流/A	振动力/kN	最大振幅/mm	重量/kg	外径/mm
200	1450～1800	350	＞300	28	3000	426

2. 起吊机械

根据本工程的施工特点及工程地质条件，起吊机械选用90t及以上的履带吊。90t履带吊最大臂长为55m，最大安全起升高度为50m。根据施工桩长35m的需要，组装了43m长吊臂，此工况下最大安全起升高度为38m，工作幅度为10m，安全起拔力为27t，完全满足施工需要。

3. 填料机械

本工程施工采用ZL50CN型装载机填料，在装载机上安装称重计量仪，通过无线传输方式，将实时数据传输到智能振冲施工管理系统。

4. 引孔设备

该工程采用 ϕ813mm 空气潜孔锤同步跟管钻进引孔，以压缩空气为动力介质驱动其工作，潜孔锤冲击器带动潜孔锤钻头对漂砂卵砾石层进行超高频率破碎冲击；同时，空压机产生的压缩空气也兼作洗孔介质，将潜孔锤破碎的岩屑携出孔内；潜孔锤钻头根据管径进行合理选用，以达到引孔的效果。

9.6.4.3　振冲碎石桩施工方法

1. 施工准备

振冲施工开工前，需要做好以下施工准备。

（1）参加技术交底。

（2）收集、分析施工场地的地质资料。

（3）按设计要求准备相应功率及型号的振冲器和配套机具、设备。

（4）施工场地"五通一平"。

（5）根据甲方提供的测量坐标点，按图纸测放桩位。

（6）施工材料到位，获得进场合格证明，见证取样且合格。

（7）施工前对振冲施工机具进行试运行，做好相关记录。

（8）泥浆处理、气动吹渣扬尘等环保措施到位。

2. 先导（桩）孔

根据设计要求，新增加先导（桩）孔测定第④层的边界高程，为大面积振冲施工及验收提供依据或参考。

3. 空气潜孔锤同步跟管引孔＋振冲桩组合施工工序

（1）场地整平并标高抄测，接通电源、水源等。

（2）引孔施工。对第⑤层上部含漂卵砾石层主要采用空气潜孔锤同步跟管钻进引孔工艺，引孔至第④层顶面，缺失第④层的引孔至其他层的顶面即可。引孔深度结合相近地质钻孔揭示的各层土分层情况及实际潜孔锤钻进难易情况，做到不少钻，减少超钻。引孔施工时采用具有护壁钢筒的设备以防止塌孔，避免后序孔施工时对已成桩或基础构成不利扰动和弱化。

（3）振冲造孔。引孔完毕后采用200kW振冲器造孔。振冲器运行正常后，下放振冲器至距离护筒底部30～50cm后，开始造孔至终孔深度。在造孔过程中振冲器处于悬垂状态，确保造孔垂直。造孔水压0.4MPa，振冲器贯入速率不超过2m/min，振冲器下沉过程中的电流值不超过电机的额定值。当造孔电流值超过电机额定电流时，应减速或者暂停振冲器下沉或上提振冲器，待电流值正常后再继续造孔。

在造孔过程中，根据地层情况调整水压和水量。水压和水量确定以保证进尺的同时，最大限度地减少地层中细料随水流带出的数量。在松散粉细砂、砂质粉土地基造孔中，水量宜小，防止随返水带出大量泥沙。

桩底高程进入第③层顶界下 1m。造孔深度不得浅于设计处理深度以上 0.3～0.5m。待倒入填料后，振冲器夹带石料再向下灌入至设计深度，以减轻压力水冲刷破坏下部地基土，确保基础处理的深度。

终孔标准依据设计孔深、该孔位临近地质勘察孔及先导孔资料、振冲器造孔电流达 200A 以上，且持续造孔 5min 左右无明显进尺。

（4）清孔。造孔结束后，如返出的泥浆稠，或孔中有存在狭窄、缩孔段，要进行清孔。根据工程的地层特点，清孔主要在第④层黏土段上下提拉振冲器，使提拉过程顺畅，且孔口返出的泥浆变稀。

清孔可以确保振冲孔顺直通畅，利于填料沉落，可降低桩体含泥量，提高成桩整体工效及成桩质量。

（5）填料加密。

1）清孔完成后，将振冲器放入孔底填入部分填料后，开启振冲器进行加密。采用加密电流、留振时间、加密段长作为控制标准。加密自孔底开始，逐段向上，按拟定的施工参数，逐段做好振密搭接，未发生漏振。

2）采用孔口填料法施工，以连续下料为主，强迫下料为辅，加料不宜过猛，填料后必须保证振冲器能贯入原提起前深度，以防漏振。振冲碎石桩桩体加密参数以保证在第④层中成桩直径为目标，为此要保证每米桩长填料量。振冲加密过程中，填料用量不满足设计要求时，需及时调整加密参数或改进施工工艺。

在该加密段长内上下活动振冲器，当加密电流达到设计值并留振到规定的时间后，再将振冲器提升一个段长，如此循环往复直至桩顶，最终加密位置应达到建基面以上 1.5m。若设计桩顶标高与建基面高程不足 1.5m 时，桩顶加密完成后，需进行一次复振，以确认加密电流已达到设计值。

振冲加密过程应采用较小的水压，水压控制在 0.2MPa，避免将地层中的细颗粒带出。在加密过程中，电流超过振冲器额定电流时，暂停减缓振冲器的贯入或填料速度，当加密电流达不到设计要求时，需采取继续填料措施，防止因土质软而出现填料不足的质量问题。

3）反滤段施工。结合地质勘测孔和先导孔的相关数据以及引孔情况，确定第④层顶高程位置，在振冲施工至第④层顶高程位置时，振冲器停止振动，使用清水进行清孔，稀释孔内泥浆，降低泥浆比重，投放水浸泡过的反滤包。

反滤包在孔内自由下沉 5min 后，振冲器向下反复静压 2 次，再向孔内填不低于 50cm 桩长理论填料量，用于保护反滤段土工布，再启动振冲器进行加密。振冲器加密时不得穿透反滤段底部高程。

4）成桩技术参数。根据设计文件要求及现场实际，成桩技术参数见表 9-40。

按上述参数施工，当密实度电流难以达到时，应采取继续填料和提拉振冲器加速填料的措施，防止因土质软而出现填料不足的质量问题。

表 9 - 40　　　　　　　　　　　　成 桩 技 术 参 数

参 数 项 目	技 术 参 数	备 注
造孔水压/加密水压/MPa	0.4/0.2	视现场地层情况调整
加密电流/A	225	定期检查空载电流
留振时间/s	第⑤层 10～20，第④层 30	可视地层条件调整
加密段长度/cm	30	
反滤段/m	段长 0.5	
填料粒径/mm	粒径控制在 10～120mm，个别最大粒径不超过 150mm，小于 5mm 粒径的含量不超过 10%，小于 0.075mm 粒径含量不大于 5%	

为保证在第④层中的成桩直径和密实度，在第④层中的桩段，每米桩长的填料用量应满足设计要求。

（6）护筒起拔。

振冲碎石桩加密至钢套管底部时，终止该桩的加密，待钢套管的拔设完成后，继续加密至设计桩顶标高。

振冲碎石桩加密至钢套管底部，检查无误后，采用履带式桩机配合电动激振式振动锤将套管拔出。

夹套管时，不得在夹持器和套管的头部之间留有空隙，待压力表显示压力达到额定值后，方可指挥起拔。在振动拔套管前，要用钢丝绳拴好套管预设孔，再起振套管。当套管在地下只有 1～2m 时，停止振动，由履带式桩机直接拔出。待套管完全拔出后，在钢丝绳未吊紧前，不得松开夹持器。放置指定位置，钢套管放平稳后，解开保险钢丝绳。

（7）空孔段处理。按设计技术要求，空孔即建基面 1.5m 以上至施工平台顶面范围不需要振冲孔段。为防止因为空孔出现安全事故，空孔段采用桩体填料充填但不振密。

9.6.5　检测

9.6.5.1　检测内容

根据施工技术要求，碎石桩质量检测项目、检测方法、检测数量见表 9 - 41。

表 9 - 41　　　　　　　　检测项目、检测方法、检测数量表

检 测 项 目	检 测 方 法	检测数量/根	备注
桩间土处理效果	标准贯入试验	每 200～400 根桩抽检 1 点，≥3	
桩体密实度	重型（超重型）动力触探	总桩数 1%，≥3	
桩、土复合地基承载力	单桩载荷试验、复合地基载荷试验	每 200～400 根桩抽检 1 点，≥3	

9.6.5.2　检测结果

通过各项检测，根据检测结果综合分析：

（1）通过对桩间土坝基④层（细粒土层）振冲处理前后的标贯试验成果对比，振冲处理前后修正后锤击数平均值分别为 21 击和 31 击，处理后比处理前提高 47.6%，承载力得到很大的提高。

　　通过标准贯入试验和第④层（细粒土层）土工试验综合评价分析，对初判可能液化的点位按 GB 50287 附录 Q 的标准贯入击数法进行判别，实测 $N_{63.5} > N_{cr}$，故复判结果为不液化。

　　（2）通过振冲碎石桩桩体动力触探试验成果可知，均达到了密实、很密的状态，满足设计要求的重型动力触探锤击数大于 7～10 击，较密实。

　　（3）通过单桩载荷试验成果可知，承载力特征值均不小于 860kPa，满足不小于 850kPa 的设计指标要求。

　　（4）通过复合地基载荷试验成果可知，承载力特征值均满足所在分区的设计指标要求。

9.6.6　结语

　　硬梁包水电站坝（闸）址区河床覆盖层厚度最大为 129.7m，共分细粒土 2 层，粗粒土 3 层，呈"夹心饼式"结构。而第④层埋藏浅，第④层力学性质差，承载力低，沉降、不均匀沉降及抗滑稳定问题。故第④层细粒土层是振冲处理的重点。河床出露的第⑤层含漂砂卵石层平均厚度 15m，受地层成因影响，颗粒粒径组成变化大，漂石含量高，有效穿透深厚硬覆盖层成为施工的技术难点。

　　该工程采用空气潜孔锤同步跟管钻进引孔＋振冲碎石桩组合式工艺，空气潜孔锤钻进技术主要解决振冲设备无法穿透上部深厚含漂砂卵砾石层的难题，振冲碎石桩主要用于处理下伏软弱土层。通过在漂砂卵砾石层中采用大直径空气潜孔锤同步跟管钻进技术，取得了丰富的施工经验和较高的施工工效，对该钻进技术在深厚含漂砂卵砾石层的应用具有示范和引领作用；同样为超深孔振冲碎石桩施工提供了借鉴和方向。

　　首部枢纽基础处理工程振冲碎石桩工程经历了"9·5"泸定 6.8 级地震的考验，依据应急管理部发布的四川泸定 6.8 级地震烈度图，工程所在地的烈度为Ⅸ度，高于抗震设防烈度Ⅷ度。根据检测成果和水利发电工程地质勘察规范 GB 50287 的规定，对处理后第④层土的液化性评价分析，振冲碎石桩处理后的第④层在地震烈度Ⅷ度的情况下不液化，同比换算地震烈度Ⅸ度 0.4g 动峰值加速度验算，第④层不液化。地震发生后，建设各方第一时间对现场进行了查看，处理后的地基未发生冒水喷砂、沉陷、裂缝等现象。

　　工程开展了深覆盖层振冲碎石桩施工质量智能控制系统研究，从建立的自动化、可视化协同施工及质量智能控制系统实现全面感知，再通过构建的智能化管理平台，实现施工全过程关键参数的监控记录、分析和反馈达到真实分析。最后，通过全周期碎石振冲桩在线质量检测评定，实现流程检查的实时在线与监测数据的反馈验证，指导施工及质量控制系统，达到实时控制。全周期、全方位对振冲碎石桩施工质量进行监控、评价，与施工质量试验检测成果相互佐证，为工程质量总体评价提供了更为全面的依据。

　　经重型动力触探、标准贯入试验、静载试验及原位取土室内物理力学性试验等多种手段检测、"9·5"泸定地震工程所在地Ⅸ度考验以及智能振冲研究系统的全周期的评价，振冲碎石桩处理后的地基达到了设计指标，提高了地基承载力、抗滑能力，消除了液化，为今后大坝的安全运行夯实了基础。

9.7　河北省怀来县官厅水库

9.7.1　工程概况

官厅水库位于河北省张家口市怀来县和北京市延庆区界内。官厅水库拦河坝是在新中国成立初期修建的一座黏土心墙坝，施工时对下游坝基河床覆盖层表层存在的中细砂层未做挖除和处理。按照设计要求，大坝下游 440m 高程以上松散石渣和砂土予以挖除，并回填压坡料至 462m 高程，但 440m 高程以下部分，因地下水位较高，施工困难，为了较好地解决地震时防止砂基液化问题，对官厅水库大坝下游大面积砂层进行了振动水冲法加固处理。总处理面积 2300m²，造孔 579 孔，进尺 1746m，填料 600m³。

9.7.2　官厅坝址地质概况

官厅大坝位于官厅山峡进口地段，河床宽约 70m，两岸为震旦系迷雾山硅质灰岩，谷坡陡峻，河谷呈 U 形。河床中沉积有厚 20m 的第四纪砂砾卵石，原河床面高程为 440m 左右，由于修筑水库废渣堆积，处理前坝后河床已达 446m 高程。

根据勘探和实际开挖资料，拦河坝下游河床表面砂层主要集中在河床左边 437.5～444.0m 高程，河床右边及左边 437.5m 高程之下，仅零星分布，且厚度不大。表层砂一般厚 2～4m，最厚达 6.62m。

处理前坝下游地表水位 444.4m，表层中细砂之下，尚有承压水存在，其承压水位为 446.13m（库水位为 474.75m 时）。根据试验和计算土坝下游 462m 高程马道以下部分，中细砂层上部盖重厚度较小，可能液化而丧失稳定。

9.7.3　地基加固处理设计

为了防止下游坝基表层中细砂层，在设防地震烈度下发生液化，造成下游坝坡发生塌滑，拟定下游坝基处理措施采用贴破压重方案。由于下游 440m 高程以上人工堆积物，结构松散，440m 以下河床表层分布有厚达 2～4m 的中细砂层有液化可能，都不宜作为大坝加高后的坝基，因此必须处理，考虑到施工排水技术的可能性，设计拟定下游贴坡部分的地基开挖至 440m 高程。对开挖后 440m 以下表层细砂层，由于排水困难，不宜挖除，故采用振冲法处理。处理后砂层的相对密实度可能提高到 80% 以上，而且功效高、施工简单并具有以下优点：

（1）处理区上游部分要新建一条坝内排水观测廊道，廊道地基表层 1～3m 厚的中细砂层天然干容重为 1.42～4.50t/m³，采用振冲法处理不仅可防止廊道地基砂层液化，还可以提高廊道地基的承载能力，同时可避免因开挖基坑排水带来的坝体稳定和坝基渗流稳定等一系列难以处理的问题。

（2）经过振冲法处理，提高砂层密实度后，可将原抗震加固设计要求的贴坡范围减少，节省填方量。

（3）振冲孔内回填透水料，可以起排水孔作用，对降低坝基承压水头有好处。

关于加密范围、孔排距及处理深度考虑如下：在贴坡范围内，凡表面砂层厚度大于 0.5m 的部分，均采用振冲法处理，处理面积约 2300m²，孔深根据振冲器额定电流控制。最大孔深按吊车及设备条件，规定不大于 6m。孔距的选择按要求将原地基空隙比 $e_0=$

0.615 降低到 $e=0.5$（相对紧密度由 0.53 提高到 0.85），则每立方米地基要求填料量 V_a 为

$$V_a=(1+e_料)(e_0-e)/(1+e_0)(1+e)=0.071\text{m}^3/\text{m}^3$$

经现场试验，孔深 $S=3\text{m}$，每孔填料量 V 约为 1m^3，按等边三角形布孔，孔距 $d=2.0\text{m}$。

9.7.4　振冲法处理地基的施工组织和方法

1. 施工组织

官厅场地狭窄、工期紧、干扰大，根据工地条件，一台振冲器采用每天两班施工，每班配备运料、填料、水电工 30 人。配备 8t 油压汽车吊一辆、0.2m^3 手推胶轮车 3 辆，以及铁锹等工具。

2. 施工前准备工作

为了安全顺利地进行施工，施工技术人员必须熟悉振冲器的技术性能，施工中随时注意观察机器的运行情况，做好运行记录，及时进行维修工作。

振冲器电机为油封水冷式水下电机，造孔时压力水自进水管流经电机轴内进行内冷却。孔内返水吸收电机外壳的热量进行冷却。因此规定振冲器在空气中运转不得超过 10min。实际施工中，振冲器在空气中进行长时间空转的机会很少，只是在振实过程中，当电机部分已提出孔口，振冲部分尚留在孔内振密时，电动机外部暂时没有流水冷却，此时可利用旁通水管冲洗外壳进行冷却。当整个振冲器提出孔外，一孔处理完成，进行转移下一孔位时，一般时间较短，可继续供水进行内冷却，不用停机。

振冲器供水管路，在施工现场应设置阀门、压力表、旁通管。整个施工过程中应保证可靠的供水。

振冲器的启动开关柜设有电压表和三相电流表，应安放在距施工孔位不远的较高处、信号员、记录员应随时记录施工时的孔深及电流变化并通过旗语指示给现场技术员。

施工前应按孔位布置图在地面布孔，并设置地面高程及孔位控制桩，可每隔 3 孔设一根，并应布置在孔的中间位置上，施工前及完成 50 个孔后分别量测地面高程。

振冲器造孔，孔位偏差不宜大于 10cm。

3. 施工

（1）检查。造孔前应将吊车停放在适当位置，尽可能一次多打一些孔。造孔前吊起振冲器，打开供水阀门，检查供水管路是否畅通，水压是否合乎要求，同时检查空转电流，及电机运转情况，如空转电流超过规定范围，应检查原因进行检修正常后方可施工。官厅水库工程振冲器供水管路接头过多，水头损失较大，水压一般只能达到 2.5kg/cm^2，影响造孔速度和深度。

（2）造孔。水电管路及设备检查为正常后，对好孔位进行造孔，造孔时利用振冲器自重缓慢下降，每下 0.5m，停半分钟进行振固后，再继续下降。下降时如果遇到卵石阻碍下降，则可让振冲器在该处振几分钟，这样常常可以将石头挤到一旁后继续下降。达到设计孔深即可停止造孔。如果孔内中细砂层比预定的薄，达不到要求孔深就遇到较紧密的砂砾石层，一般电流即上升，当其超过 50A 时停止造孔。孔底土层变化可从孔内返水所携

带出的砂砾和砾石情况加以判断。有时孔深不到周围邻孔的一半,遇到石头阻碍下降时,可以听到撞击声,振冲器出现跳动,电流表指针急剧摆动。当振冲器进入密实的砂砾石层时,下降变慢,振冲器产生缓慢而持续的扭转,电流表指针上升到 50A 以上,这时即可停止造孔。

(3)填料。造孔完毕后,振冲器停留在孔底振动半分钟,即可从孔口四周向孔内填料。开始填入量不可过多,防止壅塞孔口或堵塞返水。因官厅水压偏低,一般可不关阀门,让水从孔底返出,回填料仍可下入孔内,只有当孔底土层漏水较大,孔内不返水或水位下降,为防止塌孔,应用旁通管向孔内供水。孔内返水可将填料中细颗粒带出,同时也将孔内一些土料带出,因此粉细砂层中带出的颗粒较多,形成的孔径也较大,填料也较多,如果供料不及时,往往造成孔径加大,填料量比一般孔增加很多。如在中粗砂层中每米孔填料 $0.3m^3$,在细砂层中供料不及时填料量每米孔可达 $0.9m^3$。

填料在孔底振实后,电机电流即上升到 50A 以上,遂将振冲器提起 $0.3\sim0.5m$,逐段振密到孔口为止。

造孔和填料过程中,不得停水停电,因中途停机过久容易将振冲器埋在孔内。中途停水时易造成孔内混水向振冲器水管内倒灌,将砂石带入造成堵塞,或因孔内水面急剧下降发生塌孔事故,因此在发生停电停水时应尽快将振冲器提出孔外,待水电恢复后再进行处理。

9.7.5　现场试验与观测

为了评价官厅下游坝基用振冲法处理的效果,在处理前后,分别用标准贯入器和轻便锥体做了动触探试验:处理前做了标准贯入孔 7 个,轻便锥体动触探孔 20 个。处理后标准贯入 10 个,锥体触探 20 个。

为了评价碎石桩的排水作用,观测了处理前后,在同样振动条件下土层中超孔隙水压力的产生和消散过程。

利用振冲法处理后,表层砂的标准贯入击数得到提高,砂层的孔隙比降低,相对密度提高,处理区共回填了 600 多立方米回填料,但地面标高普遍降低 10cm,收到了加密效果。标准贯入击数的提高,砂的内摩擦角也相应提高。这对基础的抗滑稳定也是有益的。

9.7.6　结论

通过官厅水库近 $2400m^2$ 砂基振动水冲法加固实践,可以得到如下结论。

(1)振冲器是进行振动水冲法加固作业的关键性设备。

(2)从官厅砂基勘探资料分析得知,经过振动水冲法加密后,砂基相对紧密度可有很大的提高,现有的两米孔距正三角形布置,可以使相对密度提高到 0.8 以上。

(3)碎石桩具有消散超孔隙水压力,防止砂基液化的作用。

(4)振冲水冲法是加固砂基的有效方法,采用这种方法,避免了大面积砂基的水下开挖。

这项工作的顺利完成,加密了大坝下游坝基表层的中细砂层,提高了大坝抗御地震的安全度,减少压坡方量,取得了明显的经济效益。为大面积砂基处理新工艺提供了初步经验。

9.8　长江三峡工程二期围堰

9.8.1　工程概况

长江三峡水利枢纽大江截流及二期围堰工程是三峡工程的重大技术问题之一。二期围堰最大填筑深度 60m，最大挡水头 85m，防渗墙最大高度 74m，形成蓄洪库容 20 亿 m^3，是保护大江基坑内大坝和电站厂房安全施工的重要屏障，工程的重要性及施工难度在世界围堰工程中首屈一指。

9.8.2　地质条件

二期围堰堰体的主要填筑材料为风化砂、石渣料、块石料、平抛垫底砂卵石料、级配卵石或碎石组成的过渡料，防渗采用塑性混凝土防渗墙上接土工合成材料组成的心墙复合防渗结构。混凝土防渗墙施工难度大，地质条件复杂，施工工期紧，是二期围堰成败的关键。防渗墙施工需要穿过的主要地层有风化砂填筑体、平抛垫底砂卵石层、河床淤积层、全强风化带，然后进入弱风化或微风化岩石。其中风化砂体大部分为水下抛填，密实度低、变形模量小，提高水下抛填风化砂体的密实度是保证防渗墙造孔过程中槽壁稳定和改善防渗墙应力应变状况，确保防渗墙顺利施工和堰体稳定安全的重要措施之一。

振冲加密施工范围主要根据堰体抛填水深和堰基淤砂层厚度而确定，原则上按照施工水深加淤砂层厚度大于 15m 采用振冲加密，小于 15m 不振冲加密。根据二期围堰堰体预填筑段施工水深和地质情况，取消了左上堰体预填筑段桩号 0+420 以左振冲。左下堰体预填筑段暂不安排振冲，右上和右下堰体预进占段要求进行振冲，河床深槽部堰体均要求进行加密振冲。

9.8.3　设计技术要求

1. 布桩方案

振冲器在防渗墙轴线两侧采用 3m 边长的正三角形布置方式，上下游侧各布两排桩，其中内排桩距防渗墙轴线距离为 2m。

2. 补料要求

靠近防渗墙轴线内侧的两排桩（轴线上下游各一排），补填 0.5～2cm 人工碎石料；防渗轴线外侧上下游各一排桩，补填 2～4cm（最大粒径可为 8cm）的人工碎石料。

3. 振冲加密要求

（1）BJ-75kW 振冲器，振冲加密电流 95～100A，留振时间 10s。

（2）振冲加密桩位偏差应小于 10cm，桩斜偏差小于等于 1%。

（3）振冲加密应尽量深入，到全风化岩层顶板为止。

4. 振冲加密质量要求

（1）振冲加密后风化砂动力触探击数不小于 10 击或标贯击数不小于 15 击；振冲加密后风化砂干密度平均值不小于 $1.80g/cm^3$，最小值应不小于 $1.75g/cm^3$。

（2）振冲合格率：90%。

（3）振冲加密后布置两个检测孔，其中一个孔布置在防渗轴线上（或下）游 0.50m处。另一个孔布置在最上游一排桩上游 1.0m 处，具体孔位由监理工程师根据施工情况布置。

9.8.4　施工方案

本次施工采用的 BJ－75kW 振冲器在二期围堰左、右岸接头段及右岸预进占段风化砂振冲加密施工中，积累了一定的经验，施工工艺简述如下。

1. 检查与准备

振冲设备就位后，先安装调试，检查振冲器、电机、水路、电路使之达到正常的工作状态。同时根据设计提供的防渗墙轴线和桩号，在防渗墙两侧测放振冲桩位。

2. 造孔

吊车起吊振冲器对准桩位，对桩误差小于 2cm，启动高压水泵和振冲器，待其运转正常后记录空载电流，徐徐下放振冲器，贯入土体，开始造孔。在造孔过程中，应保持振冲器处于悬垂状态，保证孔位不发生偏斜。当振冲器遇到硬层或块石时，要放慢造孔速度，增大水压及水量，以求穿过硬层。当造孔至设计深度，到达全风化地层时，振冲器将剧烈颤动，无法继续贯入，停止造孔。当振冲器遇到大块石，当确定不能穿过，或将严重导致造孔发生偏斜时，要停止造孔。记录大块石的位置和深度，将处理方案报监理工程师审批。

3. 清孔

造孔结束后，应上提振冲器至一定的高度（4～6m），目的是使振冲孔通畅，将风化砂中随造孔松动的块石滚落孔底，防止填料加密时卡钻。

4. 填料加密

清孔结束后开始填料加密，减小水泵压力至 0.3～0.5MPa。用装载机向孔中填料，每次填料量约为 $0.5m^3$。振冲器利用自身强大的激振力将石料挤入风化砂体内，使之密实，同时形成致密的碎石桩体。当达到密实标准后，自动控制系统将发出信号，上提 30～50cm，进行下一段次的加密施工。

5. 记录

在施工的每个环节，都要详细地记录。内容包括：振冲桩号、累计施工桩号、桩深、空载电流、造孔电流、加密电流、造孔时间、加密时同、填料量，孔内遇到大块石的位置、深度以及其他特殊工况。

9.8.5　检测结果

1. 风化砂干密度

振冲后风化砂最小干密度 $1.75g/cm^3$，平均干密度 $1.835g/cm^3$，满足了设计提出的 $1.75～1.80g/cm^3$ 的要求，与振冲前相比，最小干密度值大大提高（振前最小干密度为 $1.54g/cm^3$），但是平均值提高不明显，这与振冲后风化砂颗粒级配变细和含水量增加有关。

2. 标贯与动探

标贯的平均击数比振前提高 4.4 击，动探的平均击数比振前提高 1.3 击，证明振冲后风化砂的密实度有较明显的提高。

标贯与动探击数每孔测试的最小值都分布在深度 2m 以上的欠密实层，周围土体的侧压很小。

二者的统计成果较近，而且显示出地层的密实度很高，相应的地基承载力标准值在 300kPa。

3. 旁压试验

振冲后的平均旁压模量较振冲前提高 4.5MPa，承载力比振冲前提高 220kPa，因此从旁压模量及变形模量方面考虑，振冲效果比较明显。

9.8.6 结论

（1）本工程主要分为 3 个阶段。第一阶段为 1996 年 6 月 11 日—9 月 6 日进行的左右岸 3 个接头段振冲加密生产性试验；第二阶段为 1997 年 1 月 28 日—4 月 28 日进行的左右岸 3 个预进占段振冲加密施工；第三阶段为 1997 年 10 月 26 日—12 月 28 日进行的上下游围堰河床振冲加密。

（2）根据检测成果分析，振冲处理对风化砂填筑体的密度及力学参数的提高效果明显，干容重满足了设计要求的 1.75～1.80g/cm³，动探及标重的平均击数均高于 15 击。

9.9 四川田湾河仁宗海水电站

9.9.1 工程概况

仁宗海水电站位于大渡河中游右岸支流田湾河的最大支流环河上，位于堰塞湖形成的天然湖——仁宗海的海口上游约 400m 河段，是梯级开发的龙头水库电站，水库总库容 1.12 亿 m³。水库拦河大坝采用混凝土防渗墙与复合土工膜结合防渗的堆石坝型，坝高约 56m，坝顶长 830.85m，宽 8.00m。其坝基第⑦层为淤泥质壤土，分布于坝基左岸表层（大部分位于湖水位以下），最大厚度约 19m，呈可塑～软塑状，力学性能较差，承载力和变形模量低，不能满足基础变形和坝坡稳定要求；而且从形成年代（Q_4^2）、黏粒含量（≥13.2%）、相对含水（0.91～1.09）、液性指数（0.69～1.22，平均为 1）等，并初判为液化土。因此，必须对坝基第⑦层进行加固处理。图 9-39 为仁宗海水库拦河大坝设计剖面图。

2004 年 5—7 月对第⑦层淤泥质壤土进行了现场振冲试验，对复合地基进行了各项指标检测。根据试验检测结果，经初步计算分析认为：对第⑦层淤泥质壤土进行振冲加固处理后，能够满足建堆石坝的要求。

9.9.2 工程地质条件

仁宗海堆石坝坝基河床覆盖层最大深度 148m，层次结构复杂，自下而上可分为 7 层。

（1）第①层：含孤、块碎石土，系冰川堆积（glQ$_3^1$），分布于河床底部，钻孔揭示厚度 39.74m（Rzk5 孔）～51.86m（Rzk3 孔），顶面埋深 80.12m（Rzk4 孔）～100.64m（Rzk6 孔）。孤块碎石成分以变质砂岩为主，极少量板岩，偶见石英岩，粒径比较分散，一般 2～5cm 和 12～40cm，最大达 1m 以上，呈棱角～次棱角状。土为浅灰色粉质土，结构密实。

（2）第②层：块碎石土，系冰川冰水混合堆积（gl+fglQ$_3^2$），分布于河床下部，揭示厚度 9.41m（Rzk17 孔）～31.42m（Rzk2 孔）～37.52m（Rzk6 孔），顶面埋深 47.83m（Rzk4 孔）～66.80m（Rzk2 孔），块碎石成分同上，粒径一般 3～6cm 和 10～20cm，呈棱

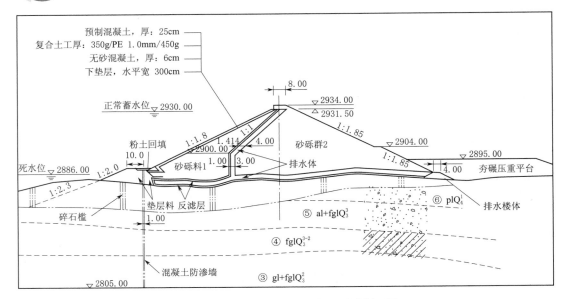

图 9 - 39　仁宗海水库拦河大坝设计剖面图

角～次棱角状，土为浅灰色粉土，结构较密实。

（3）第③层：青灰色粉质土，系堰塞湖积（lQ_3^{3-1}），仅分布于河床左岸中部，呈透镜状展布，揭示厚度 6.8m（Rzk2 孔），顶面高程 2825.72m，顶面埋深 60m，结构较密实，透水性弱。

（4）第④层：含块碎砾石土，系横向干沟冰水堆积（$fglQ_3^{3-2}$），分布于河床中上部，揭示厚度 18.45m（Rzk1 孔）～53.88m（Rzk3 孔），顶面埋深 9.55m（Rzk3 孔）～51.18m（Rzk7 孔）。其间随机分布的含块碎砾石砂层（或中细砂层）呈透镜状展布，厚度十几厘米至一米左右不等，分布范围几米至十几米不等。块碎砾石成分同①层，粒径分散，一般 3～6cm 和 10～16cm，多呈次棱角状，土为浅灰色粉质土，结构较密实。

（5）第⑤层：碎（卵）砾石砂层，系环河冲积和干沟冰水混合堆积（$al + fglQ_3^{3-3}$）。仅分布于河床左岸中上部。揭示厚度为 4.74m（Rzk17 孔）～11.7m（Rzk8 孔）～20.58m（Rzk7 孔），顶面埋深 8.20m（Rzk8 孔）～30.60m（Rzk7 孔），块碎（卵）砾石成分同①层，粒径 2～5cm 和 8～12cm，呈次棱角～次磨圆状，砂为中细砂，局部为砂质粉土，结构较密实。

碎（卵）砾石砂，为冲积和冰水堆积的混合堆积，结构不均一、稍密。钻孔颗分资料，碎砾石占 72.84%～81.03%，砂占 12.75%～20.83%，粉粒 2.32%～3.58%，黏粒 2.49%～3.10%，颗粒粒径 5mm 占 33.54%～44.23%，超重型动力触探成果：承载力 $[R] = 0.28～0.61MPa$，$E_0 = 15～44MPa$。钻孔抽水及标准注水试验成果：$K = 12.07 \times 10^{-2}～9.48 \times 10^{-3} cm/s$，属中等透水。

（6）第⑥层：含块碎（卵）砾石土，系干沟洪积物（plQ_4^1），分布于河床左岸上部和右岸浅表，揭示厚度 8.20m（Rzk8 孔）～30.60m（Rzk7 孔），顶面埋深 0～9.2m。偶有砂层透镜体，其形状与④层的透镜体类似。颗分试验资料表明，以碎（卵）砾石为主，约占 71.7%，块石占 13%，黏粒含量占 1.9%，粉粒占 5.9%，小于 5mm 占 18.6%，有效粒径 2.3mm，平均粒径 42mm，不均匀系数 $C_u=26.96$，曲率系数 $C_c=1.01$，属不良级配土，天然密度 1.95～2.39g/cm^3，平均 2.25g/cm^3，孔隙比 0.152～0.548。

据钻孔触探成果：承载力 $[R]=0.25～0.83MPa$，$E_0=37.6～53.2MPa$。室内试验：压缩系数 $a_v=0.0096～0.025MPa^{-1}$，压缩模量 $E_s=51.73～132.22MPa$，$C=0.055～0.095MPa$，$\phi=31.5°～43.5°$。现场试验：比例极限 0.33～0.35MPa，$E_0=12.7～15MPa$，$C=0.025MPa$，$\phi=26.6°$。

现场抽水及标准注水试验：$K=6.92\times10^{-4}cm/s$，试坑注水 $K=(3.3～6.7)\times10^{-3}cm/s$。室内试验：$K=1.48\times10^{-2}～6.06\times10^{-3}cm/s$，临界坡降 $i_k=0.16～0.28$，破坏坡降 $i_f=0.32～0.81$，破坏型式属管涌型。现场试验：$K=2.10\times10^{-2}～2.6\times10^{-3}cm/s$，临界坡降 $i_k=0.19～0.64$，破坏坡降 $i_f=1.0～1.3$，破坏型式属管涌型。

该层粗颗粒基本形成骨架，力学性能较好，局部具架空现象，考虑到试验的代表性，结合土体结构特征、颗粒级配等，类比其他工程经验，建议承载力 $[R]=0.4～0.6MPa$、变形模量 $E_0=30～50MPa$、渗透系数 $K=2.1\times10^{-2}～2.6\times10^{-3}cm/s$，属中等～强透水。

（7）第⑦层：灰色淤泥质壤土，系湖积（lQ_4^2），仅分布于河床左岸顶部，揭示厚度 4.3m（Rzk2 孔）～9.2m（Rzk1 孔）～15.6m（Rzk9 孔），坝线附近横河方向宽 160～240m。灰色淤泥质壤土含有机质，物性试验资料表明：以细砂及粉粒为主，分别占 38.62%、41.16%，黏粒占 15.6%，表明级配基本连续，天然密度 1.8g/cm^3，孔隙比 0.696～1.453，天然含水量 24.6%～51.5%，塑限 26.35%，液限 40.23%，塑性指数 13.9%，属高液限粉土，呈可塑～软塑状。室内试验：$E_s=4.28～8.94MPa$，$C=0.035～0.06MPa$，$\phi=6.1°～10.8°$，$K=(12.9～5.4)\times10^{-4}cm/s$，表明其力学特性差，透水性弱。

9.9.3 设计要求

（1）振冲处理的面积置换率必须达到 40% 以上。

（2）振冲碎石桩按等边三角形布置，防渗墙上、下游各 10m 范围内桩间距为 1.3m×1.3m，其余部位桩间距为 1.5m×1.5m，振冲桩的平均桩径为 1.15m。

（3）振冲碎石桩的处理深度原则上至设计提供的第⑦层等厚度线以下 0.3～0.5m。

（4）第⑦层经振冲处理后，要求复合地基应达到以下指标：

1）承载力特征值大于 240kPa；平均密度大于 2.10g/cm^3；平均孔隙率小于 0.30。

2）变形模量大于 35.0MPa，压缩系数 $\alpha_{100～200}\leqslant0.25MPa^{-1}$。

3）内摩擦角 $\phi\geqslant30°$，凝聚力 $C\geqslant25kPa$。

4）渗透系数 $K\geqslant1\times10^{-3}cm/s$（或碎石桩体的渗透系数 $K\geqslant1\times10^{-1}cm/s$）。

5）具有抗液化能力。

（5）填料要求（表 9-42）。碎石应采用饱和抗压强度大于 40MPa 的无腐蚀性和性能稳定的硬质石料加工。粒径范围为 5～150mm，最大粒径不超过 150mm，碎石料级配连续。振冲碎石桩填料粒径要求见表 9-42。

表 9-42　　　　　　　　　　　　振冲碎石桩填料粒径要求

特性	颗粒级配组成							不均匀系数 C_u	曲率系数 C_c
	150～100mm	100～80mm	80～60mm	60～40mm	40～20mm	20～10mm	10～5mm		
上包线/%		0	23.0	30.0	19.5	13.9	13.6	5.10	1.35
平均线/%	16.5	18.0	17	16	14.1	10.8	7.6	6.00	1.50
下包线/%	34.0	11.7	13.8	14.0	15	11.5	0	5.95	1.26

9.9.4　施工情况

2005 年 6 月 30 日—2006 年 1 月 8 日完成了主体工程桩施工；2006 年 11 月 1—26 日完成了左坝肩部分的振冲桩施工。总处理面积超过 60000m²，共完成振冲碎石桩 33740 根，进尺 493126.2m，其中超过 20m 的超深桩有 44%，进尺 223639.0m。振冲碎石桩加密控制标准如下。

加密电流：90～100A；留振时间：10～15s；加密段长度：0.3～0.5m。

9.9.5　检测情况

本工程检测项目包括现场大型剪切试验、复合地基静载荷试验、动力触探、标准贯入、标准注水等试验。

9.9.5.1　现场大型剪切试验

本次共进行了 9 组桩体和 9 组桩间土的大型剪切试验。在试验位置开挖 4m×2.5m×3m 方形试坑，浇钢筋混凝土水平反力墙。试验采用平推法，试体尺寸分别为 80cm×80cm×30cm（桩体和回填区桩间土）及 50cm×50cm×25cm（桩间土为淤泥），采用固结快剪进行，最大法向应力 0.4MPa。

试验结果：碎石桩体摩擦系数为 0.64～0.90，平均为 0.77，咬合力为 0.02～0.03MPa，平均为 0.026MPa。即 $\tau=0.77\sigma+0.026MPa$，相应内摩擦角 33°～42°，平均为 38°。

桩间土分两组情况：①淤泥质黏土摩擦系数为 0.32～0.35，平均为 0.33，凝聚力为 0.035～0.04MPa，平均为 0.04MPa，即 $\tau=0.33\sigma+0.04MPa$，内摩擦角平均为 18°；②碎石回填区摩擦系数为 0.57～0.67，平均 0.62；咬合力为 0.028～0.035MPa，平均为 0.032MPa。即 $\tau=0.62\sigma+0.032MPa$，内摩擦角平均为 32°。

计算复合地基摩擦系数平均为 0.64，咬合力平均为 0.03MPa，属于强度较高的复合地基。即 $\tau=0.64\sigma+0.03MPa$，内摩擦角平均为 32°，满足设计要求，通过现场剪切试验说明碎石桩桩体强度较高，淤泥质壤土经振冲挤压后，强度有一定幅度的提高。

9.9.5.2　复合地基的渗透系数

采用标准注水试验方法，其中碎石桩体 15 个孔，桩间土 14 个孔。统计结果表明桩体渗透系数平均值 $K=1.9\times10^{-3}cm/s$，桩间土渗透系数 $K=1.4\times10^{-3}cm/s$，但渗透系数表现出不均性，主要是整个场区面积大，地层无论在水平方向，还是垂直方向，都有一定的差异和变化所致。复合地基平均渗透系数 $1.66\times10^{-3}cm/s$，基本满足设计要求。

9.9.5.3　复合地基承载力和变形模量

复合地基承载力采用静载荷试验方法，共进行 80 个点试验。检测结果复合地基承载力平均值为 250kPa，最大值为 257kPa，只有两点为 206kPa，极差不超过承载力平均值的 30%，根据规范规定可取测试平均值 250kPa 为该场地复合地基承载力的特征值。处理后的复合地基承载力满足设计要求。

个别点其基本值略低，主要原因是本次试验压板直接放在了成桩后的地表，根据要求，振冲施工后的 1.0～1.5m 桩头为不稳定段，应挖除或采取碾压等处理措施，方可作为基础底面。另一方面只有两点略低，也充分说明施工质量是稳定的，尤其直接在地表压桩，说明施工中对不稳定桩头采取的技术措施是有效可行的，效果明显。

复合地基变形模量 80 个点静载试验结果平均值为 61.6MPa，达到设计值 35MPa 的要求。

9.9.5.4　动力触探

整个场地桩体动力触探 N_{120} 的平均击数为 13.4，桩间土 $N_{63.5}$ 动力触探的平均击数为 12.6 击，桩体及加固后的桩间土密实度满足要求。

9.9.5.5　堆石坝沉降观测情况

2008 年 6 月初—11 月初对坝前坝基及防渗墙部位的 18 个观测点实施了 9 次观测；2008 年 10 月 11 日—12 月 15 日对坝后 2904 马道部位的 8 个观测点施了 5 次观测；2008 年 10 月 9 日—12 月 4 日对坝轴线位置防浪墙上游 1m 宽的平台上设置的 15 个临时观测点实施了 5 次观测。仁宗海水库大坝沉降观测布置图见图 9－40。

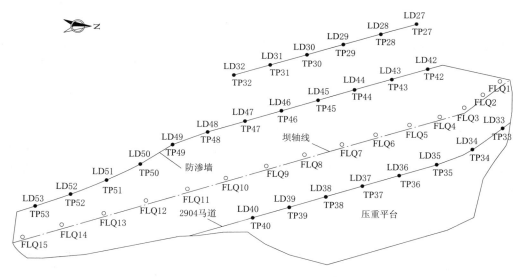

图 9－40　仁宗海水库大坝沉降观测布置图
TP—水平位移测点；LD—垂直位移测点；FLQ—防浪墙临时沉降测点

根据大坝沉降观测成果，大坝沉降变形主要产生在坝体填筑过程中，受填筑高度的垂直荷载影响，沉降量与大坝填高之比约为 0.0046，即大坝每填筑 1m 时，其沉降量为 4.6mm。当停止填筑后，沉降速率明显减缓，逐步趋于稳定。堆石坝向下游变形的最大量位于 3—3 监测断面，并向两坝肩有减小趋势，最大变形量是 59.18mm，其位于 VE8 孔上部（高程 2902m）处。目前的蓄水过程对坝体变形影响较小。大坝沉降观测结果表明采用振冲法处理坝基淤泥壤土是成功的。

9.9.6　结论

（1）本工程自 2005 年 6 月 30 日开工，至 2006 年 1 月 8 日完工，共完成振冲碎石桩 31295 根，总进尺 474279.1m，处理面积接近 60000m²。从检测结果看，整个场区处理后质量是稳定均匀的。

（2）⑥层、⑦层土施工特征数值明显差异对比，表明振冲碎石桩施工后有效调整了本场地的不均匀性。

（3）经第三方检测单位对施工质量进行检测，整个振冲区域施工质量稳定，各项指标基本满足设计要求。

（4）根据规范要求，建议在坝体堆筑前对振冲加固坝基区域采取振动碾压处理。对下游水陆交界区域适当增加碾压遍数，以提高该区表层土体密实度。以后筑坝时，可采取分区填筑等方案，以消除可能产生的部分差异沉降。

9.10　哈达山水利枢纽工程

9.10.1　工程概况

哈达山水利枢纽工程位于第二松花江（简称二松）干流下游河段，坝址在前郭尔罗斯蒙古族自治县吉拉吐乡境内，距二松与嫩江汇合口处约 60km，在松原市东南约 20km，是二松干流最后一级控制性水利工程，其上游已建有白山、红石、丰满三座梯级电站。哈达山水利枢纽是《松花江、辽河流域水资源综合开发利用规划纲要》推荐的第一期工程，是北水南调的主要水源工程之一，同时担负向吉林西部提供生活和工农业供水、生态环境保护供水和发电等四大任务。

工程规模为大（1）型工程，工程等级为 I 等，主要建筑物为 1 级建筑物，次要建筑物为 3 级。主要建筑物地震设计烈度为 Ⅷ度。

挡水土坝为黏土均质坝，坝基砂层厚度为 12～22m，坝址处于 8 度地震区。基础防液化处理方案为振冲桩＋压重平台相结合的方案。振冲桩处理范围为：顺河向上、下游坝坡脚线外为 8～10m，坝轴线方向，桩号 0＋514～2＋511.45。

9.10.2　工程地质条件及评价
9.10.2.1　工程地质条件

桩号 0＋502～2＋750 为土石坝，坝长 2248m，坝顶高程 145.05m，墙顶高程 143.05m。坝段最低建基高程 131.5m，黏土均质坝最大坝高 13.55m，坝顶宽为 10m。桩号 0＋502～1＋980 为横跨第二松花江主江道及低漫滩，低漫滩地面高程 135.8～138.6m，一般高出江水面约 2m，主河道最大水深大于 4m，其江道桩号 1＋084～1＋354；在桩号 1＋980 以外，风沙覆盖漫滩阶地，与右岸风化砂覆盖微波状岗地相接。岩性以第四系全新统冲积堆积（Q_4^{al}）的黏性土 [4－1]、[4－2]、[4－3] 和砂性土 [4－5]、[4－9]、[4－10]、[4－11] 等为主，总厚度 12.0～17.0m。风沙覆盖漫滩阶地地面高程 136.50～173.93m，岩性以第四系全新统风积堆积（Q_4^{eol}）的 [2－1]（厚 5～33m）及第四系中更新统冲积湖积堆积（Q_4^{al}）的 [7－2]、[7－3]、[7－4]、[7－7]（厚 15～17m）等为主，总厚度 22～49m。其下均为 [9] 层，构成本坝段的基底岩性，基岩顶板平缓，高程 121.0 左右，在右坝端以外呈缓降趋势。从整体上看岩体强、弱风化带不厚，但在桩号 1+775～2+350 处形成深槽。第四系全新统冲积堆积（Q_4^{al}）的岩性如下：

（1）淤泥质壤土 [4-1]：黑褐色，稍湿～湿～饱和，稍密，可塑～软塑，砂占 27.8%，黏粒含量占 19.5%，粉粒占 52.7%，有机质含量占 2.1%。具有腥臭味，含有 未腐烂的根系及云母片。层厚 0.40～6.40m，层底高程 126.46～134.87m。局部分布于 低漫滩之表层。

（2）砂壤土 [4-2]：黑褐色，稍湿，中密，有塑性，黏粉粒约占 20%，表层含有少 量植物根系，并有云母碎片。层厚 0.35～1.70m，层底高程 134.49～135.74m。局部分 布于低漫滩的表部。

（3）壤土 [4-3]：黑褐色，湿～很湿，稍密～中密，可塑～软塑，砂占 33.0%，粉 粒占 47.3%，黏粒占 19.7%，局部夹有细砂薄层，层厚 0.70～4.70m，层底高程 133.85～ 145.42m。分布于低漫滩的表部。

（4）黏土 [4-4]：黑褐色，很湿，中密，软塑、能搓成小于 1mm 土条，厚 度 0.30m。

（5）中砂 [4-5]：黄褐～灰绿色，湿～饱和，松散～中密，砾石占 2.0%，粗砂占 10.8%，中砂占 60.2%，细、极细砂占 27.0%，含有大量的云母片。层厚 2.20～ 13.15m，层底高程 122.73～132.56m。连续分布于低漫滩及风沙覆盖的漫滩阶地的下部。

（6）粗砂 [4-6]：灰绿色，饱和，中密，砾石占 5.0%，粗砂占 46.0%，中砂占 45.0%，细、极细砂占 4.0%，层厚 2.65m，层底高程 126.86m。仅在 9609 孔中见到。

（7）极细砂 [4-7]：黄褐～灰绿色，很湿～饱和，松散，中、粗砂占 29.4%，细砂 占 42.1%，极细砂占 16.9%，黏粉粒占 11.6%，含有云母片。层厚 8.0m，层底高程 128.03m。仅分布在拟建引水闸附近。

（8）细砂 [4-8]：灰绿色，饱和，稍密，粗砂占 8.0%，中砂占 32.8%，细砂占 37.8%，极细砂占 15.6%，黏粉粒占 5.8%，层厚 1.50m，层底高程 126.53m。局部分布 于低漫滩及拟建引水闸附近。

（9）砾质中砂 [4-9]：黄褐～灰绿色，饱和，中密，砾石占 15.4%，粗砂占 20.6%，中砂占 46.1%，细、极细砂占 17.9%，含有云母片。砾石呈次棱角～次圆状，层 厚 0.70～6.95m，层底高程 120.36～128.43m。分布在低漫滩的中砂 [4-5] 之下。

（10）砾质粗砂 [4-10]：灰绿色，饱和，中密，砾石占 26.2%，粗砂占 31.7%，中 砂以下含量占 42.1%，层厚 1.00～7.20m，层底高程 119.70～121.29m。较连续分布在 低漫滩的中砂 [4-5] 之下。

（11）细砾 [4-11]：灰绿色，饱和，中密～密实，卵石占 1.3%，砾石占 54.6%， 砂占 44.1%，一般粒径为 2～5cm，多呈次棱角～次圆状，层厚 1.55～5.45m，层底高程 116.51～120.54m，在其底部有 0.1～0.5m 的卵石层，局部分布在低漫滩的底部。

9.10.2.2　工程地质评价

1.滑动与沉陷稳定

（1）低漫滩段（桩号 0+502～1+980）：由于坝基表层黏性土 [4-1] 层在右岸零星

分布较广，最厚 2.0m。土的物理力学性质表现出土的状态差，多呈可塑～软塑，压缩性高（$a_{100\sim200}=0.58\text{MPa}^{-1}$），抗剪强度偏低（三轴 $\phi_{cu}=16°$、$C_{cu}=20\text{kPa}$），且含有较丰富的植物根系和残骸，需清除；右岸 [4-5] 层裸露地表，但表层 0～1.0m 内多为近期风砂经洪水堆积而成，密度小呈极松散状态，且有零星分布的废弃河道及耕地，含植物根系，需清除。将清除表层黏性土和耕植土后的 [4-5] 层作为一般坝基，可以满足坝基的滑动及沉陷稳定。

（2）风砂覆盖的漫滩阶地段（桩号 1+980～2+167）：风积中砂 [2-1] 裸露地表，厚度 1～5m，下部为 [4-5] 层，从 [2-1] 层的颗粒级配等物理力学性质，与冲积 [4-5] 层无差异。仅从滑动和沉陷稳定角度看，当清除地表植土层后，可作为一般坝基。

风积砂丘天然坝体，桩号 2+167.0～2+819.6，长 652.6m，局部高程 141.37m 低于坝顶高程 143.90m，需填筑。

2. 振动稳定

根据区内土石坝段的地形地貌、地层岩性、水文地质及区域地震地质条件，对其坝基进行砂土振动液化评价。

（1）初判。①该区地震烈度为Ⅷ度；②地层年代为 Q_4；③分布广厚度大的 [2-1]、[4-5]、[4-9]、[4-10] 层黏粒含量小于 16%；④地下水位高；⑤上覆黏性土 [4-1]、[4-2]、[4-3] 有效压力（盖重）小。经上述 5 项条件初判，区内存在振稳问题，具有产生"液化"的可能。

（2）复判：根据野外标准贯入试验、原状取砂两种手段对主要层 [2-1]、[4-5]、[4-9]、[4-10]、[4-11] 按Ⅷ度标准进行分析判定，均具有产生"液化"的可能。

（3）③已有工程震害实例对比：砂土的颗粒级配决定土的基本性质，其不均匀系数 C_u 越小，抗液化性越差，平均粒径 d_{50} 在 0.10mm 左右的砂土抗液化性最差。根据辽南地震王家坝（Ⅵ度区）水源（Ⅶ度区）和日本新潟 7.5 级地震岸田实际发生液化的砂土绘制级配界限图，从图中分析看出，中砂 [2-1]、[4-5] 均在"液化界限"内，[4-9]、[4-10] 局部进限。而 [2-1]、[4-5]、[4-9] 的 C_u 分别为 2.9、2.5、3.1，d_{50} 分别为 0.27mm、0.30mm、0.40mm，亦为易产生"液化"可能的砂土。

综合以上分析判定，坝基主要砂土 [2-1]、[2-3]、[4-5]、[4-6]、[4-8]、[4-9]、[4-10]、[10-11] 层，在Ⅷ度区地震作用下，抗震稳定性差，是具有产生"液化"的可能性砂土，建议在坝基一定深度内采取相应的处理措施，当采用振冲加密处理方法，其标准为 $D_r>0.75$。当 D_r 达到 0.8 时：中砂 [2-1] 层 3 组试验，控制干容重 1.58g/cm³，控制含水量 7.6%，抗剪强度 $C=3\text{kPa}$，$\phi=30.1°$，压缩系数 $a_{100\sim200}=0.031\text{MPa}^{-1}$，$K_v=2.36\times10^{-3}\text{cm/s}$，起始比降为 0.8；中砂 [4-5] 层 3 组试验，两组控制干容重 1.86g/cm³，控制含水量 18.9%，抗剪强度 $C=3\text{kPa}$，$\phi=31.7°$，压缩系数 $a_{100\sim200}=0.016\text{MPa}^{-1}$，$K_v=3.506\times10^{-4}\text{cm/s}$，起始比降为 0.75；砾质中砂 [4-9] 层 3 组试验，控制干容重 1.81g/cm³，控制含水量 11.9%，抗剪强度 $C=7\text{kPa}$，$\phi=29.7°$，压缩系数 $a_{100\sim200}=0.031\text{MPa}^{-1}$，$K_v=3.11\times10^{-4}\text{cm/s}$，起始比降为 0.87。若采用振冲加密处理方式，当 D_r 达到 0.8 时，建议使用：中砂 [2-1]、中砂 [4-5]、砾质中砂 [4-9] 抗剪强度 $C=0\text{kPa}$，$\phi=28°$，摩擦系数 $f_{混凝土/砂砾石}=0.5$。有关坝基的主要松散砂

层的抗液化强度及抗液化动剪应力值设计可根据不同的干容重的动三轴试验值选取，详见 JLS45K-0931-B18。

3. 渗漏及渗流稳定

当坝体坐在稳定的 [2-1]、[4-5] 层上时，根据野外渗水试验，$K_{[2-1]}=42.6$ m/d，$K_{[4-5]}=39.8$m/d，厚度大且连续，基岩透水率多为 $q=10\sim100$Lu，故坝基存在渗漏问题。依据土的颗粒级配特点，按 GB 50487—2008《水利水电工程地质勘察规范》判定和工程类比，主要层 [2-1]、[4-5]、[4-9] 存在渗透变形问题，其类型为管涌，建议其允许比降 [2-1]、[4-5]、[4-9] 为 0.10；[4-10] 为 0.12。因坝上游 50m 范围内黏性土分布面积小（约占 1/5）而且薄，主河道宽且深浅不一，不具备天然水平防渗条件，若采用人工水平防渗方案，其工程量及施工难度均较大，此时右岸风积中砂 [2-1] 将处于饱和状态，存在湿化、液化和渗透变形等问题。建议采用垂直防渗混凝土防渗墙深入基岩 2m、振冲加密、基岩做帷幕灌浆防渗处理为宜。

9.10.3 设计要求

设计对黏土坝段坝基的砂层，采用振冲桩密实与压重平台相结合的方案。振冲桩处理范围在拦河坝右侧，桩号 0+506.00~2+432.40，长 1926.4m。具体范围为坝轴线上游侧外延 60.375m，下游侧外延 60.725m 范围内（其中坝轴线两侧约 6m 范围内不需要处理），因为水头变化等因素设计在不同坝段振冲处理宽度略有变化。

（1）采用就地振密法处理坝基松散砂层。

（2）基础砂层处理后相对密度满足 8 度抗地震液化要求。

（3）采用正三角形满堂布桩，桩号 0+514.00~1+000.00 段的间排距为 2m× 1.73m；桩号 1+000.00~2+511.45 段的间排距为 2.15m×1.86m，振冲处理深度 8~16m。

（4）根据现场试验结果，确定振冲器型号为 BJ-75kW。

（5）要求施工中造孔水压 0.5~0.6MPa，加密水压 0.2~0.4MPa，造孔时下沉速率 0.5~1.5m/min。

9.10.4 施工情况

哈达山水利枢纽工程土坝地基处理振冲施工分为 2 年完成，即 2009 年 4—11 月，2010 年 4—9 月。土坝振冲施工的工作面自土坝清基清理掉表层有机物、壤土及黏土后的砂层开始，共完成振冲 49802 根，累计进尺 574466.8m，其中振冲挤密砂桩 562369.8m，振冲碎石桩 12097m。

9.10.5 振冲检测与验收

9.10.5.1 振冲自检

1. 质量检测要求

根据规范和设计要求，振冲挤密施工后，在桩间土进行现场原位标贯试验，检测施工后是否已消除液化。根据规范要求，本工程按施工桩数 1% 做标贯试验，共做标贯试验 507 孔，其中上游 219 孔，下游 288 孔。

2. 质量检测标准

根据《设计通知单》[哈达山水利枢纽（一期）工程坝字 2009 年 05 号]，标贯检测标准见表9-43。

3. 质量检测结果分析

根据设计对标贯检测技术的要求，检测结果分作3个区段进行分析。

（1）第一段：土坝桩号0+514~1+465振冲施工后共完成标贯自检310孔，其中上游139孔，下游171孔自检结果见表9-44。

表9-43 　　　　　　　　　　　　　　标贯锤击数临界值表

桩号0+514~1+465				桩号1+465~2+232.4				桩号2+232.4~2+511.45			
上游		下游		上游		下游		上游		下游	
试验点高程/m	临界锤击数N_{cr}	试验点高程/m	临界锤击数N_{cr}	试验点高程/m	临界锤击数N_{cr}	试验点高程/m	临界锤击数N_{cr}	试验点高程/m	临界锤击数N_{cr}	试验点高程/m	临界锤击数N_{cr}
134.00	14.0	134.00	11.0	136.00	14.0	136.00	9.5	145.50	8.5	145.50	3.5
133.00	14.5	133.00	11.5	135.00	14.0	135.00	9.5	145.00	8.5	145.00	3.5
132.00	15.5	132.00	12.5	134.00	15.0	134.00	10.5	144.00	8.5	144.00	3.5
131.00	16.5	131.00	13.5	133.00	16.0	133.00	11.5	143.00	8.5	143.00	3.5
130.00	17.5	130.00	14.5	132.00	17.0	132.00	12.5	142.00	8.5	142.00	3.5
129.00	18.5	129.00	15.5	131.00	18.0	131.00	13.5	141.00	8.5	141.00	3.5
128.00	19.5	128.00	16.5	130.00	19.0	130.00	14.5	140.00	9.5	140.00	4.5
127.00	20.5	127.00	17.5	129.00	20.0	129.00	15.5	139.00	10.5	139.00	5.5
126.00	21.5	126.00	18.5	128.00	21.0	128.00	16.5	138.00	11.5	138.00	6.5
125.50	22.0	125.50	19.0	127.00	22.0	127.00	17.5	137.00	12.5	137.00	7.5
124.50	23.0			126.00	23.0			136.00	13.5	136.00	8.5
123.50	24.0			125.00	24.0			135.00	14.5	135.00	9.5
122.50	25.0			124.00	25.0			134.00	15.5	134.00	10.5
								133.00	16.5	133.00	11.5
								132.00	17.5	132.00	12.5
								131.00	18.5	131.00	13.5
								130.00	19.5	130.00	14.5

表9-44 　　　　　　　　　　土坝桩号0-514~1+465自检结果分析汇总表

序号	检测深度/m	上游				下游			
		临界值	最小值	最大值	平均值	临界值	最小值	最大值	平均值
1	0~1.0	14.0	15	29	18.072	11.0	14	32	18.205
2	1~2.0	14.5	16	36	20.014	11.5	15	35	20.047
3	2~3.0	15.5	18	41	22.993	12.5	16	41	23.158
4	3~4.0	16.5	20	45	26.424	13.5	17	55	26.784

序号	检测深度/m	上游				下游			
		临界值	最小值	最大值	平均值	临界值	最小值	最大值	平均值
5	4～5.0	17.5	21	64	31.899	14.5	20	52	31.415
6	5～6.0	18.5	23	68	37.158	15.5	21	64	36.579
7	6～7.0	19.5	24	71	41.791	16.5	24	77	40.193
8	7～8.0	20.5	28	80	46.525	17.5	22	91	44.351
9	8～9.0	21.5	30	81	49.705	18.5	20	81	46.778
10	9～10.0	22.0	31	88	51.928	19.0	26	75	47.691
11	10～11.0	23.0	31	84	53.246				
12	11～12.0	24.0	34	78	53.052				
13	12～13.0	25.0	32	70	51.121				

由表 9-45 所见，桩号 0+514～1+465 其中所有检测孔标贯击数最小值均大于临界值，上下游所检 310 孔标贯击数均达到设计要求。

（2）第二段：土坝桩号 1+465～2+232.4 振冲施工后共完成标贯自检 174 孔，其中上游 68 孔，下游 106 孔。自检结果见表 9-45。

表 9-45 　　　　土坝桩号 1+465～2+232.4 自检结果分析汇总表

序号	检测深度/m	上游				下游			
		临界值	最小值	最大值	平均值	临界值	最小值	最大值	平均值
1	0～1.0	14	17	33	19.838	9.5	15	24	19.057
2	1～2.0	14	17	36	22	9.5	15	37	22.123
3	2～3.0	15	19	30	24.265	10.5	18	42	25.113
4	3～4.0	16	20	46	28.794	11.5	18	48	29.217
5	4～5.0	17	25	70	34.559	12.5	22	44	32.519
6	5～6.0	18	27	63	37.662	13.5	21	60	35.651
7	6～7.0	19	26	68	39.324	14.5	27	66	38.538
8	7～8.0	20	29	68	40.868	15.5	30	72	39.066
9	8～9.0	21	31	67	41.691	16.5	30	71	46.19
10	9～10.0	22	29	70	40.221	17.5	32	67	49.714
11	10～11.0	23	31	74	40.106				
12	11～12.0	24	30	64	42.333				
13	12～13.0	25	31	31	31				

由表 9-45 所见，桩号 1+465～2+232.4 其中所有检测孔标贯击数最小值均大于临界值，上下游所检 174 孔标贯击数均达到设计要求。

（3）第三段：土坝桩号 2+232.4～2+511.45 振冲施工后共完成标贯自检 23 孔，其中上游 12 孔，下游 11 孔。自检结果见表 9-46。

表 9-46　　　　　　　　　土坝桩号 2＋232.4～2＋511.45 自检结果分析汇总表

序号	检测深度 /m	上　　游				下　　游			
		临界值	最小值	最大值	平均值	临界值	最小值	最大值	平均值
1	0～1.0	8.5	17	27	20.75	3.5	16	24	19.091
2	1～2.0	8.5	18	28	22.167	3.5	17	37	22
3	2～3.0	8.5	21	39	24.833	3.5	21	36	24.273
4	3～4.0	8.5	22	39	27.917	3.5	23	45	31.182
5	4～5.0	8.5	30	44	35	3.5	24	48	32.636
6	5～6.0	8.5	33	54	40.5	3.5	26	60	37.364
7	6～7.0	9.5	33	66	43.75	4.5	27	63	41.182
8	7～8.0	10.5	34	63	45.333	5.5	33	66	42.545
9	8～9.0	11.5	35	62	45.75	6.5	30	69	46.455
10	9～10.0	12.5	36	58	44.917	7.5	22	64	41.091
11	10～11.0	13.5	39	50	45.833				
12	11～12.0	14.5	37	56	47				
13	12～13.0	15.5	33	52	42.25				

由表 9-46 所见，桩号 2＋232.4～2＋511.45 其中所有检测孔标贯击数最小值均大于临界值，上下游所检 23 孔标贯击数均达到设计要求。

9.10.5.2　振冲第三方检测

项目业主委托第三方检测公司，为本项目的振冲挤密施工后的质量进行第三方见证检测。检测标准同样是设计提供的各桩号标贯锤击数临界值（表 9-43）进行判定，检测数量确定为 1.5‰。

1. 桩体质量检测

桩体共检测 26 个钻孔，一期布置 10 个检测孔，二期布置 16 个检测孔。其中防渗帷幕上游侧 13 孔（复检孔 2 个），下游侧 13 孔。一期检测桩号范围为 0＋514～0＋950，上下游检测孔控制高程为 122.5m 以上。二期检测桩号 1＋465～2＋184.65 段控制在 124.0m。桩号 2＋184.65～2＋511.45 段，控制在 130.0m 以上；帷幕线下游侧桩号 0＋950～1＋465 控制在 122.5m 以上，在桩号 1＋465～2＋242.7 段控制在 127.0m 以上，在桩号 2＋242.7～2＋511.45 段控制在 133.0m 以上。检测成果详见表 9-47～表 9-54。

表 9-47　　　　　　　　　0＋514～1＋465 上游段桩体检测成果表

	试段	1	2	3	4	5	6	7	8	9	10
SJT03	试段高程/m	132	131	130	129	128	127	126	125	124	123
	校正锤击数	12	17	23	34	43	50	57	75	70	73
	临界锤击数	15.5	16.5	17.5	18.5	19.5	20.5	21.5	22.5	23.5	24.5
	评价	液化	无液化								

	试段	1										
SJT03-1	试段高程/m	132										
	校正锤击数	25										
	临界锤击数	15.5										
	评价	无液化										

表 9-48　　　　　　　　0+514~1+465 上游段桩体检测成果表

	试段	1	2	3	4	5	6	7	8	9	10	11		
SJT08	试段高程/m	133	132	131	130	129	128	127	126	125	124	123		
	校正锤击数	14	28	28	32	39	43	45	41	35	61	64		
	临界锤击数	14.5	15.5	16.5	17.5	18.5	19.5	20.5	21.5	22.5	23.5	24.5		
	评价	液化	无液化											
SJT08-1	试段	1												
	试段高程/m	133												
	校正锤击数	29												
	临界锤击数	14.5												
	评价	不液化												
SJT12	试段	1	2	3	4	5	6	7	8	9	10	11		
	试段高程/m	133	132	131	130	129	128	127	126	125	124	123		
	校正锤击数	16	26	30	34	48	55	68	89	95	81	35		
	临界锤击数	14.5	15.5	16.5	17.5	18.5	19.5	20.5	21.5	22.5	23.5	24.5		
	评价	无液化												
SJT13	试段	1	2	3	4	5	6	7	8	9	10			
	试段高程/m	132	131	130	129	128	127	126	125	124	123			
	校正锤击数	20	30	41	52	47	54	65	93	131	85			
	临界锤击数	15.5	16.5	17.5	18.5	19.5	20.5	21.5	22.5	23.5	24.5			
	评价	无液化												
SJT16	试段	1	2	3	4	5	6	7	8	9	10	11	12	13
	试段高程/m	135	134	133	132	131	130	129	128	127	126	125	124	123
	校正锤击数	15	16	17	34	29	33	34	33	35	47	57	49	72
	临界锤击数	14	14	14.5	15.5	16.5	17.5	18.5	19.5	20.5	21.5	22.5	23.5	24.5
	评价	无液化												

表 9-49　　　　　　　　0+514~1+465 上游段桩体检测成果表

	试段	1	2	3	4	5	6	7	8	9	10	11	12	13
SJT19	试段高程/m	135	134	133	132	131	130	129	128	127	126	125	124	123
	校正锤击数	15	21	32	33	12	33	42	45	45	43	47	49	37
	临界锤击数	14	14	14	14.5	15.5	16.5	17.5	18.5	19.5	20.5	22	23	24
	评价	无液化												

表 9 - 50　　　　　　　　　　　1＋465～2＋232.4 上游段桩体检测成果表

	试段	1	2	3	4	5	6	7	8	9	10	11
SJT22	试段高程/m	135	134	133	132	131	130	129	128	127	126	125
	校正锤击数	26	30	31	41	40	46	55	88	66	49	62
	临界锤击数	14	15	16	17	18	19	20	21	22	23	24
	评价	无液化										
SJT25	试段	1	2	3	4	5	6	7	8	9	10	11
	试段高程/m	135	134	133	132	131	130	129	128	127	126	125
	校正锤击数	21	28	35	44	46	39	57	46	46	47	51
	临界锤击数	14	15	16	17	18	19	20	21	22	23	24
	评价	无液化										
SJT28	试段	1	2	3	4	5	6	7	8	9	10	11
	试段高程/m	135	134	133	132	131	130	129	128	127	126	124
	校正锤击数	22	25	24	34	34	28	52	74	99	70	70
	临界锤击数	14	15	16	17	18	19	20	21	22	23	25
	评价	无液化										
SJT31	试段	1	2	3	4	5	6	7	8	9	10	11
	试段高程/m	135	134	133	132	131	130	129	128	127	126	124
	校正锤击数	18	22	34	49	48	65	48	82	74	75	70
	临界锤击数	14	15	16	17	18	19	20	21	22	23	25
	评价	无液化										

表 9 - 51　　　　　　　　　　　2＋232.4～2＋570 上游段桩体检测成果表

	试段	1	2	3	4	5	6	7	8	9	10	11	12	13
SJT34	试段高程/m	143	142	141	140	139	138	137	136	135	134	133	132	131
	校正锤击数	15	15	21	24	27	32	36	35	27	35	37	39	42
	临界锤击数	8.5	8.5	8.5	9.5	10.5	11.5	12.5	13.5	14.5	15.5	16.5	17.5	18.5
	评价	无液化												
SJT37	试段	1	2	3	4	5	6	7	8	9	10	11	12	13
	试段高程/m	143	142	141	140	139	138	137	136	135	134	133	132	131
	校正锤击数	16	17	19	24	25	32	31	34	37	38	41	47	38
	临界锤击数	8.5	8.5	8.5	9.5	10.5	11.5	12.5	13.5	14.5	15.5	16.5	17.5	18.5
	评价	无液化												

表 9 - 52　　　　　　　　　　　0＋514～1＋465 下游段桩体检测成果表

	试段	1	2	3	4	5	6	7	8
XJT02	试段高程/m	133	132	131	130	129	128	127	126
	校正锤击数	18	22	37	47	47	46	48	63
	临界锤击数	11.5	12.5	13.5	14.5	15.5	16.5	17.5	18.5
	评价	无液化							

续表

	试段	1	2	3	4	5	6	7		
XJT05	试段高程/m	132	131	130	129	128	127	126		
	校正锤击数	34	43	42	46	70	95	93		
	临界锤击数	12.5	13.5	14.5	15.5	16.5	17.5	18.5		
	评价	无液化								
XJT06	试段	1	2	3	4	5	6	7	8	
	试段高程/m	133	132	131	130	129	128	127	126	
	校正锤击数	25	17	30	36	79	83	27	29	
	临界锤击数	11.5	12.5	13.5	14.5	15.5	16.5	17.5	18.5	
	评价	无液化								
XJT08	试段	1	2	3	4	5	6	7	8	
	试段高程/m	133	132	131	130	129	128	127	126	
	校正锤击数	17	33	44	54	53	64	81	73	
	临界锤击数	11.5	12.5	13.5	14.5	15.5	16.5	17.5	18.5	
	评价	无液化								
XJT11	试段	1	2	3	4	5	6	7	8	
	试段高程/m	133	132	131	130	129	128	127	126	
	校正锤击数	31	34	56	71	75	59	53	42	
	临界锤击数	11.5	12.5	13.5	14.5	15.5	16.5	17.5	18.5	
	评价	无液化								
XJT14	试段	1	2	3	4	5	6	7	8	
	试段高程/m	135	134	133	132	131	130	129	128	
	校正锤击数	32	22	42	49	44	51	48	59	
	临界锤击数	11	11	11.5	12.5	13.5	14.5	15.5	16.5	
	评价	无液化								
XJT17	试段	1	2	3	4	5	6	7	8	9	10
	试段高程/m	135	134	133	132	131	130	129	128	127	126
	校正锤击数	52	42	65	70	65	66	65	69	80	82
	临界锤击数	11	11	11.5	12.5	13.5	14.5	15.5	16.5	17.5	18.5
	评价	无液化									
XJT20	试段	1	2	3	4	5	6	7	8	9	10
	试段高程/m	135	134	133	132	131	130	129	128	127	126
	校正锤击数	47	52	68	80	75	106	101	61	60	54
	临界锤击数	11	11	11.5	12.5	13.5	14.5	15.5	16.5	17.5	18.5
	评价	无液化									

表 9－53　　　　　　　　　　1＋465～2＋232.4 下游段桩体检测成果表

	试段	1	2	3	4	5	6	7	8			
XJT23	试段高程/m	135	134	133	132	131	130	129	127			
	校正锤击数	52	52	72	75	83	98	84	73			
	临界锤击数	9.5	10.5	11.5	12.5	13.5	14.5	15.5	17.5			
	评价	无液化										
XJT26	试段	1	2	3	4	5	6	7	8			
	试段高程/m	135	134	133	132	131	130	129	128			
	校正锤击数	32	51	75	72	77	77	89	91			
	临界锤击数	9.5	10.5	11.5	12.5	13.5	14.5	15.5	16.5			
	评价	无液化										
XJT29	试段	1	2	3	4	5	6	7	8			
	试段高程/m	135	134	133	132	131	130	129	127			
	校正锤击数	36	55	66	63	54	64	68	87			
	临界锤击数	9.5	10.5	11.5	12.5	13.5	14.5	15.5	17.5			
	评价	无液化										
XJT32	试段	1	2	3	4	5	6	7	8	9	10	11
	试段高程/m	138	137	136	135	134	133	132	131	130	129	128
	校正锤击数	24	27	33	47	50	64	63	64	68	68	73
	临界锤击数	9.5	9.5	9.5	9.5	9.5	10.5	11.5	12.5	13.5	14.5	15.5
	评价	无液化										

表 9－54　　　　　　　　　　2＋232.4～2＋570 下游段桩体检测成果表

	试段	1	2	3	4	5	6	7	8	9	10	11
XJT35	试段高程/m	144	143	142	141	140	139	138	137	136	135	134
	校正锤击数	21	23	32	42	49	52	47	51	49	54	44
	临界锤击数	3.5	3.5	3.5	3.5	4.5	5.5	6.5	7.5	8.5	9.5	10.5
	评价	无液化										

统计表明检测击数均大于设计确定的临界锤击数值 1～2 倍，各区施工效果基本相同，随深度增加密实效果递增。全部检测孔检测击数均大于设计要求，抗液化效果良好。

2. 桩间土质量检测

一期布置 19 个检测孔，二期布置 32 个检测孔；其中防渗帷幕上游 26 孔，孔底控制在 122.5m 以上。下游侧 24 孔，孔底高程控制在 125.5m 以上。检测成果详见表 9－55～表 9－64。

统计资料表明桩间孔检测标贯击数略大于桩体检测数，经过周边桩基施工叠加作业达到预期效果。检测击数均大于设计确定的临界锤击数值 1～2 倍，各区施工效果基本相同，随深度增加密实效果递增。全部检测孔检测击数均大于设计要求，抗液化效果良好。

表 9-55　　　　哈达山土坝基振冲桩上、下游桩体实测标贯成果汇总表

深度/m	SJT03	SJT08	SJT12	SJT13	SJT19	SJT22	SJT25	SJT28	SJT34	SJT37	SJT16	SJT08-1	SJT03-1	上游平均值
0~1	18	15	14						22	23				18
1~2	23	26	21	18					21	24		27		22
2~3	27	23	22	24	19				30	27	20		21	24
3~4	36	24	22	29	26	31		28	34	34	22			29
4~5	41	26	28	33	36	31	29	27	39	35	21			31
5~6	46	27	30	30	34	28	33	25	46	45	37			35
6~7	53	30	40	36		38	40	35	65	42	31			41
7~8	70	28	55	45	34	37	50	35	47	45	35			44
8~9	66	25	61	66	43	43	51	30	36	48	36			46
9~10	69	44	54	66	46	52	52	53	45	49	35			51
10~11		48	82	64	46	83		75	47	51	37			59
11~12					44	63	50	100	49	58	49			59
12~13					48	47			52		60			52
13~14					50	60					52			54

深度/m	XJT02	XJT05	XJT06	XJT08	XJT11	XJT14	XJT17	XJT20	XJT23	XJT26	XJT29	XJT32	XJT35	下游平均值
0~1	22	23	18	11	20							19	19	19
1~2	24	27		20	21	28						21	21	23
2~3	36	27	18	24	31	19	41	32				26	30	28
3~4	42	25	20	27	36	36	33	33	35		26	37	39	32
4~5	39	35	40	25	35	38	48	40	32	25	36	36	45	36
5~6	38	46	43	30	27	35	47	47	42	37	40	45	48	40
6~7	50	48	44	41	26	41	46	46	46	56	40	46	44	44
7~8	53		62	39	22	39	48	68	53	55	48		48	48
8~9						49	49	67	65	60	44	52	46	54
9~10							53	42	58	61	48	54	51	52
10~11							63	42	52	72	63	58	42	56
11~12							65	39		75				60

表 9-56　　　　0+514~1+465 上游段桩间孔检测成果表

	试段	1	2	3	4	5	6	7	8	9	10	11
SJZ01	试段高程/m	133	132	131	130	129	128	127	126	125	124	123
	校正锤击数	7	15	17	26	28	28	50	28	56	60	60
	临界锤击数	14.0	14.5	15.5	16.5	17.5	18.5	19.5	20.5	22	23	24
	评价	液化	无液化									

续表

SJZ01-1	试段	1									
	试段高程/m	133									
	校正锤击数	23									
	临界锤击数	14									
	评价	不液化									
SJJ02	试段	1	2	3	4	5	6	7	8	9	10
	试段高程/m	132	131	130	129	128	127	126	125	124	123
	校正锤击数	16	19	25	27	39	50	62	70	73	78
	临界锤击数	15.5	16.5	17.5	18.5	19.5	20.5	21.5	22.5	23.5	24.5
	评价	无液化									
SJZ04	试段	1	2	3	4	5	6	7	8	9	10
	试段高程/m	132	131	130	129	128	127	126	125	124	123
	校正锤击数	17	22	19	23	44	42	52	62	95	74
	临界锤击数	15.5	16.5	17.5	18.5	19.5	20.5	21.5	22.5	23.5	24.5
	评价	无液化									

表 9-57　　　　　　　　　　0+514～1+465 上游段桩间孔检测成果

SJJ05	试段	1	2	3	4	5	6	7	8	9	10
	试段高程/m	133	132	131	130	129	128	127	126	125	124
	校正锤击数	17	17	27	38	74	94	85	144	31	86
	临界锤击数	14.5	15.5	16.5	17.5	18.5	19.5	20.5	21.5	22.5	23.5
	评价	无液化									
SJJ06	试段	1	2	3	4	5	6	7	8	9	10
	试段高程/m	132	131	130	129	128	127	126	125	124	123
	校正锤击数	22	31	38	55	61	62	75	76	70	36
	临界锤击数	15.5	16.5	17.5	18.5	19.5	20.5	21.5	22.5	23.5	24.5
	评价	无液化									
SJJ07	试段	1	2	3	4	5	6	7	8	9	10
	试段高程/m	133	132	131	130	129	128	127	126	125	124
	校正锤击数	14	20	22	26	38	41	55	52	53	46
	临界锤击数	14.5	15.5	16.5	17.5	18.5	19.5	20.5	21.5	22.5	23.5
	评价	液化									
SJJ07-1	试段	1	2								
	试段高程/m	134	132								
	校正锤击数	25	26								
	临界锤击数	14.0	15.5								
	评价	无液化									

表 9 - 58 　　　　　　　**0＋514～1＋465 上游段桩间孔检测成果表**

SJZ09	试段	1	2	3	4	5	6	7	8	9	10	11	
	试段高程/m	133	132	131	130	129	128	127	126	125	124	123	
	校正锤击数	15	25	21	46	65	32	78	58	48	112	63	
	临界锤击数	14.5	15.5	16.5	17.5	18.5	19.5	20.5	21.5	22.5	23.5	24.5	
	评价	无液化											

SJJ10	试段	1	2	3	4	5	6	7	8	9	10		
	试段高程/m	132	131	130	129	128	127	126	125	124	123		
	校正锤击数	16	27	38	47	60	55	60	67	56	51		
	临界锤击数	15.5	16.5	17.5	18.5	19.5	20.5	21.5	22.5	23.5	24.5		
	评价	无液化											

SJZ11	试段	1	2	3	4	5	6	7	8	9	10	11	
	试段高程/m	133	132	131	130	129	128	127	126	125	124	123	
	校正锤击数	23	32	37	50	52	58	59	103	93	53	46	
	临界锤击数	14.5	15.5	16.5	17.5	18.5	19.5	20.5	21.5	22.5	23.5	24.5	
	评价	无液化											

SJJ14	试段	1	2	3	4	5	6	7	8	9	10	11	12
	试段高程/m	135	134	133	132	131	130	129	128	127	126	125	124
	校正锤击数	19	16	18	43	40	43	41	51	48	115	56	39
	临界锤击数	14	14	14.5	15.5	16.5	17.5	18.5	19.5	20.5	21.5	22.5	23.5
	评价												

表 9 - 59 　　　　　　　**0＋514～1＋465 上游段桩间孔检测成果表**

SJJ15	试段	1	2	3	4	5	6	7	8	9	10	11	12	13
	试段高程/m	135	134	133	132	131	130	129	128	127	126	125	124	123
	校正锤击数	22	11	13	34	37	32	39	33	33	46	51	53	50
	临界锤击数	14	14	14.5	15.5	16.5	17.5	18.5	19.5	20.5	21.5	22.5	23.5	24.5
	评价	夹泥无液化			无液化									

SJJ17	试段	1	2	3	4	5	6	7	8	9	10	11	12	13
	试段高程/m	135	134	133	132	131	130	129	128	127	126	125	124	123
	校正锤击数	17	21	33	28	35	37	40	46	83	68	108	75	52
	临界锤击数	14	14	14.5	15.5	16.5	17.5	18.5	19.5	20.5	21.5	22.5	23.5	24.5
	评价	无液化												

SJJ18	试段	1	2	3	4	5	6	7	8	9	10	11	12	13
	试段高程/m	135	134	133	132	131	130	129	128	127	126	125	124	123
	校正锤击数	25	20	17	22	33	32	35	35	40	40	41	57	49
	临界锤击数	14	14	14.5	15.5	16.5	17.5	18.5	19.5	20.5	21.5	22.5	23.5	24.5
	评价	无液化												

续表

SJJ20	试段	1	2	3	4	5	6	7	8	9	10	11	12	13
	试段高程/m	135	134	133	132	131	130	129	128	127	126	125	124	123
	校正锤击数	32	22	49	49	57	70	57	72	77	70	111	46	82
	临界锤击数	14	14	14.5	15.5	16.5	17.5	18.5	19.5	20.5	21.5	22.5	23.5	24.5
	评价	无液化												
SJJ21	试段	1	2	3	4	5	6	7	8	9	10	11		
	试段高程/m	135	134	133	132	131	130	129	128	127	126	125		
	校正锤击数	32	41	43	42	54	56	76	79	98	102	94		
	临界锤击数	14	14	14.5	15.5	16.5	17.5	18.5	19.5	20.5	21.5	22.5		
	评价	无液化												

表 9-60　　　　　　　　　　**1+465~2+232.4 上游段桩间孔检测成果表**

SJJ23	试段	1	2	3	4	5	6	7	8	9	10	11	
	试段高程/m	135	134	133	132	131	130	129	128	127	126	125	
	校正锤击数	28	29	44	41	59	66	82	65	81	115	107	
	临界锤击数	14	15	16	17	18	19	20	21	22	23	24	
	评价	无液化											
SJJ24	试段	1	2	3	4	5	6	7	8	9	10	11	12
	试段高程/m	135	134	133	132	131	130	129	128	127	126	125	124
	校正锤击数	20	21	33	54	60	69	122	132	162	158	178	151
	临界锤击数	14	15	16	17	18	19	20	21	22	23	24	25
	评价	无液化											
SJJ26	试段	1	2	3	4	5	6	7	8	9	10	11	
	试段高程/m	135	133	132	131	130	129	128	127	126	125	124	
	校正锤击数	27	39	32	67	77	71	72	74	69	126	124	
	临界锤击数	14	16	17	18	19	20	21	22	23	24	25	
	评价	无液化											
SJJ27	试段	1	2	3	4	5	6	7	8	9	10	11	
	试段高程/m	135	133	132	131	130	129	128	127	126	125	124	
	校正锤击数	7	20	31	26	38	43	34	46	57	61	58	
	临界锤击数	14	16	17	18	19	20	21	22	23	24	25	
	评价	无液化											
SJJ29	试段	1	2	3	4	5	6	7	8	9	10	11	
	试段高程/m	135	133	132	131	130	129	128	128	127	126	124	
	校正锤击数	14	24	24	37	42	45	20	50	65	71	61	
	临界锤击数	14	16	17	18	19	20	21	22	23	24	25	
	评价	无液化											

	试段	1	2	3	4	5	6	7	8	9	10	11	
SJJ30	试段高程/m	135	133	132	131	130	129	128	128	127	126	124	
	校正锤击数	17	20	22	35	43	32	30	30	14	56	52	
	临界锤击数	14	16	17	18	19	20	21	22	23	24	25	
	评价	无液化											
SJJ32	试段	1	2	3	4	5	6	7	8	9	10	11	
	试段高程/m	135	133	132	131	130	129	128	128	127	126	124	
	校正锤击数	22	27	32	31	30	31	39	33	29	29	28	
	临界锤击数	14	16	17	18	19	20	21	22	23	24	25	
	评价	无液化											

表 9-61　　　　2＋232.4～2＋570 上游段桩间孔检测成果表

	试段	1	2	3	4	5	6	7	8	9	10	11	12	13
SJJ33	试段高程/m	140	139	138	137	136	135	134	133	132	131			
	校正锤击数	21	27	31	40	50	62	63	67	63	67			
	临界锤击数	9.5	10.5	11.5	12.5	13.5	14.5	15.5	16.5	17.5	18.5			
	评价	无液化												
SJJ35	试段	1	2	3	4	5	6	7	8	9	10	11	12	13
	试段高程/m	143	142	141	140	139	138	137	136	135	134	133	132	131
	校正锤击数	16	17	18	19	25	28	30	36	34	39	40	47	38
	临界锤击数	8.5	8.5	8.5	9.5	10.5	11.5	12.5	13.5	14.5	15.5	16.5	17.5	18.5
	评价	无液化												
SJJ36	试段	1	2	3	4	5	6	7	8	9	10	11	12	13
	试段高程/m	143	142	141	140	139	138	137	136	135	134	133	132	131
	校正锤击数	15	17	21	23	29	31	33	35	39	38	41	37	35
	临界锤击数	8.5	8.5	8.5	9.5	10.5	11.5	12.5	13.5	14.5	15.5	16.5	17.5	18.5
	评价	无液化												

表 9-62　　　　0＋514～1＋465 下游段桩间孔检测成果表

	试段	1	2	3	4	5	6	7	8	
XJJ01	试段高程/m	133	132	131	130	129	128	127	126	
	校正锤击数	22	11	13	34	37	32	39	33	
	临界锤击数	11.5	12.5	13.5	14.5	15.5	16.5	17.5	18.5	
	评价	无液化								
XJZ03	试段	1	2	3	4	5	6	7	8	
	试段高程/m	133	132	131	130	129	128	127	126	
	校正锤击数	18	18	24	41	62	53	47	73	
	临界锤击数	11.5	12.5	13.5	14.5	15.5	16.5	17.5	18.5	
	评价	无液化								

	试段	1	2	3	4	5	6	7	8		
XJJ04	试段高程/m	132	131	130	129	128	127	126	125		
	校正锤击数	19	27	24	35	50	65	112	85		
	临界锤击数	12.5	13.5	14.5	15.5	16.5	17.5	18.5	19		
	评价	无液化									
	试段	1	2	3	4	5	6	7	8		
XJZ07	试段高程/m	133	132	131	130	129	128	127	126		
	校正锤击数	16	45	68	85	100	79	74	37		
	临界锤击数	11.5	12.5	12.5	13.5	14.5	16.5	17.5	18.5		
	评价	无液化									
	试段	1	2	3	4	5	6	7	8		
XJJ09	试段高程/m	133	132	131	130	129	128	127	126		
	校正锤击数	18	35	43	43	45	58	66	58		
	临界锤击数	11.5	12.5	13.5	14.5	15.5	16.5	17.5	18.5		
	评价	无液化									
	试段	1	2	3	4	5	6	7	8		
XJZ10	试段高程/m	133	132	131	130	129	128	127	126		
	校正锤击数	29	39	39	48	13	71	84	80		
	临界锤击数	11.5	12.5	13.5	14.5	15.5	16.5	17.5	18.5		
	评价	无液化									
	试段	1	2	3	4	5	6	7	8		
XJZ13	试段高程/m	133	132	131	130	129	128	127	126		
	校正锤击数	31	42	43	55	55	76	122	82		
	临界锤击数	11.5	12.5	13.5	14.5	15.5	16.5	17.5	18.5		
	评价	无液化									
	试段	1	2	3	4	5	6	7			
XJZ12	试段高程/m	132	131	130	129	128	127	126			
	校正锤击数	23	41	64	71	113	115	104			
	临界锤击数	12.5	13.5	14.5	15.5	16.5	17.5	18.5			
	评价	无液化									
	试段	1	2	3	4	5	6	7	8	9	10
XJJ15	试段高程/m	135	134	133	132	131	130	129	128	127	126
	校正锤击数	17	29	38	9	41	52	53	96	60	52
	临界锤击数	11	11	11.5	12.5	13.5	14.5	15.5	16.5	17.5	18.5
	评价	无液化									
	试段	1	2	3	4	5	6	7	8	9	10
XJJ16	试段高程/m	136	135	134	133	132	131	130	129	128	127
	校正锤击数	43	41	43	45	51	57	59	72	57	57
	临界锤击数	11	11	11	11.5	12.5	13.5	14.5	15.5	16.5	17.5
	评价	无液化									

试段	1	2	3	4	5	6	7	8	9	10
试段高程/m	135	134	133	132	131	130	129	128	127	126
XJJ18 校正锤击数	26	34	47	54	55	53	76	97	88	97
临界锤击数	11	11	11.5	12.5	13.5	14.5	15.5	16.5	17.5	18.5
评价	无液化									
试段	1	2	3	4	5	6	7	8	9	10
试段高程/m	135	134	133	132	131	130	129	128	127	126
XJJ19 校正锤击数	62	56	56	54	90	118	97	79	69	45
临界锤击数	11	11	11.5	12.5	13.5	14.5	15.5	16.5	17.5	18.5
评价	无液化									
试段	1	2	3	4	5	6	7	8	9	10
试段高程/m	135	134	133	132	131	130	129	128	127	126
XJJ21 校正锤击数	20	39	47	89	94	108	199	154	187	218
临界锤击数	11	11	11.5	12.5	13.5	14.5	15.5	16.5	17.5	18.5
评价	无液化									

表 9-63 　　　　　　　　　　**1+465～2+232.4 下游段桩间孔检测成果表**

试段	1	2	3	4	5	6	7	8
试段高程/m	135	134	133	132	131	130	129	127
XJJ22 校正锤击数	37	53	61	81	84	68	85	115
临界锤击数	9.5	10.5	11.5	12.5	13.5	14.5	15.5	17.5
评价	无液化							
试段	1	2	3	4	5	6	7	8
试段高程/m	135	134	133	132	131	130	129	127
XJJ24 校正锤击数	37	52	46	66	70	67	67	66
临界锤击数	9.5	10.5	11.5	12.5	13.5	14.5	15.5	17.5
评价	无液化							
试段	1	2	3	4	5	6	7	8
试段高程/m	135	134	133	132	131	130	129	127
XJJ25 校正锤击数	37	46	29	104	100	143	60	115
临界锤击数	9.5	10.5	11.5	12.5	13.5	14.5	15.5	17.5
评价	无液化							
试段	1	2	3	4	5	6	7	8
试段高程/m	135	134	133	132	131	130	129	127
XJJ27 校正锤击数	39	46	94	74	89	113	93	93
临界锤击数	9.5	10.5	11.5	12.5	13.5	14.5	15.5	17.5
评价	无液化							

	试段	1	2	3	4	5	6	7	8	
XJJ28	试段高程/m	135	134	133	132	131	130	129	127	
	校正锤击数	36	46	57	57	62	63	99	105	
	临界锤击数	9.5	10.5	11.5	12.5	13.5	14.5	15.5	17.5	
	评价	无液化								
XJJ30	试段	1	2	3	4	5	6	7	8	
	试段高程/m	135	134	133	132	131	130	129	127	
	校正锤击数	30	29	42	41	47	62	75	88	
	临界锤击数	9.5	10.5	11.5	12.5	13.5	14.5	15.5	17.5	
	评价	无液化								
XJJ31	试段	1	2	3	4	5	6	7	8	9
	试段高程/m	136	135	134	133	132	131	130	129	128
	校正锤击数	22	19	34	33	55	70	65	86	94
	临界锤击数	9.5	9.5	10.5	11.5	12.5	13.5	14.5	15.5	16.5
	评价	无液化								

表 9 - 64　　　　　　　　2＋232.4～2＋570 下游段桩间孔检测成果表

	试段	1	2	3	4	5	6	7	8	9	10	11	12	13	14
XJJ33	试段高程/m	141	140	139	138	137	136	135	134	133	132	131	130	129	128
	校正锤击数	22	24	28	39	34	44	32	42	43	46	46	49	46	51
	临界锤击数	3.5	4.5	5.5	6.5	7.5	8.5	9.5	10.5	11.5	12.5	13.5	14.5	15.5	16.5
	评价	无液化													
XJJ34	试段	1	2	3	4	5	6	7	8	9	10				
	试段高程/m	143	142	141	140	139	138	137	136	135	134				
	校正锤击数	24	26	29	35	33	48	51	52	58	53				
	临界锤击数	3.3	3.5	3.5	4.5	5.5	6.5	7.5	8.5	9.5	10.5				
	评价	无液化													
XJJ36	试段	1	2	3	4	5	6	7	8	9	10	11	12		
	试段高程/m	145	144	143	142	141	140	139	138	137	136	135	134		
	校正锤击数	27	29	32	40	50	49	54	51	58	64	72	54		
	临界锤击数	3.5	3.5	3.5	3.5	3.5	4.5	5.5	6.5	7.5	8.5	9.5	10.5		
	评价	无液化													
XJJ37	试段	1	2	3	4	5	6	7	8	9	10	11	12		
	试段高程/m	145	144	143	142	141	140	139	138	137	136	135	134		
	校正锤击数	29	26	27	37	48	49	51	55	57	49	46	49		
	临界锤击数	3.5	3.5	3.5	3.5	3.5	4.5	5.5	6.5	7.5	8.5	9.5	10.5		
	评价	无液化													

3. 检测结论

根据以上检测数据可见，标贯试验击数比原始砂层提高很多，详见表9-65。已经达到设计目的，已经提高砂土地层抗地震液化指标，保证了工程安全。

表9-65 土坝坝基不同时期砂层标贯击数变化表

深击	0~1m	1~2m	2~3m	3~4m	4~5m	5~6m	6~7m	7~8m	8~9m	9~10m	10~11m
试验前	6	9	12	13	13	20	18	19	22	21	24
试验后	15	30	37	36	40	48	50	50	47	44	50
施工期	18~24	22~24	24~28	29~32	31~36	35~40	40~45	44~50	46~58	51~58	56~65

本次检测共布置检测孔78个，完成标准贯入试验759段，对各段进行了液化判定计算，检测中曾出现4个点位表层标贯数据不达标的情况，经施工单位对表层砂土进行了振动碾压处理，复检后判定为合格。其中SJJ15孔2段因夹泥导致标贯击数偏低，不会引起液化问题。大量检测统计资料表明大坝地基砂土层经过振冲施工后密实度得到很大提高，表现在标贯击数上亦提高了2~3倍。通过检测认为本次振冲加密施工达到预期效果，满足设计要求，增强了坝基抗液化稳定性，巩固了大坝安全，质量合格。

9.10.6 振冲挤密施工沉降数据

在施工场地按照区域进行施工前的标高测量，在施工过程中同步进行振后的标高测量，及时将数据统计分析，对比自检标贯击数，及时调整施工参数，指导后期施工。沉降数据统计见表9-66。

表9-66 沉 降 数 据 统 计 表

序号	区域	振前平均标高/m	振后平均标高/m	沉降量/m	设计桩长/m	备注
1	0+614~0+664 上游	134.5	133.27	1.23	12	
2	0+614~0+664 下游	134.7	133.7	1	9.2	
3	0+664~0+714 上游	133.5	132.48	1.02	11	
4	0+664~0+714 下游	133.5	132.7	0.8	8.5	
5	0+714~0+764 上游	134	132.93	1.07	11.5	
6	0+714~0+764 下游	133.85	132.98	0.87	8.5	
7	0+764~0+814 上游	134.6	133.54	1.06	12.1	
8	0+764~0+814 下游	134.6	133.66	0.94	9.1	
9	0+814~0+864 上游	134.55	133.53	1.02	12.1	
10	0+814~0+864 下游	134.55	133.61	0.94	9.05	
11	0+864~0+914 上游	134.5	133.5	1	12	
12	0+864~0+914 下游	134.5	133.61	0.89	9	
13	0+914~0+932 上游	134.4	133.38	1.02	12	
14	0+914~0+932 下游	134.4	133.7	0.7	9	
15	0+932~0+950 上游	134.7	133.38	1.32	12.2	

序号	区　　域	振前平均标高/m	振后平均标高/m	沉降量/m	设计桩长/m	备注
16	0+932~0+950 下游	134.7	133.7	1	9.2	
17	0+950~1+000 上游	136.8	135.8	1	12.3	
18	0+950~1+000 下游	136.8	136.07	0.73	9.3	
19	1+000~1+464.4 上游	137	135.65	1.35	14.5	
20	1+000~1+464.4 下游	137	135.90	1.10	11.5	
21	1+464.4~1+546.1 上游	137	135.70	1.30	13	
22	1+464.4~1+546.1 下游	137	135.90	1.10	10	
23	1+546.1~1+974.39 上游	136.6	135.31	1.29	12.6	
24	1+546.1~1+974.39 下游	136.6	135.5	1.10	9.6	
25	1+974.39~1+999.75 上游	136.6	135.2	1.40	12.6	
26	1+974.39~1+999.75 下游	136.6	135.38	1.22	9.6	
27	1+999.75~2+171.75 上游	137.5	136.1	1.40	13.5	
28	1+999.75~2+179.275 下游	137.5	136.5	1.10	10.5	
29	2+171.75~2+184.65 上游	138.3	136.88	1.42	14.3	
30	2+184.65~2+225.5 上游	140.8	139.35	1.45	10.8	
31	2+225.5~2+242.7 上游	140.7	139.25	1.45	10.7	
32	2+242.7~2+281.4 上游	143.3	141.85	1.45	13.3	
33	2+179.275~2+226.575 下游	139.2	137.9	1.30	12.2	
34	2+226.575~2+242.7 下游	140.7	139.4	1.30	13.7	
35	2+242.7~2+281.4 下游	143.3	142.0	1.30	10.3	
36	2+281.4~2+431.9 上游	144.2	142.73	1.47	14.2	
37	2+281.4~2+431.9 下游	144.2	142.9	1.30	11.2	
38	2+431.9~2+511.45 上游	144.7	143.3	1.40	14.7	
39	2+431.9~2+511.45 下游	144.7	143.4	1.30	11.7	

注　以上统计仅是作为控制施工过程的一个参考数据，不能作为判断施工是否合格的关键指标。

统计数字表明，沉降量与施工处理深度有直接关系，就本工程地质条件而言，沉降量约为加固深度的 8%~10%，除此之外，沉降量与地质条件（砂的构成、含水量、松散程度）、加密时间等其他因素有关，如 0+914~0+932 区域的施工场地处于水面以下，大部分属于粉细砂，振冲后的沉降量较其他区域小，而 0+932~0+950 是新回填区域，回填后的结构比较松散，振冲处理后的沉降量较其他区域大，虽然 0+950~1+000 区域地表 4m 为新填砂层，但由于所填砂层含黏粒量较大，振冲后沉降量比相邻区域要小。

9.10.7　工程质量单元评定与验收

土坝振冲地基处理工程施工从土坝桩号 0+514 到土坝桩号 2+511.45，长度 1997.45m。根据已批准的项目划分表，土坝振冲地基处理单元划分原则为：沿土坝轴线方向 150m 划分为一个单元，而 0+514~0+550 段振冲碎石桩单独划分为一个单元；另外，本工程分为两个年度施工，按照业主和监理要求，2009年度在施工完成后，对2009年所完成的施工段进行了单元评定。结合现场实际施工情况和单元评定要求，经监理及业主单位批准，将振冲地基处理工程划分为15个单元进行评定。单元划分见表9-67。

表9-67   哈达山水利枢纽工程（一期）坝基振冲桩单元划分表

分部工程		单 元 工 程		
名称及编号		名称	编 号	说 明
坝基振冲桩	HDS-A-3-1-2	坝体1工段	HDS-A-3-1-2-1	0+550～0+650，100m
坝基振冲桩	HDS-A-3-1-2	坝体2工段	HDS-A-3-1-2-2	0+650～0+800，150m
坝基振冲桩	HDS-A-3-1-2	坝体3工段	HDS-A-3-1-2-3	0+800～0+950，150m
坝基振冲桩	HDS-A-3-1-2	坝体4工段	HDS-A-3-1-2-4	0+950～1+100，150m
坝基振冲桩	HDS-A-3-1-2	坝体5工段	HDS-A-3-1-2-5	1+100～1+250，150m
坝基振冲桩	HDS-A-3-1-2	坝体6工段	HDS-A-3-1-2-6	1+250～1+400，150m
坝基振冲桩	HDS-A-3-1-2	坝体7工段	HDS-A-3-1-2-7	1+400～1+550，150m
坝基振冲桩	HDS-A-3-1-2	坝体8工段	HDS-A-3-1-2-8	1+550～1+700，150m
坝基振冲桩	HDS-A-3-1-2	坝体9工段	HDS-A-3-1-2-9	1+700～1+850，150m
坝基振冲桩	HDS-A-3-1-2	坝体10工段	HDS-A-3-1-2-10	1+850～2+000，150m
坝基振冲桩	HDS-A-3-1-2	坝体11工段	HDS-A-3-1-2-11	2+000～2+150，150m
坝基振冲桩	HDS-A-3-1-2	坝体12工段	HDS-A-3-1-2-12	2+150～2+300，150m
坝基振冲桩	HDS-A-3-1-2	坝体13工段	HDS-A-3-1-2-13	2+300～2+450，150m
坝基振冲桩	HDS-A-3-1-2	坝体14工段	HDS-A-3-1-2-14	2+450～2+511.45，61.45m
坝基振冲桩	HDS-A-3-1-2	坝体15工段	HDS-A-3-1-2-15	0+514～0+550，36m（振冲碎石桩）

按照验收规范要求，对土坝振冲地基处理工程的15个单元工程进行评定和验收。经验收评定各方评定，所有单元工程质量评定为优良，评定结果见表9-68。

表9-68   哈达山水利枢纽工程（一期）坝基振冲桩单元评定成果表

工 段	单元工程量	合格率/%	优良率/%
坝体1工段	振冲桩3200根，抽检640根	100	96.7
坝体2工段	振冲桩4800根，抽检960根	100	94.8
坝体3工段	振冲桩4800根，抽检960根	100	94.4
坝体4工段	振冲桩4360根，抽检872根	100	94.5
坝体5工段	振冲桩4200根，抽检840根	100	95.0
坝体6工段	振冲桩4200根，抽检840根	100	95.7
坝体7工段	振冲桩3854根，抽检771根	100	94.7
坝体8工段	振冲桩3640根，抽检728根	100	95.3
坝体9工段	振冲桩3640根，抽检728根	100	94.9
坝体10工段	振冲桩3640根，抽检728根	100	96.2
坝体11工段	振冲桩3614根，抽检723根	100	96.3

工　段	单元工程量	合格率/%	优良率/%
坝体 12 工段	振冲桩 2521 根，抽检 505 根	100	96.0
坝体 13 工段	振冲桩 1834 根，抽检 367 根	100	96.7
坝体 14 工段	振冲桩 348 根，抽检 70 根	100	97.1
坝体 15 工段	振冲桩 1151 根，抽检 231 根	100	95.7

施工单位自评结果全部优良，监理单位复核意见全部优良，分部工程质量等级评定意见为优良。

9.10.8　结论与建议

（1）哈达山水利枢纽一期土坝基础振冲处理工程，2009 年度，施工自 2009 年 4 月 12 日开始，至 2009 年 11 月 25 日完成；2010 年度，施工自 2010 年 4 月 12 日开始，至 2010 年 9 月 6 日完成。

（2）哈达山水利枢纽（一期）土坝基础振冲处理工程完成振冲桩 49802 根，共 574466.8 延米，其中振冲挤密砂桩 562369.8m，振冲碎石桩 12097m。

（3）在施工过程中，严格按照设计图纸和施工组织设计进行施工和各项施工管理工作，保质保量地完成了土坝基础振冲处理工程的施工任务。

（4）严格执行安全文明施工规定和安全操作规程，达到了安全事故零目标，实现了现场及周边环境的环保文明。

（5）经第三方检测单位对施工质量进行检测，哈达山水利枢纽一期土坝基础振冲处理工程全部达到设计要求，已消除土坝基础的地震液化问题。

（6）根据 DL/T 5113.1—2019《水电水利基本建设工程单元工程质量等级评定标准 第 1 部分：土建工程》的要求在施工结束后对本工程进行了验收和评定，达到优良标准。

9.11　金沙江上游拉哇水电站上游围堰工程

9.11.1　工程概况

拉哇水电站位于金沙江上游，左岸为四川省甘孜藏族自治州巴塘县拉哇乡，右岸为西藏昌都自治州芒康县朱巴笼乡，是金沙江上游 13 级开发方案中的第 8 级，上游为叶巴滩水电站，下游为巴塘水电站。

拉哇水电站属 I 等大（1）型工程，电站枢纽主要由混凝土面板堆石坝、右岸溢洪洞、右岸泄洪放空洞、右岸地下厂房等建筑物组成，总装机容量 2000MW。水库正常蓄水位 2702.00m，死水位 2672.00m，为季调节电站。面板堆石坝坝顶高程 2709.00m。大坝施工采用隧洞导流方式，主要导流建筑物有大坝上、下游围堰及导流隧洞，2 条导流隧洞布置于右岸，围堰和导流隧洞建筑物等级为 3 级。

上游围堰堰顶高程 2597.00m，堰顶长度 187.75m，堰顶宽度 15.00m，最大堰高约 60m，与基坑开挖形成联合边坡高度 130m。

上游围堰修建在深度达 71m 且含有约 50m 厚堰塞湖相沉积低液限黏土的深厚覆盖层上，湖湘沉积层具有"厚度大、承载力低、渗透系数低、抗剪强度低、压缩性高"等特点。上游围堰堰体设计断面见图 9-41。围堰填筑后，软弱地基土将形成较高超孔隙水压力，消散时间长，围堰沉降变形、水平变位大，边坡稳定问题突出。经过研究论证，采用振冲法地基处理进行围堰地基加固。

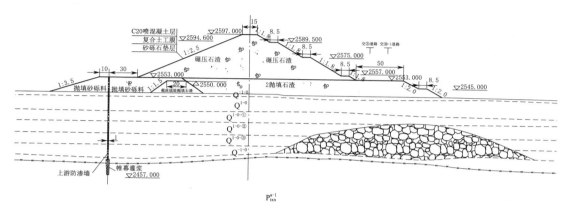

图 9-41　上游围堰堰体设计断面图

9.11.2　工程地质条件

上游围堰轴线位于下松洼沟沟口处，距离大坝轴线 890m。勘测期间轴线处枯水期水深约 2.7m，河床覆盖层厚度约 66m，主河槽基岩面高程约 2470m；白格堰塞湖溃坝洪水后可能存在淤积或冲坑，河床地表高程及覆盖层厚度存在变化。图 9-42 为上游围堰典型河床纵剖面图。

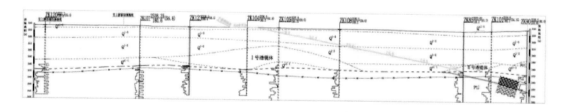

图 9-42　上游围堰典型河床纵剖面图

围堰两岸裸露弱风化基岩，岩性为绿泥角闪片岩（P_{txn}^{a-1}）。左岸地形坡度约 60°，岩层产状为 N50°～80°W、SW∠25°～35°，与岸坡构成斜交顺向坡，右岸地形坡度 35°～45°，岩层产状为 N30°～50°W、SW∠35°～45°，与岸坡构成斜交反向坡；两岸强卸荷带埋深 10～15m，弱卸荷带埋深 40～45m；河床部位基岩岩性为绿泥角闪片岩（P_{txn}^{a-1}），弱风化下限铅直埋深 55～75m，其岩体厚度 5～15m。

根据钻孔揭露情况，结合河床纵、横剖面，上游围堰堰基及基坑边坡区域河床覆盖层厚度 65～68m，其中，表层 Q^{al-5} 砂卵石层厚度 1～8m，中部堰塞湖相沉积的 Q^{l-3} 层、Q^{l-2} 层厚度 44～46m，河床底部 Q^{al-1} 砂卵石层厚度 4.5～13.5m。

覆盖层下伏基岩地层为第 1 层（P_{txn}^{a-1}），岩性为角闪片岩、绿泥角闪片岩夹少量的云母石英片岩、石英片岩及大理岩，浅表层岩石主要为弱风化，其厚度一般 10～15m。

河床第 2 层 Q^{l-2} 层，堰塞湖相沉积层，以砂质低液限黏土为主，层厚最大约为 31.4m，该层自上而下可分为 $Q^{l-2-③}$、$Q^{l-2-②}$、$Q^{l-2-①}$ 3 个亚层，其中 $Q^{l-2-③}$ 层以低液限黏土为主，多呈流塑状，厚度 4～8.5m、$Q^{l-2-②}$ 层以低液限粉土和砂质低液限粉土为主，多呈可塑～软塑状，厚度 10～15m、$Q^{l-2-①}$ 层以低液限黏土为主，局部为低液限粉土，多呈可塑～软塑状，厚度最大约 15.2m。上游围堰轴线下游靠近坡脚范围右岸有透镜体，受其影响，Q^{l-2} 层仅靠近左侧存在，呈倒三角形分布，厚度也比上游变薄，最大厚度约 20m。

第 3 层 Q^{l-3} 层，堰塞湖相沉积层，以砂质低液限粉土、粉土质砂为主，少量含砂低液限黏土，局部含细粒土砂及少量的卵砾石，在堰基区域其厚度为 14.7～18.1m、分布高程 2514.000～2521.000m，在基坑边坡区域其厚度为 18.95～21.45m，在上游围堰范围呈现下游厚于上游的态势。

表层 Q^{al-5}，河床冲积砂卵石层夹少量漂石，主要为卵石夹砂、砾石、漂石，卵石、漂石成分为绿片岩、花岗岩等，磨圆度较好，卵砾石块径一般为 5～20cm，少部分漂石达 80cm 左右，厚度 1.8～10.8m。

堰塞湖湖相沉积层物理力学指标见表 9 - 69。堰塞湖相沉积层土工试验成果见表 9 - 70。

9.11.3　振冲碎石桩设计要求

1. 振冲碎石桩布置

上游围堰地基处理碎石桩分两区布置：A 区桩排距及间距为 3m，梅花形布置；B 区桩排距及间距为 2.5m，梅花形布置。

2. 碎石桩技术指标要求

桩径 1.2m、干容重不小于 1.95g/cm³（大理岩）、渗透系数不小于 $1×10^{-2}$cm/s、压缩模量不小于 50MPa、固结排水剪内摩擦角标准值不小于 40°、单桩承载力不小于 600kPa。

3. 桩体要求

（1）碎石桩桩体底部应伸入 Q^{al-1} 砂砾石层或透镜体内 0.2～0.5m。岸坡段覆盖层底部没有砂砾石层或透镜体时，碎石桩应和基岩面衔接。

（2）碎石桩上部伸入 Q^{al-5} 砂砾石层 0.5m，如河床缺失 Q^{al-5} 砂砾石层，则桩体顶部高程应不低于施工图要求。当 Q^{al-5} 层厚度大于 0.5m 时，Q^{al-5} 层内剩余孔段内应回填与桩体材料相同的级配碎石。

（3）邻近岸坡覆盖层较薄区域，碎石桩成桩最小长度不小于 5.0m。

4. 碎石桩填料质量标准

石料饱和抗压强度大于 40MPa，优先采用大理岩加工。级配要求：具有良好级配的碎石，粒径控制为 20～80mm，20～40mm 占比约 40%，40～80mm 占比约 60%，个别最大粒径不超过 100mm，小于 5mm 粒径的含量不超过 10%，含泥量不大于 5%。

表 9-69　堰塞湖相沉积层物理力学指标表

土层	天然状态		承载力特征值 f_{ak} /kPa	压缩系数 a_{1-2} /MPa^{-1}	压缩模量 E_{1-2} /MPa	变形模量 E_0 /MPa	快剪强度		固结快剪强度		允许水力比降 $J_{允许}$	三轴压缩强度（标准值）					
												固结排水剪（CD）		固结不排水剪（CU）		不固结不排水剪（UU）	
	含水率 ω/%	干密度 ρ_d /(g/cm^3)					凝聚力 C/kPa	内摩擦角 ϕ /(°)	凝聚力 C/kPa	内摩擦角 ϕ /(°)		凝聚力 C/kPa	内摩擦角 ϕ /(°)	凝聚力 C/kPa	内摩擦角 ϕ /(°)	凝聚力 C/kPa	内摩擦角 ϕ /(°)
Q^{al-5}	—	2.00~2.05	250~350	0.12~0.16	32~40	35~45	0	26~30	—	—	0.25~0.30	—	—	—	—	—	—
Q^{al-4}	32.3	1.40	150~180	0.24~0.31	6.7~8.7	5.5~7.5	11.5~13.0	17.5~18.5	14.0~16.0	22.0~23.0	0.44~0.75	28~38	22~23	25~34	17~18	37~50	5~7
Q^{l-3}	34.8	1.36	120~140	0.4~0.41	5.0~5.5	4~5	21.5~24.5	10.5~11.0	20.0~23.0	18.0~19.0	0.42~0.79	42~56	20~21	33~45	12~13	21~38	2.5~3.5
$Q^{l-2-③}$	32.8	1.38	140~160	0.29~0.36	6.0~7.5	5~6	16.0~18.0	16.0~17.0	14.0~16.0	21.0~22.0	0.43~0.63	31~41	21~22	30~40	16~17	26~35	4~5.5
$Q^{l-2-②}$	34.5	1.36	120~140	0.39~0.42	5.0~5.5	4~5	21.5~24.5	11.5~12.0	19.0~21.5	19.0~20.0	0.43~0.79	42~55	20~21	36~48	12.5~13.5	23~31	2.7~3.7
$Q^{l-2-①}$	—	2.00~2.05	250~350	0.12~0.16	32~40	35~45	0	26~30	—	—	0.25~0.30	—	—	—	—	—	—

表 9－70　　　　　　　　　　　　　　　堰塞湖相沉积层土工试验成果表

地层	饱和度 /%	孔隙比	比重 G_s	可 塑 性				砂 粒			粉粒	黏粒
				液限 ω_l/%	塑限 ω_p/%	塑性指数 I_p	液性指数 I_l	粒径/mm				
								2～ 0.5%	0.5～ 0.25%	0.25～ 0.075%	0.075～ 0.005%	<0.005%
Q^{1-3}	93.44	0.92	2.69	34.25	23.86	10.39	0.80	0.07	0.52	35.87	49.13	11.98
$Q^{1-2-③}$	93.61	1.00	2.71	38.31	22.42	15.93	0.78	0.04	0.17	6.70	60.79	31.78
$Q^{1-2-②}$	93.21	0.95	2.69	35.41	24.38	11.06	0.76	0.04	0.25	19.75	60.54	17.27
$Q^{1-2-①}$	93.57	0.99	2.70	37.95	23.24	14.75	0.76	0.04	0.17	5.80	64.19	29.66

9.11.4　振冲施工

上游围堰地基处理分 2 期施工。一期施工右岸，由左岸束窄河床过流；二期施工左岸，由右岸束窄河床过流。振冲碎石桩施工是在填筑的施工平台上进行，施工程序：右岸一期施工平台填筑→一期振冲碎石桩施工→右岸一期施工平台拆除→汛期度汛→左岸二期施工平台填筑→二期振冲碎石桩施工→左岸二期施工平台拆除→汛期度汛。

9.11.5　施工工艺

因施工平台填筑厚平均度达 10m 以上，加之河床 Q^{al-5} 层含有大量漂石、孤石，给振冲碎石桩施工造孔带来很大困难，并且极大地降低了施工效率，为了保证施工工期，做到安全度汛，在部分碎石桩施工时采用了辅助引孔工艺。引孔主要采用旋挖钻机引孔或者大直径气动潜孔锤引孔。施工工艺图见图 9－43。

9.11.6　主要施工设备

1. 振冲器

在加密对象、加密孔位布置及其他施工技术条件确定的条件下，振冲器的性能是决定加固效果的决定因素。本工程使用具备大振幅、高激振力的大功率 BJV220（功率 220kW）电动振冲器进行施工（表 9－71）。

表 9－71　　　　　　　　　　　　　　　BJV220 电动振冲器性能

额定功率 /kW	最大转速 /(r/min)	额定电流 /A	激振动力 /kN	最大振幅 /mm	重量 /kg	外径 /mm
220	1450～1800	350	250～384	28	3210	426

2. 起吊机械

根据本工程的施工特点及工程地质条件，起吊机械选用 300t 及以上的履带吊。300t 履带吊最大臂长 93m，最大安全起升高度 85m，根据施工桩长 70m 的需要，组装了 81m 长吊臂，此工况下最大安全起升高度 76m，工作幅度 18m，安全起拔力为 65.4t，完全满足施工需要。

3. 填料机械

本工程施工采用 ZL50 型装载机上料，在装载机上安装称重设备，通过无线传输方式，将实时数据传输到履带吊驾驶室振冲施工管理系统上。

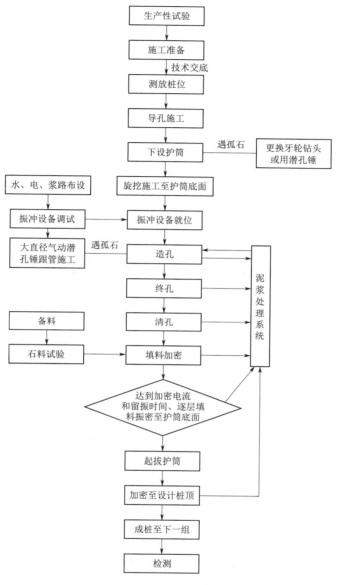

图 9-43 施工工艺图

4. 引孔设备

（1）旋挖钻机。旋挖钻引孔施工采用双底捞钻头或截齿筒钻成孔，开始钻进时，适当控制进尺，待钻头全部进入地层后，方可加快钻进速度，造孔孔径 0.8m。

造孔施工过程中，随着钻孔深度的不断增加，注意观察孔内水位变化情况，发现失水，立即放慢钻进速度，同时观察护筒周围情况，以防止塌孔、护筒掉入孔内等，造成机械设备安全事故。

在钻进过程中，注意钻机孔斜指示仪，发现偏斜，及时纠正。成孔应尽量一次不间断完成，不得无故停钻。出现塌孔现象时及回填渣土后重新造孔；如塌孔较严重，则加深护桶埋设深度重新造孔。

（2）大直径气动潜孔锤钻机。$\phi 800mm$ 大直径潜孔锤跟管法施工，适宜砂卵砾石层，其引孔施工具有钻进效率高、钻头使用寿命长、钻压和扭矩要求低、无循环干式作业不排浆无污染的特点。

大直径潜孔锤钻机在钻进过程中，高压空气驱动冲击器内的活塞作高频往复运动，将该运动所产生的动能源源不断的传递到钻头上，使钻头获得一定的冲击力。潜孔锤冲击破碎岩石的同时，动力头带动钻杆及潜孔锤进行适度的钻压与回转钻进，既能研磨刻碎岩石，又能使潜孔锤击打位置不停地变化，使潜孔锤底部的合金突出点每次都击打在不同位置，风动潜孔锤的空气既能冷却钻头又能将破碎的岩屑吹离孔底并排出孔口，达到快速破碎岩石的作用。所以该引孔工艺有较高的钻进效率。大直径潜孔锤在块石、孤石、中风化和微风化硬岩地层的钻进中，取得了良好的效果。在砂卵石层引孔作业，施工工效约为 $12m/h$。

本工程采用 $\phi 800mm$ 大直径气动潜孔锤钻机跟管钻进引孔，引孔过程采用钢护筒护壁，护筒底端穿透施工平台回填层，确保松散的回填层中大直径漂、卵砾石不坠落后续振冲器施工的孔内，同时护筒跟进也能够利用高压气有效排水、排渣，最大限度降低地下水对潜孔锤锤击效能的不利影响。

9.11.7　振冲碎石桩施工方法

1. 施工准备

振冲施工开工前，做好以下施工准备。

（1）参加技术交底。

（2）收集、分析施工场地的地质资料。

（3）按设计要求准备相应功率及型号的振冲器和配套机具、设备。

（4）施工场地"五通一平"。

（5）根据监理提供的测量坐标点，按图纸测放桩位。

（6）施工前对振冲施工机具进行试运行。

振冲施工技术参数见表 9-67。

2. 引孔施工

采用旋挖钻机或者大直径气动潜孔锤成孔和埋设护筒，穿透施工平台和顶部砂卵砾石层。

3. 振冲桩施工工序

待护筒埋设完成后，测量人员通过 GPS 或全站仪对桩位进行校核；施工机具就位，起吊振冲器对准桩位；开启供水泵，待振冲器下端出水正常后，启动振冲器，检查工作电压和振冲器空载电流是否正常。

（1）造孔。振冲器运行正常后，下放振冲器至距离护筒底部 30cm 后，开始造孔，使振冲器徐徐贯入土中，直至终孔深度。造孔过程中振冲器应始终保持悬垂状态，以保证垂直成孔。振冲器与导管之间有橡胶减震器联结，因此导管有稍微偏斜是允许的，但是偏斜不能过大，防止振冲器偏离贯入方向。当造孔电流值超过电机额定电流时，应减速或者暂停振冲器下沉或上提振冲器，待电流值正常后再继续造孔。若孔口不返水，应加大供水量。并记录造孔时的电流值、造孔速度及返水情况。造孔到达终孔深度即可停止，将振冲器上提 30~50cm。

造孔水压控制在 0.3~0.8MPa，振冲器贯入速率不超过 2m/min，振冲器下沉过程中的电流值不超过电机的额定值。造孔过程中将随时清理孔口泥渣。振冲器每贯入土中 1~2m 孔段，记录一次造孔电流、水压和时间，直至贯入施工图纸规定的终孔深度。当造孔完毕后，将振冲器上下反复提拔 2~3 次，以保证造孔的孔径。

（2）终孔。根据本工程特点确定终孔标准：

1）达到或超过设计孔深。

2）依据该孔位邻近地质勘察孔及补充勘察孔资料，桩长满足设计技术要求。

3）振冲器造孔电流达 200A 以上，且持续造孔 5min 左右无明显进尺。

4）振冲器造孔穿过湖相沉积层土体后进入底部透镜体 0.2m 以上，振冲器导杆抖动明显，振动强烈，持续造孔 10min 左右无明显进尺。

（3）清孔。造孔时返出稠泥浆或孔中有狭窄或缩孔地段应进行清孔。清孔时将振冲器提出孔口或在需要扩孔地段上下反复提拉振冲器，使孔口返出泥浆变稀，保证振冲孔顺直通畅以利填料沉落，振冲器电流基本为空载电流值。

（4）填料加密。

1）采用强迫填料制桩工艺。制桩时连续施工，加密从孔底开始，加密段长度不得超过 0.5m，逐段向上，中间不得漏振。当达到设计规定的加密电流和留振时间后，将振冲器上提继续进行下一段加密，每段加密长度符合设计要求。重复上一步骤工作，自下而上，直至加密到设计要求桩顶标高。

2）加密位置达到桩顶高程，适当缩短加密段长，延长留振时间并反插 2 次，以保证桩顶密实度。

3）加密电压为 380V，波动超过 ±20V 不得施工。振冲施工技术参数见表 9-72。

表 9-72 振 冲 施 工 技 术 参 数

造孔水压/MPa	终孔电流/A	加密段长/m	加密电流/A	留振时间/s
0.3~0.8	≥200	0.5	≥200	8~10

4. 护筒起拔

振冲碎石桩加密至护筒底部时，暂停该桩的加密，待护筒的拔设完成后，继续加密至设计桩顶标高。

振冲碎石桩加密至护筒底部，检查无误后，采用履带吊配合振动锤将护筒拔出。使用前，应在夹持片中间放一块 10~15mm 厚的钢板进行试夹。试夹中液压缸应无渗漏，系统压力应正常，不得在夹持片之间无钢板时试夹。悬挂振动锤的履带吊，其吊钩上必须有防松脱的保护装置。振动锤悬挂钢架的耳环上应加装保险钢丝绳。

启动振动锤应监视启动电流和电压，一次启动时间不应超过 10s。当启动困难时，应查明原因，排除故障后，方可继续启动。启动后，应待电流降到正常值时，方可转到运转位置。振动锤启动运转后，应待振幅达到规定值时，方可作业。当振幅正常后仍不能拔护筒时，应改用功率较大的振动锤。

夹护筒时，不得在夹持器和护筒的头部之间留有空隙，并应待压力表显示压力达到额定值后，方可指挥起拔。振动拔护筒前，应用钢丝绳拴好护筒预设孔，再起振护筒。当护筒在地下只有 1～2m 时，应停止振动，由履带吊直接拔出。待护筒完全拔出后，在钢丝绳未吊紧前，不得松开夹持器。放置指定位置，护筒放平稳后，解开保险钢丝绳。

拔护筒过程中，专人观察护筒的垂直度，发现问题，立即停止拔出护筒作业；吊车司机实时观察起拔力变化，发现突然变大时，立即停止上拔，防止护筒断裂。

5. 空孔段回填

（1）按设计技术要求，碎石桩上部伸入 Q^{al-5} 砂卵石层 0.5m，当 Q^{al-5} 层厚度大于 0.5m 时，Q^{al-5} 层剩余孔段应回填与桩体材料相同的级配碎石，回填高度不小于 2.5m。如桩位河床缺失 Q^{al-5} 砂卵石层，则桩体顶部高程应不小于施工图要求。施工平台引孔段未要求回填级配碎石的孔段，应回填石渣料。回填慢速上升，确保石渣回填密实。

（2）对回填的空孔段进行振冲密实，确保大型设备行走安全。

9.11.8　检测

1. 检测内容

根据施工技术要求，碎石桩质量检测项目、检测方法及数量见表 9-73。

表 9-73　　　　　　　　碎石桩质量检测项目、检测方法及数量表

检测项目	检测方法	检测数量	备　注
填料检测（级配、含泥量、母岩强度、堆积密度等）	室内试验	每 2000m³ 检测一组	
渗透系数	钻孔注水	总桩数 1%	每根桩不少于 2 个测点
密实度	重型（超重型）动力触探	总桩数 1%	每根桩每 5m 检测 10 点
承载力	重型动力触探	总桩数 1%	每根桩每 5m 检测 10 点
压缩模量	重型动力触探	总桩数 1%	每根桩每 5m 检测 10 点
内摩擦角	重型动力触探	总桩数 1%	每根桩每 5m 检测 10 点

2. 检测结果

依据表 9-73 所列本次碎石桩质量检测项目、检测方法及数量要求，进行了质量检测。根据检测结果综合分析。

从重型动力触探检测成果来看，振冲碎石桩整体质量较好，桩身修正后平均重型动力触探击数均大于 15 击，满足设计要求，合格率 100%。

从渗透试验成果来看，各测点的渗透系数均满足不小于 $1×10^{-2}$ cm/s 的设计要求，合格率 100%。渗透系数最小值为 $1.55×10^{-2}$ cm/s，最大值为 $8.74×10^{-2}$ cm/s，说明振冲碎石桩透水性良好。

跨孔 CT 测试是通过获取地层不同点位的纵波波速来反映地层分布情况，在本工程中，利用跨孔 CT 获取相邻两根碎石桩钻孔之间剖面的纵波波速分布情况，来定性反映桩体对地层的加固效果。从测试成果看，所检测的各根桩在桩体范围内波速均较高，说明桩体填充良好，密实度较好。由两侧桩体向内，波速逐渐降低，说明碎石桩对桩周土有一定的挤密作用。

9.11.9 结论

拉哇水电站围堰地基覆盖层厚度深达 71m 且含有约 50m 厚湖相沉积低液限黏土，是目前世界上在建土石坝中坝基软土最厚的工程，其上游围堰与基坑形成的联合边坡高达 130m，围堰工程边坡稳定、沉降变形等问题是拉哇工程关键技术难题。

该工程通过"大吨位吊车＋超长振冲导杆＋振冲器"方式施工超深振冲碎石桩对 50m 厚湖相沉积低液限黏土进行加固处理，最大桩长超过 70m，为目前世界最深振冲碎石桩。该工程中通过对振冲施工设备和施工工艺的研究提升，解决了 70m 级超深振冲碎石桩施工难题，使振冲碎石桩的最长施工桩长从 40m 提高到 70m，实现了巨大突破，其工程实践成果对我国深厚覆盖层筑坝工程具有极大的促进作用，也将振冲碎石桩的使用水平提升到新的高度。

根据围堰填筑后进行的工程监测成果，拉哇水电站围堰沉降和运行情况良好，完全满足设计要求。

9.12　河北丰宁抽水蓄能电站

9.12.1　工程概况

河北丰宁抽水蓄能电站地处河北省承德市丰宁满族自治县境内，规划装机容量 3600MW，一期建设 1800MW，安装 6 台单机容量 300MW 的单级混流可逆式水泵水轮机组。在京津唐电网系统中承担调峰、调频、调相和事故备用任务。丰宁抽水蓄能电站工程规模为大（1）型，工程等别为Ⅰ等，拦沙坝建筑物级别为 1 级。

丰宁抽水蓄能电站设计构成主要包括上水库、下水库、地下厂房等，下水库拦沙坝的坝轴线位于下水库进出水口上游直线距离约 1.65km 处，坝型为复合土工膜防渗心墙堆石坝，坝顶高程为 1066.0m，最大坝高 23.5m，坝顶长度 548.0m，坝顶宽度 6.0m。

大坝坝基上部土层主要为新近沉积的淤泥质土，为提高拦沙坝坝基淤泥质土的抗剪强度指标及抗变形能力，防止该层土发生地震液化，设计采用振冲碎石桩加固处理坝基淤泥质土层。拦沙坝坝基振冲碎石桩处理范围：上游至坝上 0＋074.70，下游至坝下 0＋074.70，左右两侧至淤泥质粉土与基岩的交接处。振冲碎石桩桩径 1.2m，桩间、排距 1.5m，等腰三角形布置，桩体深入砂卵砾石层 1.0m，共完成振冲桩 29168 根，总进尺 36.7 万延米。

9.12.2　工程地质条件
9.12.2.1　地形地貌

拦沙坝距丰宁水电站拦河坝约 3.2km。河谷呈宽缓的 U 形，滦河在此处呈反 S 形，河谷宽度 250～450m。沿岸断续分布Ⅱ级阶地。左岸为 NW290°延伸"舌"状小山梁，长约 1200m，梁脊高程 1092～1135m，底宽一般为 60～100m，最宽处为 200m。北坡植被茂密，坡度一般 45°～70°；南坡植被稀少，坡度一般 30°～40°，局部较陡。右岸山体雄厚，基岩裸露，山顶高程一般为 1190～1380m，坡度一般 35°～45°，局部为陡壁，Ⅱ级阶地分布位置地形平缓。

9.12.2.2　地层岩性

拦沙坝坝址区地层岩性主要有：

（1）基岩。灰窑子单元细粒二长花岗岩（T_h）：岩石呈浅肉红色，少斑细粒花岗结构，块状构造，粒度一般为 1～2mm。

（2）岩脉。英安岩脉：主要分布于拦沙坝上坝线左、右坝肩附近，宽度一般为 5～8m。岩石呈浅灰褐色、浅肉红色，微晶、斑状结构，块状构造。岩石由斑晶 15%～20% 和基质 80%～85% 组成，矿物成分以斜长石、钾长石、石英、黑云母等组成。

（3）第四系覆盖层：

1）坡积碎石土（Q_4^{dl}）：主要分布在谷坡、坡脚等地带，厚度不均，一般为 1～3m。成分多为原岩岩性，棱角状，粒径 2～20cm，大者达 40cm，碎石含量变化较大，一般为 30%～70%。

2）冲积砂卵砾石（Q_4^{al}）：主要分布于河谷内，构成 Ⅰ 级阶地、河漫滩和河床相沉积。厚度多为 21～31m，其中粗砾含量约为 30%，卵石含量约为 20%，细砾含量约为 15%，砂含量 35% 左右；砾粒粒径一般为 1～5cm，圆～次圆状，成分主要为花岗岩、流纹岩、变质闪长岩、凝灰岩等。

砂卵砾石层表部一般分布有厚度为 6～13m 厚的粉土质砂：灰黑色～灰褐色，以砂质粉土为主，土质不均匀，局部含有大量沼气（ZK423 钻孔钻进过程中，在孔深 8.5m 时，孔内发现大量沼气。沼气喷发时间半月之久，最高喷发高度达 9m）。

3）洪积碎石土（Q_4^{pl}）：主要分布于冲沟中，土层厚度不均，一般为 2～4m，最厚可达 15.5m，表层有厚度不等的腐殖土。成分多为原岩岩性，棱角状～次棱角状，粒径 2～30cm，大者达 60cm，碎石含量变化较大，一般为 20%～80%，沟口部位可见有分层现象。

4）马兰期湿陷性黄土（Q_3^{eol}）：主要分布于拦沙坝区左、右两岸和南沟右岸，为河谷的二级阶地，土层厚度一般为 10～35m，最厚可达 70m。土黄色、褐黄色，粒度均匀，多孔隙，含有少量钙质结核及小碎石，垂直节理和陡直的沟壑较为发育。

9.12.2.3　地质构造

拦沙坝坝址区主要发育断层 F_2，产状为 NE40°NW∠65°，宽约 1m，主要由断层泥、碎粉岩组成，在拦沙坝右岸上游侧出露。

基岩裂隙按产状主要为 3 组：①NE50°～60°SE∠45°～65°；②NE10°～30°SE∠40°～85°；③NW320°～345°NE∠45°～70°，其中以第①组裂隙最为发育。

9.12.2.4　物理地质现象

岩体以物理风化为主。风化主要受地形、构造等因素影响，沿断层多表现为带状或囊状风化，规模较大的断层两侧岩体风化程度均较强烈，全风化深度一般为 0～5m，强风化深度 2～8m，弱风化深度为 22～80m。

9.12.2.5　水文地质条件

地下水主要为基岩裂隙水和孔隙水，河床地下水埋深基本与库水位持平，向两岸逐渐抬升，两岸地下水主要受大气降水补给，排泄至滦河中。裂隙水主要赋存在断层、裂隙等构造部位，孔隙水主要存在第四系松散堆积物中。据钻孔压水试验资料，弱风化岩体主要为弱透水。

9. 12. 2. 6 主要工程地质问题评价

丰宁抽水蓄能电站下水库拦沙坝坝基土层为以淤泥质土为主的新近沉积土层，淤泥质土、粉细砂、砂卵砾石层等犬牙交错，且不同区域内存在不同厚度的中粗砂及卵砾石层（以下称为硬夹层），土层地质条件复杂。坝址区河床表层的淤泥质土厚度为4～8m，下伏砂卵砾石层厚为21～24m，基岩为灰窑子沟单元细粒花岗岩。淤泥质土主要以粉砂、粉粒为主，含有少量黏粒和胶粒；天然密度为1.56～1.97g/cm³，塑性指数为9.2～33.2，数值变化较大，淤泥质土力学性质较差，土质不均匀，且存在液化问题，地基承载力仅为80kPa，作为拦沙坝坝基不能满足要求，需清除或进行工程处理。下伏砂卵砾石层级配较好，土质均匀，力学指标较高，可以满足30m级堆石坝最大应力要求。

9. 12. 3 振冲设计

依据场地的工程地质条件，根据相关国家及行业标准和规范，经比较、分析、计算、论证等，确定采用振冲法加固处理拦沙坝软基，目的是提高拦沙坝坝基淤泥质土的抗剪强度指标及抗变形能力，以及防止该层土发生地震液化。

坝坡稳定计算采用刚体极限平衡法，堆石料抗剪强度采用非线性指标。由于坝基处为淤泥质土，故先计算坝体与坝基分界面的滑动，确定振冲桩处理范围，再在坝基经过振冲桩处理后计算坝体沿堆石体浅层的滑动。计算采用条块间作用力的简化毕肖普法（Simplified Bishop）。其最小安全系数与相应滑动面采用最优化方法获得。振冲复合地基设计首先根据坝基不处理情况下的滑弧位置确定基础处理范围，然后根据基础处理后的参数进行稳定计算。

经计算和验证，振冲法加固处理后复合地基要求：

（1）复合地基的承载力特征值大于250kPa。

（2）复合地基土体的等效内摩擦角大于30°，等效黏聚力大于7.25kPa。

（3）复合地基具有抗地震液化能力。

1. 工程处理范围

施工高程为1042.50m，上游至坝上0－074.70，下游至坝下0＋074.70，左右两侧至淤泥质粉土与基岩的交界处。

2. 桩位布置

振冲碎石桩桩间、排距1.5m，等腰三角形布置。

3. 桩径、桩深

振冲碎石桩径1.2m，深入砂卵砾石层1.0m。

4. 桩体材料

振冲碎石桩所用石料粒径为20～120mm，级配良好且含泥量不大于5％的碎石。

5. 施工技术要求

处理后的复合地基要求消除地震液化，承载力特征值不小于250kPa，复合土体等效内摩擦角大于30.0°，复合土体等效凝聚力大于7.25kPa。

9. 12. 4 振冲试验

试桩工程施工于2014年10月27日开始，于2014年11月4日试验结束。

9.11.4.1　试验依据

（1）《丰宁抽水蓄能电站拦沙坝坝基淤泥质土处理振冲碎石桩试验技术要求》，中国电建集团北京勘测设计研究院，2014 年 10 月。

（2）《河北丰宁抽水蓄能电站上、下库土建及金属结构安装工程振冲碎石桩荷载试验实施方案》，中国葛洲坝集团股份有限公司，2014 年 9 月。

（3）GB 50202—2018《建筑地基基础工程施工质量验收规范》。

（4）DL/T 5214—2005《水电水利工程振冲法地基处理技术规范》。

（5）JGJ 106—2014《建筑基桩检测技术规范》。

（6）现行的国家标准和行业标准及设计单位有关技术文件。

9.12.4.2　试验目的

（1）为提高拦沙坝坝基淤泥质土的抗剪强度指标及抗变形能力，以及防止该层发生液化，对坝基进行振冲加固处理。为验证振冲处理效果，并为设计提供资料，拟在坝基淤泥质土层中进行振冲碎石桩现场试验。通过试验取得振冲碎石桩地基处理参数和振冲加固后复合地基的抗剪强度、压缩模量（或变形模量）、承载力等指标。

（2）确定振冲碎石桩桩径、桩间排距、施工填料粒径级配及填料数量等参数。

（3）选定造孔和成桩的施工机械、施工工艺，确定施工参数（每米进尺填料量、密实电流、造孔水压、加密水压、加密段长度等），为大面积振冲碎石桩施工优选合理的参数。

（4）为坝基振冲碎石桩施工取得质量检验的方法和要求。

（5）确定振冲地基处理工效、施工材料消耗以及振冲碎石桩造价。

9.12.4.3　试验内容及要求

振冲桩在进行试验施工前，先进行工艺试桩，在试桩区域的边缘位置（下游坝脚范围外）施制 45 根试制桩，然后根据试制桩的结果以往在类似性质的土层中的施工经验确定参数。振冲碎石桩试桩设计桩径 1.2m，桩长 13.0m，采用等腰三角形布桩，桩间距、排距均为 1.5m。

振冲碎石桩试桩，要求处理后复合地基的压缩模量和抗剪强度应比原土层有较大提高：

（1）处理后的复合地基土体的平均密度大于 2.08g/cm³。

（2）处理后的复合地基承载力有较大提高，满足设计要求；变形模量大于 40.0MPa，压缩系数 $a_{100\sim200(kPa)}$ ≤0.3MPa^{-1}，内摩擦角 ϕ≥23.7°，并具有抗液化能力。

9.12.4.4　试验过程中出现的问题及解决措施

1. 施工场地软弱的问题

进入施工现场后，发现试桩区场地软弱，再加上河水渗透浸泡影响，表面强度极低，挖掘机亦陷入其中，满足不了施工机械正常行走的需要，且制桩后难以保证桩头部分质量。

为保证试桩顺利进行，采购大量毛石及废石渣边施工边铺填，铺填后可满足正常施工，也造成了成本的增加。在桩头施工时，堆高石料增加上部荷载，多次重复振密施工，以期提高桩头部分的质量。

2. 地层中存在硬夹层的问题

部分振冲桩施工过程中，桩深 8～10m 处存在硬夹层，造孔电流超过 100A，为验证该层是否为最终持力层,通过多次上提、下放振冲器,振冲器逐渐冲过该硬层后,下面土层成孔速度较快,造孔电流很低(接近空载电流),并可继续成孔至13m以下,从而避免出现达到终孔条件的假象,提高桩体的有效处理深度。

3. 桩深5～6m土质软弱

振冲加密施工至桩深5～6m时,由于土质软弱,加密电流不易达到设定值。采取将振冲器提出孔口,追料压到软弱层,多次重复上述过程,增加该施工段的填料量,减小加密段长,保证桩体密实度。

9.12.4.5 试验质量检测

试桩工程质量检测工作于2015年4月11日开始,于2015年5月4日检测结束。

1. 检测依据

(1) JGJ 79《建筑地基处理技术规范》。

(2) GB 50021《岩土工程勘察规范》。

(3)《丰宁抽水蓄能电站招标设计阶段拦沙坝补充勘察报告》。

(4) DL/T 5355《水电水利工程土工试验规程》。

(5) DL/T 5356《水电水利工程粗粒土试验规程》。

(6) SL 237《土工试验规程》。

(7) 设计单位出具的关于《丰宁抽水蓄能电站拦沙坝坝基淤泥质土处理振冲碎石桩试验技术要求》。

(8) 振冲碎石桩设计图纸及相关施工技术资料。

2. 检测项目

(1) 复合地基承载力及变形。

(2) 桩间土强度参数。

(3) 原位桩间土物理力学指标。

(4) 原位桩间土抗剪强度指标。

(5) 桩体材料相对密实度。

(6) 桩体填料抗剪强度指标。

(7) 桩体密实度。

3. 检测方法

(1) 单桩复合地基静载荷试验。

(2) 桩间土直剪试验。

(3) 桩间土标准贯入试验。

(4) 桩间土物理力学性能试验。

(5) 桩间土小三轴试验(CU剪试验)。

(6) 桩体填料相对密实度试验(室内)。

(7) 桩体填料大型直剪试验(室内)。

(8) 桩身密实度动力触探试验及现场密度试验。

4. 检测结论

(1) 本工程振冲碎石桩试桩复合地基承载力特征值为366kPa,变形模量大于40MPa。

（2）桩间土直剪试验 3 组，②层低液限黏土黏聚力为 5～24kPa，内摩擦角为 6.8°～26.6°。

（3）桩间土标准贯入试验 6 个孔，液化砂土层的标准贯入击数为 14～16 击，标准贯入击数比天然砂土层有所提高，液化基本消除。

（4）桩间土物理力学性能试验结果为②层低液限黏土含水率范围为 25.2%～49.3%，质量密度范围为 1.70～1.95g/cm³，重力密度范围为 17.0～19.5kN/m³，天然孔隙比范围为 0.727～1.531，压缩模量范围为 1.89～13.28MPa。

（5）桩间土小三轴试验（CU 剪试验）结果为有效应力黏聚力范围为 15～38kPa，内摩擦角范围为 22.1°～30.2°，总应力凝聚力范围为 9～35kPa，内摩擦角范围为 14.8°～19.9°。

（6）振冲碎石桩材料的相对密度试验结果：最小平均干密度为 1.36g/cm³，最大平均干密度为 2.05g/cm³。

（7）桩体填料大型直剪试验结果：桩体材料密度为 1.74g/cm³ 时，碎石桩材料的内摩擦角最大值为 41.86°，最小值为 40.53°；咬合力最大值为 260kPa，最小值为 230kPa；密度为 1.82g/cm³ 时，振冲碎石桩材料的内摩擦角为 45.57°，咬合力为 270kPa。

（8）本次试验所抽测的 6 根试桩桩身较密实，依据工程经验，根据重型动力触探试验成果及现场桩顶密度试验结果判断，桩体密实度应在 2.20g/cm³ 以上。

9.12.4.6 试验结论与建议

（1）试验桩处理深度均大于 13m。从施工过程中造孔电流、造孔速度等现象来看，在 8～10m 深度有硬夹层，但施工穿过上述硬层后，发现下部有较松散土层、造孔速度快，造孔电流低，其土层强度低。

（2）根据以往的施工经验和相关规范，振冲碎石桩桩头在地表下 1.0～1.5m，由于周围土体围压较小，施工所形成的桩体松散，复合地基不易达到工程要求。本次试验场地高程为 1044.2m，高于原设定试验施工高程的 1042.5m，而地表以下两米范围内土质极软，后期应严格按照设计要求的高程进行开挖、检测，保证检测数据的真实性。

（3）根据河北大地建设工程检测有限公司的《试验报告》及 DL/T 5214—2005《水电水利工程振冲法地基处理技术规范》，本试桩工程复合地基抗剪强度指标：复合土体的等效内摩擦角大于 30.0°，复合土体的等效凝聚力不小于 7.25kPa。

（4）本次振冲碎石桩试桩实际情况，与设计方案的设想基本吻合，该场地工程地质条件下，该地基处理试验方案，适宜本场地的地基加固。

9.12.5 振冲施工

工程桩工程施工工作于 2016 年 5 月 3 日开始，于 2016 年 9 月 24 日施工结束。

9.12.5.1 施工依据

（1）DL/T 5214《水电水利工程振冲法地基处理技术规范》。

（2）JGJ 79《建筑地基处理技术规范》。

（3）GBJ 50287《水利水电工程地质勘察规范》。

（4）DL/T 5113.1《水电水利基本建设工程单元工程质量等级评定标准 第 1 部分：土建工程》。

（5）GB 50202《建筑地基基础工程施工质量验收规范》。

（6）JGJ 106《建筑基桩检测技术规范》。

（7）《丰宁抽水蓄能电站拦沙坝坝基淤泥质土处理振冲碎石桩试验技术要求》中国电建集团北京勘测设计研究院，2014年10月。

（8）《丰宁抽水蓄能电站招标设计阶段拦沙坝补充勘察报告》，2014年2月。

（9）《河北丰宁抽水蓄能电站拦沙坝振冲碎石桩试桩工程成果报告》中国葛洲坝集团股份有限公司，2015年6月。

（10）《丰宁抽水蓄能电站拦沙坝坝基淤泥质土处理振冲碎石桩试桩试验报告》河北大地建设工程检测有限公司（2015-CS-01），2015年5月。

（11）《河北丰宁抽水蓄能电站上、下库土建及金属结构安装工程下水库拦沙坝振冲碎石桩施工方案》中国葛洲坝集团股份有限公司，2016年4月。

（12）《拦沙坝振冲碎石桩布置图》。

（13）《丰宁抽水蓄能电站设计通知》中国电建集团北京勘测设计研究院有限公司，2016年6月。

（14）《河北丰宁抽水蓄能电站下水库拦沙坝振冲桩施工现场会会议纪要》HDJL-C1会（专）-〔2016〕-000号，2016年5月。

（15）招标文件中关于振冲碎石桩施工的技术条款要求。

（16）现行的国家标准和行业标准及设计单位有关技术文件。

（17）类似坝基淤泥质土振冲和本工程试验振冲桩施工处理经验。

9.12.5.2 主要施工设备

1. 振冲器

在加密对象、加密孔位布置及其他施工技术条件确定的条件下，振冲器的性能是决定加固效果的决定因素。根据本工程前期试验成果、设计要求和地层特点，选择 BJ-75（功率75kW）振冲器，其基本性能参数见表9-74。

表9-74　　　　　　　　　　　BJ-75型电动型振冲器技术参数

参数	电动机功率 /kW	转速 /(r/min)	额定电流 /A	振动力 /kN	振幅 /mm	振冲器外径 /mm	振冲器长度 /mm	重量 /kg
BJ-75	75	1450	150	160	7.0	426	2700	2100

BJ-75型振冲器性能稳定、可靠、优良。在振冲碎石桩地基施工生产实践中，BJ-75型振冲器较为常见，工效较快，施工质量稳定，穿透坚硬土层的施工能力强，加固后的地基沉降及差异沉降均较小，可满足施工阶段高强度要求。

2. 起吊机械

起吊力和起吊高度必须满足施工要求。常用的起吊机械有汽车吊、履带吊、打桩机架和扒杆等。根据本工程施工深度，起吊机械选用25t的汽车吊。

3. 填料机械

根据本工程施工要求，每个施工机组配置1台ZL30装载机或者ZL50装载机进行碎石桩填料。

4. 电气控制设备

电气控制装置除用于施工配电外，还具有控制施工技术指标的功能，即可控制振冲施工中造孔电流、加密电流、留振时间等。BJ - 75 型振冲设备采用自动方式控制加密电流值和留振时间，施工中当电流和留振时间达到设定值，会自动发出信号，指导施工。

9.12.5.3　施工工艺流程及方法

1. 施工工艺流程

振冲碎石桩施工工艺流程见图 9 - 44。

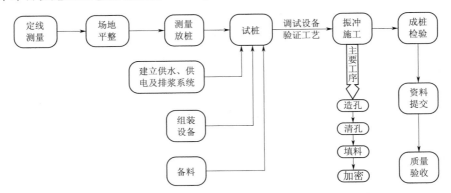

图 9 - 44　振冲碎石桩施工工艺流程图

2. 施工方法

（1）清理场地，接通电源、水源。

（2）施工机具就位，起吊振冲器对准桩位。

（3）造孔。

1）振冲器对准桩位，先开启压力水泵，振冲器末端出水口喷水后，再启动振冲器，待振冲器运行正常开始造孔，使振冲器徐徐贯入土中，直至设计的持力层。

2）造孔过程中振冲器应处于悬垂状态。振冲器与导管之间有橡胶减震器联结，因此导管有稍微偏斜是允许的，但偏斜不能过大，防止振冲器偏离贯入方向。

3）造孔速度和能力取决于地基土质和振冲器类型及水冲压力等，在该淤泥质壤土地层中成孔速度较快。

（4）清孔。造孔时返出稠泥浆或孔中有狭窄或缩孔地段应进行清孔。清孔将振冲器提出孔口或在需要扩孔地段上下反复提拉振冲器，使孔口返出泥浆变稀，保证振冲孔顺直通畅以利填料沉落。

（5）填料加密。采用强迫填料制桩工艺。制桩时连续施工，加密从孔底开始，逐段向上，中间没有漏振。当达到设计规定的加密电流和留振时间后，将振冲器上提继续进行下一个段加密，每段加密长度符合试验要求。

（6）重复上一步骤工作，自下而上，直至加密到设计要求桩顶标高。

（7）关闭振冲器，关水，制桩结束。

9.12.5.4　施工技术参数

BJ - 75 型振冲器施工参数如下：

（1）制桩电压 380V。

（2）造孔水压 0.4～0.6MPa，加密水压 0.3～0.5MPa。

（3）加密电流 90A。

（4）留振时间 10～12s。

（5）加密段长度 30～50cm，淤泥质土层中小于 20cm。

9.12.5.5 施工质量标准及技术要求

1. 造孔和清孔

（1）施工时振冲器喷水中心与孔径中心偏差不得大于 5cm。

（2）振冲造孔后，成孔中心与施工图纸定位中心偏差不得大于 10cm。

（3）桩顶中心与定位中心偏差不得大于桩孔直径的 0.25 倍。

（4）振冲器贯入土中应保持垂直。

（5）振冲器每贯入 1～2m 孔段，记录一次造孔电流、水压和时间，直至贯入到试验规定的深度。

（6）完孔后应清孔 1～2 遍。

2. 填料和加密

（1）填料方法。采用强迫填料法。采用强迫填料，主要是利用振冲器的自重和振动力将孔上部填料送到孔的下部。

（2）加密要求。

1）应用电气自动控制系统控制加密电流和留振时间。

2）加密从孔底开始，逐段向上，中间没有漏振，加密到地表。

9.12.5.6 施工质量控制措施

1. 桩位偏差控制

（1）土质不均匀，造孔时向土质软的一侧偏移。纠正方法：使振冲器向硬土一边开始造孔或在软土一侧倒入填料阻止桩位偏移。

（2）施工从一侧填料挤压振冲器导致桩位偏移。纠正方法：改变调料方向从孔的四周加入填料。

2. 桩长控制

在振冲器和导管组装完后，用钢尺丈量并在振冲器和导杆标出长度标记。

3. 填料量控制

（1）要注意每次装载机铲斗装料多少及散落在孔外的数量。

（2）要核对进入施工场地的填料的总量和填入孔内填料的总量。

4. 施工技术参数控制

（1）为保证加密电流和留振时间准确性，施工中采用电气自动控制装置。设定的加密电流值，留振时间和加密段时间可能发生变化，应及时调整。

（2）施工中确保加密电流、留振时间和加密段长度达到要求，否则不能结束一个段长的加密。

（3）施工中应经常对振冲器的空载电流进行测量记录，及时检修设备或者适当调整加密电流。

5. 抱卡导杆的处理措施

（1）当出现抱卡导杆的迹象时，应及时停止下放振冲器，让振冲器停留在原深度，加大水压预冲一段时间，然后缓慢下放振冲器，在该地段附近多次上下提拉振冲器清孔，实现穿透。

（2）当振冲器不慎卡埋在孔中，采用以上措施无效时，可使用大吨位吊车提住，启动振冲器缓慢上提，多次启动直至提出；若一时不能提出，可暂停电机运行，继续水冲，过一段时间待障碍物束缚振冲器及导管的应力解除后再按上面的步骤提拔；而当振冲器电机损坏，吊车不能提出时，可采用其他振冲器在其周围打孔，或用反铲开挖一定深度减小阻力，再使用反铲或装载机配合吊车提拔。

6. 保证桩头密实程度的技术措施

当加密接近桩顶时，在孔口堆料强打，反复振捣，适当延长桩顶部留振时间。

9.12.5.7　施工中遇到的问题及处理措施

由于工程地质条件复杂，软弱土层和硬夹层分布不均匀，施工难度大大增加。通过查阅地质勘察报告进行现场调研及施工时现场原位测试等，整理出整个施工区域的土层分布图表，明确了软弱土层、硬夹层存在的位置及厚度，根据土层分布图表将整个施工区域划分成若干个板块，不同土层施工时调整了相应的施工参数，并且及时成立自检队伍对施工质量进行检测，验证施工质量是否满足设计要求。在不同土层施工时采取了以下措施：

（1）软弱土层施工措施。由于淤泥质土层较为软弱，围压较小，造孔时较易成孔，因而造孔水压不变。在加密时发现加密电流不易达到设计值，根据现场实际情况，在填料加密时采取以下措施：①适当减小加密段长度，由原来的 30～50cm 减小到 10～20cm；②适当增加留振时间，由原来的 10～12s 增加到 15s；③振冲器提出孔口，追料压到软弱土层，并多次重复上述过程，增加该施工段的填料量。若加密时加密电流达到设计要求，而振冲器依然下降明显，不能结束此段的加密，须继续追加填料重复此段加密，直至在达到加密电流的同时，振冲器不再下降，方可完成此段加密，保证桩体的密实度。在加密完成后及时进行自检，自检结果满足设计的质量要求，从而验证了减小加密段长度、增加留振时间、增加填料量等措施取得了很好的处理效果。

（2）硬夹层施工措施。由于硬夹层较为密实，造孔时振冲器下降缓慢，孔口返砂明显，振冲器外壁磨损及内部配件损坏严重，造孔电流在 130A 以上，出现了抱卡导杆的情况，造成了可以终孔的假象。

因而在施工时采取以下措施：

1）在施工前，告知机组人员所施工区域内硬夹层存在的位置及厚度，造孔时加大水压，由原来的 0.4～0.6MPa 调整为 0.6～0.8MPa，要求机组人员验证该层是否为最终持力层，通过多次上提、下放振冲器，使振冲器逐渐冲过硬层，从而避免出现达到终孔条件的假象，保证桩体的有效处理深度。

2）出现抱卡导杆情况及时停止下放振冲器，让振冲器停留在原深度，加大水压预冲一段时间，然后缓慢下放振冲器，在该地段附近多次上下提拉振冲器清孔，防止卡孔，实现穿透。

3）每个施工机组配备 2 台备用振冲器，并增加修理班人数，保证振冲器及时维修和连续施工。加密时，加密电流较易达到设计值，且自检时桩体质量满足设计要求，因而加密电流，加密段长度、留振时间等施工参数不变。

（3）在局部特殊土层施工时的措施。在部分桩体施工时发现，软弱土层和硬夹层多层交替分布，在软弱土层加密完成后出现硬夹层，继续用软弱土层加密时的施工参数导致振冲器负载过大而损坏，因而采取一个桩体两种施工参数的方法进行施工，土层变化时施工参数也随之相应的变化，既保证了施工质量，又保护了振冲器不受损坏。在加密完成后及时进行自检，自检结果满足设计的质量要求，从而验证了不同土层采用不同施工参数的措施取得了很好的处理效果。

9.12.6　检测

9.12.6.1　施工过程自检

根据设计及相关规范要求，在施工过程中，按施工完成工作量的 1‰～3‰ 对桩体及桩间土采用重型、超重型动力触探检测其密实度，根据自检结果，施工质量满足设计要求。

9.12.6.2　外部第三方竣工检测

施工结束后，业主委托中国电建集团西北勘测设计研究院有限公司检验测试中心，于 2016 年 9 月 1 日—10 月 3 日及时对工程质量进行了竣工检测。

1. 检测依据

（1）《河北丰宁抽水蓄能电站上、下水库土建及金属结构安装工程施工招标文件（第三册　通用技术规范）》。

（2）《河北丰宁抽水蓄能电站上、下水库土建及金属结构安装工程施工招标文件（第四册　专用技术规范）》。

（3）GB 50202《建筑地基基础工程施工质量验收规范》。

（4）DL/T 5214《水电水利工程振冲法地基处理技术规范》。

（5）JGJ 106《建筑基桩检测技术规范》。

（6）JGJ 79《建筑地基处理技术规范》。

（7）DL/T 5113.1《水电水利基本建设工程单元工程质量等级评定标准　第 1 部分：土建工程》。

（8）DL/T 5355《水电水利工程土工试验规程》。

（9）DL/T 5356《水电水利工程粗粒土试验规程》。

（10）GB 50021《岩土工程勘察规范》。

（11）现行的国家标准和行业标准及设计单位有关技术文件。

2. 检测项目

（1）复合地基承载力及变形。

（2）桩体密实度。

（3）桩间土承载力。

（4）桩间土物理、力学性能指标。

（5）桩间土处理效果。

（6）桩体抗剪强度。

3. 检测方法

（1）单桩复合地基静载荷试验。

（2）重型（超重型）动力触探。

（3）桩间土标准贯入试验。

（4）桩间土物理力学指标、抗剪强度指标。

（5）桩间土试验钻探。

（6）桩间土试验取样。

（7）室内直剪试验。

4. 检测技术要求

（1）桩体密实度检验。采用重型（超重型）动力测探仪连续跟踪检测桩体密实度，密实桩标准为重型动力触探平均贯入 10cm 的锤击数大于 7～10 击；小于标准值为不密实桩。由于现场实际振冲桩为碎石填充且密实度较大，根据《岩土工程勘察规范》（GB 50021—2001）圆锥动力触探试验的技术要求，对重型动力触探，当连续 3 次 $N_{63.5} > 50$ 击时，可停止试验或改用超重型动力触探。因此，根据对振冲碎石桩密实度现场试验的情况，桩体密实度检验为重型动力触探结合超重型动力触探共同完成。

（2）桩间土处理效果检验（包括土样物理力学性质试验）。

1）进行现场标准贯入试验原位测试，测定振冲后桩间土的标贯击数。

2）采用钻探取土器取样进行振冲后土的室内物理力学性质试验。

（3）复合地基承载力试验。采用复合地基静载荷试验，测定其复合地基承载力及沉降量。

（4）室内直剪试验。由于振冲碎石桩现场进行原位直剪较为困难，且检测结果不具备代表性，为检测相应参数及处理效果，对振冲碎石桩测定其现场密度并取样，按照现场密实度进行室内直剪试验。

5. 检测数量

根据检测依据中规程规范及招标文件的要求，振冲碎石桩复合地基检测工作量见表 9-75。

表 9-75　　　　　　　　　　　检测工作量统计表

序号	检测项目	检测数量选取原则	数量/组	试验地点
1	复合地基载荷试验	每 400 根桩，随机抽取 1 根	75	室外
2	重型（超重型）动力触探	按施工总桩数 1%，随机抽取	300	室外
3	标贯试验	大中型工程大于 10 组	70	室外
4	桩间土物理力学指标、抗剪强度	大中型工程大于 10 组	70	室内
5	桩间土试验钻探	大中型工程大于 10 组	70	室外
6	桩间土试验取样	大中型工程大于 10 组	70	室外
7	室内直剪试验		3	室内

6. 检测仪器

根据检测依据中规程规范及招标文件的要求,振冲碎石桩复合地基检测仪器见表 9-76。

表 9-76   检 测 仪 器 统 计 表

序号	类别	数量	规　格
1	静载仪	4 套	
2	千斤顶	4 个	2000kN
3	位移传感器	16 个	FP-50mm,FP-100mm
4	动力触探仪	4 套	重型（63.5±0.5）kg 超重型（120±0.5）kg
5	标准贯入器	1 个	
6	主梁	4 根	9m
7	次梁	40 根	12m,9m
8	基准梁	8 根	12m
9	承压板	4 块	方形边长 1.5m
		4 块	方形边长 1.3m
		4 块	方形边长 1m
		4 块	方形边长 0.8m

7. 检测结论

(1) 根据标准贯入试验锤击数测定桩间土的密实度为中密～密实。

(2) 桩体的动力触探试验的密实度检测符合规范的密实度判断标准,桩体密实。

(3) 振冲桩试验检测桩复合地基承载力特征值满足不小于 250kPa 的设计要求。

(4) 密度为 1.89g/cm³ 的振冲桩桩体的凝聚力为 197.53kPa,内摩擦角为 40.15°;密度为 1.96g/cm³ 的振冲桩桩体的凝聚力为 210.27kPa,内摩擦角为 40.79°;密度为 2.08g/cm³ 的振冲桩桩体的凝聚力为 207.62kPa,内摩擦角为 41.33°。

(5) 复合土体等效内摩擦角大于 30°,复合土体等效凝聚力大于 7.25kPa。

9.12.7　验收

9.12.7.1　验收依据

DL/T 5113.1—2005《水电水利基本建设工程单元工程质量等级评定标准　第 1 部分:土建工程》。

9.12.7.2　验收的条件

单元工程相关工序或检验批自检合格,质量验收资料完整。包括各工序使用的原材料及工序等全部验收合格,检验资料齐全、完整。

9.12.7.3　参加单位及人员

1. 组织单位

监理单位:专业监理工程师。

2. 参加单位

建设单位：专业负责人。

设计单位：设计代表。

施工单位：项目质量负责人。

9.12.7.4　验收的工作程序

1. 施工过程中验收

在施工过程中专业监理工程师应对加密电流、留振时间、加密段长度等项目进行旁站验收。

2. 施工完成后验收

（1）资料完整后，施工单位填写《振冲法地基处理单元工程质量等级评定表》，在24h内报监理单位。

（2）监理单位收到施工单位提交的《振冲法地基处理单元工程质量等级评定表》，在24h内组织开展单元工程验收。

（3）监理单位负责组织单元工程质量验收，建设单位专业负责人、设计单位设计代表以及施工单位项目质量负责人参加验收。

（4）监理单位专业监理工程师主持单元工程验收工作时，施工单位按工序或检验批留出足够的时间，进行单元工程验收与质量评定。

（5）单元工程质量验收中发现有质量缺陷或质量不合格的情况，由监理单位组织施工单位及时进行处理，整改后重新检查验收，直到合格为止。

（6）验收结束后，施工单位汇总整理验收资料，移交建设单位归档。

9.12.7.5　质量等级评定项目

根据相关规程规范及招标文件的要求，振冲碎石桩复合地基单元工程质量等级评定项目见表9-77。

9.12.7.6　质量评定标准

（1）合格：主控项目桩体密实度、桩间土密实度有不小于90%的检查点符合质量标准，其他主控项目全部符合质量标准，一般项目不小于70%的检查点符合质量标准。

（2）优良：主控项目全部符合标准，一般项目不小于90%的检查点符合质量标准。

表9-77　　　　　　　　　单元工程质量等级评定表

项类		检查项目	质量标准	各项检测结果
主控项目	1	桩数	符合设计要求	
	2	填料质量与数量	符合设计要求	
	3	桩体密实度	符合设计要求	
	4	桩间土密实度	符合设计要求	
	5	施工记录	齐全、准确、清晰	
一般项目	1	加密电流	符合设计要求	
	2	留振时间	符合设计要求	

续表

项类		检查项目	质　量　标　准	各项检测结果
一般项目	3	加密段长度	符合设计要求	
	4	孔深	符合设计要求	
	5	桩体直径	符合设计要求	
	6	桩中心位置偏差	（1）柱基础边缘桩不大于 $D/5$，柱基础内部桩不大于 $D/4$ （2）大面积基础满堂布桩不大于 $D/4$ （3）条形基础桩不大于 $D/5$（注：D 表示桩直径）	

9.12.7.7　验收评定结果

工程依据相关规范要求按照桩号划分成 23 个单元，在工程完工后对施工区域的 23 个单元进行评定和验收，经验收评定，工程质量达到优良工程标准，优良率为 100％。

9.12.8　结论

（1）本工程施工场地较大且地质条件复杂，经第三方检测，施工质量全部满足设计要求的各项技术指标。

（2）振冲法地基处理技术针对以淤泥质土为主且地质条件复杂的地基达到了很好的处理效果，提高了地基的抗滑稳定性、承载力、并消除了地震液化。

（3）在施工时根据不同的土层地质条件采用不同的施工参数进行施工，保证了施工质量。

（4）在淤泥质土层进行振冲加密时，采取减小加密段长度、增加留振时间、增加填料量等技术措施，保证振冲碎石桩桩体及桩间土的密实度。

（5）本工程为振冲法在以淤泥质土为主且地质条件复杂地基处理中的应用提供了宝贵的经验。

9.13　港珠澳大桥香港口岸

9.13.1　项目背景及概况

港珠澳大桥是备受世人关注的民生工程，是促进香港特别行政区、澳门特别行政区和内地的经济、政治、文化等方面交流及经济一体化的重要标志性建筑，是横跨伶仃洋两岸的地标性建筑，也是国家级重点工程。

港珠澳大桥香港人工岛（HKBCF）是港珠澳大桥香港连接线的一个重要组成部分，经过香港赤腊角国际机场连接屯门及大屿山，占地面积为 149.69 万 m^2。本工程分为回填部分、海堤部分和箱涵部分，北京振冲工程股份有限公司主要承接了海堤部分海上碎石桩干法下出料振冲碎石桩施工任务。

海墙总长度为 6296m，根据结构型式分为 7 种型式，具体如下。

（1）临时护岸 S4 段：为抛石斜坡护岸结构，长度约为 160m。基础处理采用先铺设土工布和碎石垫层，再打设碎石桩。堤心结构为抛填 1 型块石，护坡结构为铺设土工布，550mm 厚 10～60kg 垫层块石，1250mm 厚 0.3～1t 护面块石，坡度为 1：2，坡顶标高为＋6.0mPD。

（2）S1 段：为抛石斜坡堤结构，长度为 477m（0＋000～0＋477）。基础处理采用先铺设土工布和碎石垫层，再打设碎石桩。堤心结构为先抛填 1000mm 厚 2 型块石垫层，再抛填 1 型块石堤心石，外护坡结构为铺设土工布，550mm 厚 10～60kg 垫层块石，1250mm 厚 0.3～1t 护面块石，坡度为 1：2，内护坡结构为 1000mm 厚 2 型块石护面，坡度为 1：1.5，堤顶标高为＋6.0mPD。

（3）S2 段：为格型钢板桩斜坡堤，长度为 1851m（0＋477～2＋328），基础处理采用先铺设土工布和碎石垫层，再打设碎石桩。墙身结构采用格型钢板桩圆筒结构，主格直径为 26.9m，主副格内回填砂、疏浚土和惰性物料，钢板桩顶部为现浇混凝土帽梁，帽梁顶标高为＋2.25mPD。圆筒外护坡结构为铺设土工布，抛填 1 型块石，950mm 厚 60～300kg 垫层块石，1850mm 厚 1～3t 护面块石，坡度为 1：2；护脚结构为铺设土工布，550mm 厚 10～60kg 垫层块石，2750mm 厚 1～3t 护脚块石，坡度为 1：2。

（4）S3 段：为格型钢板桩斜坡堤，长度为 3020m（2＋328～2＋948，3＋160～3＋212，3＋302～5＋650），结构型式与 S2 段基本相同，不同之处是格型钢板桩圆筒直径为 31.194m。

（5）S3A 段：为格型钢板桩斜坡堤，长度为 90m（3＋212～3＋302），结构型式与 S3 段基本相同，不同之处在于地基处理的范围扩大至圆筒两侧。

（6）V1 段：为格型钢板桩直立堤，长度为 212m（2＋948～3＋160），结构型式与 S2 段基本相同，不同之处是圆筒处无护坡结构，只有护底结构，为铺设土工布，800mm 厚 10～60kg 垫层块石，3300mm 厚 2～5t 护底块石。

（7）V2 段：为混凝土大砖直立堤，长度为 486m（5＋650～6＋136），基础处理采用先挖泥，再铺设土工布和碎石垫层，最后打设碎石桩。基床采用抛填 2 型块石，150mm 厚碎石作找平层。护底结构采用为铺设土工布，550mm 厚 10～60kg 垫层块石，1250mm 厚 0.3～1.0t 护底块石。墙身结构为 6 层大砖叠砌，每层高 1350mm，墙身向内倾斜度为 20：1。墙后回填采用回填 2 型块石，再铺设土工布，坡度为 1：2.5。上部结构为现浇混凝土胸墙，顶标高为＋6.0mPD。

9.13.2　水文地质、工程地质条件

9.13.2.1　工程地质条件

本工程典型的地质条件描述如下。

（1）海相沉积层。非常软～软，浅灰色、灰色，局部略含砂，黏土质淤泥，偶见贝壳。该层厚度约 10～22m。

（2）黏土冲积层。坚固至坚硬，浅灰～深灰色，淤泥质黏土，黏土质淤泥，该层顶标高一般在－20mPD 左右。中间夹中砂～粗砂，一般深度在－29mPD，厚度 0.5～2.0m。

9.13.2.2　水文条件

平均海面高程、涨潮时平均高水位和退潮时平均低水位见表 9－78，波浪条件见表 9－79，极端情况下的海面高程见表 9－80，香港潮汐水位见表 9－81。

表 9 - 78　　　　　平均海面高程、涨潮时平均高水位和退潮时平均低水位

位　置	时　间	平均海面高程 /mPD	涨潮时平均高水位 /mPD	退潮时平均低水位 /mPD
Lok On Pai	1982—1999 年	1.2	2.1	0.3

表 9 - 79　　　　　　　　　波　浪　条　件

项　目	浪高/m	波浪周期/s	备　　注
正常情况	0.8～1.0	2～3	主要由风产生
极端情况	2.5～3	3～4	主要由飓风产生。波浪周期所有 海上工程需要停止及执行防护措施

表 9 - 80　　　　　　　　极端情况下的海面高程

重现期/年	海面高度/mPD	重现期/年	海面高度/mPD
2	2.8	50	3.3
5	2.9	100	3.4
10	3.1	200	3.5
20	3.2		

表 9 - 81　　　　　　　　香 港 潮 汐 水 位 表

项　目	最高天文潮	涨潮时平均 高水位	涨潮时平均 低水位	退潮时平均 高水位	退潮时平均 低水位	最低天文潮
水平基准面/mPD	2.70	2.05	1.45	1.15	0.55	−0.15
海图基准面/mCD	2.85	2.2	1.6	1.3	0.7	0

9.13.2.3　气象条件

香港东涌国际机场 1999 年 1 月—2008 年 12 月风速情况见表 9 - 82。

表 9 - 82　　　　　　　1999 年 1 月—2008 年 12 月风速情况

月份	盛行风之方向/(°)	平均风速 （km/h）	月份	盛行风之方向/(°)	平均风速 （km/h）
1	090	17	8	230	15
2	100	17	9	110	15
3	090	18	10	110	16
4	100	18	11	100	16
5	100	16	12	050	16
6	210	17	全年	100	17
7	230	17			

注　风向风速在北跑道中央录得。

9.13.2.4　土体物理力学参数

施工范围内土体的物理力学指标见表 9 − 83。

表 9 − 83　　　　　　　　　　　　施工范围内土体的物理力学指标

指标	密度 $d/(\text{g/cm}^3)$			排水剪切强度				不排水剪切强度 CM/kPa		土体压缩模量 E/MPa
土体类型	海相淤泥	冲击土	风化岩	海相淤泥	冲击土（黏土）	冲击土（黏土）	冲击土（砂）	海相淤泥	冲击土（黏土）	冲击土
设计值	1.50	1.90	1.90	$C'=4\text{kPa}$，$\phi'=240$	$C'=7\text{kPa}$，$\phi'=260$	$C'=3\text{kPa}$，$\phi'=300$	$C'=0\text{kPa}$，$\phi'=350$	$CM=1+1.1z$	$CM=2+1.3z$	$E=0.9z-1$

注　z 为厚度。

9.13.3　设计要求

港珠澳大桥香港口岸填海工程项目业主为香港特别行政区路政署，工程设计方为国际知名的英国 ARUP 公司。工程设计及勘察均按照 BS 标准以及香港 Geoguide 标准实施。岛壁地基加固技术采用海上底部出料振冲碎石桩施工工艺，上部采用格型钢板桩形成岛壁。该项目的实施将振冲碎石桩技术推向了一个更高标准的要求，无论从工程规模、处理深度，地质条件，工程环境（如机场高度限制、白海豚保护、水质要求、噪声控制、空气污染、海航线限制等）都毫不夸张地成了世界之最。

为最大限度地避免填海造陆工程对海洋环境造成的上述影响，挖泥疏浚、抛石造堰的传统填海方法正逐渐退出历史舞台，取而代之的是新型的填海方法——海上底部出料振冲碎石桩与格型钢板桩的结合。HKZMB − HKBCF 项目就是采用海上底部出料振冲碎石桩提供堤堰基础的，采用格型钢板桩形成海堤"铁壁"的填海方法。完全避免了挖泥疏浚、抛石造堰对海洋环境造成的影响。

9.13.3.1　碎石桩设计目的

（1）提高格型钢板桩以及围堰地基承载力。

（2）提高土体抗剪强度，防止建成后的人工岛滑移。

（3）形成竖向良好的排水通道，加速土体排水固结，加速土体沉降，最大限度地减小后期人工岛围堰沉降。

9.13.3.2　设计参数

该项目设计参数按英标 BS 14731 执行，具体如下。

（1）设计工程量：109 万延米，43000 根。

（2）碎石桩设计桩径 1.0m、1.1m。

（3）碎石桩桩底高程约 −39 ～ −21.5mPD，最大有效桩长约 36.5m。

（4）碎石桩桩端持力层进入下部黏土层 $q_c>1.5\text{MPa}$ 的土体 5m。

（5）施工工法：采用海上底部出料设备及工艺。

9.13.4　干法底部出料海上振冲施工技术方法

9.13.4.1　工艺原理

干法底部出料海上振冲施工技术是通过双锁压力仓振冲集成设备实施的一种振冲软基加固技术，石料通过双锁压力仓经高压气流延料管送至振冲器底部，再通过振冲器振动密

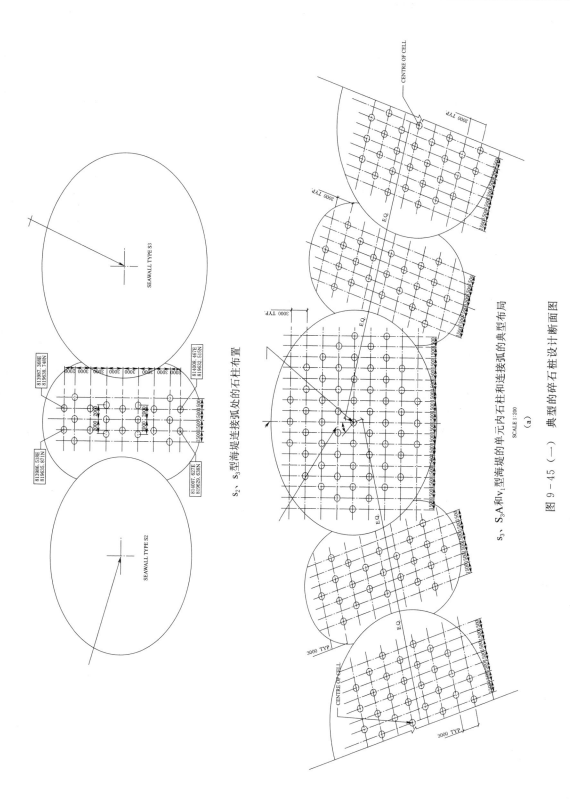

S_2、S_3 型海堤连接弧处的石柱布置

S_3、S_3A 和 V_1 型海堤的单元内石柱和连接弧的典型布局

SCALE 1:200

(a)

图 9-45 (一) 典型的碎石桩设计断面图

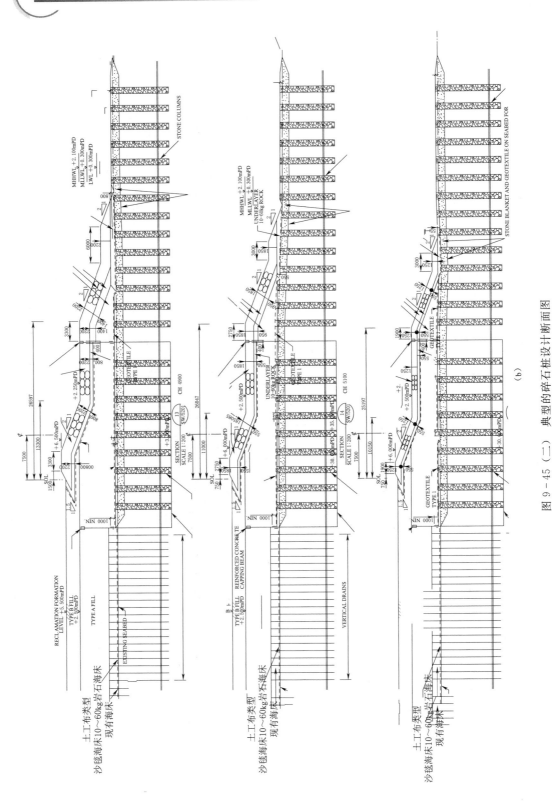

图 9 - 45 （二） 典型的碎石桩设计断面图

实而形成碎石桩桩体。其主要工作原理如下。

（1）通过挖机将石料送至提升料斗后，再通过卷扬机将石料送入集料斗。

（2）通过双锁压力仓转换，在维持压力仓一定气压及气量的前提下，将集料斗内石料送入过渡仓，再进入压力仓。

（3）通过高压气流将压力仓石料通过导料管送至振冲器底部。

（4）通过上部的双锁压力仓系统，形成过渡舱和压力仓连续向底部供料。

（5）通过振冲器振动密实石料从而形成碎石桩桩体。

干法底部出料振冲碎石桩工艺原理如图9-46所示。

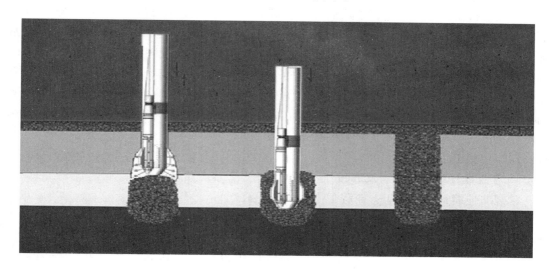

图9-46　干法底部出料振冲碎石桩工艺原理图

9.13.4.2　工艺特点

（1）碎石可被精确地释放到每个加密深度位置，桩体直径可控。

（2）与湿法相比，干法底部出料地面碎石损耗量小。

（3）对原状土扰动小。

（4）更有利于黏性土中差异沉降的减少和加速黏土固结沉降的速度。

（5）通过送料管直接送至底部，可保证较高桩体清洁度。

（6）通过高压气流送料，有效地减少泥浆产生量，达到较高地环保要求。

（7）具有低碳、经济、绿色、环保等特点。

（8）相对于常规振冲工艺，设备一次性投入较大，施工成本高。

（9）限高区域采用伸缩导管方式施工，施工难度大。

9.13.4.3　适用范围

（1）干法底部出料海上振冲施工技术方法适应于从软塑到流塑的淤泥或淤泥质不排水抗剪强度低于20kPa的软土振冲置换。

（2）由于潜在的土壤污染问题，地表不允许水冲刷的地区。

（3）不允许水冲刷的土壤类型，如泥炭土，液态土体等。

（4）更加适用于施工场地空间有限，或受限的区域。

（5）附近水源缺乏或较少水源的条件下。

目前国内外均已有应用于不排水抗剪强度在 $5\sim10Pa$ 的软土中的实证经验。由于该集成设备具有良好的穿透能力，因此具有良好的适应性，例如可穿透土层中局部相对硬层（唐山曹妃甸原油码头储罐，桩长 30m，20m 以内有 $N=27\sim34$ 的粉细砂层），或进入良好的持力层（宝钢马迹山中铁矿中转码头，桩长 22m，进入中密以上砂砾层 1.5m、福建炼油厂 10 万 m^3 储油罐，PX 区等，桩长 $18\sim21m$，进入残迹土 $1.0\sim1.5m$）。

根据现行欧洲标准规定，干法底部出料碎石桩的适用深度推荐值为 $12\sim18m$，国外相关文件资料表明，在气动条件下（风量 $40m^3/min$、风压 $0.7\sim1.4MPa$），采用干法底部出料处理最大深度为 22m。在我国陆域未加气条件下，最大处理深度为 21m（2006 年，福建泉州炼油厂原油储罐基础工程），气动条件下最深达 30m（2007 年，河北唐山曹妃甸原油码头储油罐地基处理工程）。海上最大施工有效桩长达 27m（2010 年，澳门国际机场南跑道堤堰建造工程）。本项目完全在海上进行施工，施工最大有效桩长达到 34.69m，为世界范围内所施工最大施工有效桩长。

9.13.4.4　施工工艺流程

1. 常规非伸缩料管施工流程图

常规非伸缩料管施工工艺流程如图 9-47 所示。

2. 伸缩料管施工流程图

海上干法底部出料振冲碎石桩施工过程如图 9-48 所示，主要设备由打桩船、料船、振冲集成设备、空压机、发电机、挖掘机等组成。

对于本项目，机场限高区域大部分为 PD 区、PA 区、PB 区内，详细施工方法见第 2.5.1.3 条。伸缩料管碎石桩施工工艺流程如图 9-49 所示。

9.13.5　施工机具设备选择

9.13.5.1　主导设备

1. 振冲器

采用水冷内循环 BJV377-180（B）型振冲器。选用原则，所采用振冲器在满足招标文件技术要求的前提下，应确保在施工中的耐久性和足够的能力余量。目前已有的适合底部出料振冲器的型号，见表 9-84。

选用依据如下。

（1）招标文件规定的振幅不小于 20mm。

（2）满足进入黏土冲积层 5m 所需要的振冲器的穿透能力。

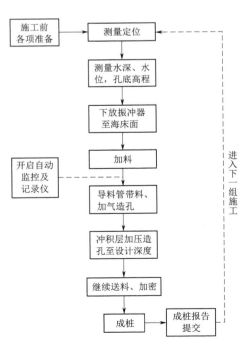

图 9-47　常规非伸缩料管施工工艺流程图

图 9-48　海上干法底部出料振冲碎石桩施工场景

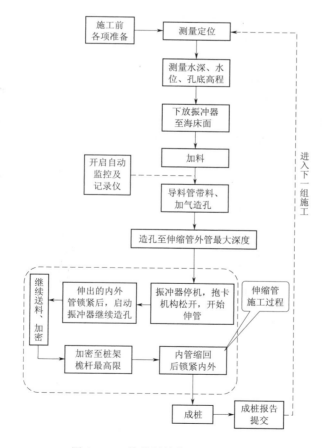

图 9-49　伸缩料管施工工艺流程图

表9-84 底部出料施工振冲器备选清单

序号	型 号	电机功率/kW	振幅/mm	振动力/t	质量/kg	外径/mm	长度/mm
1	BJV377-100	100	16～18	20～22	1940	φ377	3215
2	BJV377-130	130	15～17	22～24	2066	φ377	3355
3	BJV377-150	150	16～18	23～25	2200	φ377	3445
4	BJV377-180（A）	180	17～19	28～30	2600	φ377	3465
5	BJV377-180（B）	180	20～23	30～32	2800	φ377	3466
6	TR17	112	5	≤19	1400	φ298	3300
7	HD225	130	22	20～28	2500	φ379	

（3）根据已有类似工程的施工经验。

2. 压力仓系统

压力仓系统由空压机、进气管、过渡仓、压力仓、下料管组成。其中压力仓系统内通过过渡仓及压力仓中的控制阀门实现石料的垂直输送，使料管内形成持续稳定的气压，辅助石料进入振冲所形成的空腔内，确保顺畅下料。同时防止孔内泥土、水倒流入石料管内，保证桩体质量。图9-50为干法底部出料上料系统。

3. 机场限高条件下的可伸缩导料管

由于本工程邻近香港东涌国际机场，在机场正常营运条件下，施工区域内存在高度限制要求，机场高度限制区域为PD区、PB区和PA区。

限高区域内采用可伸缩的导料管施工，可伸缩下料管的工作原理，分为内外两层（内管和外管），外管长度配置和桅杆高度相适应，采用专门的抱卡装置确保内外管锁紧，在需要内管伸出时，松开抱卡装置→伸管→造孔、加密→缩管→成桩，以保证能满足本工程特定的高度限制下的施工作业。伸缩管示意图见图9-51、图9-52。

各限高区域内桩架及导料管长度见表9-85。

表9-85 各限高区域内桩架及导料管长度配置表

限高区域	高度限制/MPD	区域内桩底标高/MPD	高潮时平均水位/MPD	打桩船桅杆顶高程N/MPD	集料斗高度及提升B/m	导料管外管（含振冲器3m+过渡仓压力仓）长度L/m	伸缩管伸出后长度L/m	打桩船桅杆最大高度/m
ZONE C	+25，+25，+25	-26	+2.1	+23	3.32	17.58	10.52	19.4
ZONE B	+30，+30，+35	-26	+2.1	+23	3.32	17.58	10.52	19.4
ZONE A	+32，+32，+35	-26	+2.1	+23	3.32	17.58	10.52	19.4
ZONE 6	+33，+33，+60	-30	+2.1	+33	3.32	27.58	4.52	29.4
ZONE 7	+35，+35，+60	-32.5	+2.1	+35	3.32	29.58	5.02	31.4

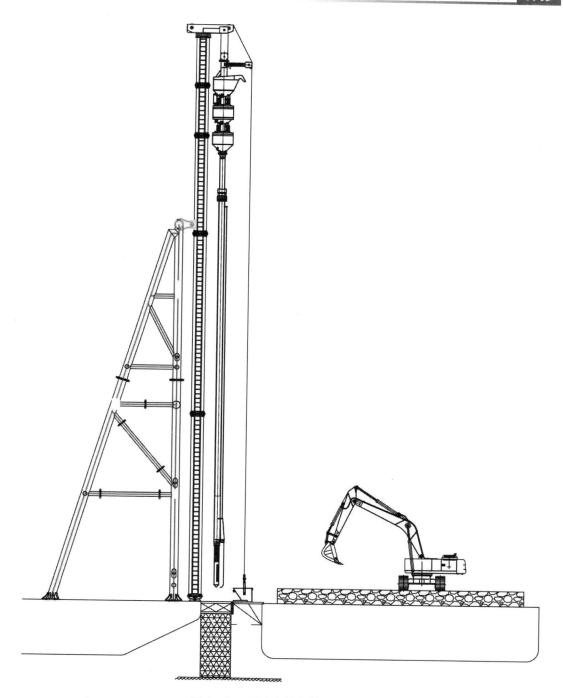

图 9-50　干法底部出料上料系统

4. A型架＋桅杆

本工程采用 A 型架作为打桩的起重桩架，主要有如下突出特点。

（1）打桩船上安装 A 型架及桅杆，稳定性高。

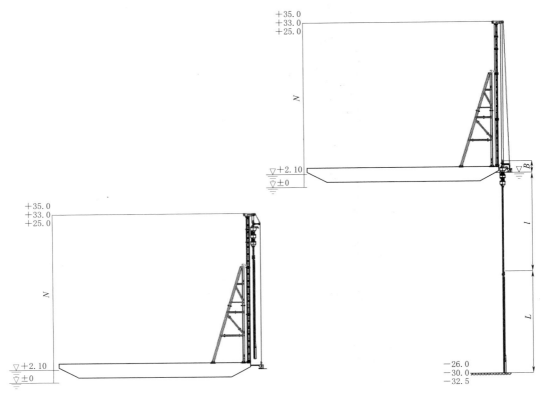

图 9-51　伸缩管锁紧状态示意图　　　图 9-52　伸缩管伸出状态示意图

（2）采用 A 型架＋桅杆桩架系统，其承载力大，易满足施工需求。

（3）打桩船上易于构建施工平台。

（4）考虑到机场限高要求，采用可拆装式 A 型架（分两节，分别为 13m 及 12m A 型架），桅杆分为 5 节，分别为 12m、12m、6.5m、3.3m、3.2m。可根据高度限制要求及时拆装 A 型架及桅杆高度。

（5）本次桩架系统均按高标准设计，增加其质量及耐用性。

（6）采用 A 型架＋桅杆的桩架系统作为起重设备，振冲器可悬挂式起吊，易于保证桩体垂直度。

（7）每条船桅杆间距为 3.0m，桅杆间距可根据需要沿船首平行进行移动安装，仅需要增加驳船平面上的链接销轴及底座，以及与 A 型架间链接的转动销轴即可，以适应于本工程桩间距的变化。

9.13.5.2　发电机及空压机

提供振冲器电动动力，按照振冲器及其他用电设备的功率，并且考虑控制声音，降低噪声要求，本工程选取超静音 $450\sim500$kVA 的发电机。采用压力 23m³、12kg/cm 的空压机供应压缩空气到压力仓，通过双截门装置确保钻孔内空气压力时刻保持连续供给，防止振冲器端部泥水进入料管内。石料在辅助压缩空气的推动作用下通过导料管到达振冲器端部。

9.13.5.3　打桩船就位

　　施工船舶按功能分主要有打桩船、上料船和供料船，打桩船上配 6 个锚，锚的布置见打桩船抛锚平面示意图如 9 - 53 所示，按图布置一般情况下可以满足锚定要求，避免在碎石桩区抛锚，如果确实需要，可先抛放 10t 的预制混凝土块体（图 9 - 54）并系上作为系缆用的钢丝绳和浮桶。

　　打桩船采用抛锚定位，打桩船的首、尾各抛两只锚，呈八字形，另外在船首、尾部位横向各抛设一只带前进缆的锚，桩位的调整依靠 6 根锚缆进行。当现有打桩船船位不能满足碎石桩施工要求时，应采用起锚艇起锚。

　　通常，锚 1 每上移 60m 移动一次，锚 3、锚 4、锚 5、锚 6 每上移约 100m 移动一次，每个锚缆长度均需 250m。

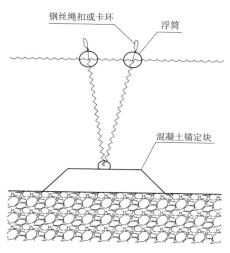

图 9 - 53　混凝土锚块图

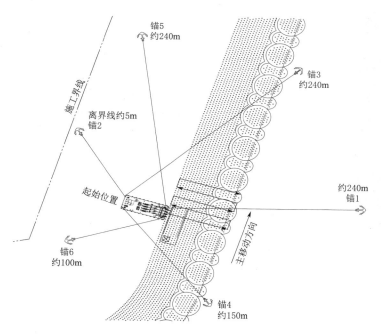

图 9 - 54　打桩船抛锚平面示意图

9.13.5.4　桩位测量

1. 测量依据

（1）本工程的控制系统：平面控制坐标采用香港 80 坐标系，高程基准面采用香港高程基准面。

（2）业主提供的勘测基线控制点（网），水准控制点。

（3）设计图纸。

（4）GPS 定位系统依据的基本原理是根据高速运动的卫星瞬间位置，作为已知的起算数据，采用空间距离后方交会的方法，确定桩位。

2. 测量仪器

根据本工程的实际情况，本着对工程认真负责的态度，保证测量定位结果的准确性，解决由于单一 GPS 工作模式接收信号不理想的问题，采用两种工作模式，分别是接收香港特别行政区 Leica 发射的 CORS 差分数据的 GPRS 模式和在已知点架设基准站接收通过电台发射数据的电台模式。可通过这两种工作模式相互检测精度，在一种工作模式信号不理想时切换至另一种工作模式，尽量不因为信号因素影响施工进度。设备由两部分组成：基准站部分和移动站部分。基准站数据已知，移动站主要包括移动站主机、对中杆、接收天线和手簿。其操作步骤是先安装启动基准站，然后进行移动站校核，校核必须在固定的已知点上，该点最好是一级控制点或通过其引得的固定点。

测量仪器及性能见图 9-55、表 9-86。

3. 碎石桩桩位测量程序

测量仪器工作界面图见图 9-55。

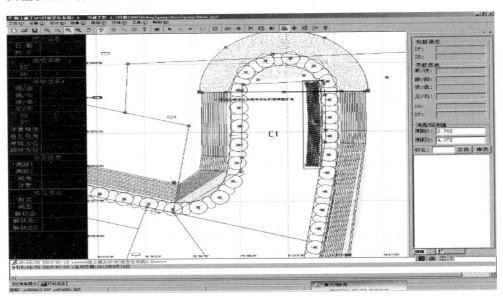

图 9-55　测量仪器工作界面图

表 9-86　　　　　　　　　　　　　测 量 仪 器

名　称	型　号	数量	精　度	制造商
南方分体式 RTK	S81+	10 台	RTK 平面精度：+/−1cm+1ppm RTK 垂直精度：+/−2cm+1ppm	南方测绘
南方一体式 RTK	S82T	1 台	RTK 平面精度：+/−1cm+1ppm RTK 垂直精度：+/−2cm+1ppm	南方测绘
外置电台	GDL-25	1 台	—	南方测绘
定位软件	定制打桩系统软件	5	—	南方测绘

（1）架设 GPS 基准站，设置坐标系统与转换参数。

（2）打桩船上选定安装 GPS 移动站，测量相对距离，见图 9-56。

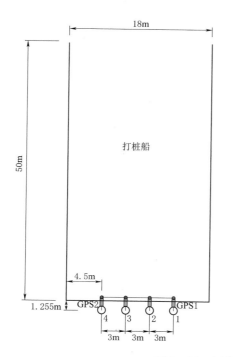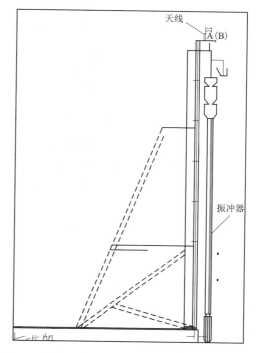

图 9-56　打桩船 GPS 安装示意图

（3）安装 RTK 定位软件，检测安装精度。

（4）根据设计施工图计算各桩位坐标并导入 RTK 定位软件中。

（5）根据现场工程师安排，通过 RTK 软件指挥水手将施工船定位至打桩位置。

（6）在 RTK 软件中，根据船体及振冲器模拟位置，将振冲器的中心位置定位于桩位 15cm 以内时，锁定锚机使振冲器精准定位至桩位（图 9-57）。

（7）记录定位时振冲器坐标及施工完成后坐标，并形成记录文件。

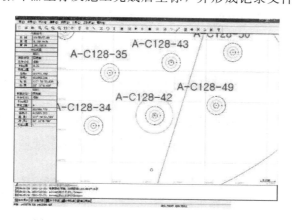

图 9-57　海上碎石桩施工测量定位示意图

9.13.5.5 隔泥帷幕

为满足环境许可要求，在碎石桩施工前，除了在现有海床顶面铺设土工布及碎石垫层避免沉积物释放外，还应在碎石桩施工活动范围内安装一圈局部隔泥帷幕。

隔泥帷幕选择结实、耐磨、可渗透的膜状物的材料（图 9 - 58）。

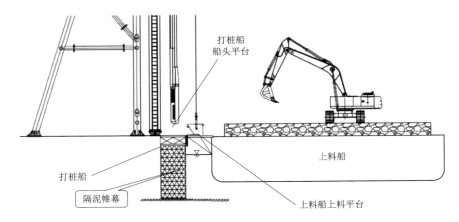

图 9 - 58　隔泥帷幕示意图

9.13.5.6 海上干法底出料碎石桩施工

本工程采用 BJV377 - 180（B）型振冲器作为本工程干法底部出料碎石桩施工设备。

1. 造孔

（1）对位：采用 GPS 定位仪 RTK 定位方法，仪器测量精度 5～8mm，所有碎石桩平面位置应控制在 150mm 以内。

（2）振冲器系统悬挂在驳船上配置的 A 型桩架系统上，靠振冲器自重下放振冲器至碎石垫层顶面上。

（3）开启振冲器及空压机，压力仓控制阀门应处于关闭状态，风压为 0.1～0.5MPa 风量 0.2～3.0m³/min。

（4）造孔至 q_c 值大于 1.7MPa 或者电流大于 180A 且 3min 内造孔深度小于 15cm。

（5）振冲器造孔速度不大于 1.5～3.0m/min，深度大时取小值，以保证制桩垂直度。

（6）振冲器造孔直至设计深度。造孔过程应确保垂直度，形成的碎石桩的垂直度偏差不大于 1/20。

2. 加密

采用提升料斗的方式上料，通过振冲器顶部受料斗、转换料斗过渡至压力仓，形成风压底部干法供料系统（图 9 - 59）。

（1）造孔至设计深度后，振冲器提升 0.5～1.0m（取决于周围的土质条件），匀速上提升，提升速度不大于 1.5m/min。石料在下料管内风压和振冲器端部的离心力作用下贯入孔内，填充提升振冲器所形成的空腔内。

（2）振冲器再次反插加密，加密长度为 300～500mm，形成密实的桩段。

（3）振冲器加密期间，需将气压稳定在 0.1～0.5MPa，保持侧面的稳定性并确保石料通过探头的环形空隙达到要求的深度。

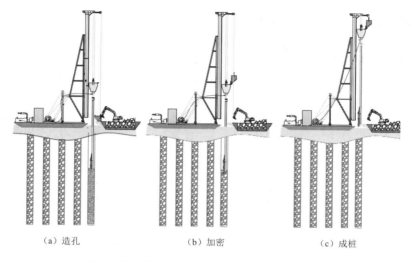

（a）造孔　　　　　　　（b）加密　　　　　　　（c）成桩

图 9-59　海上干法底部出料制桩流程示意图

（4）重复上述工作，直至达到碎石桩桩顶高程。

（5）由于浅部覆盖层厚度较浅，应注意浅部碎石桩的密实度，碎石垫层内不需挤密。

（6）关闭振冲器、空压机，制桩结束。

（7）打桩驳船移位进行下一组桩的施工。

港珠澳大桥香港口岸填海工程海上底部出料振冲碎石桩工程施工实景见图 9-60。

图 9-60　港珠澳大桥香港口岸填海工程海上底部出料振冲碎石桩工程施工实景图

9.13.6　项目质量管理系统及过程控制

项目质量管理首先应根据国家标准及公司质量手册建立项目的质量管理体系（本项目质量管理体系部分不在此进行详述）。同时应保证质量管理体系有效运行，通过质量计划、质量控制、质量保证及质量改进等手段，最终保证项目质量管理目标的实现。

9.13.6.1　碎石桩施工全过程质量控制系统

碎石桩施工质量控制主要采用全过程施工关键点控制组成，通过采用振冲自动控制及记录系统，对碎石桩桩位、总填料量及每米填料、倾斜度、桩深、电流、气压、时间监测等进行实时的监测，通过上述监测，对每根碎石桩质量实施全过程的监测及控制。图 9-61 为振冲器自动记录与监控管理系统组成示意图。

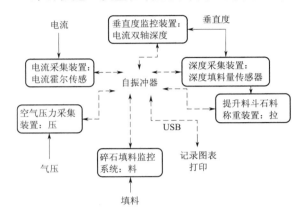

图 9-61　振冲器自动记录与监控管理
系统组成示意图

9.13.6.2　自动监控系统的组成

振冲制桩数据监测采集与分析系统，由数据采集器和采集数据处理软件两部分组成。数据采集系统主要由配电屏、电机启动器、主控触摸屏（主HMI）、吊车手监视触摸屏（远端HMI）及各类传感监测器件组成，完成对振动制桩全过程的主要数据监测与记录；其中自动记录仪为操作界面、基本数据输入和数据采集终端及存储系统；传感器采集装置包括深度采集装置、垂直度采集装置、电流采集装置、气压采集装置、石料控制系统（上料量采集装置和出料量控制装置）等。

1. 工作原理及控制方法

自动记录仪显示的系统操作主界面如图 9-62 所示。振冲器自动记录仪主要完成采集深度数据、振冲器工作电流、垂直度、气压数据、上料量出料量等数据，包括记录振冲器工作状态、参数调整、实时数据监测和浏览、数据保存等功能。碎石桩施工完成后，通过USB可将数据储存至计算机，可对数据进一步进行分析，以调整施工工艺及参数，确保碎石桩施工满足质量要求，针对不同的地质条件总结出切实合理的操作工法。

图 9-62　系统操作主界面

2. 功能说明

（1）参数设置。在施工开始前，需要对系统的参数进行设置（如桩号、设计桩长、水深、水位等），还要对长度、石料称重进行标定。详细设置界面如图 9-63 所示。

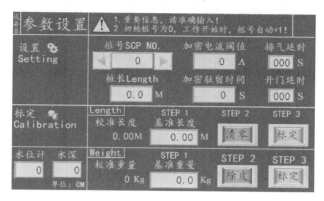

图 9-63　参数设置界面

（2）工作界面。碎石桩施工时的工作界面如图 9-64 和图 9-65 所示，显示制桩工作的状态，该窗口是工作中主要的监视界面。主工作界面："制桩动态数据监测记录"提供的信息如下。

1）显示当日正在制桩的顺序编号。

2）工作电压显示。

3）工作电流显示。

4）当前制桩进程深度显示。

5）深度到达设定值报警。

6）当前填充加料重量指示。

7）累计加料重量显示。

8）阀板状态指示（支持更多图形阀板状态及手动操作界面）。

9）更多图形化参数显示（需要点选进入"图形参数显示"）。

10）倾角数据指示（需要点选进入"图形参数显示"）。

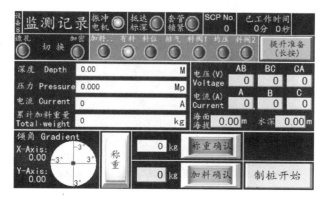

图 9-64　工作界面——数据监测及控制记录

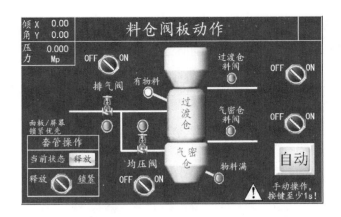

图 9 - 65　压力仓系统检测界面

9.13.7　项目施工质量控制

建设工程施工质量控制应贯彻全面、全过程、全员质量管理的"三全"意识，运用动态控制的管理，对施工质量进行事前、事中及事后控制。

9.13.7.1　施工质量控制要求

由于本工程完全于海上进行施工，故施工质量控制主要以现场施工实时监控为主，即通过自动记录系统实时监控质量控制点及施工过程。

质量控制标准如下。

（1）碎石桩垂直度：1/20。

（2）碎石桩中心位置偏差：150mm。

（3）碎石桩桩径：1000mm。

（4）碎石骨料充盈系数：不小于 1.05。

（5）碎石桩深度：进入 q_c 值大于 1.7MPa。

9.13.7.2　自动监控及记录系统

在施工时（图 9 - 66、图 9 - 67），采用专门的振冲器自动监控及记录仪对整个施工过程实时监控的主要工艺参数进行监控和记录。

图 9 - 66　振冲器自动记录仪

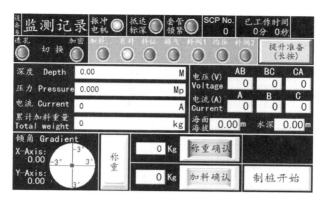

图 9 - 67　振冲器自动记录仪主操作界面

（1）电流：实时监控记录空载、造孔及加密阶段的电流和设计规定的加密电流。

（2）深度：实时监控记录振冲器位于孔中的深度。

（3）时间：记录施工日期和起止时间、造孔时间、加密时间、留振时间、故障时间等。

（4）填料量：实时监控记录每斗填料量及累计填料量，通过累计填料量计算桩体直径。

（5）气压：实时监控记录施工过程中压力仓及输料管中气压。

（6）倾角：通过倾角传感器实时监控倾斜度。

（7）记录：施工全过程自动采集、记录与传输/打印。

通过自动记录监测仪可形成：

（1）电流—深度曲线。

（2）深度—时间曲线。

（3）桩体直径曲线。

图 9 - 68 为碎石桩施工记录样表。

但是目前而言，对于海上碎石桩施工质量事后检测国内外均未有切实可行的方案，均受海上条件的制约，本工程主要采用施工质量事前及事中控制的方案，以确保施工最终质量满足要求。当事后控制存在困难的时候，必须加强对事前及事中控制的手段及方法，以本工程为例，采用自动监控及记录系统实行过程控制，对各施工过程参数控制进行过程分解，落实到人，加强制度建设，尤其是加强质量计划的落实。在充分理解公司有关质量方针、质量计划、质量程序的同时，需要将计划落到实处，针对不同工艺、项目进行具体细致的质量管理。

9.13.8.3　质量控制要素及预防纠正措施

针对本工程地层条件和技术要求，振冲施工过程中质量控制要素主要有：桩位偏差、施工深度、填料量、施工技术参数。

1. 桩位偏差控制

要使成桩后的桩位偏差达到设计要求，首先在造孔时要控制孔位偏移。

（1）打桩船固定要稳定，各锚的位置及方向均能满足固定船体的要求，且在施工过程中不得移动锚体。当船体发生移动超出设计要求时，应停止施工再次抛锚定位。

振冲碎石桩施工记录报表

合同标题	HKZMB-HKBCF-斯通柱	合同编号	HY/2010/02
参考编号	A-C128-46	底部水位/mPD	−28.1
日期	2012-5-21	顶层/mPD	−5.19
天气	晴朗的	设计基础标高/mPD	−28
开始时间	16:11:13	穿透长度/m	
完成时间	18:27:30	设计长度/m	22.81
渗透持续时间/min	32	施工坐标	
压实持续时间/min	105	设计坐标	819789.074、812685.679
喷射压力/MPa	0.1~0.8	石料数量/m³	2.31
倾向	2.161342	平均直径/m	1.28
设备编号	FTB19-3	治疗方法	干式底部进料推动碎石桩

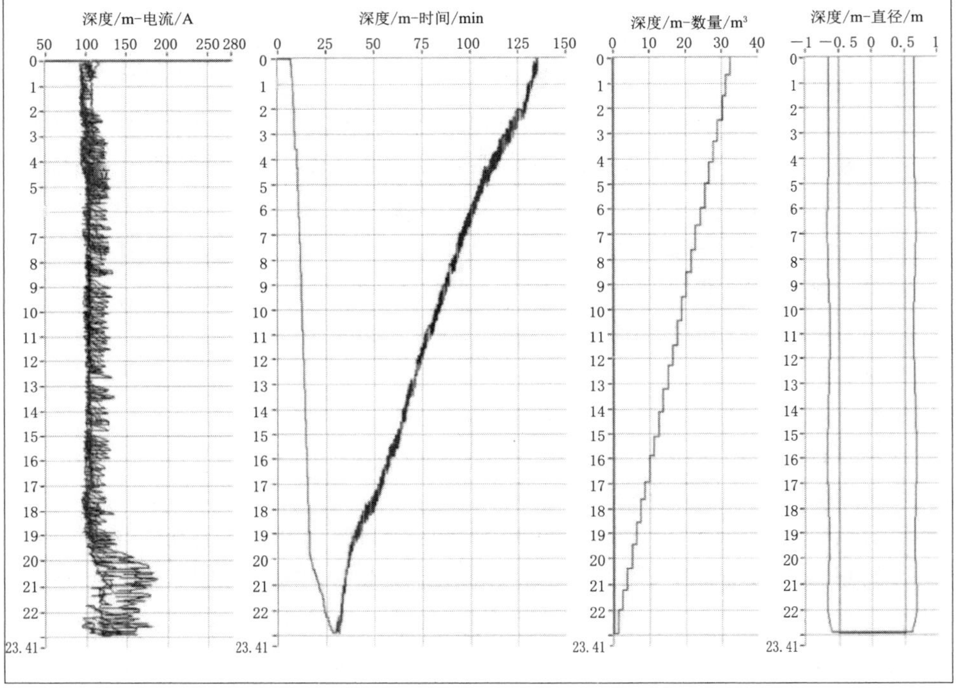

操作员：　　　　　质量工程师：　　　　　　　责任人：

图 9-68　碎石桩施工记录样表

（2）现场测量人员实时通过 RTK 测量定位系统观察桩位偏移情况，如发现超出要求偏移，可立即进行纠正。

2. 桩长控制

采用振冲器自动记录监控仪器进行深度监控，可在操作人员的自动记录仪表上显示桩长数据，并进行提示和警告，以减少了人为原因造成的桩长问题。

3. 填料量控制

（1）填料方式为底部出料，控制每次挖掘机装料数及散落在孔外的数量。

（2）通过自动记录称重传感器可准确测量每次提升料斗的填料数量，从而控制桩体各个部位填料量数量。

（3）自动记录系统自动累计每次填料数量，严格控制每次填料数量及整桩填料数量，彻底杜绝人为计算等原因造成的填料数量错误。

4. 施工技术参数控制

施工技术参数主要有加密电流、填料数量、留振时间、加密段长度等。

本工程关键的质量控制点为填料数量，要保证桩体总填料数量不少于理论填料体积的 1.05 倍。同时需要保证留振时间控制在 10～15s，加密段长度为 500～1000mm。施工技术参数控制时应注意下列事项。

（1）施工中应确保每米填料、留振时间和加密段长都已达到设计要求，否则不能结束一个段长的加密。

（2）本工程为多台机组处理同一对象，由于制造或使用原因，相同型号的振冲器，空载电流也有差别。因此，在施工中应经常对各机组振冲器的空载电流进行测量记录，当与设计空载电流差别较大时，应及时与设计和咨询单位联系，适当调整加密电流，以保证各机组施工质量的一致性。

（3）应定期检查设备，不合格、老化、失灵的元器件应及时更换。

5. 保证桩顶密实程度的技术措施

按照设计技术要求，加密位置应达到要求的高程，以保证桩顶密实度。

当加密接近孔口时，在孔口堆料强打，反复振捣，适当延长桩顶部的留振时间和振捣次数。

6. 底部出料振冲碎石桩常见问题及处理措施

底部出料振冲施工中常见问题及纠正预防措施见表 9-87。

表 9-87　　　　　底部出料振冲施工中常见问题及纠正预防措施

类别	问题	原因	处理方法
造孔	贯入速度慢	土质坚硬	加大水压，振冲器周向焊接切割板
	振冲器电流过大	振冲器贯入速度快	减小贯入速度
		出料管堵管	反复提拉振冲器，在黏土夹层地区控制造孔速度，"少吃多餐"
	孔位偏移	周围土质有差别	减小振冲器造孔速度
		振冲器垂直度不好	调整振冲器垂直度，特别注意减震器部位垂直度
填料	填料不畅	地层黏土夹层多，料管堵塞	降低造孔速度，开孔带 3～5m³ 碎石骨料
		石料粒径过大	选用粒径小的石料
		水量水压过小	料管通水，加大水量水压
加密	填料不均匀	土质软硬不均匀	按每米填料 1.2m³ 控制，适当调整留振时间
	振冲器电流过大	土质硬	加大水压，减慢填料速度，放慢振冲器下降速度

9.13.8　项目评价

9.13.8.1　海上底部出料振冲碎石桩施工关键技术及创新

1. 关键技术

多项采用的新型技术及工法、装备均属于中国之最，创造了多项国家纪录，并形成相应的发明及实用新型专利技术。

（1）具有底部出料装置的振冲设备提升机构技术。

（2）加压振冲方法及其中使用的具有底部出料设备的加压振冲装置技术。

（3）具有底部出料装置的振冲设备技术。

（4）具有底部出料装置的加压振冲设备技术。

（5）振冲设备的电缆连接箱技术。

（6）振冲施工远程监控记录系统。

（7）大型机械设备的伸缩机构。

（8）底部出料用陶瓷料管减震器技术。

（9）海上底部出料振冲碎石桩 GPS 测量定位系统。

（10）组合式 A 架附着桅杆＋悬挂式振冲器提升技术。

2. 创新

（1）研发了四立柱组合式海上振冲碎石桩专用船，可同时实施 4 根碎石桩施工，实现了成孔、供料、下料、振冲密实等连续施工流程，大幅度提高了施工效率，节约了工程造价。

（2）自主研发了新型全自动（控）双锁压力仓储-供料系统，实现了连续底部供料成桩，可全自动数据采集和质量控制，打破了国外同类产品的技术垄断。

（3）研发了可伸缩的水下成孔和连续供料管系统，解决和高度限制条件下的海上施工作业难题，保证了工程顺利实施。

（4）创新了海上底部出料振冲碎石桩施工技术，开发了自动化施工监控系统，实现了全过程的施工质量控制，保证了海上振冲碎石桩的施工质量、精度。

（5）采用世界先进的干法底部出料振冲装备，特别是拥有专利技术的双锁压力仓结构送料系统，使不排水抗剪强度小于 20kPa 的土层可成功应用振冲碎石桩工艺。

9.13.8.2　工程项目评价

1. 项目施工技术评价

本工程采用海上干法底部出料振冲碎石桩施工工艺进行港珠澳大桥香港口岸地基处理取得了成功，为类似工程提供了丰富的技术经验。

（1）本施工区域地质条件为珠江口海相沉积土，不排水抗剪强度很低，通常在 3.5～7.0kPa，桩端部最大值也在 16.5kPa 左右，施工时过量振冲将使得海相沉积层发生剪胀破坏，从而使桩间土强度的进一步降低，不利于碎石桩的形成及地基的加固，施工过程中控制造孔速度，充分利用振冲器自重带料造孔是十分有效的。

（2）在近海区域土体不排水抗剪强度小于 20kPa 的情况下，运用底部出料施工工艺是可行的。在陆上当不排水抗剪强度小于 20kPa，采用顶部喂料无法顺畅实现时，均可采用底部出料工艺进行碎石桩的施工。

（3）采用底部出料施工工艺，对石料粒径、级配、含泥量等的要求较高。与 $\phi377$ 料管匹配的石料粒径及级配总体原则应是石料颗粒之间形成骨架，大颗粒碎石含量组分要大，石料在自由下落的过程中形成堆积体，石料间尽可能地形成大的空隙，而且这些空隙不被细粒石料所充填。粒径为 $3\sim7\mathrm{cm}$ 的碎石骨料更利于填料进入振冲器上提后在孔端部形成的空腔内。有经验证明当石料颗粒级配良好，但细粒含量多时，不利于石料进入空腔内。

（4）采用打桩船（配置 4 台套下出料振冲集成设备）、上料船、挖掘机（上料）的组织模式进行近海区域的底部出料碎石桩施工方案是合理可行的。

2. 项目社会综合评价

港珠澳大桥是中国新的地标性建筑之一，是连接香港特别行政区大屿山、澳门特别行政区和广东省珠海市的大型跨海通道，是世界最长的沉管隧道以及跨海距离最长的桥隧组合工程。大桥全长为 49968m，主体工程"海中桥隧"长 35578m（包括 5664m 海底隧道），设计寿命为 120 年。位于香港大屿山的香港口岸填海工程项目是港珠澳大桥项目的核心组成部分，形成海堤全长 6296m，筑岛面积 149.68 万 m^2。岛壁软土地基加固技术采用海上底部出料振冲碎石桩施工工艺，共计完成 4 万余根碎石桩，累计完成工程量约 120余万延米。施工区域水深 $5\sim15\mathrm{m}$，平均桩长 23m，最大有效桩长达到 36.5m。岛壁软土地基加固技术在海域条件、工程规模、施工环境、施工技术及装备等多维度创造了世界之最，尤其在技术装备及工艺应用方面采用了诸多的施工关键技术，创造了多项国内纪录，实现了中国振冲地基处理施工领域多项零的突破，打破了国际底部出料振冲市场由国外企业垄断的现状。

本工程规模大，地质条件复杂，技术难度高，成功运用多项先进技术为项目顺利实施奠定了基础。通过该项目的实施，获得中国国家发明及实用新型专利 10 余项，通过 2013—2014 年度中国交建省部级工法评审，获中国海运建设行业协会科技创新成果二等奖，获得中国施工企业管理协会技术创新成果三等奖。

9.14 华能唐山港曹妃甸港区煤码头工程

9.14.1 工程概况

华能曹妃甸煤码头工程位于唐山港曹妃甸港区的煤码头起步工程、续建工程南侧海域，防波堤外侧的无掩护区域，已建的国投煤码头工程以南，吹填造地形成的陆域内，是大秦铁路重要的煤炭分流港口，蒙冀铁路煤炭运输的主要下水港，是"北煤南运，西煤东运"运输格局的重要通道。

华能曹妃甸 5000 万 t 煤码头项目，共建成 10 万 t 级泊位 2 个（水工结构按靠泊 15 万 t级船舶设计）、7 万 t 级泊位 2 个、5 万 t 级泊位 1 个以及相应配套设施。码头全长 1428m，设计装船能力 5000 万 t。

本标段（B 标段）施工面积为 36 万 m^2 左右，地基处理工艺为无填料振冲＋小能量强夯、振冲碎石桩。

9.14.2　工程地质条件

勘探最大深度范围内所揭露的地层，新近人工填土（Q^{4ml}）、第四系全新统海相沉积层（Q^{4m}）、第四系上更新统冲、洪积层（Q^{3al+pl}）、第四系上更新统冲积层（Q^{3al}）、第四系上更新统海相沉积层（Q^{3m}）。根据地质成因、年代、原位测试及室内试验成果，将钻孔所揭露的地基土分为 12 大层，共计 15 个亚层及夹层，根据各层土层厚、物理力学指标、场地地基土力学性质评价如下。

（1）①1 层素填土：主要由碎石组成，分布在场地北侧和西侧的道路上，层顶高程 5.09～5.45m，层厚 0.3～0.5m，平均层厚 0.4m。该层在勘察期间由卡车堆填形成，并经卡车碾压，力学性质较好，但层厚较薄，不可作为天然地基持力层。

（2）①层冲填土：主要由松散的粉砂组成，标准贯入试验锤击数实测值 N 为 3～11 击，平均 4.9 击，静力触探试验测得锥头阻力为 1.00～5.63MPa，平均 3.07MPa，层顶高程 4.53～5.93m，层厚为 8.3～16.0m，平均 12.85m。最大、最小孔隙比为 0.973、0.522，最大、最小干密度为 1.34g/cm³、1.74g/cm³，均有分布。该层为近期吹填形成，欠固结，为可液化土层，力学性质极差，未经处理不能作为地基持力层。

（3）②1 层淤泥质粉质黏土：流塑，标准贯入试验锤击数实测值 N 为 1～2 击，平均 1.2 击，静力触探试验测得锥头阻力为 0.10～0.99MPa，平均 0.53MPa，层顶高程 −9.99～−5.04m，层厚为 0.3～3.0m，平均 1.3m，该层层顶为海底原泥面，主要分布在辅建区和堆场区南部。

（4）②3 层淤泥质粉质黏土：标准贯入试验锤击数实测值 N 为 1～6 击，平均 3.5 击，静力触探试验测得锥头阻力为 0.14～1.30MPa，平均 0.72MPa，层厚为 0.50～4.40m，平均 2.04m，该层除 ZK32～ZK39、ZK57、ZK143、ZK144 钻孔缺失外，均有分布。②1 层、②3 层属中等灵敏土，均具高压缩性、高含水率、高孔隙比等特点，工程性质极差，复合地基及桩基设计时应穿透上述两层。

（5）②2 层粉砂：松散～稍密，标准贯入试验锤击数实测值 N 为 5～15 击，平均 10.7 击，静力触探试验测得锥头阻力为 2.03～10.82MPa，平均 5.27MPa，层厚为 0.5～4.3m，平均 1.92m，主要分布在场地南部，力学性质一般。

（6）③层粉砂：稍密～密实，标准贯入试验锤击数实测值 N 为 13～46 击，平均 31.2 击，静力触探试验测得锥头阻力为 5.03～15.00MPa，平均 10.68MPa，层厚为 0.6～12.7m，平均 5.54m，本层在场地内均有分布，力学性质较好，可作为桩端持力层，在层厚较薄处需对软弱下卧层进行验算。

（7）④粉质黏土：可塑，标准贯入试验锤击数实测值 N 为 3～8 击，平均 5.3 击，静力触探试验测得锥头阻力为 0.12～2.00MPa，平均 1.13MPa，层厚为 1.0～6.0m，平均 3.17m，该层在场地除 ZK162～ZK164 钻孔缺失外，均有分布，正常固结，属中等灵敏土，力学性质较差，作为软弱下卧层时应对其进行验算。

（8）⑤粉砂：稍密～密实，标准贯入试验锤击数实测值 N 为 12～32 击，平均 20.4 击，静力触探试验测得锥头阻力为 2.54～12.98MPa，平均 6.36MPa，层厚为 0.5～2.4m，平均 1.21m，该层除西侧少数钻孔缺失外，均有分布，力学性质较好。

（9）⑥粉质黏土：可塑，标准贯入试验锤击数实测值 N 为 3～10 击，平均 7.6 击，静力触探试验测得锥头阻力为 0.65～2.62MPa，平均 1.38MPa，层厚为 2.1～6.8m，平均 3.94m。该层在场地内均有分布，正常固结，属中等灵敏土，该层与④层相近，不宜作为桩端持力层。

（10）⑦粉土：稍密～中密，标准贯入试验锤击数实测值 N 为 9～19 击，平均 13.5 击，静力触探试验测得锥头阻力为 1.76～9.37MPa，平均 5.19MPa，层厚为 0.4～2.0m，平均 1.04m。该层力学性质较好。

（11）⑧粉质黏土：稍密～中密，标准贯入试验锤击数实测值 N 为 6～13 击，平均 10.1 击，静力触探试验测得锥头阻力为 0.82～2.29MPa，平均 1.49MPa，层厚为 0.4～2.0m，平均 1.04m。力学性质较⑥层好，可作为桩端持力层。

（12）⑨粉土、⑩粉质黏土、⑪粉土：力学性质均较好，均可作为桩端持力层。

9.14.3 设计要求

（1）取料机轨道梁下地基承载力特征值不低于 200kPa；消除吹填土层液化。

（2）堆场区地基承载力特征值不低于 150kPa；消除吹填土层液化；抗滑稳定安全系数不低于 1.3。

（3）振冲碎石桩技术参数。

1）桩径 1000mm，按正三角形布置，桩间距 2500mm；在每条轨道梁基础下布设三排桩，轨道梁基础中心线上布设一排，两侧各一排，轨道梁基础长度方向两段各外扩 3 排桩。

2）桩端持力层为粉砂 3 层，桩端进入 3 层不小于 0.5m，共有 14 条轨道梁（轨道梁编号按从上到下顺序），按勘察报告将 14 条轨道梁分为两个区，分别为 1～10 号和 11～14 号。

3）施工顺序宜采用沿直线逐点进行，宜先施工两侧护桩再施工基础中心线下的桩。

4）加固处理层表面 1.5m 高度的振密效果不稳定，桩体施工完毕应将该部分松散桩体挖除或将松散桩体压实，随后铺设并压实垫层；振冲碎石桩施工完毕后，应满夯一遍，单点夯击能 1000kN·m，采用 1/3 夯双向搭接，单点夯击 2～3 击；强夯范围超出处理范围 5m。

5）建议振冲碎石桩施工完毕后，在轨道梁基础下铺设一层碎石垫层并进行压实处理，具体参数及做法由堆场区土建设计单位确定。

（4）无填料振冲密实法加强夯（其余部位）设计参数。

1）无填料振冲密实法采用 75kW 振冲器成孔，振密孔间距 2500mm（局部加以调整），桩径 800mm，按正三角形布置；处理范围超出堆场三排桩；施工方布桩时需注意，两条轨道梁中间仍需布置无填料振冲桩（桩间距需满足置换率要求）。

振密孔深度应穿过①层冲填土，按勘察报告将其余部位分为 3 个区。施工顺序宜沿直线逐点逐行进行。

2）无填料振冲挤密施工完成后，采用 2000kN·m 夯击能对地表浅层进行夯实处理。强夯点按正方形布置，单点夯击击数 6～8 击，分两遍夯。强夯控制标准：①最后两击的平均夯沉量不大于 50mm；②夯坑周围地面不发生过大隆起；③不因夯坑过深而造成提锤困难。强夯范围超出振冲砂桩处理范围 5m。

9.14.4　施工情况

曹妃甸煤码头项目施工期为 2014 年 8 月—2015 年 11 月。高峰期投入 16 台机组施工，共完成无填料振冲 90 万延米，振冲碎石桩 18 万延米。

9.14.5　振冲施工检测

9.14.5.1　检测要求

（1）地基处理设计文件对振冲碎石桩处理后的检测项目要求如下。

1）复合地基承载力检测：采用单桩复合地基静载荷试验，检测数量不少于桩总数量的 1%。

2）单桩承载力检测：采用单桩静载荷试验，检测数量不少于桩总数量的 0.5%。

3）桩间土质量检测：在桩点所围成的单元形心处（即正三角形的中心）采用标准贯入试验，检测深度不小于地基处理深度，检测数量不少于桩总数量的 2%。

4）桩体质量检测：采用超重型动力触探检测，检测数量不少于桩总数量的 1%。

5）桩的直径估测：按不少于桩总数量的 0.1% 抽检，在每根拟检测桩的 4 个方向的边缘各做 2 个超重动探；检测深度同桩长。

（2）对检测应提供的指标要求。

检测应符合 GB 50007—2011《建筑地基基础设计规范》、JGJ 79—2012《建筑地基处理技术规范》、GB 50202—2002《建筑地基基础工程施工质量验收规范》的要求。地基处理后的检测报告中，应提供以下内容：

1）浅部地基承载力特征值，并评价是否满足设计要求（堆场铺面区不小于 150kPa，轨道梁下地基不小于 200kPa，辅建区不小于 120kPa）。

2）提供地基处理深度范围内的土层的分层压缩模量建议值。

3）提供地基处理深度范围内（轨道梁、堆场区应不浅于冲填土的层底深度）冲填土是否液化的判断。

9.14.5.2　现场实际检测工程量

检测工作自 2014 年 11 月 11 日进场，于 2014 年 11 月 20 日完成现场工作。检测工作工作量统计见表 9-88。

表 9-88　　　　　　　　　　　　检测工作工作量统计表

序号	区域	检测方法	检测点数	工作量	单位	备　注
1	T5 转接机房	动探	3 个点	55.5	延米	在桩中心每点 18.5m
2	T5 转接机房	标贯	5 个点	92.5	延米	每点 18.5m
3	T5 转接机房	单桩静载试验	3 个点	235.5	10kN	每点 785kN
4	T5 转接机房	复合地基静载试验	3 个点	649.2	10kN	每点 2164kN

9.14.5.3　检测结果分析

1. 荷载试验结果分析

对 3 个点进行了单桩复合地基静载试验检测，检测点试坑开挖深度为 1.2～1.5m。采用方形承压板，边长 2.327m、面积 5.41m^2，最大加载至 400kPa。加载采用慢速维持荷载法、逐级加载。

试验结果见表9-89。

表9-89 　　　　　　　　　　　　**单桩复合载荷试验结果汇总表**

序号	试验点	最大加载情况		承载力特征值		备　注
		荷载/kPa	对应沉降量/mm	荷载/kPa	对应沉降量/mm	
1	C-T5-Z1复	400	36.35	200	17.20	
2	C-T5-Z2复	400	44.40	200	19.69	压板面积：5.41m²
3	C-T5-Z3复	400	44.70	200	19.58	

3处试验点的复合承载力特征值均达到200kPa。

对3个点进行了单桩静载试验检测，检测点试坑开挖深度为1.2～1.5m。采用圆形承压板，直径为1.00m、面积0.785m²，最大加载至1000kPa。加载采用慢速维持荷载法、逐级加载。

单桩载荷试验结果汇总见表9-90。

表9-90 　　　　　　　　　　　　**单桩载荷试验结果汇总表**

序号	试验点	最大加载情况		承载力特征值		备　注
		荷载/kN	对应沉降量/mm	荷载/kN	对应沉降量/mm	
1	C-T5-Z4桩	785	34.18	393	15.21	
2	C-T5-Z5桩	785	36.29	393	16.90	压板面积0.785m²
3	C-T5-Z6桩	785	37.63	393	18.78	

3根桩的单桩承载力特征值均达到393kN（500kPa）。

2. **标准贯入结果分析**

对5个点进行了桩间土标贯检测，数据汇总见表9-91。

表9-91 　　　　　　　　　　　　**振冲碎石桩桩间土标贯击数统计汇总表**

序号	高程/m	深度段/m	C-T5-B1	C-T5-B2	C-T5-B3	C-T5-B4	C-T5-B5
1	3～4	2～3	12.8	15.3		15.7	14.7
2	2～3	3～4	16.3		17.2	19.0	20.0
3	1～2	4～5	17.6	15.9	19.5	17.6	18.7
4	0～1	5～6	16.2	16.3	22.8	9.9	16.4
5	-1～0	6～7	13.3	16.9	23.0	12.6	15.1
6	-2～-1	7～8	16.4	22.5	29.4	11.5	16.4
7	-3～-2	8～9	17.0	23.7	38.9	13.9	17.9
8	-4～-3	9～10	19.9	24.1	39.5	16.1	12.5
9	-5～-10	10～11	25.2	27.6	40.0	8.3	6.5
10	-6～-5	11～12	31.9	32.0	39.5	5.7	9.6

续表

序号	高程/m	深度段/m	C－T5－B1	C－T5－B2	C－T5－B3	C－T5－B4	C－T5－B5
11	－7～－6	12～13	33.5	35.2	38.9	23.1	12.5
12	－8～－7	13～14	29.9	38.6		21.1	16.2
13	－9～－8	14～15	31.9	38.1	38.1	23.6	20.5
14	－10～－9	15～16	36.0	31.7	37.5	24.7	26.2
15	－11～－10	16～17	32.5	32.0	37.1	27.4	32.7
16	－12～－11	17～18	24.9	28.8	35.2	19.1	22.8
17	－13～－12	18～19	18.2	26.3	34.9	8.0	11.6

表 9－91 中击数为修正值，统计时剔除少量异常值。

根据标贯数据、进行液化判断计算，结果表明：本区域检测深度范围内的冲填土基本无液化现象（混黏性土团块处未参与液化计算）。

3. 桩体强度检测结果

在 3 根碎石桩的中心进行了动探（超重型）检测，数据汇总见表 9－92。

表 9－92　　　　　地基处理后的桩体超重型动探检测数据汇总表

序号	高程/m	深度/m	C－T5－D1	C－T5－D2	C－T5－D3	标准值	变异系数
1	3.7～2.7	1.0～2.0	7.0	7.0	6.5	6.62	0.10
2	2.7～1.7	2.0～3.0	4.6	7.6	6.5	5.76	0.25
3	1.7～0.7	3.0～4.0	4.6	4.6	6.2	4.59	0.34
4	0.7～－0.3	4.0～5.0	5.4	4.7	6.9	5.26	0.23
5	－0.3～－1.3	5.0～6.0	6.2	4.8	4.4	4.75	0.23
6	－1.3～－2.3	6.0～7.0	6.5	5.8	5.3	5.46	0.21
7	－2.3～－3.3	7.0～8.0	6.5	5.9	7.8	6.35	0.17
8	－3.3～－4.3	8.0～9.0	6.7	7.6	6.4	6.57	0.14
9	－4.3～－5.3	9.0～10.0	7.5	8.8	7.5	7.67	0.11
10	－5.3～－6.3	10.0～11.0	6.8	7.6	6.0	6.44	0.17
11	－6.3～－7.3	11.0～12.0	6.6	7.1	6.2	6.40	0.12
12	－7.3～－8.3	12.0～13.0	9.5	8.2	5.7	7.15	0.26
13	－8.3～－9.3	13.0～14.0	8.0	8.1	6.8	7.35	0.11
14	－9.3～－10.3	14.0～15.0	8.7	7.9	7.8	7.89	0.09
15	－10.3～－11.3	15.0～16.0	9.1	8.2	8.0	8.24	0.08
16	－11.3～－12.3	16.0～17.0	10.5	8.8	9.5	9.25	0.12
17	－12.3～－13.3	17.0～18.0	10.9	9.5	11.4	10.29	0.10
18	－13.3～－14.3	18.0～19.0	11.8	8.7	11.8	10.14	0.15

表中原位测试数据统计表中对每米取平均值。

根据检测结果，桩体碎石的密实度为：地面以下7m以内为稍密，7m以下为中密。

9.15.5.4 分层模量压缩建议

根据深层原位测试指标，对复合地基在处理深度范围内的压缩模量建议值见表9-93。

表9-93　　　　　地基处理后（处理范围内）的分层压缩模量建议值汇总表

序号	高程/m	深度/m	复合土层压缩模量 E_s 建议值/MPa	备　注
1	3～4	2～3		
2	2～3	3～4	15.5	
3	1～2	4～5		
4	0～1	5～6	13.0	B4、B5两个点部分土层混黏性土团块
5	−1～0	6～7		
6	−2～−1	7～8		
7	−3～−2	8～9		
8	−4～−3	9～10	15.0	B4、B5两个点部分土层混黏性土团块
9	−5～−10	10～11		
10	−6～−5	11～12		
11	−7～−6	12～13		
12	−8～−7	13～14		
13	−9～−8	14～15		
14	−10～−9	15～16	20.0	
15	−11～−10	16～17		
16	−12～−11	17～18		
17	−13～−12	18～19	13.5	

9.14.6 检测结论

（1）浅层复合地基承载力特征值达到200kPa、满足设计要求。

（2）碎石桩单桩承载力特征值达到393kN（500kPa）。

（3）标准贯入数据结果见表9-91，据此进行液化计算判断、结果为桩间（吹填土中的砂土）基本消除液化、满足设计要求。

（4）在碎石桩中心的超重型动探检测表明：地面以下7m以内为稍密，7m以下为中密。

（5）根据深层原位测试指标，对复合地基在处理深度范围内的压缩模量建议值见表9-93，供设计人员参考。

9.15　金沙江向家坝水电站一期土石围堰

9.15.1 工程概述

本工程为金沙江向家坝水电站一期土石围堰的施工辅助工程，主要为一期土石围堰背水侧坡脚开挖边坡坝 0−019.500～坝 0+260.000 段覆盖层砂层碎石振冲桩的基础加固，作为一期基坑开挖的挡土墙。工程建设单位为中国长江三峡工程开发总公司。

一期土石围堰完建后，进行基坑开挖、基坑排水、基坑内建筑物施工。桩号一纵 0+636.894～一纵 1+015.516 段，按 1∶1.75 边坡进行覆盖层开挖，其开口线距一期土石围堰坡角线仅 5.00m，水工建筑物最低建基面高程 222.00m，形成 68.50m 的坡高，为一期土石围堰运行期稳定最关键部位。通过计算分析，设计洪水位稳定渗流期运行工况下，背水侧边坡临界滑动面主要穿越地基覆盖层中的砂层及砂层上的卵砾石层，仅小部分穿越填筑堰体，最不利滑裂面由覆盖层的砂层出露。背水侧边坡安全系数，主要取决于砂层的强度指标。为了防止基坑开挖及围堰运行时出露的砂层产生液化等不良地质灾害，设计在开挖前对背水侧一纵 0−019.500～一纵 0+260.000 段边坡采用振冲碎石桩进行加固处理，以提高砂层的强度指标。

9.15.2　工程地质概况

试验区位于向家坝左岸河床坝段，一期土石围堰地基由河床覆盖层组成，由于沉积环境和季节性水流的差别，河床覆盖层层次结构复杂，单层连续性差，土体组成极不均一，堰基不同部位的覆盖层厚度差异较大，一般厚 30～40m，最厚 61m。覆盖层结构松散，组成物质不均一，其主要成分为砂卵砾石，夹有崩塌堆积的块石、砂壤土或含砂壤土的卵砾石，并有一定数量的透镜状砂层，其中砂层局部连续分布。按从上到下的顺序将河床覆盖层分为 3 层，具体如下。

（1）砂卵砾石层：广泛分布于围堰地基的表部，厚 8～26m，层底高程一般在 245～260m，以卵砾石为主，其含量占 70%～80%，中间粒径小，细粒砂含量约为 20%～30%。此外还有少量块径 20～30cm 的砂岩块石。卵砾石的磨圆度均较好，粒径主要为 2～15cm，部分达 15～20cm，原岩主要为灰黑色玄武岩、紫红或灰白色砂岩、石英砂岩。砂卵砾石的比重为 2.82～2.83，密度一般为 1.76～2.11g/cm³。

（2）砂层：为黄褐色、黄色或灰白色粉细～中细砂夹少量卵砾石，部分钻孔揭露为粉砂土或砂壤土，最大单层厚度 31.60m，一般厚 2～15m。物质组成为砂夹少量卵砾石，部分钻孔揭露为粉砂土或砂壤土，底面高程一般在 216～255m。砂层各处粒度成分差异较大，以粉细中粗砂为主，局部含淤泥质土，具较好的分选性，部分含有 5%～10% 的黏粒及少量大于 5mm 粒径的砾石。砂层一般呈透镜状展布。砂层密度为 1.82～1.90g/cm³。

（3）含崩（块）石的砂卵砾石层：一般分布在覆盖层的中下部，最大厚度 29m，顶板高程一般在 230～250m。该层砂卵砾石与第一层相类似，其突出的特点是普遍含有块径不等的崩（块）石。

随着工程施工，以及周围沉井施工、防渗墙施工的进展和地下水位的变化，地质条件以及地下水发生了很大的变化。为此，勘测设计单位适时针对振冲碎石桩区域的地层进行了地质复勘工作，共在施工区域内先后布置了 11 个复勘孔，要求钻孔穿透砂层 1m。

9.15.3　设计要求

目前工程软基处理常采用的方法有：垫层法、强力夯实法、振动水冲法、桩基础等。其中垫层法、强力夯实法只适用于厚度不大的软土地基，桩基础可适用于较深厚的软土地基，但对于大面积的软基处理采用桩基础，其工程造价高。鉴于本工程由于沉积环境和季节性水流的差别，河床覆盖层层次结构复杂，单层连续性差，土体组成极不均一，堰基不同部位的覆盖层厚度差异较大，一般厚 30～40m，最厚 61m。覆盖层结构松散，组成物质不均一，其主要成分为砂卵砾石，夹有崩塌堆积的块石、砂壤土或含砂壤土的卵砾石，并有一定数量的透镜状砂层，天然地基承载力不能满足要求，松软地基层深厚，基础处理面积较大，采用振冲挤密处理措施较为合适，类似工程国内已有大量成功工程实践，由于不需要开挖深基坑可大大节省工程量，施工导流布置相对简单可靠，工程施工时间短，总体投资小。故本枢纽工程主体建筑基础采用振冲挤密处理，最终达到满足基础承载力与稳定性要求。对于存在淤泥等特殊基础，结合工程结构布置及基础应力情况另行处理。

通过计算分析，设计洪水位稳定渗流期运行工况下，背水侧边坡临界滑动面主要穿越地基覆盖层中的砂层及砂层上的卵砾石层，仅小部分穿越填筑堰体，最不利滑裂面穿越覆盖层的砂层。背水侧边坡安全系数，主要取决于砂层的强度指标。因此决定在基坑开挖前对背水侧一纵 0-019.500～一纵 0+260.000 段进行加固处理，以消除砂层液化，提高其强度指标；减小江水渗流；提高被动土压力，保证一期土石围堰的运行稳定性；保证边坡稳定性，防止基坑开挖、基坑排水、基坑内建筑物施工时存在安全隐患。

采用振冲碎石桩进行边坡加固施工前，进行了设计方案论证。

（1）沉井：施工工期很长，造价很高，施工难度大。

（2）钻孔灌注桩：施工工期较长、造价较高。

（3）高喷桩：施工难度大，处理砂层液化效果不明显，造价较高。

（4）振冲碎石桩：施工工期短，造价低，处理砂层液化效果明显。

根据各方案详细对比分析，选定采用振冲碎石桩进行该边坡加固。

在工程前期，设计单位提出了明确的设计要求以及目的，为了选取适合的施工机具，确定振冲施工的可行性，施工单位根据设计要求选择了有代表性的地段首先进行了振冲碎石桩试验施工，但采用电动振冲器的试验是失败的，随后采用进口液压 HD225 液压振冲设备进行试验，本次试验结果表明，液压振冲设备在该地层施工有较强的优势，适应性较好，完全满足设计要求，为此业主及承包商最终确定了后续工程桩施工采用了液压振冲器进行。

通过计算分析，并结合前期生产性试验资料，提出如下工程桩施工技术要求。

（1）采用现场桩体的容重试验，振冲加密后干密度不小于 $2.10g/cm^3$，内摩擦角 $\phi \geqslant 40°$，以确定桩体振密程度。

（2）振冲碎石桩梅花形布置，孔距 2.0m。

（3）要求振冲碎石桩穿过砂层深入到下卧砂卵砾石层 1.0m，最大深度约 25m。

（4）桩体密实标准为重（Ⅱ）型动力触探平均贯入 10cm 的锤击数大于 7～10 击，小于标准值为不密实桩段；密实桩为密实桩段占总检验桩段（单桩）80% 以上、松散桩段小于 5%。

（5）工程设计工作量 1677 根振冲碎石桩，完成进尺约 21063m。

9.15.4 施工总体部署

9.15.4.1 施工用电系统

本工程主要用电负荷见表 9-94。

表 9 - 94　　　　　　　　　　　　　　主 要 用 电 负 荷 表

名　称	型号	功率/kW	数量/台	备用数量/台
振冲器	HD225	200	2	1
电焊机	BX315	28	2	2
供水泵	2DA - 8	22	2	2
排浆泵	22kW	22	2	2
清水泵	3.5kW	3.5	4	2
照明	8JQ	4.5	8	
	合计	540		

9.15.4.2　施工供水系统

1. 施工用水量

每台设备振冲桩成孔、加密用水约 $30m^3/h$，两台单小时用水量为 $60m^3$。

2. 供水设施

施工用水用消防水带抽取水源至蓄水箱，再用高压清水泵送至振冲器，用量见表 9 - 95。

表 9 - 95　　　　　　　　　　　　　　供 水 设 备 见 表

名　称	型号	功率/kW	数量	备用数量
潜水泵	8JQ	4.5	2 台	2 台
离心泵	2DA - 8	22	2 台	2 台
水龙带	2 寸		600m	200m

9.15.5　碎石料供应

本着方便施工，便于取料的原则，在施工机组附近空地作为堆料场，料场储料量以能满足机组连续施工的需要为下限。料场的位置尽量布置靠近施工机组的位置，避免干扰设备行驶。

（1）填料的作用一方面是填充在振冲器上提后在砂层中可能留下的孔洞，另一方面是利用填料作为传力介质，在振冲器的水平振动下通过连续加填料，将砂层进一步挤压加密。

（2）对中粗砂，振冲器上提后由于孔壁极易塌落自行填满下方的孔洞，从而可以不加填料，就地振密；故本工程主要采用地基原位填料振冲挤密。施工前通过现场原位生产试验，根据现场所采用填料、设备、振冲深度、工作条件等因素确定处理实际控制指标。

9.15.6　施工机具设备的选择

本项目前期总承包单位选择了国产电动振冲器试验施工（表 9 - 97），在该种地层中采用电动 180kW 和 120kW 振冲器造孔深度仅为 5～7m，均无法穿透上部相对厚度较大的砂卵砾石层。经过近 3 个月的试验后，承包商会同设计单位最终选择了高频率、大激振力的液压振冲器开始本工程的工程试验工作，试验成果十分显著，最大深度达到 27.3m，无论从穿透能力、工程施工质量以及效率、成本造价等方面均远超预期，达到设计要求。

为此，后续工程桩施工时，承包商投入了3台套进口的 HD225 型号 150kW 型液压振冲设备进场进行后续工程施工（表9-97）。

表 9-96　　　　　　　　　　　主 要 机 械 设 备 表

序号	机械或设备名称	型号规格	数量/台	国别产地	制造年份	来源	备注
1	振冲器	HD225	3	英国	2000	进口	
2	液压动力包	HD225	3	英国	2000	进口	
3	履带吊	50t	2	中国	2004	租赁	
4	装载机	ZL30	1	中国	2004	自有	
5	离心式水泵	22kW	4	中国	2003	自有	1台备用
6	泥浆泵	3kW	4	中国	2004	自有	1台备用
7	潜水泵	8JQ	4	中国	2005	自有	1台备用
8	办公用车	切诺基	1	中国	2004		
9	工程车	皮卡	1	中国	2006	自有	

表 9-97　　　　　　　　　HD225 型振冲器技术参数

功率、型号	振冲器功率/kW	转速/(r/min)	额定电流/A	振动力/kN	振幅/mm	振冲器外径/mm	振冲器长度/mm	重量/kg
HD225	150	1450	290	276	18.9	426	3023	2516

9.15.7　振冲碎石桩施工

9.15.7.1　振冲施工工艺流程

振冲施工工艺流程如图9-69所示。

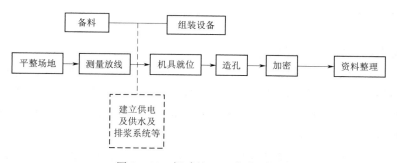

图 9-69　振冲施工工艺流程图

9.15.7.2　振冲碎石桩施工顺序

振冲碎石桩施工顺序如下。

（1）清理场地，接通电源。

（2）导入整个施工场区的测量控制线，并按设计要求布置桩点。

（3）施工机具就位，起吊振冲器对准桩位。

（4）造孔。

1）振冲器对准桩位，开启压力水泵，启动振冲器，待振冲器运行正常开始造孔，使振冲器徐徐地贯入土中，直至设计的桩底标高。

2）造孔过程中振冲器应处于垂直状态。振冲器与导管之间有橡胶减震器联结，因此导管有稍微偏斜是允许的，但偏斜不能过大，防止振冲器偏离贯入方向。

（5）加料方式与加密段长度。

1）振冲器造孔至设计深度时，向上提高 2.0～2.5m，向孔内添加石料送至孔底；必须保证：①填入的石料不致导致孔堵塞；②保证孔内输入料量可供加密。

2）对于振冲桩体的加密，为保证孔内有 0.5m 加密桩体的加料量，每次提升振冲器在 1.5～2.0m。

（6）振冲加密：采用连续填料制桩工艺。制桩时应连续施工，加密从孔底开始，逐段向上，中间不得漏振。当达到规定的加密油压和留振时间后，将振冲器上提继续进行下一段加密，每段加密长度应符合要求。

（7）重复上一步骤工作，自下而上，直至加密到设计要求桩顶标高。

（8）关闭振冲器、关水，制桩结束。

（9）吊车移位进行下一根桩的施工。

9.15.8　质量控制

9.15.8.1　施工设备参数控制

根据前期生产性试验结果分析，为达到设计要求的碎石桩处理效果，在碎石桩施工过程中采用如下参数进行控制：

（1）造孔油压：16～28MPa。

（2）加密油压：20MPa。

（3）留振时间：8～10s。

（4）加密段长度：30～50cm。

（5）造孔水压：0.5～0.80MPa。

（6）加密水压：0.5～0.80MPa。

根据施工检查记录碎石桩施工中均按上述控制参数进行了控制。做到了及时检查振冲动力箱造孔和加密油压各仪表；及时检查动力箱加密自动控制装置仪表；及时检查高压水泵造孔及加密时的压力表数值。设备控制参数均符合设计要求，保留了详细原始记录。

9.15.8.2　碎石骨料质量控制

在碎石桩施工过程中，根据规范要求，对碎石骨料进行批量检验，每 5000m³ 进行一次质量检查，检查项目包括：碎石骨料含泥量、级配、压碎指标等。共进行了 4 次碎石骨料的质量检验，全部合格。

（1）振冲碎石桩的骨料采用含泥量不大于 5％的碎石、卵石两种材料，未使用已风化及易腐蚀、软化的石料，其碎石压碎指标为 15.4％以上。

（2）碎石骨料粒径为 20～80mm，符合规范要求。

（3）填料未使用单级配填料。

9.15.8.3　振冲桩施工过程质量控制标准及质量检查

碎石振冲桩的施工过程十分关键，在造孔、填料、振密 3 方面进行控制。

1. 造孔

（1）控制开孔时振冲器喷水中心与桩位中心偏差。根据碎石桩施工情况统计，在全部完成的 1677 根碎石桩中，振冲器喷水中心与桩位中心偏差 97.5% 不大于 50mm，符合规范要求。

（2）控制造孔中心与设计定位中心偏差。施工前，由测量人员对各桩位进行放样，并报测量监理人员对施工控制桩位进行复核，在复核无误后再进行碎石桩放样，用钢筋在桩位上做标识。在施工完成的 1677 根碎石桩中，造孔中心与设计孔位中心均未超出 100mm。

（3）控制造孔深度与设计处理深度偏差。根据碎石桩区域地层的复杂情况，碎石桩施工深度采用双重标准控制，即参考设计深度，根据造孔设备的施工参数共同确定终孔深度。

由于碎石桩上游的沉井部位进行了大范围的降水，对碎石桩的施工一定程度上造成了困难，较生产性试验时的碎石桩施工深度难度大大增加，深度也比原降水时有所减少（生产性试验是在大范围降水前进行的）。另外，地质条件较原设计地层有较大差别，根据补充的 11 个复勘孔地层情况，碎石桩的造孔深度 95% 以上达到设计要求处理的砂层底板以下 1m，满足设计要求。

（4）控制振冲器贯入土中垂直度。复杂的地质条件对碎石桩孔的偏斜有一定影响，但全部碎石桩施工过程中，全部孔均未超出其各自桩长的 3%。

（5）控制造孔水位和造孔速度。造孔水压均控制在 0.3～0.8MPa，造孔速度均小于 2.0m/min。

（6）振冲器造孔施工过程中，每进尺 1.0m，记录一次造孔油压、水压和时间，直至贯入规定的处理深度，并做了详细施工记录。

2. 填料和振密

该工程采用铲车连续填料，填料和振密加密均按以下要求进行。

（1）加密油压、留振时间、加密段长度、填料量应达到设计规定的技术参数，同时可根据试验情况及时合理调整。

（2）加密段长控制在 300～500mm。

（3）加密时从孔底开始，逐段向上，中间不得漏振，加密位置达到地面。

（4）加密时水压一般控制在 0.5～0.8MPa。

（5）振冲器加密施工过程中，每加密 1.0m，记录一次造孔油压、水压、时间和填料量。

（6）制桩完成后的桩顶中心与设计定位中心偏差均小于桩直径的 0.2 倍，即 45mm（平均按 900mm 孔径计算）。

（7）施工时由专人负责查对孔号，详细记录，每班的成孔油压、水压、时间等均详细、如实、准确、整洁填写。

9.15.8.4 液压振冲碎石桩常见问题及处理措施

由于该区域地质条件复杂，局部存在大的砂层或大块石等透镜体，施工深度与原设计推测深度有一定差异，且碎石桩施工时不同程度出现了抱孔、卡钻等问题，对这些问题均采取了相应的处理措施。

（1）对于部分未达到设计深度的碎石桩区域进行了地质复勘，共布置了 11 个复勘孔，根据 11 个复勘孔的地质条件进行碎石桩的施工，并根据振冲设备施工参数，控制终孔深度，经与复勘孔对比分析，95％的桩孔达到砂层底板并进入下部卵砾石层 1m。

（2）采用液压 HD225 型振冲器，具有更大的激振力和穿透能力，可降低砂层抱卡导杆的概率。

（3）采用大直径高强度导杆，减小导杆与振冲器连接处的直径突变，增加造孔设备自重，增强穿透能力，也可降低砂层抱卡导杆的机会。

（4）当出现抱卡导杆的迹象时，及时停止下放振冲器，让振冲器停留在原深度，加大水压预冲一段时间，然后缓慢下放振冲器，在该地段附近多次上下提拉振冲器清孔，防止卡孔，实现穿透。

（5）当振冲器不慎卡埋在孔中，采用以上措施无效时，可使用大吨位吊车提住振冲器，启动振冲器慢慢上提，多次启动直至提出。若一时不能提出，可暂停电机运行，继续水冲，过一段时间待障碍物束缚振冲器及导管的应力解除后，再按上面的步骤提拔。而当振冲器电机损坏，吊车不能提出时，可采用其他振冲器在其周围打孔，或用反铲开挖一定深度减小阻力，再使用反铲或装载机配合吊车提拔。

（6）液压振冲施工中常见问题的纠正预防措施见表 9-98。

表 9-98　　　　　　　　　　液压振冲施工中常见问题的纠正预防措施

类别	问 题	原 因	处 理 方 法
造孔	贯入速度慢	土质坚硬	加大水压
	振冲器油压过大	振冲器贯入速度快	减小贯入的速度
		砂类土被加密	加大水压，必要时可增加旁通管射水，减小振冲器振动力；采用更大功率振冲器
	孔位偏移	周围土质有差别	调整振冲器造孔位置，可在偏移一侧倒入适量填料
		振冲器垂直度不好	调整振冲器垂直度，特别注意减震器部位垂直度
孔口返水	孔口返水少	遇到强透水性砂层	加大供水量
		孔内有堵塞部分	清孔，增加孔径，清除堵塞
填料	填料不畅	孔口窄小，孔中有堵塞孔段	用振冲器扩孔口，铲去孔口泥土
		石料粒径过大	选用粒径小的石料
		填料把振冲器导管卡住，填料下不去	填料过快、过多所致。暂停填料，慢慢地上下活动振冲器，直至消除石料抱导管
加密	油压上升慢	土质软，填料不足	加大水压，继续填料
	振冲器油压大	土质硬	加大水压，减慢填料速度，放慢振冲器下降速度
串桩	已经成桩的碎石进入附近施工某孔中	土质松软；桩距过小；成桩直径过大	减小桩径或扩大桩距。被串桩应重新加密，加密深度应超过串桩深度。当不能贯入实现重新加密，可在旁补桩，补桩长度超过串桩深度

9.15.9 振冲碎石桩质量检测

9.15.9.1 检测目的

设计要求对振冲填料和加密施工后进行以下项目的检测。

（1）桩体密实度检验。

（2）桩间土处理效果检验（包括土样物理力学性质试验）。

（3）对碎石和卵石两种填料的效果进行对比。

（4）振冲加固后复合土体力学强度进行评价。

9.15.9.2 检测技术依据及标准

本次检测工作依据现行国家有关规范、规程、行业标准以及业主提供的相关设计文件执行。

主要的技术规范和标准如下：

（1）《金沙江向家坝水电站一期土石围堰振冲碎石桩施工技术要求》（中国水电顾问集团中南勘测设计研究院，2006 年 2 月）。

（2）DL/T 5214—2005《水利水电工程振冲法地基处理技术规程》。

（3）GB 50287—2016《水力发电工程地质勘察规范》。

（4）SL 237—1999《土工试验规程》。

（5）GB 50021—2001《岩土工程勘察规范》。

9.15.9.3 检测工作量

本次检测工作量：桩体容重试验 10 组，桩体动力触探试验 6 孔，桩间土动力触探 6 孔，桩间土标准贯入试验 4 孔共 11 次，物理力学性质试验取桩间土 10 件。

9.15.9.4 检测方法

本次检测在现场进行了桩体容重试验、N_{120} 动力触探试验、标准贯入试验，并取土样进行室内土工试验。

9.15.9.5 桩体容重试验

（1）取样。在桩位上取样，取样直径约 250mm，取样深度约 300mm，及时对所取试样称量，并在试验室进行含水量的测定。

（2）体积。在试坑中铺上塑料薄膜后采用灌水法对试坑的体积进行计量。

（3）计算。根据规范公式进行计算。

9.15.9.6 N_{120} 超重型动力触探试验

（1）钻机就位。将钻机安放在需进行试验的桩位，要求钻机稳定，并保证钢丝绳对中误差小于 3cm。

（2）试验。在钻机就位并检查试验设备符合要求后，进行试验，其要点为：①贯入时应保证穿心锤自由下落，为防止地面钻杆的倾斜和摆动，地面钻杆以 1.00m 左右为宜；②贯入应连续进行，锤落频率控制在 15～25 击/min；③从碎石桩的桩顶到桩端，每 10cm 记录一次锤击数，钻杆上的标志画线应准确无误。

9.15.9.7 标准贯入试验

（1）钻机就位。将钻机安放在需进行试验的桩位，要求钻机稳定，并保证钢丝绳对中（误差小于 3cm）。同时检查试验设备。

（2）钻探。用管钻冲击取土至设计试验深度以上 15cm，清除残土，要求清孔时避免试验土层扰动，钻孔垂直，孔壁稳定。

（3）试验。钻孔深度符合要求后进行试验，其要点为：①贯入前应拧紧钻杆接头，将贯入器放入孔内时应避免冲击孔底，贯入时应保证穿心锤自由下落，为防止地面钻杆的倾斜和摆动，地面钻杆以 1.00m 左右为宜；②锤落频率控制在 15～25 击/min；③每 1m 进行一次试验，应记录前 15cm 预贯和 30cm 贯入的锤击数，钻杆上的标志应画线准确无误；④试验完成后，及时取出标贯器中的土样，并进行鉴别、描述、记录和测量长度。

9.15.9.8　室内试验

（1）取样。在桩间土中采用回转钻进，用取土器取样。

（2）土试样封装、保存、运输。土试样取出后及时密封，妥善保存，填充缓冲材料装箱运输，确保土样不被扰动。

（3）试验。土样送至试验室后，及时开封试验，试验由具有资质的人员完成。

9.15.10　检测仪器设备

（1）桩体容重试验设备见表 9-99。

表 9-99　　　　　　　　　　桩体容重试验设备表

设备名称	规格编号	设备编号	数量/台	设备状况
量筒	1250mL		1	良好
台秤	100kg		1	良好

（2）N_{120} 动力触探试验设备见表 9-100。

表 9-100　　　　　　　　　　N_{120} 动力触探试验设备表

设备名称	规格编号	设备编号	数量/台	设备状况
工程钻机	SH-30-2A		1	良好
N_{120} 动力触探设备	N_{120}		1	良好

（3）标准贯入试验设备见表 9-101。

表 9-101　　　　　　　　　　标准贯入试验设备表

设备名称	规格编号	设备编号	数量/台	设备状况
工程钻机	XY-2PC		1	良好
标准贯入设备	$N_{63.5}$		1	良好

（4）室内试验设备为全套。

9.15.11　检测结果分析

9.15.11.1　N_{120} 动力触探试验结果

本次 N_{120} 动力触探试验在 6 根碎石桩和 6 个点的桩间土进行，用现场试验记录整理出动力触探曲线，按照有关规范分析试验记录，得出 N_{120} 动力触探试验结果见表 9-102。

表 9 - 102　　　　　　　　　　N_{120} 动力触探试验结果表

试验点号	试验部位	N_{120} 平均击数/击	密实度标准	密实度	内摩擦角/(°)
1 - 1	桩	8.0~15.1		中密~密实	≥50
1 - 2	桩	7.3~13.6		中密~密实	≥50
1 - 3	桩	8.2~12.4	重（Ⅱ）型动力触探锤	中密~密实	≥50
1 - 4	桩	7.6~12.7	击数大于 7~10 击	中密~密实	≥50
1 - 5	桩	10.6~17.4		密实	≥50
1 - 6	桩	10.4~17.0		密实	≥50
1	桩间土	2.5~10.9			
2	桩间土	3.0~16.5			
3	桩间土	3.0~17.0			
4	桩间土	4.1~13.7			
5	桩间土	2.8~14.5			
6	桩间土	2.0~14.8			

注　桩试验部位上 1.0~2.0m 开孔部分不参与统计。

9.15.11.2　标准贯入试验结果

本次检测在 4 个点进行了 11 次标准贯入试验，试验结果见和取土与标准贯入试验图（附图），通过分析整理数据，确定桩间土的密实度指标，其值列于表 9 - 103。

表 9 - 103　　　　　　　　　　标准贯入试验结果表

地层名称	指标个数/个	最大值/击	最小值/击	平均值/击	标准差/击	变异系数	统计修正系数	标准值/击	密实状态
中粗砂	11	22	15	18.3	2.10	0.115	0.936	17.1	中密

9.15.11.3　室内土工试验结果

本次检测在桩体进行了现场大体积密度试验，在桩间土中取了试样，试验成果见土工试验报告，分析统计结果见土工试验结果表 9 - 104。

表 9 - 104　　　　　　　　　　土 工 试 验 结 果 表

土层名称 \ 指标		含水率 $\omega/\%$	密度 ρ_o /(g/cm³)	干密度 ρ_d /(g/cm³)	比重 G_s	饱和度 $S_r/\%$	孔隙率 $n/\%$	孔隙比 e_0	渗透试验 k_{20}/(cm/s)	相对密度 D_r	内摩擦角 $\phi/(°)$
中粗砂	样本容量	10	10	10	10	10	10	10	10	10	10
	最大值	18.9	2.07	1.85	2.68	82	38	0.618	3.5×10⁻²	0.70	43
	最小值	8.9	1.82	1.66	2.66	40	31	0.442	6.2×10⁻³	0.62	40
	平均值	13.9	1.98	1.74	2.67	68.3	35	0.541	1.0×10⁻²	0.66	42
	标准差	3.45	0.069	0.077	0.006	12.65	2.867	0.069	0.009	0.022	1.05
	变异系数	0.248	0.035	0.044	0.002	0.185	0.082	0.128	0.90	0.033	0.025
	统计修正系数										0.985
	标准值										41.4

指标 土层名称		含水率 $\omega/\%$	密度 ρ_o $/(g/cm^3)$	干密度 ρ_d $/(g/cm^3)$	比重 G_s	饱和度 $S_r/\%$	孔隙率 $n/\%$	孔隙比 e_0	渗透试验 $k_{20}/(cm/s)$	相对密度 D_r	内摩擦角 $\phi/(°)$
碎（卵）石	样本容量	10	10	10							
	最大值	10.9	2.47	2.32							
	最小值	3.4	2.28	2.15							
	平均值	7.34	2.40	2.24							
	标准差	2.65	0.05	0.065							
	变异系数	0.36	0.021	0.029							

注　ϕ 值为直剪指标。

9.15.11.4　试验结果综合评定

根据 N_{120} 超重型动力触探试验、标准贯入试验、室内土工试验成果，按照复合地基理论，对振冲碎石桩复合地基进行综合计算，其计算公式为

复合土体的平均干密度：$\rho_{dC}=m\rho_{dp}+(1-m)\rho_{ds}$

复合土体的内摩擦角：$tg\phi_C=m\mu_p tg\phi_p+(1-m\mu_p)tg\phi_s$

应力集中系数：$\mu_p=n/[1+m(n-1)]$

桩土应力比：$n=3$

按照以上公式，计算出复合土体砂层的平均干密度和内摩擦角，其结果列于表 9 - 105。

表 9 - 105　　　　　　　　　检 测 综 合 评 定 表

$m=0.182$ $1-m=0.818$	$m=0.182$，$1-m\mu_p=0.600$，$\mu_p=2.2$	说明：置换率计算按桩径 0.9m 考虑
$\rho_{dp}=2.24$　$\rho_{ds}=1.74$	$\phi_p=50$，$\phi_s=41.4$	
干密度 $\rho_{dC}=1.83$（g/cm^3）	内摩擦角 $\phi_C=44.9°$	

9.15.12　工程质量验收及单元评定

根据 DL/T 5113.1—2005《水电水利基本建设工程单元工程质量等级评定标准　第 1 部分：土建工程》要求，对碎石桩区域分成 7 个单元工程进行验收，平均每个单元 240 根桩，根据石料试验检测、桩体容重试验检测、桩体密实度原位测试、桩间土密实度原位测试、桩间土标贯试验、室内土工试验等结果进行质量验收和单元评定。

对碎石桩的质量验收主要通过以下主控项目和一般项目进行：

（1）主控项目。碎石桩桩数设计要求为 1677 根，根据施工过程控制，通过现场检查，桩数符合设计要求。

填料质量和数量，根据施工过程中对施工用骨料的试验检测，分批量进行的 4 次试验结果均符合设计要求，石料用量根据施工过程统计情况反映也符合设计要求。

桩体密实度检测，根据施工过程跟踪自检情况，按照碎石桩总桩数的 3% 进行超重型动力触探，累计进行了 52 根碎石桩密实度的检测，动力触探平均贯入 10cm 的锤击数大于 4 击，均符合设计要求。

（2）一般项目。对一般项目的检查验收，是通过施工过程检测进行的，主要有造孔和

加密油压、留振时间、加密段长度、孔深等，经现场抽查及对施工记录的检查，均符合设计要求。

9.15.13 结论与建议

经过对试桩区进行 N_{120} 超重型动力触探试验、标准贯入试验、室内土工试验结果，其综合评定如下：

（1）复合土体力学强度评价、物理性质评价。经过对土体进行振冲加固后，碎石桩的平均干密度为 2.24g/cm³，满足设计要求；复合土体砂层的内摩擦角 $\phi=44.9°$，满足设计要求。

（2）振冲桩桩体、桩间土力学强度评价、物理性质评价。振冲桩桩体 N_{120} 超重型动力触探平均击数均大于 7 击，桩体密实度满足设计要求。桩间土中砂层的平均干密度为 1.74g/cm³，相对密度为 0.66，内摩擦角为 41.4°，均比处理前有显著提高。

（3）碎石和卵石两种填料的效果评价。分析碎石和卵石两种填料桩体的超重型动力触探原位测试结果，两种桩体的动力触探击数和力学性能均没有什么区别。

（4）振冲加固方案的适宜性评价。从处理后的复合土体物理力学指标来看，碎石桩体的干密度和复合土体的内摩擦角能够满足设计要求。所以对于该工程，采用振冲碎石桩对基坑边坡土体进行加固是适宜的。

（5）根据 DL/T 5113.1—2005《水电水利基本建设工程单元工程质量等级评定标准 第 1 部分：土建工程》要求在施工结束后对本工程进行了验收和评定，达到优良标准。

9.16 重庆开县水位调节坝

9.16.1 工程综述

三峡水库开县消落区生态环境综合治理水位调节坝工程位于开县新县城下游约 4.5km，其配套的生态建设工程则主要集中在坝址以上的新县城周边，工程建设的主要任务：减少三峡库尾消落面积，降低消落区的水位变幅，改善开县新城区及其周边的生态环境，为消除疫情隐患，建立新的稳定生态系统和良好的人居环境创造条件。

该水位调节坝分为混凝土闸坝和土石坝两段，其中土石坝坝体由原河床填筑至现 172.00m 高程。坝体填筑材料及填筑工艺比较特殊，为原河床开挖的含泥砂卵砾石料，卵砾石含量大多为 60%～70%，由于填筑工艺的因素，局部区域卵砾含量 90% 的厚度超过 5m。为保证本工程土石坝段坝体的密实度，采用振冲法对坝体进行加密处理，以达到坝体密实度要求。水位调节坝二期土石坝段坝体典型断面如图 9-70 所示。

9.16.2 工程地质条件

为了充分地掌握坝体填筑材料的性质及填筑后的土石坝坝体情况，依据 SL 237—1999《土工试验规程》，重庆三峡水电建筑工程质量检测站在二期土石坝抛填施工至 168.00m 时，对坝体填筑材料进行了下述指标的检测，详细检测结果见表 9-106。水位调节坝坝体填筑材料颗粒大小分配曲线见图 9-71。典型的 N_{120} 动力触探原位试验情况见表 9-107。

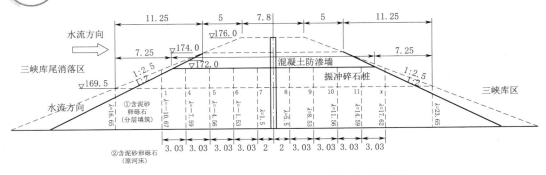

图 9-70 水位调节坝二期土石坝段坝体典型断面图

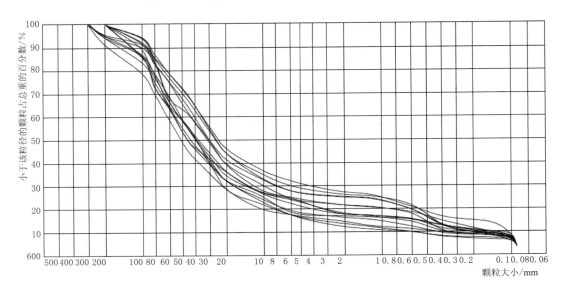

图 9-71 水位调节坝坝体填筑材料颗粒大小分配曲线

表 9-106　　　　　　　　　　土石坝坝体填筑相对密度检测成果

检测部位	含水率 /%	湿密度 /(g/cm³)	干密度 /(g/cm³)	孔隙率 /%	P_5 含量 /%	含泥量 /%	最小干密度 /(g/cm³)	最大干密度 /(g/cm³)	相对密度
土石坝二期填筑 高程：168.0m 桩号：$x=0+8.4$， $y=0+481.0$	5.4	2.27	2.15	18.3	26.2	6.9	1.85	2.38	0.63
土石坝二期填筑 高程：168.0m 桩号：$x=0-4.5$， $y=0+490.0$	5.7	2.24	2.12	19.4	21.3	7.4	1.85	2.38	0.57
土石坝二期填筑 高程：168.0m 桩号：$x=0+5.5$， $y=0+470.5$	5.6	2.30	2.18	17.1	26.8	5.6	1.85	2.38	0.68

续表

检测部位	含水率/%	湿密度/(g/cm³)	干密度/(g/cm³)	孔隙率/%	P_5含量/%	含泥量/%	最小干密度/(g/cm³)	最大干密度/(g/cm³)	相对密度
土石坝二期填筑 高程：168.0m 桩号：$x=0-5.4$, $y=0+460.0$	4.2	2.23	2.14	18.6	22.3	7.7	1.85	2.38	0.61

表 9 - 107 　　　　　　　　典型的 N_{120} 动力触探原位试验情况

序号	试验段/m	修正后的 N_{120} 值	地层描述	备注
1	0.2~1.7	7.98~10.40	砂卵砾石层	
2	1.8~3.7	17.3~32.5	砂卵砾石层	
3	3.8~18.0	8.9~11.1	砂卵砾石层	
4	18~19	22.0~26.2	砂卵砾石层	

9.16.3　振冲试验

9.16.3.1　试验目的

通过进行现场试验，主要达到以下目的：

（1）验证液压振冲器是否能穿透电动振冲器不能贯穿的地层，确定液压振冲器在本工程的适应性，为大面积施工选择施工机械设备（功率和型号）提供依据。

（2）确定合理的振冲点位间距以及振冲加密深度终止条件。

（3）确定液压振冲的施工工艺，确定施工技术参数（每米进尺填料量、加密油压、留振时间、造孔水压、加密水压、加密段长度等），为大面积施工优选合理的参数。

（4）通过试验，为设计合理选取土石坝液压振冲加固后复合地基相对密度提供依据，并为土石坝振冲加固施工确定现场质量检测的方法和相应的控制参数。

9.16.3.2　试验区的布置

根据坝体填筑材料情况，以及设计所需的相对密度要求，在土石坝振冲区域内进行振冲穿透性试验。原设计振冲点间距2.0m布置，根据业主及监理要求，初定试验点采用正三角形3.0m间距布置，振冲点共10点，振冲试验平台高程约为174.50m。根据2010年1月20日业主、监理、设计及施工总包方四方会议要求，3.0m间距完成后，增加进行3.5m、3.8m间距振冲试验，不同间距各5点，共10点，试验区域选择在河床底部最深位置进行。

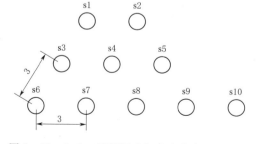

图 9 - 72　3.0m 间距振冲加密点位布置示意图

试验区振冲加密点位布置示意图如图9-72、图9-73所示。

9.16.3.3　振冲试验检测结果

土石坝坝体振冲加密处理完成后，对坝体加固效果进行了动力触探原位测试和坝体相

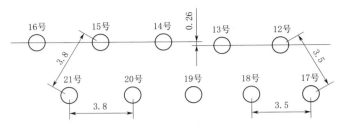

图 9-73　3.5m、3.8m 间距振冲加密点位布置示意图

对密实度的检测。相对密实度检测 3 个区域共 18 点，均大于 0.75；超重型动力触探 N_{120} 按 5% 进行检测，共 36 点。检测成果分别见表 9-108、表 9-109。

表 9-108　　　　　　　　　土石坝坝体振冲加密效果检测

检测部位	含水率/%	湿密度/(g/cm³)	干密度/(g/cm³)	孔隙率/%	P_5 含量/%	含泥量/%	最小干密度/(g/cm³)	最大干密度/(g/cm³)	相对密度
3.0×3.0 坝段	5.4	2.32	2.2	18.3	26.2	6.9	1.6	2.45	0.79
3.5×3.5 坝段	4.4	2.35	2.25	14.4	21.3	7.4	1.85	2.38	0.80
3.8×3.8 中间加插短桩区	5.6	2.51	2.4	17.1	26.8	5.6	1.67	2.55	0.88

表 9-109　　　　　　　　　典型的 N_{120} 动力触探原位试验情况

序号	试验段/m	振冲加固前的 N_{120} 值		振冲加固后的 N_{120} 值		提高幅度/%
		修正后的锤击数	平均值	修正后的锤击数	平均值	
1	0.2~1.7	3.98~7.70	6.8	7.98~10.40	9.8	44.1
2	1.8~3.7	11.2~18.0	13.1	17.3~32.5	15.7	19.8
3	3.8~18.0	8.9~11.1	9.8	13.0~23.4	12.4	26.5
4	18~19	22.0~26.2	17.5	16.0~44.2	23.5	11.5

9.16.4　振冲设计

本工程设计方经过反复论证后采用振冲碎石桩对抛填坝体进行振冲挤密处理，并经振冲试验确定设计参数。

9.16.4.1　设计基本资料

桩体密实度的密实段标准为重（Ⅱ）型动力触探平均贯入 10cm 的锤击数大于 7~10 击，小于标准值为不密实桩段；密实桩为密实桩段占总检验桩段（单桩）80% 以上、松散桩段小于 5%。

9.16.4.2　振冲设计

（1）桩间距，根据生产性试验，考虑所用振冲器有效影响范围不小于 3.5m，因此桩距分别按 3.0m、3.5m 正三角形布置，而在回填深度较大区域采用正三角形 3.8m×3.8m 布置，中间加插短桩的布置形式。

（2）振冲碎石桩桩径为 1.2m，桩深处理深度不应浅于设计处理深度以上 500mm，最大处理深度 25m。

（3）桩体材料，根据生产性试桩，将原土石坝含泥砂卵砾石振冲填料变更为4～15cm卵砾石填料。

9.16.5　供电系统

本工程主要用电负荷见表9-110。

表9-110　　　　　　　　主要用电负荷表

名　称	型　号	功率/kW	数　量	备用数量
振冲器	液压	400	2	1
电焊机	BX315	28	1	
清水泵	2DA-8	50	2	
排浆泵	22kW	22	1	1
潜水泵	8JQ	4.5	2	
照明		2	4	
	合计	506.5		

9.16.6　施工供水系统

施工用水计划用潜水泵从澎溪河直接抽取，通过管线输送至蓄水箱。振冲施工机组供水设备由储水设备、水泵、分水盘、压力表等组成。储水设施采用5m³水箱；分水盘和压力表用来配置水压和水量，分水盘为三叉式水管结构。主管与水泵出口相联，一支叉管与振冲器水管相联安装压力表调节供水压力，另一支叉管将多余水量返回水箱。

（1）施工用水量。振冲加密造孔、加密用水约80m³/h。

（2）供水设施。施工用水用消防水带抽取水源至蓄水箱，再用2台高压清水泵送至振冲器，供水设备见表9-111。

表9-111　　　　　　　　供水设备简表

名　称	型　号	功率/kW	数　量	备用数量
潜水泵	8JQ	4.5	2台	
清水泵	2DA-8	22	2台	
输水带	2寸		300m	

9.16.7　骨料供应系统

骨料质量须符合设计和规范要求，采用原土石坝含泥砂卵砾石振冲填料，粒径4～15cm卵砾石填料，以满足振冲加密需求。

9.16.8　液压振冲设备技术参数

液压型振冲器技术参数见表9-112。

表9-112　　　　　　　　液压型振冲器技术参数

项　目	电动机功率/kW	转速/(r/min)	振动力/kN	振幅/mm	振冲器外径/mm	振冲器长度/mm	重量/kg
液压型	200	3000	250～400	6.5	426	2300	1530

9.16.9　液压振冲加密施工

9.16.9.1　振冲加密施工工艺流程

根据本工程地质条件，采用了"风水联动"液压振冲加密施工工艺，由 2 台进口空压机供风，两台高压多级清水泵供水。

振冲加密施工工艺流程如图 9-74 所示。

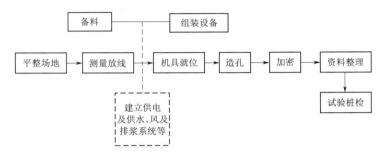

图 9-74　振冲加密施工工艺流程图

9.16.9.2　振冲加密施工控制质量标准和技术要求

1. 造孔

（1）振冲器开孔允许偏差不大于 100mm。

（2）振冲加密处理深度不应浅于设计处理深度以上 500mm。

（3）振冲器贯入土中应保持垂直，其偏斜应不大于桩长的 3%。

（4）造孔水压宜控制在 0.8～1.0MPa，造孔速度不宜超过 2.0m/min。

（5）振冲器造孔施工过程中，每进尺 1.0～2.0m，记录一次造孔油压、水压和时间，直至贯入到规定的振冲加密处理深度。

（6）造孔过程中，如发现异常情况，应暂停造孔，报告监理、设计单位，及时分析异常原因，并提出处理方案。

2. 填料和振密

本工程采用铲车不连续填料，为强迫式填料，填料和加密应符合下列要求。

（1）加密油压、留振时间、加密段长度、填料量应达到设计规定的技术参数，同时可根据试验情况及时合理调整。

（2）加密段长应控制在 500mm。

（3）加密时从孔底开始，逐段向上，中间不得漏振，加密位置应达到基础设置高程以上 1.0～1.5m。

（4）加密时水压一般控制在 0.4～0.8MPa。

（5）振冲器加密施工过程中，每加密 1.0～2.0m，记录一次造孔油压、水压、时间和填料量。

（6）施工时应由专人负责查对孔号，按记录表详细记录，每班的成孔电流、水压、时间等要详细、如实、准确、整洁填写。

9.16.10　施工质量控制

由于本工程为三峡工程附属工程，质量要求高，对振冲施工质量要求也较高，尤其是采用液压振冲器进行振冲碎石桩施工时，从质量控制要素，预防纠正措施、质量控制措施以及常见质量问题处理措施等各方面都十分重视。

9.16.10.1　质量控制要素及预防纠正措施

针对本工程地层条件和技术要求，振冲施工过程中质量控制要素主要有桩位偏差、施工深度、填料量、施工技术参数。

1. 桩位偏差控制

要使成桩后的桩位偏差达到规范要求，首先在造孔时要控制孔位偏移。造孔过程中发生孔位偏移原因及纠正方法如下。

（1）由于土质不均匀，造孔时向土质软的一侧偏移。纠正方法：可使振冲器向硬土一边开始造孔，偏移量多少在现场施工中确定，也可在软土一侧倒入填料阻止桩位偏移。

（2）振冲器导管上端横拉杆拉绳拉力方向或松紧程度不合适造成振冲器偏移。纠正方法：调整拉绳方向和松紧度。

（3）振冲器与导管安装时中心线不在垂直线上或导管弯曲。纠正方法：调整振冲器与导管的中心线在垂直线上，对弯曲的导管应调直或更换。

（4）施工从一侧填料挤压振冲器导致桩位偏移。纠正方法：改变填料方向从孔的四周加入填料。

（5）当制桩结束发现桩位偏移超过规范或设计要求时，应找准桩位重新造孔，加密成桩。

2. 桩长控制

（1）在振冲器和导管安装完后，应用钢尺丈量并在振冲器和导管上按50cm一段标出长度标记，使操作人员据此控制振冲器入土深度。

（2）应了解地面高程变化情况，依据地面高程确定应造孔的深度。

（3）施工中当地面出现下沉或淤积抬高时，振冲器入土深度也要做相应的调整，以确保成孔长度。

3. 填料量控制

（1）要注意每次装载机铲斗装料多少及散落在孔外的数量。

（2）要核对进入施工场地的填料的总量和填入孔内填料的总量，发现后者大于前者时，应检查施工记录并妥善处理。

4. 施工技术参数控制

施工技术参数有加密油压、留振时间、加密段长度、水压、填料数量。

当采用加密油压，留振时间，加密段长度作为综合指标时，填料数量受上述这些指标所约束。但在振冲置换处理时，填料量多少关系到成桩直径的大小和置换率大小，因此需按设计规定的施工参数进行施工。

施工技术参数控制时应注意下列事项：

（1）施工中应确保加密油压、留振时间和加密段长都已达到设计要求，否则不能结束一个段长的加密。

（2）本工程为多台机组处理同一对象，由于制造或使用原因，相同型号的振冲器，空载油压也有差别，因此施工中应经常对各机组振冲器的空载油压进行测量记录，当与设计空载油压差别较大时，应及时与设计和监理单位联系，适当调整加密油压，以保证各机组施工质量的一致性。

（3）应定期检查设备，不合格、老化、失灵的元器件应及时更换。

9.16.10.2　液压振冲碎石桩常见问题及处理措施

液压振冲施工中常见问题的纠正预防措施见表 9-113。

表 9-113　　　　　　　　　液压振冲施工中常见问题的纠正预防措施

类别	问　题	原　因	处　理　方　法
造孔	贯入速度慢	土质坚硬	加大水压
	振冲器油压过大	振冲器贯入速度快	减小贯入速度
		砂类土被加密	加大水压，必要时可增加旁通管射水，减小振冲器振动力；采用更大功率振冲器
	孔位偏移	周围土质有差别	调整振冲器造孔位置，可在偏移一侧倒入适量填料
		振冲器垂直度不好	调整振冲器垂直度，特别注意减震器部位垂直度
孔口返水	孔口返水少	遇到强透水性砂层	加大供水量
		孔内有堵塞部分	清孔，增加孔径，清除堵塞
填料	填料不畅	孔口窄小，孔中有堵塞孔段	用振冲器扩孔口，铲去孔口泥土
		石料粒径过大	选用粒径小的石料
		填料把振冲器导管卡住，填料下不去	填料过快、过多所致。暂停填料，慢慢上下活动振冲器直至消除石料抱导管
加密	油压上升慢	土质软，填料不足	加大水压，继续填料
	振冲器油压大	土质硬	加大水压，减慢填料速度，放慢振冲器下降速度
串桩	已经成桩的碎石进入附近施工某孔中	土质松软；桩距过小；成桩直径过大	减小桩径或扩大桩距。被串桩应重新加密，加密深度应超过串桩深度。当不能贯入实现重新加密，可在旁补桩，补桩长度超过串桩深度

9.16.11　总结

设计单位采用振冲碎石桩对砂卵砾石土石坝坝体进行加固，实践证明技术可行、经济优越。前期由于采用的振冲设备为电动振冲器，其激振力、振幅以及设备尺寸均不能满足施工需要，最大振冲深度仅为 3m，这为本工程带来了非常大的影响。经过多方论证和研究采用 HD225 型国产液压振冲器进行施工，既满足了施工质量要求，也实现了进度控制和投资控制目标。

从最终检测结果来看，土石坝坝体振冲处理后的相对密度达到 0.75，N_{120} 值提高幅度 11.5%~44.1%，均满足设计要求。

本工程实践表明，采用大功率液压振冲器与新型的水气联动工艺，显著提高了振冲器的穿透能力和造孔速度，对拓宽振冲技术的适用范围，解决我国西南地区水利水电工程地基处理难题，具有十分积极的意义。

9.17 澳门建筑废料填埋场

9.17.1 工程概况

澳门建筑废料填埋场位于澳门国际机场南联络桥南部，澳门电厂北部，与澳门国际机场人工岛隔海相望，相距不足千米（图 9-75）。建筑废料堆填区自 2006 年投入使用至今，已累计接收超过 2800 万 m³ 的建筑废料（分为刚性物料及软性海泥），近两年建筑废料堆填区接收软性海泥超 230 万 m³。海泥由于其物理特性，不能作堆高处置，目前在堆填区的海边由卡车直接倾倒入海。由于每年倾倒量巨大，海泥处置已对附近路环发电厂的温排水水道及机场救援船航道构成一定程度的影响。

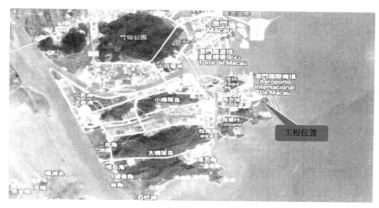

图 9-75 项目所在地位置图

海泥属于可利用资源，可用于机场南北联络桥间、澳门 D 区等的陆域回填。为保持建筑废料填埋场接收海泥的可持续性，使海泥被充分地二次利用，需要对现有海泥倾倒区重新规划，使其具有海路出运的功能。故现澳门环境保护局拟对海泥倾倒区做重新规划，使其填埋场除接受海泥外另可具有海路出运的功能。主要施工部分为海泥抛置坑及抛置坑堤外的靠船泊位、装船墩台等水工建筑物（图 9-76）。

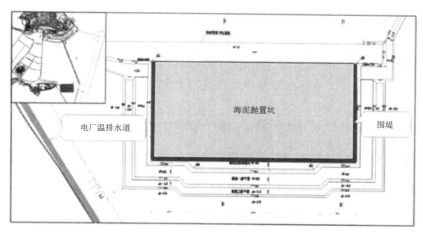

图 9-76 项目现场总体布置图

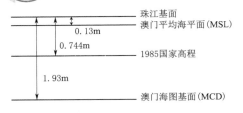

图 9-77 基准面关系图

9.17.2 水文及工程地质条件

9.17.2.1 水文条件

（1）潮位基准面。本工程潮位基准面采用澳门平均海平面高程系统（MSL），相关基准面关系见图 9-77。根据澳门机场工程设计资料，本海区潮汐特征值见表 9-114。

表 9-114　　　　　　　　　　　　　　　本海区潮汐特征值表

序　号	潮　位	潮汐特征值/m
1	平均高高潮位	0.83
2	平均低高潮位	0.12
3	平均高潮位	0.62
4	平均高低潮位	−0.15

（2）潮型。澳门港潮汐形态数 $(H_{K1}+H_{01})/H_{m2}=1.39$，潮汐性质为不规则半日潮型。从本海区潮汐日不等现象显著（即一个大潮日内，相邻两个高潮或低潮高度相差较大）的情况来看，本海区应划为不规则半日潮混合潮型。

（3）潮汐特征值见表 9-116。

（4）设计水位。设计高、低水位分别采用高潮位累计频率 10%、低潮位累计频率 90% 潮位，校核高低水位取用 50 年一遇。

设计高水位（高潮累计频率 10% 潮位）　　　1.22m

设计低水位（高潮累计频率 90% 潮位）　　−1.08m

极端高水位（50 年一遇高水位）　　　　　　3.05m

极端低水位（50 年一遇低水位）　　　　　−1.88m

20 年一遇高水位　　　　　　　　　　　　2.36m

20 年一遇低水位　　　　　　　　　　　−1.80m

9.17.2.2 地质条件

本工程暂按照勘察资料，参考《建筑废料堆填区填埋活动及区内设施建造岩土工程勘察报告》（施工图阶段），在钻探所达深度范围内，场地地层层序如下。

（1）I_1 杂色杂填土。该层成分复杂，系人工抛填的惰性拆建废料组成，以碎石、块石和砂土为主，杂色，稍密状。

（2）I_2 素填土。该层主要为人工倾倒的，杂色，饱和，软塑状。

（3）II_1 淤泥。黄～灰色，饱和，流塑。切面光滑，土质均匀，局部混少量细砂，含腐殖物以及贝壳碎屑，韧性高，干强度高。

（4）II_2 砂混黏性土。灰色，饱和，松散。砂质不纯，颗粒较均匀，混少量黏性土。

（5）III_{1-1} 粉质黏土。灰黄～灰白色，饱和，可塑～硬塑。切面较光滑，土质不均匀，局部为黏土，见铁质浸染，局部混少量砂粒，韧性中等，干强度中等。

(6) Ⅲ₁₋₂ 黏土。灰色，饱和，软塑～可塑。切面光滑，土质较均匀，韧性高，干强度高。

(7) Ⅲ₁t 粉质黏土混砂。灰黄～灰色，饱和，硬塑。切面较粗糙，土质不均匀，混细砂约 25%～30%。

(8) Ⅲ₂ 中粗砂。灰白～灰黄色，饱和，中密～密实，局部稍密。

(9) Ⅲ₂t 粉质黏土。褐红色，饱和，可塑。切面较光滑，韧性中等，干强度中等。

(10) Ⅴ 全风化花岗岩。褐黄色，湿，密实。岩芯手搓易散，遇水软化。

(11) Ⅵ 强风化花岗岩。褐黄色，湿，密实。基本风化呈砂土状，岩芯手搓易散，遇水软化。

(12) Ⅶ 中等风化花岗岩。灰白色，坚硬。岩芯多呈柱状，局部呈碎块状。

土的物理力学指标及设计参数见表 9-115。

表 9-115　　　　　　　　　　土的物理力学性质指标及设计参数

土层名称	固结快剪		压缩模量 $E_{s0.1\sim0.2}$ /MPa	标准贯入击数 N	地基承载力特征值 f_{ak}/kPa
	Φ_{cq}/(°)	C_{cq}/kPa			
Ⅰ₁ 杂色杂填土	—	—	—	—	140～160
Ⅰ₂ 杂色素填土	—	—	1.9	—	50～55
Ⅱ₁ 灰色淤泥	11.8	10.7	1.6	<1～2	50～55
Ⅱ₂ 灰色砂混黏性土	—	—	—	2～8	60～80
Ⅲ₁₋₁ 灰黄～灰白色粉质黏土	13.3	24.9	4.6	5～17	140～170
Ⅲ₁₋₂ 灰色黏土	12.0	18.0	2.8	6～19	90～110
Ⅲ₁t 灰黄～灰色粉质黏土	16.0	28.0	4.2	12～25	140～150
Ⅲ₂ 灰白～灰黄色中粗砂	—	—	10.7	23～100	240～260
Ⅲ₂t 褐红色粉质黏土	—	—	—	—	180～210
Ⅴ 褐黄全风化花岗岩	—	—	—	—	260～280
Ⅵ 褐黄色强风化花岗岩	—	—	—	53～71	300

9.17.3　设计要求

碎石桩桩径 1.2m，正三角形布置，桩间距 2.3m，碎石桩原则上要求打穿淤泥土层，进入硬土层至少 1m。其分区布置及施工顶、底标高等详见相关施工图纸。

(1) 本工程碎石桩充盈系数不小于 1.3，最终充盈系数由试桩后确定。

(2) 在大面积碎石桩施工前，应先选择试桩区进行试成桩，并根据试打结果决定成桩工艺、打桩顺序。

(3) 根据碎石桩试桩成果报告，经设计、监理确认后才能进行后续碎石桩大面积施工，大面积施工时须严格按照试桩报告确定成桩工艺施工。

（4）碎石桩提升速度可根据试桩区的试验确定，且不超过每分钟 1.5m。孔口悬吊留振 20s，孔底悬吊留振 60s。

（5）打桩顺序宜从中间开始，向两端或四周进行，并采用隔排，隔桩跳打。施工过程中应加强对周边区域沉降、位移的观测。

（6）成桩施工前应根据施工需要进行桩位放线、施工机具就位、振冲器对中。振冲器中心与设计桩位中心的偏差应小于 50mm。

（7）振冲器下沉过程中，垂直度偏差不应大于 1.5%。

（8）碎石桩以打穿淤泥层为原则，图纸中的碎石桩设计底标高供施工参考。施工时应仔细分析地质资料，结合施工设备，制定停桩标准，报有关各方审批实施，以确保碎石桩打穿淤泥层。

（9）碎石桩施工时振冲器提升速度应均匀不得过快，以保证桩身连续性。碎石桩不得中断、脱节、缩径、陷口，否则重打。

（10）施工中如出现串桩时，应分析原因，采取补救措施。

（11）振密电流和留振时间等主要技术参数的控制宜采用自动控制系统。

（12）每根桩应提供每延米施工的碎石量，以监测每延米充盈系数，并提供设计和监理数值。

（13）碎石桩密实度检测采用重型动力触探法，桩身每米一个检测点，并按照规范进行杆长修正。碎石桩桩身填料达到中密程度，要求表层 2m 的碎石桩重型动力触探锤击数达到 7 击以上，2m 以下贯入 10cm 锤击数不小于 10 击。

（14）碎石桩密实度检测数量宜取总桩数的 1%～2%。对黏性土地基，检测宜在成桩后 10d 左右进行。

（15）碎石桩其余施工技术要求按照 JTJ 147—2017《水运工程地基设计规范》要求执行。

9.17.4　项目施工情况

该项目由两家施工单位完成，其中西区围堤的碎石桩施工，投入了一组打桩船，即采用一条平板驳船设置 A 架打桩船＋船首四条立柱桩架＋振冲器施工总成的方式，四组海上底部出料振冲碎石桩同时施工。按照总体工期安排要求，打桩船于 2020 年 9 月进场，10 月 6 日开始试桩及工程桩施工，于 2021 年 1 月 9 日完成西区全部碎石桩施工任务，共完成 ϕ1200mm 碎石桩 3302 根，桩长 22.3～24.7m，工程量为 77973 延米，方量为 114856m³。海上底部出料振冲碎石桩施工如图 9-78 所示。

9.17.4.1　打桩船设置——A 型架＋起重桅杆系统

根据本工程主要技术条件与相关技术规格要求，采用底部出料碎石桩集成系统设备施工，采用 A 型架作为打桩的起重桩架（图 9-79），主要有如下突出特点。

（1）方驳上安装 A 型架及桅杆，稳定性高。

（2）采用 A 型架＋桅杆桩架系统，其承载力大，易满足施工需求。

（3）方驳上易于构建施工平台。

（4）采用 A 型架＋桅杆的桩架系统作为起重设备，振冲器可悬挂式起吊，易于保证

图 9-78　海上底部出料振冲碎石桩施工

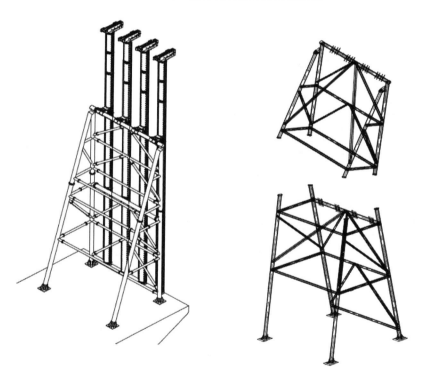

图 9-79　A 型架＋四桅杆起重系统

桩体垂直度。

（5）考虑到海上振冲碎石桩施工的前景，本次桩架系统设计均按高标准，成倍的安全系数考虑设计，增加其质量及耐用性。

底部出料振冲碎石桩施工船只较为灵活，不需要专用打桩船，主要由两条平板驳船改装组成，其中一条安装 A 架及振冲专用及附属设备，为打桩船，另一条用作石料船，主要安装挖机及存放石料用途，在施工过程中两条船呈丁字形布置，共同完成碎石桩施工任务（图 9-80、图 9-81）。

9.17.4.2 打桩专用和附属设备

本工程投入的主要施工设备有打桩船、振冲器、空压机、发电机、装载机、挖掘机等设备，详细机械设备计划见表 9-116。

表 9-116　　　　　　　　　　专用振冲设备及附属设备配置

序号	设备名称	型　　号	单位	数量	备注
1	振冲集成设备	BJV-180	台套	6	2 台备用
2	电控柜	BJV-180	台	6	2 台备用
3	自动控制系统	BJV-180	台	5	1 台备用
4	挖机	30t	台	2	
5	发电机	500kVA	台	9	1 台维修
6	潜水泵	8JQ	台	10	
7	离心式水泵	ISW-80	台	10	
8	空压机	23m³	台	4	
9	焊机		台	12	4 套维修
10	RTK 测量系统			2	

9.17.4.3 全过程施工质量监控系统

碎石桩施工质量控制主要采用全过程施工关键点控制组成，通过采用振冲自动控制及记录系统，对碎石桩桩位、总填料量及每米填料、倾斜度、桩深、电流、气压、时间监测等进行实时的监测，通过上述监测，对每根碎石桩质量实施全过程的监测及控制（表 9-117）。

表 9-117　　　　　　　　　全过程施工质量监控系统功能清单

序号	实现功能	功　能　内　容
1	模拟量监测	振冲器垂直度、孔深、称重系统、电流和压力变送器等模拟量检测装置
2	开关量监测	两个仓门的开闭位置、料位计、水箱缺水、起吊极限位置等
3	开关量控制	两个料仓门的开启、关闭，排气，均压，料斗升降，泵站启停，泥浆泵、清水泵启停，振冲器启动停
4	视频检测	加料口的视频监看
5	记录打桩信息	桩号、桩坐标、水深、桩顶高程、施工时间等
6	施工数据在线监测及实时处理	在上位计算机完成全部施工操作，实时监测施工过程数据及进程，随时调看各记录曲线和图表，实现故障暂停和继续施工恢复记录
7	调看、打印施工桩形图和报表	每根桩完工后即可调看、打印，包括各种所需施工数据，深度—时间、深度—电流、深度—加料量曲线和桩形图等。打桩数据长期保存，随时调用

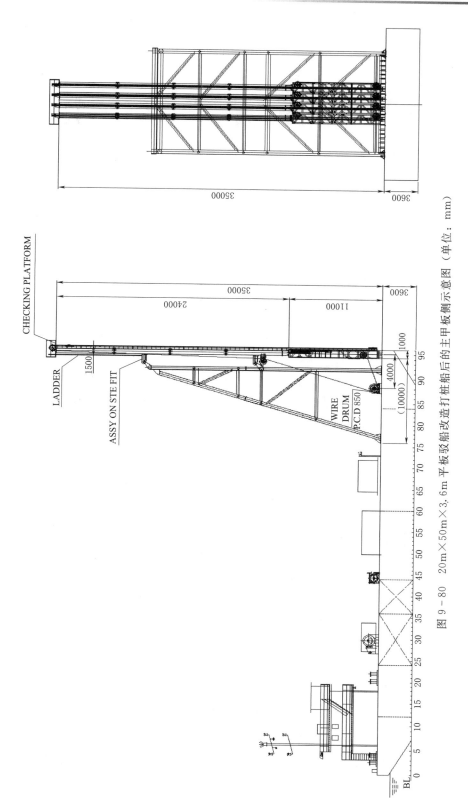

图 9-80 20m×50m×3.6m 平板驳船改造打桩船后的主甲板侧示意图（单位：mm）

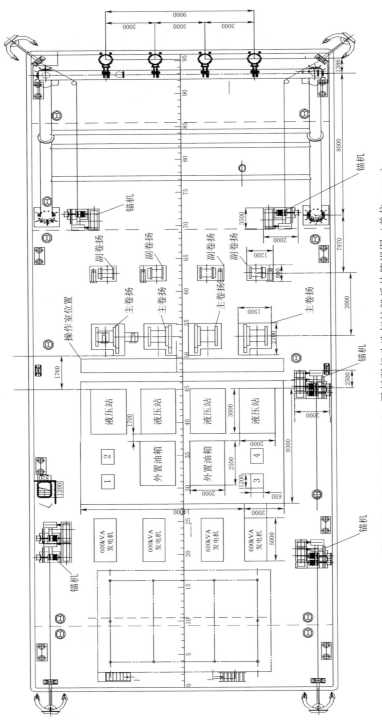

图 9 – 81　20m×50m×3.6m 平板驳船改造打桩船后的俯视图（单位：mm）

9.17.4.4　自动监控系统的组成

振冲制桩数据监测采集与分析系统由 PLC、ARM 数据采集器和计算机三大模块构成。其中 PLC 完成测深编码器高速计数和转角—深度值转换、各输入开关量监测及输出开关量的逻辑控制，加料过程中的顺序控制；其中数据采集系统主要由配电屏、电机启动器、平板电脑、吊车手监视屏及各类传感监测器件组成，完成对振动制桩全过程的主要数据监测与记录；其中自动记录仪为操作界面、基本数据输入和数据采集终端及存储系统；传感器采集装置包括深度编码器、倾角采集仪、电流传感器、压力传感器、石料控制系统（上料量采集装置和出料量控制装置）等。具体自动监控制量测系统组成如图 9 - 82 所示。

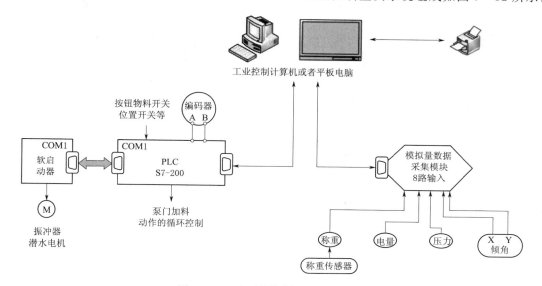

图 9 - 82　碎石桩控制记录系统框图

9.17.4.5　工作原理及控制方法

自动记录仪显示界面如图 9 - 83 所示。振冲器自动记录仪主要完成无线采集深度数据、振冲器工作电流、垂直度、气压数据、上料量出料量等数据，记录振冲器工作状态、参数调整、实时数据监测和浏览、数据保存等功能。碎石桩施工完成后，通过网络自动发送邮件，也可通过 USB 将数据储存至计算机，可对数据进一步进行分析整理，以调整施工工艺及参数，确保碎石桩施工满足质量要求，且针对不同的地质条件总结出切实合理的操作工法。

9.17.4.6　资料汇总及提交

碎石桩完成后，将施工记录提交给工程师，记录内容包含如下碎石桩的信息，同时，记录中应简短地记录施工过程中遇到及上报的未预测到的工况（图 9 - 84）。

（1）每米填料量。

（2）总填料量。

（3）模拟桩径图。

（4）提升及下降速度。

（5）时间—深度曲线。

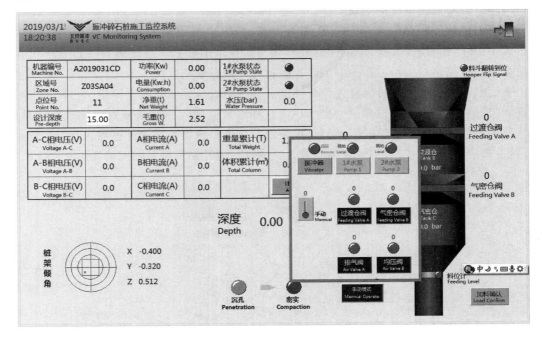

图 9 - 83 系统操作主界面

(6) 深度—电流曲线。

(7) 深度—倾角曲线。

(8) 桩号施工部位。

(9) 天气。

(10) 工法名称及设备类型。

(11) 材料来源。

(12) 设计桩长。

(13) 贯入时间。

(14) 加密时间。

(15) 设计坐标。

(16) 施工坐标。

图 9 - 84 为振冲碎石施工记录报告。

9.17.5 成桩后的检测

碎石桩密实度检测采用重型动力触探法，桩身每米一个检测点，并按照规范进行杆长修正。

碎石桩密实度检测数量取总桩数的 1%～2%，检测在成桩后 10d 左右进行。

本工程海上碎石桩共抽检 68 支进行重型动力触探试验，对于检测结果结论如下。

(1) 根据设计文件要求，表层 2m 碎石桩贯入 10cm 重型动力触探锤击数达到 7 击以上，2m 以下贯入 10cm 锤击数不少于 10 击。

(2) 检测报告显示，表层 2m 碎石桩，试桩区域 SZA - 3 - 2 桩 0～0.1m 修正锤击数

Contract Title	HKZNB-HKBCF-STONE COLIMN	Contract No.	HY/2010/02
Ref No.	C2A-5-270	Bottom level (mPD)	-27.17
Date	2012-10-22	Top Level (mPD)	-7.05
Weather	Sunny	Design Founding Level (mPD)	-27
Start time	1:16:39	Length of Penetration (m)	20.12
Finish Tine	2:56:15	Design length (m)	19.95
Duration of Penetration (min)	20	Compaction coordinate	820363.480.813338.249
Duration of Compaction (min)	79	Design coordinate	820363.520.813338.284
Jetting pressure (MPa)	0.1~0.8	Quantity of stone (m³)	21.91
Inclination (°)	1.18	Average Diameter (m)	1.12
Equipment number	FTB19-4	Method of Treatment	Dry bottom feed vibro stome column

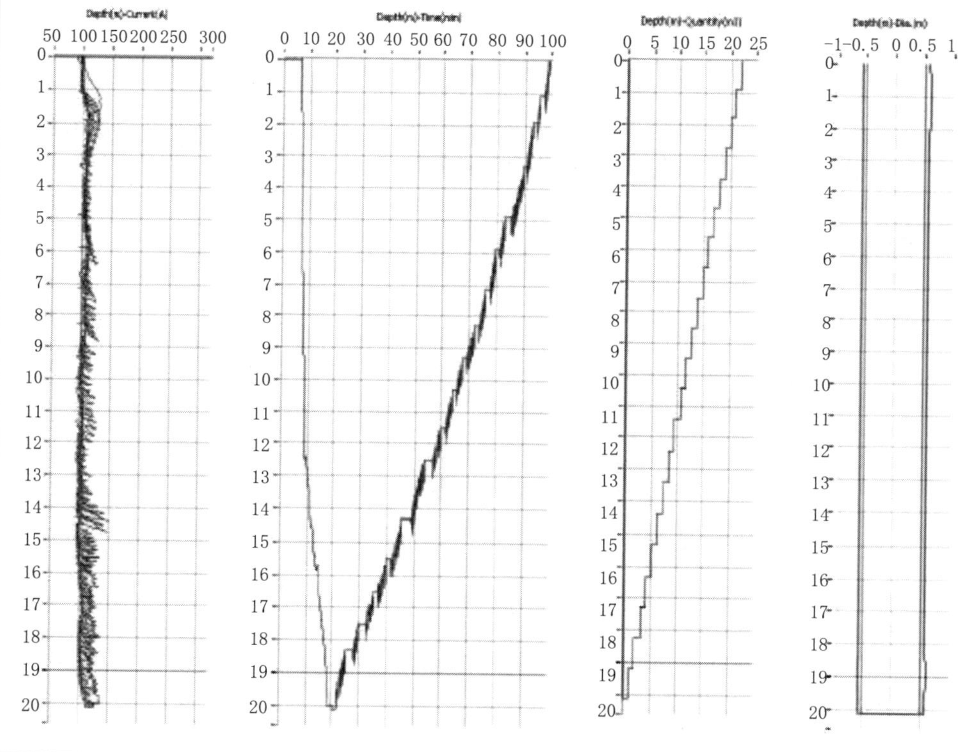

图 9-84　振冲碎石桩施工记录报表

为 5.3，SZA-5-3 桩 0~0.1m 修正锤击数为 6.0 击；其他抽检桩之表层 2m 修正锤击数皆大于 7 击。

（3）检测报告显示，部分抽检碎石桩 2m 以下个别测试点的修正锤击数小于 10 击，最小锤击数 7.66 击位于 BK5 区域 BK5-14-07 桩 15.9~16.0m，其他小于 10 击的锤击数一般为 8.48~9.97 击，较为接近 10 击。

（4）抽检碎石桩个别测点锤击数小于设计文件要求，但未出现连续 3 次测试均小于设计锤击数的情况。

（5）抽检碎石桩锤击数小于 7 击或小于 10 击检测点数量和百分比概括见表 9 - 118。

表 9 - 118　　　　　　　　　　　碎石桩抽检数据统计表

抽检次数和区域	抽检桩数量/支	测试点数量/个	小于 10 击或小于 7 击测点数量/个	小于 10 击或小于 7 击测点比例/%
BK1 和 BK2 补充	11	262	11	4.2
BK2	6	138	9	6.5
BK3	12	300	19	6.3
BK4	10	228	14	6.1
BK5	11	220	16	7.3
BK6	7	140	9	6.4
BK6 试桩区	3	67	2	3.0
BK7	8	164	12	7.3
分析	合计 68	合计 1519	合计 92	平均 6.1

基于以上分析，海上碎石桩动力触探检测结果总体来看基本满足设计要求。

9.18　香港落马洲河套生态区工程

9.18.1　工程概况

落马洲河套区是香港邻近深圳市边界的一个区域，位于皇岗与落马洲两个口岸之间，属两地共同开发项目，拟建工程为创新科技园。落马洲河套地区发展的主要工程包含：

（1）面积约为 12.78hm² 的生态区，作为芦苇湿地和补偿区，次要作用为蓄洪池。

（2）一条长约 1.3km（主要道路）及 480m 的双线不分割车路。

（3）一条长约 770m 的高架桥，用于连接落马洲河套地区位于港铁落马洲站的拟议高架公共交通交汇处。

（4）落马洲河套地区区内的交通网下的排水管道系统，以及相关公用设施。

（5）一所三级处理水平，面积 2.1hm² 的污水处理厂。

（6）冲厕用水配水库。

（7）地盘平整工程。

落马洲河套区内拟建的生态区四周路堤的下方采用振冲碎石桩进行地基处理，对路基进行加固，并形成良好的排水通道，提高地基承载力。

该项目碎石桩采用干法底部出料施工工艺，是陆上干法底部出料工法的大规模应用，处理深度约 9～21m。

9.18.2　工程地质条件

典型地质条件如下。

（1）回填层。回填层主要有红色、灰色、红棕色、浓黄色等粉质、砂质黏土，细砂～粗砂；砾石，岩石碎屑等，深度在 2～5m。

（2）河相沉积层。坚固、蟹青色，灰色粉质黏土，黏质粉土，夹杂细～粗砂，偶见石英碎屑；深度在 3～10m 左右。

（3）海相沉积层。软～坚固，深灰色，砂质粉质黏土，夹杂砾石及石英碎屑，偶见贝壳；深度为 10～20m。

（4）黏土冲积层。坚固～坚硬，灰色，粉质黏土，中间夹杂细～粗砂，中等密实；深度为 10～20m。

9.18.3　设计技术参数

（1）设计桩径 1000mm。

（2）布桩形式为 1.5m×2m 矩形布桩。

（3）碎石桩处理深度 10～20m。

（4）桩位偏差控制在±300mm 以内，垂直度小于 1/20。

（5）碎石桩成桩直径不得小于理论值的 95％。

9.18.4　工法特点与工艺原理

1. 振冲法介绍

振冲工法作为一种地基处理的方法，在振冲器水平振动和高压水/气的共同作用下，使松散碎石土、砂土、粉土、人工填土等土层振密；或在碎石土、砂土、粉土、黏性土、人工填土、淤泥土等土层中成孔，然后填入碎石等粗粒料形成桩，和原地基土组成复合地基。

振冲置换（碎石桩）和振冲挤密主要通过土层颗粒大小以及对于地基处理不同要求来分别选用，见图 9-85。

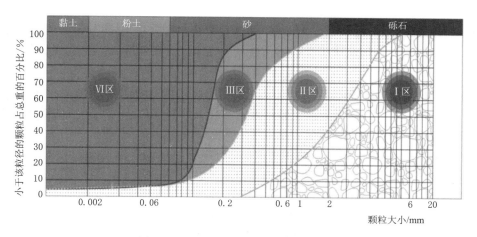

图 9-85　不同土层应用振冲技术分类

2. 底部出料工作原理

底部出料碎石桩施工采用压力仓输料底部出料作业的施工工艺，简称底部出料工艺，是一种集成的振冲软基加固技术。其主要工作原理如下：

（1）经提升料斗将石料输送至振冲器顶部集料斗，然后经过渡仓送至压力仓。

（2）通过空压机维持一定风压与风量，压迫压力仓内石料经料管输送至振冲器底部。

（3）通过上部的双控阀门系统，形成过渡仓与压力仓的交替减、增压连续供料。

（4）重复上述循环，以实现底部连续出料与形成密实桩体。

3. 底部出料工艺特点

（1）适用于常规振冲无法适应的软塑～流塑的淤泥或淤泥质不排水抗剪强度低于20kPa的软土振冲置换。

（2）采用专用吊车＋桅杆或/桩架＋桅杆作为振冲器的起重设备，且桩架可根据不同区域的桩长配置不同高度。

（3）振冲器处于悬垂状态，碎石桩垂直度易于保证。

（4）每斗碎石可被精确的释放到每个加密深度位置，桩体直径可控。

（5）与常规振冲相比，底出料地面碎石损耗量小。

（6）对原状土扰动小。

（7）更有利于黏性土中差异沉降的减少和加速软土排水固结。

9.18.5　施工流程

1. 定位

采用GPS定位仪RTK定位方法，将振冲器对准桩位中心，通过桩机控制系统来调整桩机及碎石桩施工的垂直度。

2. 造孔

（1）开启振冲器及空压机，压力仓控制阀门应处于关闭状态，风压为0.2～0.5MPa，风量24m³/min。

（2）造孔至硬层时，如需要，则可通过桩机施加外压协助振冲器造孔至设计桩底标高。

（3）振冲器造孔速度不大于1.5～3m/min，深度大时取小值，以保证制桩垂直度。

（4）振冲器造孔直至设计深度。造孔过程应确保垂直度，形成的碎石桩的垂直度偏差不大于1/20。

3. 填料

（1）边振动边便通过提升料斗上料，并通过振冲器顶部的集料斗、转换料斗过渡至压力仓，形成风压底部干法供料系统，填入碎石骨料。

（2）振冲器匀速上提升500～1000mm，石料在下料管内风压和振冲器端部的离心力作用下贯入孔内，填充提升振冲器所形成的空腔内。

4. 加密

（1）振冲器再次反插加密，形成密实的该段桩体。

（2）在振冲器加密期间，在需维持相对稳定的气压0.2～0.5MPa，保持侧面的稳定性并确保石料通过振头的环形空隙达到要求的深度。

5. 继续填料、加密

第二次填料，提升振冲器500～1000mm，重复以上加密过程。

6. 成桩

（1）重复上述填料加密工作，直至达到碎石桩桩顶高程。

（2）关闭振冲器、空压机，制桩结束。

9.18.6 结论

（1）本工程自 2019 年 5 月开工，至 2020 年 9 月完工，共完成碎石桩 10290 支，工程量 16.8 万延米。是及港珠澳大桥海上干法底部出料振冲桩后，在陆上一次大规模应用。

（2）施工质量满足设计及规范要求。

9.19 铜街子水电站大坝工程

9.19.1 工程概况

铜街子水电站位于四川省大渡河下游河段上，距乐山市 80km。最大坝高 82m，总库容 2.0 亿 m³。水电站安装 4 台轴流转桨水轮发电机组，单机 15 万 kW 装机容量 60 万 kW，保证出力 13 万 kW，多年平均发电量 32.1 亿 kW·h。工程以发电为主，兼有漂木和改善下游通航效益。

9.19.2 地质条件

电站坝址左岸一、二级阶地堆积物下埋一深槽，宽度一般 30～40m，最大深度 77m，约呈南北向展布。堆积物上部为漂卵石夹砂层，厚 10m 左右，下面有 3～25m 厚的粉细砂层。

9.19.3 设计技术要求

电站大坝经技术经济反复比较，并经原水电部组织专家审查确定左岸接头坝的坝型为沥青混凝土斜墙堆石坝。堆石坝的沥青混凝土斜墙与导流明渠进口段的左导墙相连接，此段导墙也作为堆石坝的上游导墙，墙底高程 431.00m，墙体高 28.0m，位于左岸深槽堆积物上，经计算墙基底最大压力为 800kPa，深槽堆积物上部藻卵石层容许承载力可达 800kPa，而下部粉细砂层仅 200kPa。此粉细砂层的顶面高程距导墙的基底高程距高一般为 2～6m，个别处可露出，考虑应力随深度扩散，下部的粉细砂最深处的顶面上的附加压力可达到 500kPa。

另外根据试验研究，该层粉细砂在铜街子电站的地震设计烈度为Ⅷ度的情况下将会产生液化破坏，危及混凝土导墙及两道承重兼防渗混凝土墙，因受力不均而破坏，沥青斜墙及其与混凝土导墙连接的止水设施也会因不均匀沉陷而失去止水的作用。

因此，在设计上要求对该层粉细砂层必须进行防止液化，相应地提高或改善其承载力的处理措施。经技术经济比较以及受到施工工期的限制，否定了挖除砂层、灌浆处理等方案，确定采用振冲法加固粉细砂层。

由于堆石坝混凝土导墙下设的两道承重兼防渗混凝土墙已有部分浇筑了混凝土，其他槽孔回填了黏土。振冲加固设计要保证在 75kW 大功率振冲器施工时已建的部分混凝土墙及回填黏土槽孔孔壁的安全与稳定。根据对 30kW 和 75kW 振冲器加密影响范围分析，一般为 2.0～2.5m，因此确定距墙体或槽孔 2.5m 处布置第一排振冲孔。

孔、排距的合理选定是关系到工程效果、工程造价和施工工期的重要问题。铜街子左深槽的粉细砂层的天然孔隙比为 0.898，设计要求振冲加固后粉细砂层的孔隙比应小于 0.6。对于大面积地基的振冲加固一般用正三角形布孔，根据地质条件和上部应力情况，计算确定孔间距 3.0m，加固深度 14.5m。

9.19.4　振冲施工方案

根据振冲试验结果和加固设计要求，振冲加固施工采用 75kW 振冲器、25t 吊车作起吊设备、1m³ 装载机回填石料，振冲加密标准为 100A 电流。加固施工于 1985 年 9 月 6 日正式开工，当年 12 月 7 日完工。中间因各种原因停工，实际施工天数 63d，完成振冲桩 659 根，总进尺 5824.7m，回填 2～8cm 粒径卵石 6084.1m²，平均每米振冲桩回填石料 1.05m³。

振冲施工根据总工期安排分两个阶段：第一阶段为 1～5 排，共计 234 孔；第二阶段为 16～43 排，共计 458 孔。

从施工情况看，第一阶段工程除少数孔深度达到设计要求 14.5m，大部分都达不到，平均孔深只有 5.13m。这阶段加固深度达不到设计要求，除了有些边孔因基岩埋藏浅，或遇有大孤石下不去外，主要原因是 1～15 排施工区地质条件与振冲试验区地质条件差异较大，这地区深卵石层厚度大，为 7～11m，且卵石层中含细颗粒成分少，因而振冲器无法造孔。为了查清原因，曾在振冲后地区用反铲开挖，结果表明在 3m 左右有一层粒径大于 20cm 扁平状漂卵石，叠瓦状排列。振冲器在这地层中造孔开始电流值很高，随着振冲器将周围的卵石挤开，电流值逐渐降低，直至空载状态，振冲器不能贯穿该地层。当在孔中回填石料，电流迅速增大获得加密，因此填料量亦较小。鉴于上述情况会同设计方面研究，认为此地区粉细砂土上覆漂卵石厚，下面粉细砂虽然未获得加密，但是对建筑物安全影响不大，因此第一阶段有些孔位未施工。第一阶段实际完成振冲孔 188 个，总进尺 1200m，填料量 987m³，平均每延米填料量为 0.82m³。

第二阶段施工 16～43 排，共 458 个孔。从施工情况看振冲孔深度一般都能达到设计要求深度，但在下列情况下也不能达到 14.5m 设计深度：①基岩埋藏浅的深槽边缘；②地层中有大孤石；③漂卵石层厚度大于 8m，而又夹有大块石，在这种情况下随着振冲深度增加，细颗粒被高压水冲走。块石在孔壁中失稳掉落水中，这些块石常将振冲器卡住，一般都卡在减振器以上将护筒卡死，此时振冲器难以贯入，也提升不动，造成卡孔事故。在振冲过程中表现为开始振冲器贯入速度比较快，电流值比较大，随后振冲器贯入速度减慢，电流值降低，直至空载状态，这时振冲器仍能缓慢向下贯入，但上提就十分困难，振冲器被卡住以后其阻力是很大的，曾使用一台 25t 汽车吊和一台 30t 履带吊一起试图将卡在孔中振冲器拔出，但都未获得成功。为了防止振冲器被卡住，造孔时不能一次造孔到 14.5m，应先造孔到 6～7m（即穿透漂卵石层进入粉细砂层时应将振冲器上提，让孔壁块石掉落到孔底），然后继续造孔，一般说采用这种工艺基本可以使振冲深度达到设计要求，但是由于大量漂卵石掉落孔底，重新造孔时电流值很大，有时因超过电机最大额定电流而不得不终止造孔。

大约到 20 排振冲孔以后即堆石坝桩号 0－049 断面。地质条件与振冲试验时相符合，在这地区施工时造孔没有遇到困难，且造孔速度快，孔深都达到 14.5m 要求，振冲孔回填石料量也大。

以振冲桩排数作为统计单元，可以看出从上游向下游每延米石桩填料量逐渐增加。最小为 0.688m³（11 排），最大为 1.73m³（38 排）。这反映了场地内土质上游比较紧密，下游比较松散。

第二阶段 16～43 排共 458 孔，总进尺 4579.8m，填料量 5029m³，平均每米振冲桩回填石料 1.1m³。

9.19.5 检测结果

铜街子水电站左岸堆石坝下地基振冲加固 1～15 排振冲深度未达到深卵石下粉细砂层，但由于漂卵石层厚度大对大坝安全不受影响。第二阶段 16～43 排振冲加固深度达到设计要求，碎石回填量为每延米 1.1m³，满足设计要求、为了进一步评价 75kW 振冲器加固效果，在完成振冲施工后分别在振冲碎石桩、桩间土及未处理的砂层上进行了载荷试验和物探检测工作。

1. 载荷试验

载荷试验是评价振冲加固效果最可靠手段之一，本工程分别在 430m 高程的振冲桩端头、振冲桩间砂层及未经加固的原状砂层采用常规堆载法进行了载荷试验。试验用载荷板直径 50.5cm，面积 2000cm²。对坝基来说重要指标是沉降变形量，如在 300kPa 荷载下，碎石桩沉降量为 4.5mm，加固后砂为 8.0mm，天然砂为 17.6mm，比值大致为 1：2：4。即加固以后坝基沉降量可减少一半多。以相对沉降量 2% 作为确定容许承载力的标准，天然砂土为 200kPa，加固以后的砂土为 380kPa，碎石桩 720kPa。复合地基的承载力为 424kPa，处理后坝基承载力比天然砂基提高一倍，基本上满足设计要求。根据加固后砂土承载力达到 380kPa，加固以后的粉细砂处于紧密状态，在Ⅷ度地震烈度下不会产生液化。

2. 物探试验检测结果

物探试验是了解振冲加固处理前后粉细砂层物性变化的重要手段，这次采用跨孔法测波速和伽马射线法测砂层密度。跨孔法地震波速测量表明加固后的地基纵波速度比天然地基提高 30.2%，伽马射线法测得桩间土粉细砂密度比振前绝对值提高 0.08g/cm³，相对值平均提高 4.8%。

9.19.6 结论

铜街子水电站已建成多年，堆石坝运行正常，说明坝基基础振冲加固是成功的。

9.20 松华坝水库主坝后坡振冲加固工程

9.20.1 工程概况

松华坝水库位于昆明市东北端盘龙江上游，总库容为 7000 万 m³，主坝高 48m，黏土心墙，后坝坡表层坝体材料为玄武岩风化碎石土，厚度一般 8～10m，最大 17m。

为解决昆明市用水及防洪需要决定将水库大坝加高 14.2m，主坝坝高增加到 62.2m，总库容扩大到 2.29 亿 m³，由于坝轴线后移，新轴线部位最大加高 30m，玄武岩风化碎石料筑坝时未经碾压十分松散，平均干容重 16.4kN/m³，相对密度 0.138，室内试验压缩系数 $\alpha_{1-2} = 0.67 \text{MPa}^{-1}$，经计算，大坝加高后碎石层沉降量达 1.2～1.3m，变形量远超过允许范围，将危及上部防渗黏土斜墙安全，大坝按Ⅷ度地震设防，相对密度应达到 0.75，因此大坝加高前对后坝坡玄武岩风化碎石土必须加密处理。

由于松华坝水库是昆明市唯一供水水源，加固、扩建都必须在水库正常运行条件下进行，经方案比较推荐采用振冲法对后坝坡玄武岩风化碎石土进行加密处理。

9.20.2　地质概况

主坝后坡玄武岩风化碎石层在坝顶和坝脚部分厚度约 6～7m，向坝坡中部厚度增大，最厚为 17m，由于筑坝时没有级配控制，碎石土在各部位变化甚大，平均颗粒级配（去掉大于 200mm 的颗粒）大于 60mm 的颗粒占 40%，小于 2mm 的颗粒占 18%，平均粒径为 15～40mm。土类定名为 G-C（微含粉土的砾石）及 Gw（良好级配的砾石）。

碎石层结构十分松散，挖井检查最大孔隙规模为 15cm×14cm×40cm，一般孔隙宽为 1～3cm，透水性极强。挖坑取样干容重为 15.2～19.4kN/m³，平均干容重为 16.4kN/m³，相对密度为 0.318，压缩系数 α_{1-2} 为 0.67MPa^{-1}，内摩擦角为 22°。

9.20.3　设计技术要求

根据振冲试验成果，设计单位对松华坝加固扩建按 Ⅷ度地震设防，相对密度 0.75 设计。选用振冲孔距 2.0m 按正三角形布孔，加密电流 90～100A（1～7 平台），单位填入碎石量不小于 0.7m³/m，振冲后相对密度不小于 0.75（相当于干容重为 18.8kN/m³），8～10 平台加密电流 80～90A，单位填料量不小于 0.8m³/m，干容重较振前提高 10%～15%。

除 1～2 平台及岸坡外各平台造桩达不到设计深度的不超 5%，当孔深达不到设计要求时需在旁边补孔。填料一般采用玄武岩碎石料，当孔深超过 8m，填料有困难时可选用灰岩碎石（粒径不大于 4cm）。

加固区在主坝后坡为 0+020.0～0+130.0，各施工平台按 2.0m 孔距，呈三角形布孔，加固面积约 8160m²。各平台根据碎石土厚度不同，加固深度分 8 个区，最大 15m，最小 5m。设计总桩数 2322 根，总进尺 20790m。

9.20.4　施工方案

振冲加固采用 75kW 振冲器，从 1 平台开始向上逐台加固，施工中认真按施工技术要求执行，为确保加固质量，10 个平台加密电流均控制在 90～100A。水压变化以有利造孔、成桩为原则，根据实际情况水压变化范围 0.1～0.6MPa。回填料在 1 平台、2 平台、3 平台、4 平台用半风化玄武岩碎石料及原坝料，5 平台以上 8m 以下填灰岩碎石。

与设计比较，除 1 平台、2 平台、3 平台碎石桩施工进尺小于设计外，其他各平台都超过设计进尺。3 平台对由于施工平台高程比设计平台高程低约 1m，碎石已达到设计桩底高程，到位率 97.1%。5 平台和 8 平台部分孔位不能达到设计深度，因零星分布不宜开挖重新造桩，到位率低于 95% 的设计要求。各平台按孔数加权平均，3～10 平台到位率为 94.4%，符合设计要求。

9.20.5　施工质量检验

施工中为了监测和检查施工质量，对每个平台施工挖坑做碎石桩和桩间土容重，现场容重检测采用注水法，试验遵循 SDS 01—79《土工试验规程》。各平台试验成果见表 9-119。

表 9-119　　　　　　　　　　　　　　现 场 密 度 试 验 成 果

平台号	1	2	3	4	5	6	7	8	9	10
复合干容重/(kN/m³)	21.57	20.07	20.13	20.76	21.14	18.97	20.48	18.77	20.66	19.64
容重提高率/%								22.7	22.4	31.5

9.20.6　结论

松华坝后坡碎石深层加密是在库内正常蓄水运用，保证施工期大坝稳定不进行大量开挖的情况下顺利完成的，而且在施工期间又遇到云南耿马地震的波及，由于未挖动大量坝体，震前下部坝体又得到加密，因而未影响运行和安全。这就证明振冲法是今后加固病险堤坝工程的既简单又简便的施工方法。另外在这种深厚不饱水的碎石层中振冲得到满意效果，为今后利用振冲法振密坝体代替碾压法，提高土石坝的施工速度提供了经验。

9.21　南盘江盘虹桥河堤加固工程

9.21.1　工程概况

盘虹桥河堤位于陆良西桥上游 2km，该段河道是陆良坝子泄洪的唯一通道，右岸河堤分别于 1986 年 12 月和 1987 年 7 月两次产生推移式大滑坡。1987 年初，曾采用"削坡、减载、排水、护堤反拱底梁支撑"等工程措施进行抗滑加固处理，但未从根本上解决问题。多年来，该堤常有滑动，1989 年 6 月，经现场测量，滑动程度还在继续增加，河床隆高 1.2～1.8m，过水断面减少 30 多 m²，严重影响南盘江河道的正常行洪，直接威胁着陆良坝子的防洪安全。

9.21.2　地质条件

根据地勘报告，河堤堤顶约 2m 高是人工填土，其下面是第四系洪、湖相沉积的软塑～可塑性黏土层及粉质黏土层，抗剪强度低，含水量高，渗透性能差，加之多次滑动形成的滑裂面为一软弱夹层，这是造成河堤滑坡的内在因素。当河内水位降落时，外部静水压力消失，堤内土壤附加孔隙水压力不能及时消散，导致河堤滑坡。

9.21.3　设计技术要求

考虑到以强度较高的碎石桩置换部分强度较低的土体，可提高土体的抗剪强度，提高土坡的抗滑稳定性；同时，碎石桩群的强透水性还可快速、有效地降低因河道水位骤降产生的附加孔隙水压力，既增强河堤自身的抗滑能力，又能降低导致河堤滑动的滑动力，从而达到稳定河堤的目的；而且碎石桩方案施工周期短、施工简便、投资少，又有成功的先例可借鉴；所以决定采用振冲碎石桩进行加固。

由于该段河道以泄洪为主，兼蓄水灌溉，因此要求经加固后河堤在 7 度地震情况下，水位由 1829.42m 骤降至 1826.42m 时能保持稳定。

经验算，采用桩径为 0.9m、桩间距为 1.8m、面积置换率为 0.23，按正三角形布置的碎石桩加固河堤。

9.21.4　施工方案

1. 施工方法

该工程采用 BJZQ-75 型振冲作业于 1992 年 10 月 25 日开始至 1993 年 4 月 16 日结

束，共完成振冲碎石桩 1008 根，总进尺 12435.6m。在施工方法及布置上，将整个河堤分为两个施工平台。由于拆除原堤脚挡土墙后，河堤失去支撑易产生新的滑动，并考虑河道蓄水运行要求，故先振冲堤脚 1～4 号桩，后振冲 5～10 号桩。在每一施工平台上，又采用"间隔跳打"的方式施工，以减少制桩时对原土体的扰动。

2. 加密电流

加密电流的大小，直接影响到桩体的密实程度，对桩径大小影响很大。施工前，曾做了振密电流试验，选用了 80A、85A、90A 3 种加密电流，其每米长填料量分别为 0.76m³、0.97m³、1.1m³，换算桩径相应为 0.88m、0.99m、1.06m。根据设计要求选定加密电流为 85A。

3. 施工水压

在造孔过程中，利用高压水的冲刷作用使振冲器较快地沉入土层中成孔，同时将泥浆带出振冲孔外；在振密过程中，利用高压水将桩体孔隙里的部分泥浆，细颗粒冲出以增强桩体的透水性。根据工程实际情况，水压选用 300～800kPa，造孔时为 500～700kPa，填料加密时 300～500kPa，局部硬层造孔困难，水压增至 800kPa。

4. 施工质量控制

施工质量主要控制留振时间、每次振密段长度和填料量 3 个质量要素。在振冲加密过程中，必须保持振冲器在某一固定深度上振动一定时间（留振时间），而电流稳定在加密电流，桩体密实程度才能达到设计要求，该段桩体才算制作完毕，方可提升振冲器，进行下一段桩体的振密。每一次提升振密段的长度应严格控制在 30～50cm，超过这一数值易造成漏振，密实程度不均匀，达不到设计要求。在填料量上，采用"连续下料法"，勤加料，每次约 0.5～0.8m³，以保证碎石桩体密实程度较均匀。对于填料要有一定级配，含泥量、石粉含量、杂质等控制在 10% 以下。

9.21.5　检测结果

1. 桩间土物理力学对比试验

桩间土物理力学对比试验在振冲前后一定时期对桩间土取样进行物理力学试验对比，分析振冲前后其物理力学性质的变化趋势。根据试验资料分析，振冲前后桩间土的容重、渗透系数、孔隙率、含水量等物理指标没有多大变化。抗剪强度由于受振动影响，振冲后降低约 10%～30%，一个月后恢复至原有强度的 85%～96%，两个月后基本恢复到原有强度，约三个月后较原有强度增加 5.6%。由此说明，振冲对高塑性黏土的挤密作用是非常有限的。在一定时期内由于振动影响，桩间土体的抗剪强度有所降低，但由于振冲碎石桩的存在，使因振冲而产生的附加孔隙水压力得以尽快消散，原土体的抗剪强度将逐渐恢复并有所增加，只是增长的速度日渐趋缓。

2. 孔隙水压力观测试验

孔隙水压力观测试验在滑坡体的中段布置 4 个观测孔，每孔埋设 4 支渗压计，观测振冲前后及振冲过程中的孔隙水压力，分析其变化过程和趋势，观测资料和成果表明，在振冲过程中，由于振冲器的振动影响，桩间土的附加孔隙水压力显著增加，测点值最小增加 3.2%，最大增加了 228%；在振冲后一个月，桩间土孔隙水压力降至原来的 60%～127%，两个月后降至原来的 20%～107%，至第三个月，降至原来的 19%～97%，说明由于振冲碎石桩的存在，附加孔隙水压力能较快地消散，具有显著的效果。同时，随着附加孔隙水压力的消散，原土体的抗剪强度也逐渐得到恢复、提高。

3. 位移观测

为直观地说明加固后的效果，在河堤上布置了两排位移观测桩，观测滑动体的水平位移和垂直位移。经过1993年的行洪考验后，实测水平最大位移值为7.5mm，垂直位移最大值为7mm，证明滑动体是稳定的。

9.21.6 结论

对上述试验及观测资料进行综合分析，采用振冲置换法加固河堤滑坡，能充分利用振冲碎石桩抗剪强度高和透水性强的特点，改善滑动土体的物理力学性质，增强滑动体自身的抗滑能力，较快地消散因骤降产生的附加孔隙水压力，从而达到稳定河堤的目的。该项目设计方案是合理的，加固是成功的、取得了一定的经济效益和社会效益，具有一定的推广应用价值。

9.22　黄壁庄水库除险加固工程

9.22.1　工程概况

黄壁庄水库除险加固工程位于河北省鹿泉市黄壁庄镇。根据水利部河北水利水电勘测设计研究院对黄壁庄水库副坝3号坍塌段的地质勘察评价，塌坑影响长度50.8m，塌坑影响宽度31.5m；坝基土下伏的中、细砂层缺失，与初设资料对比，塌坑地面下降4.50～7.60m；中、粗砂层有明显的坍塌迹象，与初设资料对比，中、粗砂层厚相差6.25～13.00m。鉴于旋喷灌浆方案在1号和2号塌坑处理过程中实际效果不理想，防渗墙施工安全难以保证，而采用振冲桩在加密地基、提高地基承载力和抗剪强度方面的效果明显。经考察研究决定，黄壁庄水库副坝3号塌坑地基采用振冲加固。

9.22.2　地质条件

坝顶高程127.00m，振冲施工平台高程122.00m，振冲处理深度范围内的地层自上而下分为：

(1) 坝体土。坝体土层厚9.0～11.0m，底板高程111.0～111.6m，多为湿、可塑状态。土体较均匀。塌坑区域内的坝体土多为湿～饱和，可塑～软塑～流塑状态，土体均匀性差，地层松软，受塌坑影响明显。

(2) 坝基土。坝基土层厚3.3～8.1m，底板高程102.9～108.0m，多呈湿、可塑状态，土体较均匀。塌坑区域的坝基土多为湿～饱和状态，可塑～软塑，局部流塑，土体不均匀，扰动迹象明显；塌坑中心的坝基土呈饱和状，软塑～流塑，厚度11.2m，底板高程100.1m，比其他坝基土底板高程低2.8～7.9m，该处已经形成了一个明显的塌陷漏斗。

(3) 中、细砂。中、细砂层厚1.0～6.0m，顶板高程102.9～108.0m，多为稍密状，局部中密。塌坑区域的中、细砂层多为较松散～松散状态，有明显松动，层位较稳定，但是砂质普遍不纯净，含有壤土颗粒或壤土团块，土、砂分层不明显；塌坑中心的中、细砂层缺失，坝基土直接和砂壤土接触，与初设资料对比，下降4.5～7.6m。

（4）砂壤土。砂壤土层厚 3.6～4.5m，顶板高程 101.2～101.5m，多呈湿、可塑～硬塑状，土体性状较稳定。塌坑区域的砂壤土层多为湿～饱和，可塑～软塑状，土体大部分不均匀，局部夹松散状砂团；塌坑中心的砂壤土多为饱和状态，顶板高程 100.1m，层厚 3.7m，土体均匀性极差。

（5）中、粗砂。中、粗砂层厚 11.7～12.8m，顶板高程 96.7～97.9m，多呈稍密状态，局部中密。塌坑区域的中、粗砂层多为较松散状态，层位稳定，局部夹薄层砂壤土，靠近土层部位的砂质不纯，含壤土颗粒或壤土团块，局部为土、砂混合物，砂层非常松散；塌坑中心的中、粗砂层为松散状态，层厚 7.15m，明显变薄，塌陷迹象明显，靠近土层部位的砂质不纯，土、砂分界不明显。

（6）卵石。卵石层厚 9.45～11.70m，顶板高程 84.5～86.1m，层面平缓，高差不大。卵石层的粒径、级配、充填状态及层位的变化和初设资料基本吻合。

9.22.3　设计技术要求

（1）施工目的。采用振冲碎石桩加密坝基下已坍塌的松散细砂、砂壤土及中、粗砂层，提高其自身及整体的密实度和抗剪强度，为防渗墙成槽施工顺利进行创造条件。

（2）加固方法。采用 150kW 液压振冲器水冲法加固处理。

（3）加固范围。振冲加固范围选择在桩号 4+047.4～4+079.3，防渗墙上下游最外排振冲桩的轴线距离防渗墙轴线均为 8.0m。

（4）布桩方案。振冲桩按正三角形布置，孔距 2.2m，排距 2.0m。防渗墙轴线上下游各 4 排，共 116 根，桩长 34m；轴线上一排 16 根，桩长 20m，总桩数 132 根。振冲施工工作平台标高 122.00m，位于防渗墙轴线上的一排桩，填料粒径为 2～4cm 的人工碎石，其余排桩填料均为粒径 2～8cm 的人工碎石。

9.22.4　振冲加固施工方案

150kW 振冲器施工机理与国内常用的潜水电机驱动式振冲器相同。150kW 振冲器是液压马达驱动，可调速，其主要施工控制参数是油压力和液压马达的转速。振冲器在贯入土层以前有空载运行油压，转速确定以后，振冲器贯入土层及填料加密时，周围土体和填料对振冲器运行产生阻力，振冲器运行油压升高，随着土体密实度增大，油压相应增加，因此，在一定转速条件下，某一工作油压值可作为加密控制标准。留振时间和加密段长度是确定振冲加固效果的另外两个主要参数。

1. 施工流程

（1）清理场地，测放桩位。

（2）施工机具就位，起吊振冲器对准桩位。

（3）造孔：开动高压水泵冲水，启动动力箱，待振冲器运转正常以后，使振冲器徐徐贯入土内，直至设计处理深度。造孔时应保持振冲器处于垂悬状态，若发现振冲器偏移应及时调整。

（4）清孔：将振冲器提出孔口，再较快地从原孔贯入，使桩孔通畅。为了有利于填料加密，可将振冲器提升多次。

（5）填料加密：向孔内倾倒一部分填料，下沉振冲器将料送到孔底进行加密，此时振冲器压力表油压上升，当油压达不到规定的压力值应继续填料加密。制桩必须从孔底开始逐段向上，每段加密长度应符合设计要求。

（6）关闭振冲器及高压水泵，制桩结束。

2. 施工技术要求

影响振冲施工质量的主要因素包括填料量、加密油压及加密段长度等。不同的地层及其性质不同造孔油压及填料量也不同，加密时间也有着一定的差异。水压控制对加密效果影响较大，在施工中控制水压力，直接影响填料量大小以及制桩时间长短。

3. 施工过程简述

该工程施工正值冬季、风雪天，最低温度－15℃。设计桩长34m，是当时国内最长的振冲碎石桩，又是对已坍塌的土层进行加固，施工难度非常大，因此选用100t吊车起吊150kW振冲器进行施工。由于施工难度大，工期紧和现场场地窄小等条件的限制，合理组织和精心管理施工尤为重要。施工队于2000年12月15日进场，进行现场条件准备，于2000年12月20日开始施工。在施工过程中，施工队克服了天气寒冷、雪天石料供应不足、由于土质松软造成难于移动吊车、施工造孔漏浆、加密缩孔、下料严重不通畅等许多困难，运用旁通管高压射水，提升下料等特种工艺施工，克服施工中各种难题，终于2001年1月13日使工程得以顺利完工。

从施工造孔、加密时间和填料量统计分析看，位于坍坑区域内的振冲碎石桩造孔时间短、加密时间长、填料量大，说明对该区域内因坍塌而形成的松软土层起到了很好的加密效果。振冲碎石桩是一种有统一控制标准的加固方法，对于松散软弱土区振冲填料量大，造成碎石桩的直径大，置换率就高；反之，对于硬土区振冲填料就会小一些，造成碎石桩的直径也小，置换率也就低。

从施工记录中可知34m长桩最大填料量位于126号桩为43m³，最小的一根桩填料量为25m³，可见每根桩径不同，土质存在严重不均匀性。通过土中造成碎石桩直径的大小，可使松软不均匀的地基经振冲处理后变为相对均匀、密实。黄壁庄水库副坝3号坍坑共填入3827m³碎石，起到了对已坍陷坑内各种土的加密作用，为防渗墙成槽施工创造有利条件。因此，采用振冲法加固是合适的。

4. 施工中遇到的问题及采取措施

（1）由于土质松软，土体空隙较大，施工造孔时灌浆、冒浆严重，加密时极易缩孔，下料困难。采取在导管上额外增加一条旁通管以加大水量，施工清孔时次数增多，填料时"少吃多餐"，保证了工程进度和施工质量。

（2）通过施工将常规的连续填料法改为多次提孔填料法。

9.22.5　加固效果分析

从施工现场上看，由于坍坑含水量高，土质松软，进场时施工设备无法移动。在振冲加固过程中，桩体周围出现大面积下沉，有些下沉80～100cm，经振冲加固处理后，施工设备能在作业面上随意移动，说明坝体土得到了很好的挤密加固。

在施工期间，对振冲桩采用重型动力触探方法进行质量跟踪检测。结果表明，4根桩（抽检率3%）的平均击数均大于10击/10cm，桩体密实度良好。

9.22.6　结论

黄壁庄水库副坝3号坍坑经振冲加固后，提高整体的密实度和抗剪强度效果明显，满足设计要求。

150kW 振冲器穿透力强，工作效率较高，适用范围广，加密效果好，适合此次振冲加固的要求。

在施工中，由于制定了严格的施工工艺，根据施工过程中出现的问题，及时调整施工工艺和采取特殊措施，提出了明确的技术要求，实行了及时的跟踪检测和有效的现场管理措施，确保了工程保质保量按期完工。

9.23　辽河干流防洪堤地基加固工程

9.23.1　工程概况

辽河干流防洪应急工程位于辽宁省沈阳市新城子区黄家乡和铁岭市新台子镇、腰堡乡和泛河乡境内。工程分 3 段，其中长河口至小西河段为新修段，长约 7.4km，该段结合石佛寺水库建设，按照土坝建筑标准修建，工程等级为Ⅱ等，根据地质勘察成果，石佛寺水库区域内第四系全新统黏性土、粉土、砂土广泛分布，粉细砂、粉土及中砂等为易液化土。根据地质勘察成果，在Ⅶ地震条件下，天然坝基下的粉细砂、粉土及部分中砂地层为液化地层，液化深度一般为 7～9m，最大液化深度可达 13.2m；考虑水库二期工程，水库蓄水后，大坝渗透稳定也不满足要求。因此，对坝基采取加固措施，消除基础液化及渗透变形破坏，保证大坝安全。

9.23.2　官厅坝址地质概况

1. 场区地质情况简述

场区内地貌为冲洪积而成的高漫滩，场区地形平坦，根据勘察检测揭露，场区地质情况简述如下。

（1）①层粉质黏土：分布稳定。呈稍湿～饱和，软塑～可塑状态，具中等压缩性，层厚 2.0～3.2m。

（2）②层粉砂：分布不稳定，层较薄，一般 0.8～1.2m，最大厚 2.9m，该层颗粒均匀，呈饱和，极松散状态。

（3）③层细砂：分布较稳定，层厚一般 2.0～2.8m，该层颗粒均匀，呈饱和，松散状态。

（4）④层中砂：分布较稳定，层厚一般 1.8～2.4m。该层上部颗粒均匀，下部含砾，呈饱和，松散状态。

（5）⑤层粗砂：分布稳定，勘探孔与检测孔均未穿透此层。根据前期勘察资料，本场区粗砂层层底埋深 11.0～12.3m。该层粗砂含砾石较多，呈饱和，稍密状态。

根据勘察报告，本区粉砂、细砂、中砂具有液化可能性。

2. 场区水文地质条件

试验区地下水埋藏较浅，地下水类型属潜压水。主要受大气降水、稻田灌水、周边地下水径流补给，以补给辽河或抽取地下水方式排泄。地下水位随季节和用水情况不同变化较大。本次检测期间（2000 年 1 月）地下水埋深 1.5～1.75m，相应于 43.11～43.43m 高程。

9.23.3　振冲桩设计及技术要求

（1）振冲桩型：桩位控制轴线东侧为 A 型桩，桩位控制轴线西侧为 B 型桩。

（2）振冲桩布桩方式：桩距为 3.0m 的等边三角形满堂布置，沿桩位控制轴线方向桩距 3.0m，垂直桩位控制轴线方向桩排距为 2.598m；施工作业面与建筑物相交叉的区域桩位布置根据现场情况确定。设计总桩数 11188 根，总进尺 82791m。

（3）振冲桩桩径：0.9m。

（4）振冲桩桩长：制桩深度 8.0m，制桩深度误差不超过 20cm。有效桩长 7.4m，记录桩长 7.4m。

（5）施工机械：采用 75kW 振冲器施工。

（6）工艺参数：加密电流 80～100A；加密段长度 30～50cm；留振时间：10s；造孔水压 0.4～0.6MPa；加密水压 0.2～0.5MPa；填料量 0.9～1.2m³/m。

（7）允许偏差：造孔深度偏差不大于 20cm；成桩位移偏差不大于 20cm。

（8）碎石填料粒径 20～150mm，且粒径 20～150mm 粒径含量不大于 150%，含泥量不大于 5%。

（9）振冲桩施工平台标高 43～48m。

9.23.4　振冲碎石桩施工

1. 施工设备

振冲桩施工的主要机械是 BJ－75kW 振冲器、25t 吊车、ZL20A 装载机、BJZK－98 自动控制系统、22kW 排污泵、22kW 高压水泵、3kW 排污泵、电焊机等。

2. 振冲施工

（1）清理整平场地，根据建设单位提供的控制轴线点，测放桩位。

（2）吊车就位，起吊振冲器、对准桩位。

（3）开动高压水泵，启动振冲器，待运转正常后，开始造孔，造孔过程中振冲器一直保持竖直，下降至设计深度。

（4）清孔 1～2 次。

（5）用装载机向孔内添加碎石，开始加密，加密过程采用连续投料的施工方法，自下而上逐段加密。随着挤密作用的增强，振冲器电流上升，当达到设计要求的密实度时，自动控制系统发出信号，当信号延续时间达到留振时间后，即可进行下一段次的加密；每个加密段长度 300～500mm，逐段向上，中间不得漏振，直至设计桩顶标高。

（6）关闭振冲器及高压水泵，移位后进行下一根桩的施工。

（7）施工中如实记录电流，时间，水压，填料量及施工出现的问题，每 1～2m 记录一次。

（8）施工中将泥浆排放到泥浆坑。

3. 桩体加密规定

桩体加密应符合下列规定。

（1）加密电流、留振时间、加密段长度、加密时水压、填料量应达到设计规定的技术参数。

（2）加密电流、留振时间应采用自动控制系统控制，不得采用人工控制。

（3）加密段长应控制在 300～500mm。

（4）加密时从孔底开始，逐段向上，中间不得漏振。

（5）制桩顺序与填料方式按设计要求进行。

9.23.5　检测结果分析与评价

施工中平均填料可达每延米 660990.3/54168.5＝1.22m³，按密实系数 0.79（1.5/1.9）计，桩径平均约为 1.10m，完全满足设计要求（平均桩径 0.9m）。

施工过程中，一工区项目部与施工同步，按单元划分，抽取全部桩体的 1‰～2‰，共做了 80 根桩的重（Ⅱ）自检，自检取 1.0～1.1 至 7.6～7.7 段桩体计数，80 根桩自检平均击数全部达到 10～15，无不合格段。桩体密实，质量优良。

9.23.6　结论

现场重（Ⅱ）型动力触探检测和室内试验结果表明该场区地基加固处理后各砂层的密实程度均明显提高，地基土粒径越大，其处理的效果越好；绝大部分饱和砂土达到中密或密实状态，已消除液化问题；经过振冲处理后防洪堤地基能满足设计要求。

9.24　山东安丘牟山水库振冲碎石桩工程

9.24.1　工程概况

牟山水库位于安丘市西 6.0km，位于潍河支流汶河中游，是潍河支流——汶河中下游的一座大型丘陵水库，流域面积 1262km²，流域呈扇形，平均宽度 21km。坝址以上干流长 63.7km，干流坡度 2.12m/km。整个流域是丘陵地区，植被条件较差。

牟山水库建于 1960 年，以防洪为主，兼顾灌溉、城市供水、发电等综合效益的大（2）型水库。水库总容量为 3.08 亿 m³，兴利库容为 1.205 亿 m³，兴利水位为 78.00m。水库工程主要包括大坝、溢洪道与南、北放水洞、电站等工程。坝顶轴线长度 5870m。坝型包括宽心墙砂壳坝和均质土坝，最大坝高为 20.00m。

9.24.2　场地工程地质条件

1. 水文气象

牟山水库所处汶河流域位于东亚季风区，属季风区大陆性气候。四季界限分明，温差变化大，冬季盛行东北风和西北风，降水量稀少，天气寒冷而干燥；夏季盛行东南风和西南风，多发生暴雨洪水。暴雨是造成本流域洪水的主要原因。具有明显的季节性。多年平均降水量为 702.33mm。多年平均气温为 12.1℃，最高气温为 40.5℃，最低气温为 −21.4℃。无霜期为 189d，最大冻土深为 50cm。

2. 地形地貌

库区地貌上处山间平原冲积洪积平原上，位于沂沭断裂带地区，地形总体呈南高北低之势。根据地貌成因，将本地区划分为构造剥蚀地形、剥蚀堆积地形及堆积地形三大地貌单元。

3. 工程地质

牟山水库地处山间堆积平原，坝址位于汶河中游。坝址区河道宽阔，坝址两端为残丘地形。主要是由岩浆岩组成的起伏不平的残丘，地形坡度小于 1/10，左岸地形较缓，由岩浆岩组成低平残丘。

坝址区地层除左岸残丘分布有前震旦系变质岩外，分布有白垩系青山组的凝灰质沙砾岩、黏土岩、砂岩，燕山晚期岩浆岩及第四系松散堆积物。

4. 水文地质

本地区地下水按含水层的性质，可分为孔隙水和裂隙水两种，孔隙水主要埋藏在河床及第四系松散堆积物中。裂隙水主要分布在燕山晚期岩浆岩、白垩系沉积岩类的节理裂隙中，据水质分析资料，地下水化学类型主要为重碳酸硫酸钙型水，对混凝土无侵蚀性。

9.24.3 设计技术要求

本工程桩号 3＋300～3＋800 区域，从坝底 72m 至坝顶 83m 按 1：2.75 斜坡面进行振冲碎石桩施工，顺坝轴线方向和垂直坝轴线方向桩间距都为 1.5m，振冲桩桩体填料采用 0.5～1cm 的碎石，要求含泥量不大于 5％。将现有砂壳的相对密度由现有的 0.29～0.61 提高到 0.8 以上，加固后干容重不小于 1.75g/cm^3。桩长根据斜坡面砂壳厚度确定，但处理深度进入大坝黏土层 0.5m，孔深不超过 7m。

根据设计文件要求，对施工区域进行桩位和桩长布置，本标段施工区域为桩号 3＋300～3＋800，大坝桩号 3＋300～3＋400 区域共计 1463 根振冲桩，进尺 8836.31m，大坝桩号 3＋400～3＋800 区域共计 5874 根振冲桩，进尺 38146.29m，合计总工程量为 7337 根桩，进尺 46982.6m。

9.24.4 振冲施工

本工程采用 BJ－75kW 振冲器施工，在原体试验测试结果的基础上确定振冲施工技术参数详见表 9－120。

表 9－120　　　　　　　　　　　　　　　　振冲施工参数表

施工区域	造孔水压/MPa	加密水压/MPa	空载电流/A	加密电流/A	加密段/cm	留振时间/s
大坝桩号 3＋300～3＋400	0.4～0.8	0.1～0.3	45	60	30～50	15
大坝桩号 3＋400～3＋800	0.4～0.8	0.1～0.3	45	65	30～50	15

9.24.4.1 振冲物资供应

1. 材料

振冲置换法桩体填料采用含泥量不大的碎石、卵石、角砾等硬质材料，禁止使用已风化及易腐蚀、软化的石料，材料最大粒径不大于 80mm，常用的碎石粒径为 20～50mm。

2. 水电供应

(1) 施工用电。振冲桩施工用电包括振冲器、高压清水泵、排污泵、电焊机、照明设备等设备用电。施工时高峰用电功率约为 100kW/台机组。

(2) 施工用水。振冲施工机组供水设备由储水设备、水泵、分水盘、压力表等组成。储水设施采用 4m^3 水箱；分水盘和压力表用来配置水压和水量，分水盘为三岔式水管结构。主管与水泵出口相联，一支岔管与振冲器水管相联，安装压力表调节供水压力，一支岔管将多余水量返回水箱。估算施工期最大用水量约为 40m^3/h。

根据招标文件，本工程施工供水采用库内存水作为施工用水源。

9.24.4.2　施工工序及施工参数

1. 施工参数

本工程振冲桩采用正三角形布桩形式，桩间距 1.5m，桩深不大于 7m，振冲工程量约 5.6 万 m。

2. 施工工序

主体工程施工流程见图 9-86。振冲桩施工工序示意图见图 9-87。

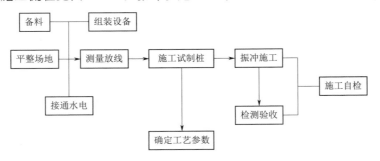

图 9-86　主体工程施工流程图

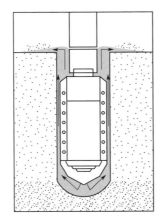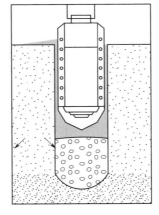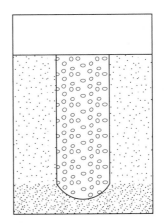

图 9-87　振冲桩施工工序示意图

9.24.4.3　振冲施工现场平面布置

1. 施工区域划分

振冲区域划分按横断面划分为两个区域：A 振冲施工区域和 B 振冲施工区域。

由于施工区域是坡度为 1:2.75 的斜坡，水平距离 40 多米，施工现场不具备 A 施工区域的施工条件，于是在坝坡中间位置开挖一条 6m 宽的临时道路。临近坝坡振冲处理完后，对临时道路进行振冲加固，然后回填进行逐层碾压（图 9-88）。

2. 现场机组布置

为不影响其他工艺的施工进度，振冲两台机组先施工 A 振冲施工区域，两台机组大坝横向的布置，取决于拆除和压重工程的工作面完成情况布置，根据实际情况做出合理布置。

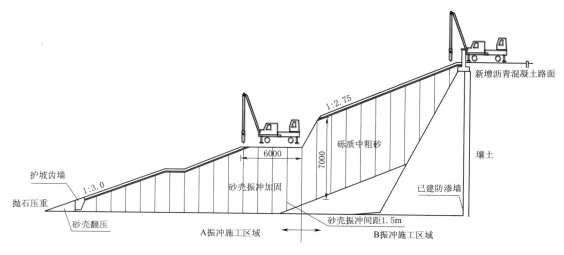

图 9-88 振冲桩施工平面布置图

9.24.4.4 施工基础工作

1. 技术交底

由业主组织设计进行技术交底和图纸会审，而后进行项目内部的技术交底。全体技术人员、专职质检人员、各班组长，熟悉业主的招标文件、图纸、本公司的投标书及施工组织设计及有关操作技术规程、规范标准等，并进行技术交底。

2. 定线测量、放样

根据图纸和业主或监理工程师提供的设计基本资料和测量标志，进行现场坐标、高程测量，并将测量成果提交监理工程师核查，作为施工放样的依据，在此基础上建立施工控制网，以便对临时工程布置范围样线实行同精度控制，确保临时工程布置方便施工，并尽量少影响主体工程施工。

9.24.4.5 振冲桩施工

1. 施工准备

（1）参加设计单位的技术交底。

（2）收集、分析施工场地的地质资料。

（3）编写详细的施工组织设计，送交建设单位或监理单位审定。

（4）按设计要求准备相应功率及型号的振冲器和配套机具、设备。

（5）施工场地"三通一平"。

（6）根据建设单位提供的建筑物主要轴线，按图纸测放桩位。

2. 振冲试打

为确保工程质量，根据规范要求，正式打桩前，按图纸要求进行试打桩，检查每台机组的空载电流，预计在1天内完成振冲试打。试打完成后，即进行重（Ⅱ）型动力触探检测桩体密实度。在检测结果出来后，由设计、监理、业主确定正式的施工参数。

3. 振冲桩施工

（1）清理场地，接通电源、水源。

（2）施工机具就位，起吊振冲器对准桩位。

（3）造孔：开动高压水泵冲水，启动动力箱，使用 BJ-75 型振冲器，待振冲器运行正常以后，使振冲器徐徐地贯入土中，直至设计桩底标高以上 30cm。

（4）清孔：将振冲器提出孔口，再较快地从原孔贯入，使桩孔畅通，为了有利于填料加密，可将振冲器提升 1～2 次。

（5）填料加密：向孔内倾倒一部分填料，当达到设计规定的加密电流和留振时间后，将振冲器上提继续进行下一段次加密，每段加密长度应符合设计要求。

（6）重复上一步骤工作，自下而上，直至孔口。

（7）关闭振冲器，关水，制桩结束。

4．质量标准

（1）造孔及制桩应符合下列规定：

1）振冲器喷水中心桩位偏差不得大于 50mm。

2）振冲器对准桩位，偏差应小于 100mm。

3）造孔过程中振冲器应处于悬垂状态，施工用电允许偏差（380±20）V；孔位如发现偏移应及时纠正。

4）造孔水压控制在 0.4～0.8MPa。

5）造孔深度应达到设计桩底标高以上 0.3m。

（2）桩体加密应符合下列规定：

1）加密电流、留振时间、加密段长度、填料量应达到设计规定的技术参数。

2）加密电流、留振时间应采用自动控制系统控制，不得采用人工控制。

3）加密段长应控制在 300～500mm。

4）加密时从孔底开始，逐段向上，中间不得漏振。

5）填料采用连续填料。

6）加密时水压一般控制在 0.2～0.4MPa。

7）成桩后桩体密实度重型动力触探自检击数达到设计要求。

8）成桩后，桩顶中心与设计桩位中心偏差不得大于 $0.50d$（d 为桩直径）。

（3）制桩顺序采用排打法：

1）填料方式采用强迫填料方式。

2）每根桩造孔时每贯入 2m 应记录一次电流、水压、时间；加密时每 2m 分段记录电流、水压、时间、填料量。

5．质量保证措施

（1）施工人员严格按施工参数及操作方法进行施工。

（2）采用自动控制系统控制加密电流及留振时间，以减少人为因素造成的偏差。

（3）振冲器导管每隔 1m 焊一长钢筋，每隔 0.5m 焊一短钢筋，作为深度标志，以控制桩长及加密段长度。

（4）施工过程中，随时检查振冲器空载电流、施工记录、填料量、桩径、控制仪表和进行重型动力触探跟踪检测，及时检验已施工完毕振冲桩的密实度情况，自检数量 2%。

（5）技术人员严格把关，对每天的施工情况进行统计、分析，发现情况及时解决。

6. 不合格桩的处理

若在重（Ⅱ）型动力触探自检中发现不合格桩，则由原施工队进行处理，处理方式可采用在原桩位复打或在原桩位周围进行补桩的措施进行处理，直至达到设计要求。同时对同一批桩提高自检比例。

9.24.5　施工质量检测

9.24.5.1　检测方法及计算公式

从工程实际来看，大坝坡砂壳振冲加固主要目的是提高砂壳的密实度，提高其抗液化抗振能力，和其他基础处理工程不同，因坝坡上部不承载，承载力提高显然不是砂壳振冲加固的主要目的，因此在施工检测上应以密实度的提高作为重点。本工程检测方法采用现场原位开挖取样室内测相对密实度和结合开挖直观检测法。由于设计要求的是大坝砂壳振冲加固后的相对密度 $D_r \geqslant 0.8$，具体的检测方法分以下几个步骤：

（1）在振冲施工前对原始砂壳采样进行了实验，测出原始砂壳天然最大干密度（$\rho_{d\max}$）和最小干密度（$\rho_{d\min}$）两个值。

（2）振冲加密完成后，采用现场原位开挖并用环刀法取样进行检测砂壳的相对密度检测。采用环刀法按要求每个检测点取 2～3 处砂样，在室内用电子秤对每份砂样分别进行称重记录，计算出砂的湿密度，计算公式见式（9-3）

$$\rho = m/V$$
$$m = m_1 - m_2$$

(9-3)

式中　ρ——密度，精确度至 0.01g/cm^3；

　　m——湿砂质量，g；

　　m_1——环刀加湿砂质量，g；

　　m_2——环刀质量，g；

　　V——环刀体积，cm^3。

（3）分别从每处砂样中取 2 份湿样，用电子天平称重量每份约为 50g，分别编号记录，用微波炉进行烘干，烘干时间大约为 15min，对烘干后的干样分别用电子天平进行称重、记录。计算样本中砂的含水率 w 和干密度 ρ_d，含水率计算公式见式（9-4）

$$w = (m_a - m_b)/m_b \times 100\%$$

(9-4)

式中　w——含水率；

　　m_a——烘干前试样质量，g；

　　m_b——烘干后试样质量，g。

干密度计算公式见式（9-5）

$$\rho_d = \rho/(1+0.01w)$$

(9-5)

式中　ρ_d——干密度；

　　ρ——湿密度；

　　w——含水率。

（4）相对密度的计算公式见式（9-6）

$$D_r = (\rho_d - \rho_{d\min}) \times \rho_{d\max}/(\rho_{d\max} - \rho_{d\min})\rho_d$$

(9-6)

进行计算，计算出加固后砂的相对密度。

式中　D_r——加固后砂层相对密度；

ρ_d——加固后砂层干密度，g；

$\rho_{d\min}$——加固前天然最小干密度，g/cm^3；

$\rho_{d\max}$——加固前天然最大干密度，g/cm^3。

9.24.5.2　检测结果

本工程整个施工区域分为 5 个分部，每个分部进行 2 个单元 6 次取样检测，总计试验样本数 30，所有样本的检测结果都满足 $D_r \geqslant 0.8$ 的设计要求。本书摘取了部分的试验结果请见表 9-121。

表 9-121　　　　　　　　　　　　土 工 试 验 成 果 表

取样位置			密度计算				含水率计算					相对密度计算		
桩号	高程/m	深度/m	环刀容积/cm^3	湿样重/g	湿密度/(g/cm^3)	干密度/(g/cm^3)	盒重/g	盒+湿样重/g	盒+干样重/g	含水率/%	平均含水率/%	最大干密度/(g/cm^3)	最小干密度/(g/cm^3)	相对密度
3+725	75.45	2.50	2000	3433	1.72	1.56	4.11	51.93	47.25	10.8	9.71	1.68	1.19	0.82
							4.11	51.23	47.51	8.6				
3+725	75.45	3.60	2000	3451	1.73	1.56	4.09	51.88	48.08	8.6	10.39	1.68	1.19	0.82
							4.10	52.34	47.12	12.1				
3+725	75.45	4.90	2000	3532	1.77	1.56	4.07	56.76	49.88	15.0	13.35	1.68	1.19	0.81
							4.20	55.41	50.05	11.7				
3+775	78.16	2.90	2000	3448	1.72	1.57	4.07	54.89	50.62	9.2	9.57	1.68	1.19	0.84
							4.16	53.85	49.35	10.0				
3+775	78.16	4.70	2000	3553	1.78	1.57	4.12	56.66	50.55	13.2	13.23	1.68	1.19	0.83
							4.00	56.47	50.31	13.3				
3+775	78.16	6.10	2000	3598	1.80	1.57	4.04	52.79	46.52	14.8	14.31	1.68	1.19	0.84
							4.16	56.43	50.07	13.9				
3+630	77.35	2.80	2000	3415	1.71	1.57	4.11	51.33	47.15	9.7	8.61	1.68	1.19	0.83
							4.11	50.56	47.32	7.5				
3+630	77.35	4.10	2000	3436	1.72	1.57	4.09	51.67	48.02	8.3	9.54	1.68	1.19	0.83
							4.10	51.96	47.31	10.8				
3+630	77.35	5.20	2000	3514	1.76	1.56	4.07	56.42	49.82	14.4	12.59	1.68	1.19	0.81
							4.20	55.07	50.13	10.8				

9.24.6　结论

（1）本工程经振冲加固后大坝砂壳相对密度 $D_r \geqslant 0.8$，检测结果均满足设计要求。

（2）振冲桩在大跨度斜坡面上的施工为极少遇到的施工地貌环境，从工效、质量、安全、成本等方面综合分析，本工程采用 50t 履带吊施工和提前摊铺石料工艺相结合的施工方法大大优于常规方法进行施工。

（3）振冲法在本工程中的成功应用，为国内其他大坝砂壳加固工程提供了宝贵的经验。

9.25 埃及阿斯旺高坝砂棱体的水下振冲捣实

1967 年建成发电的阿斯旺水电站，装机 210 万 kW，其主坝为心墙堆石坝，坝高 111m，顶长 3.600m。心墙两侧的砂棱体，自坝基向上至坝高 68m（高程 85～153m）用当地的细砂填筑。这种砂丘分布在尼罗河的两岸，经过长期的风力搬运，颗粒比较均匀，其不均匀系数为 2.1，d_{10}、d_{50}、d_{60} 的粒径分别为 0.14mm、0.26mm 和 0.3mm。砂料用砂石泵自水下开采后，用直径 600mm 和 800mm 的管道输送到坝区，并冲填在水下坝体内。水力冲填砂的密度为 1.56～1.60g/cm³，孔隙度为 33%～37%，深度 14m 处的静锥抗力为 60kg/cm³。根据设计要求，砂棱体的密度达到 1.65g/cm³，相对密度 70%，深度 14m 处的静锥抗力 150kg/cm²，因此需要进行密实处理。1957—1958 年，在现场进行振冲加密和爆破加密两组对比试验的基础上，选定用振冲加密砂棱体的水下填筑部分（自高程 85—114m，在原阿斯旺低坝库区内施工）；砂棱体的水上部分用振动碾分层压实。

施工采用的振冲器外径 500mm，2.5m，重 750kg，电动机功率 25kW，转速 2920r/min，空转电流 10～12A，最大工作电流 70～80A。振冲器间距为 4m，施工时由 6 台振冲器组成一组，每次可振实一个 8m×12m 的矩形。振冲捣实在由浮船组成的工作平台上进行。平台面积 24m×24m，其上安装吊挂振冲器的钢架结构，架高 28m。平台外侧另用浮船组成 40m×32m 的外框，以减弱水流冲击，和便利工作平台定位。振冲捣实区分为 8m×12m 的网格，进行编号，以便逐块捣实。

当工作平台定位后，在两组对角线交点处测量水深，确定砂面高程；再开动振冲器，以 2m/min 的速度将振冲器下沉至预定深度，中断喷水，然后开始振实。此时以 1m/min 的速度提升振冲器，每 1m 停顿一次，振动 2min。振冲器上升至顶面后，重新测定砂面高程。每振冲一个矩形块的工作时间为 50～60min，工地上共有 3 组振冲器，两组工作，一组备用。一个振冲器组每班（8h）可振冲 6～8 个矩形，加固砂层 0.8 万～1.1 万 m³，每月可加固砂层 60 万 m³。1963 年 4 个月中，共加密砂棱体 340.5 万 m³，平均每立方米砂料耗电 0.18kW·h。根据 2500 个测点的观测资料，砂料的平均沉陷量达到 6%；振冲加密后砂棱体的密实度达到 1.68g/cm³，其他指标也能满足设计要求。

9.26 巴塘水电站

巴塘水电站兴建于 2021 年，位于四川省和西藏自治区交界的金沙江上游河段，左岸属四川巴塘县，右岸属西藏芒康县，是金沙江上游河段规划的 13 座梯级电站的第 9 座梯级水电站，工程发电为主，为 Ⅱ 等大（2）型工程。正常蓄水位为 2545m，相应库容 1.28 亿 m³，电站装机 750MW，多年平均发电量为 33.93 亿 MW·h。

巴塘水电站挡水建筑物采用沥青混凝土心墙堆石坝，大坝最大坝高为 69m，坝顶长约 338.8m，坝顶宽度 10m。项目地勘资料显示，河床覆盖层厚 17.70～58.80m，河心纵向覆盖层厚 35.35～55.55m，下游侧相对较厚。覆盖层以砂卵砾石层为主，局部夹有含砾中粗砂、含泥砾粉细砂透镜体，分布变化较大，一般埋深大于 20m，河床覆盖层按其颗粒组成、分布层次等，自下而上大致可分为 4 大岩组：

Ⅰ岩组（Q^{al}-Ⅰ）—含泥砾中细砂层：该岩组分布于河床中心部位、覆盖层底部，厚度 7.40～9.95m，向上下游侧呈透镜状渐变尖灭。

Ⅱ岩组（Q^{al}-Ⅱ）—砂卵砾石层：分布于河床覆盖层中下部，揭露层厚 4.7～25m，埋深 18～33m，其中河床部位埋深较大，分布规律为两侧薄河心厚。

Ⅲ岩组（Q^{al}-Ⅲ）—含泥砾中粗砂层：分布于河床覆盖层中上部，揭露该岩组埋深 12～26m，横向分布连续，左厚右薄，推测纵向延伸长度大于 300m，向上下游侧呈透镜状渐变尖灭。

Ⅳ岩组（Q^{al}-Ⅳ）—砂卵砾石层：分布于河床覆盖层上部，层厚 12～27m，分布规律为两侧相对较薄河心厚，局部夹有含砾中粗砂层透镜体。

覆盖层中的砂层透镜体虽然不存在液化问题，但其力学指标低于砂卵砾石层，且心墙正好坐落在该透镜体上，为避免不均匀沉降造成心墙局部破坏，同时提高心墙部位地基承载力，采用振冲碎石桩进行处理。施工范围为坝上 0－012～坝下 0＋013，坝右 0＋089.12～坝右 0＋273.12，2480～2466m 高程采用振冲碎石桩对基地进行加固处理。桩径 1.0m，等边三角形布置，桩间距 3.0m，经检测，振冲碎石桩处理后复合地基承载力特征值满足设计要求。

9.27　苏洼龙水电站

苏洼龙水电站兴建于 2016 年，位于金沙江上游河段四川省巴塘县和西藏自治区芒康县的界河上，为金沙江上游水电规划 13 个梯级电站的第 10 级。电站水库库容 6.38 亿 m^3，额定水头 84m，设置 4 台水轮发电机组，总装机容量 1200MW，为Ⅰ等大（1）型工程。

苏洼龙水电站枢纽建筑物主要由沥青混凝土心墙堆石坝、右岸溢洪道、左岸引水系统、左岸地面厂房等建筑组成。其中堆石坝顶高程 2480m，最大坝高 112m，坝顶长度 464.7m，坝顶宽度 12m，坝体上游坝坡为 1:1.8，下游坝坡为 1:1.6。坝体采用沥青混凝土心墙防渗，覆盖层防渗措施为深入基岩的封闭式混凝土防渗墙。坝基防渗墙两侧一定范围及深度内（坝上 0＋10.28～坝上 0＋32.5、坝下 0＋05.8～坝下 0＋93.0）设计采用振冲碎石桩进行地基处理，以提高地基变形模量，减少变形，并提高砂层的抗地震液化能力。

苏洼龙水电站位于高原地区深窄河谷，河床覆盖层深厚，具有成层性从上到下共分 6 层：

①砂卵砾石：冲洪积相，卵石、砾石磨圆较好，层厚 5～13m。

②低液限黏土：堰塞湖沉积相，可塑～硬塑状态，层厚 3～7m。

③含细粒土质砂：冲积相，层厚 5～20m，其间夹有厚 2～3m 低液限黏土透镜体。

④含细粒土质砂：冲积相，砾石主要成分为花岗岩，呈次棱角状～扁圆状，层厚 10～15m，期间夹有厚 1～2m 低液限黏土透镜体。

⑤卵石混合土：冲积相，卵石、砾石主要成分为花岗岩，呈次棱角～扁圆状，层厚 8～10m。

⑥级配不良砾：冰碛相，弱胶结状态，砾石主要成分为花岗岩，呈次棱角～扁圆状，层厚 20～30m，其间夹有厚 2～3m 厚级配不良砂透镜体。

本工程振冲碎石桩总计 3013 根，桩径 100cm，采取分区布置，不同区位的设计桩长 8～12m 不等，原则上应穿透覆盖层第四层，并深入第五层不少于 1m，等边三角形布置，孔距为 3m，总造孔深度 52040m。桩体材料采用级配良好的碎石、砂卵石材料，粒径范围 20～120mm，砂卵石含泥量不大于 5%。为了提高施工功效、成孔率，并保证大部分孔位（孔深）能够满足设计孔深要求，本工程采用大功率振冲器（180kW）进行施工。当遇到少数孤石、大粒径卵石集中层，配合引孔施工措施。

施工完成后，根据设计要求进行桩体密度、桩间土处理效果、复合地基承载力及变形模量等质量检测试验，结果均满足设计要求。

9.28 四川铜钟水电站

四川铜钟水电站兴建于 1998 年，位于四川省阿坝州茂县南新镇境内，为低闸引式电站，由首部枢纽、引水系统、厂区枢纽 3 部分组成，总装机容量为 3×17MW。

电站厂区枢纽位于茂县南新镇簇桥上游 0.7km 铜钟河湾冲蚀的 Ⅱ 级阶地上，距地勘资料揭示，整个厂区置于崩坡积块碎石土上，其结构相对松散且不均匀，局部架空结构，渗透性较强，厚度变化较大，承载能力和抗变形能力均不能满足建厂要求。为加强地基整体性，提高承载力，减少基础变形，故需对主、副厂房基础进行振冲处理。

本工程采用北京振冲工程股份有限公司自行研制的 75kW 振冲器以及英国 PENNINE 公司生产的 ND-225 型振冲器各一台机组共同施工。两台机组共施工振冲桩 932 根，振冲桩总进尺 12145.7m，共用料 14983m³。厂房基础二期振冲施工共分 3 部分，具体设计要求如下。

（1）Ⅱ 区振冲桩桩间距 1.6m，16 排，488 根桩，正三角形布置；桩径 $d>100cm$；造孔底部高程 1406m，造孔顶部高程 1421m，造孔深度 15m；桩底部高程 1406m，桩顶部高程 1419m，桩长 13m。

（2）Ⅲ 区振冲桩桩间距 1.6m，16 排，488 根桩，正三角形布置；桩径 $d>100cm$；造孔底部高程 1406m，造孔顶部高程 1421m，造孔深度 15m；桩底部高程 1406m，桩顶部高程 1422m，桩长 16m。

（3）Ⅳ 区振冲桩桩间距 2.5m，15 排，165 根桩，正三角形布置；桩径 $d>110cm$；造孔底部高程 1406m，造孔顶部高程 1430m，造孔深度 24m；桩底部高程 1406m，桩顶部高程 1424m，桩长 18m。

由于基础下粉质黏土层地面高程变化较大，设计桩底高程根据地质资料所定，施工中桩底高程以实际振冲可入最大深度为准，工程量相应调整。

振冲后，复合地基承载力大于 3.5kg/cm^2。

9.29　乌海海勃湾水利枢纽工程

海勃湾水利枢纽兴建于 2011 年，位于内蒙古自治区乌海市境内的黄河干流上，是一座防凌、发电等综合利用的水利枢纽工程，主要由土石坝、泄洪闸、河床式电站等建筑物组成。坝顶总长 6905.7m，坝顶高程 1078.7m，其中土石坝段最大坝高 18.2m，泄洪闸坝段最大坝高 19.8m，电站坝段最大坝高 35.2m。水库正常蓄水位 1076.0m，水库总库容 4.87 亿 m^3，电站装机四台，总装机容量 90MW，多年平均发电量 3.61 亿 $\text{kW} \cdot \text{h}$。

本工程主要针对分布于河床顶部的粉砂、细砂等砂土和砂壤土地层进行加固处理，以消除该地层产生振动液化危害。液化深度大于 6m 采用振冲碎石桩处理，等边三角形布置，桩距 2.7m，平均桩长 11m，完成总工程量约 20 万延米。

根据工程量和功效估算，本项目施工投入 4 套 BJ - 150 型振冲机组作为主导设备，另配备 2 套 BJ - 150 型振冲器作为备用，发生设备损坏立即换上良好机器，不影响正常施工。

本工程经振冲碎石桩进行地基加固处理后，达到了消除河床顶部砂土和砂壤土地层液化的目的。

第10章 振冲技术发展与展望

10.1 振冲技术的发展

1937年，德国的凯勒公司按斯图门的设计制造出具有现代振冲器雏形的机具设备，用于处理柏林市郊的一栋建筑物的砂土地基。地基处理深度7.5m，结果地基承载力提高了一倍，砂土的相对密实度由40%提高到80%。斯图门在20世纪40年代将振冲技术引入美国，成功加固处理了安德斯坝基。1955年6月建成发电的美国箱峡水电站，其主要水工建筑物下回填细砂层采用振冲加固处理后，相对密度达到70%。巴基斯坦在20世纪60年代兴建的印度河流域调水工程中，西德奈（1963年）、麦西（1965年）、马拉拉（1966年）、拉苏尔（1966年）和恰希马（1968年）等工程（图10-1）的拦河坝水工建筑物的地基均采用了振冲技术加固处理，提高了地基的密实度和承载力并消除了地震液化。

图10-1 巴基斯坦恰希马水坝正在进行的振动挤密工程

1967 年建成发电的阿斯旺水电站（埃及），装机 210 万 kW。坝高 111m，采用振冲技术加固处理水下抛填细砂体，处理后砂土密度达到 $1.68g/m^3$，满足设计要求。

1981 年，拉格都水库（喀麦隆），主坝为黏土心墙堆石坝，坝高 40m。采用振冲技术加固处理坝基下回填砂土层，处理后砂土相对密度大于 0.67，满足设计要求，该水库已安全运行几十年。1972 年，振冲技术成功用于莫桑比克的马森吉尔大坝地基处理。1982 年，尼日利亚的杰巴大坝，为消除地震液化，满足抗震设计要求，采用振冲技术加固处理松散的砂土层，振冲挤密处理深度 30m，处理后砂土相对密度达到 0.9。

1994 年，在德国 Uhyst 巨型褐煤矿边坡稳定工程中，振冲施工投入两台 550t 利勃海尔履带吊车，吊车臂长 86m，工作半径 30m，最大振冲挤密处理深度 71m。

1957 年，日本引进振冲技术，用于处理松散的砂土地基，消除地震液化问题。

20 世纪 70 年代中期，我国引进了振冲法地基处理技术，水利水电系统是我国最早引进振冲技术的行业。1978 年水利电力部北京勘测设计院振冲科研试验小组采用 30kW 振冲器成功加固处理了北京官厅水库主坝坝基的中细砂层，使该层砂土相对密度提高到 0.8 以上，达到了 9 度抗震烈度时防止液化的要求。

1982 年，为了满足三峡工程建设的需要，水利电力部安排北京勘测设计院振冲科研试验小组承担了 75kW 电动振冲器研究开发、试验和制造等工作，取得成功并获得发明专利（专利号：86206881.9）。

1985 年，在四川省铜街子水电站处理左岸副坝深槽地基，采用振冲法穿过 8m 厚漂卵石夹砂层加密下卧粉细砂层，建成 46m 高堆石坝。

1989 年，云南省松花坝水库扩建加固，主坝后坡的玄武岩风化碎石土采用振冲加固处理，工程质量检验，相对密度大于 0.75，满足抗 8 度地震的要求，振冲加固效果显著。

1990—1991 年，内蒙古自治区红山水库大坝坝基下砂土层振冲加固处理，振冲施工在水库蓄水运行期间进行，并经历主汛期，砂土相对密度由 0.5 提高到 0.7，消除了地震液化，解决了大坝抗滑稳定问题。

1990 年，内蒙古自治区昆都仑水库大坝加高，坝后坡脚振冲加固处理，坝基振冲处理后砂土层相对密度大于 0.7，满足设计要求。

1992 年，黄河小浪底水库坝基覆盖层振冲加固处理工程，坝基为松散砂卵石层及砂土层，加固后，复合地基承载力大于 220kPa。

1994 年，常德五强溪水电站地基振冲加固处理，淤泥及淤泥质土振冲处理后，复合地基承载力大于 250kPa。

1997 年，振冲碎石桩用于三峡水利枢纽二期围堰水下抛填风化砂加固处理，施工深度 30m。

1998 年，广东省飞来峡水利枢纽工程，河床段土坝采用无基坑筑坝技术，即与二期围堰结合，在截流戗堤与上游石碴堤之间填砂至戗堤顶高程，然后对填砂坝体和坝基进行振冲加固处理，既加密了坝体又消除了坝基砂土地震液化问题。

1998 年，四川省阿坝州铜钟水电站主厂房地基振冲加固处理，粉质黏土层振冲处理后，复合地基承载力大于 207kPa。

2000 年，在黄壁庄水库副坝塌坑处理中，振冲法加固处理深度 34m。

2003年，云南省务坪水库蓄水成功，该项目采用振冲碎石桩对坝基湖积软土层和坝肩滑坡体进行处理，并结合控制填筑速度等措施在不排水抗剪强度小于20kPa的流塑状软黏土地基上修建了52m高黏土心墙碾压堆石坝。

2004年，四川省康定金康水电站坝基处理工程，振冲器穿透上部11m厚的卵砾石层加密下部粉细砂层，处理总深度28m。

2004年，中电建振冲建设工程股份有限公司研制出BJ180kW液压振冲器，填补了我国液压振冲器制造的空白，之后成功应用于海南大隆水库、广东惠州东江水利枢纽、向家坝水电站、云南普渡河鲁基厂水电站、三峡重庆开县水位调节坝等多个工程。

2005年，四川省田湾河仁宗海水库采用振冲碎石桩对整个大坝坝基下18m深厚淤泥质壤土和崩积体土层进行加固处理，建成50m高面板堆石坝，施工近50万延米，系高寒地区采用振冲碎石桩处理深厚淤泥质壤土层建设高坝的典范。

2004—2005年，海南隆水库采用振冲技术对坝基砂卵砾石地层进行加固处理，进行无基坑水下筑坝取得成功，实现了简化施工工序、提高功效、一次截断河流、全年施工度汛的技术。海南省三亚大隆水利枢纽是采用无基坑筑坝技术建坝的典型工程实例，工程坝基在上下游戗堤间填砂而成，回填砂及原河床的松散砂土采用振冲加密处理，振冲处理后的大坝基础沉降和渗透变形稳定，运行安全可靠。

2005年，中电建振冲建设工程股份有限公司研制出我国第一台底部出料振冲集成设备，并应用在上海某矿石堆场。底部出料振冲技术在我国的诞生，开始逐渐突破我国各相关规范对采用振冲碎石桩技术时要求地基土不排水抗剪强度大于20kPa的要求。

2006年，金沙江向家坝水电站一期土石围堰振冲碎石桩工程，本分项工程为一期土石围堰背水侧坡脚开挖边坡段覆盖层中砂土层振冲碎石桩加固处理，用以提高砂土层的抗剪强度指标，防止基坑开挖及围堰运行时出露的砂层产生滑动、地震液化等不良地质灾害，振冲处理后，围堰运行良好，满足设计要求。

2006—2007年，四川省龙头石站工程堆石坝的覆盖层采用振冲碎石桩加固处理，辅助工艺为冲击钻引孔，最大处理深度25m。

2007年，四川省阴坪水电站坝基振冲加固处理工程，最大施工深度为32.6m，冲击钻引孔辅助施工。

2007—2009年，云南省普渡河鲁基厂水电站，采用液压振冲器穿透上部砂、卵石土层，对下部粉土及砂土进行处理，最大处理深度达32.7m，建成34.5m高的混凝土闸坝，在国内乃至国际上尚属首次。

2007年，曹妃甸煤码头项目，采用多点（两点或三点）无填料振冲法进行新近吹填粉细砂土体的处理，处理深度十几米到二十米，大面积的应用成功。

2008年，四川省吉牛水电站振冲工程，振冲法加固处理砂卵石及砂土层，最大施工深度为34m。

2010年，广东省清远水利枢纽水工建筑物地基振冲加固处理工程，对泄水闸、发电厂房安装间、发电厂房进出水渠挡墙、船闸闸室段、船闸下游引航道及导墙区、右岸门库坝段等部位地基进行了振冲加固处理，3.3m振冲区域的复合地基承载力特征值大于240kPa，3.0m振冲区域的复合地基承载力特征值大于350kPa，满足振冲处理的设计要求。2012 年清远水利枢纽正式投入运行，根据对大坝各观测资料的分析，目前大坝各项指标状态均在正常范围之内，没有异常情况出现，大坝目前运行状态正常。

2009—2010 年，哈达山水利枢纽土坝坝基振冲加固处理工程，主坝坝基砂层厚度 12～22m，坝址处于 8 度地震区，坝基砂层存在地震液化问题。为消除坝基地震液化，设计采用无外加填料振冲挤密加固处理，振冲处理施工共完成 48 万 m。振冲处理后，砂土层标准贯入击数在 20～56 击，相对密度大于 0.8。满足 8 度抗震区抗震烈度要求。

2011 年，黄河海勃湾水利枢纽振冲处理工程，振冲碎石桩加固处理粉砂、细砂等砂土和砂壤土地层，消除地震液化，总工程量约 20 万延米。

2012 年，西藏多布水电站水工建筑物地基振冲加固处理工程，大功率引孔振冲碎石桩，消除地基土层地震液化，提高地基承载力。

2012 年中电建振冲建设工程股份有限公司成功研制出我国第三代干法底部出料振冲集成设备，并在港珠澳大桥香港口岸填海工程中成功应用，最大处理深度 39m（不含水深），完成工程量 123 万延米，筑岛面积约 150 万 m²。该成果达到国际领先水平，被认定为中国交通建设有限公司 2013—2014 年工法（省部级工法）。该项目中所采用的伸缩管专利技术，在机场高度限制仅为 25m 的条件下进行了有效深度 35m 深度的振冲碎石桩施工。目前该项伸缩管施工技术可达到 70m 的有效桩施工深度。

2013 年，四川黄金坪水电工程堆石坝坝基振冲加固处理工程，采用全引孔振冲碎石桩加固处理，最大处理深度 24m。

2016 年，河北丰宁抽水蓄能电站拦沙坝坝基振冲加固处理工程，将振冲技术用于提高软土坝基的稳定性，为类似工程软基筑坝提供了工程经验。

2016 年，由中交二航局首次自主设计建造的振冲碎石桩自升式海洋施工平台建造完工，为全球首艘专门用于碎石桩施工的自升式平台。该平台为以色列阿什杜德港项目量身打造，平台型宽 50m、船长 42m、型深 5.5m、设计吃水 3.6m，大大提高了在中长周期波浪海域进行振冲碎石桩施工的能力。

2018 年，苏洼龙水电站堆石坝坝基振冲加固处理工程，属于大功率振冲碎石桩地基处理。

2018 年，中电建振冲建设工程股份有限公司成功开发出国内第四代干法底部出料振冲集成设备，成功应用于香港落马洲河套地域地基处理工程。

2019 年，东帝汶 Tibar 港填海工程，采用水上干法底部出料振冲碎石桩施工，全过程采用最新振冲碎石桩质量管理监控系统。

2019—2020 年，四川拉哇水电站上游围堰堰基振冲碎石桩工程，施工中采用"大吨位吊车＋超长振冲导杆＋振冲器"方式，创造了单桩 71.0m 的世界最深振冲碎石桩纪录。

2020 年，华能四川大渡河硬梁包水电站，首次采用大直径气动潜孔锤跟管工艺对上覆含漂卵砾石层引孔，下部堰塞湖相沉积细粒土层采用振冲碎石桩加固处理，大大提高了施工功效，加快了该水电工程的建设速度，为该类地层采用振冲碎石桩施工开创了新的工艺和方法。中电建振冲建设工程股份有限公司依托该项目的振冲施工，开始研发振冲智能施工技术、设备、信息化系统等。

10.2 振冲技术规范化历程

国外最早的振冲技术规程使用建议由德国交通研究学会在 1979 年发布。后来，美国交通部出版了《碎石桩设计与建造》手册（USDT 1983），随后是英国 ICE 出版的《地基处理规范》（ICE 1987）和 BRE 出版的《指定碎石桩》（BRE 2000）。而欧盟则制定出了欧洲振冲技术标准《深层振动地基处理》（欧洲标准 EN14731，2005）。

由于振冲技术在处理地震液化土层的特殊优势，我国岩土工程界在 20 世纪 70 年代中期开始了解并注意到国外振冲技术的应用情况，特别在 1976 年唐山大地震后，我国开始重视对地基与基础的抗震加固处理技术研究。

1988 年，《地基处理手册》（第一版）出版，振冲技术收录其中。对振冲技术加固土体的原理、设计计算、施工工艺、工程质量检验等做了详细介绍。

1992 年，JGJ 79—91《建筑地基处理技术规范》颁布实施，振冲技术首次列入我国技术规范。

1993 年，《岩土工程治理手册》（第一版）出版，振冲技术收录其中。对振冲施工技术加固治理土体的原理、设计计算、施工工艺、工程质量检验等做了详细介绍。

1996 年，北京振冲工程公司、中国人民武装警察部队水电部队第三总队、中国长江动力公司进口了英国 Pennine 公司的 HD225（135kW）液压振冲器，并在水利水电工程中进行应用。1997 年应用于三峡工程二期围堰风化砂加固处理，1998 年应用广东飞来峡水利枢纽主河床段土坝砂基加固。

1998 年，JTJ 250—98《港口工程地基规范》将振冲技术收录其中。

1999 年，DL/T 5101—1999《火力发电厂振冲法地基处理技术规范》颁布实施。

2005 年，DL/T 5214—2005《水电水利工程振冲法地基处理技术规范》颁布实施，为我国水电水利工程采用振冲法地基处理提供了规范依据。

2016 年，国家能源局颁布了由中电建振冲建设工程股份有限公司主编的电力行业标准 DL/T 1557—2016《电动振冲器》，规定了电动振冲器的设计、制造、检验、使用、贮存、维修及保养等技术要求。

2016 年，国家能源局颁布了由中电建振冲建设工程股份有限公司修订的 DL/T 5214—2016《水电水利振冲法地基处理技术规范》，将振冲器使用范围从 75kW 及以下提高至 130kW 及以上；取消了振冲法地基处理深度的限值；增加了振冲法底部出料施工工艺、无填料振冲挤密施工工艺和无填料振冲挤密技术的适用范围、设计规定等。

10.3 振冲技术的展望

振冲法地基处理技术为岩土工程学中地基处理手段之一。因其加固处理对象（多为第四纪土层）的复杂性及所涉及的学科（如土力学、工程地质学等）的不严格性、不完善性等原因，该项技术发展至今，仍处于半理论、半经验的阶段。这点已为很多工程案例所证实，也是俞调梅、黄文熙、李广信、顾宝和等岩土工程学前辈所反复强调的关键点。作为一门工程技术，振冲法地基处理土体的科学原理已为很多工程技术人员所熟知，但是仍然需要注重工程实践、工程经验的总结，不断创新。

水利水电行业最早把振冲法地基处理技术引进我国工程建设中，在 1978 年采用振冲法地基处理技术成功加固处理了北京官厅水库主坝坝基的中、细砂层，处理后解决了砂土层 9 度地震液化问题。2020—2021 年拉哇水电站上游围堰采用超深振冲碎石桩加固处理深厚覆盖层围堰堰基，振冲碎石桩施工最大深度超过 70m。表明我国振冲法地基处理技术已达到国际先进水平。

我国水利资源十分丰富，自 20 世纪末以来，水电工程建设发展迅速，经过多年的技术创新和经验积累，我国目前的水电工程建设技术水平已经处于世界领先地位。在水电工程建设中，深厚覆盖层上筑坝为复杂的工程问题。我国各流域河流普遍分布河床覆盖层，一些山区河流河床覆盖层非常深厚，厚度在几十米到几百米，个别河流河床覆盖层甚至厚达 500m 以上。这些给水电工程建设带来重大的技术问题和经济问题，深厚覆盖层地基处理成为水利水电工程建设的关键技术问题之一。由于水利水电工程地基处理深度的要求，超深振冲碎石桩工程越来越多，因此对超深振冲施工设备在诸多方面的研发亟待加强。如超深振冲设备的起吊高度、起吊重量、设备链接形式、设备链接强度、设备链接刚度等，对振冲施工 50m 以上的工程，这些都是关键技术问题，需要谨慎研究和处理。

深厚覆盖层会遇到各种不同的第四纪土层，如卵砾石土层、砂土层、粉土层、黏土层、淤泥土层等，针对不同土层的处理目的，需要开发出系列的振冲设备，以满足不同的处理要求。例如处理卵、砾石土层的大功率小振幅的振冲器，能穿透密实的砂、卵砾石土层加固处理下部软弱土层的变频振冲设备，还有高气压快速成桩设备、快速上料设备、料仓监视系统等，能在抗剪强度较低的淤泥土层成桩的底部出料振冲设备深度开发。

在复合地基处理技术方面，振冲技术和其他地基处理技术手段相结合的多重复合地基处理技术的研发，如先振冲碎石桩后强夯、振冲碎石桩和 CFG 桩、振冲碎石桩与水泥土搅拌桩等双复合地基处理技术研究，这些需要根据不同的土层、不同的处理目的等进行不同的理论设计、计算、试验、检测等研发，以达到降低工程造价、缩短工期、保护环境等目的。

振冲半胶结桩的研发，如振冲混凝土桩、振冲碎石后压浆桩等的试验、研究，有待取得进一步的进展，并加快在工程建设中的应用。

智能化振冲施工系统，信息化、可视化、现代化、智能化等要求，可以对振冲施工的造孔机具、填料设备、起吊设备、加密机具、电器控制设备等进行人工智能集成化的研发。

在深厚振冲复合地基检测技术方面，35m 以上厚度的振冲复合地基采用何种技术手段，如何真实、准确地检测出深厚振冲复合土体的物理力学指标，这方面的理论及工程经验还很少，需要水电工程技术人员去探索、研究和总结。

振冲加固处理第四纪土层，施工时会有大量泥浆排放，这种情况在黏土层处理时会更加严重，开展排放泥浆分离处理（包括循环水重复利用等）技术研发、"水气联动"辅助工艺的深度研发（以减少泥浆排放量等），这些技术的研发，更有利于振冲技术在水电工程中的应用。

　　采用振冲法对坝基和坝体进行加密处理的无基坑筑坝技术已在多个水利水电工程中应用成功。随着振冲技术和设备的发展，有望对覆盖层地基处理的深度更深，处理的地基土类型更广，处理后复合地基的密实度和承载力更高，可以修筑更高的大坝及更多类型的水工建筑物，推动无基坑筑坝技术更广泛地应用。

　　我国乃至世界的水电工程，越来越多地建造于第四纪深厚覆盖土层上，第四纪土层的多样性、物理力学性质的差异性、多变性、复杂性等特性，决定了地基处理技术为工程建设的关键技术问题之一。振冲法地基处理技术可以加固处理土石堤坝体及其松散土、软土地基，可以用于消除地基土层的地震液化问题；可以用于新建水利水电工程，也可用于已建病险堤坝的加固处理，提高堤坝及构筑物的强度和抗滑、抗震稳定性。这些优点决定了振冲法地基处理技术在水利水电工程应用中具有广阔的前景。

参 考 文 献

［1］ 康景俊. 振冲技术的应用与回顾［J］. 水利水电技术，1995，6：1.

［2］ 张德华，陈祖煜. 振冲法在国外的应用［G］//振冲法加固松软地基资料汇编. 北京：水利电力部北京勘测设计院，1983：1－41.

［3］ 何广纳. 振冲碎石桩复合地基［M］. 北京：人民交通出版社，2012.

［4］ 陈祖煜，周晓光，张天明. 云南务坪水库软基筑坝技术［M］. 北京：中国水利水电出版社，2004.

［5］ 卢伟，宋红英，徐海荣. 含卵砾中粗砂振冲加密机具试验与工程实践［J］. 水利水电技术，2005，36（12）：3.

［6］ 王连军，卢伟，梁雪梅. 振冲碎石桩在水电站堆石坝基淤泥壤土地基处理中的应用［J］. 工程地质计算机应用，2009（4）：5.

［7］ 刘元勋，庞远宇. 鲁基厂水电站工程设计关键技术问题［J］. 水利规划与设计，2016（11）：5.

［8］ 刘元勋，杨双超，王海建，等. 一种深厚覆盖层上修筑重力坝的结构：中国，202020820153.1［P］. 2020－07－31.

［9］ 刘元勋，陈松滨，王海建，等. 一种深厚淤泥层上土石坝的构筑结构及其施工方法：中国，202110266752.2［P］. 2021－05－28.

［10］ 李晓力，李庆跃，卢伟. 振冲法地基处理技术在鲁基厂水电站工程中的应用［J］. 中国勘察设计，2012（3）：83－87.

［11］ DL/T 1557—2016 电动振冲器［S］. 北京：中国电力出版社，2016.

［12］ JGJ 79—2012 建筑地基处理技术规范［S］. 北京：中国建筑工业出版社，2013.

［13］ 陈松滨，陈共建. 无基坑水下筑坝技术的探索和实践［J］. 人民珠江，2008（3）：31－34.

［14］ 刘强，卢伟，李晓力，等. 超深振冲碎石桩加固处理深厚覆盖层围堰堰基应用研究［J］. 水利水电快报，2022（4）：90－95.

［15］ 樊启祥，林鹏，魏鹏程，等. 高海拔地区水电工程智能建造挑战与对策［J］. 水利学报，2021，52（12）：1404－1417.

［16］ GB/T 50145—2007 土的工程分类标准［S］. 北京：中国计划出版社，2008.

［17］ GB 50021—2001（2009 修订版）岩土工程勘察规范［S］. 北京：中国建筑工业出版社，2009.

［18］ GB 50487—2008 水利水电工程地质勘察规范［S］. 北京：中国计划出版社，2009.

［19］ GB 50287—2006 水力发电工程地质勘察规范［S］. 北京：中国计划出版社，2006.

［20］ SL 237—1999 土工试验规程［S］. 北京：中国水利水电出版社，1999.

［21］ GB/T 50145—2007 土的工程分类标准［S］. 北京：中国计划出版社，2008.

［22］ 《工程地质手册》编委会. 工程地质手册［M］. 5 版. 北京：中国建筑工业出版社，2018.

［23］ 何广纳. 振冲碎石桩复合地基［M］. 北京：人民交通出版社，2012.

［24］ GB 50007—2011 建筑地基基础设计规范［S］. 北京：中国建筑工业出版社，2012.

［25］ JGJ 340—2015 建筑地基检测技术规范［S］. 北京：中国建筑工业出版社，2015.

［26］ DL/T 5214—2005 水电水利工程振冲法地基处理技术规范［S］. 北京：中国电力出版社，2005.

［27］ DL/T 5214—2016 水电水利工程振冲法地基处理技术规范［S］. 北京：中国电力出版社，2016.

［28］ 林宗元. 岩土工程治理手册［M］. 沈阳：辽宁科学技术出版社，1993.

［29］ 石来德. 工程机械手册：桩工机械［M］. 北京：清华大学出版社，2018.

［30］ 李世忠. 钻探工艺学：钻孔冲洗与护壁堵漏（中册）［M］. 北京：地质出版社，1989.

[31] 陈健，苏岩松，张杰，等. 碎石桩软土复合地基整体抗剪强度研究 [J]. 水运工程，2016 (5)：4.

[32] DL/T 1557—2016 电动振冲器 [S]. 北京：中国电力出版社，2016.

[33] 张金，曹中兴，姚军平. 干法下出料振冲碎石桩技术的应用及其环境效应 [J]. 中国港湾建设，2019，39 (2)：4.

[34] 刘勇，姚均平. 干法底出料振冲碎石桩在澳门机场工程中的应用 [C] //中国水利学会地基与基础工程专业委员会第十一次全国学术技术研讨会. 北京：中国水利水电出版社，2011：355-358.

[35] BS 8004-2015 Code of practice for Foundations [S]. 2015.

[36] UNI EN 1997-1-2013 Eurocode 7 - Geotechnical design - Part 1：General rules [S]. 2013.

[37] BS EN 14731：2005 Execution of special Geotechnical works - Ground Treatment by Deep Vibration [S]. 2005.

[38] The Institution of Civil Engineers. Specification for ground treatment [S]. London：Thomas Telford Ltd.，1987.

[39] Raison C A. Ground and soil improvement [M]. London：Thomas Telford Ltd.，2004.

[40] Klaus Kirsch, Fabian Kirsch. Ground Improvement by Deep Vibratory Methods [M]. 2 ed. London & New York：Taylor & Francis Group，LLC CRC Press，2017.

[41] 陈希哲. 土力学地基基础 [M]. 4 版. 北京：清华大学出版社，2004.

[42] 刘勇，姚军平，张明生，等. 大型机械设备伸缩机构：中国，201320603351.2 [P]. 2014-03-26.

[43] 姚军平，黄宏庆，刘少华，等. 一种可拆装组合桩架起重式打桩船：中国，201520805632.5 [P]. 2016-03-23.

[44] 姚军平，黄宏庆，梁兴龙，等. 具有底部出料的振冲碎石桩施工机组：中国，201720947769.3 [P]. 2018-02-27.

[45] DL/T 5024—2020 电力工程地基处理技术规程 [S]. 北京：中国电力出版社，2020.

[46] SL 303—2017 水利水电工程施工组织设计规范 [S]. 北京：中国水利水电出版社，2015.

[47] DL/T 5113.1—2019 水电水利基本建设工程单元工程质量等级评定标准　第1部分：土建工程 [S]. 北京：中国电力出版社，2019.

[48] NB 35047—2015 水电工程水工建筑物抗震设计规范 [S]. 北京：中国电力出版社，2015.

[49] SL 320—2005 水利水电工程钻孔抽水试验规程 [S]. 北京：中国水利水电出版社，2005.

[50] SL 345—2007 水利水电工程钻孔注水试验规程 [S]. 北京：中国水利水电出版社，2007.

[51] SL 31—2003 水利水电工程钻孔压水试验规程 [S]. 北京：中国水利水电出版社，2003.

[52] DL/T 5355—2006 水电水利工程土工试验规程 [S]. 北京：中国电力出版社，2006.

[53] DL/T 5356—2006 水电水利工程粗粒土试验规程 [S]. 北京：中国电力出版社，2006.

[54] DL/T 5354—2017 水电水利工程钻孔土工试验规程 [S]. 北京：中国电力出版社，2017.

[55] GB 50202—2018 建筑地基基础工程施工质量验收标准 [S]. 北京：中国计划出版社，2002.

[56] YS/T 5218—2018 岩土静力载荷试验规程 [S]. 北京：中国计划出版社，2018.

[57] GB 50287—2016 水力发电工程地质勘察规范 [S]. 北京：中国计划出版社，2016.

[58] 国务院法制办. 中华人民共和国建筑法：实用版 [M]. 4 版. 北京：中国法制出版社，2022.

[59] 建设工程质量管理条例 [M]. 北京：中国建筑工业出版社，2019.

[60] 王恩远，吴迈. 实用地基处理 [M]. 北京：中国建筑工业出版社，2014.

[61] 龚晓南. 地基处理手册 [M]. 北京：中国建筑工业出版社，2008.

[62] 龚晓南，杨仲轩. 岩土工程测试技术 [M]. 北京：中国建筑工业出版社，2017.

[63] 康景俊，尤立新. 铜街子水电站大坝左岸深槽漂卵石层下粉细砂振冲加固 [J]. 水利水电技术，1995 (6)：6.

[64] 黄建明. 振冲置换法在南盘江盘虹桥河堤抗滑加固中的运用 [J]. 珠江现代建设，1997 (4)：3.

[65] SL 223—2008 水利水电建设工程验收规程 [S]. 北京：中国水利水电出版社，2008.